新材料新能源学术专著译丛

石墨烯表面功能化

Functionalization of Graphene

[希]瓦西利奥斯·格奥尔基拉斯(Vasilios Georgakilas) 主编
周苇　译

国防工业出版社
·北京·

著作权合同登记　图字:军 -2015 -147 号

图书在版编目（CIP）数据

石墨烯表面功能化 /（希）瓦西利奥斯·格奥尔基拉斯（Vasilios Georgakilas）主编；周苇译. —北京：国防工业出版社，2019.12

（新材料新能源学术专著译丛）

书名原文：Functionalization of Graphene

ISBN 978 -7 -118 -11583 -3

Ⅰ. ①石… Ⅱ. ①瓦… ②周… Ⅲ. ①石墨 - 纳米材料 - 研究 Ⅳ. ①TB383

中国版本图书馆 CIP 数据核字(2019)第 275093 号

Functionalization of Graphene by Vasilios Georgakilas.

ISBN:978 -3 -527 -33551 -0.

※

国防工業出版社出版发行

（北京市海淀区紫竹院南路 23 号　邮政编码 100048）

三河市腾飞印务有限公司印刷

新华书店经售

*

开本 710 × 1000　1/16　**插页** 16　**印张** 22　**字数** 412 千字

2019 年 12 月第 1 版第 1 次印刷　**印数** 1—2000 册　**定价** 158.00 元

（本书如有印装错误，我社负责调换）

国防书店:(010)88540777　　发行邮购:(010)88540776

发行传真:(010)88540755　　发行业务:(010)88540717

主编简介

瓦西利奥斯·格奥尔基拉斯(Vasilios Georgakilas),分别于1989年和1998年在希腊约阿尼纳大学获化学学士和有机化学博士学位,2000—2002年在意大利里雅斯特大学毛里齐奥·普拉托(Maurizio Prato)教授组从事博士后工作,1999年、2000年及2003—2010年为希腊德谟克利特国家科学研究中心材料科学所研究科研助理,2004—2012年任职于希腊农业与食品发展部下的食品卫生研究所,2013年评为希腊佩特雷大学材料科学系助理教授。其研究兴趣集中在碳纳米结构材料(富勒烯、碳纳米管、石墨烯、碳量子点)及其在催化、生物纳米技术与纳米电子学领域的应用。

译者简介

周苇,2009 年博士毕业于北京航空航天大学,2012 年 4 月—2013 年 4 月在美国伊利诺伊大学香槟分校(UIUC)访问学习,2017 年被评为北京航空航天大学化学学院教授。主要研究方向为纳米结构与功能纳米材料。

E - mail:zhouwei@ buaa. edu. cn

译者序

二维超薄结构的石墨烯是改善纳米材料特定性能的不二之选。诸多石墨烯改性的方法在书中有全面、详细的介绍(比如官能团修饰、卤素原子修饰、有机分子修饰、非金属掺杂、多结构碳复合、无机纳米粒子复合等),万变不离其宗,这些经验可推广于广义材料的改性。再加上石墨烯的明星效应及其宽泛的涉足领域(催化、光电、电学、电化学、生物医学、生物传感、环境保护等),希望本书能够使读者对材料改性具有深刻的把握,并从中诞生出新的科研思路,这正是翻译本书并推荐给相关科研者的心愿所在。

原著几乎囊括了近些年石墨烯改性的所有方法,是多国家多单位多作者的共同心血。由于文化差异、语言习惯,为了中文的流畅和对句意更好的把握,译者在少数地方进行了改动。许多专有名词,尤其是人名部分,多保留了英文写法。此书涉及研究领域颇广,翻译花费时间颇多,思不出其位,从点滴做开来去,期望它能尽善尽美,更期待您的不吝赐教与批评指正。

感谢国防工业出版社装备科技译著出版基金的资助！感谢国家自然科学基金的支持(51622204、51438011)！感谢北京市科技新星计划支持(Z171100001117071)！感谢师赵亮、刘彤、张秋雅、吕超杰、郑金龙、崔宇博、王程博、刘世杰、张芮、张荣尊同学在译书过程中给予的帮助！感谢于航编辑在成书过程中的耐心付出！

衷心希望您能喜欢这本书,并能有所收获。

周苇

2018年12月于北京

前言

在过去数十年,石墨烯作为最具吸引力的碳材料中的一员,由于其独特的力学、电学及光学特性,引起了学术界和工业界人士的极大兴趣,并在不久的将来有望在纳米技术领域发挥重要作用。

尽管石墨烯在特定条件下呈化学惰性,但它与多种无机、有机反应物作用可产生大量衍生物。随着石墨烯从碳家族的分离,主要由于数步法宏量制备石墨烯的确立,研究者受类似富勒烯及碳纳米管化学修饰的成功典范的启示,已开展了石墨烯化学功能化的大量研究并取得了成功。

化学功能化是一种丰富石墨烯物理化学及其他性能,尤其是它们在多领域的潜在应用的重要手段。此书的目的在于对石墨烯数种功能化过程进行全面阐述。第1章是对石墨烯的简介。第2章、第3章详细汇集了石墨烯的共价型有机功能化。根据石墨烯的含氧基团是否介入,将反应分为两章。第4章、第5章集中介绍功能化石墨烯的衍生物及在生物领域的应用。第6章介绍非常有意思的石墨烯的氢、卤素衍生物及其性质。第7章描述石墨烯和有机分子及其他活性组分间的非共价键作用。第8章介绍与金属氧化物纳米粒子作用的多种石墨烯衍生物及其潜在应用,尤其是在催化过程中的应用。第9章趣味性展示石墨烯同其他碳纳米结构如碳纳米管、富勒烯、碳纳米颗粒复合形成的碳碳纳米复合结构。第10章介绍氮、硼等异质原子掺杂的石墨烯的形成及其引人入胜的特性。最后一章则介绍以石墨烯单层作为主要部件通过层接层组装构造纳米复合结构。

最后,感谢Wiley出版公司的热心资助使得本书得以出版。谨以此书献给我的夫人,感谢她的不断鼓励。

Vasilios Georgakilas

2013年11月

撰稿人名单

阿尔贝托·比安科(Alberto Bianco)

法国,斯特拉斯堡(67084),勒奈·笛卡儿15街,国家科学研究中心分子和细胞生物学研究所,免疫病理学和治疗化学实验室

维姆莱西·钱德拉(Vimlesh Chandra)

韩国,浦项(790-784),南区孝子洞山31,浦项科技大学化学系超功能材料中心

韩国,蔚山(689-798),UNIST 50街,蔚山国立科技大学(UNIST)纳米生物科学与化学工程学院

赵妍初(Yeonchoo Cho)

韩国,浦项(790-784),南区孝子洞山31,浦项科技大学化学系,超功能材料中心

韩国,蔚山(689-798),UNIST 50街,蔚山国立科技大学(UNIST)纳米生物科学与化学工程学院

金斯利·克里斯汀·坎普(Kingsley Christian Kemp)

韩国,浦项(790-784),南区孝子洞山31,浦项科技大学化学系,超功能材料中心

韩国,蔚山(689-798),UNIST 50街,蔚山国立科技大学(UNIST)纳米生物科学与化学工程学院

卡西巴哈达·库马拉·拉马纳塔·达塔(Kasibhatta Kumara Ramanata Datta)

捷克,奥洛穆茨(771 46),里斯托帕多12街17号,帕拉茨基大学奥洛穆茨校区,理学院物理化学系,先进技术与材料中心

康斯坦丁诺斯·蒂莫斯(Konstantinos Dimos)

希腊,约阿尼纳(45110),校园区,约阿尼纳大学材料科学与工程学院

阿曼多·恩西纳斯(Armando Encinas)

墨西哥,圣路易斯波托西(78290),校园区,曼努埃尔纳6街,圣路易斯波托

西自治大学物理所

瓦西利奥斯·格奥尔基拉斯(Vasilios Georgakilas)
希腊,里翁(26504),校园区,佩特雷大学材料科学系

迪米特里奥斯·古丽斯(Dimitrios Gournis)
希腊,约阿尼纳(45110),校园区,约阿尼纳大学材料科学与工程学院

阿楚塔拉奥·格温达拉吉(Achutharao Govindaraj)
印度,加库尔,班加罗尔(560064),贾瓦哈拉尔尼赫鲁高级科学研究中心,印度科学与工业研究理事会(CSIR),先进化学中心与国际材料科学中心新化学部门
印度,班加罗尔(560 012),马莱斯瓦拉姆,印度科学理工学院固态和结构化学部门

金光素(Kwang Soo Kim)
韩国,浦项(790-784),南区孝子洞山31,浦项科技大学化学系,超功能材料中心
韩国,蔚山(689-798),UNIST 50 街,蔚山国立科技大学(UNIST)纳米生物科学与化学工程学院

安东尼奥斯·克罗姆菲斯(Antonios Kouloumpis)
希腊,约阿尼纳(45110),校园区,约阿尼纳大学材料科学与工程学院

塞西莉亚·梅纳德-穆瓦翁(Cécilia Ménard-Moyon)
法国,斯特拉斯堡(67084),勒奈·笛卡儿15街,国家科学研究中心分子和细胞生物学研究所,免疫病理学和治疗化学实验室

扬尼斯·V·帕夫利迪斯(Ioannis V. Parlidis)
希腊,约阿尼纳(45110),校园区,约阿尼纳大学生物应用与技术系,生物技术实验室

米凯拉·帕提拉(Michaela Patila)
希腊,约阿尼纳(45110),校园区,约阿尼纳大学生物应用与技术系,生物技术实验室

安琪利其·C·珀利德拉(Angeliki C. Polydera)
希腊,约阿尼纳(45110),校园区,约阿尼纳大学生物应用与技术系,生物技

术实验室

米尔德里德·昆塔纳(Mildred Quintana)

墨西哥,圣路易斯波托西(78290),校园区,曼努埃尔纳6街,圣路易斯波托西自治大学物理所

C. N. R. 拉奥(C. N. R. Rao)

印度,加库尔,班加罗尔(560064),贾瓦哈拉尔尼赫鲁高级科学研究中心,印度科学与工业研究理事会(CSIR),先进化学中心与国际材料科学中心新化学部

印度,班加罗尔(560 012),马莱斯瓦拉姆,印度科学理工学院固态和结构化学部

佩特拉·鲁道夫(Petra Rudolf)

荷兰,格罗宁根(9747 AG),尼延博赫4街,数学与自然科学学院表面与薄膜-泽尼克先进材料研究院

钦齐亚·斯宾纳(Cinzia Spinato)

法国,斯特拉斯堡(67084),勒奈·笛卡儿15街,国家科学研究中心分子和细胞生物学研究所,免疫病理学和治疗化学实验室

康斯坦丁诺斯·斯派鲁(Konstantinos Spyrou)

荷兰,格罗宁根(9747 AG),尼延博赫4街,数学与自然科学学院表面与薄膜-泽尼克先进材料研究院

哈瑞拉波斯·斯塔马蒂斯(Haralampos Stamatis)

希腊,约阿尼纳(45110),校园区,约阿尼纳大学生物应用与技术系,生物技术实验室

杰曼·Y·维莱斯(Germán Y. Véles)

墨西哥,圣路易斯波托西(78290),校园区,曼努埃尔纳6街,圣路易斯波托西自治大学物理所

扎德克·斯波瑞尔(Radek Zbořil)

捷克,奥洛穆茨(771 46),里斯托帕多12街17号,帕拉茨基大学奥洛穆茨校区,理学院物理化学系,先进技术与材料中心

潘娜吉尔塔·泽古瑞(Panagiota Zygouri)

希腊,约阿尼纳(45110),校园区,约阿尼纳大学材料科学与工程学院

目录

第1章　石墨烯导论

第2章　原生石墨烯表面有机官能团的共价连接

第3章 有机官能团与GO上含氧基团的加成

第4章 生物医药用石墨烯的化学功能化

第5章 酶和其他生物分子在石墨烯上的固定

第6章 卤代石墨烯:二维材料的新兴家族

第7章　石墨烯的非共价键功能化

第8章　石墨烯表面金属和金属氧化物纳米粒子的固定

第9章 其他碳纳米结构功能化石墨烯

第10章 石墨烯的氮、硼和其他元素的掺杂

第11章 层接层组装石墨烯基复合材料

第1章

石墨烯导论

Konstantions Spyrou, Petra Rudolf

1.1 石墨史略

碳的英文名称 carbon 来自拉丁文 carbo,意为木炭。这种特别的元素由于其独特的电子结构,易于杂化形成 sp^3、sp^2 和 sp 网络结构,因而较其他元素更易形成稳定的同素异形体。自古以来,作为碳元素最普遍的同素异形体,石墨这种丰富的自然矿物和金刚石一起为人们熟知。石墨是由 sp^2 杂化的碳原子层以弱的范德华力堆叠而成。石墨烯(graphene)则是由单层碳原子紧密结合,形成二维蜂巢状晶格阵列结构;其命名是由 Boehm、Setton 和 Stumpp 于 1994 年提出的[1]。石墨具有热导、电导等显著的各向异性行为:在沿着石墨烯层的方向,由于面内金属特性而具有优良的导电性;在垂直于石墨烯层的方向,由于层与层之间弱的范德华力,其导电性较差[2]。面内高的传导性,是因为石墨烯层内碳原子通过与邻近原子 sp^2 轨道的重叠形成三个 σ 键,余下的 p_z 轨道重叠形成由充满电子的 π 轨道组成的能带(价带)及空的 π^* 轨道组成的能带(导带)。

石墨的层间距仅有 0.34nm,不足以填充有机分子、离子或其他无机材料。然而已有数种嵌入法可将石墨的层间距由 0.34nm 扩增至更大值,在某些情况下甚至可超过 1nm,这主要取决于客体填入材料的尺寸。自从首次在石墨中嵌入钾元素后,已尝试将多种化学物质置于其间构造出目前广为人知的石墨层间化合物(GIC)。在石墨烯层间插入的物质通过离子或极性相互作用得到稳定的不会影响石墨烯的结构。这类混合物不仅可由锂、钾、钠和其他碱金属组成,也可由硝酸盐、硫酸氢盐、卤素等阴离子组成。

其他情况下,在石墨的夹层空间里,客体分子的嵌入可通过共价键的化学接枝反应实现,而参与反应的碳原子从 sp^2 到 sp^3 的杂化转变导致了石墨烯平面的结构修饰。典型例子是强酸和强氧化剂的嵌入,在石墨烯层的表面和棱边上产生含氧官能团,从而形成氧化石墨。Schafheutl[3](1840年首次)及Brodie[4](19年后的1859年)均为生产氧化石墨的先行者。前者利用硫酸和硝酸的混合物,后者则利用氯酸钾和发烟硝酸处理天然石墨制备氧化石墨。Staudenmaier[5]提出了改进的Brodie法,即利用加入氯酸钾的硫酸和硝酸的浓缩液氧化石墨。一个世纪之后的1958年,Hummers和Offeman[6]报道了石墨的氧化及氧化石墨的制备:将天然石墨置入H_2SO_4、$NaNO_3$和$KMnO_4$的混合液中,由于石墨层间插入的阴离子与碳原子发生反应,进而破坏其芳香属性。这些试剂的强氧化作用在石墨层上形成了阴离子基团,主要是羟基、羧基和环氧基团。面外的C—O共价键使得石墨中0.35nm石墨烯单层间距增加到氧化石墨中约0.68nm[7]。增加的间距、阴离子或形成的含氧基团的极化特征使得氧化石墨烯(GO)具有强的亲水特性,允许水分子从石墨烯层间穿过,因此会进一步增大其层间距,最终使得氧化石墨在水中具有高分散性。氧化过程sp^3碳原子的形成,破坏了离域π键体系,因此造成氧化石墨的电导率变差。由于含氧量不同,其电阻率数值在$10^3 \sim 10^7 \Omega \cdot cm$范围变化[2,8]。

1.2 石墨烯和氧化石墨烯

几十年来,除去其他证据仅基于二维晶体的热力学稳定性的理论计算,已显示单层石墨烯的独立存在似乎是不可能的事情[9]。曼彻斯特的Geim和Novoselov[10]带领的课题组于2004年走出了此方向研究的重要一步,他们报道在二氧化硅基板上通过微机械剥离法(思高牌胶带法)剥落石墨制备了单层石墨烯。石墨烯展现出优异的结构[11]、电学[12]和机械特性[13];6年后由于"关于二维材料石墨烯开创性实验",Geim和Novoselov获得诺贝尔物理学奖。在这期间,科研者发展了多种制备单层石墨烯的方法。这些方法依据制备单层石墨烯的化学或物理过程可分为不同类别。下面三部分将分别介绍三种不同的化学方法。

1.2.1 从GO制备石墨烯

尽管利用Staudenmaier、Hummers和Offeman建立的实验步骤[4-6]合成单片层GO已见报道[14,15],大多数科研团队仍然认为氧化石墨是一种层状石墨材料。直到微机械分裂法实现原生石墨烯的分离,这个问题才被重新审视,并且确定Hummers和offeman发展的在水中分散氧化石墨制备剥离单层GO的方法。以化学法制备的单层GO作为前驱体,通过去除表面含氧基团可制备石墨烯。具有争议的话题仍是氧化过程影响的GO的精细结构。普遍接受的有Lerf-Klinowski和Dékány模型[16,17]。最近,Ajayan等利用可产生Lerf-Klinowski模型的

GO 制备方案,证实了在 GO 片层边缘出现环状缩醛结构(图 1.1)[18]。

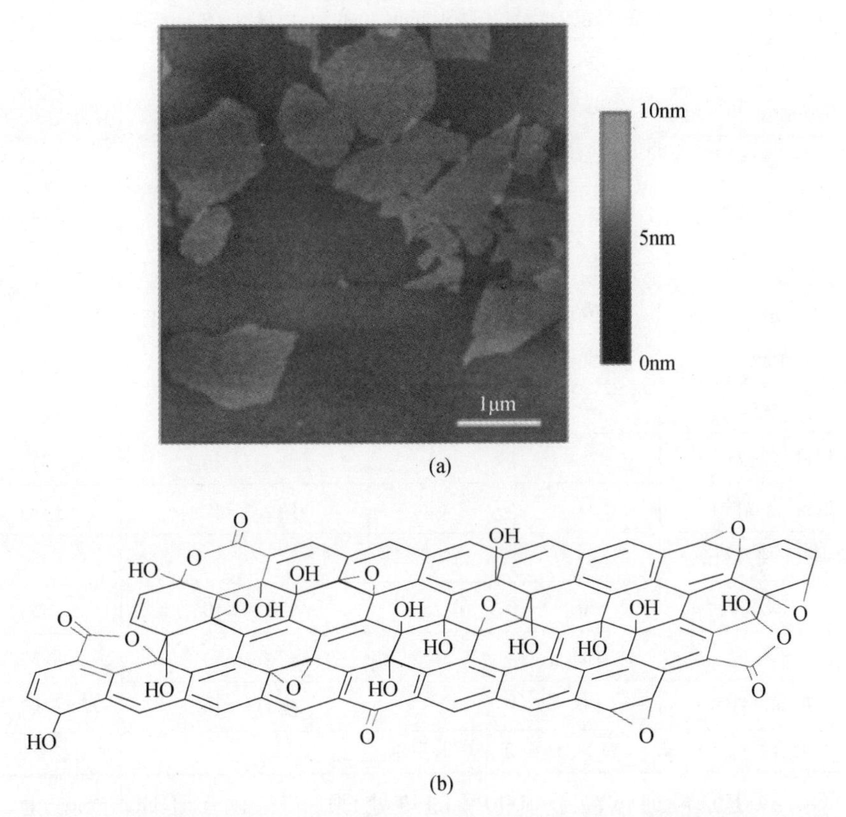

图 1.1　原子力显微术图片(AFM)和氧化石墨烯的结构模型。(a)硅基板上 GO 片层的 AFM 图像;(b)Ajayan 等引入的 GO 结构模型(经许可引自文献[18])

2006 年,Ruoff 课题组利用水合肼还原经哈莫斯法制备的 GO,实现了单层石墨烯的首次分散[19,20]。之后几年,尽管多个课题组采用不同的还原途径(见表 1.1 及对应文献),但没有人能将 GO 单片层完全还原为石墨烯。这恰好符合理论发现:将 GO 从 75% 的氧碳比还原到 6.25%(C∶O 为 16∶1)相对容易但进一步还原则相当困难[21]。因此,通过还原 GO 得到的分离的碳单层通常被称为部分还原型氧化石墨烯(*r*GO)或化学转化型石墨烯(CCG)。表 1.1 归纳了多种还原法得到的结果。

表 1.1　化学还原 GO 制备石墨烯的还原剂总结[22]

还原剂	还原温度/℃	还原时间/h	还原后电导率/($S \cdot m^{-1}$)	参考文献
肼	100	24	约 2×10^2	[20]
对苯二酚	25	20	—	[23]
碱	50 ~ 90	几分钟	—	[24]

（续）

还原剂	还原温度/℃	还原时间/h	还原后电导率/(S · m^{-1})	参考文献
硼氢化钠	25	2	约 4.5×10^1	[25]
抗坏血酸(VC)	95	24	约 7.7×10^3	[26]
氢碘酸	100	1	约 3×10^4	[27]
氢碘酸(含乙酸)	40	40	约 3.0×10^4	[28]
含硫化合物①	95	3	—	[29]
焦棓酸	95	1	约 4.9×10^2	[26]
苄胺	90	1.5	—	[30]
羟胺	90	1	约 1.1×10^2	[31]
铝粉(含盐酸)	25	0.5	约 2.1×10^3	[32]
铁粉(含盐酸)	25	6	约 2.3×10^3	[33]
氨基酸(L-半胱氨酸)	25	12 ~ 72	—	[34]
连二硫酸钠	60	0.25	约 1.4×10^3	[35]
乙醇	100	24	约 2.2×10^3	[23]
二甲基甲酰胺	153	1	约 1.4×10^3	[36]

①含硫化合物包括 $NaHSO_3$、Na_2S、$Na_2S_2O_3$、$SOCl_2$ 和 SO_2

GO 的还原可通过高于 1000℃ 的热处理[36]、光化学还原[37]、电化学还原[38,39]实现。GO 最大的缺点在于电导率低。据理论计算，当表面官能团低至 25% 时它呈现导体特性[21]。在去除表面含氧基团后，*r*GO 经过升温热处理可被进一步石墨化。在此过程中，还原产生的缺陷将重新排布，单层的芳族性将增加。然而，石墨烯表面的含氧基团也有其利用价值。事实上，含氧官能团能用于层状结构的进一步功能化，进而开拓已建立的碳化学领域，最终实现其在催化、气体传感器、能源存储及环境修复领域的应用。

1.2.2 原生石墨烯单层的分离

在有机溶剂中利用超声法可将石墨剥蚀成单层石墨烯。这是由于声空化能短时间内在液体中产生极高的温度和压力，从而提供了非同寻常的化学条件[40]。石墨的基本结构将被破坏，溶剂分子插入石墨层形成小的石墨碎片[41,42]。如果混合自由能为负数，溶剂表面能与石墨烯表面能相匹配，进而可以稳定胶状的石墨烯。二甲基甲酰胺(DMF)[43]、*N*-甲基吡咯烷酮(NMP)[41]、吡啶、其他全氟化溶剂[44]和邻二氯苯[45]是超声法所用的首选溶剂(图 1.2)。

超声法通常制备多衍生物的混合物，含有 1% ~15% 的单层石墨烯，剩下为

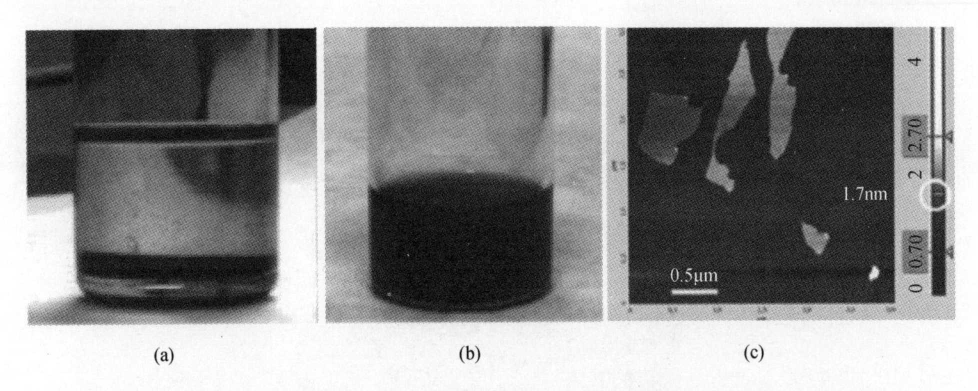

(a) (b) (c)

图1.2 (a)超声后苯溶液内的石墨沉淀;(b)在吡啶中超声得到部分剥蚀的石墨,黑色胶体分散浓度为0.3mg·mL^{-1};(c)吡啶中分散得到的石墨烯单层的AFM图片(经许可引自文献[44])

2~10层不等的多层石墨烯片[41,44]。通过离心法优选能提高单层石墨烯的含量。这类方法较氧化法的优势在于它能更好地保持剥离层的石墨特性。然而在空气饱和的超声溶液里,空化泡的爆裂造成粒子间剧烈的高速碰撞,易于分解溶剂产生过氧自由基[46]。自由基通常具有破坏力,能非常有效地打断C—C键[47]。因此长时间的超声处理会导致片层尺寸减小,并且引入大量缺陷[48],多数氧化石墨烯边缘碳原子以环氧基、羰基、羧基的形式存在[49]。在DMF溶剂中加入巯丙酰甘氨酸可以有效减小超声法剥离石墨产生的破坏,因为这种分子可以抑制由于氧、过氧化物、自由基促成的反应[50]。一种可替换超声法、能减少产物缺陷的方法是Ester Vázquez等提出的机械化学活化法,在固相中利用球磨,通过与三聚氰胺的作用剥离石墨得到石墨烯[51]。

1.2.3 LB法宏量制备GO

Langmuir-Blodgett(LB)法是沉积大块GO片层(5~20μm)的简易方法[52,53],它需要极稀、高分散性的GO水溶液作为LB沉积的亚相。

应用外压通过LB槽的滑障可调节GO层在空气与水界面的堆叠。不同于分子和硬胶体粒子的单层,单层GO片趋于展开并出现褶皱以阻止堆叠为多层结构。Cote等首次报道了利用LB技术控制沉积得到大片GO产物[52]。如图1.3所示,通过控制表面压力,可得到高覆盖度的GO片层,这类方法适合量产。在空气-水界面注入长链分子如硬脂胺使得GO片通过共价键连接,形成表面修饰的GO层[53]。通过降低靶板平面以接触表面活性剂-GO-水的界面的方法(这类转移法被称为Langmuir-Schaefer法),这类复合的LB膜能被转移到任何基板上,并且基板的高疏水性会增加沉积膜的转移率和品质。

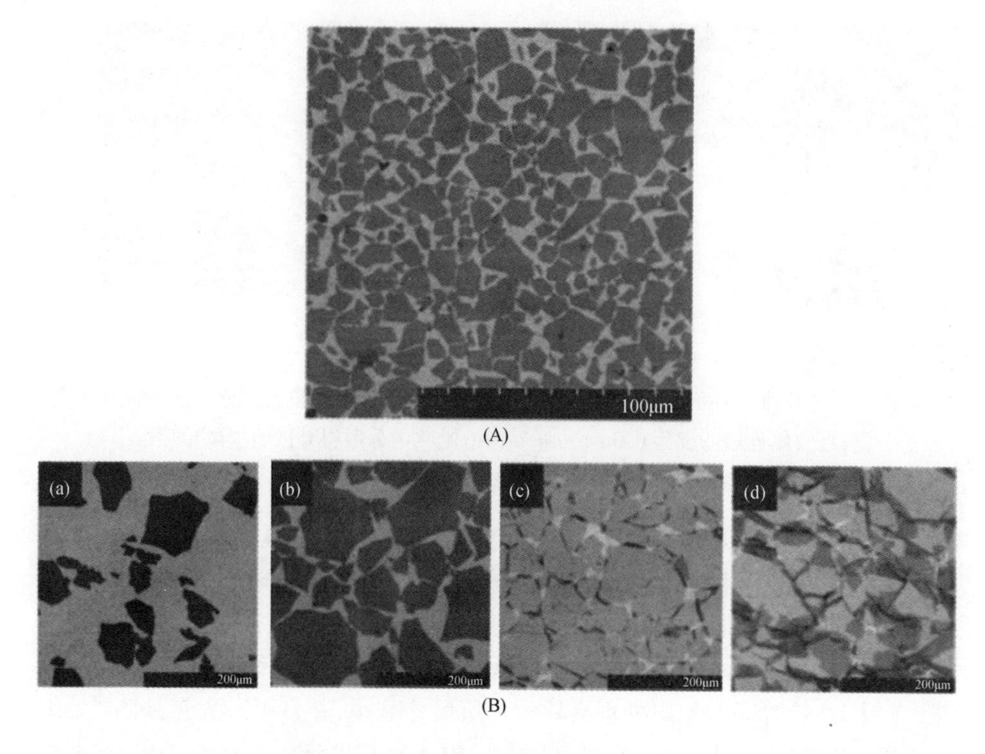

图 1.3 (A)LB 组装的高覆盖度的单层 GO 的 SEM 图,标尺 100μm。(B)((a)~(d))不同表面压下硅片上 GO 层的 SEM 图,控制晶片表面压力可逐步增加其堆积密度:(a)较稀的分开的单层;(b)密堆积 GO 的单层;(c)过密堆积的单层,片在连接边缘折叠;(d)过密堆积的单层,由折叠的和部分交叠的片组成(经许可引自文献[52])

1.2.4 石墨烯制备的其他方法

其他利用物理法和物理化学法制备石墨烯的方法与目前章节关联不大,这里仅简述以求内容完整。高品质石墨烯单层能通过热处理 SiC[54] 和化学气相沉积法(CVD)[55-61] 制得。在石墨烯的制备中,尽管若干种过渡金属均可作为催化剂,但镍和铜是最具前景的,当然也考虑了它们的低成本。在 1000~1600℃高温烧结 SiC 使得硅原子升华,而剩余碳原子则石墨化。另一种有意思的方法是通过化学法解开多壁碳纳米管(MWCNT)以制备既定尺寸的石墨烯片得到石墨烯纳米带[62]。碳纳米管沿着轴向通过等离子体刻蚀或强氧化被非常精细地剪切开。石墨烯纳米带有着纳米管的长度,它的宽度等同纳米管的管径周长。其电子特性很大程度取决边缘结构(扶手椅型或锯齿型),当特定边缘结构固定后,所具有的能带值随着纳米带变窄而增大[63]。图 1.4 所示为制备石墨烯纳米带的示意图以及石墨烯结构的原子力显微图片[64]。

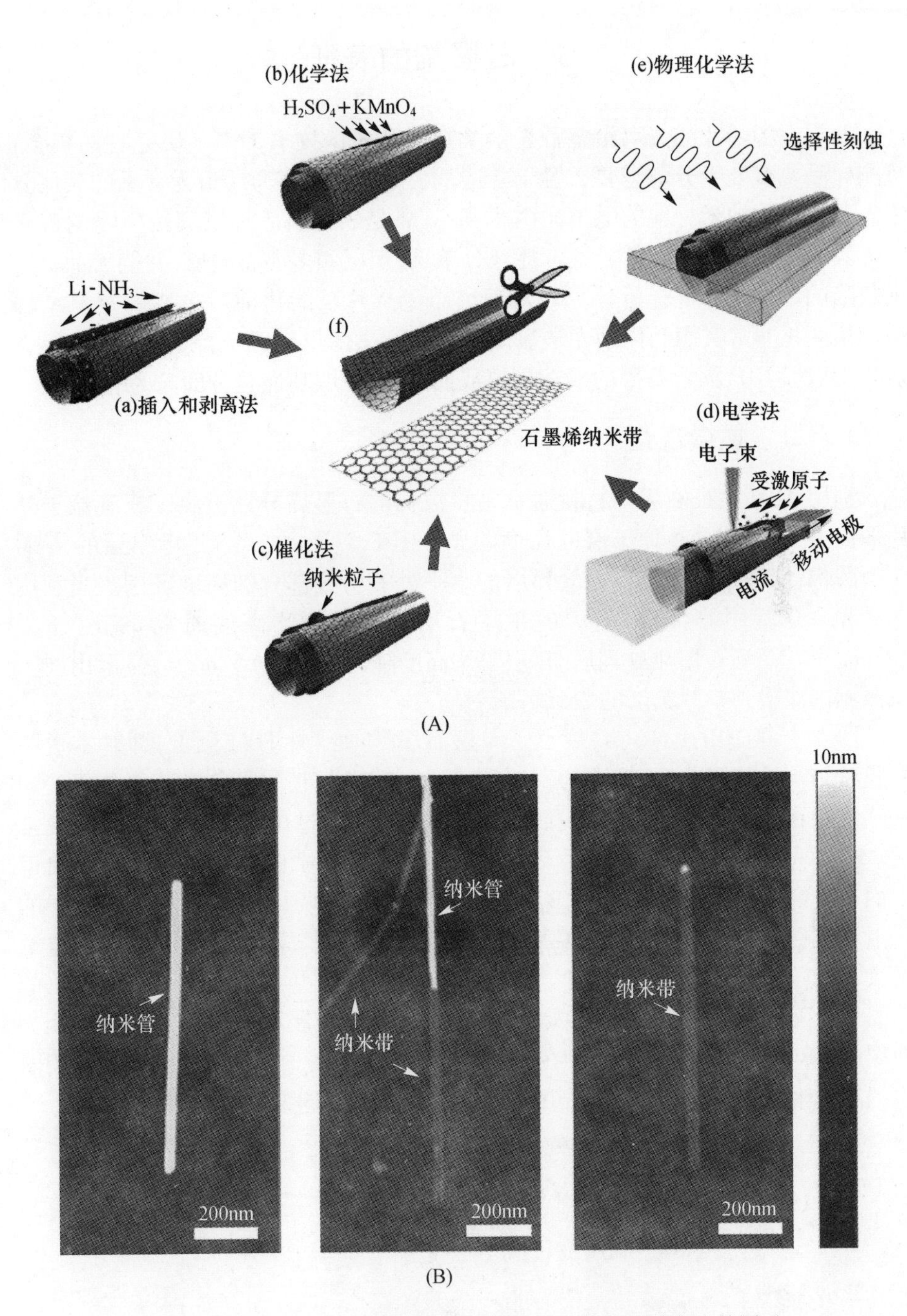

图 1.4　(A)解开碳纳米管制备石墨烯纳米带的几种方法的图示(经许可引自文献[62]);(B)通过解开碳纳米管制备石墨烯纳米带的 AFM 表征图片(经许可引自文献[64])

1.3 石墨烯的表征

单层石墨烯片的分离给多种光谱学技术和显微技术带来了研究它的机会;待测样品要么处于分散态要么置于合适基板上。本节将介绍最为常见的表征方法。研究多数纳米材料的电子显微术和 AFM 是表征石墨烯及其衍生物的最有力工具。拉曼光谱和光谱显微术能区分单层、双层和多层石墨烯,并能表征材料中缺陷的数目。热重分析(TGA)对研究石墨烯片功能化前后造成的材料结构的痕量变化非常实用。借助光学显微镜可将石墨烯单层置于特定的基板上。X 射线衍射(XRD)揭示石墨的成功剥离或插入,在证明功能化方面尤为有用。

1.3.1 显微观察

利用 AFM 表征石墨烯材料通常是将极稀的石墨烯分散液滴于或旋涂于硅片平面上,以便记录单原子层的高度差异。图 1.5(A)显示石墨烯单层的 AFM 典型图像,能清晰观察到在石墨烯层的水平处和折叠部分的高度区别。当利用含氧和含氢基团修饰后,退火的单层石墨烯片的平均高度通常介于 0.8 ~ 1.2nm[65]。高温石墨化处理后,片层平均高度降至 0.3 ~ 0.5nm[55],显示出同于机械剥蚀法得到单原子层的"指纹"特性[66]。

图 1.5(B)中的(a)、(b)展示了单层石墨烯的经典 TEM 图像,即基本透明的膜状结构。如图 1.5(B)中的(c)所示,使用像差校正的设备能使得晶界处的缺陷结构在原子尺度成像。石墨烯片的原子结构通过出射波重构可实现视觉化。这种先进的 TEM 技术依据不同的散焦值结合复杂的电子波在样品的出口平面得到高分辨图像。图 1.5(B)中的(d)提供了这类电子离开石墨烯片层的出射波相图的例子[50]。与单独高分辨 TEM 图像对比,相图允许对比度的定量解读,可区分单层和双层石墨烯[69]。图 1.5(B)中的(d)的内插图显示无缺陷的石墨烯点阵,图中每个碳原子都能辨别。这张图清晰地展示了单个石墨烯片,因为双层的 AB 堆叠将导致额外原子在六角形中心出现。图 1.5(B)中的(d)的全貌图也揭示吸附剂很大程度出现在石墨烯层的表面,从而产生图示波纹状的对照。

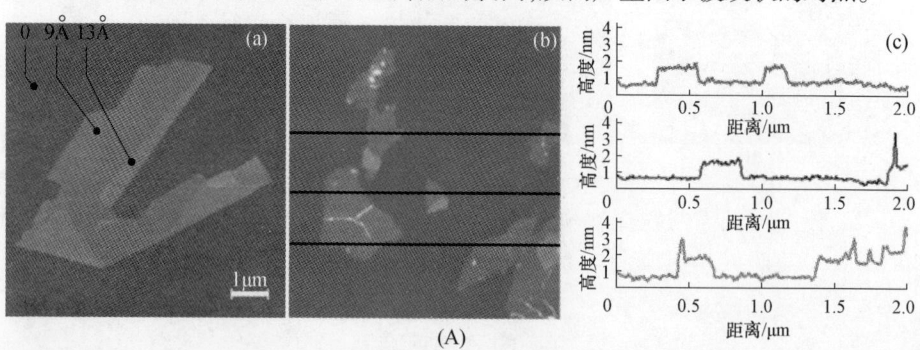

(A)

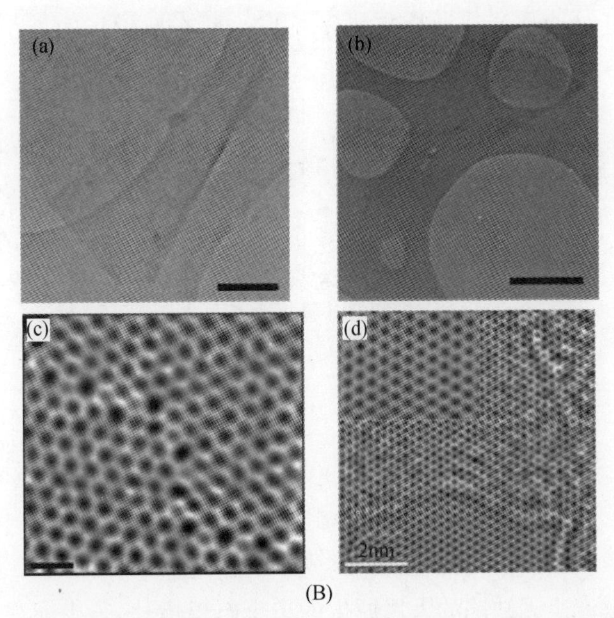

(B)

图1.5 (A)(a)单个原生石墨烯片的AFM图,单层厚度为0.9nm而折叠层具有1.3nm的高度(经许可引自文献[67]);(b)单个GO层的AFM图及高度剖面图(经许可引自文献[20]);(c)沿着AFM显微图中标明的黑线收集得到的高度剖面图。(B)((a),(b))单个原生石墨烯片的TEM图(经许可引自文献[41]);(c)像差校正单个石墨烯片晶界的TEM图;(d)加入巯丙酰甘氨酸作为自由基捕获剂通过剥蚀石墨得到的石墨烯单片层的HRTEM图(经许可引自文献[50])

1.3.2 拉曼光谱

拉曼光谱广泛用于碳材料的表征,尤其适于石墨烯纳米片的结构,包括石墨烯层数、存在的缺陷及功能化程度的表征。Ferrari等开创了单个原生石墨烯片层的拉曼光谱研究[70]。如图1.6所示,谱图解释了1~5层的少层石墨烯精确的层数信息是如何从谱图中获得的。单个原生石墨烯层的拉曼谱包括两个特征峰,即在1580cm^{-1}处的G带和在2700cm^{-1}处的G′带[71]。G带是双重简并带中心E_{2g}模式产生的结果[72]。G带也能为验证层数提供证据。随着层厚增加,带位向低波数移动与模拟计算的带位相符。G带位置受掺杂影响明显,存在张力则会导致能带的劈裂[73]。G′带是区域边界声子的二阶形式,常被称为2D带。当石墨烯有大量点缺陷时,区域边界声子的一阶形式只能在1350cm^{-1}附近被观察到,称为D带。所以,由微机械裂解得到的原生石墨烯单层因为缺少缺陷而不会观测到D带[73]。

如图1.6(c)所示,随着层数变化G′峰发生变化:单层石墨烯的G′峰呈现尖锐对称形状且波数低于2700cm^{-1};双层石墨烯的峰向高波数轻微移动,峰宽化并在低波数段出现峰肩。随着层数递增,峰位逐步向高波数移动,最终5层纳米片看起来像宽化的双峰的叠加且两部分所占比例各为1/2(图1.6(c))。当纳米片层数超过5层,G′带与5层的样品保持一样。

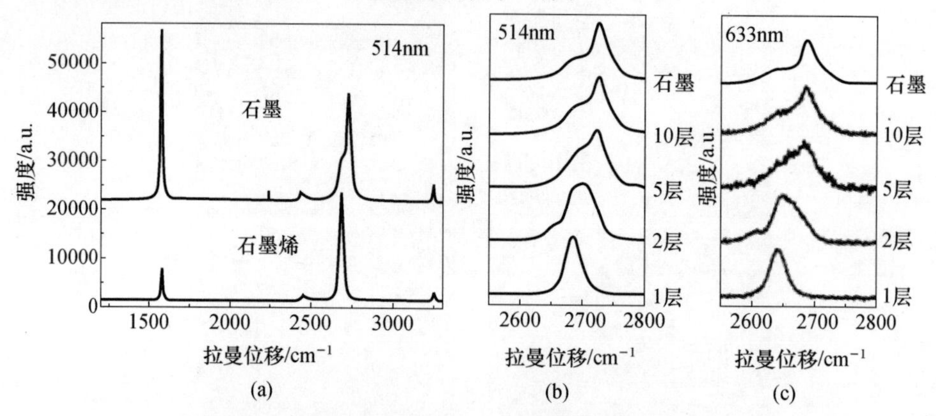

图1.6　与石墨对照的原生石墨烯的拉曼谱及几个多层石墨烯片的G′带(经许可引自文献[70])

微机械裂解产生无缺陷的大块原生的单个石墨烯片,很少能观察到拉曼谱的D带。多数情况下,原生石墨烯片会有大量缺陷而产生D带强度。D带高度直接取决于石墨烯表面的sp^3碳原子数目,即取决于石墨烯片的缺陷数目。关于石墨烯的品质,D带是其芳香性及石墨烯纳米片品质的指示,与产物的合成方法及初始原料有关。例如,图1.7(A)所示为在水中剥蚀石墨并利用表面活

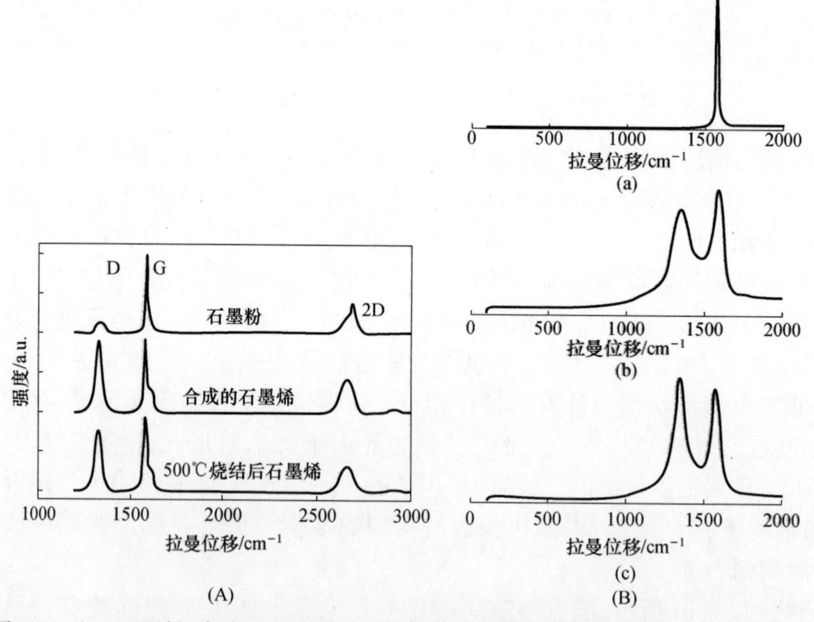

图1.7　(A)石墨粉、合成的石墨烯、500℃烧结后的石墨烯的拉曼谱(经许可引自文献[74]);(B)(a)石墨、(b)GO、(c)还原型GO的拉曼谱(经许可引自文献[20])

性剂稳定的石墨烯片的拉曼谱，它存在显著的D带，在经过500℃烧结后仍能保持[74]。类似强烈的D带在GO片的拉曼谱中能清晰辨识。这里的D带因为随着含氧基团在石墨表面的形成出现了 sp^3 型碳原子，成为拉曼谱的普遍特征（图1.7(B)）[20]。

1.3.3 热重分析

文献中关于石墨烯纳米片和其衍生物的典型表征包括TGA，因为在石墨氧化和剥离前后或石墨烯片经功能化修饰后，它们结构的变化在升温过程中可引起明显的质量损失（恒定的升温速率）。如图1.8所示，Wang等展示了原生石墨、石墨烯纳米片和剥离的氧化石墨的TGA曲线[75]。样品在空气中加热，石墨的燃烧始于650℃；在200℃时GO损失20%的质量，最终在550℃彻底分解。GO的第一次质量损失可归于含氧基团的去除。与石墨相比，其较低的燃烧温度证明GO较差的热稳定性，这是因为部分含氧基团的去除产生的缺陷造成的。记录的*r*GO中间过程的热行为反映了这类材料较低的含氧基团数。对GO和*r*GO而言，较之石墨中紧密堆积结构，片层剥蚀使得它们更易接触空气，从而具有较低的燃烧温度。

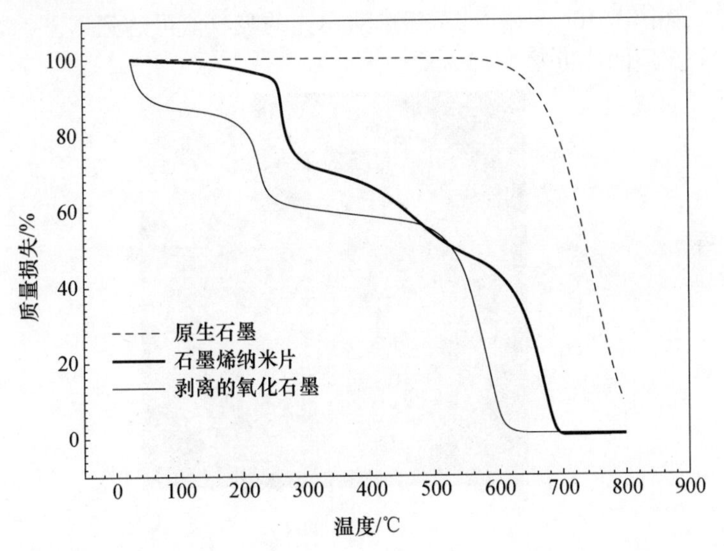

图1.8 原生石墨、石墨烯纳米片、剥离的氧化石墨的TGA曲线（经许可引自文献[75]）

1.3.4 石墨烯的光学性质

大家基本上都见过石墨烯纳米片沉积在固体基板上。事实上，铅笔在白纸上移动产生的灰色痕迹也只是石墨烯纳米片的覆盖层。类似地，如果原生石墨烯纳米片分散在有机溶剂中，溶液呈现灰色并随着石墨烯含量增加颜色加深。

如图 1.9 所示，基于丁达尔散射效应可利用简单方法确认分散的纳米颗粒的存在。由于分散的纳米颗粒对光的散射，一束激光通过液体变得可见[76]。

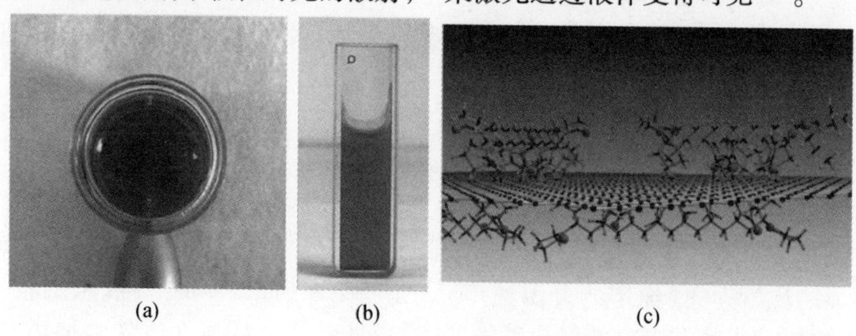

图 1.9 (a)丁达尔散射效应使得激光束通过石墨烯的水分散液可见；(b)石墨烯水溶液($0.1mg \cdot mL^{-1}$)的透光性；(c)聚乙烯吡咯烷酮包覆的石墨烯示意图（经许可引自文献[76]）

石墨烯作为扩展的芳香族一员，具有足够的吸光能力。甚至将石墨烯的单片层置于表层有 300nm 的 SiO_2 的硅片上，由于界面效应，通过光学显微镜都能观察到此片层[10]。此后，其他几个课题组在不同基板上也实现了石墨烯的可视化[43,77,78]。如图 1.10 所示[79]，石墨烯对白光的吸收值可达到 2.3%，双层吸收可达 4.6%，5 层的片近乎 11.5%[80]。

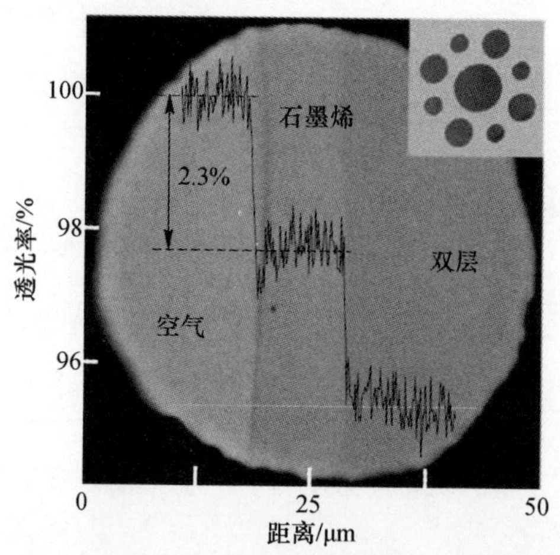

图 1.10 多孔膜上单层和双层石墨烯的透光率（经许可引自文献[80]）

最大的吸收峰位于 268nm（图 1.11(a)）[81]。与还原前产物比，还原后的石墨烯/未分馏的肝磷脂的紫外－可见(UV-Vis)光谱显示出明显降低的透光率（图 1.11(b)）。分散在 DMF 中的石墨烯片层的 UV-Vis 谱图从 700nm 到 300nm 具有与图 1.11(b)非常相似的连续上升的吸光度（图 1.11(c)）[44]。

固态 GO 呈棕色，GO 纳米片的分散溶液也为浅棕色。当 GO 被还原为 *r*GO

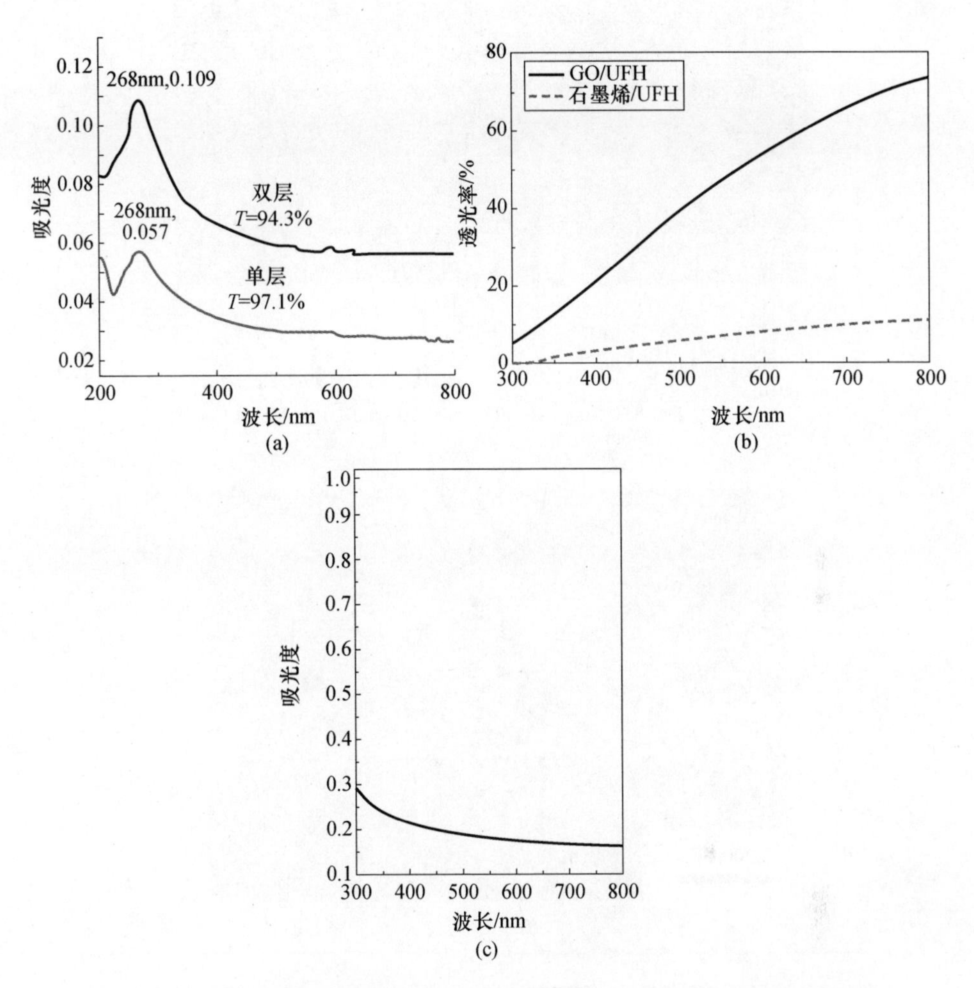

图1.11 (a)单层和双层石墨烯的UV-Vis谱,最大吸收波长和最大吸收值已标注,紫外透光率(T,%)是在550nm条件下测试(经许可引自文献[81]);(b)均经过未分馏的肝磷脂修饰的GO和石墨烯水溶液的UV-Vis谱(经许可引自文献[82]);(c)溶于DMF中的石墨烯纳米片的UV-Vis谱(经许可引自文献[44])

时,颜色会变暗变深。由于不同的电子结构,与原生石墨烯或rGO比,绝缘GO有更高的透光率,如图1.12(C)内插图所示[82]。

石墨烯的电子结构能通过减小石墨烯层的维度而改变。如图1.12所示,由于量子限域效应以及大量边缘原子效应,尺寸不超过100nm包括单层或数层的石墨烯量子点(GQD)显示出新的光电特性。GQD具有带隙,显示出极强的荧光效应,这些能通过控制尺寸和其他形貌因素加以调控(图1.12(C))[83-88]。最终也能通过对场发射晶体管施加门电路改变石墨烯的光转化[89],这也是调控双层石墨烯带隙的方法[90]。

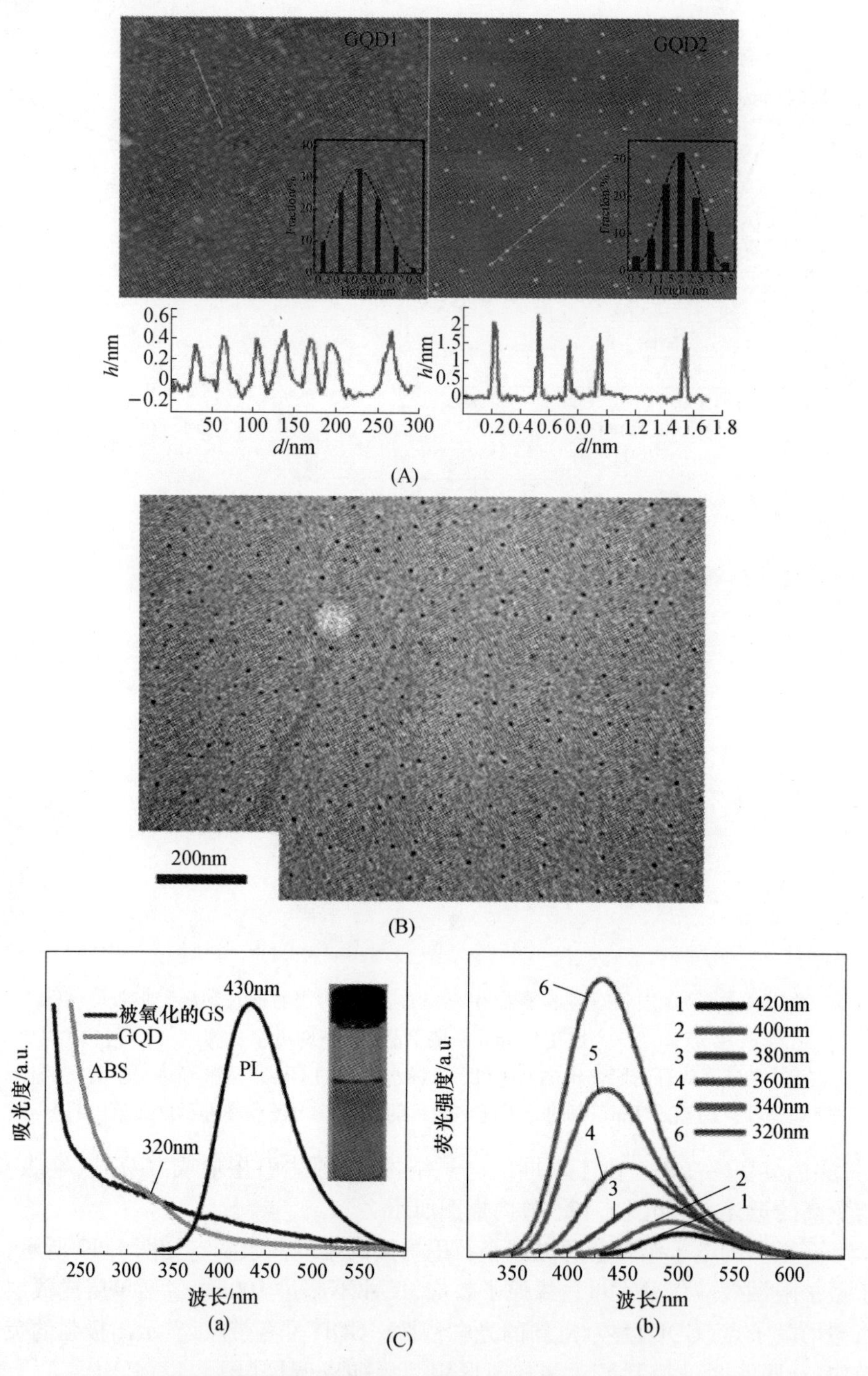

图1.12　石墨烯量子点的(A)AFM和(B)TEM图(经许可引自文献[83,84]);(C)(a)溶于水中的GQD的UV-Vis吸收谱(深线)和荧光谱(PL),GO的UV-Vis谱(浅线),内插图为GQD水溶液图片,(b)在不同激发波长下GQD的荧光谱(经许可引自文献[84])

1.3.5 X 射线衍射谱

收集起始材料、中间产物及生成物的 XRD 谱图适合监控石墨烯由石墨分离出的不同阶段。如图 1.13 所示，石墨呈现(002)的基本衍射峰($2\theta=26.6°$)，对应反映层间距的 d 值(0.335nm)。

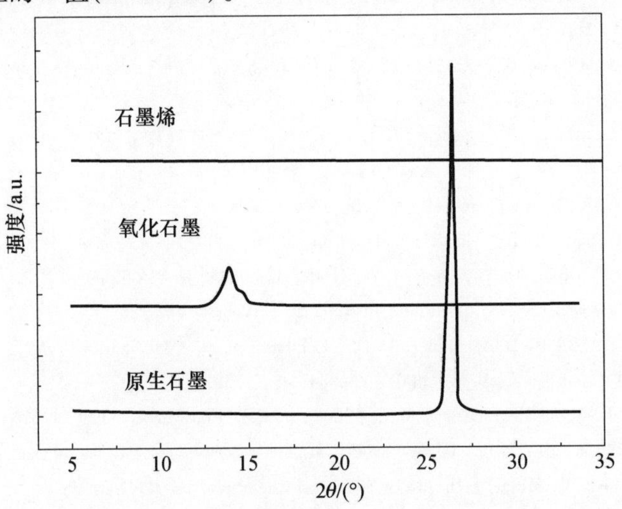

图 1.13 原生石墨、氧化石墨和石墨烯的 XRD 谱(经许可引自文献[91])

在石墨氧化但未剥离时，氧化石墨这一中间产物的基本峰(002)偏移到 13.9°，对应 d 值 0.79nm。层间距的增加可归于水分子在氧化石墨层间的插入。最强衍射峰的宽度也被用来证明剥离程度，因为根据德拜 - 谢乐(Debye-Scherrer)公式，它与连续衍射的晶畴尺寸有关。当氧化石墨被彻底剥离形成石墨烯时，这个衍射峰消失[91]。

参 考 文 献

[1] Boehm, H. P., Setton, R., and Stumpp, E. (1994) *Pure Appl. Chem.*, **66**, 1893.

[2] Chung, D. D. L. (2002) *J. Mater. Sci.*, **37**, 1475.

[3] Schafheutl, C. (1840) *Philos. Mag.*, **16**, 570.

[4] Brodie, B. C. (1859) *Philos. Trans. R. Soc. London*, **149**, 249.

[5] Staudenmaier, L. (1898) *Ber. Dtsch. Chem. Ges.*, **31**, 1481.

[6] Hummers, W. S. and Offeman, R. E. (1958) *J. Am. Chem. Soc.*, **80**, 1339.

[7] Bourlinos, A. B., Gournis, D., Petridis, D., Szabo, T., Szeri, A., and Dekany, I. (2003) *Langmuir*, **19**, 6050.

[8] Allen, M. J., Tung, V. C., and Kaner, R. B. (2010) *Chem. Rev.*, **110**, 132.

[9] Prezhdo, O. V. (2011) *Surf. Sci.*, **605**, 1607.

[10] Novoselov, K. S., Geim, A. K., Morozov, S. V., Jiang, D., Zhang, Y., Dubonos, S. V., Grigorieva,

I. V., and Firsov, A. A. (2004) *Science*, **306**, 666.

[11] Meyer, J. C., Geim, A. K., Katsnelson, M. I., Novoselov, K. S., Booth, T. J., and Roth, S. (2007) *Nature*, **446**, 60.

[12] Castro, N., Guinea, F., Peres, N. M. R., Novoselov, K. S., and Geim, A. K. (2009) *Rev. Mod. Phys.*, **81**, 109.

[13] Frank, I. W., Tanenbaum, D. M., van der Zande, A. M., and McEuen, P. L. J. (2007) *Vac. Sci. Technol.*, **25**, 2558.

[14] Boehm, H. P., Clauss, A., Fischer, G., and Hofmann, U. (1962) *Proceedings of the Fifth Conference on Carbon*, Pergamon Press, London, p. 73.

[15] Boehm, H. P., Clauss, A., Fischer, G. O., and Hofmann, U. (1962) *Z. Naturforsch.*, **17**, 150.

[16] Lerf, A., He, H., Forster, M., and Klinowski, J. (1998) *J. Phys. Chem. B*, **102**, 4477-4482.

[17] Szabo, T. et al. (2006) *Chem. Mater.*, **18**, 2740-2749.

[18] Gao, W., Alemany, L. B., Ci, L., and Ajayan, P. M. (2009) *Nat. Chem.*, **1**, 403.

[19] Stankovich, S., Dikin, D. A., Dommett, G. H. B., Kohlhaas, K. M., Zimney, E. J., Stach, E. A., Piner, R. D., Nguyen, S. T., and Ruoff, R. S. (2006) *Nature*, **442**, 282.

[20] Stankovich, S., Dikin, D. A., Piner, R. D., Kohlhaas, K. A., Kleinhammes, A., Jia, Y., Wu, Y., Nguyen, S. T., and Ruoff, R. S. (2007) *Carbon*, **45**, 1558.

[21] Boukhvalov, D. W. and Katsnelson, M. I. (2008) *J. Am. Chem. Soc.*, **130**, 10697-10701.

[22] Song, M. and Cai, D. (2012) in *Polymer-Graphene Nanocomposites*, RSC Nanoscience and Nanotechnology, vol. 26 (ed. V. Mittal), The Royal Society of Chemistry, pp. 1-52.

[23] Dreyer, D. R., Murali, S., Zhu, Y., Ruoff, R. S., and Bielawski, C. W. (2011) *J. Mater. Chem.*, **21**, 3443.

[24] Fan, X., Peng, W., Li, Y., Li, X., Wang, S., Zhang, G., and Zhang, F. (2008) *Adv. Mater.*, **20**, 4490.

[25] Shin, H. J., Kim, K. K., Benayad, A., Yoon, S. M., Park, H. K., Jung, I. S., Jin, M. H., Jeong, H. K., Kim, J. M., Choi, J. Y., and Lee, Y. H. (2009) *Adv. Funct. Mater.*, **19**, 1987.

[26] Fernandez-Merino, M. J., Guardia, L., Paredes, J. I., Villar-Rodil, S., Solζs-Fernandez, P., Martζnez-Alonso, A., and Tascon, J. M. D. (2010) *J. Phys. Chem. C*, **114**, 6426.

[27] Pei, S., Zhao, J., Du, J., Ren, W., and Cheng, H. M. (2010) *Carbon*, **48**, 4466.

[28] Moon, I. K., Lee, J., Ruoff, R. S., and Lee, H. (2010) *Nat. Commun.*, **1**, 73.

[29] Chen, W., Yan, L., and Bangal, P. R. (2010) *J. Phys. Chem. C*, **114**, 19885.

[30] Liu, S., Tian, J., Wang, L., and Sun, X. (2011) *Carbon*, **49**, 3158.

[31] Zhou, X., Zhang, J., Wu, H., Yang, H., Zhang, J., and Guo, S. (2011) *J. Phys. Chem. C*, **115**, 11957.

[32] Fan, Z., Wang, K., Wei, T., Yan, J., Song, L., and Shao, B. (2010) *Carbon*, **48**, 1686.

[33] Fan, Z., Kai, W., Yan, J., Wei, T., Zhi, L., Feng, J., Ren, Y., Song, L., and Wei, F. (2011) *ACS Nano*, **5**, 191.

[34] Chen, D., Li, L., and Guo, L. (2011) *Nanotechnology*, **22**, 325601.

[35] Zhou, T., Chen, F., Liu, K., Deng, H., Zhang, Q., Feng, J., and Fu, Q. (2011) *Nanotechnology*, **22**, 045704.

[36] Schniepp, H. C., Li, J. L., Mc Allister, M. J., Sai, H., Herrera-Alonso, M., Adamson, D. H., Prud'homme, R. K., Car, R., Saville, D. A., and Aksay, I. A. (2006) *J. Phys. Chem. B*, **110**, 8535.

[37] Cote, L. J., Cruz-Silva, R., and Huang, J. (2009) *J. Am. Chem. Soc.*, **131**, 11027.

[38] Zhou, M. , Wang, Y. , Zhai, Y. , Zhai, J. , Ren, W. , Wang, F. , and Dong, S. (2009) *Chem. Eur. J.* , **15**, 6116.

[39] An, S. J. , Zhu, Y. , Lee, S. H. , Stoller, M. D. , Emilsson, T. , Park, S. , Velamakanni, A. , An, J. , and Ruoff, R. S. (2010) *J. Phys. Chem. Lett.* , **1**, 1259.

[40] Suslick, K. S. (1990) *Science*, **247**, 1439 - 1445.

[41] Hernandez, Y. , Nicolosi, V. , Lotya, M. , Blighe, F. M. , Sun, Z. Y. , De, S. , McGovern, I. T. , Holland, B. , Byrne, M. , Gun'ko, Y. K. , Boland, J. J. , Niraj, P. , Duesberg, G. , Krishnamurthy, S. , Goodhue, R. , Hutchison, J. , Scardaci, V. , Ferrari, A. C. , and Coleman, J. N. (2008) *Nat. Nanotechnol.* , **3**, 563 - 568.

[42] Coleman, J. N. (2013) *Acc. Chem. Res.* , **46**, 14 - 22.

[43] Blake, P. , Brimicombe, P. D. , Nair, R. R. , Booth, T. J. , Jiang, D. , Schedin, F. , Ponomarenko, L. A. , Morozov, S. V. , Gleeson, H. F. , Hill, E. W. , Geim, A. K. , and Novoselov, K. S. (2008) *Nano Lett.* , **8**, 1704 - 1708.

[44] Bourlinos, A. B. , Georgakilas, V. , Zboril, R. , Steriotis, T. A. , and Stubos, A. K. (2009) *Small*, **5**, 1841 - 1845.

[45] Hamilton, C. E. , Lomeda, J. R. , Sun, Z. , Tour, J. M. , and Barron, A. R. (2009) *Nano Lett.* , **9**, 3460.

[46] Misik, V. and Riesz, P. (1996) *Free Radical Biol. Med.* , **20**, 129.

[47] Guittonneau, F. , Abdelouas, A. , Grambow, B. , and Huclier, S. (2010) *Ultrason. Sonochem.* , **17**, 391.

[48] Khan, U. , O'Neil, A. , Loyta, M. , De, S. , and Coleman, J. N. (2010) *Small*, **6**, 864 - 871.

[49] Dreyer, D. R. , Park, S. , Bielawski, C. W. , and Ruoff, R. S. (2010) *Chem. Soc. Rev.* , **39**, 228 - 240.

[50] Quintana, M. , Grzelczak, M. , Spyrou, K. , Kooi, B. , Bals, S. , Van Tendeloo, G. , Rudolf, P. , and Prato, M. (2012) *Chem. Commun.* , **48**, 12159 - 12161.

[51] León, V. , Quintana, M. , Herrero, M. A. , Fierro, J. L. G. , de la Hoz, A. , Prato, M. , and Vázquez, E. (2011) *Chem. Commun.* , **47**, 10936.

[52] Cote, L. J. , Kim, F. , and Huang, J. (2009) *J. Am. Chem. Soc.* , **131**, 1043 - 1049.

[53] Gengler, R. Y. N. , Velingura, A. , Enotiadis, A. , Diamanti, E. K. , Gournis, D. , J zsa, C. , Wees, B. J. V. , and Rudolf, P. (2010) *Small*, **6**, 35.

[54] Emtsev, K. V. , Bostwick, A. , Horn, K. , Jobst, J. , Kellogg, G. L. , Ley, L. , McChesney, J. L. , Ohta, T. , Reshanov, S. A. , Rotenberg, E. , Schmid, A. K. , Waldmann, D. , Weber, H. B. , and Seyller, T. (2009) *Nat. Mater.* , **8**, 203.

[55] Sutter, P. W. , Flege, J. I. , and Sutter, E. A. (2008) *Nat. Mater.* , **7**, 406.

[56] Coraux, J. , N'Diaye, A. T. , Busse, C. , and Michely, T. (2008) *Nano Lett.* , **8**, 565.

[57] Kim, K. S. , Zhao, Y. , Jiang, H. , Lee, S. Y. ,Kim, J. M. , Kim, K. S. , Ahn, J. H. , Kim, P. , Choi, J. Y. , and Hong, B. H. (2009) *Nature*, **457**, 706.

[58] Rina, A. , Jia, X. , Ho, J. , Nezich, D. , Son, H. , Bulovic, V. , Dresselhaus, M. S. , and Kong, J. (2009) *Nano Lett.* , **9**, 30.

[59] Li, X. , Cai, W. , An, J. , Kim, S. , Nah, J. , Yang, D. , Piner, R. , Velamakanni, A. , Jung, I. , Tutuc, E. K. , Banerjee, S. K. , Colombo, L. , and Ruoff, R. S. (2009) *Science*, **324**, 1312.

[60] Batzill, M. (2012) *Surf. Sci. Rep.* , **67**, 83.

[61] Mattevi, C. , Kim, H. , and Chhowalla, M. (2011) *J. Mater. Chem.* , **21**, 3324.

[62] Terrones, M., Botello-Méndez, A. R., Delgado, J. C., López-Urías, F., Vega-Cantú, Y. I., Rodríguez-Macías, F. J., Elías, A. L., Munoz-Sandoval, E., Cano-Márquez, A. G., Charlier, J. C., and Terrones, H. (2010) *Nano Today*, **5**, 351.

[63] Han, M. Y., Özyilmaz, B., Zhang, Y., and Kim, P. (2007) *Phys. Rev. Lett.*, **98**, 206805.

[64] Jiao, L., Wang, X., Diankov, G., Wang, H., and Dai, H. (2010) *Nat. Nanotechnol.*, **5**, 321.

[65] Gomez-Navarro, C., Weitz, R. T., Bittner, A. M., Scolari, M., Mews, A., Burghard, M., and Kern, K. (2007) *Nano Lett.*, **7**, 3499.

[66] Tombros, N., Jozsa, C., Popinciuc, M., Jonkman, H. T., and van Wees, B. J. (2007) *Nature*, **448**, 571.

[67] Novoselov, K. S. et al. (2005) *Proc. Natl. Acad. Sci. U. S. A.*, **102**, 10451.

[68] Huang, P. Y., Ruiz-Vargas, C. S., van der Zande, A. M., Whitney, W. S., Levendorf, M. P., Kevek, J. W., Garg, S., Alden, J. S., Hustedt, C. J., Zhu, Y., Park, J., McEuen, P. L., and Muller, D. A. (2011) *Nature*, **469**, 389.

[69] Jinschek, J. R., Yucelen, E. H., Calderon, A., and Freitag, B. (2011) *Carbon*, **49**, 556.

[70] Ferrari, A. C., Meyer, J. C., Scardaci, V., Casiraghi, C., Lazzeri, M., Mauri, F., Piscanec, S., Jiang, D., Novoselov, K. S., Roth, S., and Geim, A. K. (2006) *Phys. Rev. Lett.*, **97**, 187401.

[71] Parka, J. S., Reina, A., Saito, R., Kong, J., Dresselhaus, G., and Dresselhaus, M. S. (2009) *Carbon*, **47**, 1303 - 1310.

[72] Tuinstra, F. and Koenig, J. (1970) *J. Chem. Phys.*, **53**, 1126.

[73] Mohiuddin, T., Lombardo, A., Nair, R., Bonetti, A., Savini, G., Jalil, R., Bonini, N., Basko, D., Galiotis, C., Marzari, N., Novoselov, K., Geim, A., and Ferrari, A. (2009) *Phys. Rev. B*, **79**, 205433.

[74] De, S., King, P. J., Lotya, M., O'Neill, A., Doherty, E. M., Hernandez, Y., Duesberg, G. S., and Coleman, J. N. (2009) *Small*, **6**, 1 - 7.

[75] Wang, G., Yang, J., Park, J., Gou, X., Wang, B., Liu, H., and Yao, J. (2008) *J. Phys. Chem. C*, **112**, 8192 - 8195.

[76] Bourlinos, A. B., Georgakilas, V., Zboril, R., Steriotis, T. A., Stubos, A. K., and Trapalis, C. (2009) *Solid State Commun.*, **149**, 2172 - 2176.

[77] Jung, I., Pelton, M., Piner, R., Dikin, D. A., Stankovich, S., Watcharotone, S., Hausner, M., and Ruoff, R. S. (2007) *Nano Lett.*, **7**, 3569.

[78] Ni, Z. H., Chen, W., Fan, X. F., Kuo, J. L., Yu, T., Wee, A. T. S., and Shen, Z. X. (2008) *Phys. Rev. B*, **77**, 115416.

[79] Blake, P., Hill, E. W., Neto, A. H. C., Novoselov, K. S., Jiang, D., Yang, R., Booth, T. J., and Geim, A. K. (2007) *Appl. Phys. Lett.*, **91**, 063124.

[80] Nair, R. R., Blake, P., Grigorenko, A. N., Novoselov, K. S., Booth, T. J., Stauber, T., Peres, N. M. R., and Geim, A. K. (2008) *Science*, **320**, 1308.

[81] Sun, Z., Yan, Z., Yao, J., Beitler, E., Zhu, Y., and Tour, J. M. (2010) *Nature*, **468**, 549 - 552.

[82] Lee, D. Y., Khatun, Z., Lee, J. H., and Lee, Y. K. (2011) *Biomacromolecules*, **12**, 336 - 341.

[83] Dong, Y., Chen, C., Zheng, X., Gao, L., Cui, Z., Yang, H., Guo, C., Chi, Y., and Li, C. M. (2012) *J. Mater. Chem.*, **22**, 8764.

[84] Pan, D., Zhang, J., Li, Z., and Wu, M. (2010) *Adv. Mater.*, **22**, 734 - 738.

[85] Shen, J., Zhu, Y., Yang, X., Zong, J., Zhang, J., and Li, C. (2012) *New J. Chem.*, **36**, 97 - 101.

[86] Xie, M., Su, Y., Lu, X., Zhang, Y., Yang, Z., and Zang, Y. (2013) *Mater. Lett.*, **93**, 161 - 164.

[87] Yang, F., Zhao, M., Zheng, B., Xiao, D., Wo, L., and Guo, Y. (2012) *J. Mater. Chem.*, **22**, 25471.

[88] Zhang, M., Bai, L., Shang, W., Xie, W., Ma, H., Fu, Y., Fang, D., Sun, H., Fan, L., Han, M., Liu, C., and Yang, S. (2012) *J. Mater. Chem.*, **22**, 7461.

[89] Wang, F., Zhang, Y., Tian, C., Girit, C., Zettl, A., Crommie, M., and Shen, Y. R. (2008) *Science*, **320**, 206.

[90] Zhang, Y., Tang, T. T., Girit, C., Hao, Z., Martin, M. C., Zettl, A., Crommie, M. F., Shen, Y. R., and Wang, F. (2009) *Nature*, **459**, 820.

[91] Zhang, H. B., Zheng, W. G., Yan, Q., Yang, Y., Wang, J. W., Lu, Z. H. et al. (2010) *Polymer*, **51**, 1191 - 1196.

第2章

原生石墨烯表面有机官能团的共价连接

Vasilios Georagakilas

2.1 导　　论

一般而言,石墨烯的碳纳米结构的化学高稳性是由石墨晶格的扩展芳香特性所提供。事实上,这种稳定性常受化学物质诸如气体、酸或碱的影响,特定条件下由化学过程如催化步骤决定。此外,迄今用于石墨烯的几种有机反应已产生大量衍生物。与石墨烯的反应通常可分为两类。第一类为氧化石墨烯(GO)制备过程中羧基、羟基、环氧基分布在GO层上。这类反应将在第3章介绍。第二类包括有机官能团与原生石墨烯或GO的sp^2碳原子直接共价连接,本章将加以介绍。

石墨烯的sp^2碳原子的化学反应源自下列描述。据知,在缺陷点及边缘处,大量碳原子为sp^3杂化。这些sp^3碳原子的存在减少了缺陷和边缘附近区域的芳香特性,因此增加了邻近sp^2碳原子或碳-碳双键(C═C)的反应活性。此外,石墨碳原子的直接共价加成将其从sp^2改为sp^3杂化,因而随着反应进行,石墨烯层sp^3碳原子数目逐渐增多,造成反应中石墨烯的芳香性持续降低,其化学反应活性增加。此外,尽管理论上石墨烯为平面结构,大的二维表面协同极薄的厚度制造了许多反常的、非平面的、弯曲畸状的折叠和褶皱,诱发局部应力,因此C═C键的化学反应活性类似于碳纳米管圆柱形状的曲面诱发的反应活性。

对石墨烯中石墨型碳原子进行有机共价修饰存在优缺点。在石墨烯表面增加有机基团,伴随碳原子从sp^2杂化到sp^3杂化的转换,破坏了芳香体系。这种变化对有机石墨烯衍生物的电子和力学性能有重大影响。通常影响的程度取决于已反应的碳原子百分比和反应类型。衍生物增加的性能取决于增加的有机官能团,丰富了石墨烯的物理化学特性。因此,石墨烯被亲有机性或亲水的有机基团、生色团、药物、生物分子或聚合物修饰能获得类似的性质和特征。提高石墨烯纳米片的亲有机性,将促进它在有机溶剂中的分散性及随之在类似聚合物中的分散或混合。此外,修饰后的有机特性可改善同聚合物的化学亲和性,成为增强聚合物纳米复合材料力学性能的关键因素。总之,碳纳米结构——石墨烯、碳纳米管、纳米角,分散在有机溶剂中比固相更易被纯化、表征和处理。缺乏稳定剂的液相容易使得石墨烯单层重整为大块石墨聚集体或在非液相中成为石墨。

功能化的石墨烯的表征一般基于微观技术,如原子力显微镜、透射电子显微镜(TEM)、高分辨透射电子显微镜(HRTEM)用于识别石墨烯,光学设备如紫外-可见光、傅里叶转换红外(FTIR)、拉曼、X射线光电子谱(XPS)、光致发光谱、热重分析表征形貌。自由基、亲二烯体及其他活性中间体是石墨烯的直接有机功能化中使用最普遍的有机物。下面将通过典型实例具体描述这类应用最广泛的反应。

2.2　环加成作用

2.2.1　甲亚胺叶立德的1,3-偶极环加成反应

1,3-偶极环加成反应是以1,3-偶极子和双或三碳键(亲偶极子)间的反应而命名。1,3-偶极子通常指三原子分子或共享4个π电子的分子局部。反应的结果是生成五重环。在石墨烯的1,3-偶极环加成反应中,石墨烯具有偶极环加成的作用。其中最具吸引力的1,3-偶极子是甲亚胺叶立德,一种活性中间体,通过α甘氨酸和醛加热缩合而成。在石墨烯C＝C键上甲亚胺叶立德的加成导致垂直于石墨烯表面的环状吡咯烷的形成。反应机理如图2.1所示。这个反应可用于原生石墨烯及GO,因为活性sp^2碳原子在石墨烯纳米结构中存量丰富。这类功能化最吸引人的优点是官能团具有多样性,可以是*N*-甲基甘氨酸或醛反应物的一部分。因此,设计特殊有机基团(如图2.1R_1和R_2所示)功能化石墨烯,加成基团要么成为醛(—R_2)的一部分,要么成为α氨基酸(—R_1)的一部分。于此,有两种不同的实现路径。第一种,反应的甲亚胺叶立德通过取代的醛(通过基团—R_2)与最简单的α氨基酸、*N*-甲基甘氨酸(通过取代醛路径)复合。在这种情况下,加到石墨烯的有机官能团(—R_2)位于靠近氮的吡咯烷环的碳原子上。第二种路径,反应是通过最简单的醛(多聚甲醛)和特殊官能团—R_1功能化的α氨基酸(通过取代α氨基酸路径)的冷凝实现的。加成的官能团即被接在吡咯烷的氮原子上。这两种方法得到的石墨烯衍生物的明显区别在于加成基团相对石墨层表面位置的不同。第一种方法,基团是靠近或平行于石墨表面;第二种方法,加成的基团基本垂直石墨烯表面。显然,反应同取代的氨基酸和醛也能同时进行。

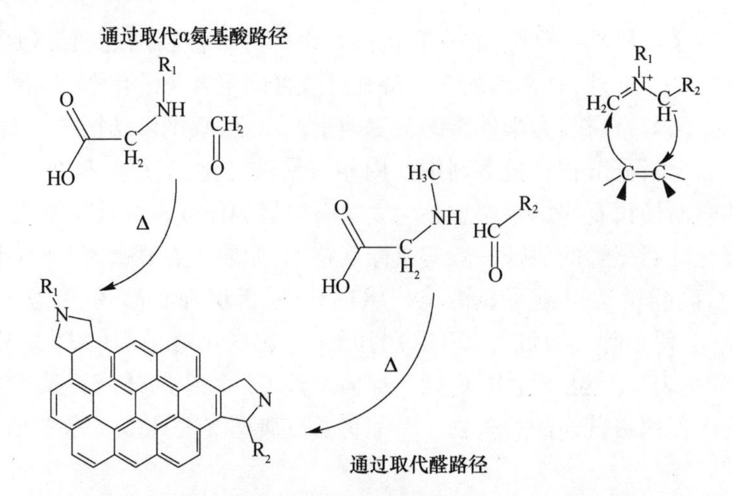

图 2.1　甲亚胺叶立德与石墨烯的 1,3-偶极环加成反应机理,一种反应路径包括 R_1 取代的 *N*-甲基甘氨酸结合甲醛,另一路径包括 *N*-甲基甘氨酸结合 R_2 取代乙醛,右上部分为偶极活性中间体

2.2.1.1　通过取代醛的路径

以 1,3-偶极环加成反应将过量的甲亚胺叶立德成功地接到富勒烯[1-3]和碳纳米管上[4-10]的这类反应,已成功用于石墨烯纳米片的修饰。以 1,4-二烃基苯甲醛和 *N*-甲基甘氨酸为原材料,原生石墨烯被吡咯烷环修饰,而后被二烃苯基取代(图 2.2(A))[11]。石墨烯表面羟基化苯基的覆盖极大提高了修饰石墨烯纳米片在极性溶剂如乙醇、二甲基甲酰胺(DMF)里的分散性(图 2.2(B))。此外,羟基能被进一步功能化产生更多的石墨烯衍生物。例如在吡咯烷功能化的碳纳米管中出现的一系列后官能化[5]。

对形成的垂直石墨烯表面的每个吡咯烷环,石墨烯层上的两个碳原子的 sp^2 杂化已转换为 sp^3 型杂化。通过产物拉曼谱中石墨烯的两个特征带 D 带和 G 带的 I_D/I_G 值已经证实这种变化。事实上,I_D/I_G 值随着共价键功能化程度的增加而增大。这种变化归于石墨烯 sp^3 型碳原子数目对 D 带强度的间接影响。原生石墨烯 D 带远远低于 G 带,图 2.2(C)展示了与之相比,高度功能化的石墨烯衍生物拉曼谱中 D 带已超过 G 带的一半高度。

这类反应路径还可用于通过吡咯烷环共价键连接四苯基卟啉(TPP)或钯－四苯基卟啉(Pd-TPP)发色团到石墨烯,有贡献的是 TPP 或 Pd-TPP 和 *N*-甲基甘氨酸的醛取代反应(图 2.3)[12]。拉曼谱中 I_D/I_G 值从功能化前的 0.22 增加到 0.4(卟啉功能化石墨烯),是因为石墨烯参与反应的碳原子从 sp^2 型到 sp^3 型杂化的转化。

功能化反应后,TGA 是估算石墨烯表面全部加成基团的有用技术。这是因为去除石墨烯加成的有机基团所需的热,不同于其他过程,诸如溶剂的蒸发、物

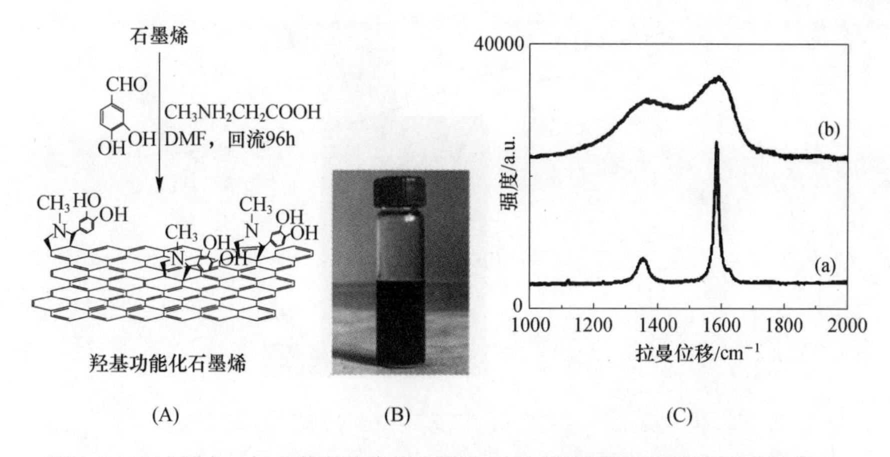

图2.2 (A)源自二烃基苯基取代的乙醛和*N*-甲基甘氨酸的石墨烯纳米片通过甲亚胺叶立德的1,3-偶极环加成;(B)DMF溶剂中吡咯烷功能化的石墨烯的分散液;(C)(a)原生石墨烯和(b)吡咯烷功能化的石墨烯的拉曼谱(经许可引自文献[11],版权©2010,英国皇家化学学会)

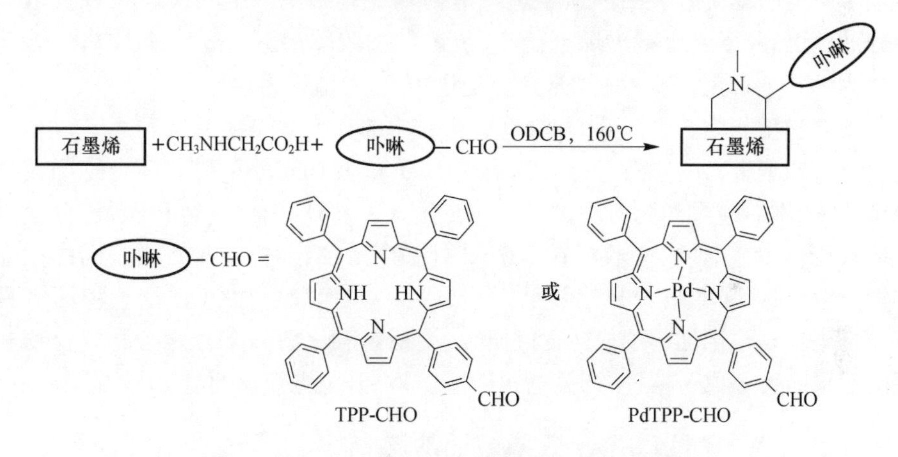

图2.3 通过1,3-偶极环加成固定卟啉到石墨烯上
(经许可引自文献[12],版权©2011,Wiley-VCH出版公司)

理吸附分子的去除、石墨烯的氧化所需的热。TPP 和 Pd-TPP 功能化石墨烯的 TGA 数据显示,在200~500℃间有20%质量损失,而在原生石墨烯的 TGA 数据只有不到10%的质量损失(图2.4)。过多的质量损失源自石墨烯上添加基团的去除,因而相对百分比也显示了最终产物中增加基团的数量。

最终利用1,3-偶极环加成反应,苯醛基取代共轭多芴基聚合物作为侧链接枝到 *r*GO 表面。如图2.5所示,聚合物的嫁接通过共轭聚合物 *N*-甲基甘氨酸的苯甲醛基团和 *r*GO 上的 C ═ C 键的缩合反应形成的甲亚胺叶立德中间产物实现[13,14]。原生石墨烯和 GO 间的基本结构区别,是 GO 表面存在的含氧基团(环氧基团、羧基、羟基)不会直接影响1,3-偶极环加成反应。然而,有几个与石墨

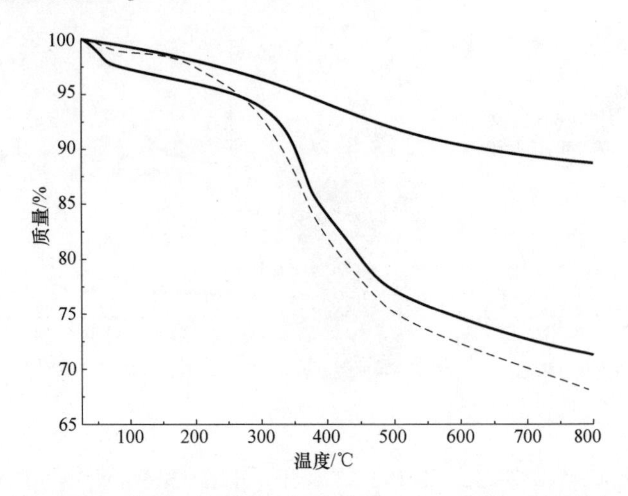

图 2.4　石墨烯(粗实线)、石墨烯-TPP(细实线)和石墨烯-Pd-TPP(虚线)的 TGA 曲线(经许可引自文献[12],版权©2011,Wiley-VCH 出版公司)

型纳米结构的本质有关的因素会影响最终功能化结果。例如,GO 在有机溶剂中分散性更好,形成比石墨烯更稳定、更浓缩的胶体溶液。还原前 GO 的 I_D/I_G 值约为 1.83,而还原后 *r*GO 纳米片拉曼谱中 I_D/I_G 值约为 0.5。

聚合物功能化石墨烯的 I_D/I_G 值从 *r*GO 中的 0.5 增加到 1.3,显示其成功功能化。共轭聚合物的紫外 - 可见谱由 307nm 和 367nm 处重叠的两个特征吸收峰组成,分别对应聚合物骨架的 π、π^* 转化。在 *r*GO 表面嫁接可被看成分子内给体和受体的聚合物,吸收峰在 307nm 处强度增加,而由于与石墨表面的相互作用,367nm 峰强度减少并蓝移至 357nm 处。共轭聚合物/*r*GO 复合物证实具有非易失性复写记忆的用途。据此研究,由铟锡氧化物(ITO)、聚合物复合物和铝的三层结构组成了器件,开关电压约 -1.2V,开关电流比超过 10^4[14]。

2.2.1.2　通过取代 α 氨基酸的路径

Prato 等用端部被有机官能团 NH_2 取代的 α 氨基酸协同多聚甲醛,通过取代 α 氨基酸的路径,在石墨烯上形成了取代的吡咯烷环[15]。在此反应中,NH_2 受叔丁氧基羰基(Boc)基团保护,产物中后者很容易被盐酸处理去除。这些 NH_2 基团选择性连接在金纳米棒上,用于标记揭示吡咯烷环在石墨烯表面的位置[15]。金修饰的石墨烯、金纳米棒及覆盖整个石墨烯片层区域的吡咯烷环的特征 TEM 图说明 1,3-偶极环加成与表面碳原子的位置无关(图 2.6)。

另一个通过取代的 α 氨基酸实现 1,3-偶极环加成的典型例子是,使用端部为 *N*-甲基甘氨酸的酯,经过水解步骤,实现石墨烯被含羧基的吡咯烷环功能化。如图 2.7 所示,最后利用修饰的官能团,石墨烯很容易被醇、酚或胺后官能化[16]。

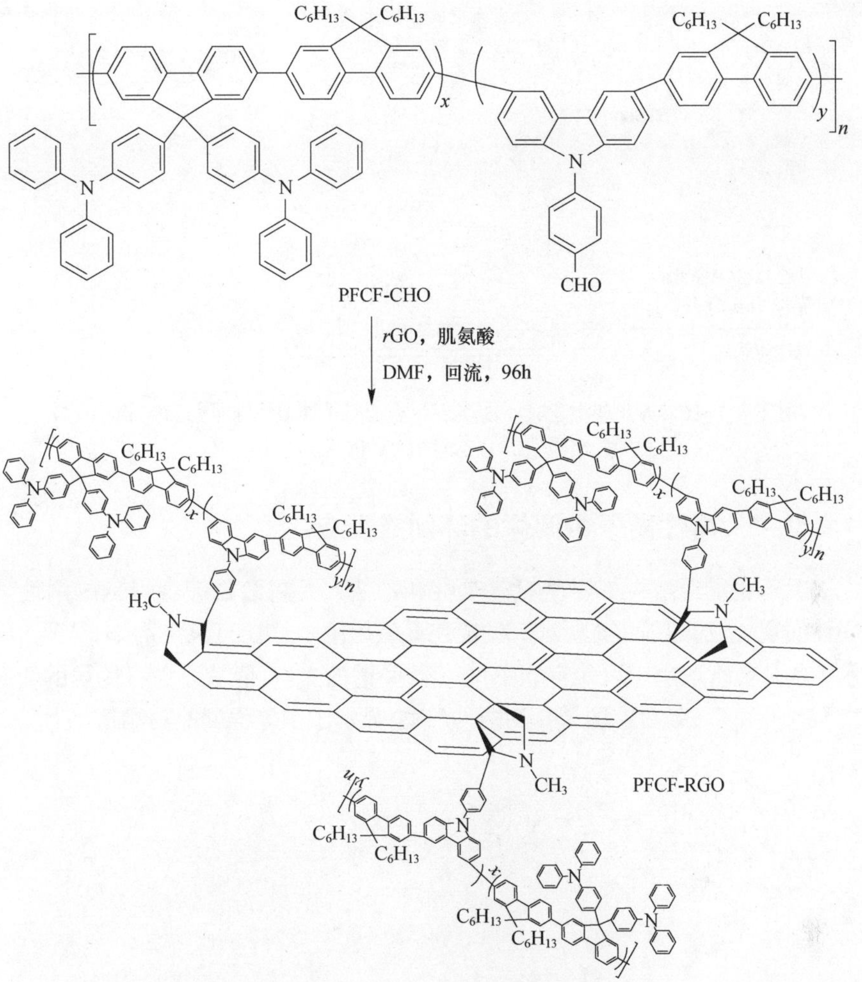

PFCF-CHO
CHO
rGO，肌氨酸
DMF，回流，96h
PFCF-RGO

图 2.5　共轭聚合物以取代醛路径通过共价键连接到 rGO
（经许可引自文献[14]，版权©2011，Wiley-VCH 出版公司）

NH3+Cl−
Au
100nm
200nm

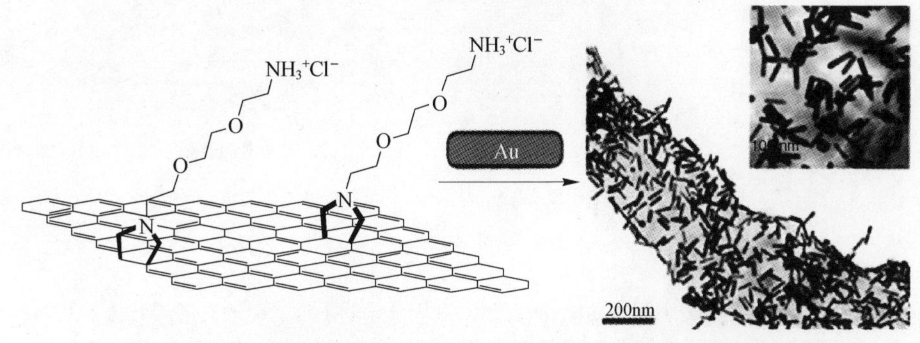

图 2.6　石墨烯表面通过连接吡咯烷环的氨基端及由此制备的金纳米棒修饰的石墨烯的 TEM 图（经许可引自文献[15]，版权©2010，美国化学学会）

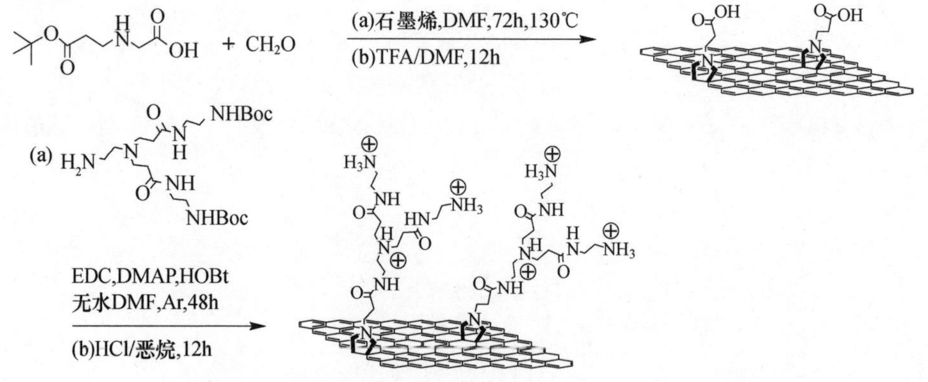

图 2.7　羧酸盐端的吡咯烷环被连接到石墨烯表面（经许可引自文献[16]，版权©2011，英国皇家化学学会）

2.2.2　两性离子中间体的环加成反应

五元环也能通过 4-二甲基氨基吡啶和乙炔二元羧酸盐缩合得到的两性离子中间体实现加成，如图 2.8 所示。功能化石墨烯纳米片在有机溶剂如 DMF、$CHCl_3$ 或水中的分散性取决于取代官能团[17]。拉曼谱的 I_D/I_G 值从原生石墨烯的 0.3 分别增至 0.4 和 0.54，对应图 2.8 的两种产物，显示了中等程度的功能化。

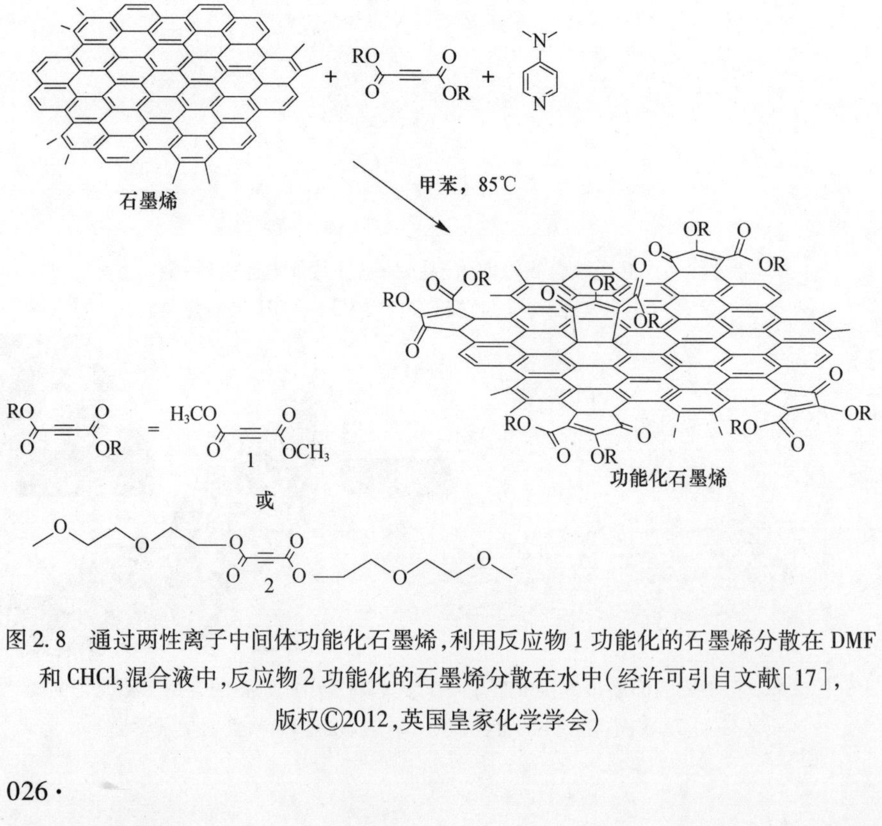

图 2.8　通过两性离子中间体功能化石墨烯，利用反应物 1 功能化的石墨烯分散在 DMF 和 $CHCl_3$ 混合液中，反应物 2 功能化的石墨烯分散在水中（经许可引自文献[17]，版权©2012，英国皇家化学学会）

2.2.3　狄尔斯－阿尔德环加成反应

狄尔斯－阿尔德(Diels-Alder,DA)环加成反应广泛用于共轭二烯烃和亲双烯体烯烃间的有机反应,已成功用于修饰碳纳米结构[18－22]。石墨烯具有多芳香属性,依据加成反应物的性质充当二烯体或亲双烯体。Haddon 等研究了几种不同的石墨烯纳米片 DA 环加成反应[23]。在四氰乙烯(TCNE)或顺丁烯二酸酐的反应中,石墨烯充当二烯烃;而在加成 2,3-二甲氧基-1,3-丁二烯或 9-甲基蒽,石墨烯充当亲二烯体。在所有情况下,形成的六元环垂直于石墨烯表面(图 2.9)[23]。

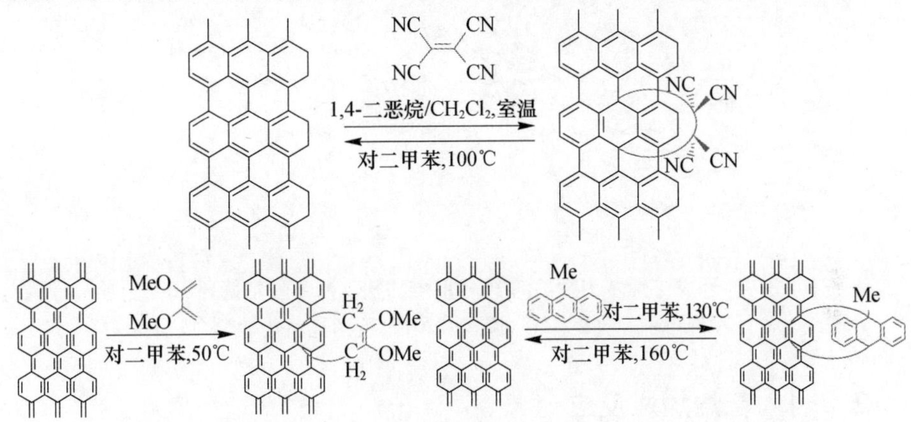

图 2.9　石墨烯和亲二烯体或双烯间的狄尔斯－阿尔德环加成反应
(经许可引自文献[23],版权©2011,美国化学学会)

一般来说,同 TCNE 的 DA 环加成反应在室温下石墨烯纳米片的二氯甲烷悬浊液中进行。此反应具有可逆特性,即在一定条件下石墨烯可通过去除加成基团回复原生形式并恢复电子特性。TCNE 功能化石墨烯的可逆反应在 100℃加热的二甲苯分散液中进行。根据拉曼谱的 I_D/I_G 值,在 TCNE 或顺丁烯二酸酐环加成前后,单层石墨烯具有远高于少层石墨烯和高定向热解石墨(HOPG)的反应活性,后两者反应活性相似。顺丁烯二酸酐的环加成反应对温度敏感。在 2,3-二甲氧基-1,3-丁二烯或 9-甲基蒽的 DA 环加成反应中,检测出石墨烯充当亲二烯体的反应活性。当 DA 反应前后的石墨烯拉曼谱的 I_D/I_G 值均超过 1,可通过优化温度、溶剂、反应物摩尔比或反应时间等参数极大提高 DA 反应的产量。

具有环戊二烯基端部的聚乙二醇(PEG)甲醚链能被接到化学还原型氧化石墨烯(*r*GO)表面。在 DA 环加成反应中,它充当与石墨烯表面进行双键反应的双烯(图 2.10)。反应的产物是共价接枝 PEG 链的功能化的 *r*GO 纳米片[24]。这里 I_D/I_G 值从 *r*GO 的 1.18 增加到聚合物功能化 *r*GO 的 1.34～1.38,显示出反应的产率极低。

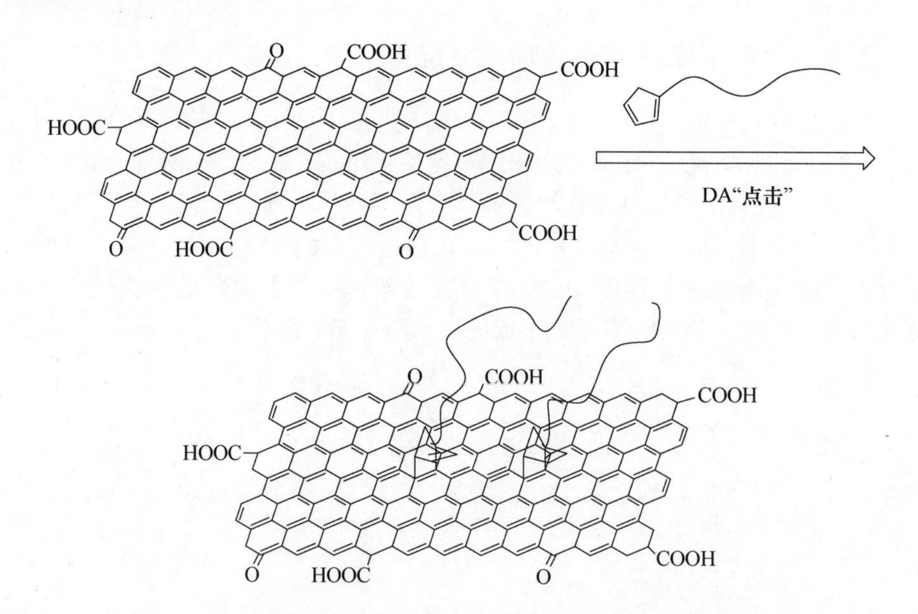

图 2.10　环戊二烯基为端部的 PEG 甲醚的狄尔斯 - 阿尔德环加成反应
（经许可引自文献[24]，版权©2012，英国皇家化学学会）

2.2.4　氮烯加成反应

氮烯源于热或光化学去除 N_2 分子后的有机叠氮化物的反应中间体。它们很容易和石墨烯 C ═ C 双键反应形成三元氮丙环，连接石墨烯表面与有机叠氮化物的局部。有赖于这些有机部位，石墨烯纳米片最终被芳香物[25,26]、高聚物[27]或脂肪链修饰，且能进一步被如羧基、羟基或全氟烃基官能团取代[28-30]。基于这些官能团的贡献，修饰化石墨烯可进一步实现后官能化。例如，金纳米粒子分散在羧基 - 烷基氮杂环丙烷功能化的石墨烯的悬浊液中，能被羧基选择性捕获而固定在功能化石墨烯表面（图 2.11(a)）。TEM 图显示金纳米粒子的位置也表明了官能团的位置（图 2.11(b)）。有机物修饰的石墨烯易于分散在有机溶剂中。石墨烯表面氮丙环的形成伴随着石墨烯中 sp^3/sp^2 型杂化碳原子的同比增加，表现为功能化石墨烯 D 带和 G 带的 I_D/I_G 值的增加（图 2.11(c)，谱线 1 和谱线 2）。当石墨烯同过量烷基叠氮化物以 1∶10 反应，I_D/I_G 值进一步增加（图 2.11(c)，谱线 3）。此现象揭示了反应物和石墨烯功能化程度的直接联系。换句话说，石墨烯功能化的程度能被反应物的量所控制。移到低于 $2700cm^{-1}$ 的宽化的 2D 带表明最终产物中单层及少层石墨烯含量的增加[28]。

与加成的叠氮化物比，产物的红外谱显示石墨烯叠氮反应后成功形成了氮丙环。在 TPE 功能化石墨烯的红外谱中，$2100cm^{-1}$ 缺失的峰对应四苯基乙烯（TPE）叠氮基的伸缩振动[30]，其他峰可归于加成的 TPE 的有机部分，显示石墨

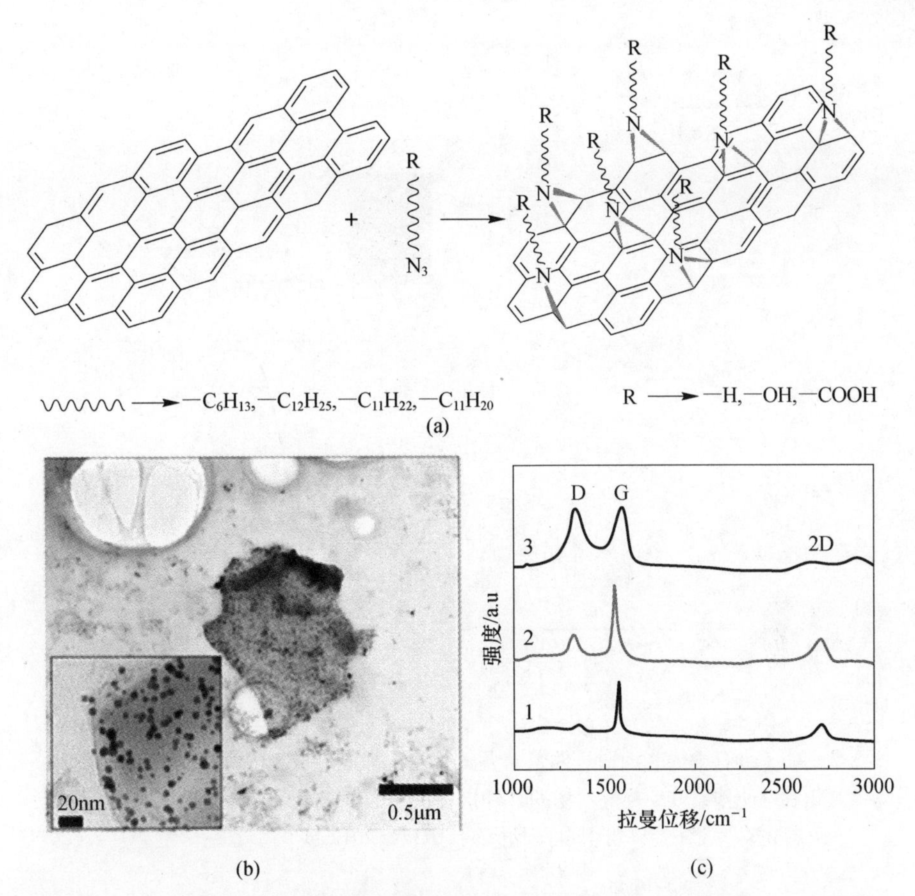

图2.11　(a)石墨烯表面烷基叠氮化物的加成和氮杂环丙烷环的形成；(b)金纳米粒子分散在叠氮庚酸功能化的石墨烯表面的TEM图；(c)原生石墨烯片(谱线1)、1∶1比例(谱线2)、1∶10叠氮化物过量(谱线3)叠氮庚酸功能化的石墨烯的拉曼谱(经许可引自文献[28]，版权©2011，英国皇家化学学会)

烯表面有效的氮丙环的形成(图2.12)。TPE叠氮化物是聚合诱导发光分子家族的一员。这些分子看起来仅在固态或当它们聚合成丛簇才发光。TPE叠氮化物的这种行为通过记录其在水/四氢呋喃(THF)中的荧光发射谱可以观察到。TPE叠氮化物在THF中的荧光谱在480nm左右有最大强度的发射谱。水含量增加，聚合物的尺寸和数量减小，荧光发射带减弱直至消失。TPE功能化的石墨烯中却没有观察到这类行为，这是因为TPE和石墨烯间的分子内电子作用，480nm处的荧光发射谱的强度被接枝到石墨烯上的共价键淬灭了。

氮烯加成也能被用于向石墨烯纳米片上接枝在高聚物链上富含叠氮基的聚合物[25]。通过氮烯加成，炔烃叠氮基功能化侧链的聚乙炔能被共价接枝到石墨烯表面(图2.13)。制备的聚合复合物由于具有与功能化聚乙炔的化学亲和力，具有在普通有机溶剂中改善的分散性。与叠氮基取代的聚乙炔相比，最终复合

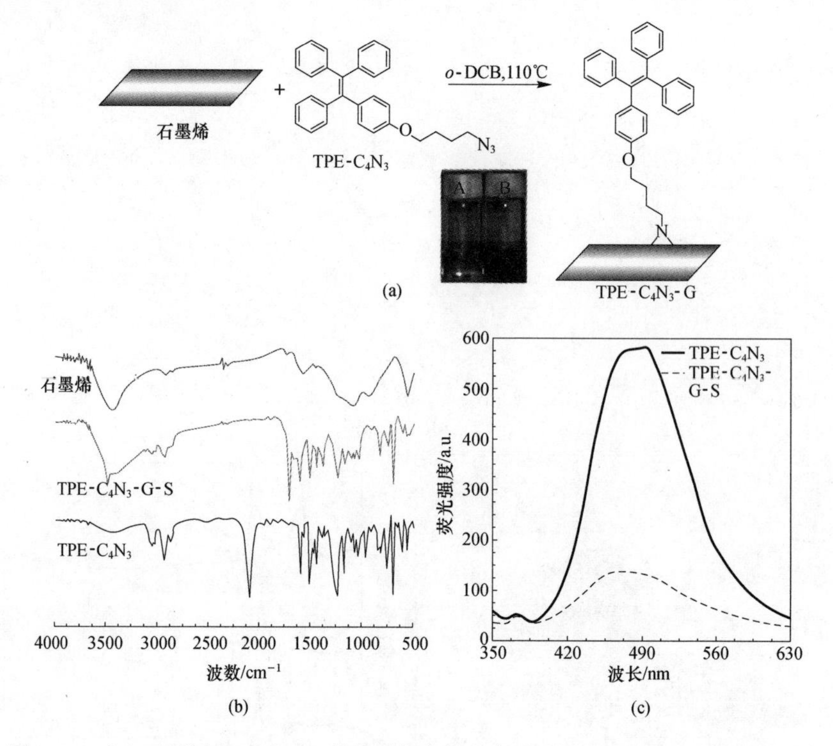

图 2.12 (a)石墨烯表面通过四苯基叠氮化物的加成形成氮丙环;(b)石墨烯、TPE 叠氮化物-石墨烯、TPE 叠氮化物的红外谱;(c)TPE 叠氮化物和 TPE 叠氮化物-石墨烯的荧光谱(经许可引自文献[30],版权©2012,英国皇家化学学会)

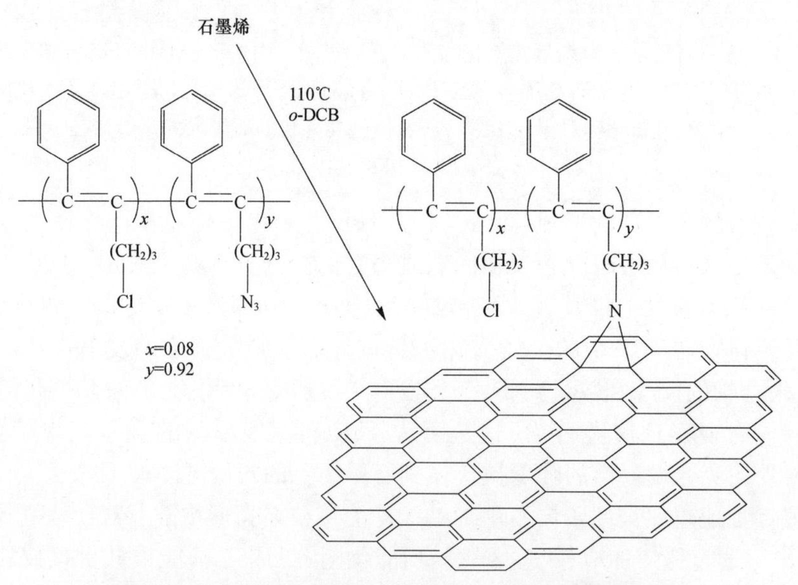

图 2.13 通过氮丙环连接的聚乙炔/石墨烯复合物的形成
(经许可引自文献[25],版权©2011,Wiley-VCH 出版公司)

物中叠氮物在2097cm^{-1}峰的减弱证明了氮丙环的形成[25]。同样的反应也能被用于苯丙氨酸功能化的石墨烯，如反应发生在氮气保护的叠氮苯基丙氨酸和分散于邻二氯苯剥蚀的石墨烯片层间的反应[26]。

2.2.5　碳烯加成反应

同于氮烯，碳烯是缺电子的高活性有机中间体，能攻击C—H键中的sp^3碳原子取代其中的氢，或与C＝C键发生[1+2]环加成反应。由于石墨烯富含C＝C键和边缘或缺陷位置存在C—H键，碳烯同石墨烯的作用可导致石墨烯通过上述反应实现功能化。尽管已有许多碳烯衍生物同碳纳米管、金刚石、富勒烯作用的前例可借鉴，碳烯同石墨烯的反应目前并未取得较好的进展[31-34]。氯仿制备的二氯卡宾经氢氧化钠处理后通过[1+2]反应加成到石墨烯纳米片上形成三元环。

更为成熟的碳烯功能化石墨烯的例子是Ismaili等通过努力将金纳米粒子以有机连接固定到了石墨烯表面[35]。此例中的碳烯是通过光化学处理3-芳基-3(三氟甲基)-双吖吡啶形成的，它能通过分子端部的Au—S键使得金纳米粒子组装其上。双吖吡啶是三元杂环，其sp^3碳原子同偶氮基团的两个氮原子相结合。通过加热或辐射分解双吖吡啶分子以及以N_2的形式去除氮原子得到碳烯。3-芳基-3(三氟甲基)-双吖吡啶衍生物常被用于制备碳烯，因为制备的碳烯不存在可能的分子间重排，这种优势使得碳烯加成反应中副产物减少。这里，烷烃硫醇链覆盖的金纳米粒子通过硫醇-烷氧基连接，也能部分被3-芳基-3(三氟甲基)-双吖吡啶分子功能化，此时硫醇接在金上，氧接在芳基环上，如图2.14(A)所示。

最后，金纳米粒子在石墨烯表面的固定可通过比较石墨烯与碳烯加成前后的特征TEM图的对比加以证实(图2.14(B))。空白对比实验中，石墨烯也是经金功能化的二氮吡啶通过相同步骤处理，只是缺少制备碳烯的必要的辐射步骤。对应的TEM图显示，金纳米粒子极少被固定在石墨烯表面；这种情况下与正常辐射的石墨烯相比，后者被金纳米粒子覆盖度高。平行实验支持了提出的假设，碳烯加成主要发生在C＝C键和C—H键或石墨烯的含氧基团上。

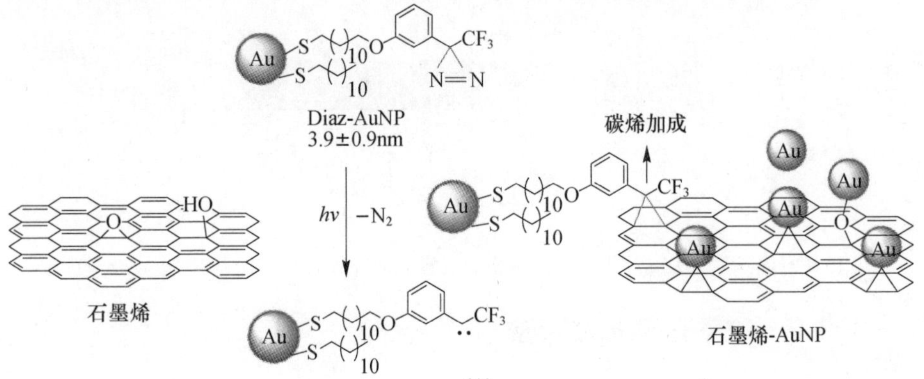

(A)

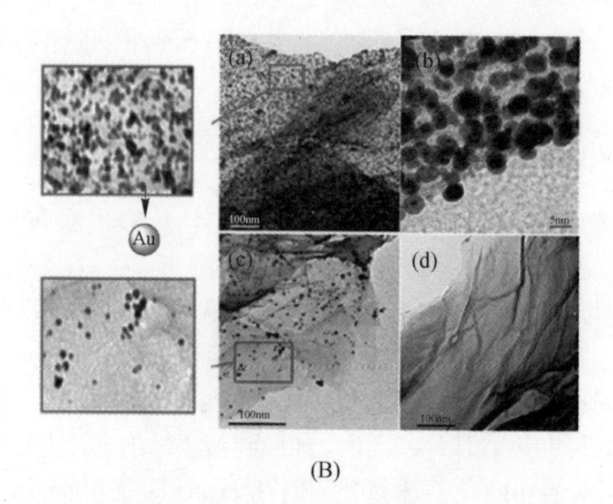

图 2.14 (A)石墨烯表面通过[1+2]环加成连接3-芳基-3(三氟甲基)重氮甲烷衍生物固定金纳米粒子;(B)(a)和(b)辐射后碳烯加成共价结合的石墨烯和金纳米粒子在不同放大倍数下的TEM图;(c)石墨烯和少量分散的金纳米颗粒,在无碳烯反应下的沉积;(d)石墨烯原材料(经许可引自文献[35],版权©2011,美国化学学会)

2.2.6 芳炔加成反应

芳炔是高活性有机中间物,通过去除两邻位取代基从苯基衍生物制得。因为它们的活性,芳炔与C=C键或二烯烃分别易以[2+2]或DA型[4+2]环加成反应。在独特的范例里,石墨烯已通过芳炔环加成实现了功能化,Ma等用2-三甲基硅芳基三酯作为原材料制备芳炔中间体(图2.15)。通过四元环在石墨烯上连接修饰的芳烃,修饰的石墨烯在溶剂如DMF、1,2-二氯苯、乙醇、氯仿和水中的分散性都得到明显增强。芳烃能被多种不同的官能团取代[36]。

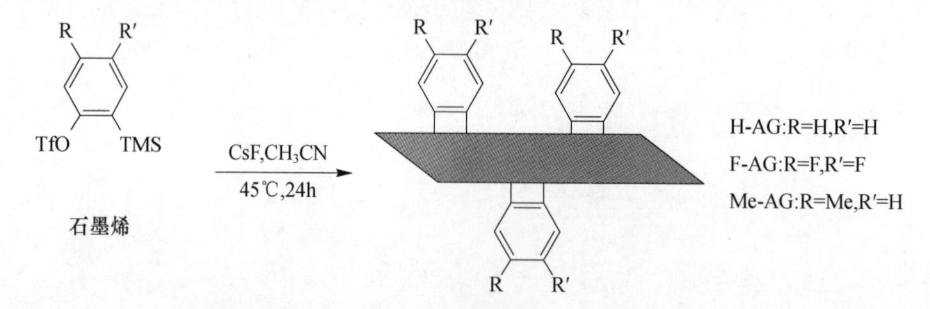

图 2.15 石墨烯表面加成芳炔(经许可引自文献[36],版权©2010,英国皇家化学学会)

2.2.7 宾格尔环加成反应

Tagmatarchis 等描述了借助微波辅助法功能化石墨烯的引人入胜的宾格尔

(Bingel)反应[37]。宾格尔反应是典型的[2+1]环加成反应,之前已被成功用于碳纳米结构,如富勒烯、碳纳米管和碳纳米角[38-40]。通常在碳纳米结构的悬浮液中,二乙基二溴丙二酸酯同二氮杂双环[5.4.0]十一碳-7-烯(DBU)作为催化剂。室温下简单搅拌2h实现环加成。这里使用微波辐射法明显缩短反应时间,一般来说,微波反应几乎没有副产物。最初石墨烯纳米片分散在苯甲基中被用作同丙二酸二乙酯和四硫富瓦烯(TTF)单基取代的丙二酸二乙酯进行宾格尔环加成反应的原材料(图2.16)。两种主要反应物DBU和四溴化碳混合,经一步或两步法微波辐射数分钟。最终分离的产物二乙基丙二酸盐化的石墨烯可分散在如二氯甲烷、甲苯、DMF等数种溶剂中。若干条件如反应物比例、微波功率、反应时间、反应物浓度等对反应的影响也被讨论。石墨烯的高效功能化通过产

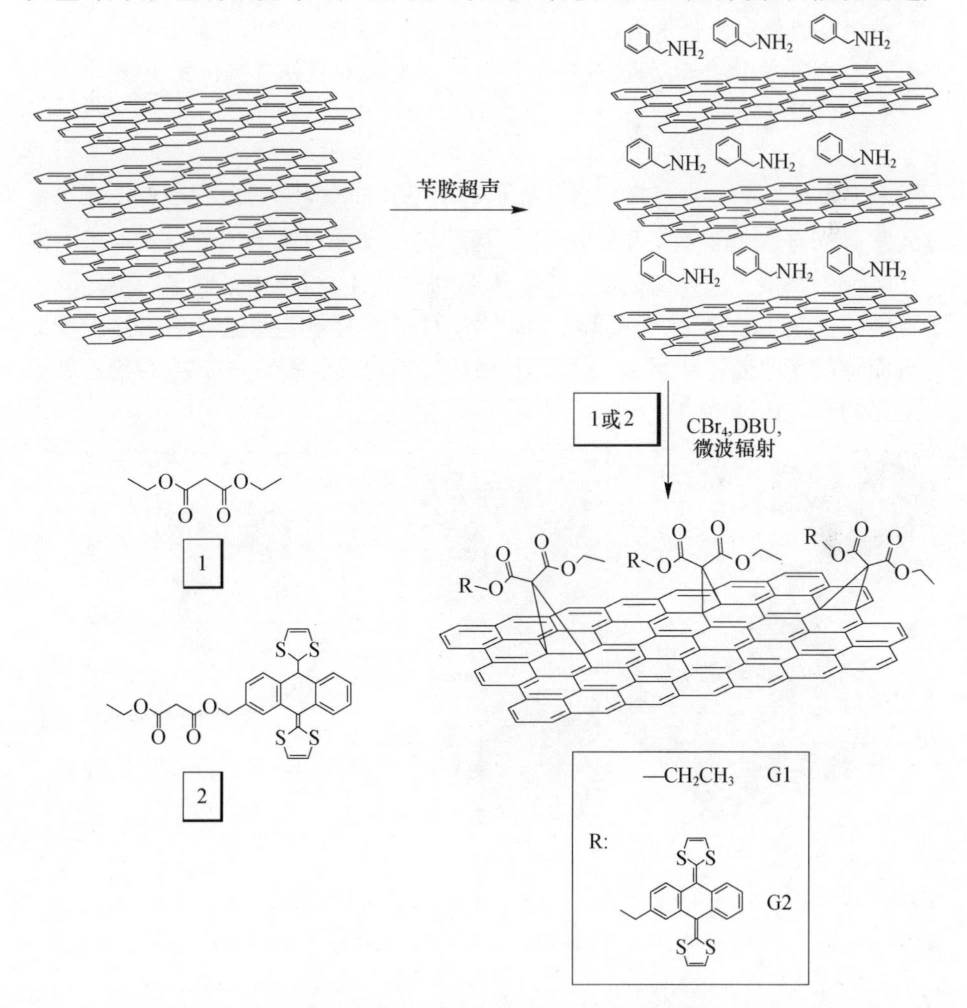

图2.16　利用微波辐射分散在苄胺中石墨烯纳米片的宾格尔环丙烷化反应
(经许可引自文献[37],版权©2010,美国化学学会)

物的 FTIR 谱证明，在 2920cm^{-1}和 2847cm^{-1}出现对应 C—H 的伸缩振动峰来自丙二酸盐基元，而 1705cm^{-1}和 1727cm^{-1}对应羰基振动。拉曼谱中的 D 带在初始石墨烯中几乎不可见，功能化后变得比 G 峰都高（$I_D/I_G>1$），说明功能化程度较高。通过 TGA 可估算石墨烯/丙二酸盐质量比，丙二酸二乙酯中对应一个丙二酸基元的碳原子有 44 个，TTF 取代的二乙酯中有 48 个碳原子。最后，在惰性气氛通过加热二乙酯功能化的石墨烯可实现可逆反应。逆转的石墨烯能恢复其大部分的芳香特征和电子特性。

2.3 自由基的加成

自由基是极具活性的有机中间物，它能攻击 sp^{2}碳原子形成共价键。通常它们是从有机分子中制得，通过选择性去除易离去基团而分离出 σ 共价键。

2.3.1 重氮盐反应

制备自由基的典型过程是通过加热有机分子重氮盐，然而这里自由基是通过去除 N_2分子得到的（图 2.17）。向石墨烯表面加成有机基团使得碳原子的杂化从 sp^{2}变为 sp^3。这种变化导致芳香体系的破坏，因而直接影响了石墨烯的电子特性。正如 Tour 等展示的典型实验[41]，石墨烯的导电性随着基团加成反应进行而降低并能被轻易调控。此外，石墨烯功能化可引入预知带隙，带给石墨烯有意思的半导体性质[42]。

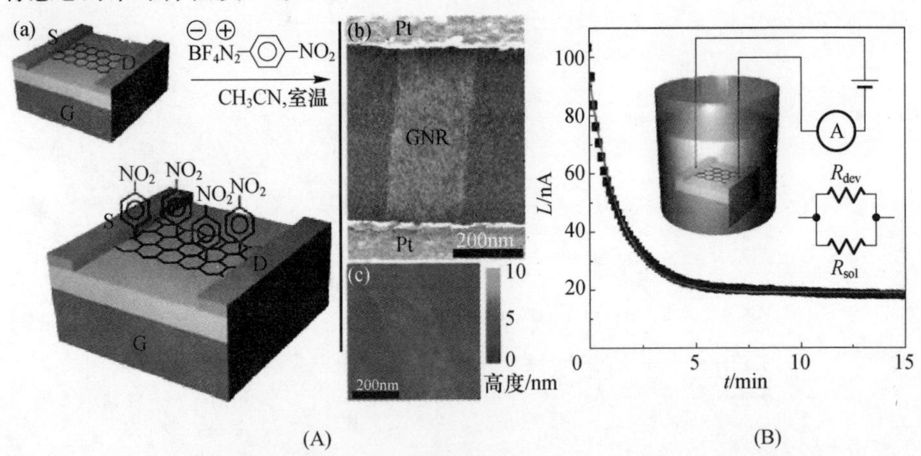

图 2.17 （A）（a）石墨烯纳米带上加成硝基苯自由基，置于某器件中测量其导电性，石墨烯纳米带的（b）TEM 和（c）AFM 图像；（B）硝基苯自由基功能化石墨烯纳米带随时间电流 I 的变化，内插图显示实验装置（经许可引自文献[41]，版权©2010，美国化学学会）

芳基重氮盐被几种官能团，如氯、溴、碘、硝基、甲氧基、羧基、氰基对位取代，也能通过这类方法加成到石墨烯表面，显示出这类方法的通用性（图 2.18）。这里初始的碳纳米结构是化学或热还原石墨烯,表面活性剂辅助可增加其分散性[43]。功能化石墨烯产物分散在极性非质子溶剂中[44]。重氮盐反应已用于数种石墨烯,如外延生长的石墨烯[45]和微机械劈裂制备的石墨烯[46]。

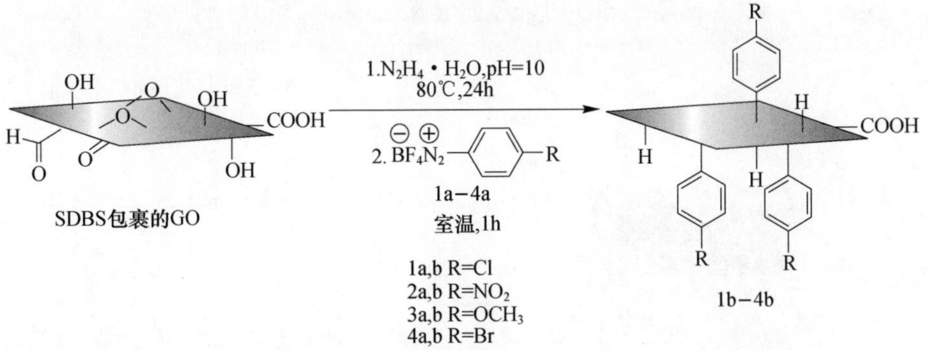

图2.18　以重氮盐反应在化学法得到的石墨烯上对位取代芳基的加成反应
(经许可引自文献[44],版权©2008,美国化学学会)

通过重氮盐分解加成有机自由基具有以下优点,有机附加物能负载如羧酸盐的官能团,这是其他反应不易实现的。在典型例子中,羧基苯基通过共价键连接到石墨烯,通过与全氟-1-辛醇的酯化反应实现后官能化(图2.19)。功能化石墨烯在酯化前易分散在水中,而酯化后,憎水的全氟烃基可分散在二氯苯中。全氟烃基衍生的石墨烯(F-石墨烯)的循环伏安测试显示其带隙具有适合有机光伏体系接收电子的功能。事实上,具有最佳 P3HT/F-石墨烯比例的聚(3-己基噻吩)(P3HT)混合 F-石墨烯的有机光伏电池能量转换效率超过1%[47]。

氯苯基也能通过重氮盐反应加成到石墨烯纳米片上用以研究其抗菌活性。氯苯基功能化石墨烯的优点是氯元素广泛的杀虫活性[48]。Tour 等尝试通过重氮盐反应选择性功能化石墨烯纳米片边缘而不影响石墨状表面。石墨烯单层完全被剥离出后,很难控制自由基在其反应活性区域的加成,因为其边缘和剩余表面几乎完全暴露于活性基团。然而这种情况不会发生在膨胀石墨上,因为多数石墨烯表面被石墨烯片层间大量4-溴苯基产生的小间距保护,但其边缘却仍然暴露。因此,4-溴苯基重氮盐与热处理的石墨的反应使得石墨烯纳米片被溴苯基选择性地实现边缘功能化。观测来自能量过滤透射电子显微镜对溴元素面扫的结果。边缘功能化的石墨烯纳米片在反应后易于分散在 DMF 中[49]。

除去被硝基苯基打开带隙和具有抗菌活性的氯苯基功能化的石墨烯,羟乙基加成石墨烯已充当接枝聚苯乙烯链到石墨烯表面的连接剂。在羟乙基功能化石墨烯纳米片存在的情况下,苯乙烯单体通过原子转移自由基聚合(Atom Transfer Radical Polymerization,ATRP)形成了聚苯乙烯/石墨烯纳米复合物,同时聚苯乙烯链通过共价连接到石墨烯纳米片(图2.20)[50-52]。接枝聚合物链的密度连

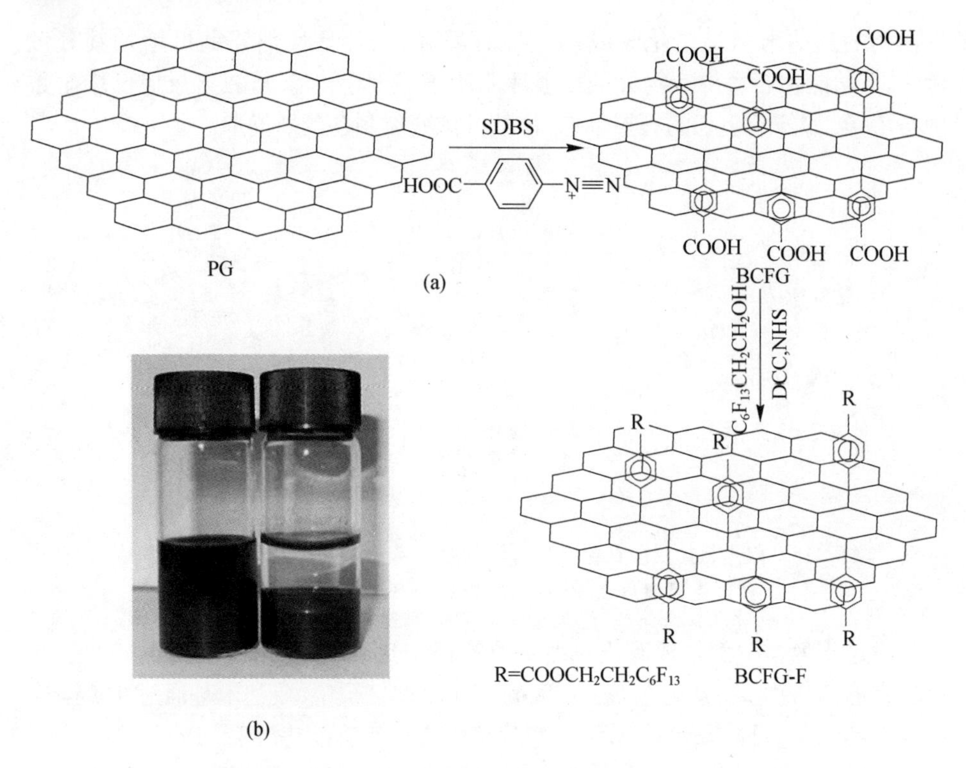

图 2.19 (a)通过重氮盐反应在石墨烯表面加成羧基苯基,及通过羧酸盐与全氟正辛醇的酯化实现后官能化;(b)左边瓶子为功能化石墨烯酯化前的水分散液,右边瓶子为在水和邻二氯苯双相体系中酯化后的产物

(经许可引自文献[47],版权©2012,英国皇家化学学会)

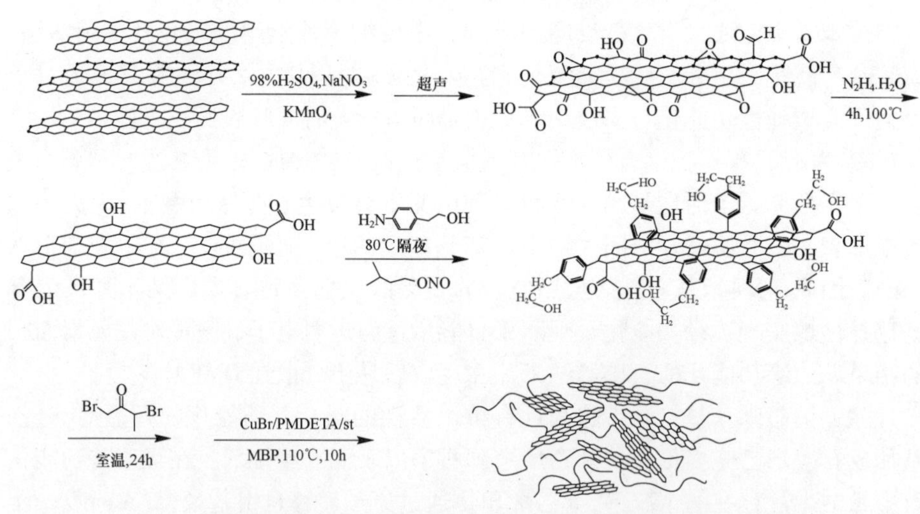

图 2.20 羧乙基功能化石墨烯存在下,通过重氮盐反应的苯乙烯聚合

(经许可引自文献[50],版权©2009,英国皇家化学学会)

同它们的长度均能通过调节重氮化合物和苯乙烯单体的浓度得到控制[51]。

芳基重氮化合物的加成反应已被 Strano 等用于研究与多层石墨烯纳米片相比较的原生石墨烯单片的活性。他们也发现了石墨烯单体在靠近边缘和在中心区域存在不同的反应活性。研究结果表明与多层甚至双层石墨烯比,单层石墨烯具有明显高的反应活性。此外,单层石墨烯边缘的反应活性至少比中心区域高两倍[46]。另一重要的应用是硫醇取代的芳基重氮盐被用作 π 共轭的分子连接剂,在非易失存储器件的应用中连接金纳米颗粒和 *r*GO 纳米片层。重氮盐反应后,4-巯基-苯基环直接连接到 *r*GO 表面,且通过自由硫醇基捕获金纳米粒子(图 2.21)[53]。

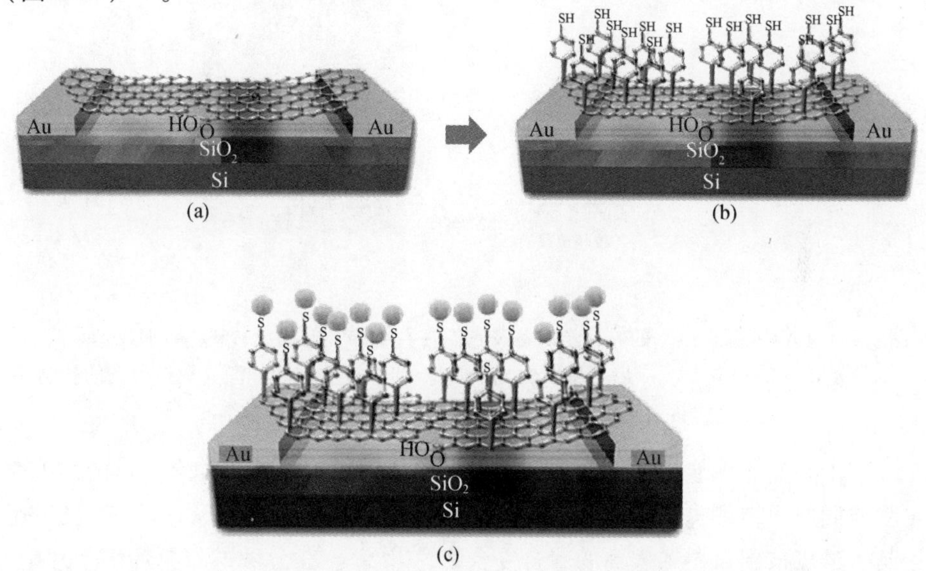

图 2.21 非易失存储器制备示意图。(a)石墨烯单层在 SiO_2 基板上两电极间的沉积;(b)硫苯基修饰石墨烯;(c)金纳米粒子的沉积
(经许可引自文献[53],版权©2011,美国化学学会)

2.3.2 其他自由基的加成

有机自由基也能通过过氧化苯酰衍生物的光催化分解产生,与石墨烯的 sp^2 碳原子反应进行加成。如石墨烯单层从 Kish 石墨机械分离后沉积在硅基板上,再被浸入过氧化苯甲酰的甲苯溶液。过氧化苯甲酰光化学离解产生化学活性的苯基,通过 Ar 离子激光束聚焦在石墨烯片层的特殊区域。石墨烯上苯基的加成能通过反应后石墨烯的拉曼光谱的 D 带直接观察到,这是因为随着反应石墨烯表面碳原子从 sp^2 转化为 sp^3 杂化(图 2.22)。作者认为,功能化石墨烯伴随空穴掺杂的增加可预见性地出现导电性降低,可归于未反应的充当石墨烯表面的物理吸附材料的过氧化苯甲酰的贡献[54]。

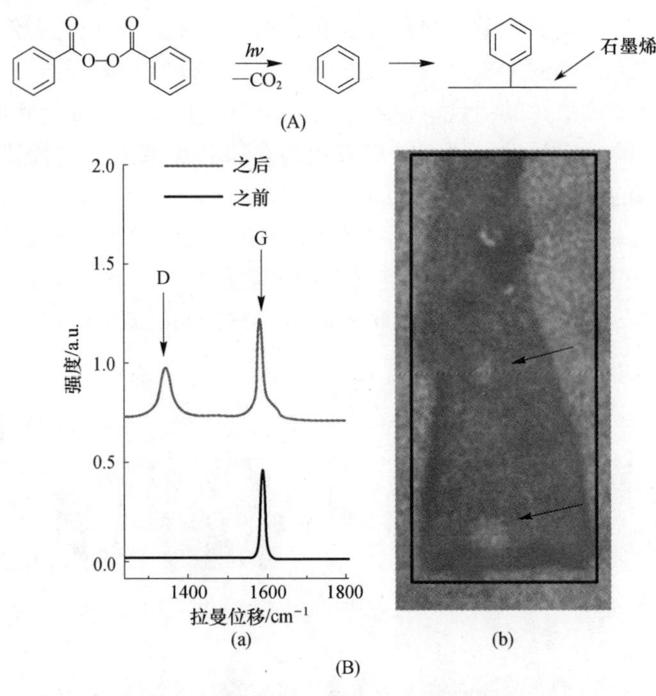

图 2.22 (A)苯基自由基的光化学制备及它们在石墨烯上的加成;(B)(a)加成苯基前后的拉曼谱,(b)光化学反应后石墨烯的光学图像,箭头标明长时间激光辐射得到的孔洞（经许可引自文献[54],版权©2009,美国化学学会）

自由基加成也属于石墨烯上接枝聚合物的方法中。数种知名的自由基聚合步骤连同原子转移自由基聚合(ATR)和可逆加成-断裂链转移(RAFT)已被用于制备链接枝到石墨烯表面的聚合复合物[50-52,55]。在分散的石墨烯纳米片中,聚苯乙烯-聚丙烯酰胺共聚物通过原位自由基单体的聚合接枝到石墨烯表面(图 2.23)。石墨烯/共聚物复合物通过调控单体比而具可调控的两亲特性。通常而言,由于丙烯酰胺单体的亲水特性它能分散在水中,而由于苯乙烯单体的亲油特性它能分散在二甲苯中[55]。

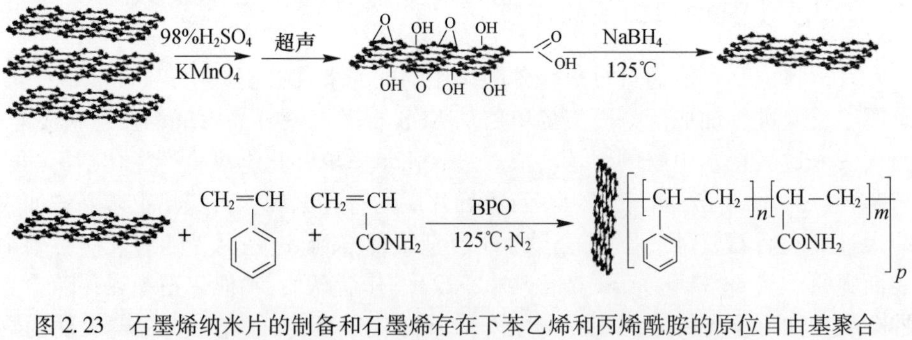

图 2.23 石墨烯纳米片的制备和石墨烯存在下苯乙烯和丙烯酰胺的原位自由基聚合（经许可引自文献[55],版权©2010,Wiley-VCH 出版公司）

制备聚苯乙烯/石墨烯聚合复合物的可选方案包括石墨存在下苯乙烯单体的声化学聚合。利用钛角通入氩气，超声苯乙烯的石墨悬浊液 2h，使得苯乙烯中石墨烯片层剥离，并使得捕获了分散的石墨烯纳米片的苯乙烯聚合。产物与石墨比，其拉曼谱中 D 带降低 $4cm^{-1}$，2D 带降低 $8cm^{-1}$，显示聚合复合物包含单层和少层石墨烯[56]。

超声法也被用于溶液中制备聚合物构造聚合物/GO 纳米复合物。复合物通过超声 GO 粉末的悬浊液形成。在聚乙烯醇（PVA）的水溶液中，PVA 微基团通过超声步骤接枝到 GO 纳米片上（图 2.24）。经接枝步骤得到的 PVA/GO 复合物，与通过简单混合 GO 和聚合物得到的 PVA/GO 复合物比，力学特性具有明显增强。事实上当 GO 比例为 0.3%（质量分数），拉升强度增加了 12.6% 而杨氏模量增加 15.6%。

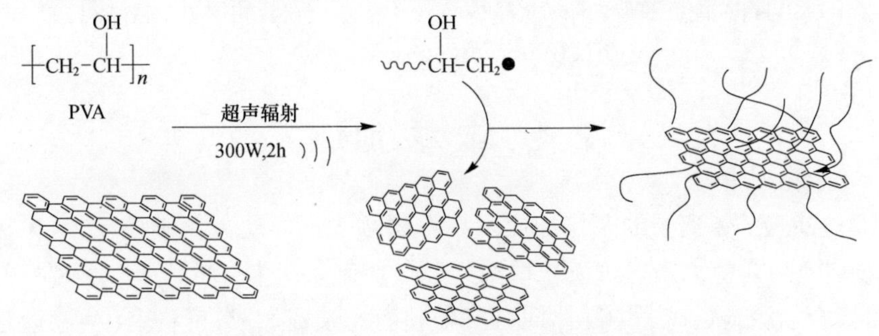

图 2.24 在 GO 纳米片表面接枝 PVA 大分子基团，利用超声法制备高分子复合物
（经许可引自文献[57]，版权©2012，英国皇家化学学会）

微波法也能用于制备聚合物/石墨烯复合物。利用氢氧化钠还原 GO 经过短时间的微波辐射产生暗棕色的 *r*GO 的悬浊液。利用聚丙烯酰胺链功能化，通过二次短时间微波处理丙烯酰胺单体、自由基引发剂、*r*GO 悬浊液的混合水溶液，将自由基聚合并接枝到石墨烯表面[58]。最终制备的聚合物复合物经还原处理，通过第三次在水合肼中的微波辐射极大程度上复原了石墨层的芳香特性。GO、*r*GO 和最终还原产物的紫外－可见光谱显示所有还原步骤造成主吸收带从 230nm 到 250nm 再到 270nm 的红移，三种纳米材料的谱图中均能观察到此现象，可归于石墨烯部分芳香特性的复元（图 2.25）。

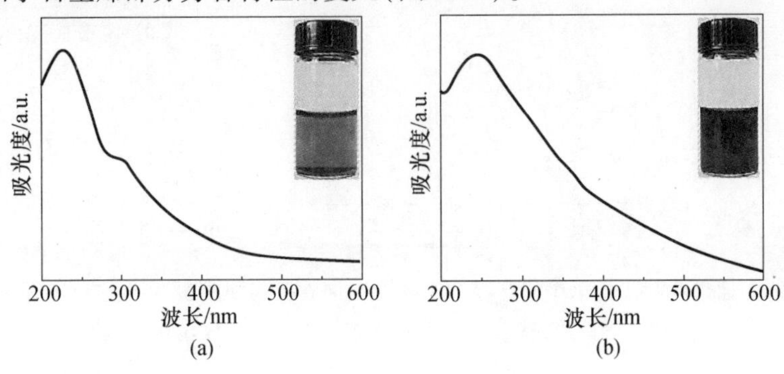

吸光度/a.u.
200
300
400
500
600
波长/nm
(c)

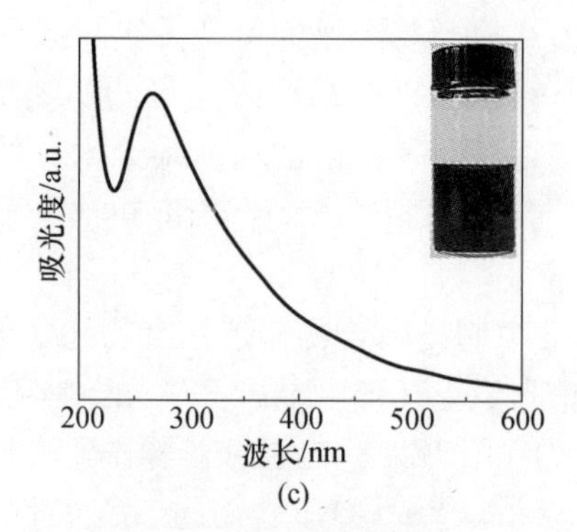

图 2.25 (a)GO、(b)*r*GO、(c)后还原的聚丙烯酰胺(PAM)/石墨烯复合物的 UV-Vis 谱,内插图为三种纳米结构的悬浊液照片(经许可引自文献[58],版权©2011,英国皇家化学学会)

2.4 亲核加成

通过咔唑的氮离子的亲核加成可在石墨烯表面实现共价键接枝聚(9,9-二己基芴-咔唑)。氮离子通过氢化钠的还原反应制备(图 2.26)[59]。通过类似过程,以聚合物的碳负离子中间体向石墨烯表面的亲核加成,可将聚(*N*-乙烯基咔唑)接枝到石墨烯表面[60]。

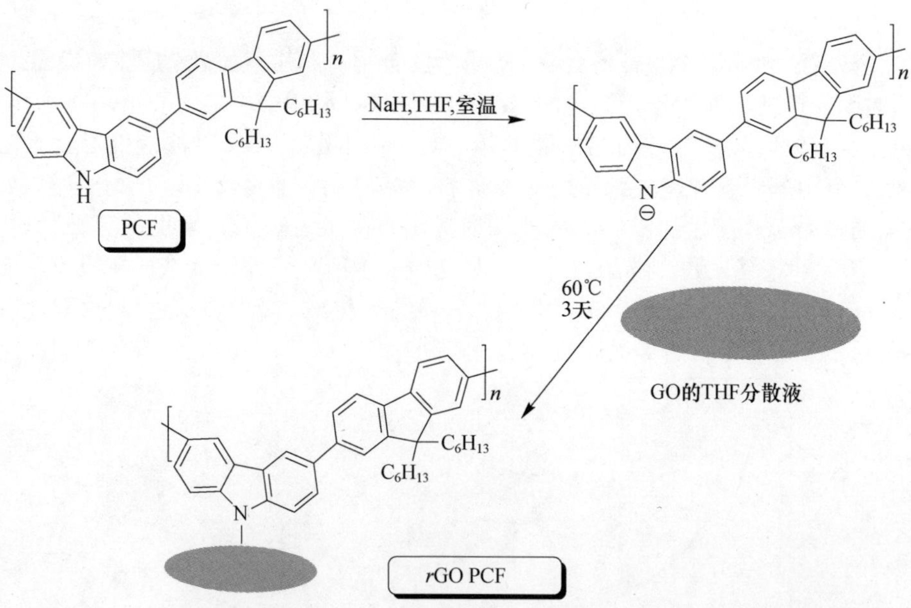

PCF
NaH,THF,室温
60℃
3天
GO的THF分散液
rGO PCF

图 2.26 通过含氮阴离子中间产物的亲核加成向石墨烯加成聚(9,9-二己基芴-咔唑)(经许可引自文献[59],版权©2012,Wiley-VCH 出版公司)

2.5　石墨烯的亲电加成

石墨烯纳米片在 *n*-丁基锂(*n*-BuLi)辅助下能通过卤代有机分子发生亲电取代反应。向 *r*GO 悬浊液中加入过量的 *n*-BuLi,*r*GO 通过去质子化和/或碳金属化过程均被锂原子功能化(图 2.27)。石墨烯表面锂原子的存在利于亲电作用二乙氨基-乙基溴,进而合成氨基功能化的 *r*GO,此种纳米片可作为用于异质催化体系的固体碱催化剂[61]。

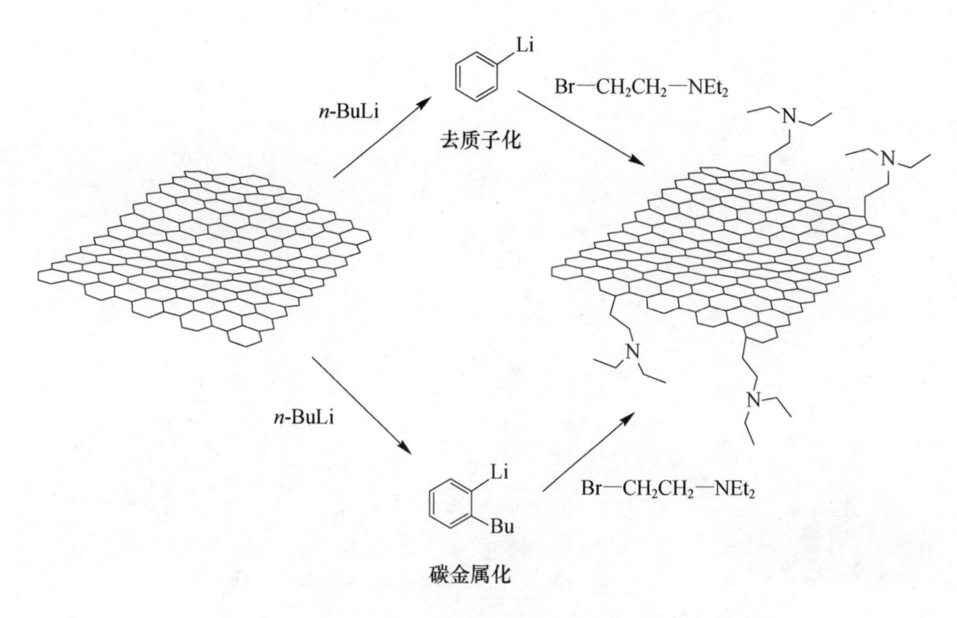

图 2.27　氨乙基官能团通过亲电取代以共价键修饰石墨烯
(经许可引自文献[61],版权©2012,英国皇家化学学会)

2.6　石墨烯的金属有机化学

Haddon 等[62]已用铬复合物研究和开发了石墨烯、石墨和碳纳米管的金属有机化学。零价的过渡金属如铬(Cr)以 $Cr(CO)_6$或(η^6-苯)$Cr(CO)_3$的形式同石墨烯表面六角芳香环反应形成共价键六配位 η^6-芳烃-金属复合物[62]。通过有效叠加铬的空 d_π轨道与石墨烯六角环占有 π 轨道,在石墨烯和 Cr 金属间形成共价键作用。铬与石墨烯单层能形成复合物,石墨烯取代一氧化碳(CO)一半的配体(η^6-石墨烯-$Cr(CO)_3$)或两个石墨烯取代所有 CO 配体(η^6-(石墨烯)$_2$Cr)。通过选出有竞争力的配体,Cr 复合物能从石墨烯表面去除,得到的产物重新恢复石墨烯的特性。

与其余的石墨烯共价功能化相比,随着反应碳原子从 sp^2 到 sp^3 杂化的改变,六配位功能化并没为六角环的芳香性或涉及的碳原子的 sp^2 特征带来明显变化。关于这点,为了研究过渡金属原子共价键功能化的单独石墨烯单层的电子特性,Haddon 等制备了六配位 Cr 与石墨烯的络合物沉积在两金电极间的 SiO_2 基板上[63]。络合是在改变 Cr 前驱体、溶剂和反应温度的三种不同条件下进行的,如图 2.28 所示,产物的品质或络合物的产量并没有明显区别。

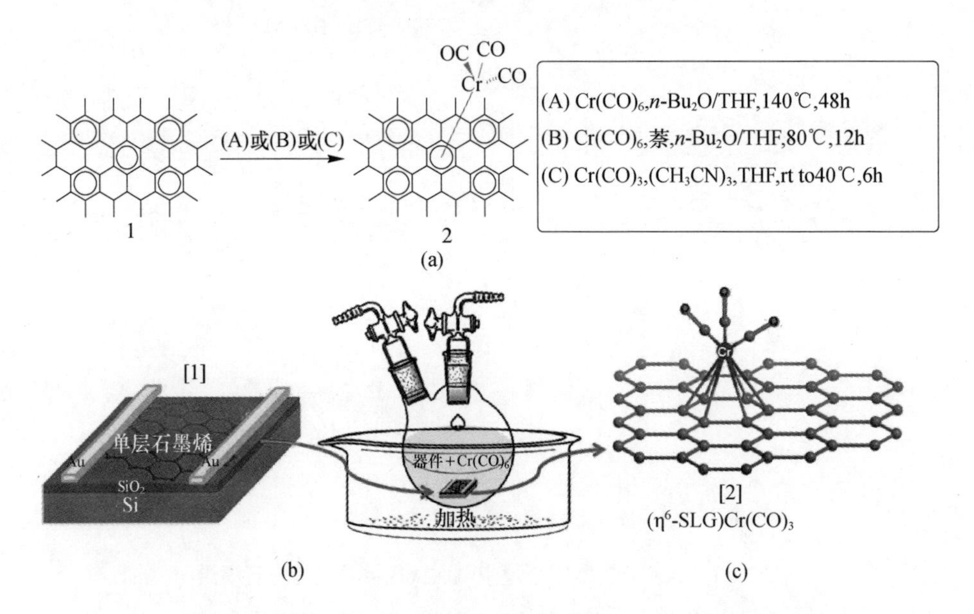

图 2.28　铬六配位物共价键功能化单层石墨烯沉积在 SiO_2 上的示意图,包括三个不同步骤(经许可引自文献[63],版权©2013,Wiley-VCH 出版公司)

通常将石墨烯单层上沉积 SiO_2 的器件浸入零价 Cr 络合物溶液中加热数小时。另一重要的发现是石墨烯单层比多层石墨烯片具有更高活性。至于电子特性,Cr 修饰的石墨烯显示室温下 $200 \sim 2000 cm^2 \cdot V^{-1} \cdot s^{-1}$ 范围内的场效应迁移率和 5 ~ 13 的开关比。将功能化石墨烯暴露于多电子配体如苯甲醚中很容易去除 Cr 基团。在功能化石墨烯的拉曼谱中,出现了非常低的 D 带,但 I_D/I_G 值从 0 到 0.13 有轻微增加。解络后 I_D/I_G 值降低到 0.03,同时 D 带如同原生石墨烯单层一样几乎消失(图 2.29)。

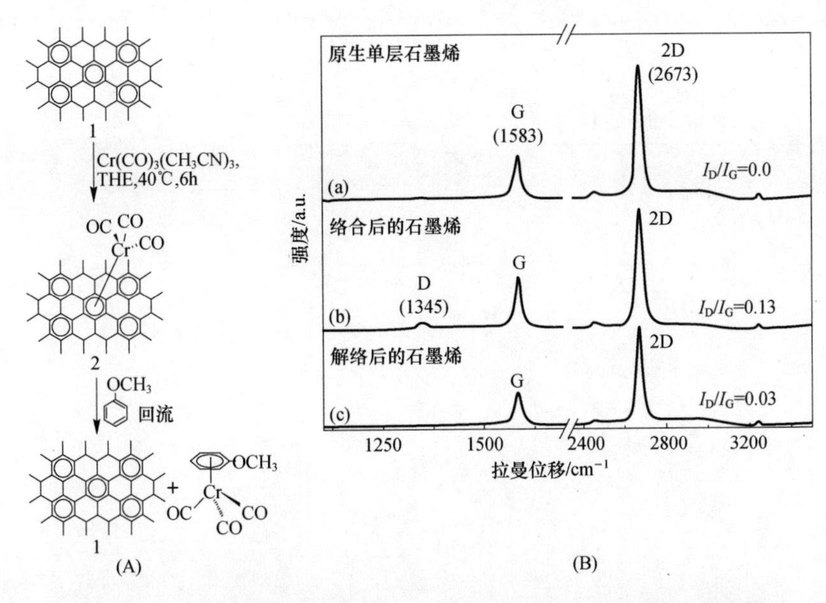

图 2.29　(A)石墨烯络合和解络合反应过程；(B)(a)原生单层石墨烯，(b)络合后石墨烯和(c)解络合后石墨烯的拉曼谱(经许可引自文献[63]，版权©2013，Wiley-VCH 出版公司)

2.7　后官能化反应

被有机基团功能化的石墨烯纳米片具有两个重要特性：①取决于加成基团的本性，它们在种类繁多的有机溶剂中具有高分散性；②这些加成到石墨烯上的有机物能提供石墨烯后官能化的基团。换句话说，石墨烯的功能化使得它们拥有更多有机特性，类似石墨烯为核有机物为壳的核壳结构。后功能化反应的典型例子包括通过羧苯基接于吡咯烷环的辅助，以共价键将酞菁染料分子结合到吡咯烷修饰的石墨烯上。首先石墨烯单层通过 *N*-甲基甘氨酸与 4-甲酰苯甲酸的反应实现吡咯烷功能化。接着酞菁分子连接苄基乙醇作为活性基团，通过酯化反应，以共价键连接到吡咯烷环的羧基上(图 2.30)[64]。

通过重氮盐反应，芳基功能化的石墨烯纳米片同样也是后功能化处理的备选，因为芳基能被几种有机官能团如卤化物、羧基或羟基取代。例如，卟啉硼酸酯能通过 Suzuki 偶联反应以共价键对位接在碘代苯基功能化的石墨烯上(图 2.31)[65]。

后官能化也能以烷氨基或其他官能团的氟亲核取代加以表征。通过等离子体辅助的 CF_4分解可实现石墨烯纳米片的氟化。氟化石墨烯片接着分散在正丁胺溶液中，在超声辅助下实现后官能化[66,67](图 2.32)。

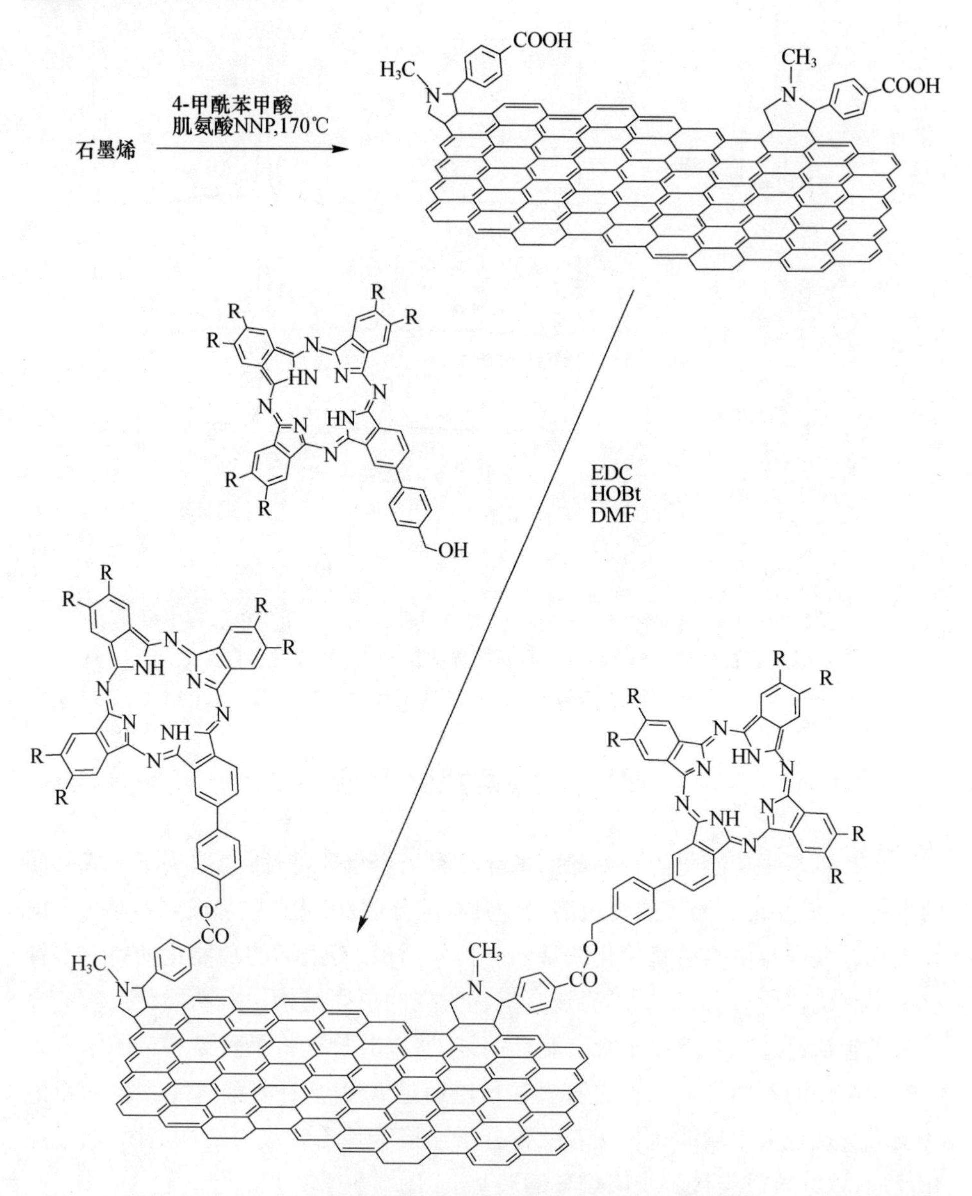

图2.30　吡咯烷通过酯化修饰石墨烯的后官能化[64]

重氮盐反应已用于对位炔烃取代苯基的加成反应,接着在叠氮物功能化聚芴的1,3-偶极环加成中充当亲偶极子。简言之,对位炔烃添加到苯基功能化*r*GO,接着烷基叠氮化物取代的聚芴通过1,3-偶极环加成被接枝到叠氮化物和炔烃间,形成五元三唑环,即三唑环连接了聚芴链和石墨烯纳米片(图2.33)[68]。

通过重氮盐反应制备的对位炔烃取代芳基石墨烯,已被用于叠氮基苯基取代的锌卟啉和钌-邻二氮菲光敏分子的1,3-偶极环加成反应。初始在石墨烯表

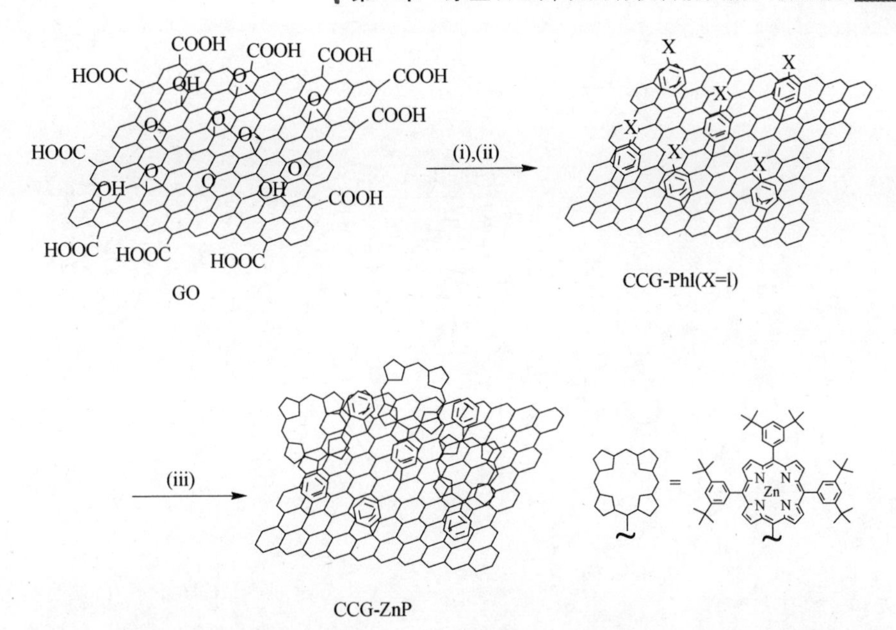

图 2.31 化学还原石墨烯的后官能化。(i)肼部分还原 GO;(ii)与 4-碘代苯重氮四氟硼酸盐的重氮盐反应;(iii)碘代苯修饰的石墨烯和卟啉硼酸酯的 Suzuki 偶联反应(经许可引自文献[65],版权©2012,Wiley-VCH 出版公司)

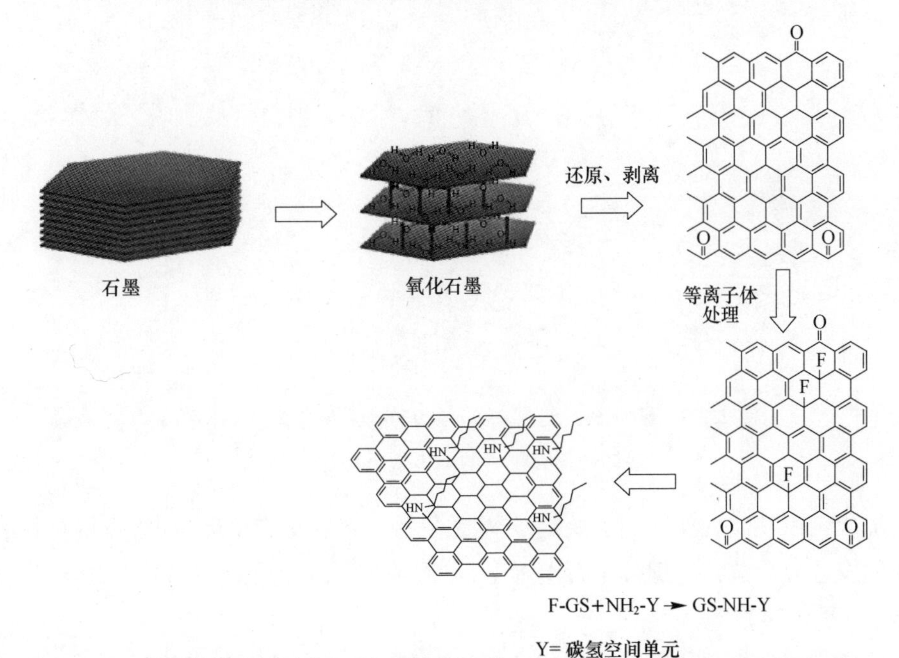

图 2.32 石墨烯经过等离子处理的氟化以及通过正丁胺的亲核取代的后官能化(经许可引自文献[67],版权©2010,英国皇家化学学会)

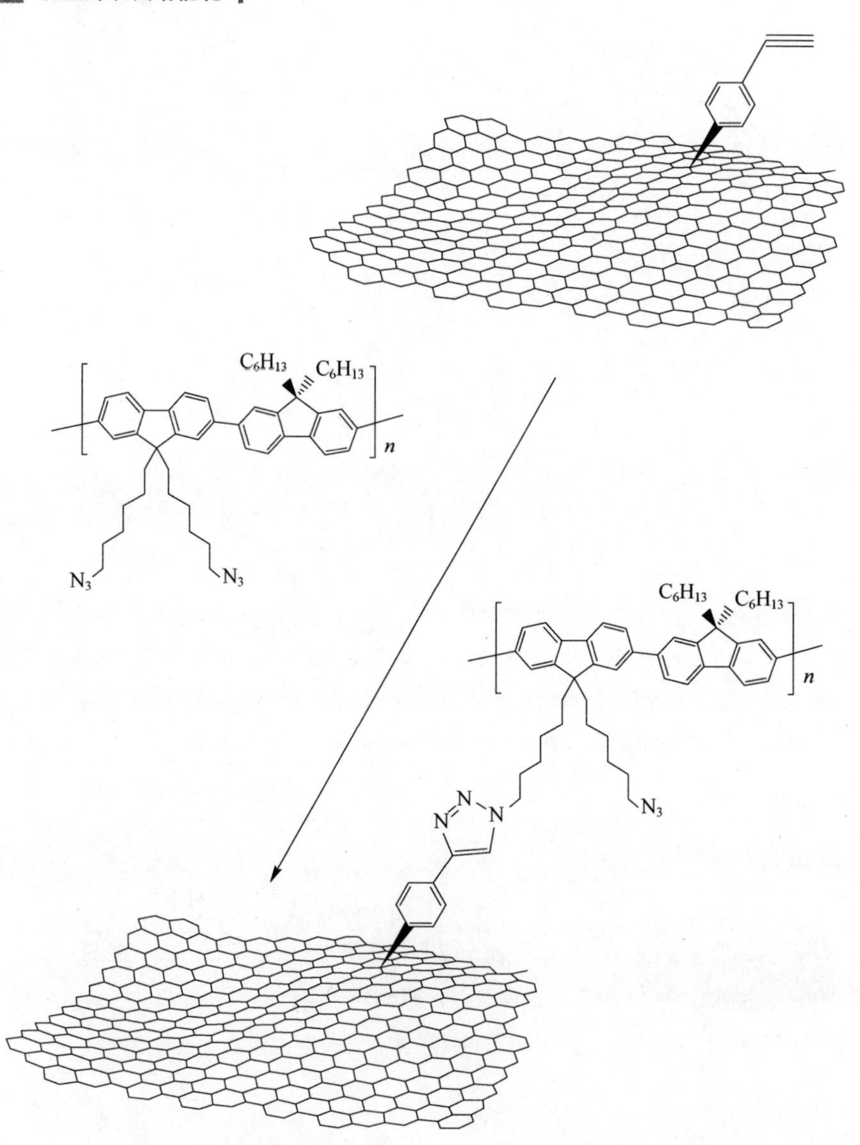

图 2.33　聚(9,9-二己基芴)-co-(9,9-双-(6-叠氮己基)芴)和炔烃修饰石墨烯的1,3-偶极环加成[68]

面加成三甲基硅烷保护的乙炔基-芳基重氮盐。在后官能化反应中,叠氮化物取代的发色分子被共价键接于石墨烯上,以形成的1,3-偶极环加成的三唑环为连接剂(图2.34)[69]。

后官能化反应的最后一个例子是关于磺化苯基取代石墨烯和低聚物四铵盐间的离子相互作用。过程第一步GO纳米片被部分还原并同磺化苯基重氮盐反应。制备的石墨烯纳米片由于与带电石墨表面的斥力很容易分散在水中。接着

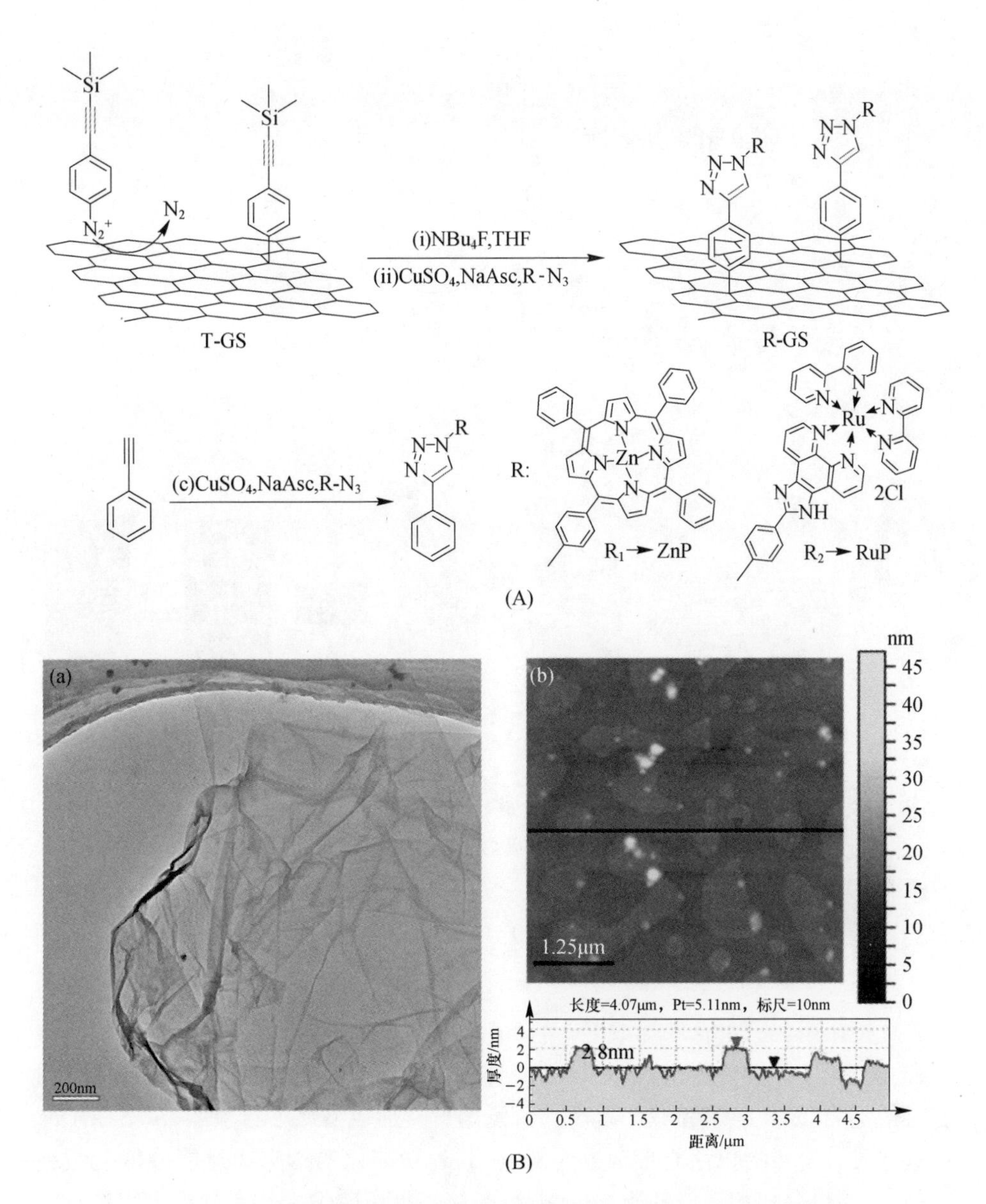

图 2.34 (A)乙炔基功能化石墨烯上叠氮取代生色团的1,3-偶极环加成；(B)乙炔基芳基修饰的石墨烯纳米片的(a)TEM和(b)AFM图像（经许可引自文献[69]，版权©2011，英国皇家化学学会）

通过铵盐和低聚链实现离子修饰石墨烯的后官能化(图2.35)。最终制备的石墨烯纳米片被展开，并且在稍微加热后体相产物呈现黏性液体状[70]。

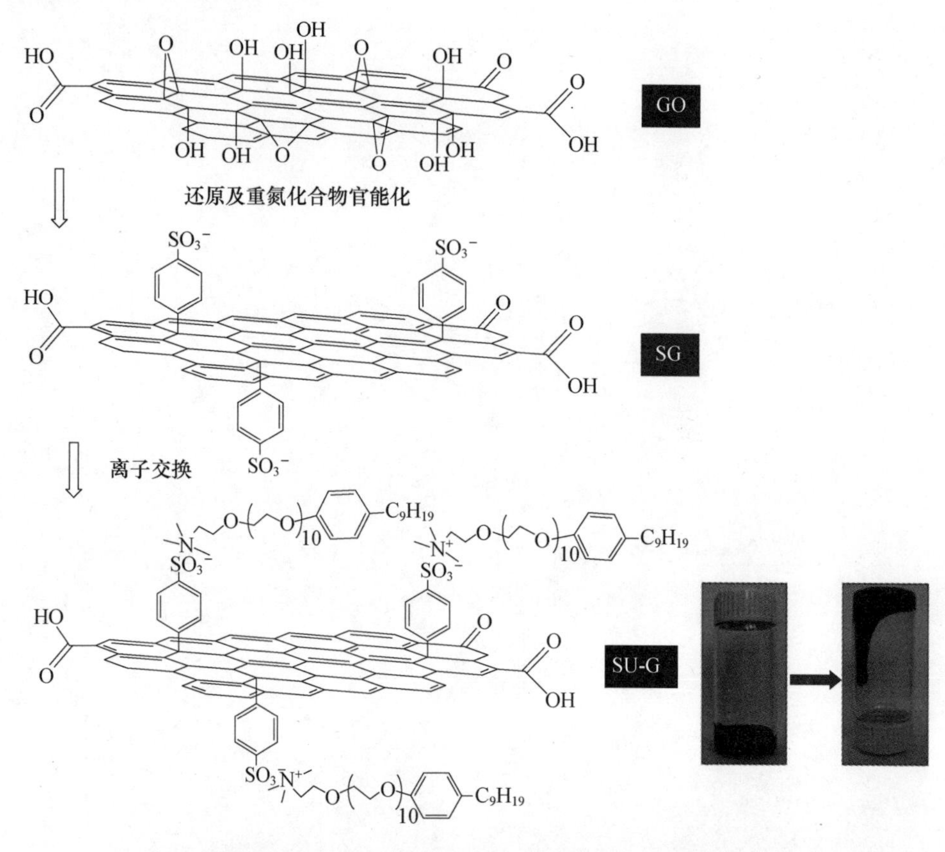

图 2.35 通过低聚物烷基-乙氧基混合链状离子键修饰的石墨烯纳米片的后官能化（经许可引自文献[70]，版权©2012，Wiley-VCH 出版公司）

2.8 结 论

直接作用在原生石墨烯或 GO 的 sp^2 碳原子上的亲二烯体、自由基和其他活性有机物的共价键功能化，近些年已得到显著发展并以此制备了大量石墨烯的有机衍生物，涉及应用领域广泛。共价键的直接加成增加了石墨烯 sp^3 碳原子的数量并对石墨烯物化性质带来重要影响，此外功能化的衍生物还能分散在数种溶剂中，同聚合物和其他基质均匀混合，最终扩展了碳纳米材料的重要用途。

参考文献

[1] Kordatos, K., Da Ros, T., Bosi, S., Vazquez, E., Bergamin, M., Cusan, C., Pellarini, F., Tomberli, V., Baiti, B., Pantarotto, D., Georgakilas, V., Spalluto, G., and Prato, M. (2001) *J. Org. Chem.*, **66**, 4915.

[2] Maggini, M., Scorrano, G., and Prato, M. (1993) *J. Am. Chem. Soc.*, **115**, 9798.

[3] Prato, M. and Maggini, M. (1998) *Acc. Chem. Res.*, **31**, 519.

[4] Georgakilas, V., Kordatos, K., Prato, M., Guldi, D. M., Holzinger, M., and Hirsch, A. (2002) *J. Am. Chem. Soc.*, **124**, 761.

[5] Georgakilas, V., Bourlinos, A., Gournis, D., Tsoufis, T., Trapalis, C., Alonso, A. M., and Prato, M. (2008) *J. Am. Chem. Soc.*, **130**, 8733.

[6] Pastorin, G., Wu, W., Wieckowski, S., Briand, J. P., Kostarelos, K., Prato, M., and Bianco, A. (2006) *Chem. Commun.*, 1182 – 1184.

[7] Ballesteros, B., de la Torre, G., Ehli, C., Rahman, G. M. A., Rueda, F. A., Guldi, D. M., and Torres, T. (2007) *J. Am. Chem. Soc.*, **129**, 5061.

[8] Campidelli, S., Sooambar, C., Diz, E. L., Ehli, C., Guldi, D. M., and Prato, M. (2006) *J. Am. Chem. Soc.*, **128**, 12544 – 12552.

[9] Yao, Z., Braidy, N., Botton, G. A., and Adronov, A. (2003) *J. Am. Chem. Soc.*, **125**, 16015.

[10] Xu, G., Zhu, B., Han, Y., and Bo, Z. (2007) *Polymer*, **48**, 7510.

[11] Georgakilas, V., Bourlinos, A. B., Zboril, R., Steriotis, T. A., Dallas, P., Stubos, A. K., and Trapalis, C. (2010) *Chem. Commun.*, **46**, 1766.

[12] Zhang, X., Hou, L., Cnossen, A., Coleman, A. C., Ivashenko, O., Rudolf, P., van Wees, B. J., Browne, W. R., and Feringa, B. L. (2011) *Chem. Eur. J.*, **17**, 8957.

[13] Zhang, B., Chen, Y., Liu, G., Xu, L. Q., Chen, J., Zhu, C. X., Neoh, K. G., and Kang, E. T. (2012) *J. Polym. Sci., Part A: Polym. Chem.*, **50**, 378.

[14] Zhang, B., Liu, G., Chen, Y., Zeng, L. J., Zhu, C. X., Neoh, K. G., Wang, C., and Kang, E. T. (2011) *Chem. Eur. J.*, **17**, 13646.

[15] Quintana, M., Spyrou, K., Grzelczak, M., Browne, W. R., Rudolf, P., and Prato, M. (2010) *ACS Nano*, **4**, 3527.

[16] Quintana, M., Montellano, A., del Rio Castillo, A. E., Van Tendeloo, G., Bittencourt, C., and Prato, M. (2011) *Chem. Commun.*, **47**, 9330.

[17] Zhang, X., Browne, W. R., and Feringa, B. L. (2012) *RSC Adv.*, **2**, 12173.

[18] Chang, C. M. and Liu, Y. L. (2009) *Carbon*, **47**, 3041.

[19] Zydziak, N., H bner, C., Bruns, M., and Barner-Kowollik, C. (2011) *Macromolecules*, **44**, 3374.

[20] Munirasu, S., Albuerne, J., Boschetti-de-Fierro, A., and Abetz, V. (2010) *Macromol. Rapid Commun.*, **31**, 574.

[21] Wang, G. W., Chen, Z. X., Murata, Y., and Komatsu, K. (2005) *Tetrahedron*, **61**, 4851.

[22] Delgado, J. L., de la Cruz, P., Langa, F., Urbina, A., Casado, J., and López Navarrete, J. T. (2004) *Chem. Commun.*, 1734.

[23] Sarkar, S., Bekyarova, E., Niyogi, S., and Haddon, R. C. (2011) *J. Am. Chem. Soc.*, **133**, 3324.

[24] Yuan, J., Chen, G., Weng, W., and Xu, Y. (2012) *J. Mater. Chem.*, **22**, 7929.

[25] Xu, X., Luo, Q., Lv, W., Dong, Y., Lin, Y., Yang, Q., Shen, A., Pang, D., Hu, J., Qin, J., and Li, Z. (2011) *Macromol. Chem. Phys.*, **212**, 768.

[26] Strom, T. A., Dillon, E. P., Hamilton, C. E., and Barron, A. R. (2010) *Chem. Commun.*, **46**, 4097.

[27] He, H. and Gao, C. (2010) *Chem. Mater.*, **22**, 5054.

[28] Vadukumpully, S., Gupta, J., Zhang, Y., Xu, G. Q., and Valiyaveettil, S. (2011) *Nanoscale*, **3**, 303.

[29] Liu, L. H. and Yan, M. (2011) *J. Mater. Chem.*, **21**, 3273.

[30] Xu, X., Lv, W., Huang, J., Li, J., Tang, R., Yan, J., Yang, Q., Qina, J., and Li, Z. (2012) *RSC Adv.*, **2**, 7042.

[31] Lawrence, E. J., Wildgoose, G. G., Aldous, L., Wu, Y. A., Warner, J. H., Compton, R. G., and McNaughter, P. D. (2011) *Chem. Mater.*, **23**, 3740.

[32] Ismaili, H., Lagugne-Labarthet, F., and Workentin, M. S. (2011) *Chem. Mater.*, **23**, 1519.

[33] Ismaili, H. and Workentin, M. S. (2011) *Chem. Commun.*, 47, 7788 - 7790.

[34] Akasaka, T., Liu, M. T. H., Niino, Y., Maeda, Y., Wakahara, T., Okamura, M., Kobayashi, K., and Nagase, S. (2000) *J. Am. Chem. Soc.*, **122**, 7134 - 7135.

[35] Ismaili, H., Geng, D., Sun, A. X., Kantzas, T. T., and Workentin, M. S. (2011) *Langmuir*, **27**, 13261.

[36] Zhong, X., Jin, J., Li, S., Niu, Z., Hu, W., Li, R., and Ma, J. (2010) *Chem. Commun.*, **46**, 7340.

[37] Economopoulos, S. P., Rotas, G., Miyata, Y., Shinohara, H., and agmatarchis, N. (2010) *ACS Nano*, **4**, 7499.

[38] Diederich, F. and Thilgen, C. (1996) *Science*, **271**, 317.

[39] Coleman, K. S., Bailey, S. R., Fogden, S., and Green, M. L. H. (2003) *J. Am. Chem. Soc.*, **125**, 8722.

[40] Economopoulos, S. P., Pagona, G., Yudasaka, M., Iijima, S., and Tagmatarchis, N. (2009) *J. Mater. Chem.*, **19**, 7326.

[41] Sinitskii, A., Dimiev, A., Corley, D. A., Fursina, A. A., Kosynkin, D. V., and Tour, J. M. (2010) *ACS Nano*, **4**, 1949.

[42] Niyogi, S., Bekyarova, E., Itkis, M. E., Zhang, H., Shepperd, K., Hicks, J., Sprinkle, M., Berger, C., Ning Lau, C., de Heer, W. A., Conrad, E. H., and Haddon, R. C. (2010) *Nano Lett.*, **10**, 4061.

[43] Jin, Z., Lomeda, J. R., Price, B. K., Lu, W., Zhu, Y., and Tour, J. M. (2009) *Chem. Mater.*, **21**, 3045.

[44] Lomeda, J. R., Doyle, C. D., Kosynkin, D. V., Hwang, W. F., and Tour, J. M. (2008) *J. Am. Chem. Soc.*, **130**, 16201.

[45] Bekyarova, E., Itkis, M. E., Ramesh, P., Berger, C., Sprinkle, M., de Heer, W. A., and Haddon, R. C. (2009) *J. Am. Chem. Soc.*, **131**, 1336.

[46] Sharma, R., Baik, J. H., Perera, C. J., and Strano, M. S. (2010) *Nano Lett.*, **10**, 398.

[47] Ye, L., Xiao, T., Zhao, N., Xu, H., Xiao, Y., Xu, J., Xiong, Y., and Xu, W. (2012) *J. Mater. Chem.*, **22**, 16723.

[48] Mondal, T., Bhowmick, A. K., and Krishnamoorti, R. (2012) *J. Mater. Chem.*, **22**, 22481.

[49] Sun, Z., Kohama, S., Zhang, Z., Lomeda, J. R., and Tour, J. M. (2010) *Nano Res.*, **3**, 117.

[50] Fang, M., Wang, K., Lu, H., Yang, Y., and Nutt, S. (2009) *J. Mater. Chem.*, **19**, 7098.

[51] Fang, M., Wang, K., Lu, H., Yang, Y., and Nutt, S. (2010) *J. Mater. Chem.*,**20**, 1982.

[52] Zhang, P., Jiang, K., Ye, C., and Zhao, Y. (2011) *Chem. Commun.*, **47**, 9504.

[53] Cui, P., Seo, S., Lee, J., Wang, L., Lee, E., Min, M., and Lee, H. (2011) *ACS Nano*, **5**, 6826.

[54] Liu, H., Ryu, S., Chen, Z., Steigerwald, M. L., Nuckolls, C., and Brus, L. E. (2009) *J. Am. Chem. Soc.*, **131**, 17099.

[55] Shen, J., Hu, Y., Li, C., Qin, C., and Ye, M. (2009) *Small*, **5**, 82.

[56] Xu, H. and Suslick, K. S. (2011) *J. Am. Chem. Soc.*, **133**, 9148.

[57] Shen, B. , Zhai, W. , Lu, D. , Wang, J. , and Zheng, W. (2012) *RSC Adv.* , **2**, 4713.

[58] Long, J. , Fang, M. , and Chen, G. (2011) *J. Mater. Chem.* , **21**, 10421.

[59] Xu, X. , Chen, J. , Luo, X. , Lu, J. , Zhou, H. , Wu, W. , Zhan, H. , Dong, Y. , Yan, S. , Qin, J. , and Li, Z. (2012) *Chem. Eur. J.* , **18**, 14384.

[60] Li, P. P. , Chen, Y. , Zhu, J. , Feng, M. , Zhuang, X. , Lin, Y. , and Zhan, H. (2011) *Chem. Eur. J.* , 17, 780.

[61] Yuan, C. , Chen, W. , and Yan, L. (2012) *J. Mater. Chem.* , **22**, 7456.

[62] Sarkar, S. , Niyogi, S. , Bekyarova, E. , and Haddon, R. C. (2011) *Chem. Sci.* , **2**, 1326.

[63] Sarkar, S. , Zhang, H. , Huang, J. W. , Wang, F. , Bekyarova, E. , Lau, C. N. , and Haddon, R. C. (2013) *Adv. Mater.* , **25**, 1131.

[64] Ragoussi, M. E. , Malig, J. , Katsukis, G. , Butz, B. , Spiecker, E. , de la Torre, G. , Torres, T. , and Guldi, D. M. (2012) *Angew. Chem. Int. Ed.* , **51**, 6421.

[65] Umeyama, T. , Mihara, J. , Tezuka, N. , Matano, Y. , Stranius, K. , Chukharev, V. , Tkachenko, N. V. , Lemmetyinen, H. , Noda, K. , Matsushige, K. , Shishido, T. , Liu, Z. , Takai, K. H. , Suenaga, K. , and Imahori, H. (2012) *Chem. Eur. J.* , **18**, 4250.

[66] Bon, S. B. , Valentini, L. , Verdejo, R. , Fierro, J. L. G. , Peponi, L. , Lopez-Manchado, M. A. , and Kenny, J. M. (2009) *Chem. Mater.* , **21**, 3433.

[67] Valentini, L. , Cardinali, M. , Bon, S. B. , Bagnis, D. , Verdejo, R. , Lopez-Manchado, M. A. , and Kenny, J. M. (2010) *J. Mater. Chem.* , **20**, 995.

[68] Castelaìn, M. , Martìnez, G. , Merino, P. , Martìn-Gago, J. Á. , Segura, J. L. , Ellis, H. J. , and Salavagione, G. (2012) *Chem. Eur. J.* , **18**, 4965.

[69] Wang, H. X. , Zhou, K. G. , Xie, Y. L. , Zeng, J. , Chai, N. N. , Li, J. , and Zhang, H. L. (2011) *Chem. Commun.* , **47**, 5747.

[70] Li, Q. , Dong, L. , Sun, F. , Huang, J. , Xie, H. , and Xiong, C. (2012) *Chem. Eur. J.* , **18**, 705.

第3章

有机官能团与 GO 上含氧基团的加成

Vasilios Georgakilas

3.1 导　　论

碳纳米结构有机官能化的一个例子是,通过胺和酰胺基团间形成的酰胺键,经强氧化过程将脂肪胺共价连接到碳纳米管表面[1]。随后基于丰富的化学变换出现了诸多的有机官能团,主要是碳纳米管表面的羧基、羟基和环氧基[2-4]。由碳纳米管的成功功能化所启发,本章介绍了涉及含氧基(如羧基、羟基和环氧基)在内的用于石墨烯表面修饰的酰胺化、酯化和其他有机反应。

如第1章所述,强氧化石墨可使其剥离形成水中高度分散的氧化石墨烯(GO)单层。氧化后,石墨烯表面残余的含氧基团主要为位于棱边附近的羧基及位于石墨烯层中心区域的羟基和环氧基。这些基团是 GO 发展成有机衍生物的活性中心。GO 可被部分还原为化学转化型石墨烯(ccG)或者还原型氧化石墨烯(*r*GO)。然而比较 GO 与 *r*GO 的活性,有机官能化的石墨烯片带含氧基团在还原前具有更好性能,因为还原前的物质具有更多的活性氧位点,因此反应产率更高。有机官能团修饰的石墨烯的石墨特性可通过还原除去过多的含氧基团而部分还原,处理过程取决于官能化的最终目的。例如,最终目的是石墨烯衍生物的导电或力学性能,就需要恢复其石墨性;若需要亲水性,最好是保留含氧基团。

官能化的 GO 通常以透射电子显微镜(TEM)、原子力显微镜(AFM)、UV-Vis,傅里叶红外光谱(FT-IR)、X 射线光电子谱(XPS)和热重分析(TGA)来表征。显微技术一般用来辨认产物中单层或多层石墨烯,因为有机官能团并不能在显微镜下看到。官能化 GO 的 UV-Vis 谱不同于原生 GO,前者由官能团吸收带与 GO 吸收带叠加组成,以此作为官能化的指示。若向 GO 添加发色团,UV-Vis 和光致发光(PL)光谱则是表征复合物的必要工具。例如,当引入的基团与石墨表面有相互作用时,活性基团的荧光发射光谱出现淬灭。淬灭的程度可以表征相互作用的特征与品质。FT-IR是表征产物的强有力手段,因为含有的基团(羧基、羟基、环氧基)和形成的共价键(酰胺键、酯键、醚键、硅氧键等)在红外光谱中都有特定的吸收峰。类似地,XPS常被用来表征功能化过程中形成的共价键。带含氧基团的石墨烯参与的反应中,当功能化不涉及碳原子 sp^2/sp^3 杂化间的转化时,功能化石墨烯的拉曼光谱的研究变得不重要。然而,拉曼光谱经常通过D峰和G峰的强度比(I_D/I_G)表征受官能化影响的GO的部分还原程度。

本章根据涉及的有机反应将有机官能化分类。通常规定含氧基修饰的GO看成功能化石墨烯而非功能化GO。例如,通过醚键将烷基连接到GO上的产物视为烷氧官能化的石墨烯而不是烷基官能化的GO。然而,官能化后大量的含氧基未受影响会干扰对最终产物的表征。因而,本章为了区分来自原生石墨烯的直接反应,伴随官能团符号保留了GO或*r*GO的写法。

3.1.1　石墨烯/聚合物型纳米复合材料

考虑到碳纳米结构在应用中的作用,研究最多的方向是聚合物和碳纳米管、石墨烯或石墨纳米片等碳纳米结构形成的复合物。碳纳米结构在复合物中的优势在于其显著的力学性能、光学及电学性能。将石墨烯分散于聚合物矩阵中可以提高聚合物复合物的机械强度和导电性。通常,石墨烯与聚合物形成的复合透明薄膜,意味着它们可用作光电测试中的透明导电薄膜。

取决于两种成分在常规溶剂中的分散能力,石墨烯/聚合物复合物可由聚合物基质和原生或修饰的石墨烯或GO简单混合而成。而制备形成聚合物纳米复合物较成熟的方法是将聚合物链共价连接到石墨烯或GO表面。这种共价连接通常需确保石墨烯纳米片在聚合物基质中均匀的分散性,以及两种成分协同出更佳的力学及电子性能。根据建立共价连接的步骤,一般分为两种类型。第一种是"由表面接枝法"(grafted from),有机链的聚合反应发生在石墨烯表面,即在石墨烯纳米片存在下发生的聚合反应。第二种是"接枝到表面"(grafted to),即先合成聚合物而后将其以共价键连接到石墨烯表面,目的是为了使官能团位于侧链或聚合物链的端部。鉴于石墨烯/聚合物复合物和它们的性质及应用已是某些综述文章[5-7]和本书其他章节介绍的主题,本章集中介绍不同化学键连接的聚合物与石墨烯复合的典型例子。

3.2　GO表面羧基的作用

GO由大量通常位于纳米片边缘的羧基修饰而成。羧基的官能化有三种途径:①通过形成酰胺键,与胺或含有胺基的有机分子和聚合物反应;②通过形成酯键,与醇、苯酚和环氧化合物反应;③与其他混杂的有机活性化合物反应,实现

GO 的有机官能化。

3.2.1 形成酰胺键的有机官能化

3.2.1.1 亲油型衍生物

该反应最早由 Haddon 等人提出,即通过氨基与羧基形成酰胺键将十八胺(ODA)连接于 GO 上[8]。GO 由氧化石墨得到,没有经过进一步还原,因此其含有大量的可用于共价官能化的含氧基团。官能化反应的第一步是用亚硫酰氯将 GO 的羧基转变为酰氯,然后通过烷基胺与 GO 上的酰氯反应形成酰胺键。十八基官能化的 GO(GO-ODA)可以很好地分散在四氯化碳(CCl_4)、1,2-二氯乙烷、四氢呋喃(THF)(0.5mg · mL^{-1})中。TGA 显示石墨在加热下有较好的稳定性,在空气中加热到 700℃时才燃烧。然而,GO 和 GO-ODA 在 600℃下已完全燃烧(图 3.1)。200 ~ 400℃范围内少量的质量损失可归于样品表面 ODA 基团的去除。

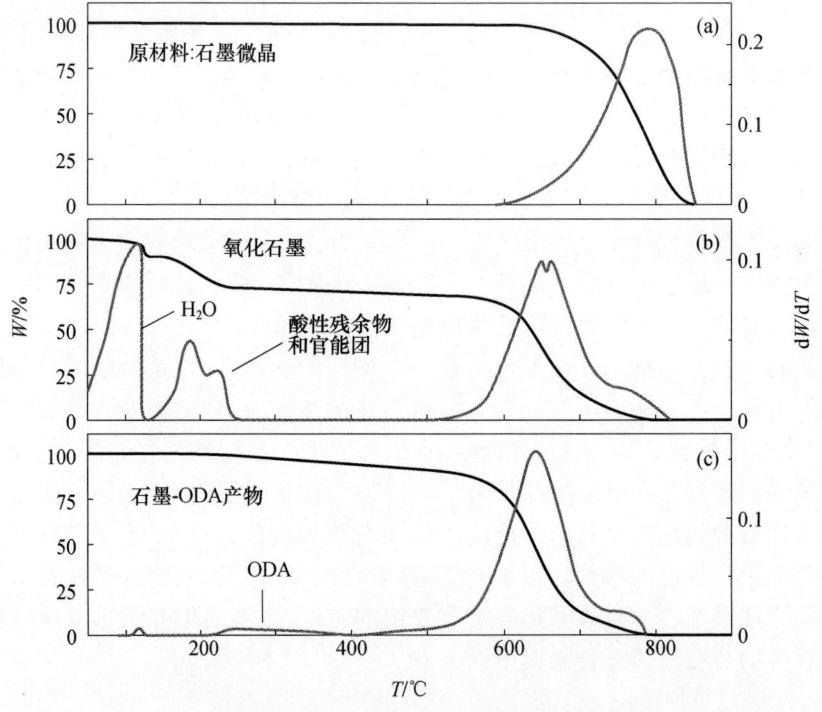

图 3.1 空气气氛中得到的 TGA 曲线。(a)石墨原材料;(b)GO;(c)GO-ODA
(经许可引自文献[8],版权©2006,美国化学学会)

采用类似方法制得的 *r*GO-ODA 可均匀分散在亲油性聚合物如等规聚丙烯中,通过与普通的非极性溶剂如二甲苯混合。反应中 GO 原材料被水合肼部分还原,然后在二甲基甲酰胺(DMF)中与 *r*GO、ODA、*N*,*N'*-二环己基碳(DCC)发生酰胺化反应。该复合物具有增强的热稳定性,聚合物基质与石墨烯纳米片间也存在强附着力[9]。GO-ODA衍生物在十六烷中也有稳定的分散性及增强的润滑性[10]。在4,4′-二氨基二苯基醚修饰的石墨烯中,同样可观察到亲油行为[11]。

3.2.1.2 亲水型生物相容衍生物

为了生物应用,GO通过与一些生物相容性的聚合物如聚乙二醇、葡聚糖和壳聚糖的酰胺键实现其功能化。利用端氨基聚乙二醇(PEG)链,将生物相容性的PEG以酰胺键接到石墨烯的羧基上[12]。鉴于PEG的高亲水性,PEG官能化的GO(GO-PEG)可以在水或其他生物溶液如血清中得以分散,因此在生物体系中可作为憎水药物的传输载体。例如,SN38,一种类似喜树碱的高憎水化合物,它可作为强效的拓扑异构酶抑制剂,通过π—π堆积与GO-PEG连接(图3.2)。得到的复合物GO-PEG-SN38溶于水,且在水中的溶解度高达1mg·mL^{-1}。将复合物在30%的血清溶液中放置三天,SN38从复合物中缓慢释放出来;但其在磷酸盐缓冲液(PBS)中相当稳定。与SN38受激后得到的稳定荧光带相比,受激后GO-PEG-SN38明显的荧光淬灭反映了复合物中SN38和GO-PEG的密切距离。

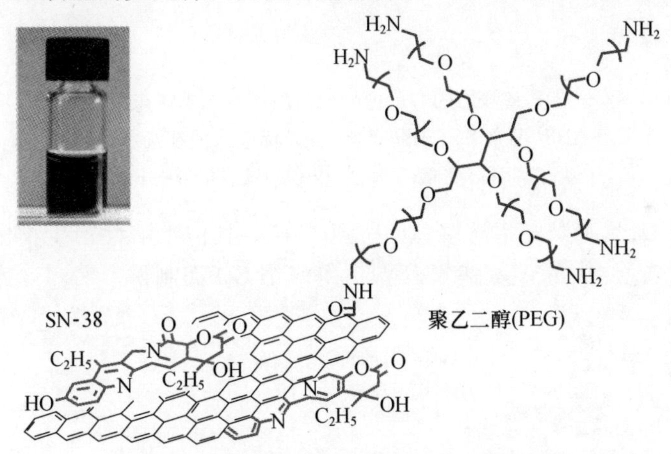

图3.2 GO-PEG-SN38合成示意图及该复合物水溶液照片(内插图)
(经许可引自文献[12],版权©2008,美国化学学会)

GO已被同样具有生物相容性的右旋糖酐(Dex)聚合物功能化。由于右旋糖酐不能直接与羧基反应,首先要用端氨基基团在聚合物链几处进行修饰(图3.3)。制备得到的GO-Dex复合物在生理溶液中具有增强的稳定性和明显降低的细胞毒性。另外,小鼠体内实验表明,静脉注射于动物体内的GO-Dex在一周后几乎完全去除,而且对实验动物在短期内没有产生明显的毒性[13]。

壳聚糖能与羧基直接形成酰胺键,因为其单体含有由胺基等取代的六元环。该反应是在微波辐射下进行,聚合物修饰的GO能被水合肼局部还原制得壳聚

图 3.3 (a)~(c)端氨基修饰的右旋糖酐通过酰胺键与 GO 连接，得到的 Dex-GO 被 Cy5-NHS(*N*-羟基琥珀酰亚胺)荧光标记以便在细胞内示踪
(经许可引自文献[13]，版权©2011，Elsevier B. V.)

糖修饰的 *r*GO，具有极好水溶解性[14](图 3.4)。其他水溶性衍生物也可由蛋白质如牛血清白蛋白[15]、4-氨基苯磺酸[11]等修饰 GO 而制得。

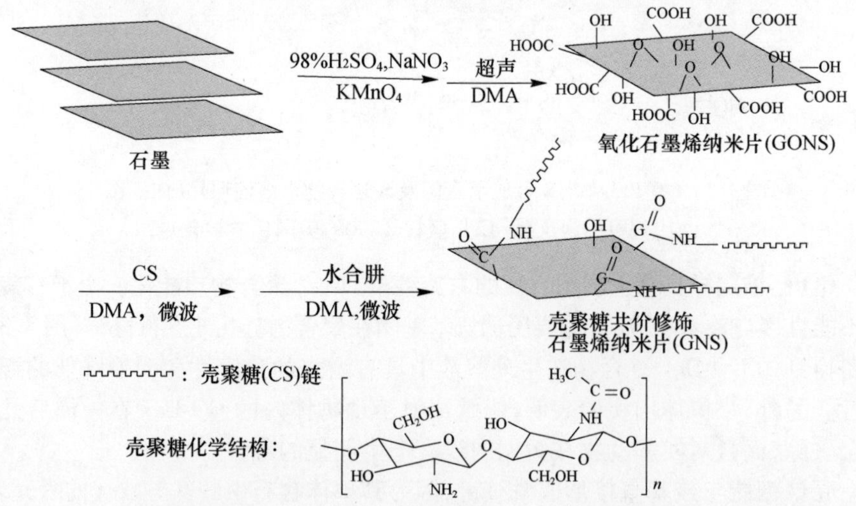

图 3.4 壳聚糖官能化的 GO(经许可引自文献[14]，版权©2011，Elsevier B. V.)

3.2.1.3 发色团的加成

卟啉和酞菁是具有吸引力发色团的有机化合物,具有扩展的π共轭结构,是太阳能转换系统中产生光活性的官能团。此外,它们还具有优异的非线性光学(NLO)和光限幅(OL)性能。类似的高NLO性能和宽频OL性能在卟啉和酞菁官能化的石墨烯纳米片中也可观察到。在C_{60}[16,17]和寡聚噻吩分子[18]修饰的石墨烯纳米片也观察到了类似结果。这类结合通常是由发色团分子以共价键连接到石墨烯表面。当卟啉或酞菁中至少一个苯环被氨基取代后,可通过酰胺键与GO连接[16,19,20]。吡咯烷官能化的C_{60}以共价键连接到石墨烯上[16]。低聚噻吩也应具有氨基端,这样才能通过相同的反应连接到石墨烯表面[18]。

氨基取代四苯基卟啉(TPP)共价修饰的GO由于奇特的光物理特性及在能量转换体系中的应用而被研究(图3.5)。卟啉官能化GO($GO-H_2P$)分散在DMF中($1mg \cdot mL^{-1}$)。产物的紫外可见光谱显示在700nm到紫外光区域有连

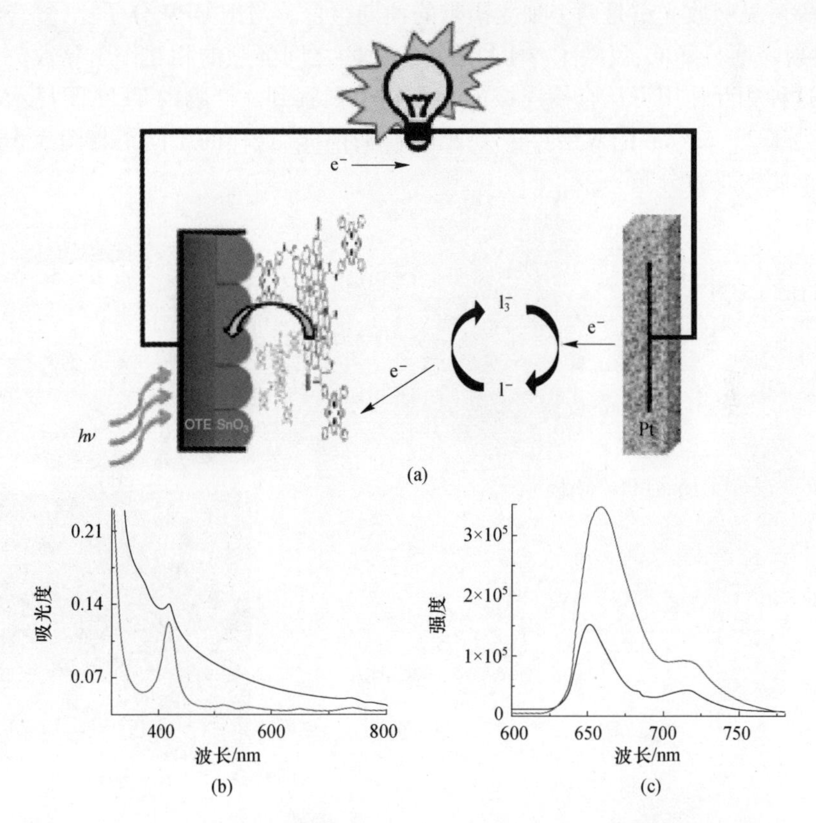

图3.5 (a)基于$GO-H_2P$复合物的光电化学电池的示意图;(b)$GO-H_2O$(黑线)和H_2P(浅线)的紫外-可见吸收光谱;(c)H_2P(浅线)和$GO-H_2P$(黑线)的荧光发射谱(经许可引自文献[21],版权©2011,英国皇家化学学会)

续增加的吸收峰,可归于 GO 吸收峰与 420nm 处卟啉特征索雷谱带的叠加。与纯卟啉比,GO-H_2P 的荧光发射带明显减弱,表明复合物在激发过程中发生了高效的荧光猝灭。这种现象可归于 H_2P 的单线激发态电子向 GO 的成功转移。基于 GO-H_2P 复合物构建的光电化学电池显示了近 1.3% 的入射光转换效率(IPCE)[21]。

低聚(亚苯基亚乙烯基)(OPV)作为发色电子给体分子,已在设计的光伏体系中用于给受体系。氨基取代的 OPV 可通过酰胺键共价连接到 GO 上[22]。通过热剥离得到平均 5 个石墨层厚度的 GO 纳米片作为原材料。鉴于 OPV 的亲油性,氨基-OPV 官能化的 GO 可高度分散于有机溶剂中。产物OPV-GO的FT-IR光谱在 $1572cm^{-1}$ 和 $1639cm^{-1}$ 处的吸收峰分别对应酰胺 I 和 II 的特征峰,可用来表征酰胺键的存在。产物的拉曼光谱显示,2G 峰相对强度的明显增加且向低波段移动,这是因为反应后更彻底的剥离造成的 GO 纳米片平均层数的减小。在电子给受体系中,发色团与碳纳米结构的结合效率一般可由 PL 测定。OPV-GO 的紫外可见吸收光谱是两个独立谱带的预期组合。与纯 OPV 分子比,复合物的 PL 发射带明显降低,反映了 GO 片层与发色团之间强烈的相互作用导致荧光猝灭。这种相互作用可从直接连接的化合物中观察到。产物的 TEM 图显示出层间距处于 2~2.4nm 的双层及多层纳米片的存在。这样的层间距与图 3.6 所示的官能团的垂直分布一致。

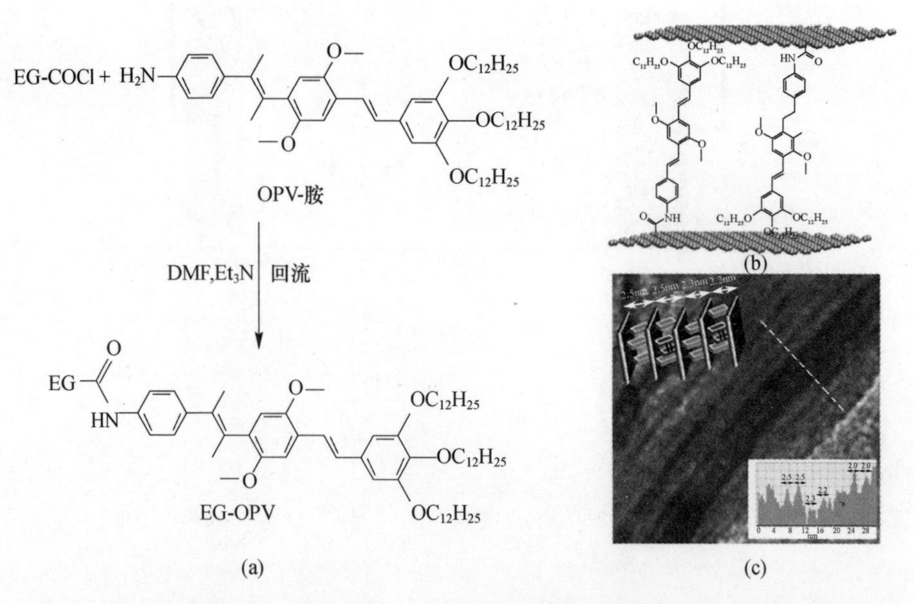

图 3.6 (a)OPV 官能化石墨烯的合成;(b)OPV-GO 结构示意图,OPV 分子垂直且处在石墨烯层间;(c)层状石墨烯结构的 TEM 图(内插图显示穿过白线的层间距及结构排布示意图)(经许可引自文献[22],版权©2012,英国皇家化学学会)

偶氮苯生色团共价官能化的 GO(Azo-GO)根据芳香环的位置呈现顺式和反式两种异构体[23](图 3.7)。反应得到热力学稳定的反式 Azo-GO,仅通过紫外辐射样品能建立与顺式异构体的转换。Azo-GO 由于形成顺式异构使得产物的导电性增强。

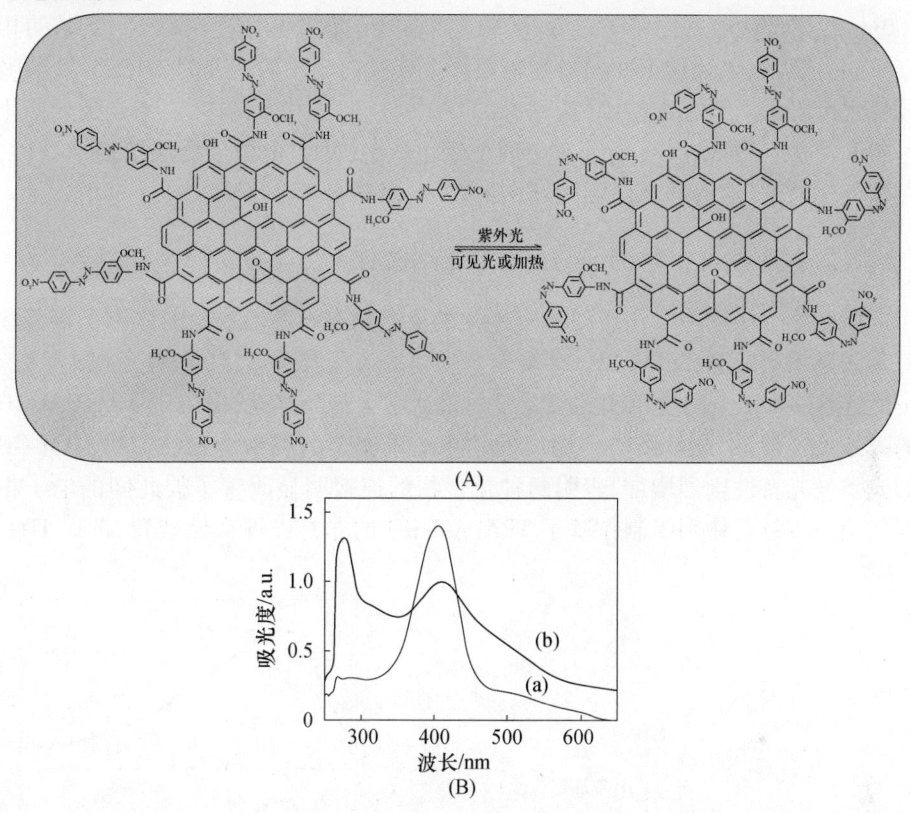

图 3.7　(A)Azo-GO 的光异构化过程;(B)DMF 中(a)偶氮苯和(b)Azo-GO 的紫外可见光谱图(经许可引自文献[23],版权©2010,Elsevier B. V.)

氨基取代的偶氮苯以酰胺键与 GO 共价连接制得 Azo-GO(图 3.7),产物在有机溶剂如 DMF 和丙酮中有极好的分散性。基于 XPS 可估算偶氮官能化的程度,GO 上每 87 个碳原子连接一个偶氮基。去除溶剂后 Azo-GO 固体产物可用 XRD 谱表征其晶体结构。对比 Azo-GO 和 GO 的 XRD 谱,发现偶氮官能化后石墨层的层间距出现下降这一有趣的现象。通常在石墨片层间引入有机分子后层间距增加,因为相比 GO 上的含氧基,有机分子的尺寸较大。在这里,GO 的 XRD 中 12.1°处的峰表明层间距为 0.73nm,而 Azo-GO 在 $2\theta=25.3°$处的峰对应层间距 0.35nm,显示出类石墨的结构。GO 的层间距可归于石墨层表面存在的含氧基团;固相 GO 的含氧基嵌在石墨夹层间。插入 GO 层间的偶氮的峰既弱又宽,因此不具备信息性。这也表明偶氮基并未使 GO 层的堆叠变得容易,石墨烯纳米片可能由于含氧基的还原去除堆积成石墨。偶氮基的共价连接可通过FT-IR 光谱中酰胺键特征峰的出现，或相对单组分复合物在 UV-Vis 谱中吸收带的红移而识别(图 3.7)。偶氮苯在 405nm 处具有最强吸收带，归属于反式异构体的 $\pi \rightarrow \pi^*$ 转变。但在复合物中，该吸收带红移至 410nm。同时，Azo-GO 在 300nm 以下的吸收峰由 GO 的 π 等离子体转变引起，且由于 GO 与偶氮基的相互作用，该吸收峰红移了 9nm。当辐射产生反式向顺式的转变时，410nm 处的吸收峰强度降低。但在黑暗中，亚稳态的顺式转变回反式异构体，表明光致异构化过程的可逆。将 Azo-GO 薄膜置于两个氧化铟锡(ITO)电极间构成了简单器件，在紫外辐射下，随着反式向顺式结构的转变，电导率逐渐增大。

3.2.1.4 聚合物与石墨烯的复合材料

酰胺化反应进一步用于氨基官能化的聚合物在石墨烯表面的修饰。端芳胺三苯胺基聚甲亚胺(TPAPAM)共轭聚合物可通过酰胺键连接到 GO 上(图3.8)。虽然连接在 GO 上的生色团的荧光发射谱通常会部分淬灭，但由于 TPAPAM-GO 的光致发光特性，这里将得到相反的结果。事实上与纯聚合物比，TPAPAM-GO 的光致发光特性剧烈增加，表明两种化合物的连接明显改善了彼此间的电子相互作用。该复合物用于制作基于 TPAPAM-GO 的非易失性存储装置，即以 ITO/

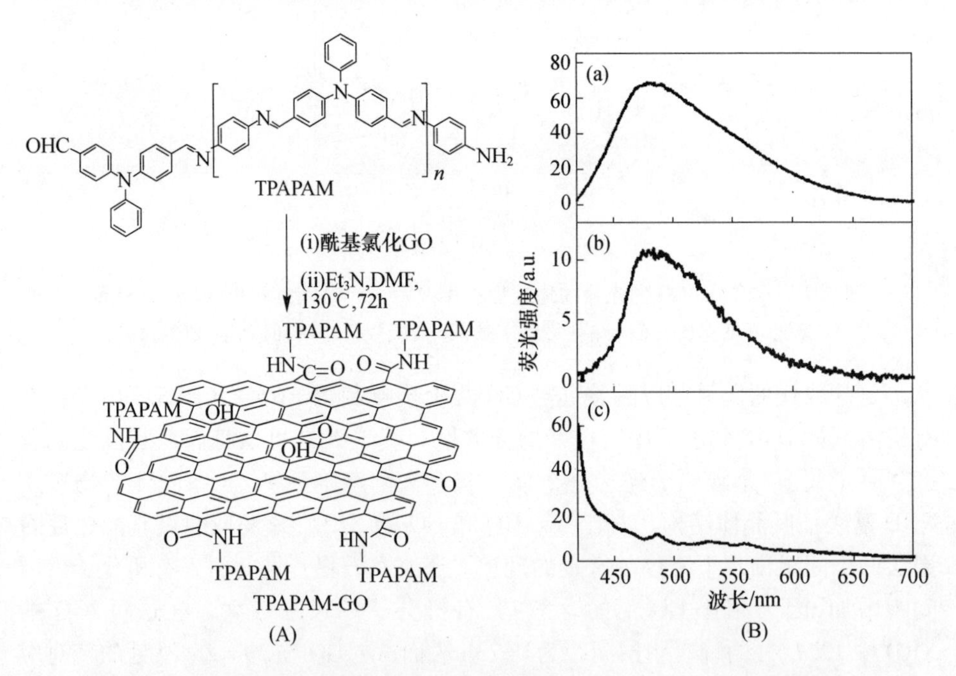

图 3.8 (A)TPAPAM 官能化的 GO;(B)THF($4mg \cdot L^{-1}$)中(a)TPAPAM-GO、(b)TPAPAM、(c)GO 的荧光谱，激发波长 410nm(经许可引自文献[24]，版权©2010，Wiley-VCH 出版公司)

TPAPAM-GO/Al的构造[24]，采用ITO和Al作为电极。该器件在导通电压为1V及开关电流比超过10^3时，成功显示了典型的双稳态电开关和非易失性可重写存储效应。

通过酰胺化反应将多面体低聚倍半硅氧烷(POSS)以共价键连接到GO上，得到结合了碳和硅氧化物的有趣的复合纳米材料[25]。如图3.9所示，在DCC的存在下，POSS链的端基胺与GO的羧基间发生共价连接。另外，通过胺的亲核加成将环氧开环加成到GO也是可能的加成途径。

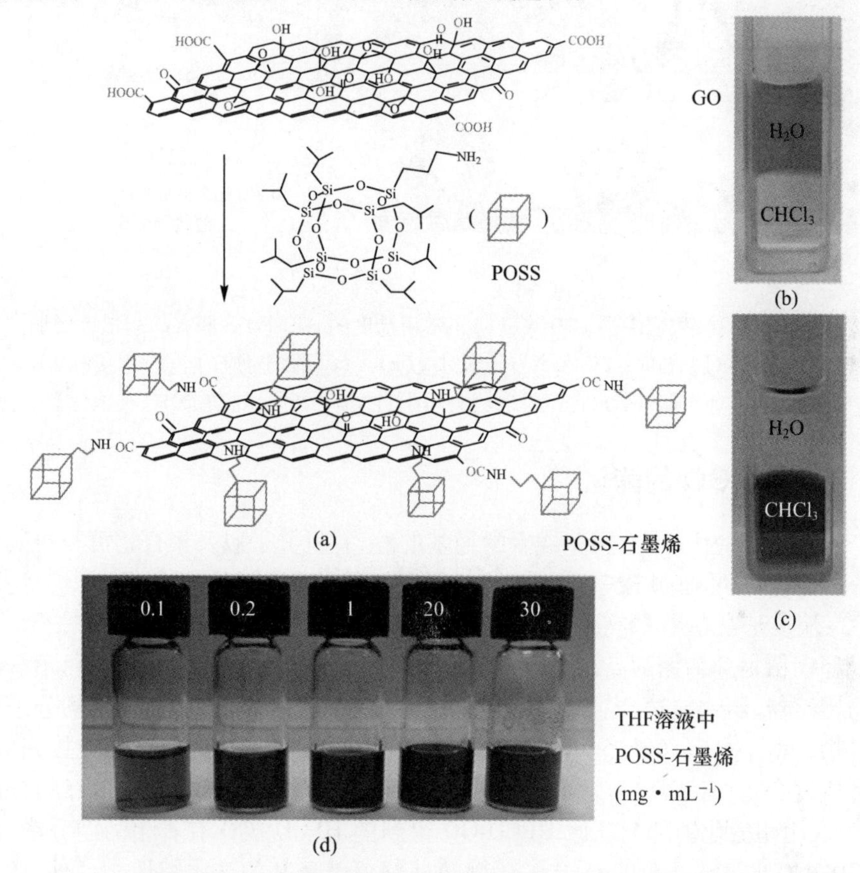

图3.9 (a)端氨基POSS官能化修饰GO；(b)GO和(c)*r*GO-POSS分散在双相水/氯仿体系中；(d)*r*GO-POSS在不同浓度(mg·mL^{-1})THF中的分散
(经许可引自文献[25]，版权©2012，美国化学学会)

在POSS官能化GO(*r*GO-POSS)的红外光谱中，羟基(3400cm^{-1})、羰基(1731cm^{-1})和环氧基(1228cm^{-1})特征峰强度明显降低，表明GO被成功修饰以及部分还原。位于1110cm^{-1}处的Si—O—Si强伸缩振动及2700~3000cm^{-1}处异丁基取代的POSS的弱振动进一步表明POSS的存在(图3.10)。由于GO表面的POSS空腔可阻止纳米片层的团聚，因而*r*GO-POSS可以高度分散在多种有机溶剂中,如四氢呋喃、己烷、氯仿、丙酮和甲苯等。*r*GO-POSS 呈现憎水特性,表明 POSS 上丁基的憎水性已覆盖了 GO 表面的亲水性。另外,表面粗糙度的增加可使 *r*GO-POSS 薄膜呈现超憎水性(图 3.10)。最终添加 1% 的 *r*GO-POSS 到聚甲基丙烯酸甲酯(PMMA)中可使该聚合物的 T_g增加 10℃,表明 *r*GO-POSS 增强了聚合物的热力学稳定性。

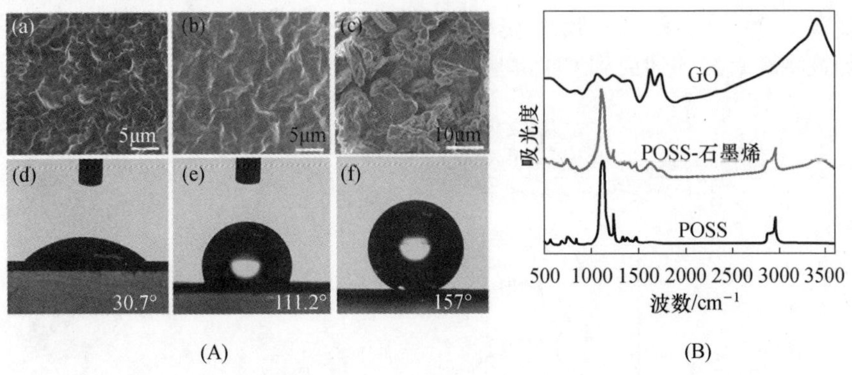

图 3.10 (A)SEM 图:(a)GO 膜;(b)正常粗糙度的 *r*GO-POSS 膜;(c)粗糙度增加的 *r*GO-POSS 膜;(d)~(f)水滴与分别对应(a)~(c)的膜对应的空气/水接触角。(B)GO、POSS、*r*GO-POSS 的红外光谱图(经许可引自文献[25],版权©2012,美国化学学会)

3.2.2 GO 的酯化

在酯化反应中,带有羟基或者酚羟基的醇、有机分子以及聚合物可与羧酸反应。因而,GO 可通过羧基或羟基与环糊精[26]、羟基取代聚合物[27-29]、共聚物[30]、端羧基富勒烯[31]等有机物参与酯化反应。

环糊精是葡萄糖的高亲水性环状低聚物。其结构形成的憎水空腔可承载在生物传感器、药物输送、电子器件等领域具有应用潜力的有机分子、生物分子或无机物。由于具有大量羟基,羟丙基 β-环糊精(HPCD)可通过酯化反应接到 GO 上形成复合物(HPCD-GO),此复合物在水及极性有机溶剂中均有很好的分散性[26]。用硼氢化钠部分还原 HPCD-GO 得到的 HPCD-*r*GO 有着相同的分散性。HPCD-*r*GO 的高亲水性来自于 β-环糊精外部覆盖羟基的亲水特性。另外,环糊精的空腔亲水性差,因而可承载与空腔大小匹配的憎水有机分子,作为这类分子在非友好环境中(如水)的载体。客体分子可通过范德华力或氢键进入空腔。TPP 作为优秀的客体分子候选,它是非常适合圆二色(CD)腔体尺寸的憎水分子。此外,它是一种光致电子给体,适于研究主客体系统中电子给体 TPP 与电子受体 GO 或 *r*GO 之间的电子转移。

TPP 嵌入 HPCD-*r*GO 空腔可通过简单地将 HPCD-*r*GO 加入 TPP 溶液中实现。在 TPP 修饰的 HPCD-*r*GO(TPP/HPCD-*r*GO)的 UV-Vis 谱图中,417nm 处的索雷吸收带证实了分散于水中的环糊精空腔内憎水 TPP 的存在。TPP/HPCD-

*r*GO在417nm处的荧光发射带的明显弱化有力证明了电子从卟啉向*r*GO的转移(图3.11)。然而,TPP与HPCD-GO(HPCD功能化还原前的GO)的混合却没有出现类似的荧光猝灭。虽然TPP与HPCD-GO之间存在主-客体有效的相互作用,但由于GO本身无法携带电子致使电子转移不可行。这与GO相对其还原态或石墨烯而言导电性较差的事实一致。最后,TPP/HPCD-*r*GO系统与血红蛋白的相互作用测试表明,该系统作为检测血红蛋白的生物传感器具有很好的应用前景。

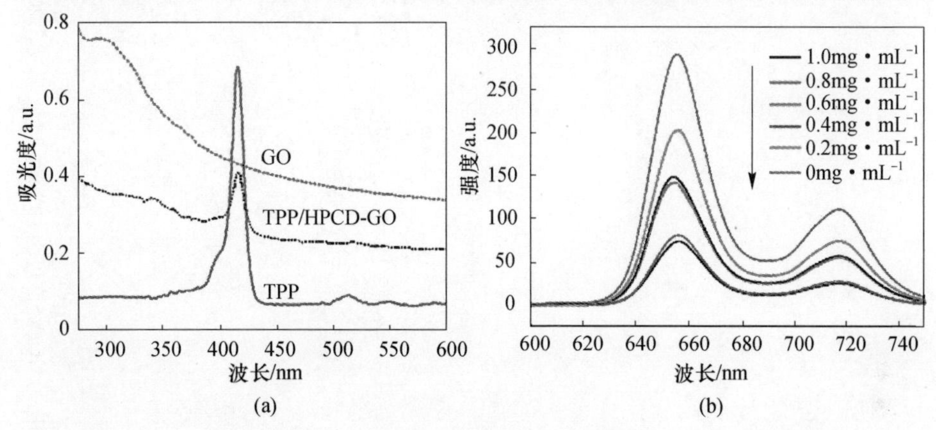

图3.11 (a)GO、TPP和TPP/HPCD-GO的紫外可见光谱图;(b)TPP在加入不同浓度HPCD-GO前后的荧光发射光谱图(经许可引自文献[26],版权©2010,Elsevier B. V.)

富含羟基的聚合物也可通过酯化反应与GO连接,例如聚乙烯醇(PVA)与GO的反应。这个酯化反应直接进行或通过形成活性酰氯中间体进行。PVA官能化的GO(PVA-GO)可以很好地分散在水和二甲基亚砜中。即使用水合肼部分还原PVA-GO后[27],产物的这种分散性仍能保持。此外,PVA-*r*GO的结晶性在还原后具有显著改善。同时,TGA也表明纳米复合物具有增强的热稳定性(图3.12)。

在某些情况下,没有羟基官能化的聚合物也可经过适当的修饰进行酯化反应。例如,对-羟基-苯硫基作为活性位点取代的聚(氯乙烯)可与GO的羧基进行酯化反应[28]。端羧甲基聚(3-己基噻吩)(P3HT-CH_2OH)也可通过酯化反应接到GO上。P3HT及其衍生物是共轭聚合物,在光伏系统中作为光敏给电子体,结合如C_{60}衍生物及最知名的6,6-苯基-C61-丁酸甲酯(PCBM)共掺的电子受体分子。与纯P3HT或简单的P3HT与GO的混合物(0.18%~0.20%)相比,P3HT-CH_2O-GO复合物在双层光伏器件中表现出更高的能量转换效率(约0.60%)[29,30](图3.13)。

除去这些先合成聚合物再以共价连接至GO表面的方法("接枝到表面"过程),当引发剂以化学键连接到GO表面时,聚合物/GO复合物可通过原子转移自由基聚合法(ATRP)合成。在这类"由表面接枝"法中,聚合从石墨烯表面开

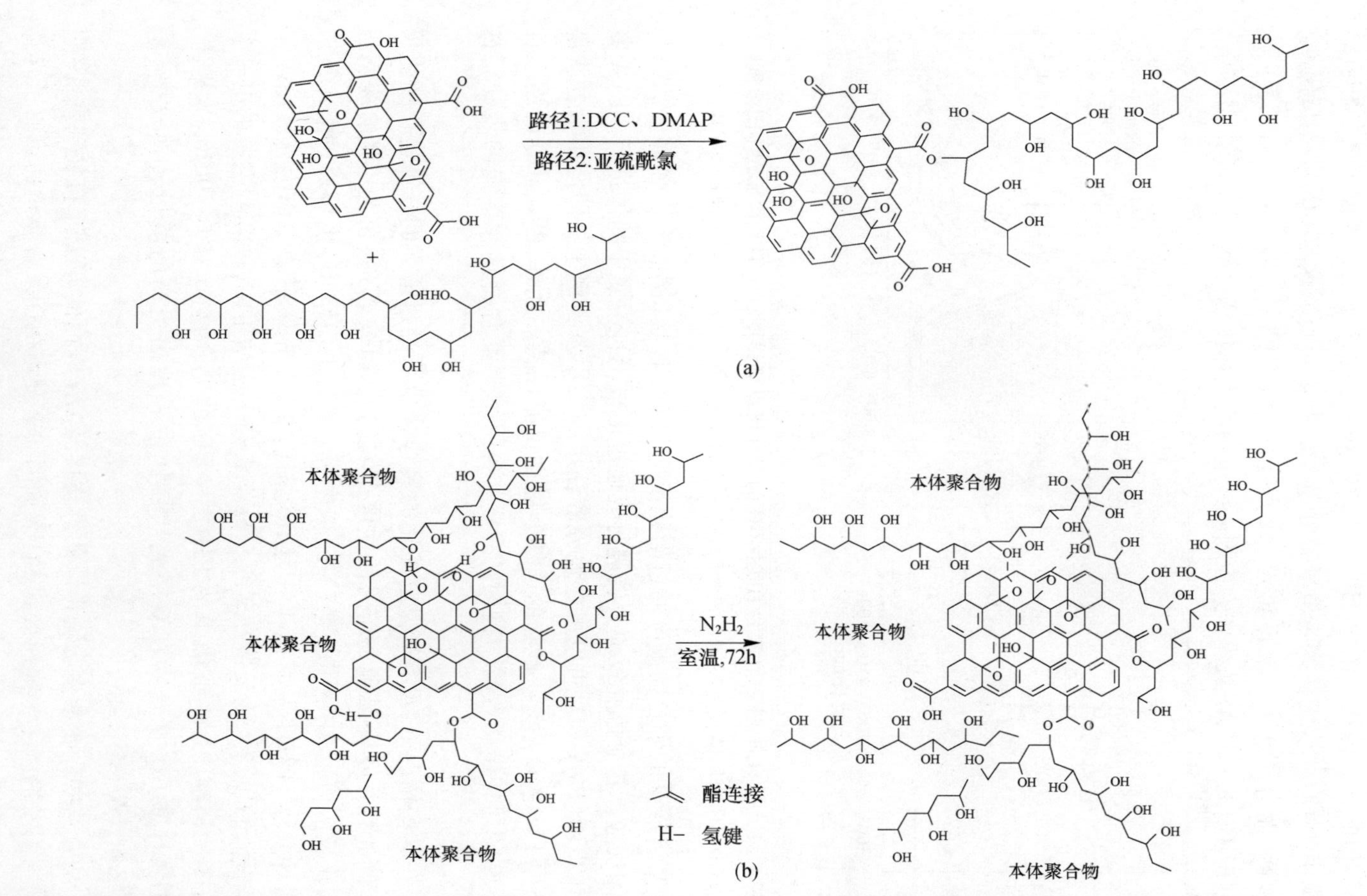

图 3.12 （a）PVA 与 GO 酯化反应的两种路径；（b）水合肼部分还原 PVA 官能化的 GO（经许可引自文献[27]，版权©2009，美国化学学会）

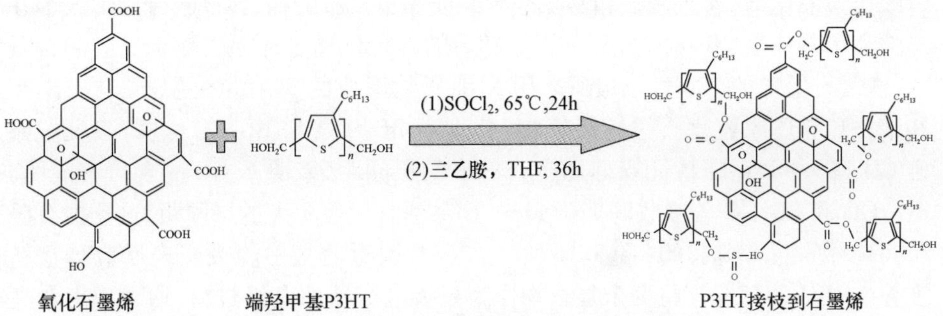

(1)$SOCl_2$, 65℃,24h
(2)三乙胺，THF, 36h
氧化石墨烯
端羟甲基P3HT
P3HT接枝到石墨烯

图 3.13 端羟甲基 P3HT 与 GO 的酯化反应
（经许可引自文献[30]，版权©2010，美国化学学会）

始，形成的聚合链以其端部通过化学键与 GO 连接。ATRP 法已用于制备 GO 纳米片与聚合物如聚苯乙烯（PS）、聚-丁基-丙烯酸酯和 PMMA[32]之间形成共价连接的复合物。如图 3.14 所示，典型的例子是 PMMA/GO 复合物的形成[33]。该过程的第一步是将乙二醇分子转变为羧酸，第二步用聚合物引发剂 2-溴-2-甲基丙酰溴取代羧酸。第三步通过加入甲基丙烯酸甲酯单体和合适的催化剂开始聚合。制备得到的 GO-PMMA 产物进一步作为填料分散在 PMMA 聚合物基质中，以增强最终 PMMA 复合物的力学性能。聚合物中无聚集态的GO-PMMA的质量浓度不可超过 1%。

步骤 I
步骤 II
步骤III

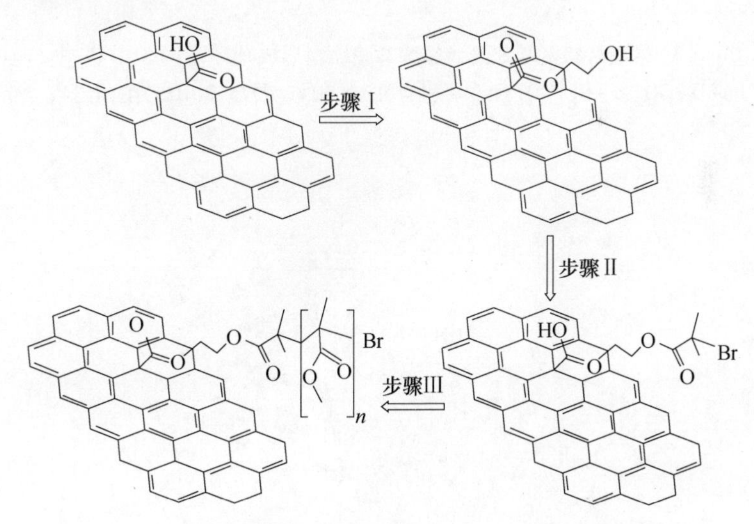

图 3.14 GO 表面的 PMMA 的原子转移自由基（ATR）聚合
（经许可引自文献[33]，版权©2010，英国皇家化学学会）

3.2.3 形成杂环实现 GO 官能化

GO 的石墨型表面存在的羧基提供了进行多种有机反应的机会，例如用多磷酸作为催化剂，通过羧酸和邻氨基苯酚或邻苯二胺的缩合反应，分别形成苯并恶唑和苯并咪唑杂环（图3.15）[34]。随后的官能化通过还原去除未反应的含氧基，恢复石墨烯的芳香性。最后采用XRD等对形成的苯并恶唑还原氧化石墨烯和苯并咪唑还原氧化石墨烯衍生物（分别为BO-*r*GO和BI-*r*GO）进行表征。原生GO在9.98°存在特征峰，对应0.88nm的层间距，来源于GO的含氧官能团。BO-*r*GO和BI-*r*GO的吸收峰处于13°～16°之间，对应更大的层间距，这是由石墨层间杂环的插入引起的（图3.16）[35]。26.3°附近的衍射峰表明未反应且重新堆叠的*r*GO的存在。将两个复合物作为超级电容器的电极材料，均表现出较高的比电容（BO-*r*GO：730F·g^{-1}；BI-*r*GO：781F·g^{-1}）和良好的稳定性。

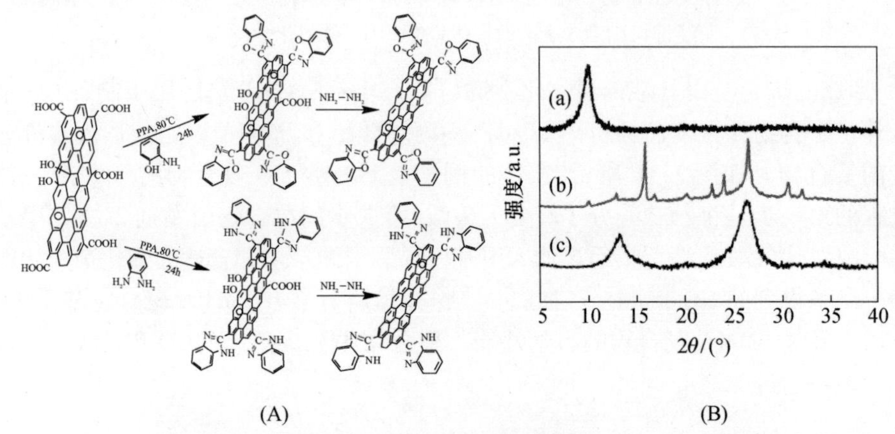

图3.15 （A）羰基与邻氨基苯酚或邻苯二胺缩聚形成杂环；（B）XRD谱图：（a）GO，（b）BO-*r*GO，（c）BI-*r*GO（经许可引自文献[30]，版权©2010，美国化学学会）

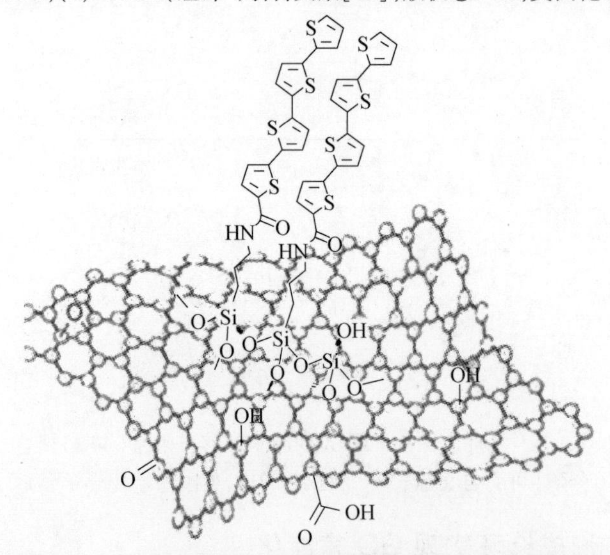

图3.16 GO羟基的硅烷化反应形成寡聚噻吩官能化的GO
（经许可引自文献[35]，版权©2010，英国皇家化学学会）

3.3　GO表面羟基的作用

GO表面除了羧基相关的酰胺化、酯化以及环氧的亲核加成反应，具有化学活性的羟基也可作为反应基团。羟基主要分布在石墨层的表面中心[36]。GO上羟基的特征反应为硅烷化反应，即羟基和乙氧基取代的硅烷之间的反应。例如，端三乙氧基四噻吩可通过硅烷化反应连接到GO上[37]。微波辐射辅助的该反应可在短时间内高产量完成。

十八烷脂肪链已通过醚化反应连接至GO[38]。1-溴-十八烷在吡啶回流下与GO发生羟基反应，得到的十八烷修饰的GO(OD-*r*GO)由于吡啶的作用被部分还原。产物的FT-IR光谱显示，2854cm^{-1}和2923cm^{-1}的双峰分别源自OD中—CH_2—基团的C—H反对称和对称伸缩振动，1200cm^{-1}的吸收峰由C—O—C的非对称伸缩振动引起。GO的片层厚度为0.6nm，功能化之后增至1.7nm。这与层间存在烷基链的固相GO体现的结果一致(图3.17)。

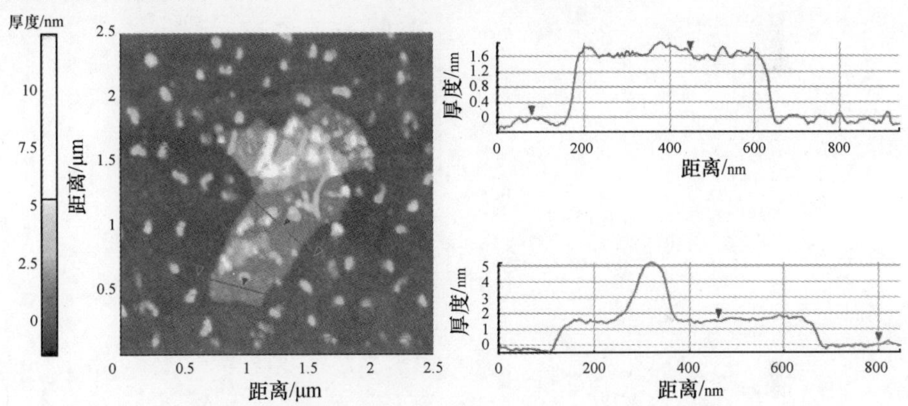

图3.17　OD-*r*GO的AFM图及单个纳米片的厚度剖面图
(经许可引自文献[38]，版权©2010，Elsevier B. V.)

3.4　混合型加成反应

3.4.1　羧酸、羟基与异氰酸酯衍生物的反应

就某些应用而言，石墨烯衍生物的憎水性是有利的。以憎水有机物对GO进行修饰，会诱使GO具有类似的憎水特性，若只是均匀混合GO与憎水化合物，效果并不明显。例如，为了提高光伏体系的性能，先将憎水衍生物修饰于亲水性的GO上，而后修饰的GO再与憎水的P3HT混合效果会更好。憎水转变已通过异氰酸苯酯功能化GO(PhCON-GO)实现。通常，有机异氰酸酯可与GO的

羧基和羟基形成酰胺键或氨基甲酸酯键[37,39]。苯基官能化的 GO 可分散在二氯苯中，然后与 P3HT 混合制备均匀的共混物，目前已成功用于光伏器件中。相比纯的 P3HT，以 422nm 光激发 PhCON-GO 后产生中心在 580nm 附近的荧光带出现部分淬灭，表明两种化合物之间存在电子相互作用，也证实了这种相互作用以复合物 PhCON-GO/P3HT 代替 P3HT 的光伏器件具有增强的性能[40]。

异氰酸酯功能化的有机化合物已用在若干种 GO 的衍生物中。1,4-二异氰酸根苯或 4,4′-二异氰酸 -3,3′-二甲基是具有苯基或联苯基刚核和两个对位活性异氰酸酯基的有机分子。这些分子与 GO 反应导致 GO 层的交联并形成柱撑层状杂化多孔材料（图 3.18）[41]。但是，因为刚性隔层表面有限，BET 比表面积并未因石墨层间有机隔层的插入而比 GO 有所增加。

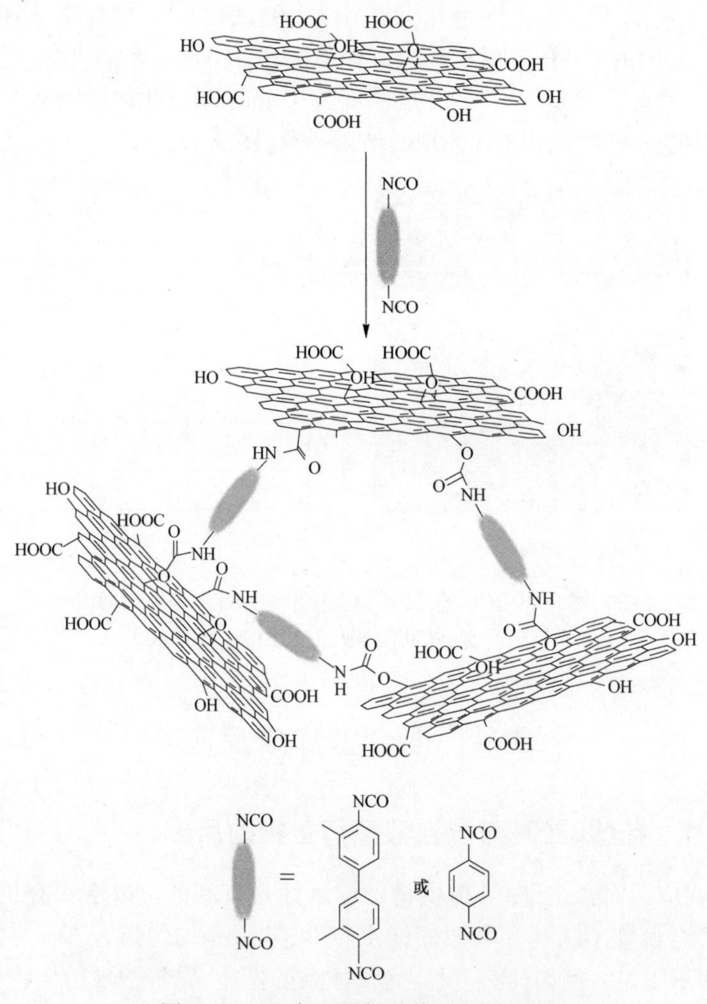

图 3.18 GO 与二异氰酸酯的交联反应

（经许可引自文献[41]，版权©2009，Elsevier B. V.）

3.4.2　环氧化合物与羧基或羟基的反应

环氧化合物既可以与GO的羧基反应形成α-羟基酯,也可与羟基反应形成α-羟基醚。既无溶剂又无催化剂的情况下,简单加热油酸甲酯与GO的混合物,反应经过油酸甲酯的环氧开环加成即可制得油酸修饰的GO(油酸-GO)。同时,加热过程中环氧化合物的作用使得GO部分还原。得到的油酸-*r*GO的产物含有长脂肪链及羟基,因此具有两亲性,可以与聚乳酸均匀混合得到力学性能增强的聚合物－石墨烯纳米复合材料[42](图3.19)。

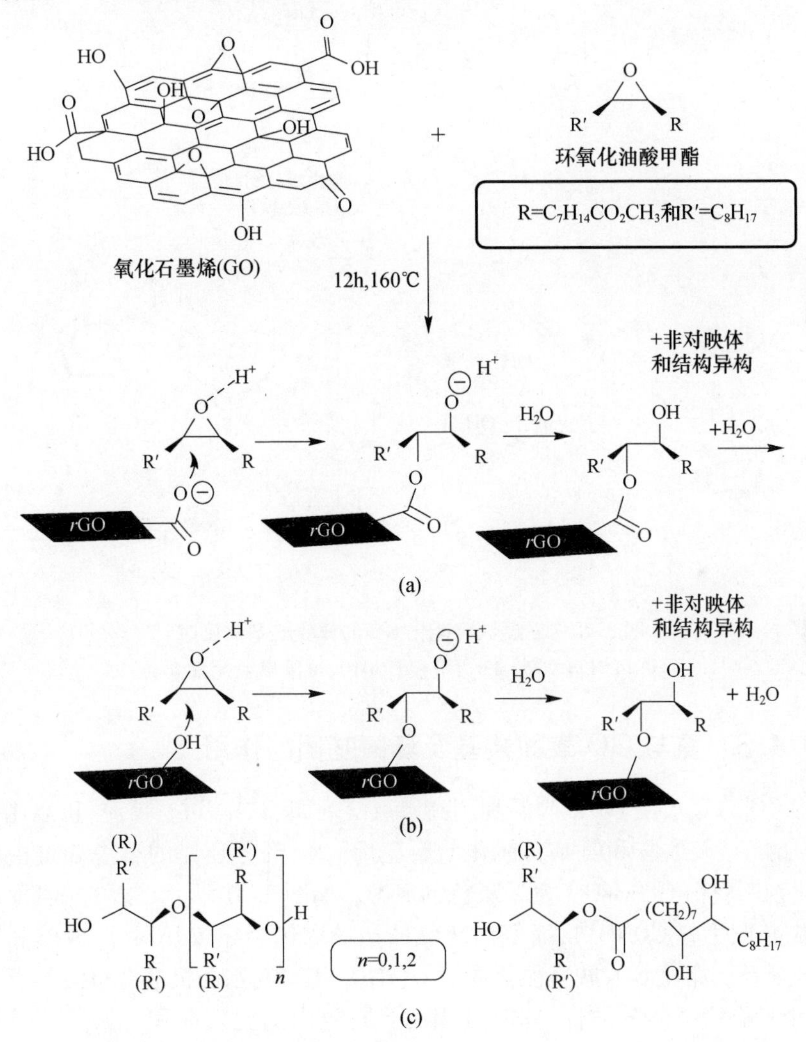

图3.19　GO与油酸甲酯环氧化物的反应和可能的反应途径。(a)酯化;(b)醚化;(c)环氧化物缩聚产生的醚或酯副产物(经许可引自文献[42],版权©2012,Wiley-VCH出版公司)

GO 上的羧酸可通过酰胺化反应以共价键连接到二茂铁上[43]。此反应中，以酸活化的氧化铝和三氟乙酸酐作为催化剂，GO 上的羧酸基团参与了选择性傅克酰基化反应（图 3.20）。

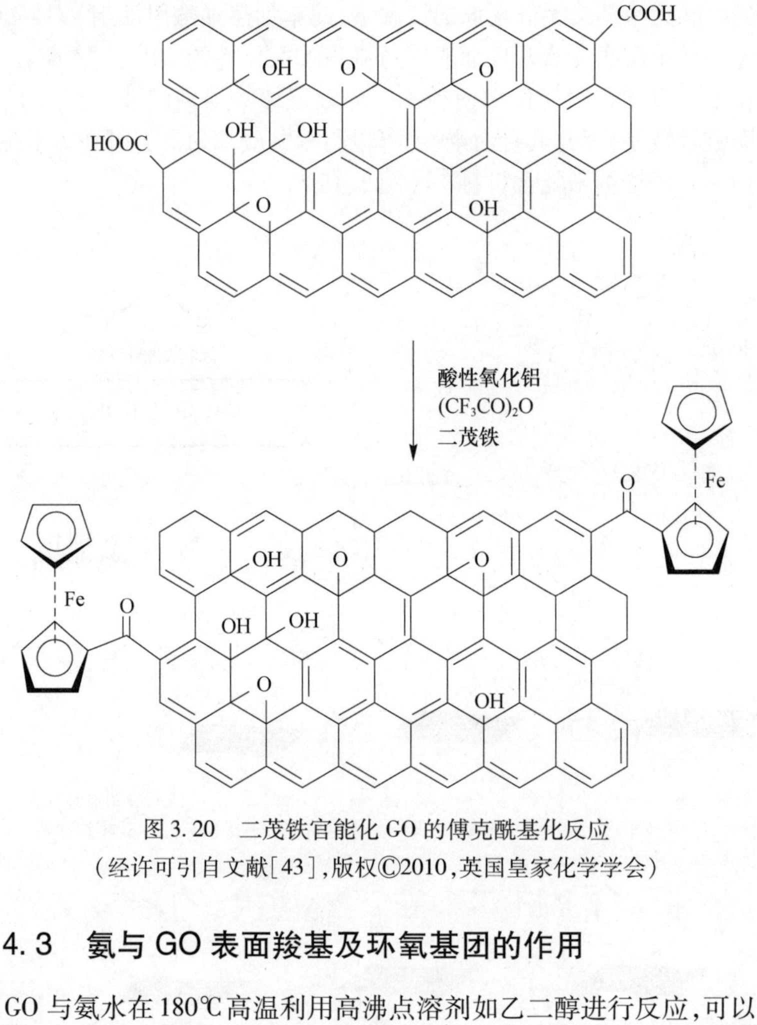

图 3.20　二茂铁官能化 GO 的傅克酰基化反应
（经许可引自文献[43]，版权©2010，英国皇家化学学会）

3.4.3　氨与 GO 表面羧基及环氧基团的作用

将 GO 与氨水在 180℃高温利用高沸点溶剂如乙二醇进行反应，可以制得部分还原的 GO 及酰胺和氨基官能化的石墨烯[44]。部分还原的石墨烯可由颜色的变化判断：棕色的 GO 变为深灰色的 *r*GO。如图 3.21 所示，羧酸与氨反应可形成酰胺基团（—$CONH_2$），而氨向环氧的亲核取代会导致开环，形成胺和羟基而非环氧环。相比 GO，胺官能化的 *r*GO（*r*GO-NH_2）在水和极性有机溶剂（DMF、THF）中具有增强的分散性，同时其固态具有更大的比表面积。氮原子总取代 GO 氧原子的程度可由 XPS 光谱得到。其中碳氧比由 GO 的 1.7 增加至最终产物 *r*GO-NH_2的 10.6，表明了 GO 的成功还原。碳氮比取决于反应过程中氨的含量，其比例约在 10～52。

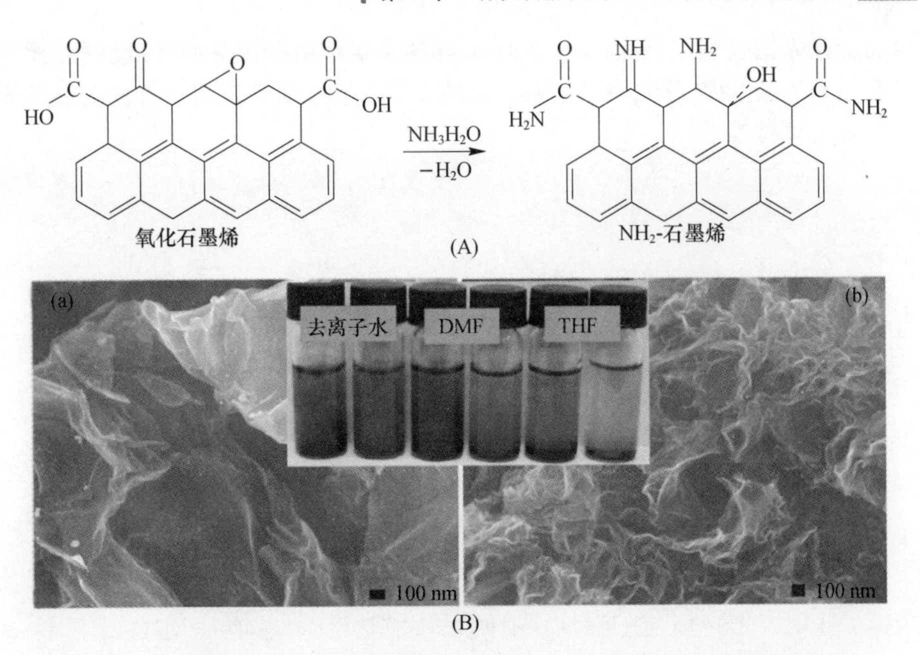

图3.21 (A)氨水与GO作用的示意图;(B)SEM图:(a)GO,(b)胺修饰的rGO,内插图为0.3mg·mL^{-1}的rGO-NH_2和GO分别在去离子水、DMF和THF中的分散液照片(经许可引自文献[44],版权©2011,Elsevier B.V.)

3.4.4 GO表面羧基的富集

为了使GO在聚苯胺中具有更好的分散性,可使GO表面富集更多的羧基,因为羧基与聚苯胺链的相互作用强于羟基和环氧基[45]。实现这种富集的简单方法是将环氧基和羟基转变为端羧基的功能基。首先,利用HBr还原环氧环使其开环得到羟基。其次,利用草酸等含有双羧基的酸与羟基发生酯化反应以修饰羟基。通过这样的步骤GO整个表面被饰以羧基(GO-COOH)。由于羧基之间的强排斥力,富集羧基的GO很容易分散在聚苯胺中且不会发生聚集。因而,苯胺聚合的过程中,GO-COOH很容易嵌入到逐步形成的聚合链中,从而很好地分散在最终形成的聚苯胺/GO-COOH复合材料中。石墨片层和聚合链之间由于氢键和静电作用得以紧密连接在一块。

3.4.5 镓-酞菁通过Ga—O共价键的加成

通过卟啉上金属与GO羟基之间形成Ga—O共价键,已成功制得镓取代卟啉(Ga—O—Pc)轴向修饰的GO(图3.22)[46]。卟啉的芳香环被叔丁基取代。XPS光谱证实了Ga—O共价键的形成。其中,20.8eV处为Ga—Cl的特征峰,与GO反应后,移至17.2eV处,即Ga—O的特征峰。产物镓-卟啉官能化的GO(Ga—O—Pc/GO)的紫外可见光谱也包含化合物的特征谱带。另外,复合物的荧光光谱受到了极大影响,700nm 处的发射带由于淬灭而强度减弱,揭示了 Pc 和 GO 之间充分的电子转移。最终复合物比 GO 表现出更好的非线性光学和光限幅特性[46]。

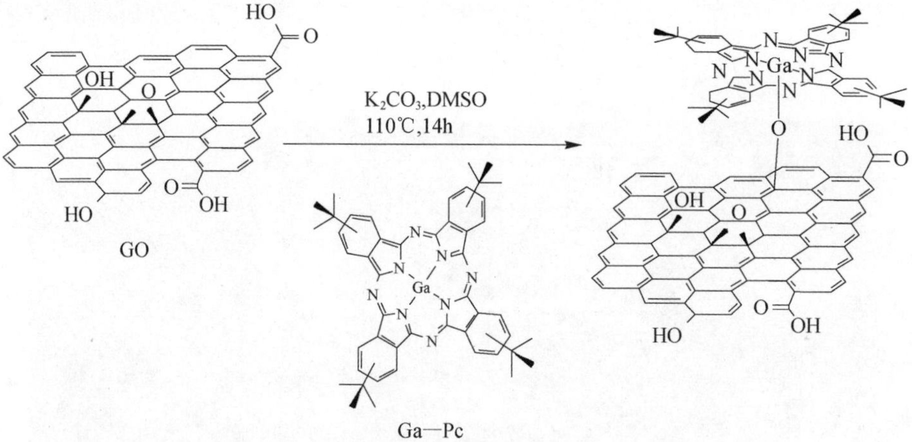

图 3.22 Ga—Pc 通过轴向 Ga—O 共价键官能化 GO(经许可引自文献[46])

3.5 GO 表面环氧基的作用

3.5.1 胺与环氧基的亲核加成

不同于羧基位于 GO 的片层边缘,环氧基主要位于 GO 层的中心。胺取代的有机化合物从简单的脂肪胺[47]、芳胺[48]到特殊的有机分子[49]、发色团[50]和聚合物[51-53],与环氧化合物反应同时以共价键连接到环氧基的开环上。6-氨基-4-羟基-萘磺酸(ANS)是可以利用自身的氨基连接 GO 的有机分子。ANS 含有磺酸基和羟基,因此此分子本身及修饰 GO 后的复合物都具有亲水性。ANS 与 GO 反应形成有机官能化修饰的 GO(ANS-GO),产物经水合肼还原以恢复石墨特性。虽然还原过程中含氧基的去除会影响产物的亲水性,但由于 ANS 上存在的羟基和磺酸基,还原后的 ANS-*r*GO 仍有高亲水性($3mg \cdot mL^{-1}$)(图 3.23)。

采用相同反应可实现氨丙基三乙氧基硅烷(APTES)对 GO 的功能化。连接的硅烷基在过量的 APTES 中缓慢水解,得到了力学性能增强的 GO 嵌入的二氧化硅胶体[54]。除了 3.1 节中提及的 ODA 的酰胺化反应外,一定条件下 ODA 还可与 GO 的环氧基发生反应。在与环氧基亲核加成的同时,ODA 充当 GO 的还原剂。因而,GO 与过量的 ODA 经简单回流加热即可制得 ODA 修饰的部分还原的 GO(*r*GO-ODA)。反应过程中取不同时间的层状 *r*GO-ODA 用于 XRD 测试,当回流 10h,位于 4.9°处的衍射峰对应层间距为 1.8nm 的石墨,回流 20h 后,层间距增至 2.3nm(对应布拉格衍射角 3.7°)。层间距的增大证明了油胺链的嵌

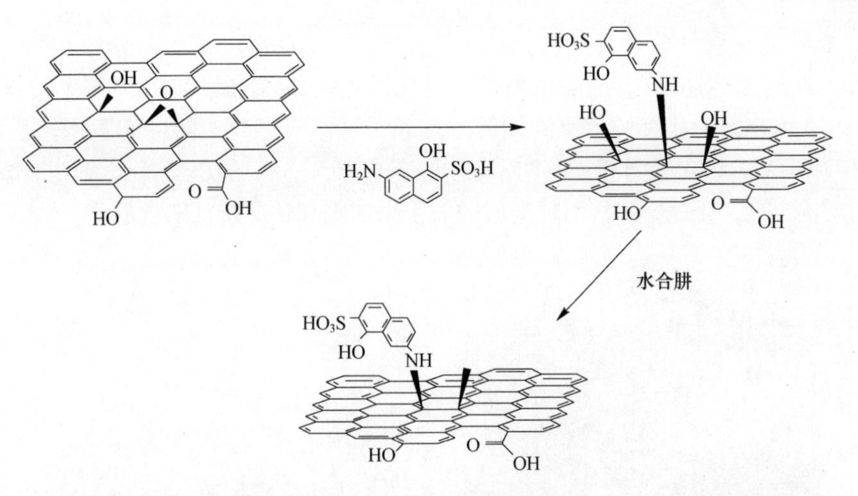

图 3.23 ANS 官能化 GO,而后被水合肼还原的过程(经许可引自文献[48])

入。傅里叶红外光谱表征同样可证明 ODA 的存在,出现在 720cm^{-1}、2919cm^{-1}、2848cm^{-1}的峰是由油胺链中—CH_2伸缩振动所引起的。相比 GO,GO-ODA 的 XPS 光谱中对应 C—O 和 C—O—C 基团的峰强减弱,表明烷基胺加成过程伴随着 GO 的还原,而新出现的峰则对应形成的 C—N 键[55](图 3.24)。

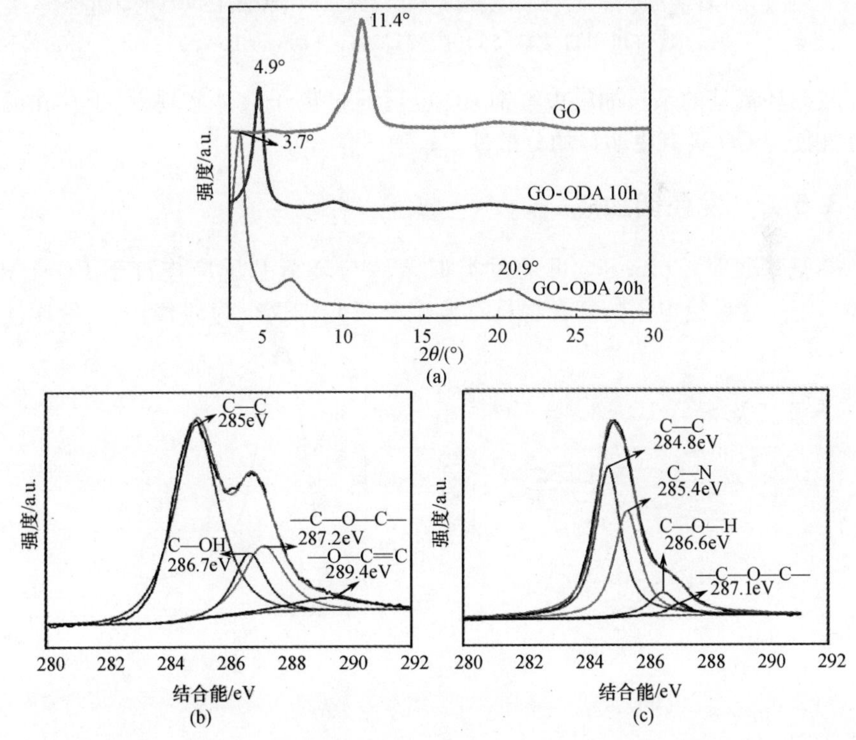

图 3.24 (a)GO 和 GO-ODA 的 XRD 谱图;(b)GO、ODA 和 GO-ODA 的傅里叶红外光谱图;(c)GO 和 GO-ODA 的 XPS 谱(经许可引自文献[55],版权©2011,Elsevier B. V.)

具有高亲脂性的最终产物,由于脂肪酸长链的存在可被均匀分散在 PS 里,由于 GO 的部分还原,它的颜色由棕色变成黑色。制备的聚合物复合物(PS-*r*GO-ODA)在体积比为 0.45% 低渗滤阈值时实现了从绝缘到导电特性的急剧转变,而在 GO-ODA 体积含量为 0.92% 时,最终具有 0.46S · m^{-1}的电导率[55](图 3.25)。采用乙胺或乙二胺修饰时,出现类似的关于添加剂和还原特征的现象[56]。

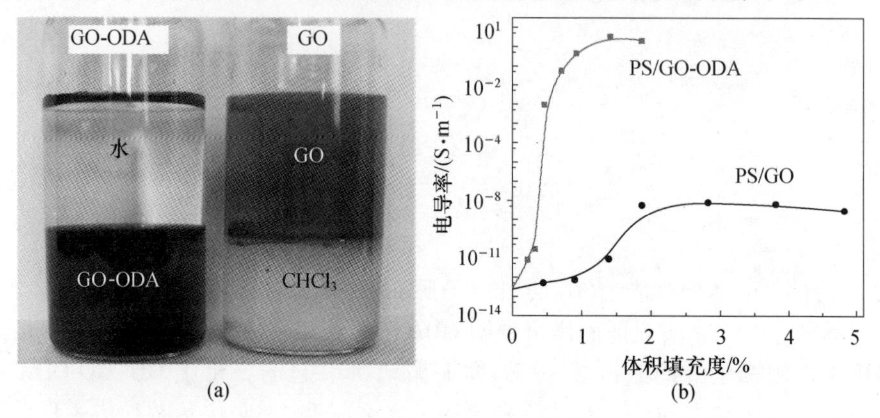

图 3.25 (a)GO 和 GO-ODA 在氯仿/水两相体系中的分散,GO-ODA 的颜色证实了 GO 的部分还原;(b)作为填充剂的 PS-GO-ODA 和 PS-GO 的导电性(经许可引自文献[55],版权©2011,Elsevier B. V.)

胺向环氧基的亲核加成去修饰 GO 也可通过离子液体实现,由于存在的离子特性使得 GO 具有更明显的分散性[57]。

3.5.2 发色团加成

端氨基酞菁锌(Zn-Pc)可通过类似条件与环氧基反应连接于 GO 上(图 3.26)[50]。这类给电子的复合物具有典型的荧光淬灭行为,归结于共价连接的

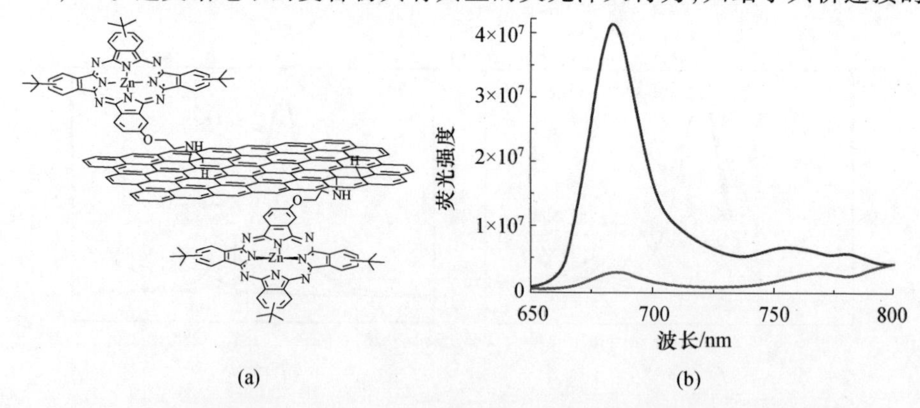

图 3.26 (a)Zn-Pc 与 GO 的共价键合;(b)Zn-Pc 的荧光光谱(上)及 Zn-Pc/GO 的荧光猝灭谱(下)(经许可引自文献[50],版权©2012,美国化学学会)

两化合物之间的强相互作用。进一步将ZnPc-GO薄膜沉积在两光学透明电极间的纳米SnO_2上制得光电化学电池，测得其ISPE值为2.2%，比采用原生石墨烯替换ZnPc-GO制备的类似电池增加了一个数量级。

3.5.3 聚合物加成

含有大量胺基的聚合物可通过与环氧基的亲核加成连接到GO上。聚丙烯酸(PAA)具有可被甲胺的活性侧短链修饰的烷基脂肪长链[52]。类似地，聚-L-赖氨酸(PLL)能以共价键接于GO并提供高度的水分散性和生物相容性[53]。

3.6 GO的后官能化

某些应用需要特殊功能化的GO，但并不能总是通过石墨烯表面的含氧基团的有机化学反应得到。在这种情况下，预处理石墨烯纳米片以期进行后官能化是非常必要的。GO的后官能化非常重要，因为它为化学过程的设计及目标的实现提供了可行性。

3.6.1 点击化学有机修饰GO的后官能化

多种具有共同特性的有机反应一般描述为“点击化学反应”。通常这个术语表示一类用简单易行且高产的有机反应将不同的有机部分共价连接于同种化合物上。这类反应中最著名的是铜催化叠氮与炔之间的1,3-休斯根环加成反应(图3.27)。这两种官能团之间的缩聚可形成1,2,3-三唑杂芳环以连接两种化合物。如图3.28所示，该反应应用叠氮修饰GO的应用可使端炔基聚合物[58,59]或有机化合物[58]连接到石墨表面。目前，已通过GO上羧基的酰胺化与3-叠氮基丙基-1-胺之间的反应实现了GO的叠氮功能化。

HO O OH O O=C OH HO

$NH_2(CH_2)N_3$

EDC,NHS

N_3 NH O OH O O=C N H N_3 HO

R= PEG

R= Br n PS

CuBr PMDETA

HC≡C−R

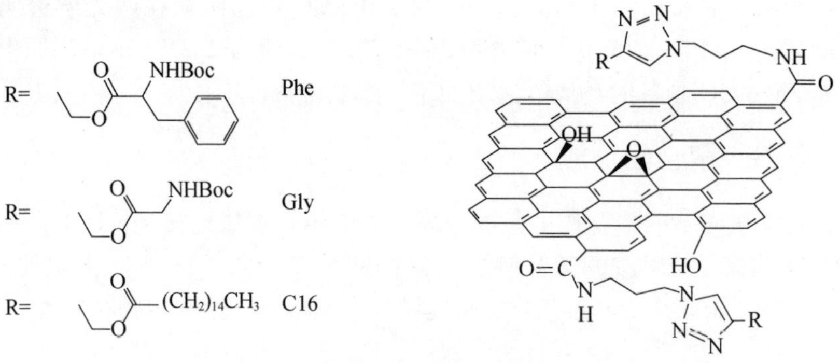

R=
NHBoc
Phe
R=
NHBoc
Gly
R=
(CH2)14CH3
C16
OH
HO
NH
R
R

图 3.27　端炔基聚合物和有机分子通过 1,3-休斯根
环加成反应制备炔基官能化的 GO[58]

水
甲醇
DMF
THF
CH2Cl2
甲苯
正己烷

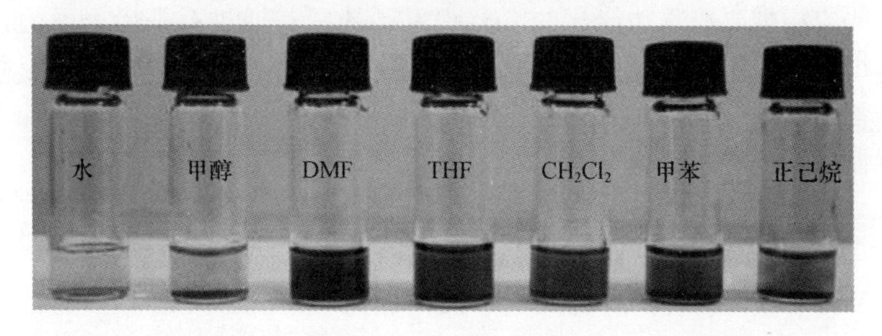

图 3.28　叠氮-炔 1,3-环加成实现聚乙烯官能化 GO 的分散液图片
（经许可引自文献[59]，版权©2010，英国皇家化学学会）

点击化学另一个有趣的应用是水溶性聚（*N*-异丙基丙烯酰胺）（PNIPAM）/GO 复合物的形成[60]。该过程的第一步是通过酰胺化反应将炔丙基连接于 GO 形成炔基修饰的 GO 纳米片。然后，叠氮取代的 PNIPAM 与炔基-GO 之间的 1,3-休斯根环加成反应将聚合物和 GO 通过三唑环加以连接。鉴于 PNIPAM 的高亲水性及生物相容性，复合物 PNIPAM/GO 可作为憎水性药物（如喜树碱）潜在的输送载体（图 3.29）。

3.6.2　反离子交换

将离子化合物修饰的有机官能团作为反阴离子再与 GO 连接也可看作是 GO 的后官能化反应。例如，将 1-(3-氨基丙基）咪唑连接到 GO 酰胺化的羧基上，然后通过 1-溴丁烷和咪唑环的加成形成离子咪唑衍生物修饰的 GO，其中溴离子作为反阴离子。亲水性的咪唑溴盐修饰的 GO 可转化为亲油性的六氟磷酸阴离子（PF_6^-），即通过 GO 衍生物与 $NaPF_6$ 的反应实现反阴离子（PF_6^-）与溴离子的交换。羧酸修饰的卟啉同样也可通过类似的反应交换溴离子[61]（图 3.30）。

后官能化反应同样用于二茂铁向 GO 纳米片上的加成（图 3.31），即通过

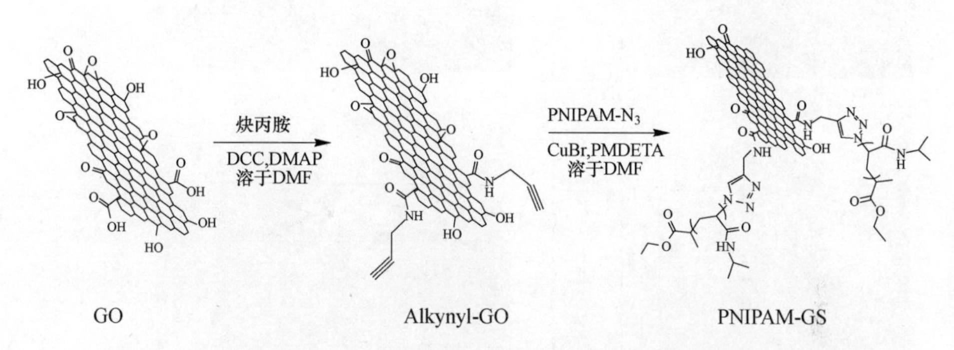

图3.29 炔基官能化的GO与叠氮取代的PNI-PAM聚合物之间的点击反应
(经许可引自文献[60],版权©2011,Wiley-VCH出版公司)

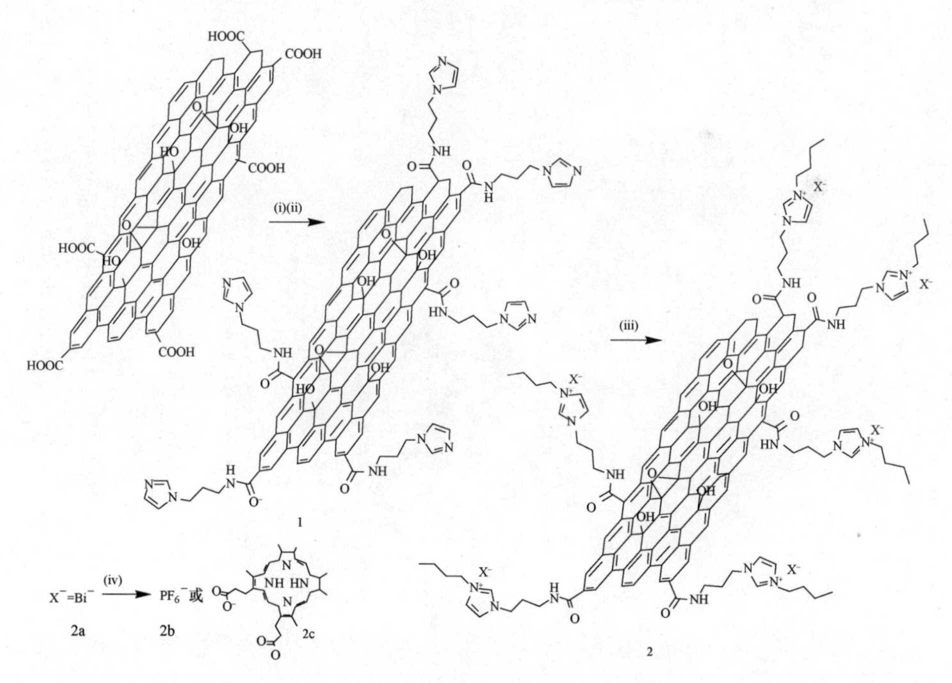

图3.30 咪唑修饰GO的合成及六氟磷酸阴离子和卟啉阴离子衍生物的反离子交换
(经许可引自文献[61],版权©2010,Elsevier B. V.)

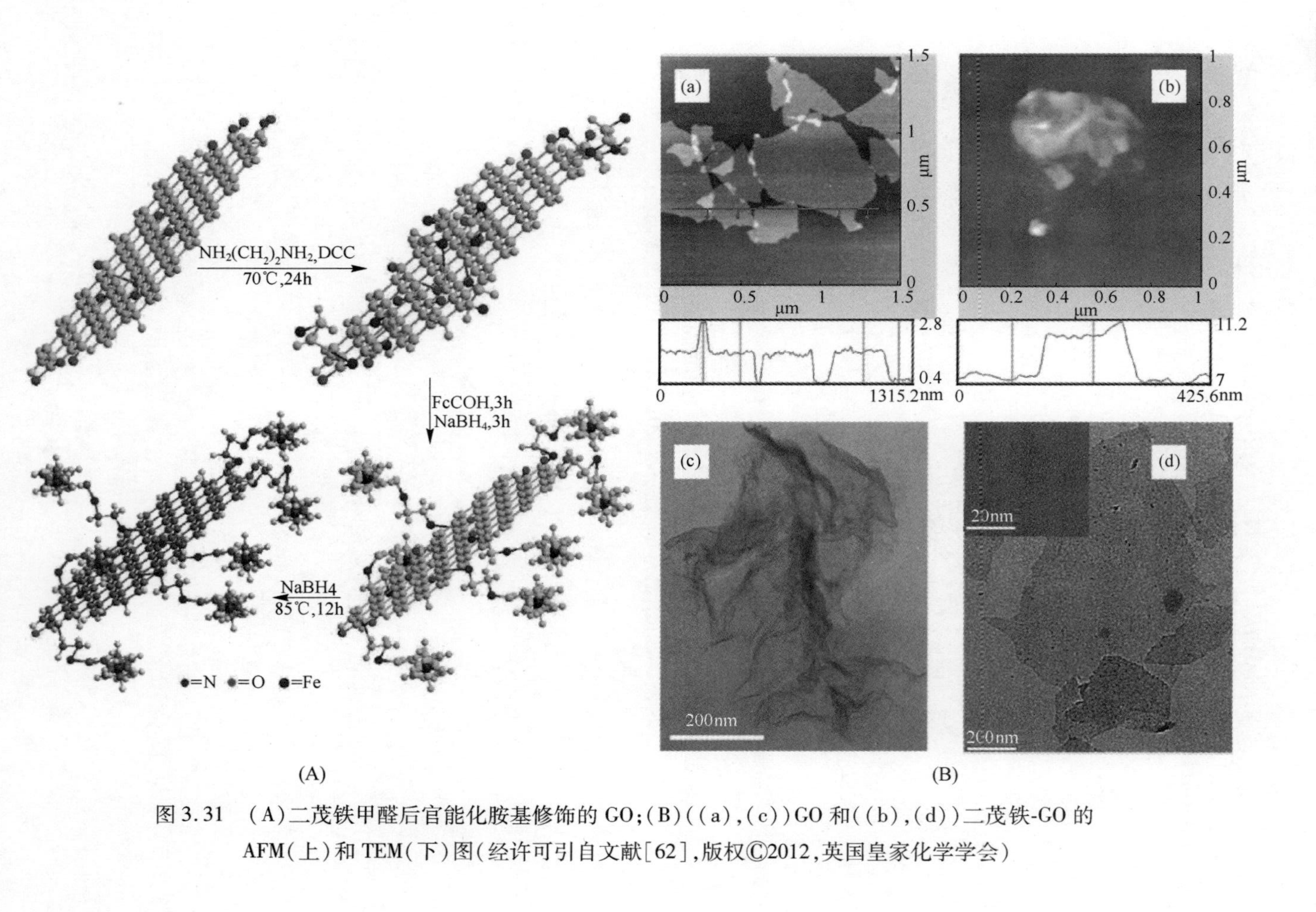

图 3.31 (A)二茂铁甲醛后官能化胺基修饰的 GO;(B)((a),(c))GO 和((b),(d))二茂铁-GO 的 AFM(上)和 TEM(下)图(经许可引自文献[62],版权©2012,英国皇家化学学会)

C ═N 键(席夫碱型)将二茂铁甲醛以共价键连接到胺预先处理的 GO 上。其中,GO 的胺官能化是将乙二胺通过酰胺化以共价键加成到 GO 的羧基上[62]。

通过缩水甘油(一种羟甲基与环氧乙烷反应物)向 GO 加成及环氧化物开环, 可实现聚甘油链通过羧酸官能化 GO[63]。高度羟基化的 GO 用作基底以固定磁性纳米颗粒。其中,纳米颗粒为金(Au)层包覆的铁(Fe)纳米粒子,金层可防止铁的氧化。通过 Au—S 键作用,4-巯基苯硼酸在外层进一步包覆核壳纳米颗粒。最后,如图 3.32 所示,将硼酸修饰的金包铁纳米颗粒以共价键连接到聚甘油官能化的 GO 上。

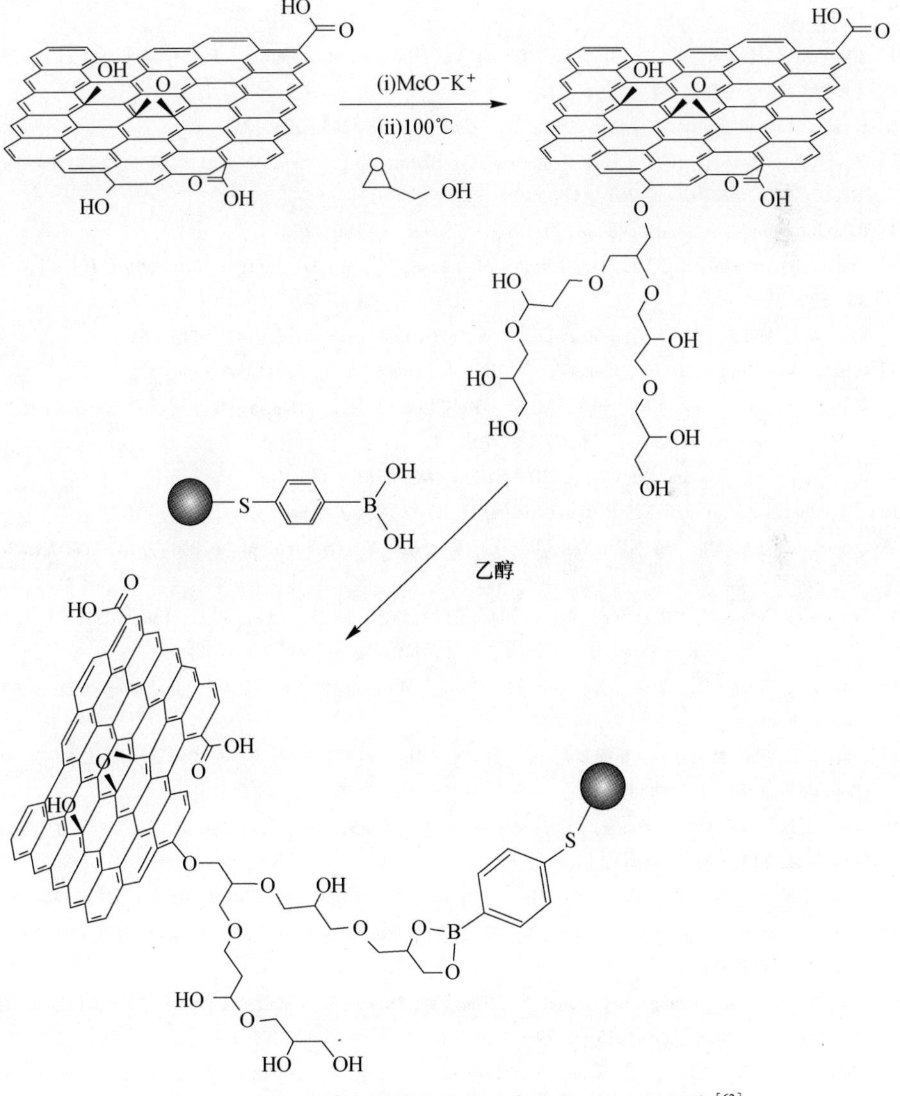

图 3.32　金包铁纳米颗粒在聚甘油官能化 GO 上的固定[63]

3.7 结　论

得益于 GO 上含氧官能团丰富的有机化学反应,石墨烯才能出现多样化的有机衍生物。作为石墨烯的前驱体,GO 可以通过简单的方法大量制备;且在官能化时不会降低芳香性或通过还原恢复芳香性。有机官能化的 GO 可以很好地分散在有机溶剂或水中,这样的特性有利于石墨烯衍生物的进一步后官能化。

参考文献

[1] Chen, J., Hamon, M. A., Hu, H., Chen, Y., Rao, A. M., Eklund, P. C., and Haddon, R. C. (1998) *Science*, **282**, 95.

[2] Hirsch, A. and Vostrowsky, O. (2005) *Top. Curr. Chem.*, **245**, 193 - 237.

[3] Niyogi, S., Hamon, M. A., Hu, H., Zhao B., Bhowmik, P., Sen, R., Itkis, M. E., and Haddon, R. C. (2002) *Acc. Chem. Res.*, **12**, 1105.

[4] Balasubramanian, K. and Burghard, M. (2005) *Small*, **1**, 180 - 192.

[5] Kuilla, T., Bhadra, S., Yao, D., Kim, N. H., Bose, S., and Lee, J. H. (2010) *Prog. Polym. Sci.*, **35**, 1350.

[6] Kim, H., Abdala, A. A., and Macosko, C. W. (2010) *Macromolecules*, **43**, 6515 - 6530.

[7] Potts, J. R., Dreyer, D. R., Bielawski, C. W., and Ruoff, R. S. (2011) *Polymer*, **52**, 5 - 25.

[8] Niyogi, S., Bekyarova, E., Itkis, M. E., McWilliams, J. L., Hamon, M. A., and Haddon, R. C. (2006) *J. Am. Chem. Soc.*, **128**, 7720 - 7721.

[9] Cao, Y., Feng, J., and Wu, P. (2010) *Carbon*, **48**, 1670 - 1692.

[10] Choudhary, S., Mungse, H. P., and Khatri, O. P. (2012) *J. Mater. Chem.*, **22**, 21032.

[11] Shen, J., Shi, M., Ma, H., Yan, B., Li, N., Hu, Y., and Ye, M. (2010) *J. Colloid Interface Sci.*, **351**, 366.

[12] Liu, Z., Robinson, J. T., Sun, X., and Dai, H. (2008) *J. Am. Chem. Soc.*, **130**, 10876 - 10877.

[13] Zhang, S., Yang, K., Feng, L., and Liu, Z. (2011) *Carbon*, **49**, 4040 - 4049.

[14] Hu, H., Wang, X., Wang, J., Liu, F., Zhang, M., and Xu, C. (2011) *Appl. Surf. Sci.*, **257**, 2637 - 2642.

[15] Shen, J., Shi, M., Yan, B., Ma, H., Li, N., Hu, Y., and Ye, M. (2010) *Colloids Surf., B: Biointerfaces*, **81**, 434 - 438.

[16] Liu, Z. B., Xu, Y. F., Zhang, X. Y., Zhang, X. L., Chen, Y. S., and Tian, J. G. (2009) *J. Phys. Chem. B*, **113**, 9681 - 9686.

[17] Zhang, X., Huang, Y., Wang, Y., Ma, Y., Liu, Z., and Chen, Y. (2008) *Carbon*, **47**, 313 - 347.

[18] Liu, Y., Zhou, J., Zhang, X., Liu, Z., Wan, X., Tian, J., Wang, T., and Chen, Y. (2009) *Carbon*, **47**, 3113 - 3121.

[19] Xu, Y., Liu, Z., Zhang, X., Wang, Y., Tian, J., Huang, Y., Ma, Y., Zhang, X., and Chen, Y. (2009) *Adv. Mater.*, **21**, 1275 - 1279.

[20] Zhu, J., Li, Y., Chen, Y., Wang, J., Zhang, B., Zhang, J., and Blau, W. J. (2011) *Carbon*, **49**, 1900 - 1905.

[21] Karousis, N., Sandanayaka, A. S. D., Hasobe, T., Economopoulos, S. P., Sarantopoulou, E., and Tagmatarchis, N. (2011) *J. Mater. Chem.*, **21**, 109.

[22] Matte, H. S. S. R., Jain, A., and George, S. J. (2012) *RSC Adv.*, **2**, 6290–6294.

[23] Zhang, X., Feng, Y., Huang, D., Li, Y., and Feng, W. (2010) *Carbon*, **48**, 3236–3241.

[24] Zhuang, X. D., Chen, Y., Liu, G., Li, P. P., Zhu, C. X., Kang, E. T., Neoh, K. G., Zhang, B., Zhu, J. H., and Li, Y. X. (2010) *Adv. Mater.*, **22**, 1731–1735.

[25] Xue, Y., Liu, Y., Lu, F., Qu, J., Chen, H., and Dai, L. (2012) *J. Phys. Chem. Lett.*, **3**, 1607–1612.

[26] Xu, C., Wang, X., Wang, J., Hu, H., and Wan, L. (2010) *Chem. Phys. Lett.*, **498**, 162–167.

[27] Salavagione, H. J., Gomez, M. A., and Martinez, G. (2009) *Macromolecules*, **42**, 6331–6334.

[28] Salavagione, H. J. and Mart′ ınez, G. (2011) *Macromolecules*, **44**, 2685–2692.

[29] Dai, L. (2013) *Acc. Chem. Res.*, **46**, 31.

[30] Yu, D. S., Yang, Y., Durstock, M., Baek, J. B., and Dai, L. M. (2010) *ACS Nano*, **4**, 5633–5640.

[31] Zhang, Y., Ren, L., Wang, S., Marathe, A., Chaudhuri, J., and Li, G. (2011) *J. Mater. Chem.*, **21**, 5386.

[32] Lee, S. H., Dreyer, D. R., An, J., Velamakanni, A., Piner, R. D., Park, S., Zhu, Y., Kim, S. O., Bielawski, C. W., and Ruoff, R. S. (2010) *Macromol. Rapid Commun.*, **31**, 281.

[33] Goncalves, G., Marques, P. A. A. P., Timmons, A. B., Bdkin, I., Singh, M. K., Emami, N., and Gracio, J. (2010) *J. Mater. Chem.*, **20**, 9927–9934.

[34] Ai, W., Zhou, W., Du, Z., Du, Y., Zhang, H., Jia, X., Xie, L., Yi, M., Yu, T., and Huang, W. (2012) *J. Mater. Chem.*, **22**, 23439.

[35] Melucci, M., Treossi, E., Ortolani, L., Giambastiani, G., Morandi, V., Klar, P., Casiraghi, C., Samorı, P., and Palermo, V. (2010) *J. Mater. Chem.*, **20**, 9052–9060.

[36] Ruoff, R. (2008) *Nat. Nanotechnol.*, **3**, 10–11.

[37] Stankovich, S., Piner, R. D., Nguyen, S. T., and Ruoff, R. S. (2006) *Carbon*, **44**, 3342–3347.

[38] Liu, J., Wang, Y., Xu, S., and Sun, D. D. (2010) *Mater. Lett.*, **64**, 2236–2239.

[39] Wang, G., Wang, B., Park, J., Yang, J., Shen, X., and Yao, J. (2009) *Carbon*, **47**, 68–72.

[40] Liu, Q., Liu, Z., Zhang, X., Yang, L., Zhang, N., Pan, G., Yin, S., Chen, Y., and Wei, J. (2009) *Adv. Funct. Mater.*, **19**, 894–904.

[41] Zhang, D. D., Zu, S. Z., and Han, B. H. (2009) *Carbon*, **47**, 2993–3000.

[42] Ahn, K., Sung, J., Li, Y., Kim, N., Ikenberry, M., Hohn, K., Mohanty, N., Nguyen, P., Sreeprasad, T. S., Kraft, S., Berry, V., and Sun, X. S. (2012) *Adv. Mater.*, **24**, 2123–2129.

[43] Avinash, M. B., Subrahmanyam, K. S., Sundarayya, Y., and Govindaraju, T. (2010) *Nanoscale*, **2**, 1762–1766.

[44] Lai, L., Chen, L., Zhan, D., Sun, L., Liu, J., Lim, S. H., Poh, C. K., Shen, Z., and Lin, J. (2011) *Carbon*, **49**, 3250–3257.

[45] Liu, Y., Deng, R., Wang, Z., and Liu, H. (2012) *J. Mater. Chem.*, **22**, 13619.

[46] XiLi, Y., Zhu, J., Chen, Y., Zhang, J., Wang, J., Zhang, B., He, Y., and Blau, W. J. (2011) *Nanotechnology*, **22**, 205704.

[47] Compton, O. C., Dikin, D. A., Putz, K. W., Brinson, L. C., and Nguyen, S. T. (2010) *Adv. Mater.*, **22**, 892–896.

[48] Kuila, T., Khanra, P., Bose, S., Kim, N. H., Ku, B. C., Moon, B., and Lee, J. H. (2011) *Nano-*

technology, **22**, 305710.

[49] Liu, J., Chen, G., and Jiang, M. (2010) *Macromolecules*, **43**, 8086.

[50] Karousis, N., Ortiz, J., Ohkubo, K., Hasobe, T., Fukuzumi, S., Santos, Á. S., and Tagmatarchis, N. (2012) *J. Phys. Chem. C*, **116**, 20564 - 20573.

[51] Hsiao, M. C., Liao, S. H., Yen, M. Y., Liu, P., Pu, N. W., Wang, C. A., and Ma, C. C. M. (2010) *ACS Appl. Mater. Interfaces*, **2**, 3092.

[52] Park, S., Dikin, D. A., Nguyen, S. T., and Ruoff, R. S. (2009) *J. Phys. Chem. C*, **113**, 15801.

[53] Shan, C., Yang, H., Han, D., Zhang, Q., Ivaska, A., and Niu, L. (2009) *Langmuir*, **25**, 12030 - 12033.

[54] Yang, H., Li, F., Shan, C., Han, D., Zhang, Q., Niu, L., and Ivaska, A. (2009) *J. Mater. Chem.*, **19**, 4632 - 4638.

[55] Li, W., Tang, X. Z., Zhang, H. B., Jiang, Z. G., Yu, Z. Z., Du, X. S., and Mai, Y. W. (2011) *Carbon*, **49**, 4724 - 4730.

[56] Kim, N. H., Kuila, T., and Lee, J. H. (2013) *J. Mater. Chem. A*, **1**, 1349 - 1358.

[57] Yang, H., Shan, C., Li, F., Han, D., Zhang, Q., and Niu, L. (2009) *Chem. Commun.*, 3880 - 3882.

[58] Kou, L., He, H., and Gao, C. (2010) *Nano - Micro Lett.*, **2**, 177 - 183.

[59] Sun, S., Cao, Y., Feng, J., and Wu, P. (2010) *J. Mater. Chem.*, **20**, 5605 - 5607.

[60] Pan, Y., Bao, H., Sahoo, N. G., Wu, T., and Li, L. (2011) *Adv. Funct. Mater.*, **21**, 2754 - 2763.

[61] Karousis, N., Economopoulos, S. P., Sarantopoulou, E., and Tagmatarchis, N. (2010) *Carbon*, **48**, 854 - 860.

[62] Fan, L., Zhang, Q., Wang, K., Li, F., and Niu, L. (2012) *J. Mater. Chem.*, **22**, 6165.

[63] Pham, T. A., Kumar, N. A., and Jeong, Y. T. (2010) *Synth. Met.*, **160**, 2028 - 2036.

第4章

生物医药用石墨烯的化学功能化

Cinzia Spinato, Cécilia Ménard-Mogon, Alberto Bianco

4.1 导 论

2004年石墨烯被发现后,其独特的化学和物理特性,使得科研者的研究兴趣呈指数般增长[1,2]。石墨烯在纳米电子、光伏产业、材料科学以及工程学中已被广泛研究,具有越来越稳固的地位[3-7],然而石墨烯和其氧化物GO在生物学和生物医药领域的巨大潜力,近些年才得以显露[8]。尽管这样,石墨烯纳米材料已经在生物领域崭露头角,应用领域涉及生物传感器[9-11]、疾病诊断[12]、抗菌[13-16]、抗病毒材料[17]、癌症靶向治疗[18]、光热治疗(PTT)[19-21]、药物输送[22-24]、细胞电刺激[25]和组织工程[26,27]等。具有高比表面的石墨烯二维平面结构和可调控的面修饰产生增强的生物相容性,这些先进性促使了石墨烯的快速发展。由于分子和官能团能被连接或吸附到石墨烯的表面,使得石墨烯可实现高密度功能化和作为药物载体。这些性能使得石墨烯纳米材料同碳纳米管相比更具应用前景。

石墨烯连同少层石墨烯(FLG)、氧化石墨烯(GO)、还原型氧化石墨烯(*r*GO)及纳米氧化石墨烯(NGO)组成了石墨烯的纳米材料大家族(图4.1)。我们通常说的石墨烯指的是单层石墨烯,而少层石墨烯是由2~10层石墨烯片堆叠而成,最初作为合成石墨烯的副产物[1]。GO是石墨烯的氧化形式,由表面和边缘存在大量含氧官能团如羧基、羟基、环氧基的单层石墨烯构成。还原型GO是在还原条件下通过热处理或化学处理GO制得,具有较低的含氧量。纳米GO指的是水平尺寸小于100nm的GO,有时被称为石墨烯纳米片(GNS)。

可通过显著不同的特性如表面积、层数、水平尺寸、表面化学性质、缺陷密度、组成和纯度对石墨烯纳米材料家族进行表征。其中某些参数对石墨烯纳米

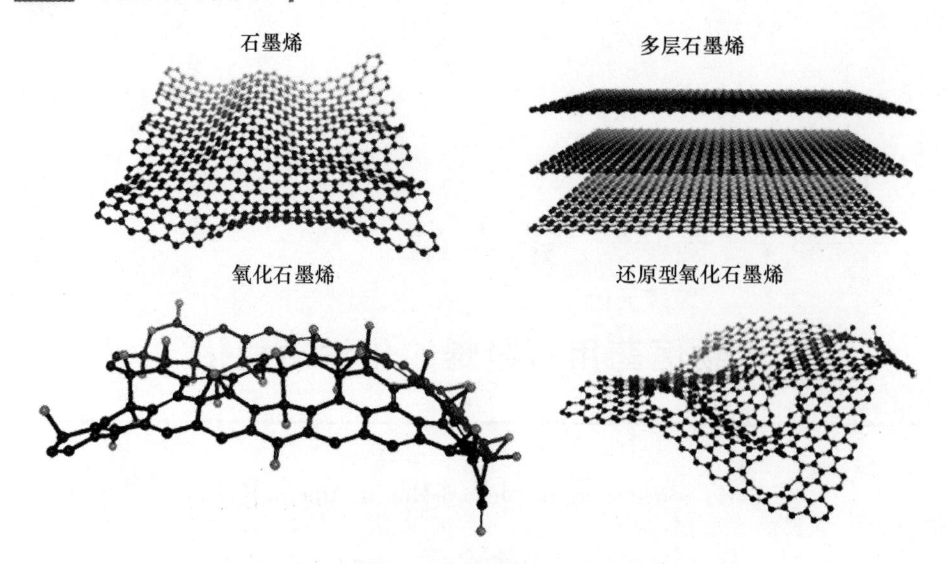

图 4.1　石墨烯纳米材料家族成员的结构模型

材料的生物潜在应用的评估具有明显影响。

石墨烯族纳米材料的水平尺寸从几纳米到几微米不等。表面积对纳米材料的生物响应是至关重要的,因为存在物理吸附和催化化学反应等表面现象。在单层石墨烯中,每个碳原子的两面均暴露在周围的介质中,因此 sp^2 杂化的碳层具有最高的表面积($2600m^2 \cdot g^{-1}$),远远大于原生的单壁碳纳米管($1300m^2 \cdot g^{-1}$)。表面积以及对生物分子的吸附容量还依赖于石墨烯的层数,并且随层数增加而明显降低[28]。

生物领域碳纳米材料的应用需要考虑的重要特征就是它们的纯度,其纯度在极大程度上取决于制备方法。石墨烯可以通过重复地机械剥离石墨片而得到。化学气相沉积(CVD)以及还原 GO 的方法主要用于大规模石墨烯的生产[29-31]。然而,剥离 GO 以及液相剥离石墨是制备生物用石墨烯最合适的方法,因为上述方法可以得到大量高纯度的石墨烯,即通过大规模廉价的方法氧化石墨可制备单层 GO[32-34]。

石墨烯纳米材料家族的表面化学特性具有高度可变性,决定了可生物功能化的类型及在水或典型的生物介质中的稳定性。原生石墨烯由于延展的芳香表面具有憎水性,它的边缘和缺陷位点处具有高反应性。其高的表面积和离域 π 电子可以用来增加其水溶性和结合芳香型有机分子,尽管非功能化石墨烯在水中的分散性较差,可能需要表面活性剂的修饰以满足其在生物介质中的使用。而 GO 比石墨烯更亲水并且具有较好的水分散性。其表面含氧官能团可通过氢键、静电作用或进一步官能化使得分子固定成为可能[35]。因此,在生物医学研究领域,通常 GO 优于石墨烯使用。

石墨烯的缺点是受强 π—π 堆叠相互作用和范德华力的驱使,极易发生不可逆的团聚，甚至再次堆叠成类似石墨的多层结构[36]。因此，必须进行功能化以降低石墨烯的疏水性，并改善其在水溶液及有机溶液中的分散性和可加工性[36-38]。此外，部分生物分子能通过化学和/或物理功能化引入到石墨烯表面，从而将石墨烯的优异性能与生物活性相结合[39,40]。共价键和非共价键功能化均已用于修饰石墨烯。另外，共价键和非共价键的混合修饰也被证明为有效的方法[35,41-43]。通常，共价键修饰包括亲水性聚合物或核酸（NA）共轭化、胺基羧基偶联或磺化 GO 或 *r*GO 得到化学衍生物。非共价键修饰采用与石墨烯表面的疏水力或 π—π 相互作用或依赖表面活性剂的稳定作用，吸附在制备的石墨烯片的胶体悬浮液的表面[12,44,45]。

本章旨在给出化学功能化的实例，远不止石墨烯纳米材料在生物医学及生物技术领域的应用。并将展示和讨论在化学及生物学角度最为有趣的研究工作。本章基于涉及的化学功能化类型分为三个主要部分。4.2 节介绍了通过共价键功能化获得石墨烯共轭体，4.3 节介绍了非共价键功能化获得的石墨烯共轭体。最后，4.4 节报道了共价键及非共价键对石墨烯的组合功能化及其在生物医学领域的应用。

4.2　石墨烯纳米材料的共价功能化

关于石墨烯的共价功能化已有诸多研究，主要集中在赋予石墨烯水溶性、可加工性和生物相容性三方面[35,41,42]。通过共价键往石墨烯上加成分子，意味着 π 网络中碳原子由 sp^2 型转化成 sp^3 型杂化，导致了石墨烯的 π—π 共轭部分或全部消失，改变了石墨烯的本征物理和化学性质。石墨烯的功能化可以发生在边缘或基面上，只是需要的能量不同。事实上，端部悬挂键的反应能垒较低，因为 sp^3 四面体结构的再杂化，意味着不再有来自内部碳原子的额外张力。石墨烯的共价功能化基本上有两个主要途径：①在高反应活性物质（包括自由基、亲二烯体、原生石墨烯的 C ═ C 键）之间形成共价键；②在有机官能团和 GO 的含氧官能团之间形成共价键。后者是将增溶成分和生物活性成分连接到石墨烯上最常用的方法。GO 的多种反应官能团（如羟基、环氧基、羧基）的确使其具有更高的分散性、生物相容性和进一步功能化的可能，进而使得 GO 较原生石墨烯更适合生物应用。

已开发多种 GO 共价键衍生物制备的技术，但这些与生物用材料的制备相关，主要包括酯化、伴随环氧开环的羧基的酰胺化或羟基的衍生化。GO 的羧基与衍生物的羟基或胺基之间的反应需要使用偶联试剂，例如 *N*-羟基琥珀酰亚胺（NHS），1-羟基苯并三唑水合物（HOBt）或 1-乙基-3-（3-二甲基氨基丙基）-碳二亚胺（EDC）来活化 GO 的羧基（方案 4.1）。偶联反应分别导致酯键和酰胺键的形成，而酰胺化过程中也能产生环氧开环，导致氨基连接的功能化。

接下来的小节部分将介绍 GO 和 *r*GO 的合成，然后根据石墨烯功能化类型

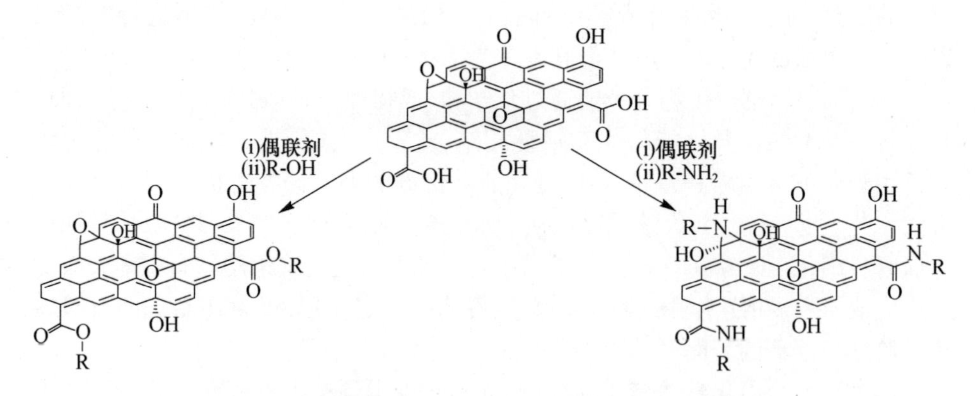

方案 4.1　通过酯化(左边)和酰胺化(右边)得到 GO 衍生物

展示共价缀合物的相关实例。

4.2.1　GO 和 *r*GO 的合成

石墨烯在有机溶剂和水中的低溶解度是束缚其应用、限制性能充分开发主要的瓶颈因素。然而,将石墨烯氧化为 GO,这些问题迎刃而解[46,47]。GO 的含氧官能团可以与多种物质结合(如聚合物、生物分子(靶向配体)、DNA、蛋白质、量子点(QD)和纳米粒子),从而赋予了 GO 的多种功能[8,46,48,49]。

4.2.1.1　GO 的合成

GO 通常利用哈莫斯法或改进的哈莫斯法通过剥离制得氧化石墨烯[32,50]。该过程包括用高锰酸钾($KMnO_4$)和硫酸(H_2SO_4)处理石墨。所得氧化石墨中含氧物质分布均匀,所带负电荷通过静电斥力诱导石墨片层剥离成单层石墨烯。制备的 GO 表面和边缘具有多种含氧基团,如羟基、羧基、环氧基、羰基、酚和醌(图 4.2)[51]。然而,在基面的周边是否存在羧酸仍然具有不确定性[46,47]。化学组成严格依赖于合成条件。氧化处理和随后的剥离得到 GO 单层,尺寸范围在十到几百纳米之间。

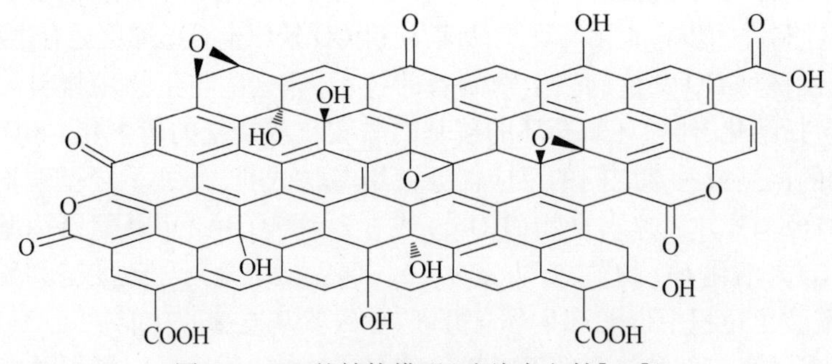

图 4.2　GO 的结构模型(改编自文献[47])

4.2.1.2 GO的还原

*r*GO是种具有吸引力的材料，因为其结构和性能可通过部分还原恢复石墨烯的特性。GO可以通过热、化学方法或微波辐射还原[52,53]。而使用强还原剂如肼或$NaBH_4$在温和加热的条件下处理GO是最常见的方法。最近，GO的还原已采用更绿色且具生物相容性的方法，如利用天然还原剂如葡萄糖[20]、牛血清白蛋白(BSA)[54]、维生素C[55]和细菌[56]。

4.2.2 GO的高聚物功能化

GO可以接枝到含羟基、胺基等活性基团的聚合物上，如聚乙二醇(PEG)、聚-L-赖氨酸(PLL)、壳聚糖，从而将官能团的特性与石墨烯的特性相结合。聚合物与GO的连接是提高其在特定溶剂中的分散性及增强其生物相容性的常用方法。人们常使用靶向配体、药物、成像探针或其他物质对GO进一步功能化。多数情况下，首先在强碱环境下处理GO使得环氧化物开环以及水解可能的酯基，然后和氯乙酸反应将羟基转化成羧酸基团[39]。这种GO-COOH的中间产物具有大量的羧基基团，便于进一步衍化。

4.2.2.1 聚乙二醇化GO缀合物

目前为止，PEG是制备具有生物用途的石墨烯类材料使用最广泛的聚合物，其应用范围包括药物传输[23,39]、光热治疗[18]和细胞成像[39,57]。PEG是种生物相容的强亲水性聚合物，具有可调控的链长，并且一旦接枝到GO上，它的水相分散性和在诸如血清和细胞培养基等生理溶液中的稳定性都得到了提高。除了具有高分散性和稳定性之外，PEG也避免了调理作用，延长了纳米材料的血液循环半衰期。甚至PEG的包覆抑制了血清中存在的调理素的吸附。而调理作用使得血液中的纳米材料在到达预定器官之前被巨噬细胞除去[58]。正是由于这些显著特性，聚乙二醇化GO成为药物输送的重要候选材料，药物分子可通过共价法和非共价吸附连接其上，后面将进行讨论。

受CNT研究的启发[59,60]，Dai和合作者[39]首先研究了聚乙二醇化NGO细胞成像的特性。端胺基PEG星形结构(6臂分支的PEG分子)经过碳二亚胺化学活化通过形成酰胺键接枝到NGO片上。得到的功能化的NGO在近红外区(NIR)表现出固有的光致发光特性，可作为细胞成像的NIR探针。研究人员进一步将PEG-NGO与B细胞特异抗体(利妥昔单抗)结合，用来选择性识别并结合B细胞淋巴瘤，验证其选择性靶向作用(方案4.2)。

后来，Liu和合作者[18]利用Cy7(一种常用的NIR荧光探针)借助酰胺键标记PEG-NGO，研究了NGO的体内行为。活体荧光成像表明NGO对肿瘤摄取作用非常显著，PEG化NGO具有高效的肿瘤被动靶向性及在网状内皮系统(RES)

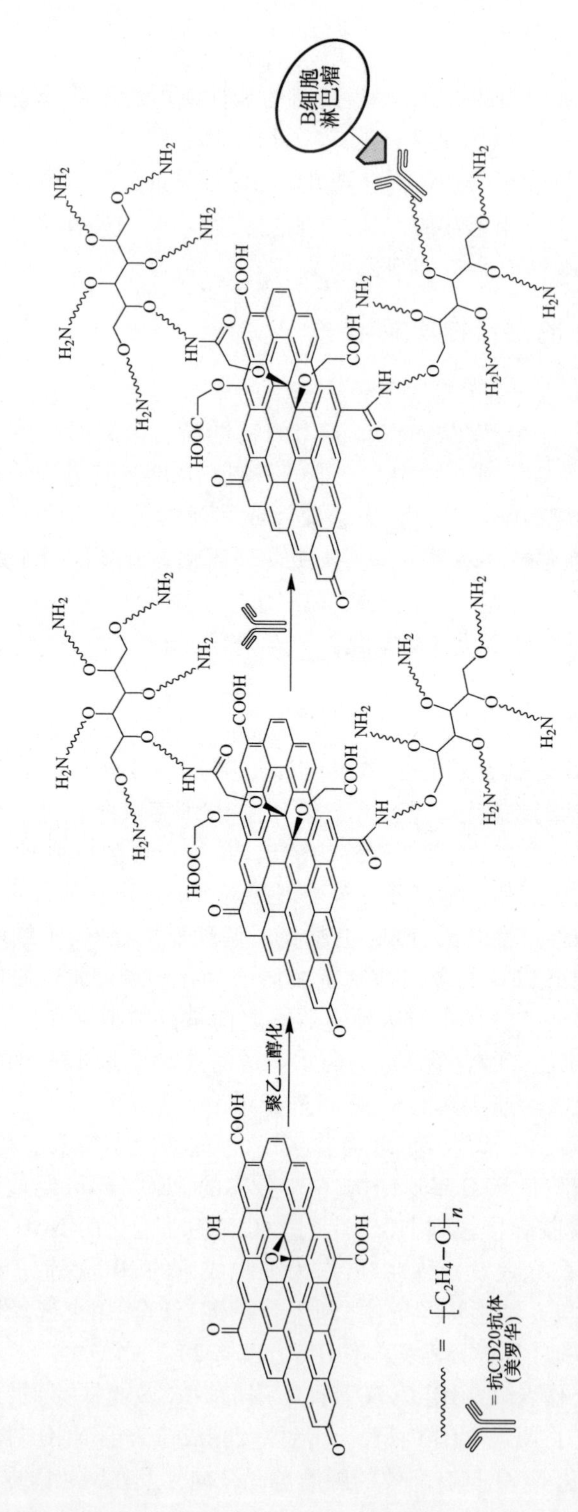

方案 4.2 PEG 化 NGO 与抗-CD20 抗体进一步结合，选择性结合 B 细胞淋巴瘤的示意图（改编自文献[39]）

中相对低的滞留。用一束低能 NIR 激光辐射荷瘤小鼠,实现了肿瘤的完全消融(图 4.3),显示出石墨烯衍生物在活体 PTT 方面的应用潜力。

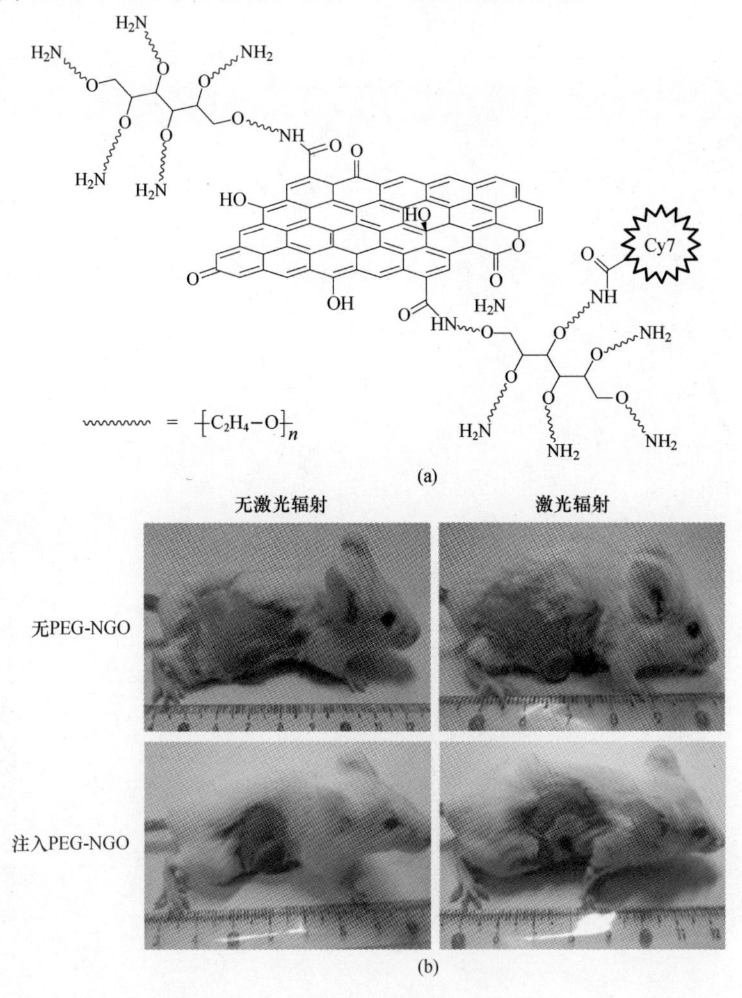

图 4.3　(a)Cy7 标记的 PEG-NGO 的示意图;(b)多种治疗后对小鼠活体 PTT 研究的照片(经许可改编自和引自文献[18],版权©2010,美国化学学会)

在最近的报告中,用^{125}I($t_{1/2}$ = 60 天)标记 PEG 功能化 GO 以评估其在小鼠体内的长期生物分布和潜在毒性。放射性标记的 GO 主要在 RES 中积累,不会引起血液或生化的不良反应[61]。

通过共价结合荧光素至 PEG 间隔的 GO,制备了另一种用于细胞内成像的石墨烯基荧光探针[57]。线性 PEG 聚合物(PEG 2000)代替星形 PEG 作为桥梁以共价连接芳香族荧光团,有效防止了 GO 产生的物理吸附及荧光淬灭。PEG 2000 通过 1,1-羰基二咪唑(CDI)活化的羧基衍生物接枝到 GO(方案 4.3)。所制备的缀合物显示出优异的 pH 值调控的荧光性质,并且能够被 Hela 细胞(人

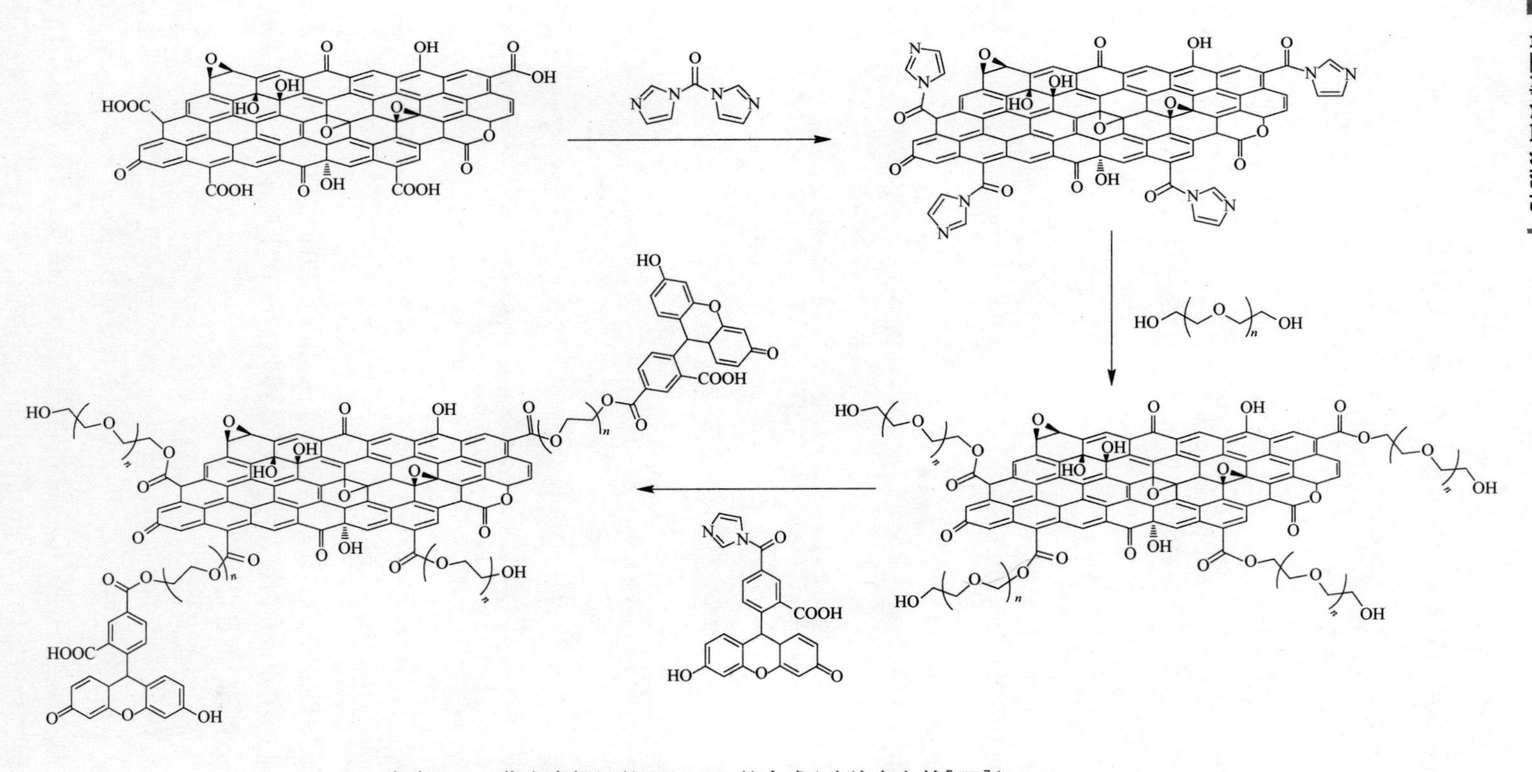

方案 4.3　荧光素标记的 PEG-GO 的合成(改编自文献[57])

类宫颈癌细胞系)高效摄取。

PEG 作为增溶剂同时也作为制备 GO-链霉亲和素缀合物的隔层,通过链霉亲和素 - 生物素相互作用捕获生物素化的蛋白质复合物[62]。端胺基生物素(生物素-PEG8-NH_2)与 GO 羧基偶联,然后将链霉亲和素连接到体系中。复合物具有链霉亲和素的高负载量,对生物素化 DNA、荧光团、金纳米粒子表现出优异的识别能力。

Cai 和合作者制备了放射性标记的抗体-PEG-GO 缀合物,并用于荷瘤小鼠体内靶向和正电子发射断层成像(PET)[63,64]。糖蛋白 CD105 是癌症中的血管靶标,并且对于肿瘤血管生成具有关键的标记作用。用六臂分支的 PEG 功能化 NGO 片与 1,4,7-三氮杂环壬烷-1,4,7-三乙酸(NOTA)共价偶联得到非常稳定的放射性金属螯合剂,和 TRC105 共价偶联得到对人和鼠具有高亲和力的抗体 CD105。然后用三个具有不同半衰期的放射性同位素^{61}Cu($t_{1/2}$ = 3.4h)、^{66}Ga($t_{1/2}$ =9.3h)和^{64}Cu($t_{1/2}$ = 12.7h)标记共价缀合物 NOTA-GO-TRC105[63,64]。体外实验证明在 GO 上 TRC105 的共价轭合不损害抗原结合亲和力,并且放射性标记的构建体在小鼠血清中保持稳定。缀合物在异种移植的鼠乳腺癌细胞中快速累积,并且能够特异性靶向结合肿瘤血管中的 CD105(图 4.4)。由于其较差的外渗作用,使得纳米载体 GO 能高效实现向肿瘤血管系统的靶向移动。

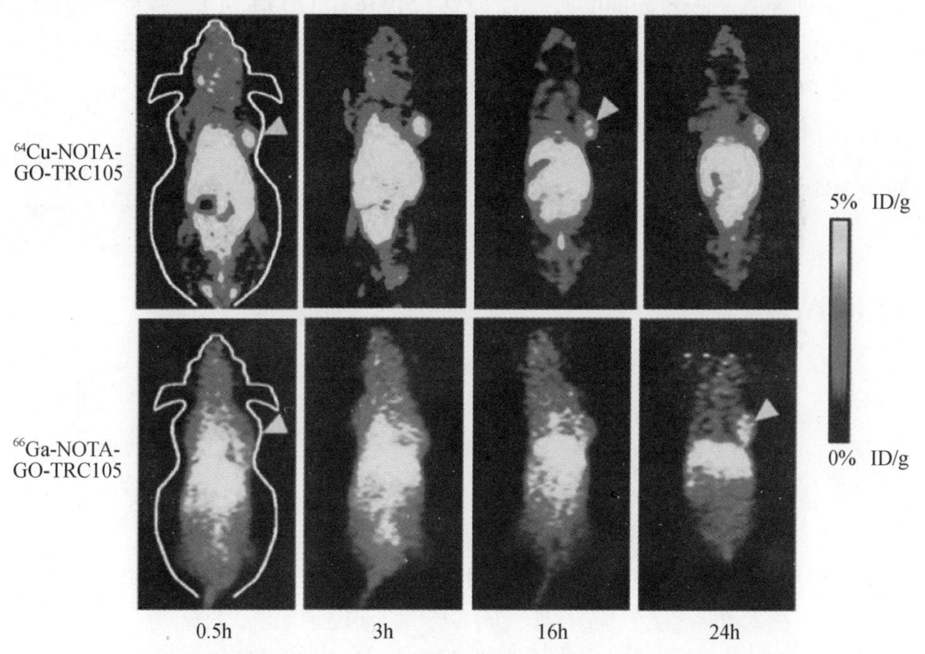

图 4.4 荷瘤小鼠静脉注射 NOTA-GO-TRC105 后的 PET 成像,用两种不同的同位素标定(^{66}Ga 和^{64}Cu),箭头指向肿瘤(经许可引自文献[63,64],版权©2012,Elsevier 和美国化学学会)

4.2.2.2 生物聚合物的共价连接

PLL 附着石墨烯片可使得材料具备更好的水溶性[40]。PLL 是种富含氨基的生物相容性聚合物,已被用于促进细胞黏附、药物传输和生物淤积。通常情况下,通过 GO 上的环氧基团和 PLL 胺基之间的交联作用实现 PLL 的接枝。在这些条件下,GO 被还原为石墨烯。PLL/*r*GO 缀合物进一步作为检测过氧化氢的生物传感器,具有放大的感测能力。

壳聚糖是一种具有生物相容性和生物降解性的阳离子型生物聚合物,它主要用于组织工程领域。壳聚糖的凝胶具有骨引导及增强骨形成的作用[65]。Misra课题组报道了 GO-壳聚糖支架的合成及成骨细胞对该缀合物的生物学反应[66]。GO-壳聚糖支架是通过 GO 的羧基与壳聚糖的胺基共价连接而成。这种缀合物利于细胞附着和增殖,因此为骨组织再生构建了理想平台。

4.2.3 抗体的拴系

近期,Park 课题组报道了基于 GO 的免疫感测系统,通过淬灭 GO 本征荧光来检测白细胞介素 5(IL-5)[67]。IL-5 是能够刺激 B 细胞生长和免疫球蛋白分泌的细胞因子。GO 通过静电作用沉积在氨基改性的玻璃表面,抗 IL-5 捕获抗体(Abs)通过碳二亚胺辅助的酰胺化反应共价接枝在 GO 阵列上。IL-5 的引入与辣根过氧化酶(HRP)-抗 IL-5 抗体的共轭在 GO 上形成三明治结构的免疫复合物。通过 GO 本征荧光的淬灭来检测抗体对 IL-5 的捕获,在 H_2O_2存在条件下,诱导过氧化物酶催化聚合成 3,3′-二氨基联苯胺(DAB)(方案 4.4)。

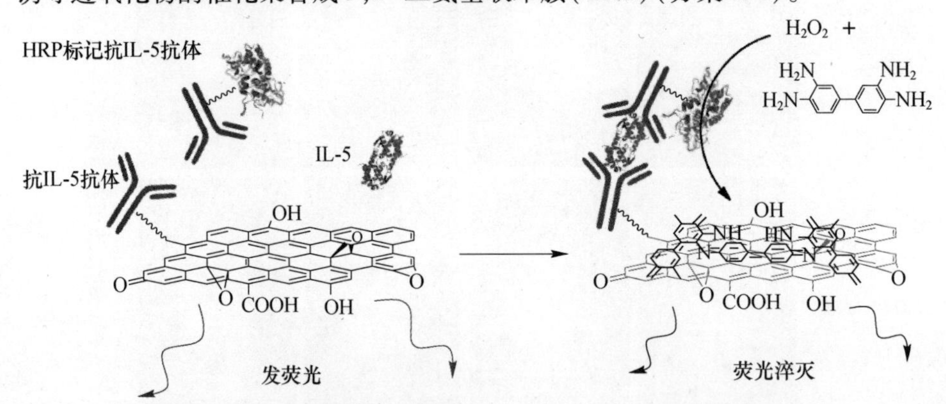

方案 4.4 基于 GO 免疫传感平台检测 IL-5 的示意图。在 H_2O_2存在时,HRP-抗 IL-5 抗体、IL-5 和 GO 上的抗体,诱导 DBA 聚合形成三明治结构免疫复合物,导致 GO 本征荧光的淬灭(改编自文献[67])

该课题组还基于化学发光共振能量转移(CRET)设计了在石墨烯和化学发光供体之间不同的免疫检测平台[68]。他们使用由 HRP 催化的鲁米诺/过氧化氢化学发光反应来识别生物分子 CRP(C-反应蛋白),一种人类炎症和心血管疾病的蛋白质标志物。首先 *r*GO 与芳香基重氮盐反应实现磺酸基团功能化防止聚集并提高分散性[37]。而后使用 EDC 和 NHS 将抗 CRP 抗体偶联至 *r*GO。这种石墨烯基 CRET 平台用于人血清样品中 CRP 的免疫测定,获得了成功。

通过改变捕获的抗体,这种类型的免疫生物传感器可以扩展到其他化学或生物分子的检测。例如,报道的另一种 Ab-GO 缀合物在检测轮状病毒方面具有高灵敏度和选择性[69]。

4.2.4 核酸的连接

由于 DNA 的显著特性,科研者对 DNA 纳米技术的研究兴趣日益增加。如自组装和生物识别能力使得它特别适合于生物传感器及功能纳米结构的开发。

Pumera 课题组[70]证实了通过碳二亚胺实现单链 DNA(ssDNA)低聚物功能化石墨烯。所得的 DNA-石墨烯杂化物显示出较强的生物识别能力,并且可以用于 DNA 选择性和灵敏性检测。与此同时,Wang 等人描述了利用铜催化的“点击”化学实现 DNA 功能化石墨烯的新方法[71]。首先用异氰酸 2-氯乙酯衍生化 GO 的官能团,然后用叠氮钠进行亲核取代(方案 4.5)。在催化剂量的铜存在下,将功能化的叠氮化物-石墨烯与端烷基 DNA 链偶联,获得高 DNA 密度且稳定的多价石墨烯复合物。此复合物与 DNA 四面体结构的探针(生物传感用的多功能支架)通过杂化进一步组装,形成具有优异的电化学发光性质的纳米复合物,可用于生物传感器和 DNA 纳米技术领域。

4.2.5 肽和酶的接枝

Wang 等利用 GO 对生物分子的亲和力及其对荧光团的猝灭能力建立了用于细胞内感测半胱天冬酶-3(一种直接参与凋亡现象的蛋白质降解酶)的GO-肽缀合物[72]。作者设计了一种肽探针,其特征在于由肽片段(DEVD)构成半胱天冬酶-3 裂解位点,一侧用荧光素 - 酰胺(FAM)标记,另一侧连接到对蛋白酶稳定的间隔肽上。然后以 EDC/NHS 偶联法经酰胺化将该肽探针和细胞穿膜 TAT 肽接枝到 GO 上,产生荧光淬灭的纳米缀合物(方案 4.6)。

体外试验揭示了 GO-肽缀合物可被有效地传送到细胞中。半胱天冬酶-3 诱导肽裂解使得荧光标记从 GO 表面释放,从而使得荧光恢复,进而实现 DNA 序列的后续检测。因此,GO-肽缀合物可作为选择性和敏感性传感器用于活细胞中凋亡信号的对比成像。

GO 也被证明是固定酶的理想基板。HRP 和溶菌酶通过 GO 的羧酸基团和酶的胺基之间的酰胺化作用固定在 GO 上[73]。在这两种情况下,静电力和氢键也有助于两者间的相互作用。

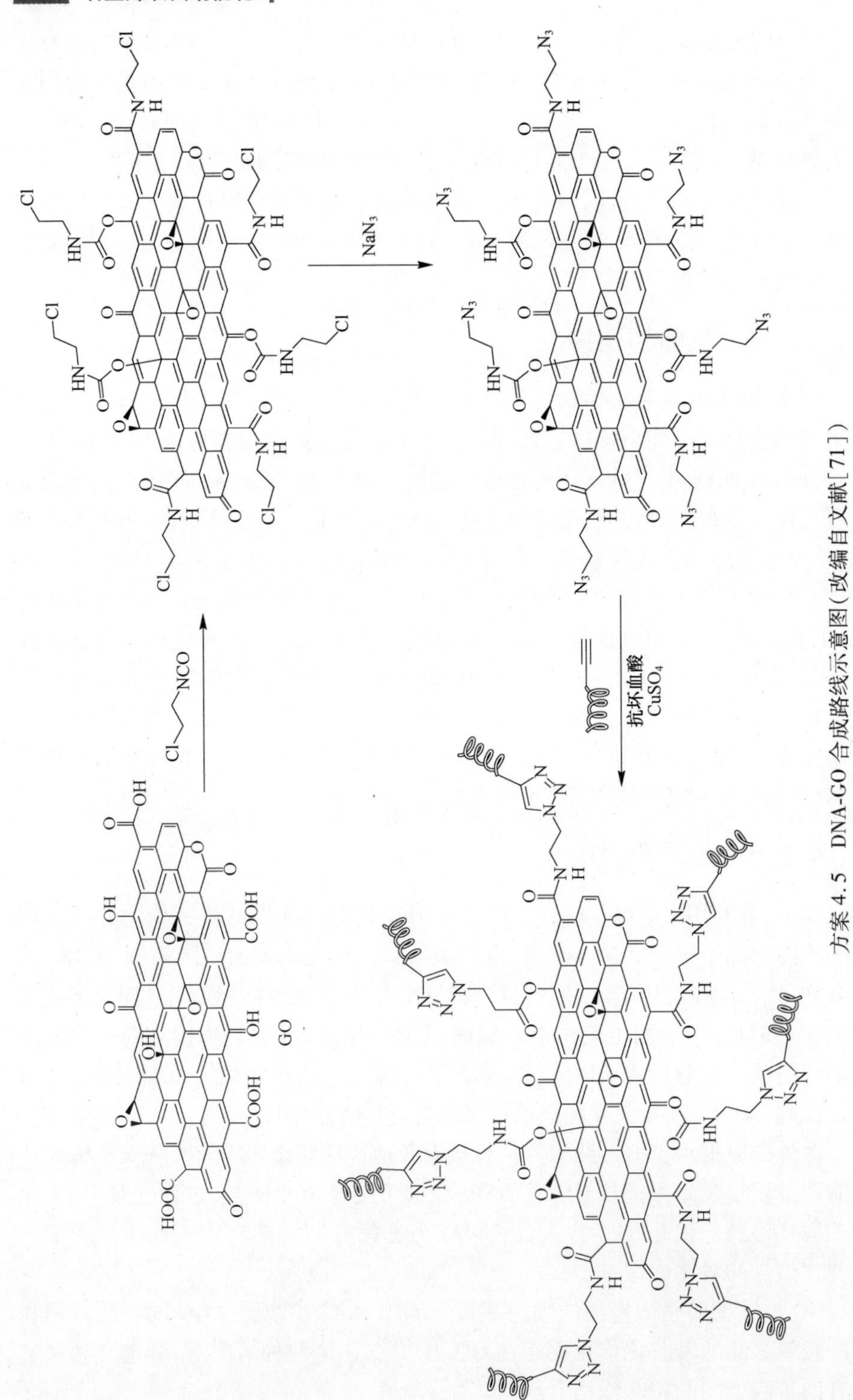

方案 4.5 DNA-GO 合成路线示意图(改编自文献[71])

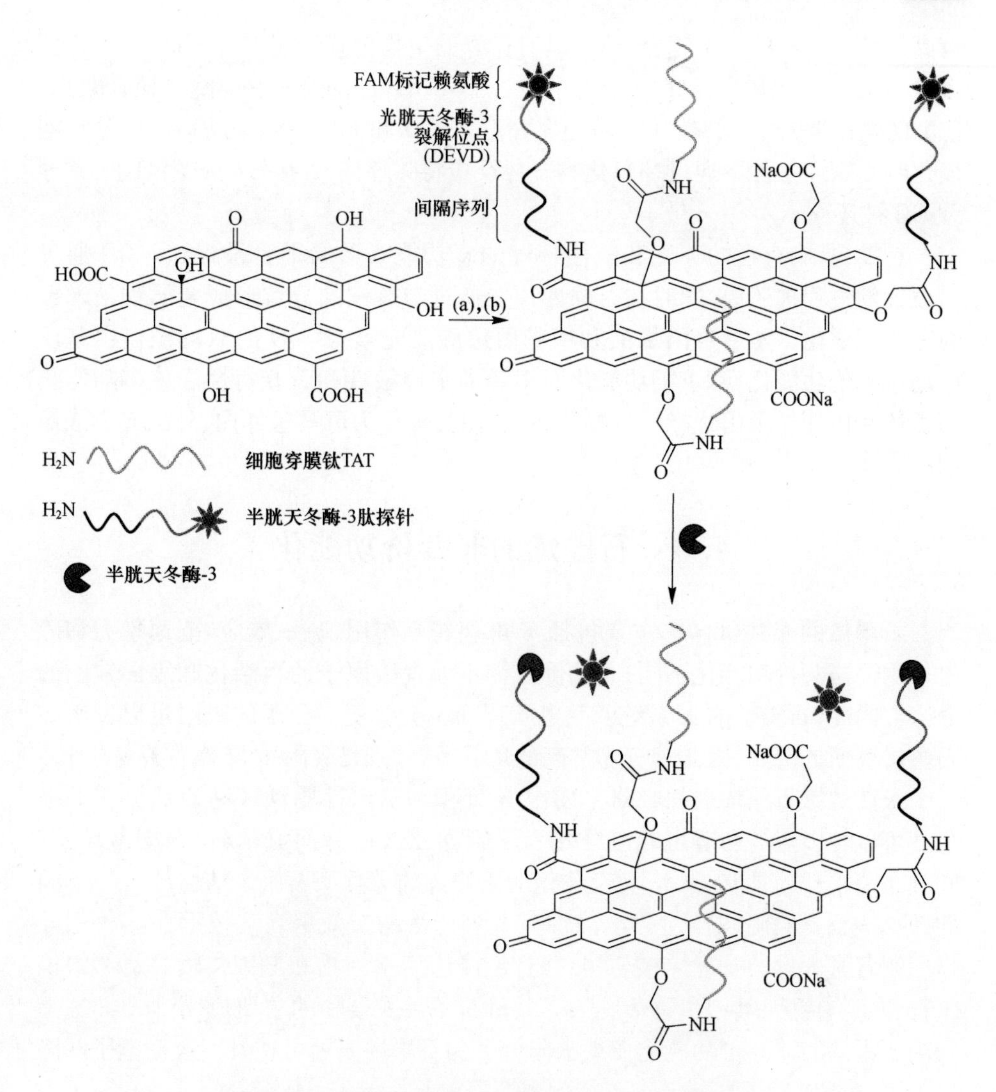

方案4.6　GO-肽缀合物的合成及通过肽裂解和荧光复原检测半胱天冬酶-3。(a) $ClCH_2COONa$、NaOH；(b) EDC、磺基NHS、TAT肽、半胱天冬酶-3肽探针（改编自文献[72]）

4.2.6　其他有机分子和生物分子的连接

从石墨烯基电极的制备可以看出，化学及电化学还原的石墨烯和GO已广泛应用于针对生物分子检测的生物传感器中。

用肼和氨还原聚乙烯基吡咯烷酮(PVP)功能化的GO得到PVP保护的石墨烯。然后用聚乙烯亚胺(PEI)功能化离子液体(IL)修饰此缀合物。将石墨烯复合物滴在碳电极上，然后浸泡在葡萄糖氧化酶溶液中，得到对还原 O_2 和 H_2O_2 具有高电催化活性的纳米复合材料,具有良好的生物传感性能[74]。Shan 等人也使用 IL 功能化石墨烯和壳聚糖构建用于检测 NADH(β-烟酰胺腺嘌呤二核苷酸)和乙醇的电化学生物传感器[75]。在这种情况下,GO 和 1-(3-氨基丙基)-3-甲基咪唑溴化物在碱性条件下通过环氧化物开环反应将咪唑鎓 IL 接枝到石墨烯上,并导致 GO 被还原。

近期,具有有趣的荧光和磁性特性的多功能石墨烯平台被报道。GO 通过微波辅助过程被还原,同时在石墨烯片上通过二茂铁的分解形成金属铁纳米颗粒而实现磁化。然后聚丙烯酸和甲基丙烯酸荧光素与 *r*GO 的双键经自由基反应通过共价功能化,赋予了功能化石墨烯的水分散性和荧光特性。该多功能化石墨烯在体外显示出优异的生物相容性,使其可作为斑马鱼体内、外的光学成像探针[76]。

4.3 石墨烯的非共价功能化

石墨烯的非共价修饰主要包括 π 堆叠相互作用、疏水效应、范德华力和静电作用。与共价功能化不同,非共价修饰不涉及碳原子的再杂化和表面缺陷的介入。因此,石墨烯的 π 系统及其电子特征不会改变。分子的吸附可以发生在石墨烯表面的两侧,因此具有非常高的负载量,特别是吸附 π 堆叠的芳香分子。

虽然裸露石墨烯层的吸附主要由 π 堆积和疏水性驱动,GO 表面分子的吸附却可以辅以氢键和静电相互作用。尽管如此,GO 基面显示 sp^3 杂交区域,其间分布疏水性的具有 π—π 相互作用的未修饰的芳香型石墨烯结构域[77,78]。因此,GO 表面是吸附和传递非水溶性芳香族药物的有效平台。根据非共价相互作用制备了大量的石墨烯缀合物,并且已经应用于药物和基因传输、成像、组织工程和生物传感,其中生物传感为非共价石墨烯复合物的主要应用[10,11]。这是因为石墨烯的非共价功能化使得吸附分子到石墨烯表面可逆且不改变电子网络成为可能。

接下来,主要介绍通过 π 堆叠或基于其他相互作用制备石墨烯和 GO 的非共价缀合物。

4.3.1 π 键堆叠吸附

具有延展的 π 键体系的芳香族化合物,比如芘和苝,是和石墨烯表面通过 π 键堆叠和疏水力产生相互作用的最合适的候选。事实上,它们可以插入石墨烯层间,因而芳香族化合物也被用作单分子层石墨烯和 FLG 的剥离试剂。借助芘衍生物、DNA、适配子、芳香族药物、染料分子和其他生物分子等系列化合物,已经制得了基于 π 键堆叠或 π—π 相互作用和其他非共价作用结合的石墨烯缀合物。

4.3.1.1 药物吸附

GO 和疏水性药物分子的络合作用在增加药物分子溶解性同时保持其结构完整性方面具有巨大优势。

受碳纳米管高负载能力的启发，Yang 等探究了以水溶液共混法在 GO 上负载阿霉素(DOX)的可能性[79]。通过石墨烯面上芳香域和 DOX 浓缩的醌型环之间的 π—π 相互作用，DOX 紧密堆叠在 GO 上(图 4.5)。此外，GO 的羟基和羧基同 DOX 的羟基和氨基之间形成了大量的氢键。通过对 GO 上依赖 pH 的药物负载量的考察，发现在中性 pH 下 GO 的负载能力最高(每毫克 GO 负载 0.91mg 药物)，而在酸性 pH 下由于 DOX 增加的溶解性使得药物达到最高释放量。

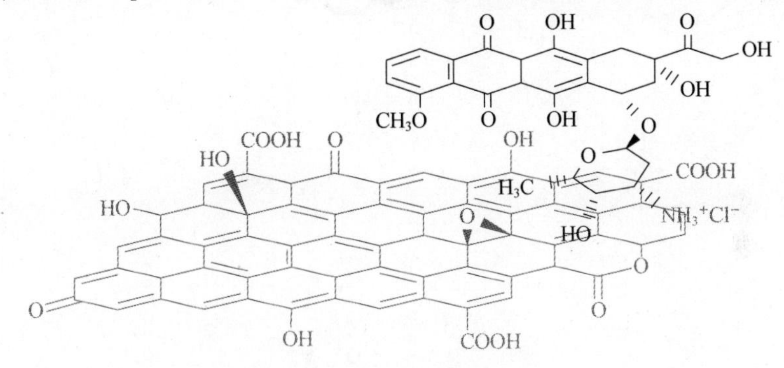

图 4.5 GO 上 DOX 吸附示意图(改编自文献[79])

通过与叶酸(FA)修饰的壳聚糖进行络合，制得了一种不同的 GO 基载体，可用于 DOX 的靶向输送[80]。通过静电相互作用利用叶酸修饰的壳聚糖将负载 DOX 的 GO 封装起来。由于叶酸受体在癌细胞表面过度表达，FA 被用作靶向配体。其中，DOX 的释放为 pH 敏感型。

4.3.1.2 芘衍生物的吸附

正是由于其延展的芳香性，芘衍生物通过 π 键堆叠和疏水力作用强吸附在碳纳米管、富勒烯，尤其是石墨烯和 GO 上。

Chen 课题组利用芘的荧光特性制备了适用于整合素分子(一种癌细胞表面的标志物)的 GO 基生物传感器[81]。利用环状 RGD 肽，一种整合素配体，芘被衍化并吸附到 GO 上，由于能量转移到 GO 而产生荧光淬灭。RGD-芘和整合素的竞争结合使其从 GO 表面解离，荧光特性得以恢复。体外乳腺癌细胞实验结果表明，RGD-芘-GO 探针分子可作为实时的灵敏的生物标志物(图 4.6)。

在另一项研究中，端 NHS 酯芘结构的三脚架通过 π 键堆叠作用吸附到石墨烯上。而后将一种抗大肠杆菌的抗体以共价键结合到 NHS 酯基，使其获得对细菌细胞优良的识别能力。然而，抗体在裸石墨烯上的直接吸附会使其检测能力

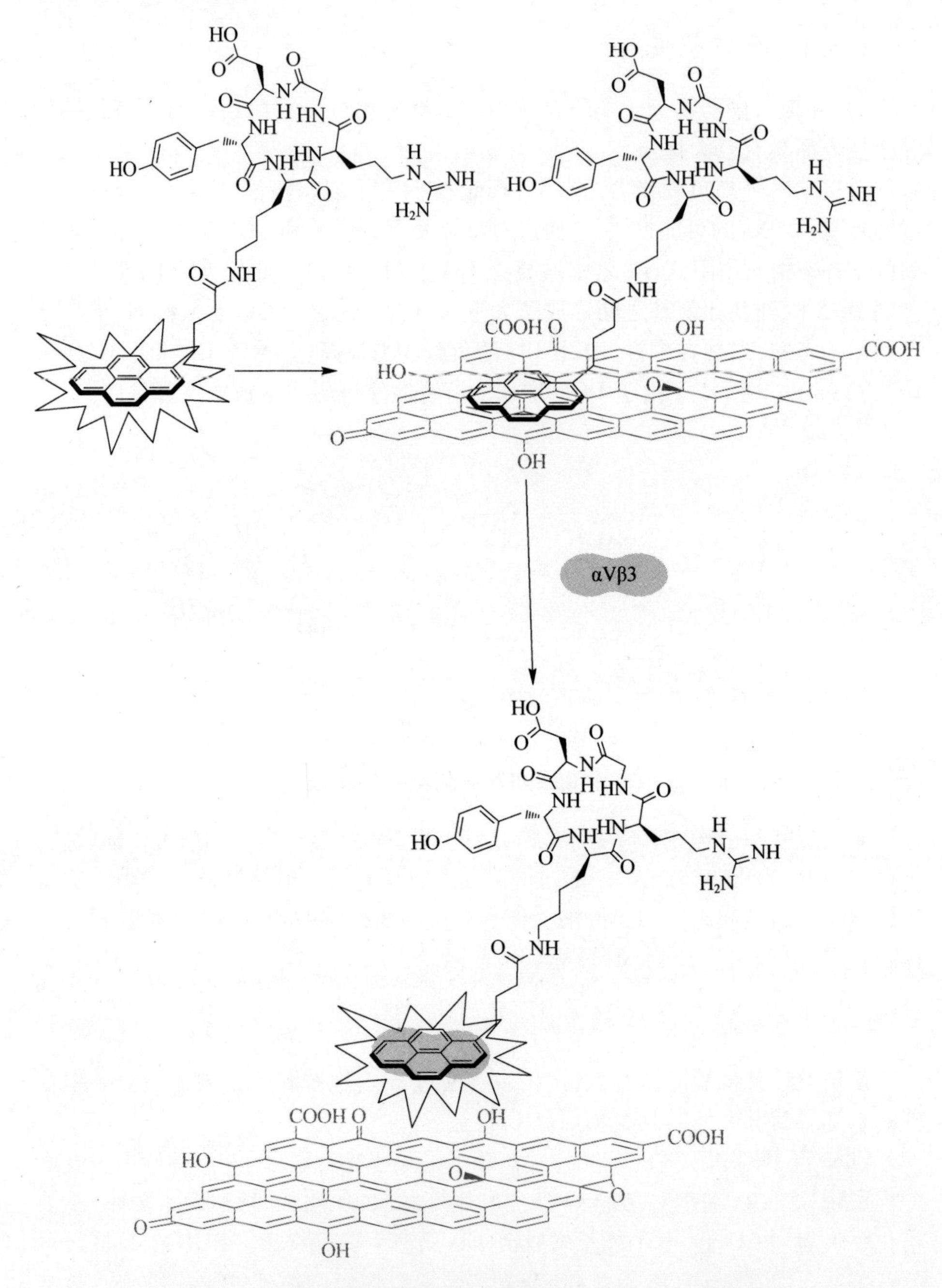

图 4.6　RGD-芘-GO 生物传感器示意图。RGD-芘与 GO 的 π—π 堆叠造成荧光淬灭，引入整合素 αVβ3 后造成 RGD-芘与 GO 的离解(改编自文献[81])

完全丧失[82]。研究者还将多芘结构或者聚合物修饰的芘分子组装到石墨烯上制得多层酶电极,用于检测葡萄糖氧化酶或麦芽糖的活性[83,84]。

单链 DNA 功能化的芘被用于石墨烯片的剥离,得到水分散性的单层或双层石墨烯片。固定化的 DNA 进一步与金纳米粒子标记的互补 DNA 杂交,作为一种生物传感用纳米复合材料[85]。

该研究开发了带正电荷的芘衍生物的荧光特性,制得了另外的 DNA 传感器[86]。即通过离子交换过程及与芘基物质 π—π 相互作用将溴化芘基-*N*-丁基吡啶(PNP^+Br^-)拴系在带负电 GO 上,形成荧光淬灭复合体(PNP^+GO^-)(方案 4.7)。通过研究这种复合体对于血清中存在的不同生物分子(DNA、RNA、蛋白质等)的特异性发现,这种复合体对于双链 DNA 具有很高的选择性。双链 DNA 和 PNP^+GO^-之间强的离子相互作用诱导芘基-*N*-丁基吡啶(PNP)从 GO 表面释放而恢复荧光特性。

4.3.1.3 核酸和适配子的非共价作用

石墨烯和 GO 都能通过 π 键堆叠与核酸和适配子产生强相互作用。而双链 DNA(dsDNA)不能稳定吸附在石墨烯上,因为核酸碱基的内部位置阻止它们同石墨烯表面产生相互作用[87,88]。此原理连同石墨烯的光电特性极大地促进了石墨烯用于发展荧光共振能量转移(FRET)基生物传感器(图 4.7)[10,11,89]。

适配体是一类新的功能 ssDNA 或 RNA,其对目标分子的结合具有高特异性和强亲和力。它们主要作为具有灵敏度和选择性的靶蛋白检测平台。Lu 等人首先证明了 GO 可以结合并淬灭染料标记的 ssDNA,然后通过与互补序列复合诱导探针的解绑,释放荧光性[87]。GO 复合不同染料标记的探针分子能够辨别特异序列的 DNA 单纤维,得到多色同步传感器[90]。此外,发现负载在 GO 上的 DNA 在细胞内环境中可防止酶的降解,为细胞内基因传输提供了理想平台[91]。

另一个例子是吸附在石墨烯上染料标记的适配子用于凝血酶(一种反应癌细胞增长和转移机制的蛋白质)的检测。借助适配子识别凝血酶导致缀合物从 GO 表面分离,开启荧光性[92]。

Min 和合作者[88]利用 ssDNA 对 GO 的强亲和力来评估解旋酶(能将双链核酸解旋成单链的一类酶)的解旋活性。解旋酶与病毒复制和细胞过程密切相关。病毒解旋酶抑制剂是 C 型肝炎和其他病毒感染治疗的备选特效药。这里将解旋酶引入到染料标记的 dsDNA 和 GO 的混合物中,诱发双链解旋,由于荧光标记 ssDNA 和 GO 的相互作用,观测到荧光淬灭(图 4.8)。

最近,该课题组利用同样的方法发展了一种多元解旋酶分析法,用于 C 型肝炎病毒解旋酶抑制剂的筛选,最终发现了 5 种高选择性的抑制药[93]。

GO-适配子复合体已被用作各种蛋白质[92]、激素[87]、三磷酸腺苷(ATP)[94,95]、有害金属离子如 Cu(II)[96]、Ag(II)[97]和 Pb(II)[98]的传感器。此外,ssDNA 和氯高铁血红素(一种铁原卟啉)在 *r*GO 上结合吸附,为多种靶物质包括金属离子、DNA 和小分子的比色测定搭建了通用的生物传感平台[99,100]。

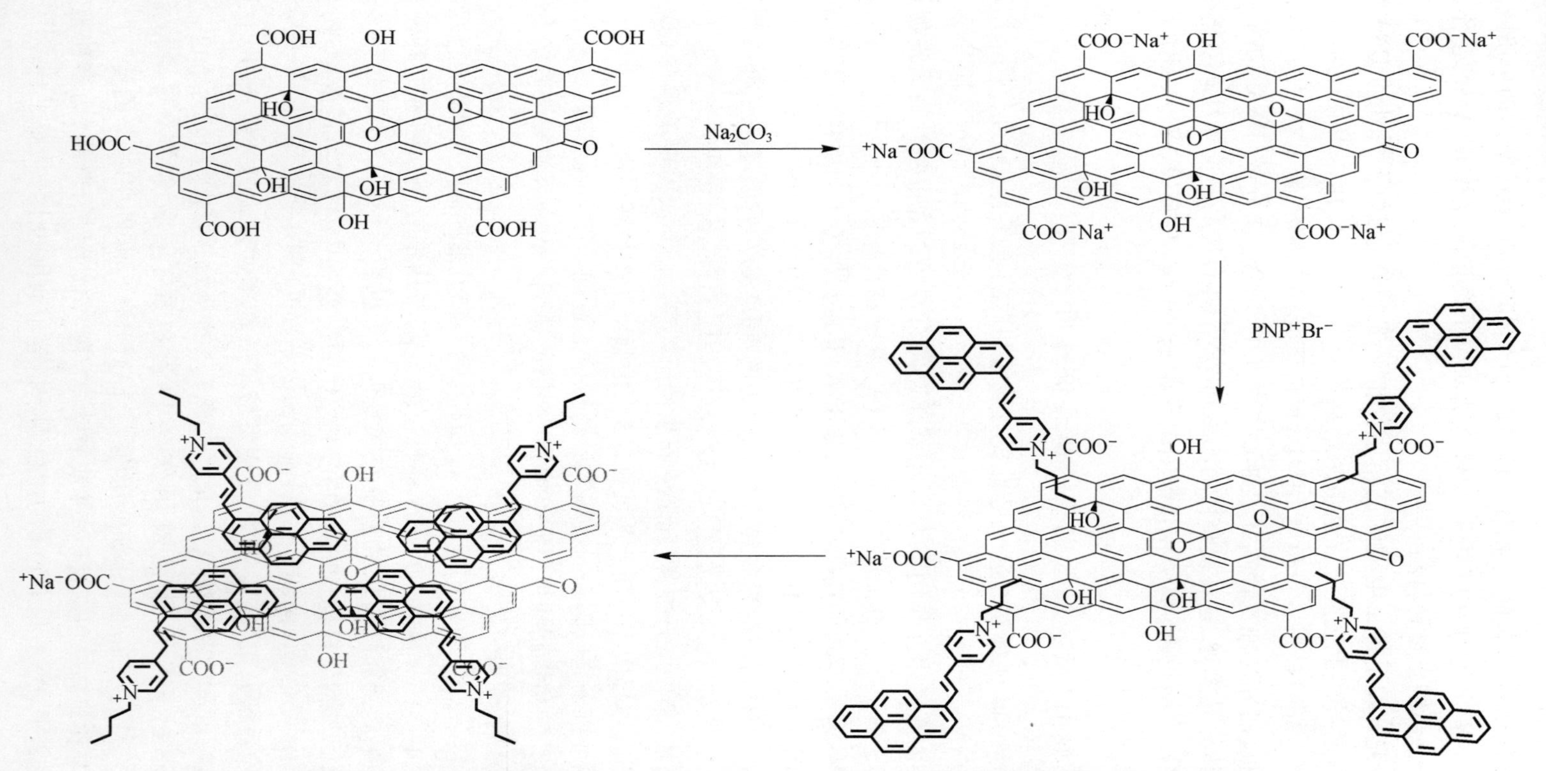

方案 4.7 PNP$^+$ GO$^-$ 的制备。GO 与 Na$^+$ 和与 PNP$^+$ 的离子交换过程示意图(改编自文献[86])

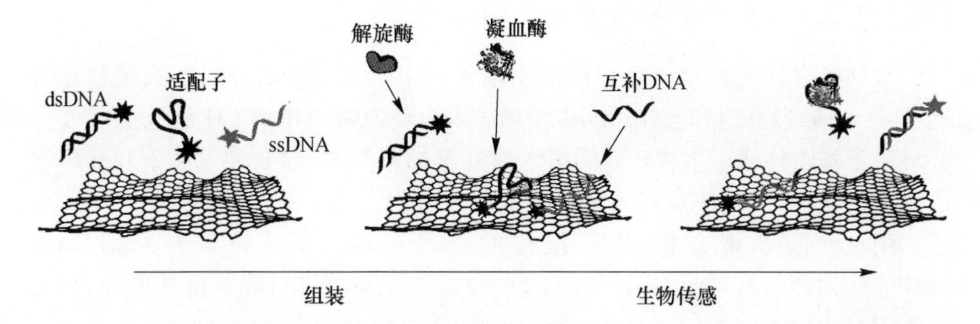

图4.7 石墨烯基FRET生物传感器原理。染料标记的ssDNA和适配子吸附在石墨烯或GO表面,随后荧光淬灭。当存在对应的分析物,探针和靶分子的连接(互为补充的ssDNA和凝血酶)决定表面的解吸附,荧光性能恢复。相反,dsDNA保持荧光性直到引入一种酶(如解旋酶),ssDNA才被释放,其表面的荧光团被石墨烯淬灭(改编自文献[89])

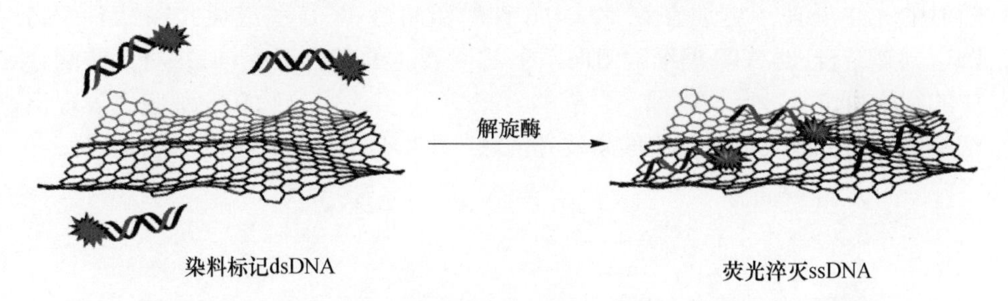

图4.8 GO基探针测定解旋酶解旋活性的示意图(改编自文献[88])

4.3.1.4 酶、蛋白质和其他大分子的固定

酶和蛋白质也可以和石墨烯或GO基面相互作用。芳香残基可以通过π键堆叠作用吸附到石墨烯上,带电荷或极性残基可以和石墨烯的含氧官能团发生静电相互作用。通过在GO上吸附蛋白质或多肽作为探针分子,设计出FRET基生物分子检测平台。一项典型的研究中,蛋白酶诱发多肽水解,进而诱导染料标记多肽部分的释放,开启荧光性[101]。通过将端赖氨酸连接到吸附于GO上的NHS衍生的芘丁酸上,实现了蛋白质在石墨烯上的固定[102]。

首先ssDNA和石墨烯片共组装,而后经静电相互作用拴系细胞色素c(一种氧化还原型蛋白质),最终制得ssDNA-蛋白质-石墨烯的复合材料[103]。

4.3.2 静电和疏水作用

静电和疏水相互作用已被用于制备非共价键结合的聚合物、表面活性剂、金属离子、QD或非芳香型(生物)大分子。在许多研究中,聚合物对石墨烯或GO的包覆与药物、DNA或QD的负载相结合,得以拓展出诸多性能。

4.3.2.1 聚合物和生物聚合物的包覆

数种聚合物和表面活性剂被用于增强石墨烯和 GO 的分散性及生物相容性[104,105]。通过静电相互作用实现阳离子聚合物对带负电的 GO 的包覆[106,107]，并可用于基因传递。生物相容的可生物降解的天然聚合物，如木质素和纤维素的衍生物，已用来制备 GNS 水稳悬浮液的分散剂[108]。

用一种两亲聚合物，PEG 接枝的聚马来酸酐-1-十八碳烯（C_{18} PMH-PEG_{5000}），对还原的纳米 GO（*r*NGO）（平均直径 27nm）进行非共价功能化，得到用作癌症治疗中 PTT 的强效试剂的复合物[19]。通过高渗透长滞留效应（EPR），*r*NGO/C_{18}PMH-PEG_{5000}能有效在活体内靶向肿瘤，在低激光功率辐照下有效地切除癌细胞。此外，同大尺寸 *r*GO/C_{18}PMH-PEG_{500}和共价 NGO-PEG 的 *r*NGO/C_{18}PMH-PEG_{5000}的比较研究可以得出，以小尺寸石墨烯为特征的缀合物在 NIR 激光辐射的光热处理下更加有效[19]。Dai 课题组将含 RGD 肽或荧光探针 Cy5 与 PEG 共轭结合，对 ATP 癌细胞靶向系上过度表达的整合素受体，并对这些复合体的细胞内位置进行了成像。形成的 *r*GO/RGD-Cy5 缀合物在癌细胞内表现出细胞选择性摄取及体外细胞的高效光消融（图 4.9）[21]。

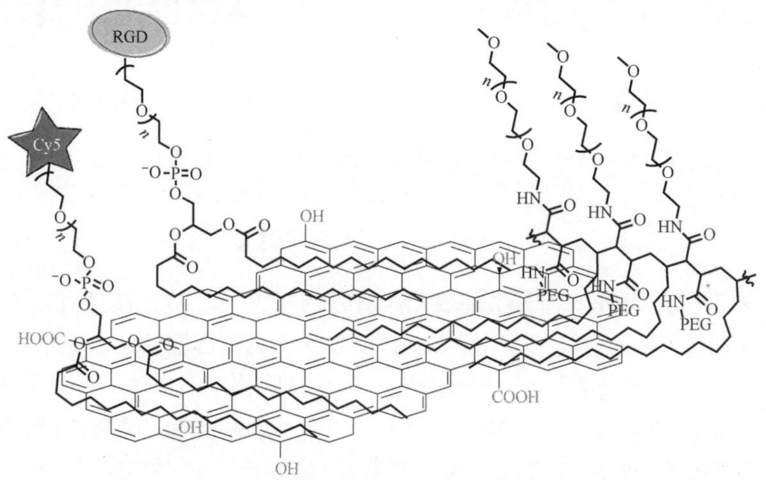

图 4.9 负载 PEG-RGD、PEG-Cy5 和表面活性剂 C_{18}-PMH-PEG_{500}的 *r*GO 示意图（改编自文献[21]）

PEI 是一种阳离子型聚合物，因其与 NA 强结合、良好的细胞吸收以及质子海绵效应等被广泛应用于基因转染中，可诱导胞液内核内体的逃逸和释放。PEI 通过静电相互作用锚定到带负电的 GO 上，形成 GO-PEI 复合物。与单独的 PEI 相比，复合物在生理条件下具有增强的稳定性及降低对 HeLa 细胞的活体毒性。将质粒 DNA（pDNA）有效地负载到 GO-PEI 复合物上，显示出良好的细胞内的基因转染效率[106]。

最近 Liu 和合作者报道了一种 GO-氧化铁纳米粒子复合物(GO-IONP)的制备方法,并用于成像和 PTT[107]。通过水热反应将氧化铁 NP 沉积到 GO 上,然后用 PEI 包覆 GO-IONP。在带正电的 GO-IONP 复合物上沉积带负电的 Au 纳米粒子,然后用硫辛酸修饰的 PEG 对其功能化(方案 4.8)。这种 GO-IONP-Au-PEG 杂化物具有生理稳定性和可忽略的体外细胞毒性,并且具有强 NIR 吸收和强磁特性。体内外动物实验证明,这种复合物在高效癌细胞磁消融和分子靶向方面是一种卓越的 PTT 试剂。

GO 也可用 PVP 包覆,作为癌症治疗的光热剂[109]和赭曲霉素 A(一种潜在的致癌食品霉菌毒素)的传感器[110]。在后面例子中,PVP 包覆 GO 对防止赭曲霉素 A 的非特异性吸附是非常必要的。

Liu 等人通过疏水相互作用将明胶(一种线性多肽)固定到 GO 上,并伴有 GO 的还原[111]。而后将 DOX 吸附到明胶/*r*GO 表面上,得到可用于杀死癌细胞的结构。

肝素是天然的具有抗凝血性能的黏多糖,被广泛用于纳米材料的包覆以提高血液的生物相容性[112-114]。按照 CNT 肝素化的正面结果,Lee 等通过疏水作用组装制备了 *r*GO/肝素缀合物。此外,肝素磺酸基团的高负电荷密度使这种缀合物在水中稳定分散。对这种缀合物的血液兼容性的测定表明,吸附到 *r*GO 上肝素长链明显地保留了抗凝剂活性[115]。

透明质酸-二氢卟吩 e6 缀合物(HA-Ce6)在 GO 表面进行物理吸附,得到了 GO 与酶活化的光敏剂组成的非共价键复合物[116]。Ce6 是二代卟啉光敏剂,而透明质酸是生物相容的聚二糖,可以被酶切降解。这种 HA-Ce6-GO 复合物可在体外高效地杀死过度表达溶酶体酶的癌细胞,也是有望用于肿瘤 NIR 荧光成像的工具。

4.3.2.2 纳米粒子的沉积

金属粒子在石墨烯纳米材料上的沉积和吸附已被深入研究并应用到光电工程和技术领域中[35,117-121]。另外,它在靶向、成像和生物医学方面的应用同样引人注目。金属离子,诸如 Mg(II)、Cu(II)、Re(II)和 Fe(II/III)等可以通过与含氧官能团络合,吸附到 GO、NGO 和 *r*GO 上[122,123]。GO 和石墨烯基磁性纳米颗粒复合已被成功地应用到抗癌药物载体和磁共振成像领域[111,124-127]。

Yang 等人通过化学沉积 Fe 离子制备了超顺磁的 GO-Fe_3O_4杂化物。这种复合物被用于 DOX 的可控靶向传输[125]。后来,该课题组用与 FA 连接的 3-氨丙基三乙氧基硅烷对 GO-Fe_3O_4进行修饰,得到了具有双重靶向特性的多功能化 GO[126]。DOX 的负载使得纳米药物载体具有 pH 敏感的药物释放特性和对于 HeLa 细胞的高毒性。在另一项研究中,一种经 PEG 非共价功能化的 *r*GO-氧化铁复合材料被用作多模式成像和 PTT 的治疗诊断用探针。利用光学、光声和磁

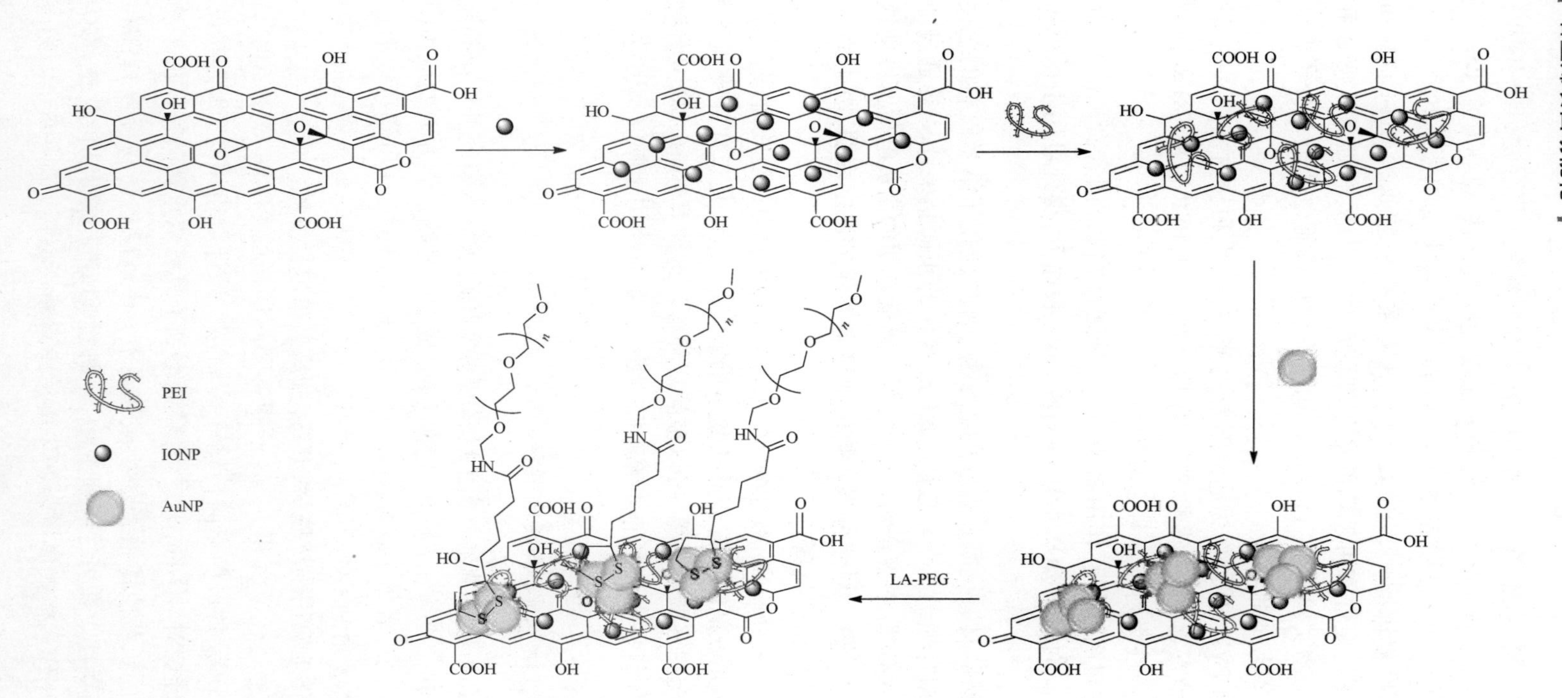

方案 4.8　GO-IONP-Au-PEG 的合成示意图(改编自文献[107])

共振成像等手段证实了这种复合物在小鼠肿瘤处的聚积(图4.10)。此外,在低能量密度激光下的PTT处理可非常高效地消除肿瘤[127]。

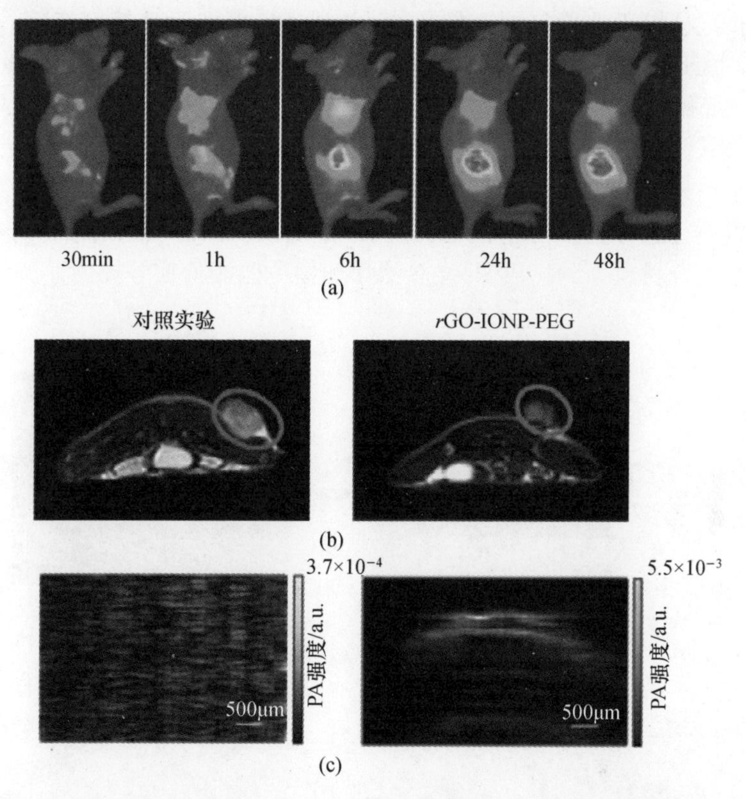

图4.10 荷瘤鼠体内 *r*GO-IONP-PEG 多模式成像。(a)利用 Cy5 标记的 *r*GO-IONP-PEG 的荧光成像;(b)T2 加权 MR 成像;(c)利用 *r*GO-IONP-PEG 的光声成像。所有图片显示 *r*GO-IONP-PEG 在静脉注射后能被聚集在肿瘤处
(经许可改编自文献[127],版权©2012,Wiley-VCH 出版公司)

此外,也有用铼这种放射性示踪剂沉积到GO上以探究小鼠体内的生物分布[128]。标记过程中具有空电子轨道VII价的铼,可被GO的羟基和羧基捐赠的电子填充而还原为V价,产生与红血球有良好兼容性的稳定的标记复合体。通过测量小鼠体内放射性^{188}Re-GO的分布,发现放射物高浓度聚集在可靶向药物传输的肺、肝脏和脾脏中。也有报道称^{188}Re-GO在组织中具有长滞性和高剂量下的病理变化[128]。

4.3.2.3 量子点的吸附

量子点是由元素周期表中III-V族或II-VI族具有特异光学和电学特征的元素组成的纳米结构,因而广泛应用于生物标记、生物成像和生物传感。量子点具有较高的光稳性并可提高信噪比,因此它可代替传统的有机荧光基

团[129-132]。但是直接用荧光基团或 QDs 标记 GO 通常会由于能量向石墨烯或 GO 的转移导致荧光完全淬灭。而预先用聚合物或生物分子包覆石墨烯或量子点去防止这种淬灭非常必要。例如,用牛血清蛋白作为连接剂连接石墨烯和 QD,并应用于 hela 活体细胞的荧光成像[133]。在另一篇报道中,单层有机壳保护的 QD 沉积在 *r*GO 表面用来防止荧光猝灭,并用于不同癌细胞的成像[134]。为了改善其分散性,FA 以共价键连接到 PLL,而后 PLL 吸附到石墨烯上。在吸附 PLL 后,被包覆的 QD 和 *r*GO 具有最小的荧光损失,并且降低了纳米复合材料的细胞毒性。这种强荧光的结构可应用于小型动物内部组织的活体成像。QD-*r*GO 纳米复合材料为肿瘤成像、光热治疗和原位监测治疗等提供了极佳的平台(图 4.11)。

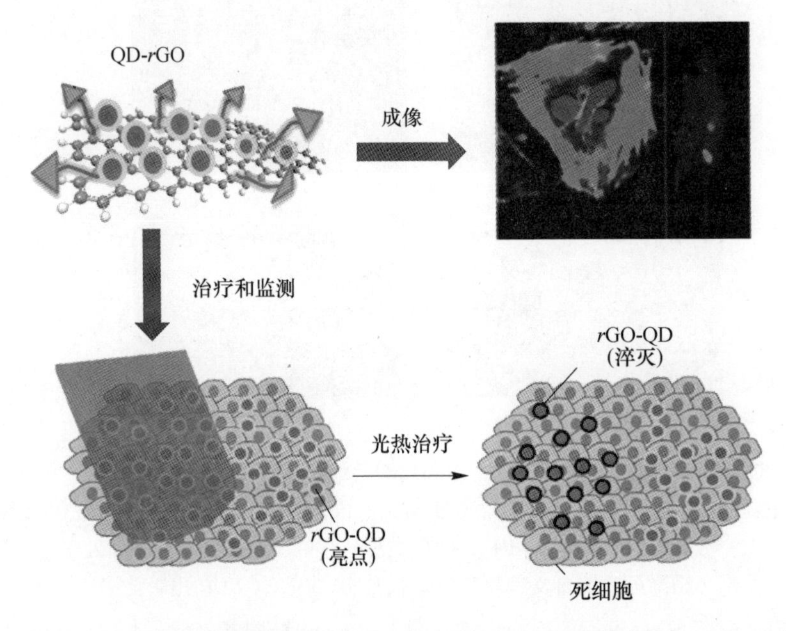

图 4.11　植入到靶向肿瘤细胞内的量子点标记的 *r*GO 纳米复合物(左图)显示的明亮荧光(右图),通过吸收 NIR 辐射和它转换的热,可同时使细胞死亡和荧光淬灭(底部)(经许可引自文献[134],版权©2012,Wiley-VCH 出版公司)

4.4　共价和非共价混合功能化制备石墨烯基缀合物

4.4.1　高聚物和生物高聚物接枝石墨烯作为纳米载体

对石墨烯和 GO 进行表面初修饰后吸附有机或生物分子,已被广泛用于传输系统的设计。迄今为止,GO 上接枝聚合物是获得具有水分散性和生物相容性药物[22,23,39]、NA[135-138]或光动力学治疗(PDT)光敏剂[139]的输送载体的最普遍方法。在有机聚合物中,PEG 和 PEI 可通过酰胺化或吸附比较容易地固定在 GO 上而被广泛使用。

4.4.1.1 药物输送用聚合物功能化 GO

Dai 课题组首批报道了将药物载于 PEG 化 GO 的实例。利用 NGO-PEG-利妥昔单抗缀合物将 DOX 靶向传输到淋巴瘤细胞中[39]。将抗体利妥昔单抗共价接枝到 NGO 上的 PEG 链上,而后将 DOX 负载到缀合物。由于 DOX 在酸性 pH 下具有较高的溶解度,酸性细胞内条件可以诱导 DOX 从 GO 表面释放[39]。在另一篇报道中,类似 NGO-PEG/DOX 的结构体用于癌症的化疗－光热联合治疗,具有显著的体内肿瘤消融的作用[22]。

该组也发展了 NGO-PEG 纳米载体用于其他非水溶性芳香族抗癌药的传输,例如喜树碱(CPT)类似物和易瑞沙,它们分别是 DNA 拓扑异构酶和表皮生长因子受体的有效抑制剂[23]。六臂 PEG-NGO 缀合物通过 π 堆积和疏水作用与 CPT SN-38 络合。所得的材料在保持良好的水分散性的同时具有较高的癌细胞杀伤效果,具有类似于游离 SN-38 分子的效力(图 4.12)。

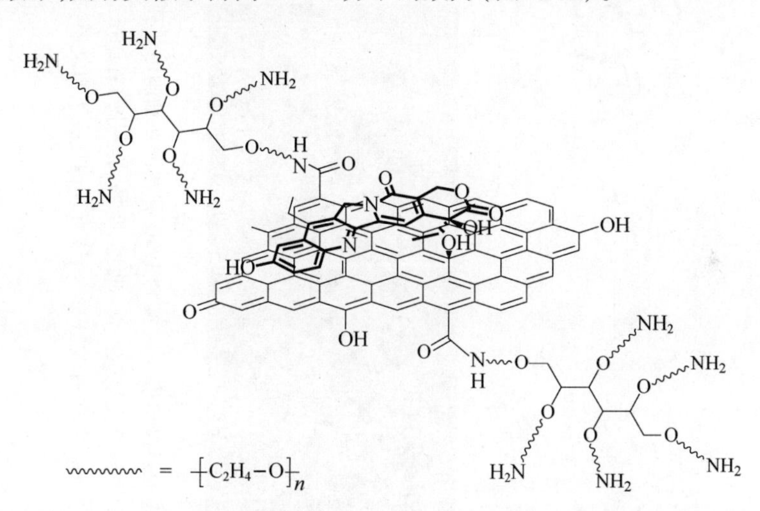

图 4.12 负载喜树碱 SN-38 的 NGO-PEG 示意图(改编自文献[23])

4.4.1.2 基因传递用聚合物功能化 GO

GO 基纳米载体也被用于基因传输[135-137]。例如,Kim 和合作者[135]通过 EDC/NHS 介导的酰胺化将支链 PEI 与 GO 共价连接,制备了阳离子型基因载体。带负电的 pDNA 和带正电的 PEI-GO 之间通过静电相互作用复合(图 4.13)。PEI-GO/pDNA 具有非常高效的基因传输性能和优异的光致发光活性。

Zhang 课题组报道将 PEI-GO 类缀合物迁移至细胞核,它能有效地传输 pDNA 至细胞中[136]。另外, 他们使用 PEI-GO 缀合物研究同时输送短干扰 RNA(siRNA)

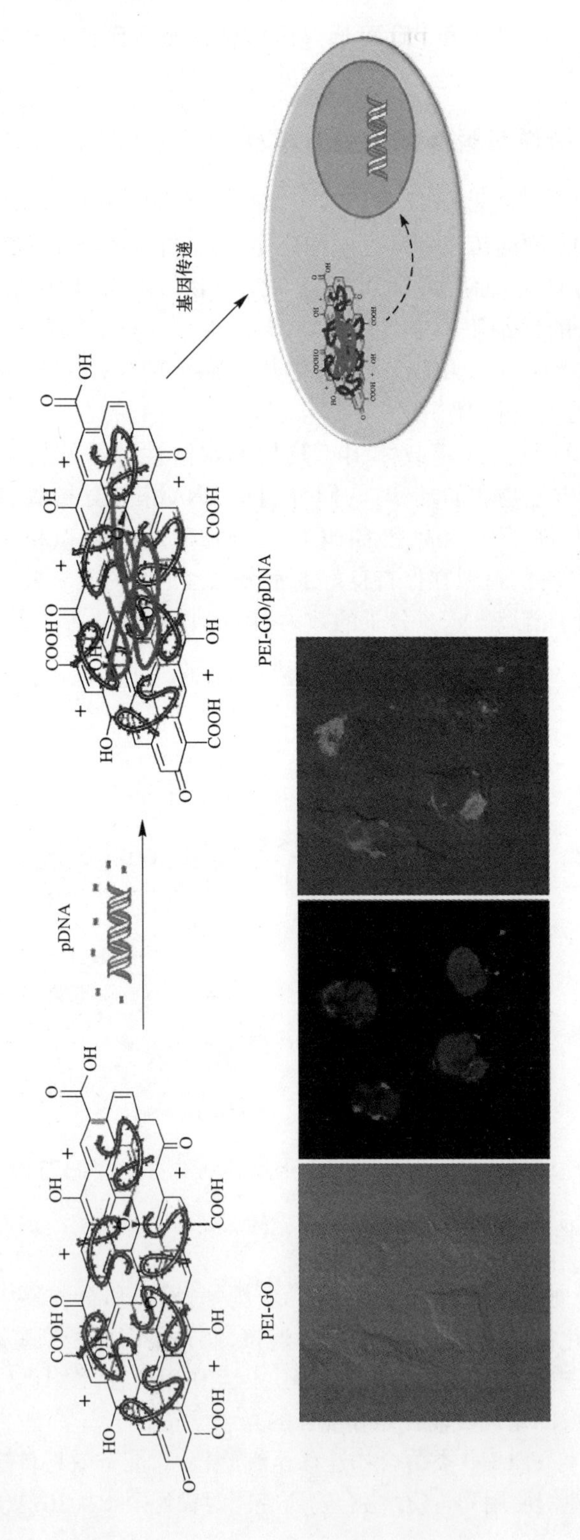

图 4.13 pDNA 通过静电作用包覆 PEI-GO 和基因在细胞内传递机理的示意图。PEI-GO/pDNA 处理的 HeLa 细胞线的共焦荧光显微图像（明场、暗场、合并图）；pDNA（红色）、细胞核（蓝色）、PEI-GO（绿色）显示 pDNA 在细胞内的有效分布（经许可改编自和引自文献[135]，版权©2011，美国化学学会）

和抗癌药物的协同作用以克服癌细胞的多重耐药性。在输送 PEI-GO/siRNA 后，将 PEI-GO/DOX 传输至 Hela 细胞，由于 PEI-GO/siRNA 明显增强了 PEI-GO/DOX 的细胞毒性，使其化疗功效显著提高[137]。

Kong 等[138]研制了 PEG-NGO 平台用于检测半胱天冬酶-3，这种酶直接参与细胞凋亡的活化。在这项研究中，用四甲基-6-羧基罗丹明(TAMRA)标记由肽序列 DEVD 构成的半胱天冬酶-3 的裂解位点，然后与大肠杆菌 RNAI 中硫醇修饰的寡核苷酸部分序列偶联。TAMRA-DEVD-ssDNA 能够通过 π—π 相互作用自组装到 PEG-NGO 上，使其发生 FRET 型荧光淬灭(图 4.14)。

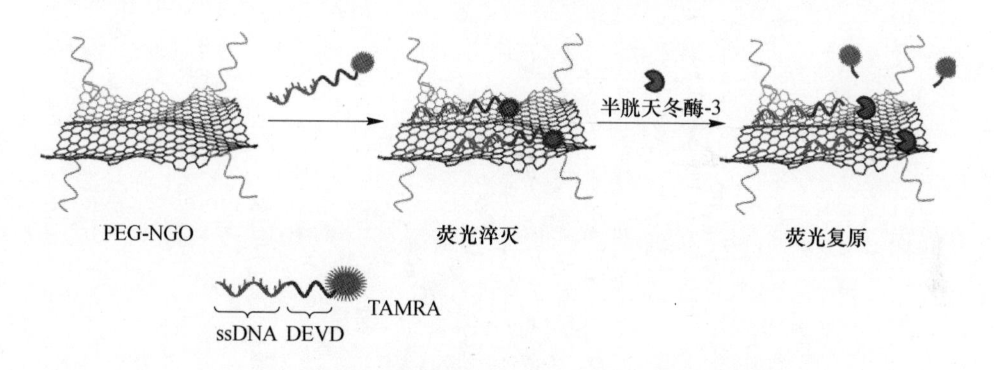

图 4.14 PEG-NGO/TAMRA-DEVD-ssDNA 探针的制备和通过肽裂解和荧光复原检测半胱氨酸蛋白酶-3 的示意图(改编自文献[138])

活细胞中半胱天冬酶-3 的活性可通过 DEVD 序列水平的酶解而恢复荧光性。体内实验表明 PEG-NGO/TAMRA-DEVD-ssDNA 结构体在特异性成像和诊断凋亡相关疾病如缺氧缺血性脑病和肝硬化方面具有非凡的潜力[138]。

4.4.1.3 壳聚糖功能化 GO

壳聚糖是一种天然聚合物，广泛用于组织工程、细胞黏附和食品传输。它可以通过酰胺化接枝到 GO 上(方案 4.9)。

GO-壳聚糖可以通过 π—π 和疏水相互作用负载 pDNA 或抗癌药物分别用于基因转染和药物传输[140,141]。在相同的化学治疗剂量下，与游离 CPT 相比，负载 CPT 的 GO-壳聚糖对癌细胞显示出更高的细胞毒性[140]。也有报道小尺寸药物如布洛芬(IBU)和 5-氟尿嘧啶(5-FU)的吸附和可控释放[141]。IBU 是芳香系抗炎药物，通过 π—π 相互作用辅以 IBU 的羧基和壳聚糖的吡喃葡萄糖环之间的氢键作用吸附到 GO 上。5-FU 是芳香性较弱的亲水性抗癌药物，与 IBU 相比，其在 GO-壳聚糖上的负载量较低。由于 GO 与壳聚糖之间的极性相互作用以及低 pH 值下药物分子的质子化，使得 GO-壳聚糖/IBU 和 GO-壳聚糖/5-FU 均具有 pH 敏感的药物释放行为。

方案 4.9　GO-壳聚糖缀合物的合成(改编自文献[140])

4.4.2 靶配体和抗体功能化 GO

4.4.2.1 叶酸共轭化 GO

Zhang 和合作者报道了将两种药物负载于 FA 功能化 GO 上,并用于多种药物的靶向传输[24]。作为典型 PEG 化的替代方案,磺化 NGO 使其在生理溶液中具有稳定性[37]。为此,NGO 表面的羟基、环氧基团和酯基首先通过环氧化物开环转化为羧基,随后与氯乙酸反应[23]。接着利用对氨基苯磺酸的重氮盐反应将磺酸基团连接到 NGO 上。FA 的胺基和 GO 的羧基之间形成酰胺键使得 FA 共价结合到 NGO-SO_3H。CPT 和 DOX 通过非共价作用共附载到 FA-NGO 上。细胞摄取实验揭示了该抗癌剂能有效地靶向传输到细胞中过表达的叶酸受体上。此外,FA-NGO/DOX/CPT 的细胞毒性高于仅负载一种药物的 FA-NGO[24]。

随后,将负载 Ce6 的 FA-NGO 结构体用于肿瘤细胞的靶向光动力治疗[142]。光敏剂是卟啉基分子,在 PDT 中通过辐射产生活性氧成分促使细胞死亡[143]。经合适波长辐射后,暴露于 FA-GO/Ce6 的 FA 受体在呈阳性的人胃癌细胞系中的细胞活力显著降低。

在另一例子中,制备的 FA 共轭的 GO-血红素结构体用于基于类过氧化物酶活性的癌细胞的选择和比色检测。首先,在碱性条件,通过聚烯丙胺盐酸盐(PAH)上氨基和 GO 上环氧基团之间的反应得到 PAH 修饰的 GO。FA 通过酰胺化与端胺基 PAH 结合。接着,通过吸附作用将血红素引入到 GO 上,从而提供类过氧化物酶活性的癌细胞的定量检测平台[144]。

4.4.2.2 放射成像和生物传感用抗体修饰的 GO

GO 的通用化学功能也被用于放射性药物研究。事实上,靶向物质共价功能化 GO 的可行性以及放射性标志物的负载对成像而言是有意义的。

在这种情况下,Cornelissen 等将放射性标记的抗体-NGO 缀合物用于 HER2 阳性肿瘤的体内靶向和单光子发射计算机断层扫描(SPECT)成像[145]。HER2 是几种乳腺癌过表达的受体。在 EDC 和磺基-NHS 存在条件下,抗 HER2 抗体曲妥珠单抗通过赖氨酸侧链的氨基的酰胺化接枝到 NGO 上。金属离子螯合剂,2-(4-氨基苄基)-二亚乙基三胺五乙酸(p-NH_2-BnDTPA)通过 π 堆积吸附在 NGO 上,随后铟-111 螯合在 NGO 上(方案 4.10)。有趣的是,^{111}In 本身没有吸附到 GO 表面。所制备的放射性标记的 NGO-曲妥珠单抗缀合物通过 SPECT 技术可以实现体内肿瘤的可视化,与放射性标记的曲妥珠单抗相比,具有更好药代动力学的特异性肿瘤摄取。

在另一项工作中,抗体-NGO 缀合物用于检测甲胎蛋白(AFP),一种潜在的肝细胞癌诊断的生物标志物[146]。捕获型抗体与磺酰基修饰的 GO 通过 EDC 共

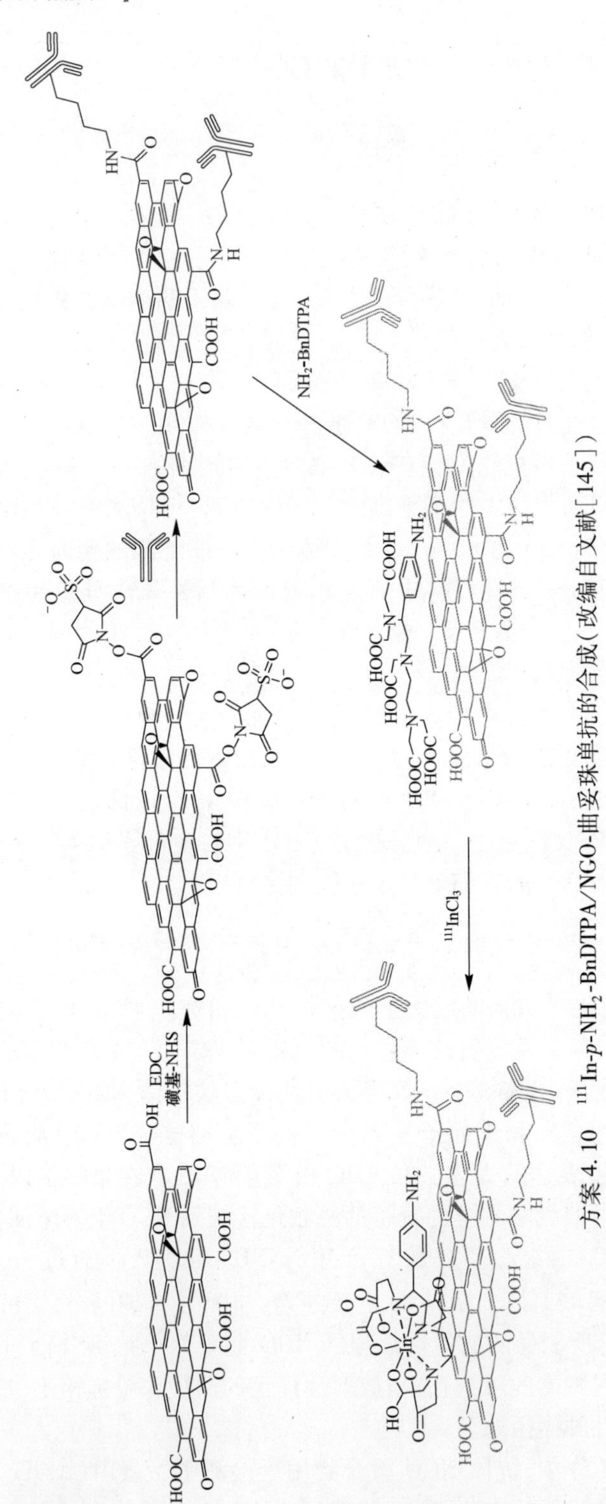

方案 4.10 ^{111}In-p-NH_2-BnDTPA/NGO-曲妥珠单抗的合成（改编自文献[145]）

价连接[37]，检测型抗体作为荧光供体偶联到巯基乙酸包覆的CdTe量子点上。痕量的AFP生物标志物可以通过抗体-GO纳米缀合物与抗体/CdTe量子点实现自组装，进而诱导荧光的变化，其中AFP为联结两者之间的“桥梁”。有趣的是，荧光淬灭效率与距离无关，打破了传统生物传感器100Å的距离限制。

4.5 结论

自发现石墨烯以来，研究者投入了大量精力去研究其功能化，旨在赋予石墨烯理想的物理和化学特性。石墨烯功能化对其在生物领域的应用至关重要，因为它是改善石墨烯在有机溶剂和水溶液中分散性与可加工性的基础。在石墨烯纳米材料家族，GO由于具有丰富的化学信息和含氧官能团而成为制备石墨烯衍生物的常用原材料，并且这些特点将赋予GO多功能性和多元优势以适于广泛的生物应用。此外，GO的极性基团使它比原生石墨烯更具亲水性和分散性，易于进一步修饰。

正如本章所述，石墨烯基材料的功能化可以通过共价、非共价或共价与非共价的共混方法实现。

生物用石墨烯的共价衍生物常通过偶联试剂的辅助由GO上的羧基酯化或酰胺化制得。不同聚合物共价接枝到GO上可构建用于PTT和成像的不同药物纳米载体或试剂，已通过接枝抗体、NA、肽或有机分子到石墨烯和GO上研制出数种生物传感平台。

石墨烯的非共价修饰指的是通过GO存在下的π—π相互作用、疏水效应、静电相互作用或氢键作用吸附分子到石墨烯材料表面。石墨烯基面两侧均可发生吸附，故石墨烯具有高的有效载荷量。芘、ssDNA、适配子和芳香型药物的吸附主要来自π—π堆叠和疏水作用。非芳香型组分如QD、纳米颗粒、聚合物和生物聚合物则是通过静电和疏水相互作用实现对石墨烯的包覆。这些石墨烯基非共价缀合物具有在药物和基因传输、成像、组织工程和生物传感等领域的广泛应用。

将共价和非共价共混的功能化吸附能赋予石墨烯良好的溶解性和生物相容性，使其广泛用于传输系统的构建。事实上，这种策略适于不溶性治疗剂的输送及实现对载体药物释放的可控。石墨烯与聚合物通过共价修饰连接是目前最常用的方法。共价或非共价功能化的石墨烯缀合物已广泛用于药物和基因传输、酶活性检测、放射成像和生物传感等领域。

本章主要从化学法角度介绍了生物和生物医药应用的石墨烯衍生物的制备。石墨烯基材料在生物应用领域激起了研究者巨大的科学兴趣，并确立了它们在相关领域及未来研究中的巨大潜力。

致谢

这项工作得到了国家可再生能源研究中心的支持。作者对来自欧盟 FP7 RADDEL 计划(ITN Marie Curie Actions PEOPLE-2011-290023)的支持表示感谢,C. Spinato 是此奖学金项目的获得者。A. Bianco 对来自 PICS(国际科学合作项目)的 CNRS 经费支持表示感谢。我们还要感谢欧共体项目 FP7-ICT-2013-FET-F(GRAPHENE,经费号:604391)对我们的大力支持。

参 考 文 献

[1] Novoselov, K. S., Geim, A. K., Morozov, S. V., Jiang, D., Zhang, Y., Dubonos, S. V., Grigorieva, I. V., and Firsov, A. A. (2004) *Science*, **306**, 666 – 669.

[2] Geim, A. K. (2009) *Science*, **324**, 1530 – 1534.

[3] Huang, X., Yin, Z., Wu, S., Qi, X., He, Q., Zhang, Q., Yan, Q., Boey, F., and Zhang, H. (2011) *Small*, **7**, 1876 – 1902.

[4] Dai, L. (2013) *Acc. Chem. Res.*, **46**, 31 – 42.

[5] Wang, X., Zhi, L., and Mullen, K. (2008) *Nano Lett.*, **8**, 323 – 327.

[6] Stankovich, S., Dikin, D. A., Dommett, G. H. B., Kohlhaas, K. M., Zimney, E. J., Stach, E. A., Piner, R. D., Nguyen, S. T., and Ruoff, R. S. (2006) *Nature*, **442**, 282 – 286.

[7] Stoller, M. D., Park, S., Zhu, Y., An, J., and Ruoff, R. S. (2008) *Nano Lett.*, **8**, 3498 – 3502.

[8] Mao, H. Y., Laurent, S., Chen, W., Akhavan, O., Imani, M., Ashkarran, A. A., and Mahmoudi, M. (2013) *Chem. Rev.*, **113**, 3407 – 3424.

[9] Akhavan, O., Ghaderi, E., and Rahighi, R. (2012) *ACS Nano*, **6**, 2904 – 2916.

[10] Shao, Y., Wang, J., Wu, H., Liu, J., Aksay, I. A., and Lin, Y. (2010) *Electroanalysis*, **22**, 1027 – 1036.

[11] Kuila, T., Bose, S., Khanra, P., Mishra, A. K., Kim, N. H., and Lee, J. H. (2011) *Biosens. Bioelectron.*, **26**, 4637 – 4648.

[12] Mohanty, N. and Berry, V. (2008) *Nano Lett.*, **8**, 4469 – 4476.

[13] Akhavan, O. and Ghaderi, E. (2009) *J. Phys. Chem. C*, **113**, 20214 – 20220.

[14] Akhavan, O. and Ghaderi, E. (2010) *ACS Nano*, **4**, 5731 – 5736.

[15] Hu, W., Peng, C., Luo, W., Lv, M., Li, X., Li, D., Huang, Q., and Fan, C. (2010) *ACS Nano*, **4**, 4317 – 4323.

[16] Ma, J., Zhang, J., Xiong, Z., Yong, Y., and Zhao, X. S. (2011) *J. Mater. Chem.*, **21**, 3350 – 3352.

[17] Akhavan, O., Choobtashani, M., and Ghaderi, E. (2012) *J. Phys. Chem. C*, **116**, 9653 – 9659.

[18] Yang, K., Zhang, S., Zhang, G., Sun, X., Lee, S.-T., and Liu, Z. (2010) *Nano Lett.*, **10**, 3318 – 3323.

[19] Yang, K., Wan, J., Zhang, S., Tian, B., Zhang, Y., and Liu, Z. (2012) *Biomaterials*, **33**, 2206 – 2214.

[20] Akhavan, O., Ghaderi, E., Aghayee, S., Fereydooni, Y., and Talebi, A. (2012) *J. Mater. Chem.*, **22**, 13773 – 13781.

[21] Robinson, J. T., Tabakman, S. M., Liang, Y., Wang, H., Sanchez Casalongue, H., Vinh, D., and Dai, H. (2011) *J. Am. Chem. Soc.*, **133**, 6825 – 6831.

[22] Zhang, W., Guo, Z., Huang, D., Liu, Z., Guo, X., and Zhong, H. (2011) *Biomaterials*, **32**, 8555 – 8561.

[23] Liu, Z., Robinson, J. T., Sun, X., and Dai, H. (2008) *J. Am. Chem. Soc.*, **130**, 10876 – 10871.

[24] Zhang, L., Xia, J., Zhao, Q., Liu, L., and Zhang, Z. (2010) *Small*, **6**, 537 – 544.

[25] Heo, C., Yoo, J., Lee, S., Jo, A., Jung, S., Yoo, H., Lee, Y. H., and Suh, M. (2011) *Biomaterials*, **32**, 19 – 27.

[26] Agarwal, S., Zhou, X., Ye, F., He, Q., Chen, G. C. K., Soo, J., Boey, F., Zhang, H., and Chen, P. (2010) *Langmuir*, **26**, 2244 – 2247.

[27] Park, S., Mohanty, N., Suk, J. W., Nagaraja, A., An, J., Piner, R. D., Cai, W., Dreyer, D. R., Berry, V., and Ruoff, R. S. (2010) *Adv. Mater.*, **22**, 1736 – 1740.

[28] Sanchez, V. C., Jachak, A., Hurt, R. H., and Kane, A. B. (2012) *Chem. Res. Toxicol.*, **25**, 15 – 34.

[29] Wei, D. and Liu, Y. (2010) *Adv. Mater.*, **22**, 3225 – 3241.

[30] Allen, M. J., Tung, V. C., and Kaner, R. B. (2010) *Chem. Rev.*, **110**, 132 – 145.

[31] Park, S. and Ruoff, R. S. (2009) *Nat. Nanotech.*, **4**, 217 – 224.

[32] Hummers, W. S. and Offeman, R. E. (1958) *J. Am. Chem. Soc.*, **80**, 1339.

[33] Staudenmaier, L. (1898) *Ber. Dtsch. Chem. Ges.*, **31**, 1481 – 1487.

[34] Shen, J., Hu, Y., Shi, M., Lu, X., Qin, C., Li, C., and Ye, M. (2009) *Chem. Mater.*, **21**, 3514 – 3520.

[35] Georgakilas, V., Otyepka, M., Bourlinos, A. B., Chandra, V., Kim, N., Kemp, K. C., Hobza, P., Zboril, R., and Kim, K. S. (2012) *Chem. Rev.*, **112**, 6156 – 6214.

[36] Li, D., Müller, M. B., Gilje, S., Kaner, R. B., and Wallace, G. G. (2008) *Nat. Nanotech.*, **3**, 101 – 105.

[37] Si, Y. and Samulski, E. T. (2008) *Nano Lett.*, **8**, 1679 – 1682.

[38] Niyogi, S., Bekyarova, E., Itkis, M. E., McWilliams, J. L., Hamon, M. A., and Haddon, R. C. (2006) *J. Am. Chem. Soc.*, **128**, 7720 – 7721.

[39] Sun, X., Liu, Z., Welsher, K., Robinson, J. T., Goodwin, A., Zaric, S., and Dai, H. (2008) *Nano Res.*, **1**, 203 – 212.

[40] Shan, C., Yang, H., Han, D., Zhang, Q., Ivaska, A., and Niu, L. (2009) *Langmuir*, **25**, 12030 – 12033.

[41] Chua, C. K. and Pumera, M. (2013) *Chem. Soc. Rev.*, **42**, 3222 – 3233.

[42] Park, J. and Yan, M. (2013) *Acc. Chem. Res.*, **46**, 181 – 189.

[43] Hsieh, C. -T. and Chen, W. -Y. (2011) *Surf. Coat. Technol.*, **205**, 4554 – 4561.

[44] Zu, S. -Z. and Han, B. -H. (2009) *J. Phys. Chem.*, C**113**, 13651 – 13657.

[45] Wang, G., Shen, X., Wang, B., Yao, J., and Park, J. (2009) *Carbon*, **47**, 1359 – 1364.

[46] Chen, D., Feng, H., and Li, J. (2012) *Chem. Rev.*, **112**, 6027 – 6053.

[47] Dreyer, D. R., Park, S., Bielawski, C. W., and Ruoff, R. S. (2009) *Chem. Soc. Rev.*, **39**, 228 – 240.

[48] Shen, H. (2012) *Theranostics*, **2**, 283 – 294.

[49] Chung, C., Kim, Y. -K., Shin, D., Ryoo, S. -R., Hong, B. H., and Min, D. -H. (2013) *Acc. Chem. Res.*, **46** (10), 2211 – 2224.

[50] Cote, L. J., Cruz-Silva, R., and Huang, J. (2009) *J. Am. Chem. Soc.*, **131**, 11027 - 11032.
[51] Gao, W., Alemany, L. B., Ci, L., and Ajayan, P. M. (2009) *Nat. Chem.*, **1**, 403 - 408.
[52] Pei, S. and Cheng, H. -M. (2012) *Carbon*, **50**, 3210 - 3228.
[53] Chen, W., Yan, L., and Bangal, P. R. (2010) *Carbon*, **48**, 1146 - 1152.
[54] Liu, J., Fu, S., Yuan, B., Li, Y., and Deng, Z. (2010) *J. Am. Chem. Soc.*, **132**, 7279 - 7281.
[55] Gao, J., Liu, F., Liu, Y., Ma, N., Wang, Z., and Zhang, X. (2010) *Chem. Mater.*, **22**, 2213 - 2218.
[56] Salas, E. C., Sun, Z., Lüttge, A., and Tour, J. M. (2010) *ACS Nano*, **4**, 4852 - 4856.
[57] Peng, C., Hu, W., Zhou, Y., Fan, C., and Huang, Q. (2010) *Small*, **6**, 1686 - 1692.
[58] Bottini, M., Rosato, N., and Bottini, N. (2011) *Biomacromolecules*, **12**, 3381 - 3393.
[59] Dai, H. (2002) *Surf. Sci.*, **500**, 218 - 241.
[60] Liu, Z., Tabakman, S., Welsher, K., and Dai, H. (2009) *Nano Res.*, **2**, 85 - 120.
[61] Yang, K., Wan, J., Zhang, S., Zhang, Y., Lee, S. -T., and Liu, Z. (2011) *ACS Nano*, **5**, 516 - 522.
[62] Liu, Z., Jiang, L., Galli, F., Nederlof, I., Olsthoorn, R. C. L., Lamers, G. E. M., Oosterkamp, T. H., and Abrahams, J. P. (2010) *Adv. Funct. Mater.*, **20**, 2857 - 2865.
[63] Hong, H., Zhang, Y., Engle, J. W., Nayak, T. R., Theuer, C. P., Nickles, R. J., Barnhart, T. E., and Cai, W. (2012) *Biomaterials*, **33**, 4147 - 4156.
[64] Hong, H., Yang, K., Zhang, Y., Engle, J. W., Feng, L., Yang, Y., Nayak, T. R., Goel, S., Bean, J., Theuer, C. P., Barnhart, T. E., Liu, Z., and Cai, W. (2012) *ACS Nano*, **6**, 2361 - 2370.
[65] Di Martino, A., Sittinger, M., and Risbud, M. V. (2005) *Biomaterials*, **26**, 5983 - 5990.
[66] Depan, D., Girase, B., Shah, J. S., and Misra, R. D. K. (2011) *Acta Biomater.*, **7**, 3432 - 3445.
[67] Lim, S. Y., Ahn, J., Lee, J. S., Kim, M. -G., and Park, C. B. (2012) *Small*, **8**, 1994 - 1999.
[68] Lee, J. S., Joung, H. -A., Kim, M. -G., and Park, C. B. (2012) *ACS Nano*, **6**, 2978 - 2983.
[69] Jung, J. H., Cheon, D. S., Liu, F., Lee, K. B., and Seo, T. S. (2010) *Angew. Chem. Int. Ed.*, **49**, 5708 - 5711.
[70] Bonanni, A., Ambrosi, A., and Pumera, M. (2012) *Chem. Eur. J.*, **18**, 1668 - 1673.
[71] Wang, Z., Ge, Z., Zheng, X., Chen, N., Peng, C., Fan, C., and Huang, Q. (2012) *Nanoscale*, **4**, 394 - 399.
[72] Wang, H., Zhang, Q., Chu, X., Chen, T., Ge, J., and Yu, R. (2011) *Angew. Chem. Int. Ed.*, **50**, 7065 - 7069.
[73] Zhang, J., Zhang, F., Yang, H., Huang, X., Liu, H., Zhang, J., and Guo, S. (2010) *Langmuir*, **26**, 6083 - 6085.
[74] Shan, C., Yang, H., Song, J., Han, D., Ivaska, A., and Niu, L. (2009) *Anal. Chem.*, **81**, 2378 - 2382.
[75] Shan, C., Yang, H., Han, D., Zhang, Q., Ivaska, A., and Niu, L. (2010) *Biosens. Bioelectron.*, **25**, 1504 - 1508.
[76] Gollavelli, G. and Ling, Y. -C. (2012) *Biomaterials*, **33**, 2532 - 2545.
[77] Lerf, A., He, H., Forster, M., and Klinowski, J. (1998) *J. Phys. Chem.*, B**102**, 4477 - 4482.
[78] Hontoria-Lucas, C., López-Peinado, A. J., López-González, J. d. D., Rojas-Cervantes, M. L., and Martín-Aranda, R. M. (1995) *Carbon*, **33**, 1585 - 1592.
[79] Yang, X., Zhang, X., Liu, Z., Ma, Y., Huang, Y., and Chen, Y. (2008) *J. Phys. Chem. C*, **112**, 17554 - 17558.

[80] Depan, D. , Shah, J. , and Misra, R. D. K. (2011) *Mater. Sci. Eng. C*, **31**, 1305 – 1312.

[81] Wang, Z. , Huang, P. , Bhirde, A. , Jin, A. , Ma, Y. , Niu, G. , Neamati, N. , and Chen, X. (2012) *Chem. Commun.* , **48**, 9768 – 9770.

[82] Mann, J. A. , Alava, T. , Craighead, H. G. , and Dichtel, W. R. (2013) *Angew. Chem. Int. Ed.* , **52**, 3177 – 3180.

[83] Liu, J. , Kong, N. , Li, A. , Luo, X. , Cui, L. , Wang, R. , and Feng, S. (2013) *Analyst*, **138**, 2567 – 2575.

[84] Zeng, G. , Xing, Y. , Gao, J. , Wang, Z. , and Zhang, X. (2010) *Langmuir*, **26**, 15022 – 15026.

[85] Liu, F. , Choi, J. Y. , and Seo, T. S. (2010) *Chem. Commun.* , **46**, 2844 – 2846.

[86] Balapanuru, J. , Yang, J. -X. , Xiao, S. , Bao, Q. , Jahan, M. , Polavarapu, L. , Wei, J. , Xu, Q. -H. , and Loh, K. P. (2010) *Angew. Chem. Int. Ed.* , **49**, 6549 – 6553.

[87] Lu, C. -H. , Yang, H. -H. , Zhu, C. -L. , Chen, X. , and Chen, G. -N. (2009) *Angew. Chem.* , **121**, 4879 – 4881.

[88] Jang, H. , Kim, Y. -K. , Kwon, H. -M. , Yeo, W. -S. , Kim, D. -E. , and Min, D. -H. (2010) *Angew. Chem. Int. Ed.* , **49**, 5703 – 5707.

[89] Wang, Y. , Li, Z. , Wang, J. , Li, J. , and Lin, Y. (2011) *Trends Biotechnol.* ,**29**, 205 – 212.

[90] He, S. , Song, B. , Li, D. , Zhu, C. , Qi, W. , Wen, Y. , Wang, L. , Song, S. , Fang, H. , and Fan, C. (2010) *Adv. Funct. Mater.* ,**20**, 453 – 459.

[91] Lu, C. -H. , Zhu, C. -L. , Li, J. , Liu, J. -J. , Chen, X. , and Yang, H. -H. (2010) *Chem. Commun.* , **46**, 3116 – 3118.

[92] Chang, H. , Tang, L. , Wang, Y. , Jiang, J. , and Li, J. (2010) *Anal. Chem.* , **82**, 2341 – 2346.

[93] Jang, H. , Ryoo, S. -R. , Kim, Y. -K. , Yoon, S. , Kim, H. , Han, S. W. , Choi, B. -S. , Kim, D. -E. , and Min, D. -H. (2013) *Angew. Chem. Int. Ed.* , **52**, 2340 – 2344.

[94] Wang, Y. , Li, Z. , Hu, D. , Lin, C. -T. , Li, J. , and Lin, Y. (2010) *J. Am. Chem. Soc.* , **132**, 9274 – 9276.

[95] He, Y. , Wang, Z. -G. , Tang, H. -W. , and Pang, D. -W. (2011) *Biosens. Bioelectron.* ,**29**, 76 – 81.

[96] Liu, M. , Zhao, H. , Chen, S. , Yu, H. , Zhang, Y. , and Quan, X. (2011) *Chem. Commun.* , **47**, 7749 – 7751.

[97] Wen, Y. , Xing, F. , He, S. , Song, S. , Wang, L. , Long, Y. , Li, D. , and Fan, C. (2010) *Chem. Commun.* , **46**, 2596 – 2598.

[98] Zhao, X. -H. , Kong, R. -M. , Zhang, X. -B. , Meng, H. -M. , Liu, W. -N. , Tan, W. , Shen, G. -L. , and Yu, R. -Q. (2011) *Anal. Chem.* , **83**, 5062 – 5066.

[99] Tao, Y. , Lin, Y. , Ren, J. , and Qu, X. (2013) *Biomaterials*, **34**, 4810 – 4817.

[100] Guo, Y. , Deng, L. , Li, J. , Guo, S. , Wang, E. , and Dong, S. (2011) *ACS Nano*, **5**, 1282 – 1290.

[101] Zhang, M. , Yin, B. -C. , Wang, X. -F. , and Ye, B. -C. (2011) *Chem. Commun.* ,**47**, 2399 – 2401.

[102] Kodali, V. K. , Scrimgeour, J. , Kim, S. , Hankinson, J. H. , Carroll, K. M. , de Heer, W. A. , Berger, C. , and Curtis, J. E. (2011) *Langmuir*, **27**, 863 – 865.

[103] Patil, A. J. , Vickery, J. L. , Scott, T. B. , and Mann, S. (2009) *Adv. Mater.* , **21**, 3159 – 3164.

[104] Kuilla, T. , Bhadra, S. , Yao, D. , Kim, N. H. , Bose, S. , and Lee, J. H. (2010) *Prog. Polym. Sci.* , **35**, 1350 – 1375.

[105] Park, Y. -J. , Park, S. Y. , and In, I. (2011) *J. Ind. Eng. Chem.* , **17**, 298 – 303.

[106] Feng, L. , Zhang, S. , and Liu, Z. (2011) *Nanoscale*, **3**, 1252 – 1257.

[107] Shi, X. , Gong, H. , Li, Y. , Wang, C. , Cheng, L. , and Liu, Z. (2013) *Biomaterials*, **34**, 4786 –

4793.

[108] Yang, Q., Pan, X., Huang, F., and Li, K. (2010) *J. Phys. Chem. C*, **114**, 3811-3816.

[109] Markovic, Z. M., Harhaji-Trajkovic, L. M., Todorovic-Markovic, B. M., Kepić, D. P., Arsikin, K. M., Jovanović, S. P., Pantovic, A. C., Drami'canin, M. D., and Trajkovic, V. S. (2011) *Biomaterials*, **32**, 1121-1129.

[110] Sheng, L., Ren, J., Miao, Y., Wang, J., and Wang, E. (2011) *Biosens. Bioelectron.*, **26**, 3494-3499.

[111] Liu, K., Zhang, J.-J., Cheng, F.-F., Zheng, T.-T., Wang, C., and Zhu, J.-J. (2011) *J. Mater. Chem.*, **21**, 12034-12040.

[112] Luppi, E., Cesaretti, M., and Volpi, N. (2005) *Biomacromolecules*, **6**, 1672-1678.

[113] Kidane, A. G., Salacinski, H., Tiwari, A., Bruckdorfer, K. R., and Seifalian, A. M. (2004) *Biomacromolecules*, **5**, 798-813.

[114] Murugesan, S., Park, T.-J., Yang, H., Mousa, S., and Linhardt, R. J. (2006) *Langmuir*, **22**, 3461-3463.

[115] Lee, D. Y., Khatun, Z., Lee, J.-H., Lee, Y., and In, I. (2011) *Biomacromolecules*, **12**, 336-341.

[116] Cho, Y., Kim, H., and Choi, Y. (2013) *Chem. Commun.*, **49**, 1202-1204.

[117] Jin, Z., Nackashi, D., Lu, W., Kittrell, C., and Tour, J. M. (2010) *Chem. Mater.*, **22**, 5695-5699.

[118] Wu, Z.-S., Ren, W., Wen, L., Gao, L., Zhao, J., Chen, Z., Zhou, G., Li, F., and Cheng, H.-M. (2010) *ACS Nano*, **4**, 3187-3194.

[119] Zhang, L.-S., Jiang, L.-Y., Yan, H.-J., Wang, W. D., Wang, W., Song, W.-G., Guo, Y.-G., and Wan, L.-J. (2010) *J. Mater. Chem.*, **20**, 5462-5467.

[120] Myung, S., Park, J., Lee, H., Kim, K. S., and Hong, S. (2010) *Adv. Mater.*, **22**, 2045-2049.

[121] Yang, S., Feng, X., Ivanovici, S., and Müllen, K. (2010) *Angew. Chem. Int. Ed.*, **49**, 8408-8411.

[122] Ren, H., Wang, C., Zhang, J., Zhou, X., Xu, D., Zheng, J., Guo, S., and Zhang, J. (2010) *ACS Nano*, **4**, 7169-7174.

[123] Yang, S.-T., Chang, Y., Wang, H., Liu, G., Chen, S., Wang, Y., Liu, Y., and Cao, A. (2010) *J. Colloid Interface Sci.*, **351**, 122-127.

[124] Cong, H.-P., He, J.-J., Lu, Y., and Yu, S.-H. (2010) *Small*, **6**, 169-173.

[125] Yang, X., Zhang, X., Ma, Y., Huang, Y., Wang, Y., and Chen, Y. (2009) *J. Mater. Chem.*, **19**, 2710-2714.

[126] Yang, X., Wang, Y., Huang, X., Ma, Y., Huang, Y., Yang, R., Duan, H., and Chen, Y. (2011) *J. Mater. Chem.*, **21**, 3448-3454.

[127] Yang, K., Hu, L., Ma, X., Ye, S., Cheng, L., Shi, X., Li, C., Li, Y., and Liu, Z. (2012) *Adv. Mater.*, **24**, 1868-1872.

[128] Zhang, X., Yin, J., Peng, C., Hu, W., Zhu, Z., Li, W., Fan, C., and Huang, Q. (2011) *Carbon*, **49**, 986-995.

[129] Dubertret, B., Calame, M., and Libchaber, A. J. (2001) *Nat. Biotechnol.*, **19**, 365-370.

[130] Seferos, D. S., Giljohann, D. A., Hill, H. D., Prigodich, A. E., and Mirkin, C. A. (2007) *J. Am. Chem. Soc.*, **129**, 15477-15479.

[131] Maxwell, D. J., Taylor, J. R., and Nie, S. (2002) *J. Am. Chem. Soc.*, **124**, 9606-9612.

[132] Chen, Z., Berciaud, S., Nuckolls, C., Heinz, T. F., and Brus, L. E. (2010) *ACS Nano*, **4**, 2964-2968.

[133] Chen, M.-L., Liu, J.-W., Hu, B., Chen, M.-L., and Wang, J.-H. (2011) *Analyst*, **136**, 4277-4283.

[134] Hu, S.-H., Chen, Y.-W., Hung, W.-T., Chen, I.-W., and Chen, S.-Y. (2012) *Adv. Mater.*, **24**, 1748-1754.

[135] Kim, H., Namgung, R., Singha, K., Oh, I.-K., and Kim, W. J. (2011) *Bioconjugate Chem.*, **22**, 2558-2567.

[136] Chen, B., Liu, M., Zhang, L., Huang, J., Yao, J., and Zhang, Z. (2011) *J. Mater. Chem.*, **21**, 7736-7741.

[137] Zhang, L., Lu, Z., Zhao, Q., Huang, J., Shen, H., and Zhang, Z. (2011). *Small*, **7**, 460-464.

[138] Kong, W. H., Sung, D. K., Kim, K. S., Jung, H. S., Gho, E. J., Yun, S. H., and Hahn, S. K. (2012) *Biomaterials*, **33**, 7556-7564.

[139] HaiQing, D., Zhao, Z., Wen, H., Li, Y., Guo, F., Shen, A., Pilger, F., Lin, C., and Shi, D. (2010) *Sci. China Chem.*, **53**, 2265-2271.

[140] Bao, H., Pan, Y., Ping, Y., Sahoo, N. G., Wu, T., Li, L., Li, J., and Gan, L. H. (2011) *Small*, **7**, 1569-1578.

[141] Rana, V. K., Choi, M.-C., Kong, J.-Y., Kim, G. Y., Kim, M. J., Kim, S.-H., Mishra, S., Singh, R. P., and Ha, C.-S. (2011) *Macromol. Mater. Eng.*, **296**, 131-140.

[142] Huang, P. (2011) *Theranostics*, **1**, 240-250.

[143] O'Connor, A. E., Gallagher, W. M., and Byrne, A. T. (2009) *Photochem. Photobiol.*, **85**, 1053-1074.

[144] Song, Y., Chen, Y., Feng, L., Ren, J., and Qu, X. (2011) *Chem. Commun.*, **47**, 4436-4438.

[145] Cornelissen, B., Able, S., Kersemans, V., Waghorn, P. A., Myhra, S., Jurkshat, K., Crossley, A., and Vallis, K. A. (2013) *Biomaterials*, **34**, 1146-1154.

[146] Liu, M., Zhao, H., Quan, X., Chen, S., and Fan, X. (2010) *Chem. Commun.*, **46**, 7909-7911.

第5章

酶和其他生物分子在石墨烯上的固定

Ioannis V. Pavlidis, Michaela Patila, Angeliki C. Polydera,
Dimitrios Gournis, Haralampos Stamatis

5.1 导　　论

纳米生物技术的目的是利用纳米技术促进生物技术目标的实现。这两项技术间的协同交互作用已以两种不同的方式产生了变革性的进步,包括应用生物体系和大分子(细胞、核酸、含酶蛋白质)制备纳米功能体系,以及发展生物纳米体系。纳米生物催化剂,是酶和纳米材料结合的典型例子[1]。

酶作为一类重要的生物大分子,是自然界化学和生物化学反应中的万能催化剂。它能实现和调节复杂的化学过程,这是所有生命体新陈代谢的基础。酶的这种优异的功能化特性,如高效性、化学性、专一性、结构立体性,正是多种生物技术过程高度期望的性能。这些技术过程包括:①天然和合成化合物的生物转化及高价值产品的合成;②医药、环境保护和生物修复等领域的分析与诊断。

经识别与表征,已确立了大量的可催化大批反应的酶,原则上它们都能作为生物催化剂使用。然而,普遍看法是酶和其他生物催化体系如催化抗体和全细胞,是敏感的、不稳定、必须在水中使用的;这些特征就催化剂而言在许多过程中是不理想、不受欢迎的。多数情况下,避免部分缺陷的方法至少实现了酶的固定[2]。使用固定的酶和其他生物分子代替全部或部分可溶制备具有许多优点,如增强的稳定性、可重复使用、混合物从反应中的简单分离、催化特性的可调节、对产物蛋白污染的阻碍,及生物反应器性能简单、便于设计[3]。

生物分子的固定是通过物理吸附或共价键结合这些不同类型的作用实现其向聚合基质内或载体材料上的固定[4]。可使用多种固定基板,包括纳米多孔物、纳米纤维、纳米颗粒及碳基纳米材料(CBN),得到的纳米复合材料具有大的活性表面积和理想的孔径尺寸,是目前许多领域基础研究和应用研究的热点材料。生物分子包括酶是纳米尺度的分子,这类材料具有高的比表面,故与传统基板比,能负载更多的生物催化剂。

纳米材料最独特的优点是可控制生物分子所处的纳米环境,进而具有生物功能性和稳定性[5,6]。作为生物分子的固定基板,纳米材料的独特性质协同其他优异性质比如导电性和磁性,为生物催化、分子成像、治疗、生物分子的传递及生物传感器、生物医疗设备的制造提供了激动人心的机会[1,7-9]。

目前,一类新的高比表面材料石墨烯,作为富勒烯、碳纳米管(CNT)和石墨的基本构造单元引起了人们广泛的关注。石墨烯是由二维蜂窝状石墨型碳组成的单层[10,11]。这类奇特的纳米结构具有高表面积、室温下优异的电子传导与迁移能力、超强的力学性能和柔韧性[12]。石墨烯及其氧化物GO的独特结构和性质,在复合纳米材料中具有潜在应用,包括固定生物大分子。

通过在这些碳材料表面接枝理想的官能团(如环氧基、羧基、羟基)实现化学功能化可得到特殊性能的纳米材料[13,14]。功能纳米材料的表面化学能影响其同生物分子的作用进而影响生物分子的结构和生物功能,为纳米技术和生物医药提供潜在应用。石墨烯纳米材料已被用为固定基板制备纳米生物催化体系或通过表面吸附药物作为药物传送工具。此外,石墨烯纳米材料已在分子成像、生物传感器和生物燃料电池的制备方面得到了应用。

本章将基于石墨烯基纳米材料在酶和其他生物分子的固定方面的最新进展及在生物催化、生物传感器、生物燃料电池、细胞内生物分子、传输等多领域的潜在应用加以介绍。

5.2 固定方法

尽管石墨表面能通过化学功能化接上任何官能团,生物大分子固定领域的多数研究都是以GO作为固定基质。主要是因为石墨制备GO的方法简单。固定方法大致分为三类:①物理吸附;②共价键连接;③亲和作用。这里将讨论蛋白质/酶的固定,这里表述的方法也能用于其他生物大分子的固定,比如DNA和抗体。

物理吸附法是生物大分子固定在石墨烯及其衍生物表面的简单方法,得到许多研究者的青睐[15-19]。多数情况下这种方法非常直接[18,20]:纳米材料分散(或沉积在电极表面),接着向分散液中加入一定量的酶;混合液孵化特定时间,而后制得生物传感器,过程中清洗去除结合不牢固的酶分子是关键之处。物理吸附主要归于疏水和静电作用,尽管其他因素如纳米材料的结构也起到了重要作用[14,21,22]。疏水作用能在石墨烯的疏水表面或其他疏水官能团与蛋白质表面的疏水区域作用[23]。另外，静电作用既存在于纳米材料的带电基团和生物分子间，也通过π—π堆叠存在于石墨烯衍生物的表面与蛋白质表面暴露的芳香型氨基酸之间。直到现在，没有确切的方法用来预测物理吸附中这些力的比额。Zhang和合作者[22]通过实验提出静电作用是非共价键固定的驱动力。在实验中用两种不同pI的酶：辣根过氧化酶（HRP）和溶解酵素，在不同pH下进行固定测试，发现有最高固定量的pH值和预测有更强静电作用的pH值一样。相反，Azamia和合作者[24]表明蛋白质在CNT上的吸附对蛋白质pI不敏感，因此这种情况下静电作用并非是主要因素。另外有意思的工作是GO和*r*GO固定效率的对比[15]，与作者最初的假设相反，*r*GO比GO具有更高的固定效率，虽然GO具有更丰富的化学基团。这也强调了静电作用不是主要作用的事实。此外，从圆二色谱（CD）中他们观察到固定在GO和*r*GO表面的酶结构发生了改变，疏水区域暴露于蛋白质表面[15]。为了提高固定效率，也研究了其他因素。GO表面固定的研究显示石墨烯层数没有显著的影响，所以完全剥离并不是有效固定的必要因素[16]。钙原子[25]或离子液体（IL）[26]修饰石墨烯可以在不影响石墨烯表面的情况下提高固定效率。然而，物理吸附平衡是蛋白质在纳米材料和溶液间的平衡，因此吸附的蛋白质易于逐步脱离[18,23]。令人惊奇的是，没有专门实验研究蛋白质漏出的动力学。

在纳米材料和蛋白质间的共价键固定能克服上述缺点，将产生越来越多的具有高的稳定性和抑制酶漏出的生物材料[27]。已报道多种方法用于在石墨烯衍生物表面通过共价键固定蛋白质和其他生物大分子。最普遍的两种方法是利用碳化二亚胺作为羧酸化材料（如GO和蛋白质）间的“桥分子”[23]，以及蛋白质的胺基和纳米材料表面通过戊二醛交联[20]（图5.1）。

碳化二亚胺类物质经常被使用，通常是1-乙基-(3-二甲基氨基丙基)碳酰二亚胺（EDC）和*N*-羟基丁二酰亚胺（NHS）或更疏水的*N*-羟基硫代琥珀酰亚胺（sulfo-NHS）。如图5.1所示，EDC攻击纳米材料的羧基形成不稳定的活性异脲酯，它能直接同蛋白质表面的自由胺基形成稳定的酰胺键。然而，水分子能破坏异脲酯，重新生成羧基，所以NHS或sulfo-NHS是制备半稳定胺活性酯的关键，之后它们能从蛋白质里被置换。这种方法已被成功用于固定多种生物分子，如核苷酸[28]、核糖核酸[29]、单链DNA（ssDNA）[30]、葡糖氧化酶[31]和牛血清白蛋白[32]。为了进一步提高这类方法的效率，发展了一些方法来增加GO表面羧基量的方法[29,30]。科研者介绍了在非功能化石墨烯上的固定，如利用多聚-l-赖氨酸氢溴酸盐固定HRP[33]，利用10-二萘嵌苯四羧酸固定ssDNA[34]，利用金纳米粒子和柠檬酸钠共价键固定GOD[35]，或更复杂使用1-芘丁酸琥珀酰亚胺酯固定葡萄糖氧化酶（GOD）[36]。其中，芘在石墨烯表面形成π—π堆积，而半稳定的NHS酯与酶交换形成共价键。

一种不常用的可选方法是利用纳米材料存在的自由胺基和蛋白质表面残余

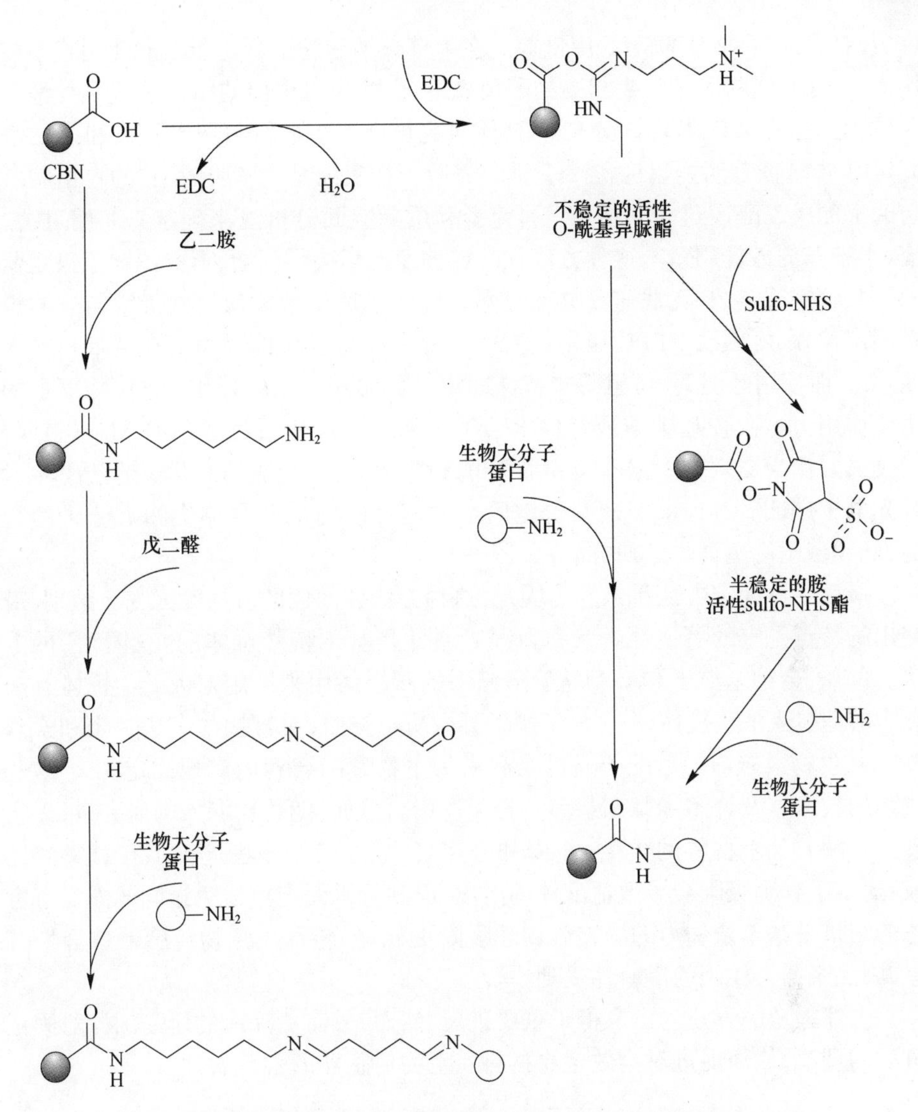

图5.1　共价键固定在羧酸化碳基纳米材料如GO上多种方法示意图。左边是戊二醛交联法，右边是广泛应用的EDC/NHS法

赖氨酸之间的交联实现共价键固定。为了提高石墨烯表面的胺基，研究者利用数种材料对石墨烯进行功能化。比如，为了提供自由胺基并同胆固醇氧化酶和胆固醇酯酶交联，使用牛血清白蛋白功能化石墨烯[37]。Zue和合作者[38]提出更成熟的方法，为了在纳米材料表面获得胺基自由基，他们首先通过EDC/NHS化合物使氨丙基-三乙氧基硅烷功能化的GO和Fe_3O_4纳米粒子以共价键相连，接着使用戊二醛共价键固定血红蛋白到硅烷衍生物上。

共价键固定的研究仍在关键处存在不足：①没有直接证据说明共价键的存在；②没有或缺少区分其中的物理吸附；③在固定过程中没有合理的最优化条

件,包括反应时间、交联剂的用量等。在单壁碳纳米管上固定蛋白质使用或不使用 EDC 这种偶联因子产生相当的酶负载量,由此可以得出的结论是这两种情况下的固定主要来自非共价键[24]。具体研究可在 GO 表面利用半胱胺和戊二醛固定 β-半乳糖苷酶加以证实[39]。半胱胺在 GO 表面是化学吸附,它的自由胺基与酶上的戊二醛通过交联结合。研究者利用响应面分析法来确定 GO、酶、戊二醛、半胱胺的最佳用量。这种方法在一定程度上解决了问题,但此课题组只是监测了共价键固定,却无法避免物理吸附。合理性地试着去比较共价键与非共价键固定步骤,可用己二胺功能化 GO,使得自由胺基以共价键固定在纳米材料表面[20]。而使用吐温 20 可阻碍非特殊固定,因为发现疏水作用是非特殊固定的主要作用力。在胺基碳纳米管($CNT-NH_2$)和胺基氧化石墨烯($GO-NH_2$)表面,以戊二醛作为交联剂固定不同 pI 的酯酶和脂酶,其中生成的的共价键已被 X 射线光电子谱证实。为了实现共价键固定的理性研究以及预测生物大分子的行为,此领域亟待更详尽的研究。

最后一种固定方法是亲和力固定,这种方法和前面的方法并无太多区别,最突出的特点是它的可逆性。亲和力固定通常是基于特殊抗体的“三明治”的方法。例如,金纳米粒子和 L-半胱氨酸修饰的石墨烯用来固定对人 IgG 抗体有亲和力的兔抗人 IgG 抗体[40]。为了制备凝血酶检测器,更直接的方法是亲和素修饰 GO,生物素修饰的适配子通过亲和素 - 生物素的亲和力实现固定[41]。这些成熟的技术涉及许多步骤和亲和力相互作用。然而,随着更深入的研究,可以实现固定酶和纳米材料的再生。Loo 和合作者[41]将三种方法进行了有意义的比较,揭示了物理吸附会导致适配体的溶出,而共价键固定可避免这问题。最有意思的结果是基于亲和力的固定比物理吸附更稳定,导致了生物传感器选择性变差,因此亲和力作用的准确性受到质疑。

上述提及的方法均已取得了重要进展,然而,急需更深入的研究加深对固定过程的理解,从而促进对高效生物材料和生物传感器的合理设计。

5.3 固定生物分子的应用

5.3.1 生物传感器

生物传感器可定义成将生物信号转换为可分析信号的精简分析器件。它由生物部件和主要将生物衍生信息转化为定量信息的物理元件组成[42,43]。生物传感器件包含高选择性和灵敏度的生物或生物衍生传感元件(如微生物细胞、细胞受体、酶、抗体、核酸等),紧密连接物理化学传感器,用于将受体和分析物之间生物识别过程翻译成可测量的信号[44]。产生的信号强度与分析物的浓度成正或反比例关系。虽然抗体和核酸被广泛应用,但到目前为止酶是生物传感器中是最常用的生物元件[45]。

根据不同的信号检测机理,可将生物传感器分为多种类型,包括谐振、光度、热检测、离子敏感型场效应晶体管及电化学传感器。电化学传感器通常被用于开发生物传感器[46],因为它具有再现性、低成本、设计简单和体积小的优点[47]。

生物传感器已经广泛用于生物医学和药品检测领域、环境监测中的毒性分析和食品质量监控领域。卫生保健是生物传感器应用的主要区域,如监测生物体液中的血糖、胆固醇及尿素水平。生物传感器在工业上能够通过葡萄糖和其他发酵终产物的浓度监测发酵液或食品加工过程。此外,可用于有毒化合物的灵敏性检测,如工业废水中的酚类化合物,这是环境监测领域的重要议题。

通过在导电基板上固定酶分子,研究者已研发出新的无媒介的基于直接电子转移的生物传感器。然而,酶的电活性中心通常深嵌到蛋白质分子大的三维结构中[48]。因此,多种固定基质尤其是纳米材料常被用于固定生物分子和优化电极表面酶氧化还原中心的电子转移。在这些材料中,碳基材料如高度有序介孔碳[49]、碳纳米纤维[50]和碳纳米管[51,52]已被用于固定氧化还原酶和在生物分析领域的电极设计[53]。最近发现石墨烯具有促进金属蛋白包括 GOD、细胞色素 c(cyt c)、肌红蛋白和 HRP[54-56]的电子转移能力。图 5.2 展示了玻碳电极(GCE)表面 GO 支撑的血红蛋白。

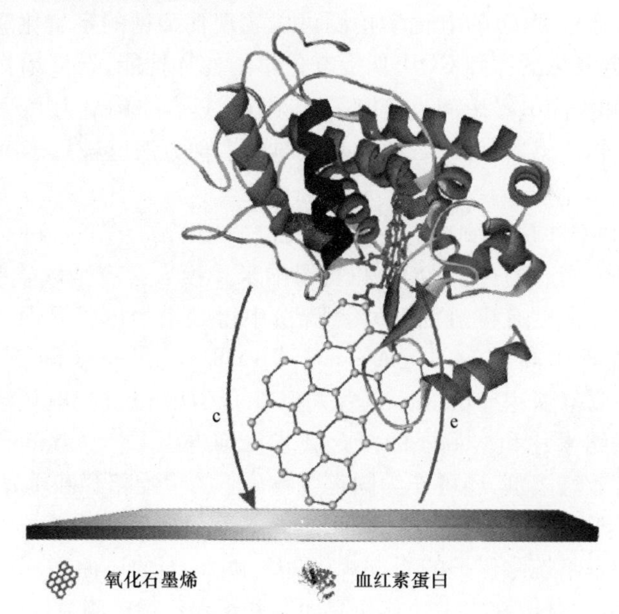

图 5.2 电极表面 GO 支撑的血红蛋白示意图
(经许可引自文献[54],版权©2010,美国化学学会)

由于具有大的表面积、独特的异构电子转移速率、优异的导电性、化学和电化学稳定性、良好的生物相容性,石墨烯及其衍生物已被制成数种类型的生物传感器用来检测不同类型的分析物,包括重要的电活性化合物,如乙醇、葡萄糖、硝酸盐、双氧水和一氧化氮[57-59]。多种有机溶剂如 N-甲基-2-吡咯烷酮、*N*,*N*-二甲基甲酰胺、离子液体、稳定剂(如聚合物全氟磺酸、磺化聚苯胺、聚(甲基丙烯酸甲酯)等聚合物)、壳聚糖、ssDNA,它们被用来避免团聚或促进蛋白质与电极之间的直接电子转移。多种氧化还原酶如 GOD、HRP、酪氨酸酶和其他蛋白质结合石墨烯可用来构造用于第三代电化学生物传感器的修饰电极。

5.3.1.1 葡糖氧化酶基生物传感器

在生物传感器领域使用最广泛的酶是 GOD。它催化 β-D-葡萄糖氧化为葡萄糖酸,此过程利用分子氧作为电子受体同时伴随着过氧化氢的产生。酶中的黄素腺嘌呤二核苷酸(FAD)被葡萄糖还原,得到还原型的酶($FADH_2$);黄素与游离氧的再氧化生成氧化形式的 FAD 酶。

$$\text{GOD(FAD)} + \beta\text{-D-葡萄糖} \longrightarrow \text{GOD}(\text{FADH}_2) + \text{葡萄糖酸内酯} \quad (5.1)$$

$$\text{GOD}(\text{FADH}_2) + O_2 \longrightarrow \text{GOD(FAD)} + H_2O_2 \quad (5.2)$$

在电极表面通过反应式 $H_2O_2 \longrightarrow 2H^+ + O_2 + 2e^-$ 可检测到式(5.2)产生的 H_2O_2。GOD 可以使用分子氧以外的其他氧化基板去氧化 β-D-葡萄糖,包括醌类和单电子受体。这种酶对葡萄糖具有高选择性,所以在葡萄糖的实时监测中受到极大重视。通过 H_2O_2 的电化学检测可以实现葡萄糖的定量化。基于石墨烯对 H_2O_2 的高电催化活性和 GOD 直接电化学的优异性能,石墨烯作为电极材料在 GOD 固定和提高电极表面直接电子转移方面具有应用潜力[53]。为了制备电化学葡萄糖生物传感器,应用石墨烯基材料的多种方法已被用于电极表面 GOD 的高效固定。

Lu 和合作者[60]应用剥离的石墨纳米片(直径 1μm,厚度 10nm)促进葡萄糖生物传感器的发展。通过将 GOD 和石墨纳米片投入含有全氟磺酸(Nafion)的水-异丙醇的高浓度有机溶剂(85% 酒精)中得到生物传感界面。由此产生的生物传感器表现出高达 $14.17\mu A \cdot mM^{-1} \cdot cm^{-2}$ 的灵敏度,葡萄糖检出限为 10μM,线性检测范围达到 6mM。也有人报道了 GOD 以直接电化学法固定在基于剥落的石墨纳米片和 Nafion 的复合膜是修饰电极[60,61]。Nafion 既可作为石墨纳米片的有效增溶剂,还可作为固定生物分子的生物相容基质。

Shan 和合作者[56]报道了第一个石墨烯基葡萄糖生物传感器。该生物传感器基于聚乙烯吡咯烷酮保护的石墨烯,对 O_2 和 H_2O_2 的还原表现出高的电催化活性,且能很好地分散在水中。该研究团队基于聚乙烯吡咯烷酮保护的石墨烯/聚乙烯亚胺(PEI)功能化的离子液体纳米复合材料构造了葡萄糖生物传感器,该复合材料可以促进固定的 GOD 和电极之间的直接电子转移。制备的传感器具有良好的稳定性和重复性,线性葡萄糖响应范围为 2~14mM。

Alwarappan 等[62]报道了通过共价酰胺键连接 GOD 到石墨烯纳米片上的固

定。共轭石墨烯 - GOD 固定在 GCE 表面,其中 GCE 表面经聚吡咯(PPy)修饰在电极表面形成了促进石墨烯 - GOD 封装的稳定基体(图 5.3)。开发的整个电极用于葡萄糖检测,具有良好的灵敏度和稳定性(存储三周后响应仅降低 15%)。

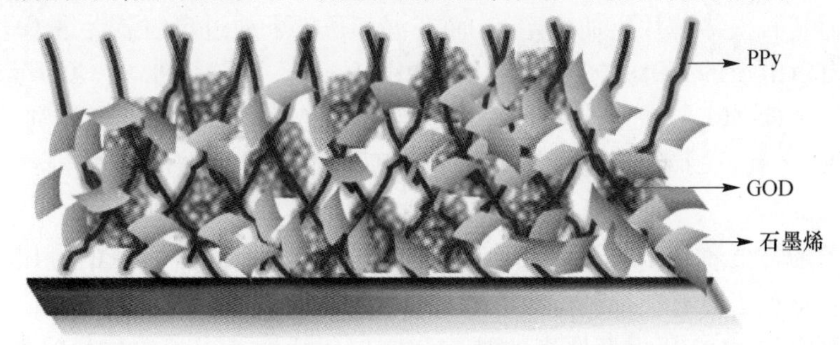

图 5.3　石墨烯 - GOD 被多孔聚吡咯基质包裹示意图
(经许可引自文献[62],版权©2010,美国化学学会)

Wang 等[63]提出了利用电化学吸附了 *r*GO 的 GCE 表面,经 GOD 改性作为生物传感器来检测葡萄糖。以共价键通过接枝 *N*-丙烯酰氧基琥珀酰亚胺产生的聚合物对酶进行了固定。酶与电极之间实现了直接电子转移,同时电极上 GOD 的活性也得到了保持。

Kang 及合作者[64]证明了石墨烯 - 壳聚糖改性的电极上 GOD 的直接电子转移反应。借助天然的生物相容性的高分子壳聚糖,石墨烯能够很好地分散在水中的特性为蛋白质或酶提供良好的生物相容的微环境。GOD - 石墨烯 - 壳聚糖纳米复合膜可用于葡萄糖的灵敏检测,具有高灵敏度、宽线性范围和低检出限。

Wu 及合作者[65]基于结合 GOD 的石墨烯片展示了用于葡萄糖检测的高效的生物传感系统。其中,石墨烯通过超声法直接分散在水中,合成的 GOD - 石墨烯复合物具有优异的氧还原(ORR)的电催化活性。响应显示线范围为 0.1 ~ 10mM,灵敏度为 $110\mu A \cdot mM^{-1} \cdot cm^{-2}$,检出限为 10μM。使用 GOD-石墨烯/GCE 测得的人体血清中葡萄糖浓度值与商业检测器得到的数据高度一致。

离子液体已广泛用作生物传感器中提高修饰电极性能的粘结剂。由于电化学稳定性和生物相容性,离子液体作为 CBN(如 CNT 和石墨烯纳米片)高效增溶剂,在各种分析物的检测中具有增强的灵敏信号。含有 IL(1-乙基-3-甲基乙基硫酸)和 GO 纳米片的复合物在室温下具有提高电化学和 GOD 的电催化活性的能力[66]。将得到的修饰 GCE 电极作为生物传感器检测葡萄糖,线性范围为 2.5 ~45nM,检出限为 0.175nM。两个月后酶电极保持原始响应的 95%。类似可通过超声法制备化学法修饰的石墨烯和离子液体 1-丁基-3-甲基咪唑六氟磷酸盐纳米复合物用于修饰电极[67]。构造的电极可被用作选择性葡萄糖生物传感器,该传感器响应时间短(小于 5s),灵敏度为 $0.64\mu A \cdot mM^{-1}$,检出限为0.376mM。

聚合物IL功能化石墨烯,聚(1-乙烯基-3-丁基溴)-石墨烯(聚($ViBuIm^+B^-$)-G)已被合成用作制备测定葡萄糖的酶电极[58]。在水溶液中聚合物IL提供正电荷使石墨烯薄片更加稳定,从而在温和条件下通过自组装促进GOD的固定。带有负电荷的GOD被固定在(聚($ViBuIm^+B^-$)-G)上形成GOD/(聚($ViBuIm^+B^-$)-G)/GCE。固定的GOD在电极上具有直接快速的电子转移,并在葡萄糖电催化氧化过程中表现良好,具有高灵敏性和较宽的葡萄糖线性范围(0.8~20mM)。

石墨烯与金属纳米粒子的结合在蛋白质电化学中具有潜在的应用。Wang及合作者报道了以石墨烯-CdS纳米复合物作为新的GOD固定基质[68]。修饰电极上固定的GOD仍保持原有的结构和电催化活性。得到的葡萄糖生物传感器具有2~16mM令人满意的分析性能,检出限为0.7mM。

Zeng及合作者[69]提出使用钯纳米粒子/壳聚糖接枝的石墨烯纳米复合物构造葡萄糖生物传感器。由此形成的生物传感器可高负载GOD,具有良好的针对H_2O_2电催化活性。

Xu等[70]提出了基于NiO纳米粒子和TiO_2-石墨烯进行GOD直接电化学测试的平台。通过层接层组装法构建了GOD基的无媒介葡萄糖生物传感器。该传感器对葡萄糖可进行准确和灵敏的检测,测试范围为1~12mM,检出限低至1.2×10^{-6}M,灵敏度高达4.129μA·mM^{-1}。

Yang等[71]介绍了无需任何还原剂辅助的*r*GO和金钯1∶1的双金属纳米颗粒的新颖复合物。该纳米复合物具有良好的生物相容性、快速的电子转移动力学、大的电活性表面积、高灵敏度和对氧还原反应稳定的特点。基于GOD制备的葡萄糖生物传感器检出限为6.9μM,线性检测极限范围达3.5mM,灵敏度为266.6μA·mM^{-1}·cm^{-2}。

GOD通过共价键成功地连接到功能化石墨烯-金纳米粒子复合物的表面[35]。无需任何支撑膜和电子转移媒介实现了GOD和复合电极间直接可逆的电子转移。该葡萄糖生物传感器模型已成功用于确定人体血清样品中的血糖浓度。

*r*GO/PAMAM(聚(酰胺基胺))聚合物-银纳米颗粒复合物作为新型的GOD固定基体,具有优异的直接电子转移特性[72]。利用这类纳米复合物修饰的GOD电极构造了葡萄糖生物传感器,显示出令人满意的分析性能,其具有宽线性范围(0.032~1.89mM)、高灵敏度(75.72μA·mM^{-1}·cm^{-2})和低检测限(4.5μM)的特点。此外,抗坏血酸和尿酸的界面,通常与血液样品中的葡萄糖共存,对生物传感器的干扰可以忽略不计。

Razmi和Mohammad-Rezaei介绍了将石墨烯量子点(GQD,小于100nm的石墨烯片)涂在碳化陶瓷电极表面作为GOD固定的新型基体以制备葡萄糖生物传感器[73]。制得的生物传感器可在5~1270μM浓度范围内对葡萄糖高效响应,其检出限为1.73μM,灵敏度为0.085$\mu A \cdot mM^{-1} \cdot cm^{-2}$。该生物传感器已作为灵敏型第三代电流电压式葡萄糖生物传感器用于检测人类血清样品,并取得了令人满意的结果。电极的多孔性、GOD的高比表面积以及GOD与酶间的强相互作用使得该生物传感器具备了良好的性能。

石墨烯基的电流型葡萄糖生物传感器是通过共价键将GOD固定到石墨烯功能化的GCE上发展而来的[74]。在此工作中,3-氨丙基三乙氧基硅烷用来分散石墨烯,同时也是石墨烯与GCE的胺化表面修饰剂。研发的此生物传感器已被用于糖尿病病理生理学检测血糖(范围0.5~32mM)。

Unnikrishnan等[75]提出了一种不使用任何交联剂或修饰剂直接固定GOD在*r*GO表面的方法。先通过液相法得到剥离型GO,接着使用电化学还原法得到*r*GO-GOD生物复合物。制得的生物传感器在0.1~27mM线性范围内具有高的葡萄糖催化活性,灵敏度为1.85$\mu A \cdot mM^{-1} \cdot cm^{-2}$。

5.3.1.2 辣根过氧化物酶基生物传感器

辣根过氧化物酶(HRP)是重要的含血红素的蛋白质,由于该酶对过氧化氢检测的直接电化学行为特点,因此被广泛用于制备电流型生物传感器。然而,HRP氧化还原中心由于包埋在酶的3D结构中致使其直接电子转移相当困难[48]。开展的一些工作已增强了电子从酶的氧化还原中心向电极的直接转移,提高了固定HRP的电极的灵敏性。石墨烯基材料由于多功能化、电化学和电学性能,使其在HRP固定方面引起了广泛的关注。

数个课题组已使用石墨烯修饰的电极制备了H_2O_2生物传感器[76]。Sun等报道了以石墨烯与双链DNA的复合材料在碳IL电极表面固定HRP。制备的HRP修饰的电极在1.0~21.0mM的浓度范围内对三氯乙酸的还原表现出优良的电催化活性,具有0.133mM的检测限。

Zhou等[77]描述了基于聚合物壳聚糖上共固定石墨烯和HRP而构建的H_2O_2检测的生物相容型生物传感器。先用生物复合材料修饰GCE,然后在其表面电沉积Au纳米微粒。加入H_2O_2后,生物传感器表现出高度的灵敏性和快速的响应性。H_2O_2的线性范围是0.005~5.13mM,检测限为1.7μM。

利用单层石墨烯纳米片-酶复合膜构建了直接电化学型H_2O_2生物传感器[78]。HRP被选为分析的模型材料。该复合膜提高了酶与电极表面之间的直接电子转移,使得第三代生物传感器具有良好的性能,如快速响应和高灵敏度。

Zhang等[79]研究了固定在GO-Nafion纳米复合膜上的HRP的直接电子转移及其作为一种新的生物传感器的应用。石墨烯基聚合物复合物为HRP的直接电子传递提供了良好的微环境,这使得它对H_2O_2和O_2的传感具有高灵敏度。

HRP在电化学*r*GO或部分*r*GO表面的固定也经证实[80-82]。电化学法

*r*GO-HRP 修饰的丝网印刷的碳电极在检测线性范围为 9 ~ 195μM 内具有电流测定 H_2O_2 的良好的电分析性能。此外，固定了 HRP 的部分 *r*GO 修饰的 GCE 能促进酶和电极之间的电子转移。修饰后的电极具有良好的稳定性、可重用性和分解 H_2O_2、苯酚及对氯酚的高催化活性，并且可作为酶基电流传感器在实际中应用到水中酚类污染物的检测。

5.3.1.3 酪氨酸酶基生物传感器

酪氨酸酶为含双核铜中心的儿茶酚氧化酶，在氧气存在的条件下，它可以作为电子受体催化单酚氧化成邻二苯酚，并进一步转换为邻醌。基于对分子中酪氨酸酶活性的抑制，酪氨酸酶基生物传感器已被用于多种污染物的测定。在新型电化学酪氨酸酶生物传感器中，数个课题组已使用石墨烯作为 GCE 和石墨电极的修饰材料开展了研究。基于酪氨酸酶固定铂纳米颗粒和使用石墨烯修饰的 GCE，已制备用于检测有机磷农药的电流型的生物传感器[83]。球磨石墨制备亲水纳米石墨烯，接着用作基板构建了测定双酚的酪氨酸酶基生物传感器[84]。纳米石墨烯基酪氨酸酶生物传感器在线性范围从 100nM 到 2μM 具有高性能，其灵敏度为 $3.1Acm^{-2} \cdot M^{-1}$。

5.3.1.4 细胞色素 *c* 基生物传感器

细胞色素 *c*(cyt *c*)是在线粒体内外膜之间发现的血红素蛋白。在不同石墨烯基的电极表面进行了 cyt *c* 的直接电化学的研究[54,85]。

Hua 等[17]报道了通过共价键修饰的硫化石墨烯纳米片中蛋白质的组装，实现了在受限环境中 cyt *c* 催化性能和电化学性能的极大提高。

Wu 等[86]研究了壳聚糖分散的石墨烯纳米片修饰的 GCE 上 cyt *c* 的直接电子转移。固定在电极表面的 cyt *c* 保持了它的生物活性，对 NO 的还原表现出类似酶的活性。

Chen 和 Zhao[87]报道了聚合 IL 修饰的石墨烯纳米复合物的制备，并用石墨电极的表面修饰剂。此电极用于固定 cyt *c* 以构建石墨烯基电化学生物传感器。

5.3.1.5 其他蛋白质/酶生物传感器

石墨烯纳米复合材料不仅在前面介绍的 GOD、HRP 和酪氨酸酶生物传感器起作用，在多种蛋白质和酶的其他类型的生物传感器中同样起作用，例如血红蛋白和肌红蛋白对硝酸盐、亚硝酸盐、过氧化氢等检测，乙酰胆碱酯酶对有机磷农药的检测和乙醇脱氢酶对 β-烟酰胺腺嘌呤二核苷酸(NADH)的检测。此外，基于多种酶共固在石墨烯纳米复合材料上得到的多种生物传感器已经用于研究人类血小板中胆固醇、麦芽糖或生长因子蛋白的检测。表 5.1 展示了几个选定的由石墨烯纳米复合材料与多种蛋白质和酶结合设计的生物传感器。

表5.1 多种蛋白质和酶的石墨烯基生物传感器

蛋白质/酶	使用的石墨烯基材料	检测的成分	参考文献
血红蛋白	石墨烯-聚(二烯丙基二甲基铵氯化物)	硝酸盐	[88]
	石墨烯-壳聚糖	H_2O_2	[89]
	石墨烯-TiO_2	三氯乙酸	[90]
	石墨-Pt	H_2O_2	[91]
肌红蛋白	石墨烯-CTAB(十六烷基甲基溴化铵)-IL	H_2O_2	[92]
乙醇脱氢酶	石墨烯-IL	NADH	[93]
乙酰胆碱酯酶	石墨烯-IL	有机磷农药	[94]
胆固醇氧化酶/胆固醇酯酶	功能化石墨烯	胆固醇,H_2O_2	[37]
GOD/葡萄糖淀粉酶	石墨烯-Pt	胆固醇,H_2O_2	[95]
	修饰的石墨烯片	麦芽糖	[96]

5.3.1.6 DNA传感器

在许多如临床诊断治疗学、病理学、犯罪学、遗传药理学、食品安全等领域对DNA的敏感性、选择性和成本效益的分析是很重要的。基于石墨烯和DNA分子间的组装,构建了几种用于高性能DNA生物传感的电化学传感界面。结果表明,多种染料标记或荧光团标记的ssDNA或hpDNA(发卡式DNA)用作DNA传感的探针,可以稳定吸附或共价结合在石墨烯基材料上[97-101]。图5.4显示了用于DNA和蛋白质检测的石墨烯平台的示意图。

Lin等[102]报道了基于石墨烯和ssDNA探针之间由π—π堆积作用构成简单石墨烯传感平台上,从而制备了电化学DNA传感器。基于石墨烯靶向DNA与共轭DNA金纳米粒子之间的“三明治”组装而成的生物传感器,对于特定的DNA序列分析具有高灵敏度和选择性。由Bonanni和Pumera提出通过物理吸附将hp-DNA探针固定在由不同层数相同尺寸的石墨烯片构成的石墨烯平台上[100]。

Dubuisson等[103]比较了π—π堆积的物理吸附或者共价吸附固定DNA探针到阳极氧化外延的石墨烯平面的结果,发现共价结合DNA比物理吸附提供了更敏感的响应和更宽的检测范围。

对于共价结合,DNA探针连接到羧基功能化的石墨烯平面或者是被多种分子修饰的石墨烯表面[104]。Bo等人报道了通过GO与聚苯胺纳米线层接层整合制备了DNA检测用生物传感器[105]。寡核苷酸(ssDNA)探针是由聚苯胺的胺基和ssDNA的磷酸基团形成磷酸酯键进行固定的。Sun等[106]证实了羧基功能化GO(GO-COOH)的发展和电聚合多聚赖氨酸修饰的GCE用于DNA的电化学传感。在这种情况下,胺改性的ssDNA探针序列通过共价交联形成酰胺键固定在电极表面。

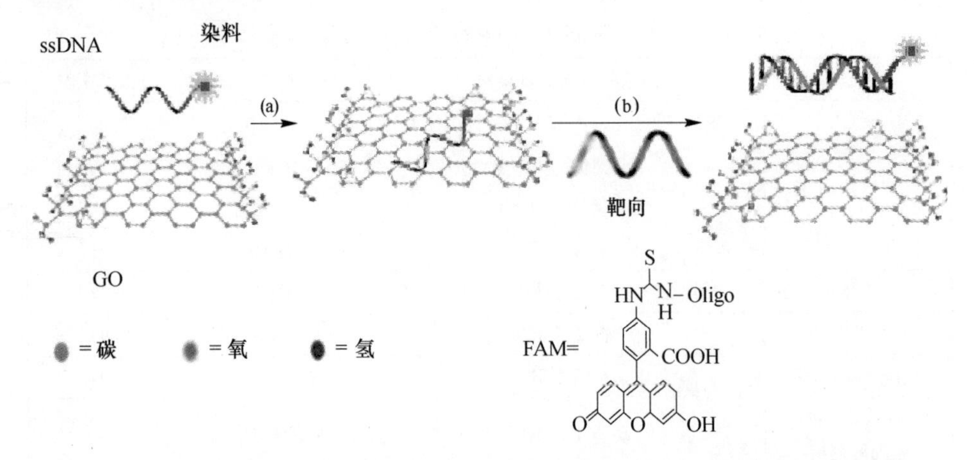

图5.4 染料标记的ssDNA-GO复合物靶向诱导荧光变化示意图,FAM(荧光素酰胺)是一种荧光标记用染料。(a)染料标记的ssDNA固定在GO上,这种交互作用彻底淬灭了染料的荧光性;(b)靶向分子同染料标记的ssDNA作用,阻碍其同GO的作用,因此荧光性复原(经许可引自文献[97],版权©2009,Wiley-VCH出版公司)

Hu等[34]证实了基于苝四羧酸修饰的GO片共价接枝ssDNA,进而构造了石墨烯检测平台。同一课题组也构造了DNA阻抗传感平台,其间带正电荷的苝酰亚胺衍生物(PDI)被固定在石墨烯片上[107]。在这个平台中,PDI带正电荷的咪唑环与ssDNA探针带负电荷的磷酸骨架之间的静电相互作用有利于后者的固定。ssDNA接枝在PDI/石墨烯上,占据磷酸骨架,余留碱基可以进行高效的杂化。因为石墨烯电极不需要提前活化,因此静电接枝比共价接枝更容易。

Bonanni等[30]证实将ssDNA与化学修饰的石墨烯共价连接的策略,并通过采用阻抗滴定法检测DNA杂化和DNA的多态性。胺基修饰的DNA探针用于与碳化二亚胺修饰的石墨烯表面的羧基基团形成酰胺键。采用电化学*r*GO时可得到最佳的灵敏度和重现性。在这个平台上,由于表面羧基基团可用性高而使得大量DNA探针被固定。

5.3.1.7 免疫传感器和适体传感器

石墨烯平台已成为临床诊断、环境评价和食品分析的主要分析工具,其开发高灵敏度和高选择性免疫分析器件激起了科研者持久的兴趣[99,108,109]。基于采用的传感方法不同,这些免疫分析可以分为两大类:①免疫传感器,其目标物(抗原)与固定在电极表面的抗体特异性结合;②适体传感器,其目标分子特异性地与固定在电极表面上适配子(人造功能化DNA或RNA)结合。

石墨烯基免疫传感器和适体传感器已被用于检测多种靶分子,包括蛋白质、核酸多肽、氨基酸、细胞、病毒和小分子[110]。表5.2总结了多种石墨烯基免疫传感器和适体传感器的应用,而图5.5显示了GO基免疫传感体系。

表5.2 石墨烯基免疫传感器和适体传感器

石墨烯基材料	检测的化合物	参考文献
免疫传感器		
石墨烯 - 壳聚糖	微囊藻素	[111]
GO	轮状病毒	[109]
石墨烯片	α-胎蛋白	[112]
金 NP - 石墨烯	人类 IgG	[113]
功能化石墨烯	癌症标志物	[114,115]
*r*GO	老鼠 IgG	[116]
初始银增强 GO	血小板源生长因子 BB	[117]
金纳米离子 - 石墨烯与半胱氨酸交联	IgG(免疫球蛋白)	[40]
纳米多孔金箔 - 石墨烯纳米片	血绒毛膜促性腺激素	[118]
生物功能化的磁性石墨烯纳米片	前列腺特异抗原	[119]
适配子传感器		
胶体石墨烯	微囊藻素-LR	[120]
多标记 *r*GO 片	血小板生长因子	[121]
金纳米离子 - 石墨烯	L-组氨酸	[122]
石墨烯	ATP	[123]

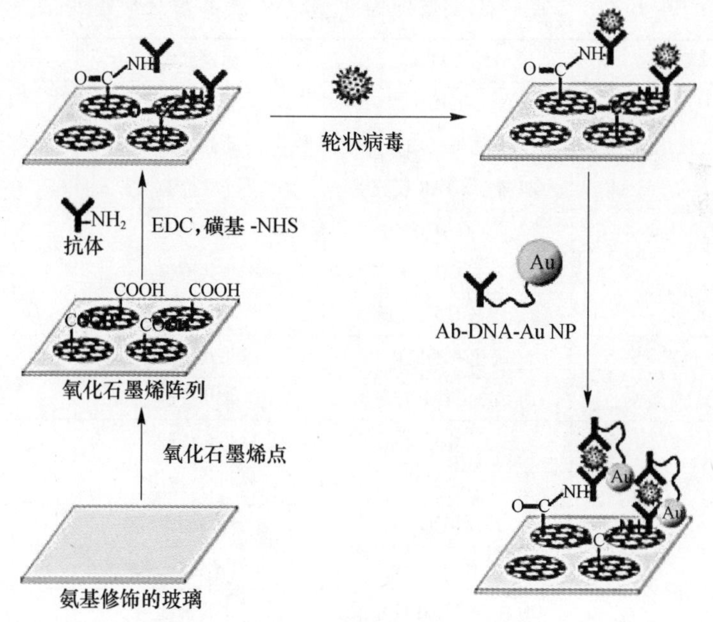

图5.5 基于GO免疫传感器示意图
(经许可引自文献[109],版权©2010,Wiley-VCH 出版公司)

5.3.2 生物催化

纳米生物催化剂是指利用共价键和物理吸附的传统方法将酶固定到纳米材料上发展的新的纳米生物催化体系，它是一个快速发展的研究领域[1]。理想的固定基板应该抑制酶的聚集或变性，同时保持酶的天然结构[18]。纳米材料作为固定基板的应用已被广泛报道[20,124-126]。为此目的开发的多种纳米材料中，石墨烯及GO衍生物作为固定基板由于其力学、热和电学性能使其引起了广泛的关注。它们独特的表面性质，比如大的比表面和层状结构，以及易于功能化的特性使其适于多种方法固定酶。

多种酶已成功固定到石墨烯和GO衍生物上，并用于研究它们的催化性能[19,127]。此外展示了一些研究工作，另外有意义的研究在表5.3中列出。我们课题组在先前的工作中已经报道了在胺基功能化的GO上固定脂酶和酯酶[20]。通过物理吸附和共价结合可以将酶固定在纳米材料表面。固定酶的催化活性是通过辛酸与正丁醇的酯化加以确定的，多数情况下其活性远高于游离酶。相比于物理吸附的酶，共价固定的酶具有相当甚至更高的催化活性及更高的操作稳定性。傅里叶变换红外光谱（FT-IR）分析表明，所有的水解酶在功能化GO表面固定后会发生一些结构变化，这可能与酶和纳米材料间的特定作用有关。

表5.3 生物催化领域固定酶的石墨烯及其衍生物

酶	纳米材料	固定方式	参考文献
辣根过氧化酶	GO，*r*GO	非共价键	[15，18]
	石墨烯/SDBS	非共价键	[128]
	GO掺杂CTAB反胶束	非共价键	[127]
草酸氧化酶	GO，*r*GO	非共价键	[15]
葡萄糖氧化酶	GO	非共价键	[129]
	GO	共价键	[130]
细胞色素*c*	磺化石墨烯片	非共价键	[17]
大豆过氧化物酶	GO掺杂CTAB反胶束	非共价键	[127]
虫漆酶	GO	非共价键	[19]
碱性蛋白酶	GO	共价键	[131]
酯酶	胺-GO	非共价和共价键	[20]
脂肪酶	胺-GO	非共价和共价键	[20]
	GO掺杂CTAB反胶束	非共价键	[127]

Hua等[17]研究了在磺化石墨烯纳米片上固定cyt *c*后的催化和电化学性能。根据邻苯二胺的氧化测定固定cyt *c*后过氧化物酶的活性，几乎比游离cyt *c*

高出8倍。固定cyt *c*的V_{max}比游离蛋白质高出5倍，而米氏常数（Michaelis-Menten constant，K_m）比天然cyt *c*低了7.5倍，表明功能化GO和cyt *c*之间的静电相互作用可能导致部分血红素附近结构的改变从而产生更高的催化活性。通过CD测试检测这些结构变化，发现cyt *c*固定在磺化GO上后，α螺旋含量的特征带发生了改变。

Zhang等[15]报道了在*r*GO上固定HRP和草酸氧化酶（OxOx）。这两种酶都是通过物理吸附固定在*r*GO表面，并与GO－酶轭合物进行了比较，研究了它们的催化性质。固定OxOx时，催化剂的活性高于游离酶，循环10圈后仍保留了90%的活性。此外，*r*GO－酶的轭合物比GO－酶有更高的酶活性和稳定性，表明酶在石墨烯表面的吸附由疏水作用而不是静电作用控制，进而产生更好的催化特性。

Su等[131]证实了GO－碱性蛋白酶生物复合材料的性能。碱性蛋白酶使用戊二醛作交联剂以共价键固定在GO上。相比于游离酶，碱性蛋白酶的最佳pH值朝碱性移动了一个单位，表明固定过程或固定基板使酶的微环境发生了变化。固定的酶的热稳定性和可重复性得到了显著提高，储存20天后，活性保留了约90%的初始值，而游离碱性蛋白酶保留了75%，揭示了GO是极具前景的固定酶的基质。

β-半乳糖苷酶以共价键固定在功能化石墨烯表面也被报道[39]。固定酶的热稳定性显著高于游离酶溶液。固定的β-半乳糖苷酶在6℃孵化10min后，催化活性不变，而游离酶在相同温度下孵化4min后就丧失了64%的初始活性。游离酶的K_m值由邻硝基苯基-β-D-吡喃半乳糖苷计算为1.73mM，乳糖计算为10mM，而固定酶的K_m值分别变为1.28mM和5.78mM。乳清和牛奶乳糖的酶解率分别为$0.0413h^{-1}$和$0.0238h^{-1}$。在4°C下存储4个月后固定酶的存储稳定性超过94%。功能化石墨烯－酶的轭合物具有很好的重用性，反复使用10个循环后酶活性仍能保持92%以上。

Zhang等报道了GO上固定HRP用于去除酚类化合物[18]。HRP的固定主要通过静电作用的物理吸附实现。在50℃孵化2h后，固定酶具有约50%的保留活性，而游离酶溶液仅表现出20%的剩余活性。此外，HRP固定酶的存储稳定性远远高于天然酶（4.6倍）。固定酶去除酚类化合物的催化效率与游离酶溶液相当甚至在某些情况下更高。

在功能化GO上固定胰蛋白酶已被用于蛋白质的酶解及消化[132,133]。由氨基-Fe_3O_4纳米粒子修饰的GO被用作固定胰蛋白酶的基板[134]。胰蛋白酶的固定是通过π—π堆积和氢键作用实现的，固定能力为每毫克纳米材料固定0.275mg酶。由于这种纳米材料是种优异的辐照吸收器，固定酶反应器能够有效地在15s内消化标准蛋白质，而在传统的溶液内可能需要12h时。在牛血清白蛋白、肌红蛋白的消化过程中，没有观察到肽残基，该结果与GO的高亲水性有关。这种生物反应器利用5min消化了从鼠肝中提取的蛋白质。共有456个蛋白质基团被识别,其结果与溶液中消化12h相当,这表明发展的生物反应器在蛋白质组研究方面具有很大的潜力。另一课题组使用多聚赖氨酸和聚乙二醇二甘醇酸(聚乙二醇)修饰的GO固定胰蛋白酶,而后利用生物催化剂作为蛋白质消化反应器[135]。通过基质辅助激光解析电离飞行时间质谱(MALDI-TOF-MS)分析得出固定胰蛋白酶的微波辅助靶上酶解效率很高,数百个样本可以在很短的时间内(约15s)消化,表明酶-GO轭合物在蛋白质消化和肽图中具有应用前景。

5.3.3 生物燃料电池

酶基生物燃料电池(EBFC)是包含酶催化借助电化学反应将化学能直接转化为电能的装置[136,137]。EBFC利用生物质得到的能量载体(如葡萄糖、果糖、乙醇和油脂等)产生电流。多种氧化还原酶(如葡糖氧化酶、乙醇脱氢酶)在生物电池的负极发生氧化反应,产生质子和电子。在电池正极,氧化酶(如虫漆酶或胆红素氧化酶)利用这些电子和质子催化氧化剂(通常是O_2)反应而生成水。EBFC主要应用在电子医疗器件(如心脏起搏器、微型药物泵、脑起搏器)用可植入式体内电源和为小型便携式用电设备供电的体外电源这两个领域[1,138,139]。

然而,EBFC存在寿命短和功率密度低的缺点。导电的碳基纳米材料(如碳纳米管和石墨烯),可为吸附或共价连接固定其上的酶提供直接电子转移[138,140,141]。目前所用的碳基纳米材料中,石墨烯具有丰富的不同于其他碳材料的表面化学,其优异的导电性约是单壁碳纳米管(SWNT)的60倍[142,143]。此外,室温下石墨烯极大表面的电子可在层间弹道移动无任何碰撞,迁移率高达$10000cm^2 \cdot V^{-1} \cdot s^{-1}$[11,144]。石墨烯的优异性能在发展石墨烯基电子器件包括生物燃料电池领域激发了研究者的极大兴趣[145,146]。

Liu等报道了利用石墨烯片制备无膜生物燃料电池[147](图5.6)。负极由金电极组成,其上用二氧化硅溶胶-凝胶基质共固定来自黑曲霉修饰的石墨烯-GOD。正极用相似的方法制得,除了使用的酶是来自疣孢漆斑菌的胆红素过氧化酶。这种寿命为7天的石墨烯基酶生物燃料电池的功率密度最大为$24\mu W \cdot cm^{-2}$,大约是SWNT基酶生物燃料电池的两倍。

该课题组也制备了类似的酶固定在石墨烯片上的酶葡萄糖/氧气生物燃料电池[145]。该生物燃料电池使用由特定的石墨烯-酶共轭体修饰的金片做电极。生物负极利用电致聚吡咯膜通过共固定GOD和石墨烯制得。生物正极用胆红素氧化酶作为生物催化剂利用相同的步骤制得。这些电极的电化学活性优于用溶胶-凝胶固定得到的电极。

Wang等[146]将石墨烯作为隔层在电极上组装电化学功能化测试了纳米结构的性能(图5.7)。通过使用石墨烯作为隔片,石墨烯/亚甲基绿(MG)和石墨烯/多壁碳纳米管(MWCNT)的多层纳米结构通过石墨烯和电化学有效成分间的静电作用和(或)π—π 作用层接层负载于电极上。

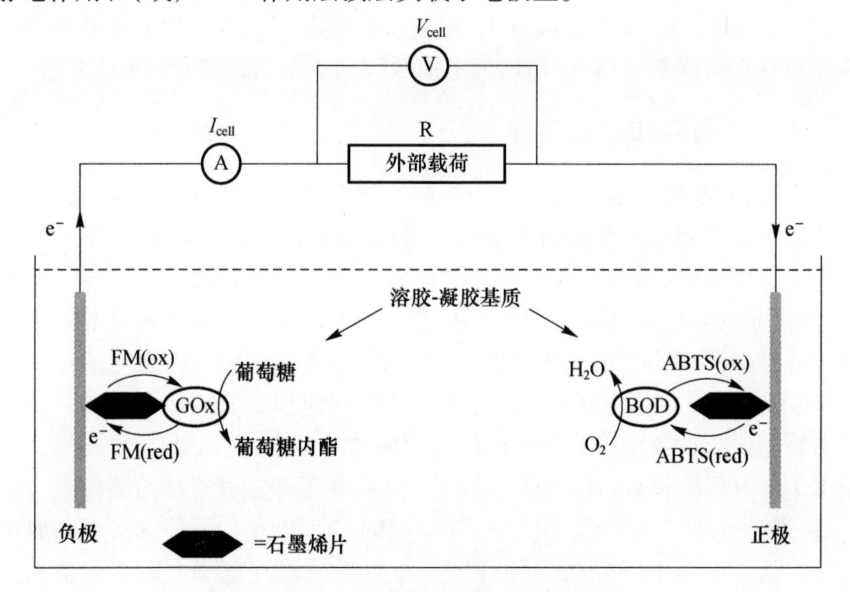

图5.6 石墨烯基无膜 EBFC 的示意图
(经许可引自文献[147],版权©2010,Elsevier B. V.)

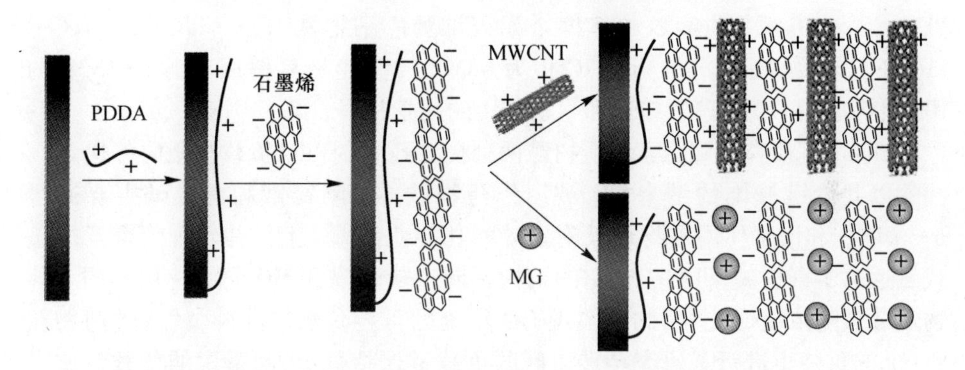

图5.7 以石墨烯作为隔片的电化学功能化电极的可控制备示意图。PDDA:聚二甲基二烯丙基氯化铵(经许可引自文献[146],版权©2011,美国化学学会)

由葡萄糖脱氢酶基与石墨烯/MWCNT 在 GCE 上组装的生物负极和虫漆酶基生物正极组成了葡萄糖/氧气生物燃料电池。在含有 10mM NAD^+ 和 30mM 葡萄糖的 10mM 磷酸盐缓冲溶液中(pH = 6.0),该电池开路电压为 0.69V,在电压为 0.48V 时的最大功率密度为 22.50μW · cm^2。组装纳米结构的电化学和电催化性质表明,石墨烯基纳米结构可作为分子生物电子装置(如生物传感器和生物电池)的电子传感器。

在生物燃料电池中,酵母菌表面的氧化还原酶体系具有一定优势。例如,酶失活后在表面具有再生能力,利用酵母的新陈代谢及酶实现燃料的完全氧化,复杂燃料不需要跨膜进行降解[148-150]。包覆的活菌(如酿酒酵母)在电化学活性GO水凝胶中出现GOD已被报道[151]。在这种情况下,GO可以使酶活性点与电极表面建立直接联系,这对生物燃料电池系统的应用而言非常重要[151]。

5.3.4 药物和基因传递

近年来,石墨烯基纳米材料由于在生物医学领域(如细胞成像、光热治疗、生物传感器基疾病标记和药物及基因传递)的应用潜力而引起人们的关注。GO相比其他载体,在药物和基因传递上也有很多优势,如它表面上的大量含氧基团为生物应用提供定向功能化。由于GO表面含氧基团的亲水性使其具有生物相容性。此外,GO的生产也很简单和廉价。石墨烯平面的离域π电子可以通过π—π堆积与芳香族药物分子连接起来。目标配体和石墨烯衍生物的共轭连接可以对特定类型的细胞进行选择性的药物输送。自2008年以来,已报道了许多关于GO作为药物和基因传递载体的研究并取得了非常有意思的结果[152-156]。

Liu和合作者[157]首次使用PEG功能化的GO(PEG-GO)作为抗癌药物的纳米载体。这项工作中,SN38,一种喜树碱衍生物通过范德华力以非共价固定在PEG-GO上。SN38是由喜树碱水解得到的非水溶性的拓扑异构酶I抑制剂。SN38与PEG-GO相接后,它的溶解度增加至$1mg \cdot mL^{-1}$。细胞增殖分析表明,PEG-GO-SN38可提供高效的体外杀死人结肠癌细胞株HCT—116。对HTC—116细胞来说,当固定的药物IC50为6nM时,性能是喜树碱和游离SN38的1000倍,表明GO是药物输送和生物应用的前景材料。

Zhang等研究了阿霉素和喜树碱两种抗癌药物的可控负载和靶向传递[158]。叶酸以共价键修饰的纳米GO被用作药物载体。阿霉素和喜树碱主要通过π—π堆积和憎水作用被物理吸附在叶酸功能化的GO上。并发现阿霉素的负载量远高于喜树碱,可归于它们的结构不同造成药物和GO间的作用不同。药物负载量随浓度变化,因此可实现GO片上的可控负载。此外,就两种药物在GO上的负载也进行了研究。喜树碱的负载量保持恒定,阿霉素的负载量比喜树碱高5.1倍。结果表明,药物负载量主要取决于药物在水溶液中的分布系数及在石墨烯载体上的吸附量。利用MCF-7和A549细胞考察了固定药物的细胞毒性。负载两种药物的功能化GO对MCF-7细胞的毒性比负载单一药物的毒性高,证明功能化的GO可以作为可控药物负载和多种药物靶向传递的载体。

此课题组也报道了GO在基因传递上的应用[159]。首先通过带负电的GO和带正电的PEI之间的静电作用利用PEI功能化GO(PEI-GO)。基因传递中的载体是一个重要的因素,因此对PEI-GO的细胞毒性进行了考察。人类宫颈癌细胞(HeLa细胞)同$10mg \cdot mL^{-1}$的PEI-GO进行孵化,可以保持90%活性,而在相同浓度的PEI存在下,只有40%的活性。对PEI-GO传递外源质粒DNA进入细胞的能力也进行了研究。在HeLa细胞中,PEI-GO表现了优异的转染效率,与单独的PEI的效率相当甚至更高,表明了PEI-GO作为新型高效基因递送载体具有极大潜力。

5.4 酶和纳米材料间的相互作用

酶和纳米材料之间的相互作用是生物分子功能化进而设计高效纳米生物催化体系的重要因素。纳米材料可以通过静电和/或憎水作用、π—π堆积相互作用、范德华力和形成氢键与生物分子发生作用。这些作用依赖于纳米材料的结构、表面化学、电荷以及亲水性,或许会影响生物分子的构象状态[160]。改变生物分子的结构也会改变它们的催化性质。CBN,包括石墨烯、GO和它们的衍生物对催化性能及蛋白质结构,特别是酶的结构的影响,见文献[134,161]。

我们课题组对GO衍生物与cyt *c*之间的相互作用进行了研究[162]。使用的是羧基、胺基和烷基功能化的GO衍生物(还原型和非还原型)。这些纳米材料提高了cyt *c*的过氧化物酶活性。活化归因于疏水作用和静电相互作用。不同烷基链功能化的GO也可以增强cyt *c*的过氧化物酶的活性及稳定性。GO表面的烷基链的存在使其更加疏水,同时也导致cyt *c*过氧化物酶活性降低。这个结果是受纳米材料和蛋白质之间的疏水作用支配的。此外,由于带负电的官能团与带正电的cyt *c*作用更好,因此不同的官能团似乎是通过静电与蛋白质相互作用。圆二色光谱研究用来考察功能化GO对cyt *c*二级结构及血红素微环境的影响。远紫外圆二色光谱的结果表明,纳米材料存在时cyt *c*依然保持其二级结构。相反,cyt *c*在索雷(Soret)区域发生了改变,表明血红素活性中心重新定位到更易于接近的结构,从而产生了更高的蛋白质活性。

Zuo及其同事[54]报道了GO和cyt *c*之间的静电和疏水作用。cyt *c*被涂在玻碳电极上检测电子转移电位。实验表明,由于纳米材料与蛋白质之间的静电和疏水作用,GO的存在促进cyt *c*的电子转移。紫外-可见和荧光光谱测试表明,cyt *c*和GO相互作用后仍然保留其活性点的结构。

我们之前的研究中已报道了功能化的GO对脂酶和酯酶的结构影响[163]。功能化GO的相互作用通过稳态荧光光谱和圆二色性来表征。荧光研究表明酯酶GO存在时Bs2具有最高的荧光猝灭,导致了酶的完全失活,然而胺功能化的GO存在时荧光猝灭最低,对酶的活性并没有太大的影响。水解酶的二级结构构象变化可由圆二色谱进行深入研究。远紫外圆二色光谱结果表明对于脂酶来说,GO存在下,α螺旋结构的含量稍有下降而β片层结构的含量则有所增加;而在GO和胺功能化的GO存在下,酯酶Bs2发生极大的构象变化,α螺旋含量明显降低而β片层的含量同时增加。

Shao等[129]报道了在GO上非共价共轭连接的GOD的构象变化。部分FAD

与 GO－GOD 共轭体的紫外－可见结果显示，FAD 带有轻微的蓝移且吸光度有所增加，表明共轭部分的 FAD 比游离酶暴露更多。对生物共轭体的荧光光谱分析表明，固定在 GO 上的 GOD 的色氨酸荧光猝灭明显。随着 GO 浓度的增加发生蓝移，显示了三级结构的构象变化。

Zhang 等[22]在 GO 上通过非共价键固定 HRP，并对固定后的相互作用进行了研究。改变固定媒质的 pH 值，HRP 和 GO 之间的相互作用也随之改变。在 pH 值为 4.8～7.2 时，HRP 带正电，GO 带负电，由于静电相互作用，彼此间的固定效率更高；而当 pH 值高于 7.2 时，酶带负电，与 GO 相互排斥，降低了固定效率。原子力显微镜测试结果显示，与游离酶相比，固定 HRP 的平均粒径更大高度更小，揭示了固定作用导致酶分子的构象变化。

上一课题组也研究了 *r*GO、HRP 和 OxOx 之间相互作用的本质[15]。化学还原 GO 上酶的负载对 pH 的变化不敏感，可得出酶和纳米材料之间的相互作用不是静电力的结论。为了进一步强化这个理论，测定了 *r*GO 与水的接触角。随着还原剂的增加接触角增大，确认了 *r*GO 的高疏水面积，证实了酶的吸附是通过疏水作用而不是静电力。然而，HRP 和 OxOx 都是可溶性蛋白质，因此多数疏水残基应位于酶的内部。高固定率表明，*r*GO 促进了酶分子的构象变化，导致内部疏水平衡的破坏。圆二色谱研究证实蛋白质结构发生了变化。HRP 的二级结构部分丧失，出现了观察到的最低的过氧化物酶活性。

Zhou 等[130]研究了将 GOD 定向共价固定在伴刀豆球蛋白 A 功能化的 GO 上，并与非特异性结合酶的 GO 进行了对比。固定的 GOD 在 25～70℃ 比游离酶表现出更好的热稳定性。可能是固定后的酶受限而未被展开和非特异性聚集从而产生明显改善的热稳定性。固定 GOD 的存储稳定性高于游离酶，表明很可能在酶与 GO 的固定过程中的相互作用造成了构象变化。

5.5 结　　论

石墨烯已经迅速成为一类广泛研究的碳基材料，因为它独特的结构特征、优异的化学、电学和力学性能使其具有许多潜在应用。通过不同方法获得的石墨烯已成功应用到包括生物科技和生物医学在内的多个领域。本章概述了石墨烯及其衍生物基于酶或其他生物分子固定的实际应用的最新进展。选择性地回顾了石墨烯及其水溶性衍生物 GO 在应用方面取得的激动人心的快速进步，主要集中在生物传感器、生物燃料电池的构造、纳米生物催化体系的制备及生物医学中基因和药物的传递。我们坚信这种趋势将持续并将在数年内加速发展。然而，其他碳基纳米材料（如碳纳米管）在过去的 20 年中已被广泛研究，而石墨烯基材料近些年才得以发展，因而在制备石墨烯基化学结构寻求合适的功能化手段以满足实际应用的特殊需求中仍有许多工作亟待解决。为了进一步拓展及优化石墨烯基材料在生物医学和纳米生物科技领域的应用,一个关键的基本问题需要解决,即石墨烯基材料对多种生物分子和生物体系的结构和功能的影响。因此,需要更深入理解石墨烯基材料与活性生物分子(酶和其他蛋白质)的相互作用,同时也要熟悉扩展石墨烯基材料在生物科技和生物药学应用的调控因素。

参考文献

[1] Kim, J. , Grate, J. W. , and Wang, P. (2008) *Trends Biotechnol.* , **26**, 639 - 646.

[2] Guisan, J. M. , Betancor, L. , Fernandez - Lorente, G. , and Flickinger, M. C. (2009) Immobilized enzymes, in *Encyclopedia of Industrial Biotechnology*, John Wiley & Sons, Inc. , Hoboken, NJ.

[3] Sheldon, R. A. (2007) *Adv. Synth. Catal.* , **349**, 1289 - 1307.

[4] Hanefeld, U. , Gardossi, L. , and Magner, E. (2009) *Chem. Soc. Rev.* , **38**, 453 - 468.

[5] Gupta, M. N. , Kaloti, M. , Kapoor, M. , and Solanki, K. (2011) *Artif. Cells, Blood Substitutes, Biotechnol.* , **39**, 98 - 109.

[6] Wang, P. (2006) *Curr. Opin. Biotechnol.* , **17**, 574 - 579.

[7] Feng, W. and Ji, P. (2011) *Biotechnol. Adv.* , **29**, 889 - 895.

[8] Vamvakaki, V. and Chaniotakis, N. A. (2007) *Biosens. Bioelectron.* , **22**, 2650 - 2655.

[9] Willner, I. , Basnar, B. , and Willner, B. (2007) *FEBS J.* , **274**, 302 - 309.

[10] Geim, A. K. and Novoselov, K. S. (2007) *Nat. Mater.* , **6**, 183 - 191.

[11] Novoselov, K. S. , Geim, A. K. , Morozov, S. V. , Jiang, D. , Zhang, Y. , Dubonos, S. V. , Grigorieva, I. V. , and Firsov, A. A. (2004) *Science*, **306**, 666 - 669.

[12] Stankovich, S. , Dikin, D. A. , Dommett, G. H. B. , Kohlhaas, K. M. , Zimney, E. J. , Stach, E. A. , Piner, R. D. , Nguyen, S. T. , and Ruoff, R. S. (2006) *Nature*, **442**, 282 - 286.

[13] Bourlinos, A. B. , Gournis, D. , Petridis, D. , Szab′o, T. , Szeri, A. , and Dékány, I. (2003) *Langmuir*, **19**, 6050 - 6055.

[14] Shim, M. , Kam, N. W. S. , Chen, R. J. , Li, Y. , and Dai, H. (2002) *Nano Lett.* , **2**, 285 - 288.

[15] Zhang, Y. , Zhang, J. , Huang, X. , Zhou, X. , Wu, H. , and Guo, S. (2012) *Small*, **8**, 154 - 159.

[16] Alwarappan, S. , Boyapalle, S. , Kumar, A. , Li, C. Z. , and Mohapatra, S. (2012) *J. Phys. Chem. C*, **116**, 6556 - 6559.

[17] Hua, B. Y. , Wang, J. , Wang, K. , Li, X. , Zhu, X. J. , and Xia, X. H. (2012) *Chem. Commun.* , **48**, 2316 - 2318.

[18] Zhang, F. , Zheng, B. , Zhang, J. , Huang, X. , Liu, H. , Guo, S. , and Zhang, J. (2010) *J. Phys. Chem. C*, **114**, 8469 - 8473.

[19] Park, J. H. , Xue, H. , Jung, J. S. , and Ryu, K. (2012) *Korean J. Chem. Eng.* , **29**, 1409 - 1412.

[20] Pavlidis, I. V. , Vorhaben, T. , Tsoufis, T. , Rudolf, P. , Bornscheuer, U. T. , Gournis, D. , and Stamatis, H. (2012) *Bioresour. Technol.* , **115**, 164 - 171.

[21] Gómez, J. M. , Romero, M. D. , and Fernández, T. M. (2005) *Catal. Lett.* , **101**, 275 - 278.

[22] Zhang, J. , Zhang, J. , Zhang, F. , Yang, H. , Huang, X. , Liu, H. , and Guo, S. (2010) *Langmuir*, **26**, 6083 - 6085.

[23] Gao, Y. and Kyratzis, I. (2008) *Bioconjug. Chem.* , **19**, 1945 - 1950.

[24] Azamian, B. R. , Davis, J. J. , Coleman, K. S. , Bagshaw, C. B. , and Green, M. L. H. (2002) *J. Am.*

Chem. Soc., **124**, 12664 - 12665.

[25] Cazorla, C., Rojas-Cervellera, V., and Rovira, C. (2012) *J. Mater. Chem.*, **22**, 19684 - 19693.

[26] Jiang, Y., Zhang, Q., Li, F., and Niu, L. (2012) *Sens. Actuators B*, **161**, 728 - 733.

[27] Stavyiannoudaki, V., Vamvakaki, V., and Chaniotakis, N. (2009) *Anal. Bioanal. Chem.*, **395**, 429 - 435.

[28] Shen, J., Yan, B., Shi, M., Ma, H., Li, N., and Ye, M. (2011) *J. Colloid Interface Sci.*, **356**, 543 - 549.

[29] Hu, X., Mu, L., Wen, J., and Zhou, Q. (2012) *J. Hazard. Mater.*, **213**, 387 - 392.

[30] Bonanni, A., Ambrosi, A., and Pumera, M. (2012) *Chem. Eur. J.*, **18**, 1668 - 1673.

[31] Liu, Y., Yu, D., Zeng, C., Miao, Z., and Dai, L. (2010) *Langmuir*, **26**, 6158 - 6160.

[32] Shen, J., Shi, M., Yan, B., Ma, H., Li, N., Hu, Y., and Ye, M. (2010) *Colloids Surf.*, *B*, **81**, 434 - 438.

[33] Shan, C., Yang, H., Han, D., Zhang, Q., Ivaska, A., and Niu, L. (2009) *Langmuir*, **25**, 12030 - 12033.

[34] Hu, Y., Li, F., Bai, X., Li, D., Hua, S., Wang, K., and Niu, L. (2011) *Chem. Commun.*, **47**, 1743 - 1745.

[35] Chen, Y., Li, Y., Sun, D., Tian, D., Zhang, J., and Zhu, J. J. (2011) *J. Mater. Chem.*, **21**, 7604 - 7611.

[36] Kodali, V. K., Scrimgeour, J., Kim, S., Hankinson, J. H., Carroll, K. M., De Heer, W. A., Berger, C., and Curtis, J. E. (2011) *Langmuir*, **27**, 863 - 865.

[37] Manjunatha, R., Shivappa Suresh, G., Savio Melo, J., D'Souza, S. F., and Venkatarangaiah Venkatesha, T. (2012) *Talanta*, **99**, 302 - 309.

[38] Zhu, J., Xu, M., Meng, X., Shang, K., Fan, H., and Ai, S. (2012) *Process Biochem.*, **47**, 2480 - 2486.

[39] Kishore, D., Talat, M., Srivastava, O. N., and Kayastha, A. M. (2012) *PLoS ONE*, **7**, e40708.

[40] Wang, G., Huang, H., Zhang, G., Zhang, X., Fang, B., and Wang, L. (2010) *Anal. Method Instrum.*, **2**, 1692 - 1697.

[41] Loo, A. H., Bonanni, A., and Pumera, M. (2013) *Chem. Asian J.*, **8**, 198 - 203.

[42] Zhou, Y., Chiu, C. W., and Liang, H. (2012) *Sensors-Basel*, **12**, 15036 - 15062.

[43] Newman, J. D. and Setford, S. J. (2006) *Mol. Biotechnol.*, **32**, 249 - 268.

[44] Le Goff, A., Holzinger, M., and Cosnier, S. (2011) *Analyst*, **136**, 1279 - 1287.

[45] Sassolas, A., Blum, L. J., and Leca-Bouvier, B. D. (2012) *Biotechnol. Adv.*, **30**, 489 - 511.

[46] Sarma, A. K., Vatsyayan, P., Goswami, P., and Minteer, S. D. (2009) *Biosens. Bioelectron.*, **24**, 2313 - 2322.

[47] Grieshaber, D., MacKenzie, R., Vörös, J., and Reimhult, E. (2008) *Sensors*, **8**, 1400 - 1458.

[48] Andreu, R., Ferapontova, E. E., Gorton, L., and Calvente, J. J. (2007) *J. Phys. Chem. B*, **111**, 469 - 477.

[49] Zhou, M., Ding, J., Guo, L. P., and Shang, Q. K. (2007) *Anal. Chem.*, **79**, 5328 - 5335.

[50] Wu, L., Zhang, X., and Ju, H. (2007) *Biosens. Bioelectron.*, **23**, 479 - 484.

[51] Gooding, J. J., Wibowo, R., Liu, J., Yang, W., Losic, D., Orbons, S., Mearns, F. J., Shapter, J. G., and Hibbert, D. B. (2003) *J. Am. Chem. Soc.*, **125**, 9006 - 9007.

[52] Cai, C. and Chen, J. (2004) *Anal. Biochem.*, **332**, 75 - 83.

[53] Zhu, Z., Garcia-Gancedo, L., Flewitt, A. J., Xie, H., Moussy, F., and Milne, W. I. (2012) *Sen-*

sors-Basel, **12**, 5996 – 6022.

[54] Zuo, X., He, S., Li, D., Peng, C., Huang, Q., Song, S., and Fan, C. (2010) *Langmuir*, **26**, 1936 – 1939.

[55] Wang, Y., Li, Y., Tang, L., Lu, J., and Li, J. (2009) *Electrochem. Commun.*, **11**, 889 – 892.

[56] Shan, C., Yang, H., Song, J., Han, D., Ivaska, A., and Niu, L. (2009) *Anal. Chem.*, **81**, 2378 – 2382.

[57] Chen, D., Tang, L., and Li, J. (2010) *Chem. Soc. Rev.*, **39**, 3157 – 3180.

[58] Zhang, Q., Wu, S., Zhang, L., Lu, J., Verproot, F., Liu, Y., Xing, Z., Li, J., and Song, X. M. (2011) *Biosens. Bioelectron.*, **26**, 2632 – 2637.

[59] Ping, J., Wu, J., Wang, Y., and Ying, Y. (2012) *Biosens. Bioelectron.*, **34**, 70 – 76.

[60] Lu, J., Drzal, L. T., Worden, R. M., and Lee, I. (2007) *Chem. Mater.*, **19**, 6240 – 6246.

[61] Fu, C., Yang, W., Chen, X., and Evans, D. G. (2009) *Electrochem. Commun.*, **11** (5), 997 – 1000.

[62] Alwarappan, S., Liu, C., Kumar, A., and Li, C. Z. (2010) *J. Phys. Chem. C*, **114**, 12920 – 12924.

[63] Wang, Z., Zhou, X., Zhang, J., Boey, F., and Zhang, H. (2009) *J. Phys. Chem. C*, **113**, 14071 – 14075.

[64] Kang, X., Wang, J., Wu, H., Aksay, I. A., Liu, J., and Lin, Y. (2009) *Biosens. Bioelectron.*, **25**, 901 – 905.

[65] Wu, P., Shao, Q., Hu, Y., Jin, J., Yin, Y., Zhang, H., and Cai, C. (2010) *Electrochim. Acta*, **55**, 8606 – 8614.

[66] Tasviri, M., Ghasemi, S., Ghourchian, H., and Gholami, M. R. (2013) *J. Solid State Electrochem.*, **17**, 183 – 189.

[67] Yang, M. H., Choi, B. G., Park, H., Hong, W. H., Lee, S. Y., and Park, T. J. (2010) *Electroanal.*, **22**, 1223 – 1228.

[68] Wang, K., Liu, Q., Guan, Q. M., Wu, J., Li, H. N., and Yan, J. J. (2011) *Biosens. Bioelectron.*, **26**, 2252 – 2257.

[69] Zeng, Q., Cheng, J. S., Liu, X. F., Bai, H. T., and Jiang, J. H. (2011) *Biosens. Bioelectron.*, **26**, 3456 – 3463.

[70] Xu, C. X., Huang, K. J., Chen, X. M., and Xiong, X. Q. (2012) *J. Solid State Electrochem.*, **16**, 3747 – 3752.

[71] Yang, J., Deng, S., Lei, J., Ju, H., and Gunasekaran, S. (2011) *Biosens. Bioelectron.*, **29**, 159 – 166.

[72] Luo, Z., Yuwen, L., Han, Y., Tian, J., Zhu, X., Weng, L., and Wang, L. (2012) *Biosens. Bioelectron.*, **36**, 179 – 185.

[73] Razmi, H. and Mohammad-Rezaei, R. (2013) *Biosens. Bioelectron.*, **41**, 498 – 504.

[74] Zheng, D., Vashist, S. K., Al-Rubeaan, K., Luong, J. H. T., and Sheu, F. S. (2012) *Talanta*, **99**, 22 – 28.

[75] Unnikrishnan, B., Palanisamy, S., and Chen, S. M. (2013) *Biosens. Bioelectron.*, **39**, 70 – 75.

[76] Sun, W., Guo, Y., Li, T., Ju, X., Lou, J., and Ruan, C. (2012) *Electrochim. Acta*, **75**, 381 – 386.

[77] Zhou, K., Zhu, Y., Yang, X., Luo, J., Li, C., and Luan, S. (2010) *Electrochim. Acta*, **55**, 3055 – 3060.

[78] Lu, Q., Dong, X., Li, L. J., and Hu, X. (2010) *Talanta*, **82**, 1344 – 1348.

[79] Zhang, L., Cheng, H., Zhang, H. M., and Qu, L. (2012) *Electrochim. Acta*, **65**, 122 – 126.

[80] Li, M., Xu, S., Tang, M., Liu, L., Gao, F., and Wang, Y. (2011) *Electrochim. Acta*, **56**, 1144 – 1149.

[81] Palanisamy, S., Unnikrishnan, B., and Chen, S.-M. (2012) *Int. J. Electrochem. Sci.*, **7**, 7935 – 7947.

[82] Zhang, Y., Zhang, J., Wu, H., Guo, S., and Zhang, J. (2012) *J. Electroanal. Chem.*, **681**, 49 – 55.

[83] Liu, T., Xu, M., Yin, H., Ai, S., Qu, X., and Zong, S. (2011) *Microchim. Acta*, **175**, 129 – 135.

[84] Wu, L., Deng, D., Jin, J., Lu, X., and Chen, J. (2012) *Biosens. Bioelectron.*, **35**, 193 – 199.

[85] Alwarappan, S., Joshi, R. K., Ram, M. K., and Kumar, A. (2010) *Appl. Phys. Lett.*, **96**, 263702.

[86] Wu, J. F., Xu, M. Q., and Zhao, G. C. (2010) *Electrochem. Commun.*, **12**, 175 – 177.

[87] Chen, H. and Zhao, G. (2012) *J. Solid State Electrochem.*, **16**, 3289 – 3297.

[88] Liu, K., Zhang, J., Yang, G., Wang, C., and Zhu, J.-J. (2010) *Electrochem. Commun.*, **12**, 402 – 405.

[89] Xu, H., Dai, H., and Chen, G. (2010) *Talanta*, **81**, 334 – 338.

[90] Sun, W., Guo, Y., Ju, X., Zhang, Y., Wang, X., and Sun, Z. (2013) *Biosens. Bioelectron.*, **42**, 207 – 213.

[91] Feng, X., Li, R., Hu, C., and Hou, W. (2011) *J. Electroanal. Chem.*, **657**, 28 – 33.

[92] Liao, H. G., Wu, H., Wang, J., Liu, J., Jiang, Y. X., Sun, S. G., and Lin, Y. (2010) *Electroanal.*, **22**, 2297 – 2302.

[93] Shan, C., Yang, H., Han, D., Zhang, Q., Ivaska, A., and Niu, L. (2010) *Biosens. Bioelectron.*, **25** (6), 1504 – 1508.

[94] Li, Y. and Han, G. (2012) *Analyst*, **137**, 3160 – 3165.

[95] Dey, R. S. and Raj, C. R. (2010) *J. Phys. Chem. C*, **114**, 21427 – 21433.

[96] Zeng, G., Xing, Y., Gao, J., Wang, Z., and Zhang, X. (2010) *Langmuir*, **26**, 15022 – 15026.

[97] Lu, C. H., Yang, H. H., Zhu, C. L., Chen, X., and Chen, G. N. (2009) *Angew. Chem. Int. Ed.*, **48**, 4785 – 4787.

[98] Song, B., Li, D., Qi, W., Elstner, M., Fan, C., and Fang, H. (2010) *ChemPhysChem*, **11**, 585 – 589.

[99] Bonanni, A., Loo, A. H., and Pumera, M. (2012) *Trends Anal. Chem.*, **37**, 12 – 21.

[100] Bonanni, A. and Pumera, M. (2011) *ACS Nano*, **5**, 2356 – 2361.

[101] Chen, Y., Jiang, B., Xiang, Y., Chai, Y., and Yuan, R. (2011) *Chem. Commun.*, **47**, 12798 – 12800.

[102] Lin, L., Liu, Y., Tang, L., and Li, J. (2011) *Analyst*, **136**, 4732 – 4737.

[103] Dubuisson, E., Yang, Z., and Loh, K. P. (2011) *Anal. Chem.*, **83**, 2452 – 2460.

[104] Bo, Y., Wang, W., Qi, J., and Huang, S. (2011) *Analyst*, **136**, 1946 – 1951.

[105] Bo, Y., Yang, H., Hu, Y., Yao, T., and Huang, S. (2011) *Electrochim. Acta*, **56**, 2676 – 2681.

[106] Sun, W., Zhang, Y., Ju, X., Li, G., Gao, H., and Sun, Z. (2012) *Anal. Chim. Acta*, **752**, 39 – 44.

[107] Hu, Y., Wang, K., Zhang, Q., Li, F., Wu, T., and Niu, L. (2012) *Biomaterials*, **33**, 1097 – 1106.

[108] Roy, S., Soin, N., Bajpai, R., Misra, D. S., McLaughlin, J. A., and Roy, S. S. (2011) *J. Mater. Chem.*, **21**, 14725 – 14731.

[109] Jung, J. H., Cheon, D. S., Liu, F., Lee, K. B., and Seo, T. S. (2010) *Angew. Chem. Int. Ed.*, **49**, 5708 – 5711.

[110] Ohno, Y., Maehashi, K., and Matsumoto, K. (2010) *J. Am. Chem. Soc.*, **132**, 18012 - 18013.

[111] Zhao, H., Tian, J., and Quan, X. (2013) *Colloids Surf.*, *B*, **103**, 38 - 44.

[112] Wei, Q., Mao, K., Wu, D., Dai, Y., Yang, J., Du, B., Yang, M., and Li, H. (2010) *Sens. Actuators B*, **149**, 314 - 318.

[113] Yang, Y. C., Dong, S. W., Shen, T., Jian, C. X., Chang, H. J., Li, Y., and Zhou, J. X. (2011) *Electrochim. Acta*, **56**, 6021 - 6025.

[114] Du, D., Zou, Z., Shin, Y., Wang, J., Wu, H., Engelhard, M. H., Liu, J., ksay, L. A., and Lin, Y. (2010) *Anal. Chem.*, **82**, 2989 - 2995.

[115] Yang, M., Javadi, A., Li, H., and Gong, S. (2010) *Biosens. Bioelectron.*, **26**, 560 - 565.

[116] Haque, A. M. J., Park, H., Sung, D., Jon, S., Choi, S. Y., and Kim, K. (2012) *Anal. Chem.*, **84**, 1871 - 1878.

[117] Qu, F., Lu, H., Yang, M., and Deng, C. (2011) *Biosens. Bioelectron.*, **26**, 4810 - 4814.

[118] Li, R., Wu, D., Li, H., Xu, C., Wang, H., Zhao, Y., Cai, Y., Wei, Q., and Du, B. (2011) *Anal. Biochem.*, **414**, 196 - 201.

[119] Liu, F., Zhang, Y., Ge, S., Lu, J., Yu, J., Song, X., and Liu, S. (2012) *Talanta*, **99**, 512 - 519.

[120] Liu, M., Zhao, H., Chen, S., Yu, H., and Quan, X. (2012) *Environ. Sci. Technol.*, **46**, 12567 - 12574.

[121] Bai, L., Yuan, R., Chai, Y., Zhuo, Y., Yuan, Y., and Wang, Y. (2012) *Biomaterials*, **33**, 1090 - 1096.

[122] Liang, J., Chen, Z., Guo, L., and Li, L. (2011) *Chem. Commun.*, **47**, 5476 - 5478.

[123] Wang, L., Xu, M., Han, L., Zhou, M., Zhu, C., and Dong, S. (2012) *Anal. Chem.*, **84**, 7301 - 7307.

[124] Ray, M., Chatterjee, S., Das, T., Bhattacharyya, S., Ayyub, P., and Mazumdar, S. (2011) *Nanotechnology*, **22**, 415705.

[125] Pang, H. L., Liu, J., Hu, D.,Zhang, X. H., and Chen, J. H. (2010) *Electrochim. Acta*, **55**, 6611 - 6616.

[126] Shang, W., Nuffer, J. H., Muñiz-Papandrea, V. A., Colón, W., Siegel, R. W., and Dordick, J. S. (2009) *Small*, **5**, 470 - 476.

[127] Das, K., Maiti, S., Ghosh, M., Mandal, D., and Das, P. K. (2013) *J. Colloid Interface Sci.*, **395**, 111 - 118.

[128] Zeng, Q., Cheng, J., Tang, L., Liu, X.,Liu, Y., Li, J., and Jiang, J. (2010) *Adv. Funct. Mater.*, **20**, 3366 - 3372.

[129] Shao, Q., Wu, P., Xu, X., Zhang, H., and Cai, C. (2012) *Phys. Chem. Chem. Phys.*, **14**, 9076 - 9085.

[130] Zhou, L., Jiang, Y., Gao, J., Zhao, X., Ma, L., and Zhou, Q. (2012) *Biochem. Eng. J.*, **69**, 28 - 31.

[131] Su, R., Shi, P., Zhu, M., Hong, F., and Li, D. (2012) *Bioresour. Technol.*, **115**, 136 - 140.

[132] Jiao, J., Miao, A., Zhang, X., Cai, Y., Lu, Y., Zhang, Y., and Lu, H. (2013) *Analyst*, **138**, 1645 - 1648.

[133] Bao, H., Chen, Q., Zhang, L., and Chen, G. (2011) *Analyst*, **136**, 5190 - 5196.

[134] Jiang, B., Yang, K., Zhao, Q., Wu, Q., Liang, Z., Zhang, L., Peng, X., and Zhang, Y. (2012) *J. Chromatogr. A*, **1254**, 8 - 13.

[135] Xu, G. , Chen, X. , Hu, J. , Yang, P. , Yang, D. , and Wei, L. (2012) *Analyst*, **137**, 2757 - 2761.

[136] Minteer, S. D. , Liaw, B. Y. , and Cooney, M. J. (2007) *Curr. Opin. Biotechnol.* , **18**, 228 - 234.

[137] Willner, I. , Yan, Y. M. , Willner, B. , and Tel-Vered, R. (2009) *Fuel Cells*, **9**, 7 - 24.

[138] Gao, F. , Yan, Y. , Su, L. , Wang, L. , and Mao, L. (2007) *Electrochem. Commun.* , **9**, 989 - 996.

[139] Barton, S. C. , Gallaway, J. , and Atanassov, P. (2004) *Chem. Rev.* , **104**, 4867 - 4886.

[140] Li, C. Z. , Choi, W. B. , and Chuang, C. H. (2008) *Electrochim. Acta*, **54**, 821 - 8228.

[141] Liu, Y. and Dong, S. (2007) *Biosens. Bioelectron.* , **23**, 593 - 5997.

[142] Alwarappan, S. , Erdem, A. , Liu, C. , and Li, C. Z. (2009) *J. Phys. Chem. C*, **113**, 8853 - 8857.

[143] Dai, J. , Wang, Q. , Li, W. , Wei, Z. , and Xu, G. (2007) *Mater. Lett.* , **61**, 27 - 29.

[144] Geim, A. K. and MacDonald, A. H. (2007) *Phys. Today*, **60**, 35 - 41.

[145] Liu, C. , Chen, Z. , and Li, C. Z. (2011) *IEEE Trans. Nanotechnol.* , **10**, 59 - 62.

[146] Wang, X. , Wang, J. , Cheng, H. , Yu, P. , Ye, J. , and Mao, L. (2011) *Langmuir*, **27**, 11180 - 11186.

[147] Liu, C. , Alwarappan, S. , Chen, Z. , Kong, X. , and Li, C. Z. (2010) *Biosens. Bioelectron.* , **25**, 1829 - 1833.

[148] Fishilevich, S. , Amir, L. , Fridman, Y. , Aharoni, A. , and Alfonta, L. (2009) *J. Am. Chem. Soc.* , **131**, 12052 - 12053.

[149] Szczu, A. , Kol-Kalman, D. , and Alfonta, L. (2012) *Chem. Commun.* , **48**, 49 - 51.

[150] Bahartan, K. , Amir, L. , Israel, A. , Lichtenstein, R. G. , and Alfonta, L. (2012) *ChemSusChem*, **5**, 1820 - 1825.

[151] Bahartan, K. , Gun, J. , Sladkevich, S. , Prikhodchenko, P. V. , Lev, O. , and Alfonta, L. (2012) *Chem. Commun.* , **48**, 11957 - 11959.

[152] Lu, Y. J. , Yang, H. W. , Hung, S. C. , Huang, C. Y. , Li, S. M. , Ma, C. C. M. , Chen, P. Y. , Tsai, H. C. , Wei, K. C. , and Chen, J. P. (2012) *Int. J. Nanomedicine*, **7**, 1737 - 1747.

[153] Zheng, X. T. and Li, C. M. (2012) *Mol. Pharm.* , **9**, 615 - 621.

[154] Bao, H. , Pan, Y. , Ping, Y. , Sahoo, N. G. , Wu, T. , Li, L. , Li, J. , and Gan, L. H. (2011) *Small*, **7**, 1569 - 1578.

[155] Kakran, M. , Sahoo, N. G. , Bao, H. , Pan, Y. , and Li, L. (2011) *Curr. Med. Chem.* , **18**, 4503 - 4512.

[156] Wang, Y. , Li, Z. , Hu, D. , Lin, C. T. , Li, J. , and Lin, Y. (2010) *J. Am. Chem. Soc.* , **132**, 9274 - 9276.

[157] Liu, Z. , Robinson, J. T. , Sun, X. , and Dai, H. (2008) *J. Am. Chem. Soc.* , **130**, 10876 - 10877.

[158] Zhang, L. , Xia, J. , Zhao, Q. , Liu, L. , and Zhang, Z. (2010) *Small*, **6** , 537 - 544.

[159] Chen, B. , Liu, M. , Zhang, L. , Huang, J. , Yao, J. , and Zhang, Z. (2011) *J. Mater. Chem.* , **21**, 7736 - 7741.

[160] Mu, Q. , Liu, W. , Xing, Y. , Zhou, H. , Li, Z. , Zhang, Y. , Ji, L. , Wang, F. , Si, Z. , Zhang, B. , and Yan, B. (2008) *J. Phys. Chem. C*, **112**, 3300 - 3307.

[161] Jin, L. , Yang, K. , Yao, K. , Zhang, S. , Tao, H. , Lee, S. T. , Liu, Z. , and Peng, R. (2012) *ACS Nano*, **6**, 4864 - 4875.

[162] Patila, M. , Pavlidis, I. V. , Diamanti, E. K. , Katapodis, P. , Gournis, D. , and Stamatis, H. (2013) *Process Biochem.* , **48**, 1010 - 1017.

[163] Pavlidis, I. V. , Vorhaben, T. , Gournis, D. , Papadopoulos, G. K. , Bornscheuer, U. T. , and Stamatis, H. (2012) *J. Nanopart. Res.* , **14**, 1 - 10.

第6章

卤代石墨烯:二维材料的新兴家族

Kasibhatta Kumara Ramanatha Datta, Radek Zbořil

6.1 导论

最近十年,石墨烯作为首个享受无上地位的二维晶体材料,无疑是交叉学科科学与技术领域研究最广的材料[1-3]。这种 sp^2 键合碳六角晶体非同寻常的特性体现在高比表面积、透明度、导电性、载流子迁移率、表面反应活性、强度、柔性等方面,使其成为新兴多应用领域的前沿性选择[2-7]。由于其巨大的应用潜力,材料科学家、物理学家和化学家对设计石墨烯的电子性能,即打开带隙满足光电子多种相关的应用显出极大兴趣[2,8-10]。另外,石墨烯独特的原子结构促使科研者对其表面活性予以特别关注[11,12]。通过共价键或非共价的方法,石墨烯的高表面反应活性被用于设计新的功能性衍生物[9,10,13]。

根据反应或应用进行类型选择,有几种方法指导石墨烯的功能化。氧化石墨烯(GO)、全氟化石墨烯(FG, C_1F_1)、石墨烷(graphane)是功能化石墨烯的典型。在功能化石墨烯中,掺入的氧、氟或氢元素通过共价键连接到石墨烯上[9,13-19]。在石墨烯的共价键修饰中,碳原子从 sp^2 型杂化转化为 sp^3 型,后者倾向形成具有增加键长的四面体构型。GO 具有复杂的化学结构,其边缘具有羧基,沿着拓扑缺陷的基面具有羟基和环氧基团[14]。这些含氧官能团使 GO 成为易于水分散的材料,具有在催化、生物和绿色化学应用方面的优势。将石墨烯暴露在冷氢气等离子体中(1∶1 碳氢比)可制得石墨烷[18]。与石墨烯相比,石墨烷的载流子迁移率减小 3 个数量级,呈现绝缘体特性。FG 可以通过使用氟前驱体[15,16]或者通过体相石墨氟化物(GrF)的机械或化学剥离来制备[15,17]。石墨烯的氟化类似于氢化,这是由于氟与碳同样形成了单键,不同的是它具有反向偶极,同时键强也得到增加。在石墨烯中,C—H 键合基本只具有共价特性,而在其他碳材料和 FG(C—F)中,键合类型有共价、半价、离子和范德华力相互作用[20]。

目前,在计量比 FG、氟化和其他卤化石墨烯领域已取得了大量的实验和理论进展[21]。石墨烯的卤素含量决定其电子、光学、热、电催化、磁性、流变学、生物学和化学性质(图 6.1)。此外,在关于图案化卤化石墨烯和由氟化石墨烯制备的器件或与石墨烯纳米结构相结合领域均有进展报道。本章将着重介绍 FG、其他卤化石墨烯和它们复合衍生物的合成、表征、特性与应用。

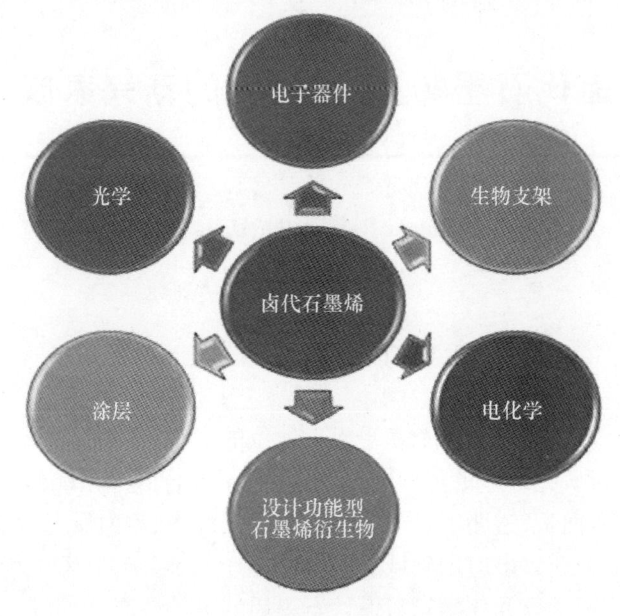

图 6.1　卤代石墨烯的多种用途

6.2　卤代石墨烯的合成

单层或多层卤化石墨烯有两种重要的制备方法,通过石墨烯的卤化或者利用化学/机械剥离体相的卤化石墨制得。这两种方法互为补充。前种方法可利用适当的气体[22,23]、聚合物[24,25]、卤素前驱体[16,26]和卤间化合物[27]来卤化石墨烯。另种方法利用溶剂或机械剥离具有可改变卤素含量的卤化石墨块体分离出单层或数层卤化石墨烯[15,17,28,29]。FG 和其他多种卤化石墨烯的详细合成方法如下所述。

6.2.1　全氟化石墨烯

6.2.1.1　机械或化学剥离:从石墨氟化物到全氟化石墨烯

GrF 作为原材料通过自上而下的方法利用机械[15,30]或化学剥离[17,31]制得

FG。由于合成 GrF 的实验条件比较苛刻,获得的单层易碎且倾于破裂,机械剥离只能得到低品质的 FG[30]。在环丁砜[17]、二甲基甲酰胺(DMF)[32]、N-甲基-2-吡咯烷酮(NMP)(图 6.2(a)~(d))[31]或异丙醇[22]存在的条件下,超声化学刻

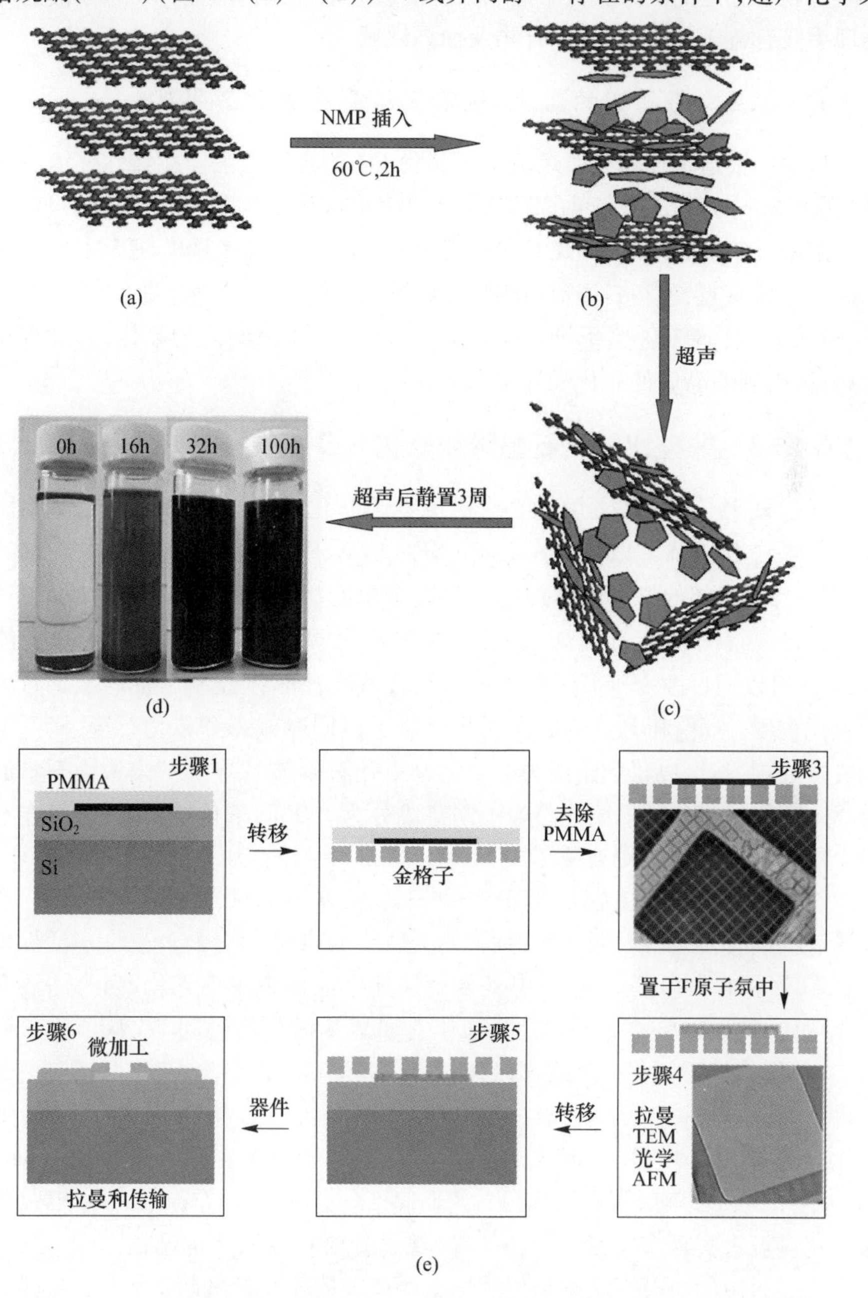

图 6.2　(a)~(d)用于制备 CF 分散液的 NMP 插入及剥蚀过程示意图(引自文献[31]);
(e)石墨烯氟化的多步过程(PMMA 为有机玻璃)(引自文献[15])

蚀块材 GrF 可获得单层或数层的 FG 胶体悬浮液。这是由于溶剂分子插入 GrF 的中间层,削弱了相邻层之间的范德华力,导致了 FG 胶体的分散。化学剥离利于高产制备分散的 FG,获得单层和数层的多分散体系。然而,FG 悬浮液的溶液处理手段有益于涂层、聚合复合物及油墨领域。

6.2.1.2 石墨烯的氟化:从石墨烯到全氟化石墨烯

目前已报道了通过石墨烯的氟化制备 FG 的几种方法。在惰性环境任意温度(图 6.2(e))[15,33]或室温(30℃)下[16],使用 XeF_2 作为氟化剂制备了 FG。FG 的室温制备包括在 SiO_2/Si 的绝缘体基板上使用 XeF_2 气体氟化石墨烯,它可选择性地刻蚀 Si 底层,使得石墨烯的两侧被氟化,从而形成等化学计量 $C_{1.0}F_{1.0}$[16]。此外,通入 F_2 气体在 600℃下进行高效定向热解石墨(HOPG)的氟化,再进行化学剥离,可得到低品质的非化学计量的 FG($C_{0.7}F_1$)[22]。

6.2.2 非整比氟化石墨烯和氟化 GO

通过氟化石墨烯或利用化学或机械剥蚀非化学计量的 GrF,可制备不同氟化率的氟化石墨烯。以含有 CF_4[34]、SF_6[35]、XeF_2[16,36]、含氟聚合物[25]或 Ar/F_2[25]作为氟化剂的等离子体进行单层或少层石墨烯的氟化。为了减少离子轰击并促进氟自由基与石墨烯反应,可将基板面朝下放置在 Ar/F_2 等离子体室中[37]。可以通过改变等离子体处理时间或改变前驱体控制制备的氟化石墨烯的氟化程度。ClF_3 和 BrF_3 这类卤间化合物可以同时嵌入和氟化石墨,接下来剥离或热处理,就可以得到组成为 C_2F 的半氟化石墨烯[27,38-40]。结构内含氟的聚合物也可用作氟化的前驱体。为了制备成分为 C_4F 的氟化石墨烯,可以在石墨烯上用激光辐射含氟聚合物 CYTOP®(图 6.3(a))。用这种方法,在将 Cu 箔上的石墨烯膜转移到涂覆 CYTOP® 的 SiO_2/Si 基板上时,要确保 CYTOP® 和石墨烯表面的直接接触。激光辐射后,光子诱导 CYTOP® 分解产生许多活性中间体,如 CF_x 和 F 自由基,这些自由基与石墨烯反应产生单面氟化,因为活性氟组分无法渗透基板(SiO_2/Si)[25]。类似于石墨烯从体相石墨和 FG 从体相 GrF 中分离,单层或数层氟化石墨烯可以在具有/不具有表面活性剂的多种溶剂的超声条件下,通过机械或化学剥离可变氟含量的 GrF 块材制得[41,42]。离子液体如溴代-1-丁基-3-甲基咪唑([bmim]Br)和 1-甲基-3-辛基咪唑四氟硼酸盐([omim]BF_4)被用于制备单层和数层成分为 $CF_{0.25}$ 和 $CF_{0.5}$ 的氟化石墨烯[28]。电弧放电法利用高温可实现多层氟掺杂(6.6%(原子分数))石墨烯的制备[43]。

上述讨论的所有方法都是使用纯石墨烯或体相 GrF 来制备氟化石墨烯。接下来讲述还原型氟化氧化石墨烯(FGO)的制备。FGO 可以使用氢氟酸(HF)作为氟前驱体通过热处理[45,46]和光化学处理[47]或以 CF_4 等离子体[48]氟化 GO,或

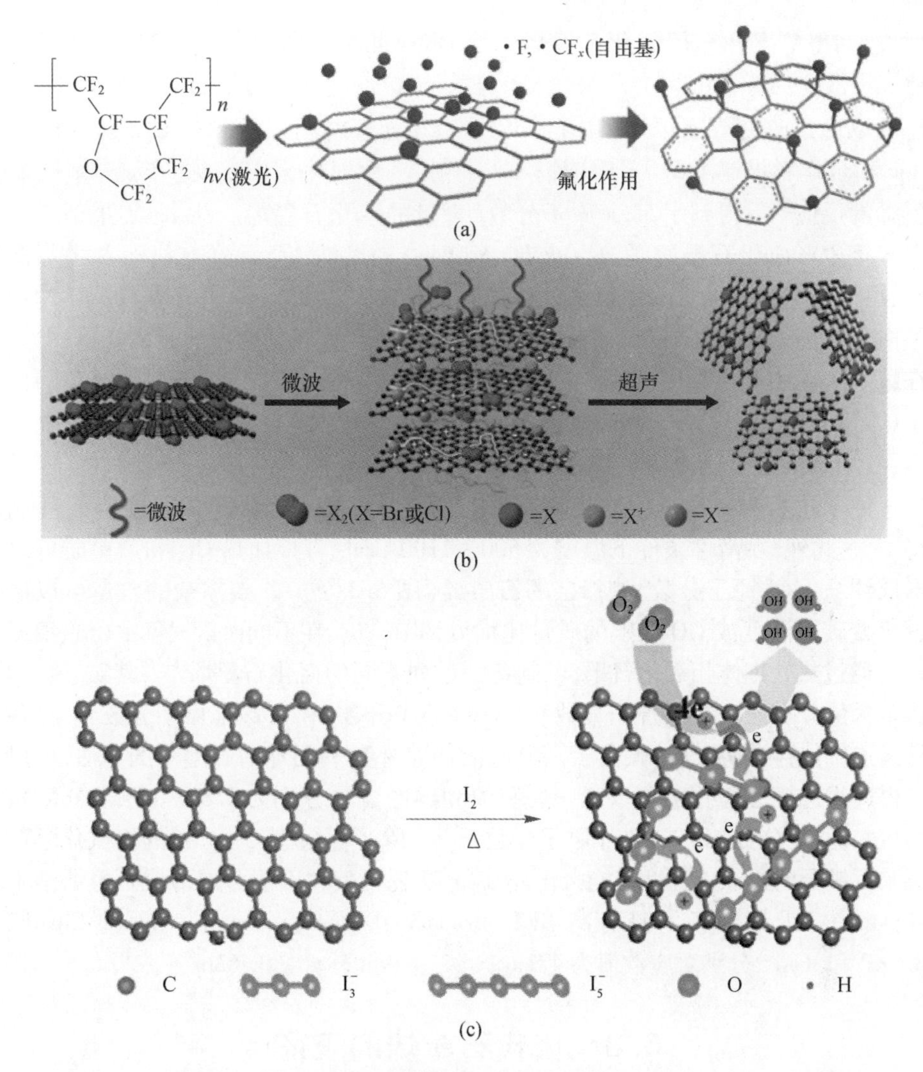

图6.3　(a)利用CYTOP和激光辐射氟化机理示意图(引自文献[25]);(b)氯化和溴化过程,卤素被插入石墨层,在MiW-S辅助下,与石墨直接反应,经过液相超声步骤,卤化石墨被剥离成单层G-X(引自文献[29]);(c)碘掺杂的石墨烯制备(引自文献[44])

氧化半氟化的体相GrF[49,50]制得。通过改变温度、HF浓度等反应参数,可制得氟含量不同的FGO。

6.2.3　其他卤代石墨烯

到目前为止,与FG相比,还没有出现等比计量的氯代、溴代和碘代石墨烯的报道;对于氯、溴、碘来说,石墨烯中已达到的最高负载量分别为45%(原子分数)、5%(原子分数)和3%(原子分数)。通过室温下光化学或等离子体处理[23,51,52]或250℃下在液氯介质中的紫外(UV)辐射,实现石墨烯和氯气之间的反应,制得单层和多层氯化石墨烯[26]。Dresselhaus 及其合作者使用等离子氯化[52],得到了氯含量为 45.3%(原子分数)(接近 C_2Cl)的单面氯化的石墨烯。还可以通过改变等离子体室中的 DC 偏压和处理时间来调节 C:Cl 的比例[52]。Rao 和合作者报道了 250℃时辅以 UV 辐射,在四溴化碳中实现了液态 Br_2 与石墨烯的反应[26],得到了 5%(原子分数)含量的溴化石墨烯。Zheng 等报道了可以直接生产卤化石墨的微波－火花(MiW-S)辅助法[29],而在有机溶剂中剥离后,可以制备含量为 21%(原子分数)的 Cl 和含量为 4%(原子分数)的 Br 的单层卤化石墨烯。由于石墨具有强微波吸收,体积会膨胀到原先的近 200 倍,并且在耀眼火花中产生温度的升高(图 6.3(b))。热解石墨片直接与中等电离的卤素(X^+)反应,通过亲电取代实现石墨的卤化。由于液态 Cl_2 比 Br_2 具有更强活性,石墨烯的氯化比溴化更高效[26,29]。

原子比为 3% 的碘功能化石墨烯已通过樟脑和碘单质的直接热处理制得[53]。此外,在惰性条件下温度为 500～1100℃时,直接加热 GO 和碘单质可以形成约 0.1%(原子分数)碘掺杂的石墨烯(图 6.3(c))。碘掺杂的含量可以通过改变碳化温度或 GO 和碘的质量比加以调节[44]。在不同卤素气氛中(氯、溴或碘),通过热处理体相氧化石墨,可制备一系列不同的卤化石墨烯[54],其氯、溴、碘掺杂含量分别为 2.1%(原子分数)、1.6%(原子分数)和 0.2%(原子分数)。在各种卤素气体存在情况下(氟由于高反应活性除外),利用球磨石墨片的方法,可以获得边缘选择性卤化的石墨烯,其氯、溴和碘的含量分别为 5.89%(原子分数)、2.78%(原子分数)和 0.95%(原子分数)[55]。除了石墨型 C—C 键的机械化学劈裂和石墨层的边缘选择性官能卤化外,球磨法还可使得石墨分层形成石墨烯纳米片(GnP)。最终制备了具有高 BET(Brunauer-Emmett-Teller)比表面的 ClGnP、BrGnP 和 IGnP,分别对应数值为 $471m^2 \cdot g^{-1}$、$579m^2 \cdot g^{-1}$ 和 $662m^2 \cdot g^{-1}$。

6.3 卤代石墨烯的表征

各种卤代石墨烯的结构特性、组成、键价环境、形貌和热稳定性通常采用多种表征技术以及严谨的理论支持来评估。

6.3.1 全氟化石墨烯

通过环丁砜剥离 GrF 获得的 FG 的透射电子显微镜(TEM)图像显示出其透明本质,它的水平尺寸在 0.2～2μm,数个片层被扭曲(图 6.4(a)～(c))。从选区电子衍射(SAED)分析获得的 FG 的结构特征证实了它存在六方晶体结构[15,17,22]和与块材 GrF(图 6.4(d),(e))相当的化学计量。实验表明,FG 的六方晶格有序度的保留与具有 1% 晶胞膨胀的石墨烯类似(图 6.4(f))[15,22]。实验得到的 C_1F_1 晶格常数(a)为 2.48Å,而石墨烯的晶格常数为 2.46Å。

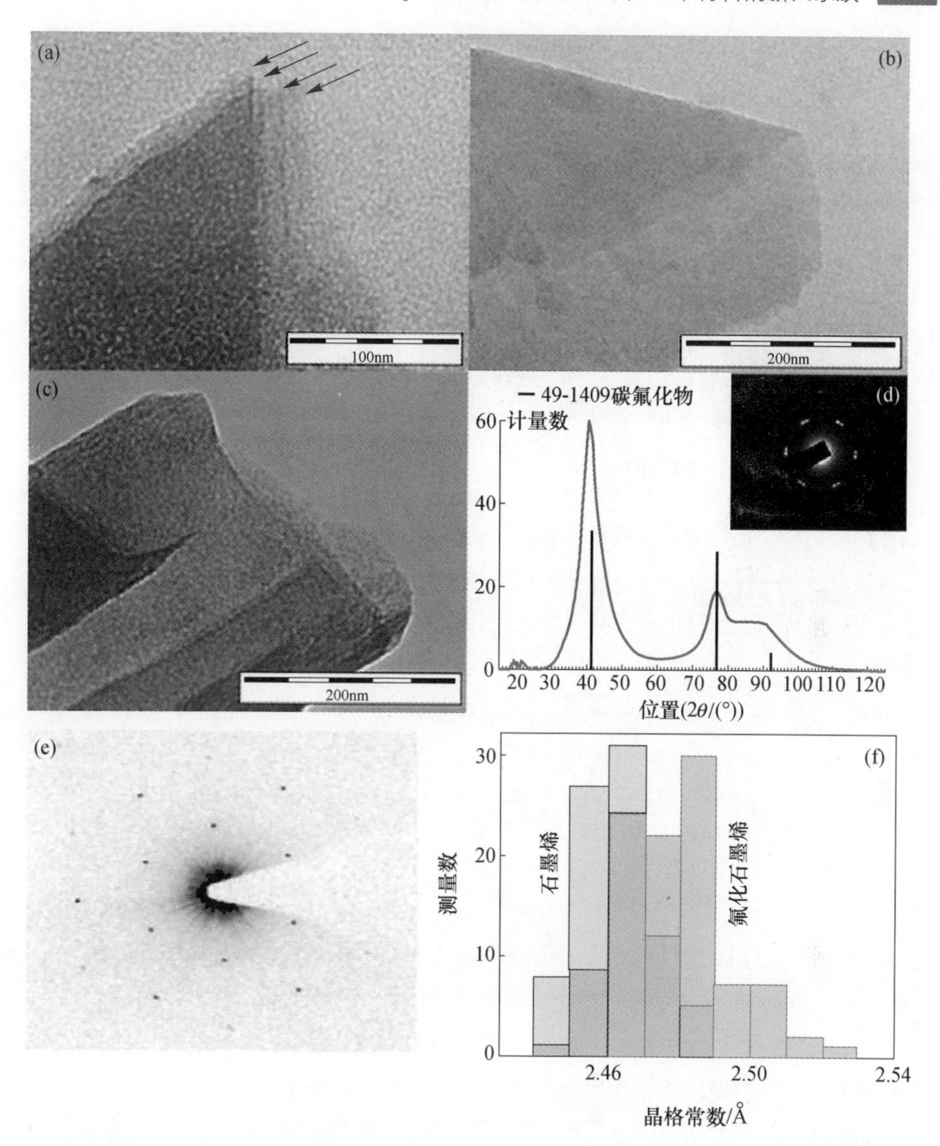

图6.4　(a)～(c)环丁砜剥离 GrF 得到的 FG 片层的 TEM 图，图(a)高分辨图像中的箭头指出高透明度的 FG 单层；(d)SAED 图对应原始 GrF 层的化学计量与结构(引自文献[17])；(e)FG 膜的衍射图像；(f)使用电镜图像(如图(e))测量的晶格常数，膜在氟化前的类似测量的比较(左边柱状图)，点线表示石墨的点阵常数(引自文献[15])

与石墨烯相比，石墨烷具有压缩的晶格常数 2.42Å[18]。FG 的晶胞和面内晶格常数增加的原因是因为碳原子在氟化过程中从 sp^2 转化为 sp^3 型，形成了键长度增加的 C—C 键。FG 层的厚度可直接使用原子力显微镜(AFM)进行观测。使用环丁砜对 GrF 进行化学剥离显示出 6.7～8.7Å 厚度的 FG 单层的存在(图 6.5)。

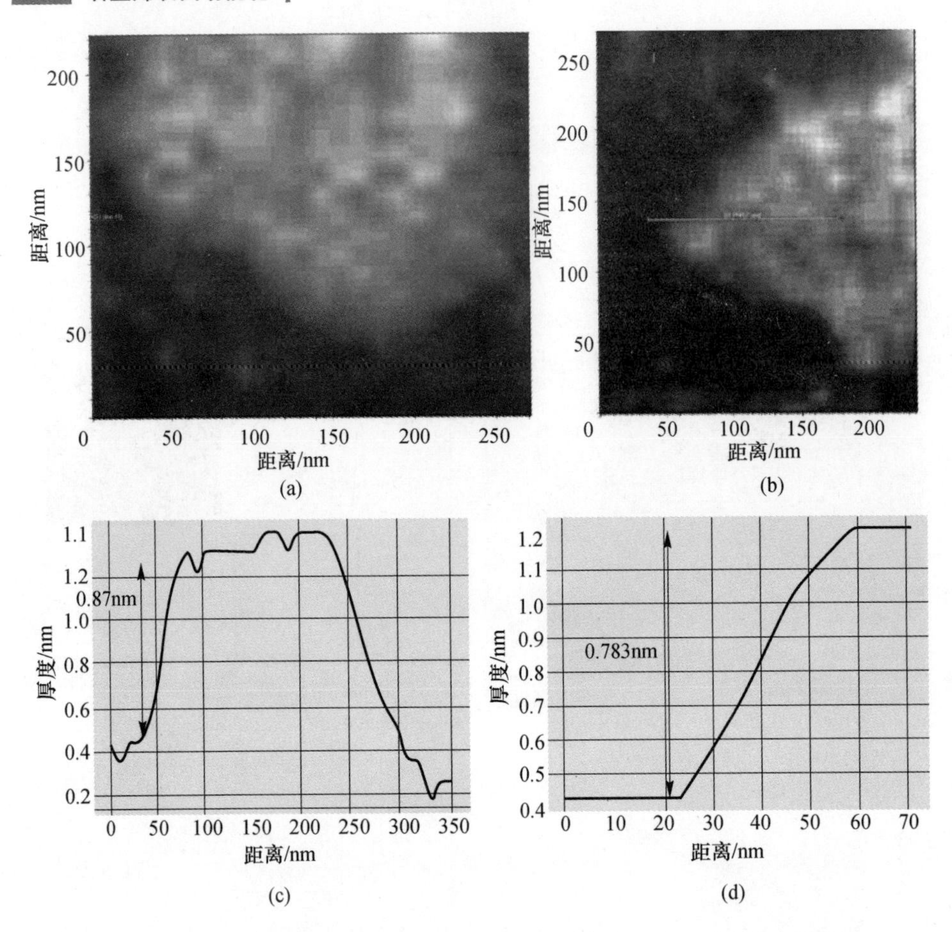

图 6.5 ((a),(b))两片独立 FG 单层的 AFM 图像及((c),(d))高度剖面图，证据显示层厚小于 0.9nm(引自文献[17])

通过 X 射线光电子能谱(XPS)、傅里叶变换红外光谱(FTIR)、高分辨率电子能量损失光谱(HREELS)和拉曼光谱可以监测氟修饰石墨烯后的成分、价键和电子特性的变化(图 6.6)[56]。石墨烯的氟化导致拉曼光谱发生显著变化，即使用 XeF_2 增加氟化速率，$1350cm^{-1}$ 处 D 峰的强度增加，且 G 峰($1587cm^{-1}$)和 D′峰($1618cm^{-1}$)宽化，2D 带强度降低。此外，FG 形成过程中随着暴露时间延长至 1h，由于芳香性 π 共轭键的破坏，原生石墨烯的特征拉曼信号完全消失(图 6.6(a))。石墨烯的 UV-Vis 光谱显示，在氟浓度增加时会出现约 43nm 稳定的蓝移(图 6.6(b))。氟的高电负性诱导了 C1s 结合能出现强化学位移，可用 XPS 来量化成分和键价类型。使用 XeF_2 氟化 SiO_2/Si 上的石墨烯得到 FG，XPS 分析显示基本为 C—F 型键占 86% 份额，少部分为 C—F_2 和 C—F_3 型(自由边的缺陷造成)[16]。纯石墨烯在 284.6eV 处观察到的碳峰，在氟化石墨烯中移至 287.5eV，这与 C—F 结合态有关(图 6.6(c))。随着氟化时间延长，从 F 1s

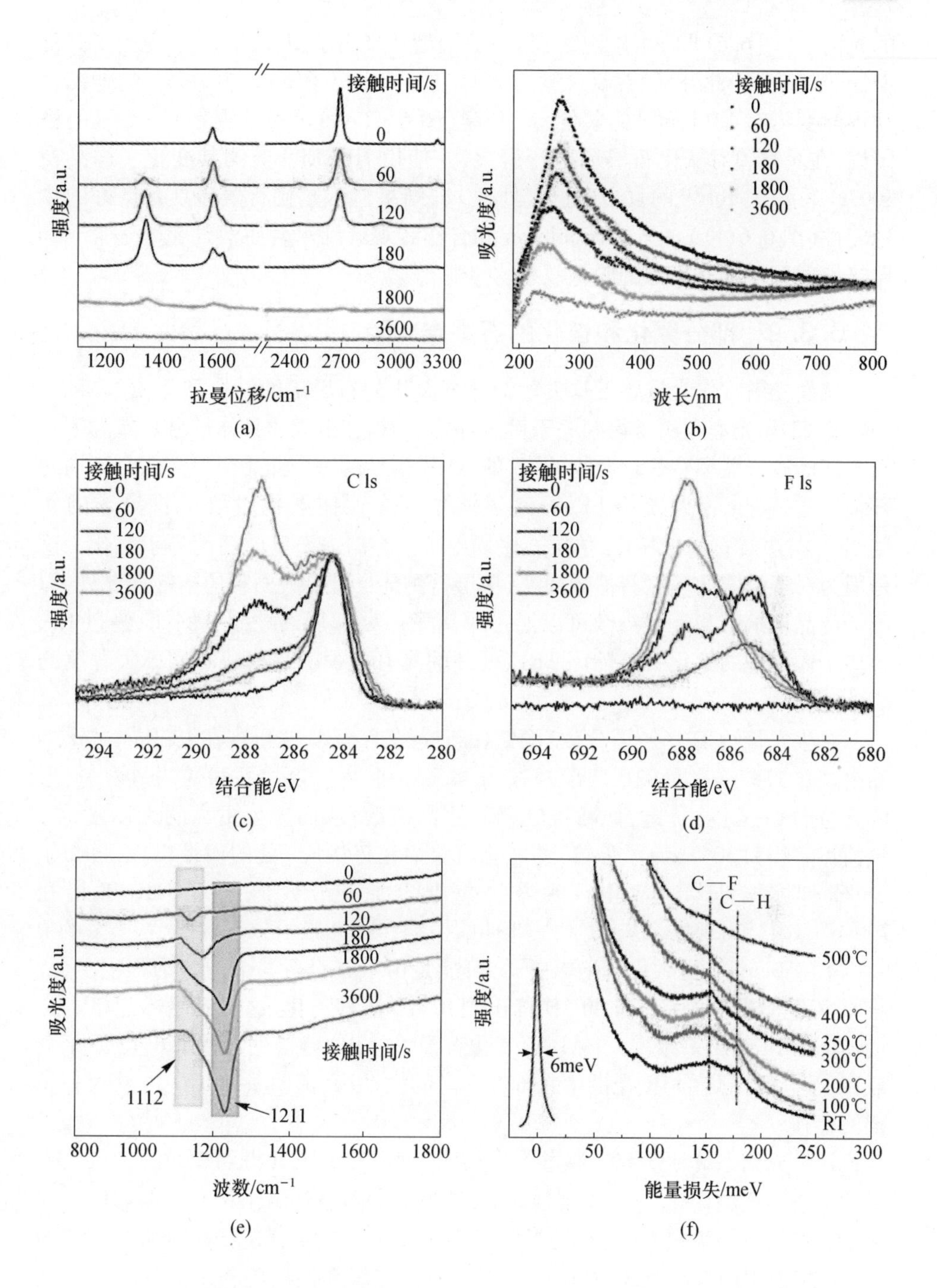

图 6.6 随着与 XeF_2 接触时间延长,石墨烯表面 C—F 相演化的表征。
(a)拉曼光谱(514nm);(b)紫外-可见谱;(c),(d)XPS 的 C 1s 和 F 1s 芯层谱;
(e)红外谱;(f)HREELS 结果显示热处理下 FG 的脱氟(引自文献[56])

的光谱中(图6.6(d))可以观察到C—F键型从半离子型(685.5eV)变到了共价型(687.5eV)。此外,随着氟含量的增加,C—F半离子键在$1112cm^{-1}$的伸缩振动逐渐变为在$1211cm^{-1}$的共价C—F键(图6.6(e))。为了观察C—F键的稳定性,在真空中对氟化石墨烯进行退火,并使用HREELS监测其变化。样品在300°C下10^{-10}Torr①的真空度退火处理1h,结果显示氟化石墨烯具有良好的热稳定性(图6.6(f))。另外,Robinson和合作者观察到水合肼蒸气化学还原FGs比热处理FGs具有更好的脱氟效果。

6.3.2 部分氟化和卤化的石墨烯

拉曼光谱常作为重要工具去评估部分卤化的石墨烯的结构和品质。NMR、XPS和FTIR光谱则用于得到关于键合环境、结构和组成的具体信息。室温下具有不同的氟覆盖率GrF化合物的^{19}F的NMR谱显示每个样品至少有六个不同的环境[57]。Yang等人使用SF_6等离子体处理去评估氟化对数层石墨烯的作用[35]。与多层石墨烯相比,单层石墨烯由于具有高表面反应活性易于氟化。这是因为对于较厚的多层石墨烯而言,单层石墨烯具有更大面积的褶皱。此外,石墨烯的晶格缺陷和p型掺杂可以通过等离子体处理加以控制。例如,经过CF_4等离子体处理的氟化石墨烯比CHF_3处理的具有更少的晶格缺陷和更大程度的p型掺杂[34]。

对于含量约8%(原子分数)的氯化石墨烯,特征D峰出现在$1330cm^{-1}$处,G峰出现在$1587cm^{-1}$处,2D峰出现在$2654cm^{-1}$处[23]。增加石墨烯的氯含量,形成大量的C—Cl共价键,D峰将红移到更高波数,从而产生更高的无序度[29]。氯覆盖率约为30%(原子分数)的氯化石墨烯在$790cm^{-1}$处的谱带出峰,可归于C—Cl伸缩振动[26]。氯化石墨烯(约30%(原子分数))低频FTIR光谱在$790cm^{-1}$附近出现峰,可归于C—Cl伸缩振动。4%(原子分数)溴化石墨烯的D峰(约$1350cm^{-1}$)比氯化石墨烯更弱,可能是由于其对石墨烯的修饰程度更低。与原生石墨烯相比,G—Br的2D峰出现$8cm^{-1}$蓝移宽化,这与石墨烯晶格上少量修饰的Br结果一致[29]。热还原氧化石墨烯(TRGO)得到含量1.6%(原子分数)的溴化石墨烯的IR光谱中在$600cm^{-1}$的振动峰,证明了TRGO-Br中C—Br键的存在[54]。

拉曼光谱系统地研究了通过吸附和插入Br_2和I_2蒸气得到掺杂的少层石墨烯的电子性质的变化[58]。卤素掺杂后,石墨烯的芳香网络结构并不受影响。溴吸附在单层石墨烯(SLG)上促进了高密度的空穴掺杂。双层石墨烯的光谱表明,在顶层和底层,I_2和Br_2的掺杂是对称的。三层和四层的石墨烯的表面以及内部每层的Br_2掺杂都相对恒定。此外,这些体系的2D拉曼带均被完全猝灭。

---

① 1Torr≈133.3Pa。

拉曼和 XPS 光谱证实,碘掺杂石墨烯的样品中,元素碘以三碘化物(I_3^-,$117cm^{-1}$)和五碘化物(I_5^-,$154cm^{-1}$)这两种形式存在[44,53],这并不奇怪,因为碘化石墨烯(石墨烯碘化物)已被确定为不稳定的中间体和自发分解的化合物[17]。

6.4 (全)氟化石墨烯的性质及应用

FG 的化学稳定性类似于 GrF 和 Teflon,使得它具有强憎水性[15]。因此,在表面活性剂的帮助下,FG 纳米片很容易分散在多种溶剂中[17,31,42]。相反,Wang 和合作者报告的 FG 却是亲水的[56],与水接触角约为1°。他们认为 FG 降低的水接触角是因为氟原子在单层碳上具有高的覆盖度,通过与水分子偶极子及氢键(C—F…H—O)相互作用,形成了偶极子取向的有序排列。

因为减少了导电 π 轨道中的电荷,氟插入石墨烯晶格后显著改变了石墨烯的电学性质[16,22]。氟化作用由于电子光谱中的局部态发生电子迁移而产生了迁移率隙,导致了电中性区域电阻的明显增加。氟化石墨烯的电阻可通过氟化程度加以调节。例如,成分为 $CF_{0.25}$ 的氟化石墨烯具有比石墨烯高6倍的电阻,而完全氟化的石墨烯(C_1F_1)是高质量的绝缘体(室温下具有大于 $10^{12}\Omega$ 的电阻率),这表明氟化后石墨烯产生了带隙。针对器件制造相关的应用,单面氟化的石墨烯已足矣,因为它同样实现了重要的能带隙的打开[25]。此外,氟化石墨烯的电子传输特性也能通过氟化程度加以调控[59]。

石墨烯掺氟对光学性能也极具影响。氟原子的高电负性,使其能够有效地与石墨烯掺杂或打开带隙(带隙工程)。没有氟化、部分氟化或完全氟化的石墨烯的吸收光谱如图6.7所示。纯的石墨烯显示光能在小于2.5eV时具有相对平坦的吸收光谱,在蓝光区域显著增加并且在紫外范围(4.6eV)内出现吸收峰。作为对比,部分氟化的石墨烯显示出更高的透明度,在可见光频率下为透明,仅在紫光区域才开始吸收光(图6.7)[15]。

FG 没有检测出拉曼信号也证实了完全的透光度,同时也证明 FG 是超过3.0eV 宽带隙半导体或绝缘体。氟化前后石墨烯纸的光学照片如图6.7(b)所示。可以发现光学透明的 FG,呈现出的黄色对应紫光区域的吸收。这也提供了 FG 作为宽带隙材料的直接可视证据。透射光谱显示出约3.1eV 的带隙,与从单独 FG 晶体的吸收谱测得的带隙值一致[15]。此外,由漫反射光谱(DRS)测量知,通过离子液体剥离 GrF 获得的成分为 $CF_{0.25}$ 和 $CF_{0.5}$ 氟化石墨烯的带隙分为1.8eV 和2.2eV[28]。根据 dI/dV 测量可得,通过 XeF_2 所得的氟化石墨烯 $CF_{0.25}$ 的带隙为2.9eV。

室温下 FG 的丙酮分散液的光致发光谱显示,在3.80eV 和3.65eV 处具有发射峰(图6.8)[33]。3.80eV 处的峰与自由电子和空穴的带间复合有关,因为通过近边 X 射线吸收精细结构(NEXAFS)光谱测量 FG 的带隙具有相同的能

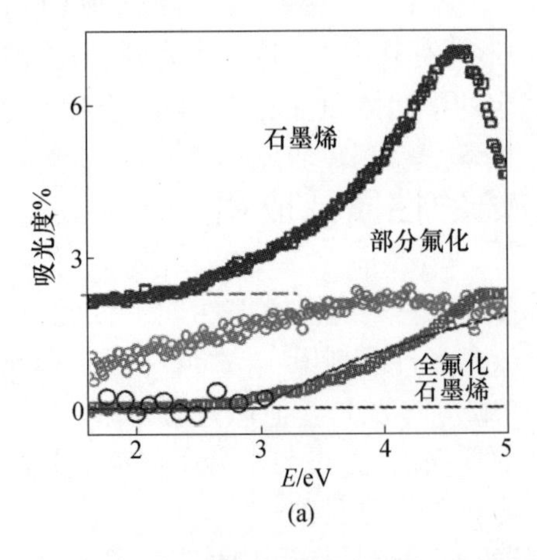

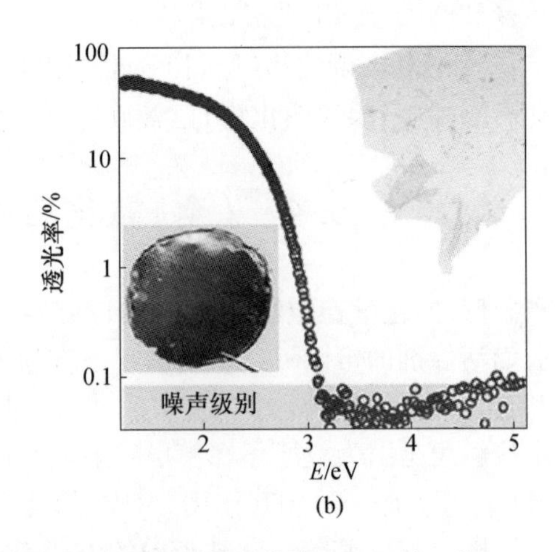

图6.7 (a)由于氟化石墨烯光透明度的变化,实线显示预期带隙为3eV的二维半导体的吸光行为;(b)左右内插图分别为氟化前后石墨烯纸,曲线显示1cm×1cm×5μm氟化石墨烯纸的光透明度随能量的变化

量。3.645eV峰值对应带隙发射以下156meV归于跨越带隙的声子辅助的辐射复合,其中当电子-空穴对复合时激发C—F振动模式。较低氟化程度时,在2.88eV处出现额外的发射峰,并伴随157meV处低能量区域的第二个峰(图6.8)。FG的光学带隙接近3.8eV,满足蓝光/紫外区域的光电应用[33]。NEXAFS也是评估半氟化石墨($CF_{0.5}$)中化学键各向异性的有力技术,证实了一半的碳原子与氟共价键合,其余碳原子则保留了π电子[40]。

与纯rGO比,通过CF_4等离子体处理获得的氟化还原氧化石墨烯(rGO)是分子表面增强拉曼光谱(SERS)更佳的基板[48]。氟化rGO的化学增强因子可以通过改变氟/碳含量(17%~27%)来调节,这是由于rGO表面含氟基团的局域偶极子诱导产生了强局域电场[48]。此外,氟化GO具有高的非线性吸收和非线性散射,并且其光学限制阈值比GO高一个数量级。水分散氟化石墨烯($CF_{0.5}$)则是在含氟表面活性剂存在下水相剥离GrF制得,它具有三阶非线性光学响应[42]。

通过H_2存在下惰性气氛中的烧结或暴露于肼蒸气的方法,对(全)氟化石墨烯进行脱氟处理可恢复类似石墨烯的导电性与双极性。FG的热脱氟(400~600℃)导致了碳的去除和类似体相GrF中C—F产物(如CF_4、C_2F_4、C_2F_6)的出现[16,60,61]。向胶态FG分散液中添加KI,促进了石墨烯的形成,也是脱氟的有效方法[17]。在此反应中,FG转变成不稳定的石墨烯碘,根据反应式$GF + KI \longrightarrow G + KF + \frac{1}{2}I_2$经快速歧化反应生成石墨烯和碘。

有趣的是,丙酮可用于恢复半离子氟化石墨烯s-FG的导电性能。具有高绝

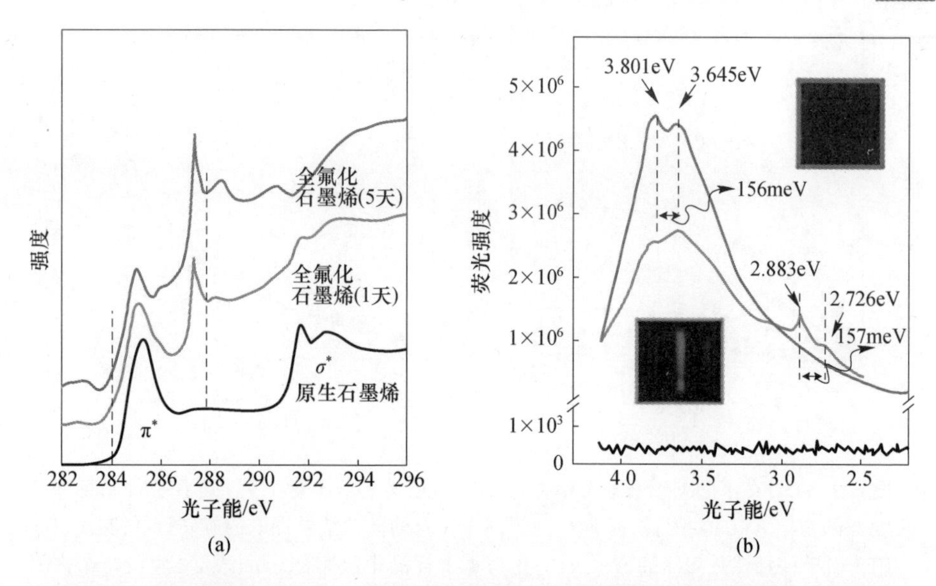

图6.8　FG带隙的打开。(a)原生石墨烯和两种不同氟含量的氟化石墨烯的NEXAFS谱,在284.1eV和287.9eV标注的虚线指示原生石墨烯和氟化样品的π^*共振峰的前缘;(b)室温下分散在丙酮中原生石墨烯/FG在290nm(4.275eV)激发下的光致发光谱,虚线用于引导识别,黑点间距约为156meV宽,同样的样品置于3.5mL的石英比色皿中,其发射蓝光的光学图像(俯视图)在PL发射后记录,在激发光关掉后持续了约30s(引自文献[33])

缘性能的多层s-FG,用丙酮还原一周后,电流从10^{-13}增至10^{-4}A,提高了9个数量级,显示了从绝缘体到半金属石墨烯的转变,可归于所制备的s-FG中离子C—F键的选择性消除。s-FG的还原仅发生在丙酮中,而在甲醇和水的溶剂中没有电性能的任何变化。离子C—F的键离能为54kJ·mol^{-1},共价C—F的键离能小于460kJ·mol^{-1},s-FG在丙酮中可能的还原机理如下:

$$2C_2F_{(半离子)} + CH_3C(O)CH_{3(l)} \longrightarrow HF + 2C_{(s)} + C_2F_{(共价键)} + CH_3C(O)CH_{2(l)}$$

还原的多层C_2F膜如同多数载流子表现为空穴的p型掺杂。对丙酮还原得到的多层s-FG膜进行了拉曼光谱、XPS和传输测量的表征分析[27]。可以观察到,随着氟化率的增加,石墨烯的氟化产生强顺磁性,也就是说,CF_x样品中随着x从0.1增加到1,低温饱和磁化强度的增加超过了一个数量级(图6.9(a))[62]。对于等化学计量的FG,与$CF_{0.75}$或$C_{F0.9}$相比,它的磁化强度明显降低,甚至此材料显示出强顺磁性。对FG来说,自旋数N随着氟覆盖率x的增加而增加,但当x升到接近0.9时,又略有下降(图6.9(b))。从玻耳磁子数μ_B的图清晰地看出,每个连接F原子(图6.9(b)内插图)顺磁中心数的初步增加(高达$x\approx0.5$)与x成正比。当x更高时,原子数与N之间的关系也更复杂。

由于较长的sp^3型键,FG比纯石墨烯刚性小了3倍。Nair等对FG进行了纳米压痕实验,根据位移记录AFM悬臂的弯曲,计算出作用膜的力,得出2D杨氏

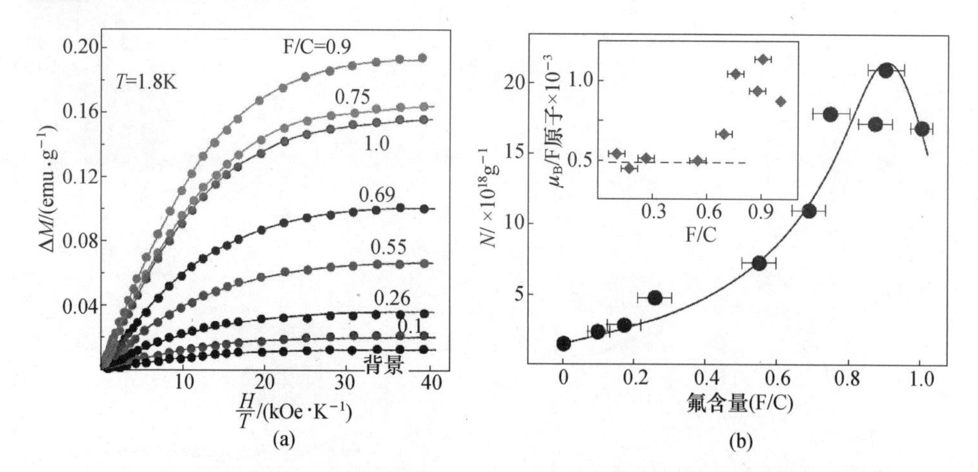

图6.9 (a)在不同F/C比例下,磁矩ΔM(扣除线性反磁背景后)随着平行磁场强度H的变化。(b)主图:根据F/C比例,从图(a)的模拟结果提取的旋转数N,实线仅用于引导;内插图:同样的N值归一化为每个样品中吸附原子的浓度(假设每个占$1\mu_B$,通过每克氟化石墨烯中氟原子的数据,除以磁矩数N,可以得到μ_B/F原子),误差棒显示氟浓度的精度(引自文献[62])

模量为(100 ± 30)N · m^{-1}或0.3TPa。杨氏模量的实验值约为理论值(226N · m^{-1})的1/2[63]。摩擦力显微测量表明,与原生石墨烯相比,对成分为C_4F的氟化石墨烯施加直到150nN的法向力,其表面的纳米摩擦力增加了6倍[64]。AFM尖端和石墨烯间的吸附力由于氟化减小了约25%[65]。此外,密度泛函理论(DFT)计算证实附着性能的降低主要由面外弯曲控制[64]。相反地,对于多层FG,从色散校正的DFT计算中可以观察到低的层间摩擦[66]。

由于氟原子的高电负性,C—F键具有高极性和低表面自由能,激发了许多有趣的生物响应[56]。在FG上培养的人骨髓的间充质干细胞(MSC)比在部分氟化石墨烯和石墨烯上培养的细胞经过7天增殖地更快,更易铺满培养皿(图6.10(a)~(d))。FG具有近乎3倍的细胞密度增加幅度,表明石墨烯表面引入C—F键可以促进细胞粘附和增殖。由于FG的高密度和紧密堆积,MSC在FG上比在部分氟化石墨烯(PFG)和石墨烯上被延展而更为细长。为了了解细胞生长的表面织构效应,对这些材料进行了水接触角的测量。随着氟含量的增加,石墨烯的水接触角从83°减小到约1°。氟的分布、H键相互作用、表面粗糙度均有助于氟化石墨烯的接触角的减小。此外,通过聚二甲基硅氧烷(PDMS)图案化FG实现了经FG微通道选择性附着MSC(图6.10(e)~(k))。MSC的密度与石墨烯上的氟的量有关。与非图案化FG培养的细胞相比,即使在没有神经元诱导剂的情况下,图案化的FG微通道中培养的细胞也具有更好的Tuj1和MAP2表达(图6.10(l))。

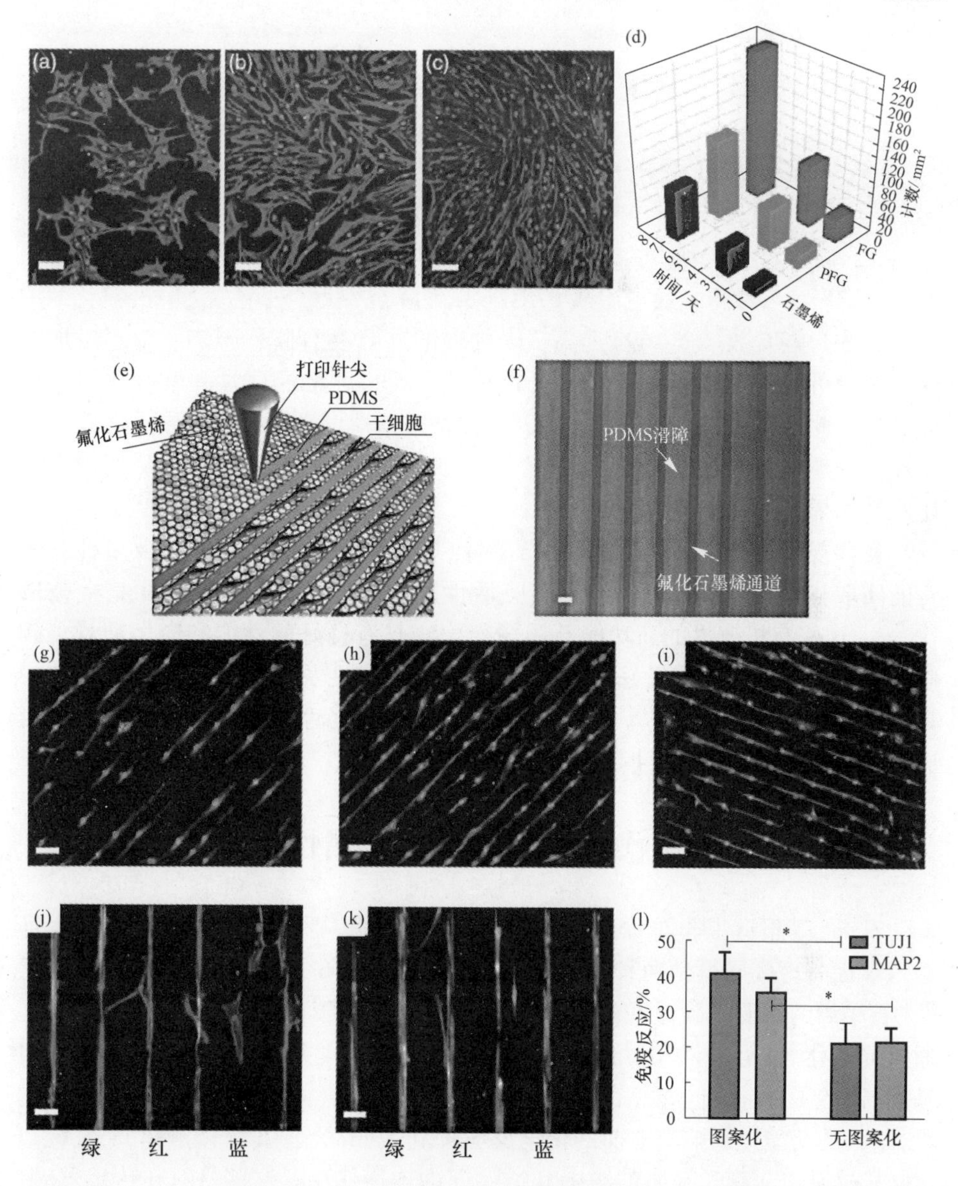

图6.10 (a)~(c)沾染罗丹明－鬼笔环肽的石墨烯、部分氟化的石墨烯(PFG)、FG上培养的MSC的肌动蛋白细胞骨架在第7天的荧光图(标尺100μm);(d)石墨烯膜上培养MSC的增殖,显示MSCs在不同氟量的氟化石墨烯上的控制生长;(e)直接在石墨烯膜上打印PDMS障碍层实现MSC图案化;(f)打印的PDMS在氟化石墨烯膜上的光学显微图像(标尺50μm);(g)~(i)干细胞通过打印的PDMS图案,分别在石墨烯、PFG、FG上排列生长(标尺100μm);(j),(k)MSC优先连接FG带上,它们成列的肌动蛋白(红色)和表达的神经特定标记——Tuj1和MAP2(绿色)(标尺=50μm);(l)针对未图案化和图案化FG带的Tuj1和MAP2,免疫反应细胞的百分数,图案化FG带在缺乏维甲酸时具有Tuj1和MAP2的更高表达($n=6$,$p<0.05$)(引自文献[56])

6.5 氯化和溴化石墨烯的化学与性质

部分氯化石墨烯(原子分数为8%)的非零带隙显示出比石墨烯高4个数量级的方块电阻[23]。这是由于共轭体系的破坏,导电 π 轨道的减少和带隙的开放。然而,通过氯等离子体处理得到的成分为 C_2Cl 的氯化石墨烯由于 $1535cm^2 \cdot (V \cdot s)^{-1}$ 的高迁移率[52],使得方块电阻从 $678\Omega \cdot sq^{-1}$ 降至 $342\Omega \cdot sq^{-1}$。此外,氯化 rGO 复合膜的介电常数($\varepsilon = 169$)远高于未处理的 rGO 复合膜($\varepsilon = 24$)[24]。增加的介电常数可归于伴随极性和可极化的 C—Cl 键的氯化 rGO 片和聚合物间的界面极化。此外,由于 Cl 原子诱导的 p 型掺杂效应[51],这些材料的导电性提高了93%。有趣的是,通过热处理或激光辐射,共价键合的氯易被去除,从而恢复成还原石墨烯衍生物[26,29,51]。

在常规有机反应环境中,溴化石墨烯(G-Br)中的 Br 原子可以被多种有机官能团取代[29,67]。G-Br 比 G-Cl 反应活性更强,其卤代基团几乎可完全被取代[29]。这些有机改性的新功能石墨烯衍生物具有良好的性能和应用前景。碘修饰的石墨烯样品具有极好的电催化活性、长稳定性及在氧还原反应(ORR)中具有更好的甲醇耐受性[53,44]。这些样品的高电催化活性是由于结构内 I_3^- 的形成对增强石墨烯 ORR 活性起了重要作用。

6.6 卤代石墨烯其他有趣属性及应用

Zhang 等报道了非对称修饰的单层石墨烯——“雅努斯”①结构石墨烯,即通过单面处理碳层得到两种类型的功能化基团(图6.11(A))[68]。制备“雅努斯”石墨烯的重要步骤是在第一步修饰过程中将基板保护的干净面暴露出来。通过光氯化、氟化、苯基化、重氮化和氧化反应,在面上共接枝卤素或芳基或含氧基团,制备了4种不同类型的“雅努斯”结构石墨烯(图6.11(A))。有意思的是,某面的功能化影响其对面的化学反应性和表面润湿性(水接触角)(图6.11(B)),这是由于化学基团的影响和彼此间的连通作用。这些材料在传感器、制动器及设计石墨烯的新功能衍生物方面具有潜在应用。

Cheng 等利用从头算的分子动力学模拟(AIMD)进行了室温下氟离子的石墨插层化合物(GIC)的氢吸附研究[69]。他们以计算及实验结果证明,这些化合物具有比多孔碳基材料明显更高的 H_2 吸附的等量吸附热。这些材料中与氢的强相互作用源自 C—F 键的半离子性质。此外,可以通过异质原子掺杂促进从

---

① 雅努斯(Janus),罗门人的门神,具有前后两张面孔,一在前一在脑后,一为年轻人一为老年人,一个看未来一个看过去。这里“雅努斯”石墨烯是指石墨烯层上下两面浸润性能不同。

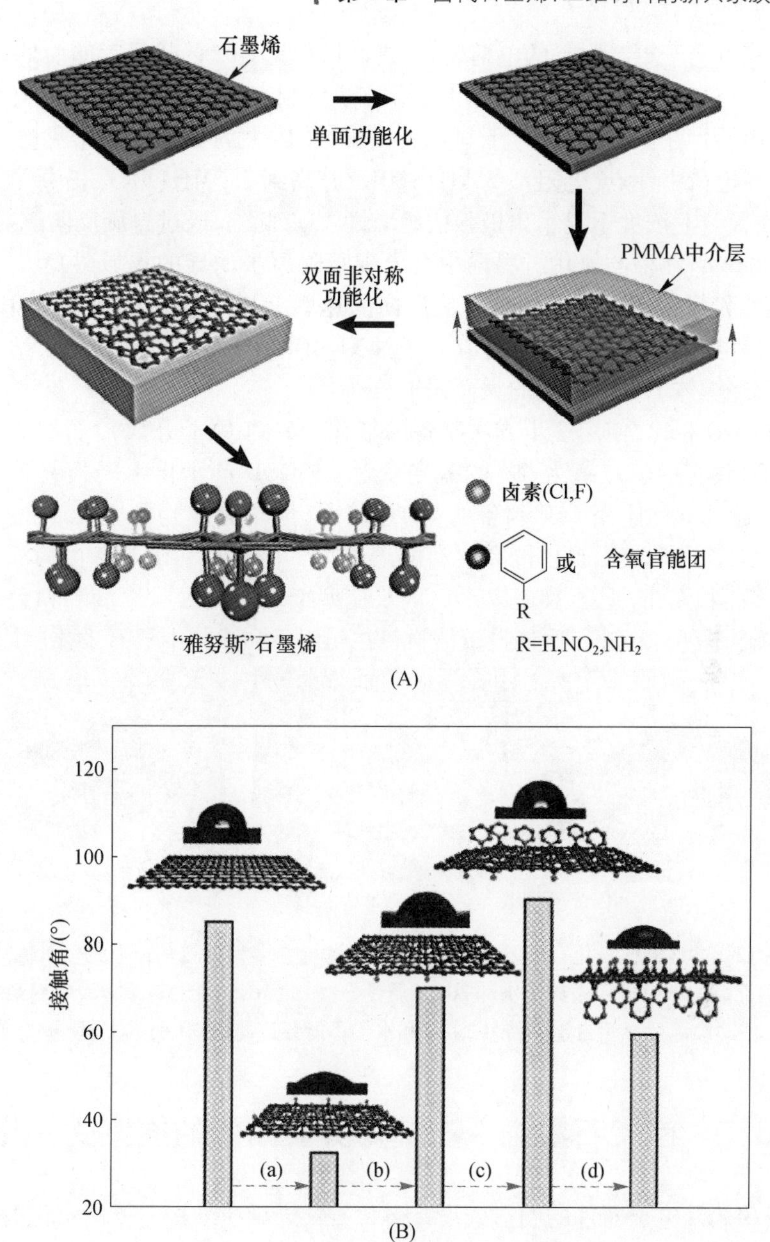

图6.11　(A)构造“雅努斯”结构石墨烯的示意图,旋涂PMMA膜在功能化石墨烯的单面上,从基板上剥落PMMA/石墨烯,翻转后非对称修饰石墨烯另一面,将PMMA保护面作为基板,最后去除PMMA,得到“雅努斯”石墨烯。(B)由双面各向异性浸润性衍生功能化石墨烯,制备“雅努斯”石墨烯过程中静态水接触角测试:(a)单面的光氯化;(b)石墨烯新鲜面的暴露;(c)单面苯基化;(d)“雅努斯”石墨烯的释放;内插图显示水滴图像及对应面的示意图(引自文献[68])

石墨烯到氟离子更高水平的电荷转移,进而可预见 GIC 的优异存储前景。

在反应离子刻蚀系统中利用 CF_4 等离子体制得的 F/C 比为 1∶2000 的稀的氟化石墨烯片在低温(<5K)下显示各向异性、巨大的负磁阻和罕见的“阶梯”行为。在电荷中性点,电阻从 25kΩ(200K)升高到 2.5MΩ(5K),提高了 3 个数量级,在稀释 F 浓度下显示出极强的绝缘性[70]。此外,通过自旋反向散射(spin-flip scattering)在稀的氟化石墨烯中会出现吸附原子诱导的局域磁矩[71]。通过氟覆盖度和载流子密度可调控自旋反向的速率。与 CF_4 和 6H-SiC(0001)表面基于氯的电感耦合等离子体反应离子蚀刻(ICP-RIE)有关的表面化学经热处理,导致绝缘体上石墨烯膜的大面积生长[72]。

与 GQD 相比,使用多步方法制备的氟化(15%(原子分数))石墨烯量子点(F-GQD)具有量子产率为 6% 的蓝光发射。F-GQD 展示出上转换光致发光特性[73]。通过氧化体相 GrF 制备的 FGO(23%(原子分数))具有 151°憎水接触角。C—F 键的低表面自由能和材料的溶液加工性非常利于制备可喷涂在多种基板(多孔和无孔)上的双疏墨水。从双疏型纸巾上可去除水滴和粉色单乙醇胺的液滴(图 6.12)[49]。这种自清洁材料在纺织品和涂料中具有重要应用。

(a)

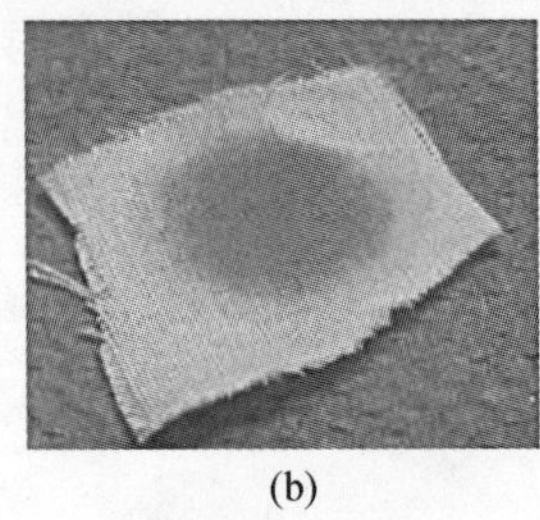

(b)

(c)

图 6.12 高度氟化氧化石墨烯(HFGO)墨水被喷涂在多种多孔基板上产生双疏特性。(a)喷涂后的纸巾排斥去离子水和 30%(质量分数)的 MEA(粉色);(b)天生双亲织物;(c)喷涂后显示自清洁特性,溶剂和水均不能穿过此织物(引自文献[49])

6.7 卤代石墨烯-石墨烯异质结构的图案式卤化

石墨烯基电子器件的制造或设计卤化石墨烯异质结构需要图案化或选择性卤化石墨烯。在图案化氟化或氯化石墨烯领域已经取得了极大进步[15-16,25,48]。在石墨烯上放置合适的模具或金属栅格可实现其图案式卤化。石墨烯上的栅格或模具保护某些区域免于卤化,剩余部分则形成图案式卤化。石墨烯的掩蔽区域可以用作多种器件的导电通路。

成分为 C_4F 的氟化石墨烯环绕的石墨烯纳米带(GNR)构造的器件具有约 $2700cm^2 \cdot V^{-1} \cdot s^{-1}$的电子迁移率[74]。通过扫描探针刻蚀,使用聚苯乙烯作为掩体,通过氟化将遮蔽的石墨烯与周围的宽带隙氟化石墨烯隔离,制造了窄度为

35nm 的 GNR(图 6.13(a))。器件的氟化区域保持了起始载流子迁移率并且显示出 0.17eV 的 p 型掺杂,而含有 GNR 的聚合物掩模具有稳定性能。同课题组利用热化学纳米刻蚀(TCNL)局部还原氟化石墨烯(C_4F),产生了由氟化石墨烯包围的化学隔离的 GNRs[75]。对于 TCNL 还原,氟化石墨烯是更好的基底,因为它具有大量的 C—F 键,并且与 GO 高温退火后保留了氧残余相比,氟不会被掺入到晶格中。TCNL 使用热 AFM 探针将高度绝缘的氟化石墨烯局部转化为导电的 GNR。常温常压下,宽度为 40nm 的 GNR 的方块电阻接近 $23k\Omega \cdot sq^{-1}$。这些方法开拓了制造导电和半导体微纳结构石墨烯基透明柔性电子器件的可能性。此外,具有不同导电性的图案化通道可促进新型电阻存储器和数据存储器件的设计。

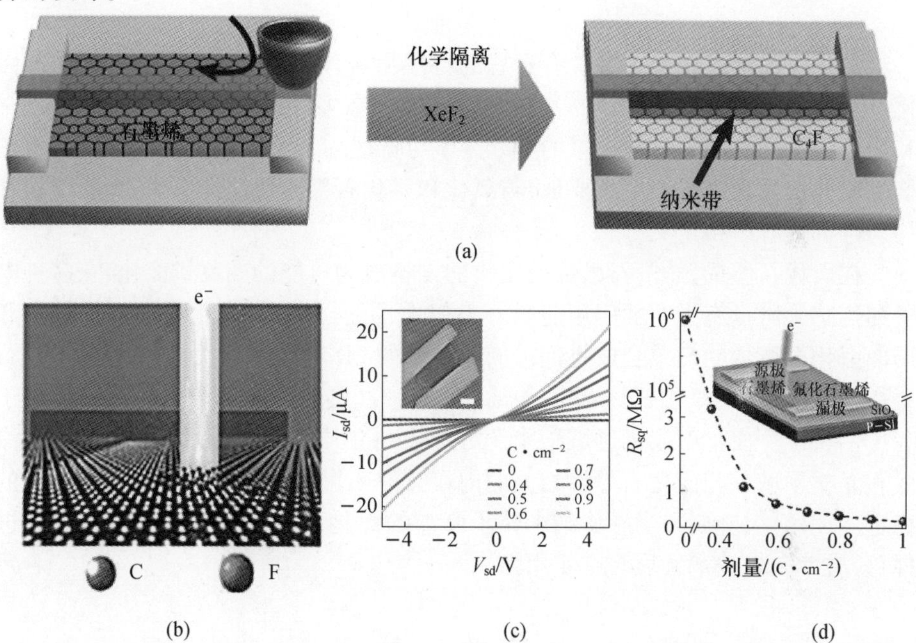

图 6.13 (a)掩蔽和隔离过程示意图,(左图)穿过电极,SLG 上用聚苯乙烯的热浸蘸笔纳米刻蚀(tDPN),(右图)XeF_2 氟化 GNR 结构的化学分离(引自文献[74]);(b)电子束辐射氟化石墨烯的纳米图案化;(c)C_4F 石墨烯设备对应不同剂量电子束辐照后的 $I-V$ 性质,内插图为典型 C_4F 石墨烯设备假色 SEM 图像,白条为 1μm,绿色区域对应 C_4F 石墨烯片,黄色为 Au/Cr 电极;(d)单位面积电子束辐照剂量对应样品电阻(虚黑线为了便于观察),内插图显示电子束辐照下的设备装置示意图(引自文献[76])

有趣的是,电子束照射下由于 C—F 键的断裂,绝缘氟化石墨烯的电阻率可以逐渐降低几个数量级(图 6.13(b))[76]。图 6.13(c)表明均匀电子束辐射整个片层区域直到 $1C \cdot cm^{-2}$ 剂量后,氟化石墨烯器件的 DC 源漏电流对电压特性的改进。对于低剂量,源漏 $I-V$ 曲线以非线性为主,在较高剂量下非线性变差。

改变电子束辐照剂量，电阻从 1TΩ 下降到 100kΩ，下降了 7 个数量级（图 6.13（d））。通过从头算和第一性原理的 DFT 计算从理论上研究了 FG、半氟化石墨烯[77]及 FG 带[78]内石墨烯纳米带和 GQD 的性质。

DFT 计算显示在石墨和 FG 双层之间存在明显的 C—H…F—C 键，具有远低于单独石墨和 FG 的小能隙（采用 PBE 参数的广义梯度近似（GGA）模型计算为为 0.5eV）。该双层的结合强度可以通过施加外电场来增强。石墨烯/FG 双层（0～3.0eV）的能隙可以通过改变电场的极性和强度进行调控，产生半导体与金属性之间的转变[79]。

6.8 结论与前景展望

卤化石墨烯表现出了多种有意思的特性和新兴的应用前景。石墨烯通过卤化打开的带隙可通过卤元素的含量加以调控。在多种卤化石墨烯中，通过化学和物理方法剥离出等化学计量的 FG。FG 与石墨烯和 GO 一起被认为是石墨烯衍生家族的公认成员。更重要地，与氧化和氢化石墨烯相比，FG 的成分、结构和均匀性都具有严格定义。

在卤代石墨烯领域，石墨烯衍生物的制备成为可能的图案式卤化，在多种电子和传感领域具有光明的应用前景。类似地，混合石墨烯卤化物的可控制备和局部卤化石墨烯的简单合成将促进商业应用的 2D 半导体的发展。此外，FG/石墨烯或石墨烯/全氟化石墨烯/石墨烯（G/FG/G）层的堆叠可产生有意思的电子和传输特性。卤化石墨烯领域未来的方向也将集中在存储、生物学、电化学、涂层和光学领域。与卤化石墨烯相关的内在官能团也可用于各种无机纳米粒子的稳定。用磁性、金属和半导体纳米粒子修饰的卤化石墨烯的复合物也将在先进催化、磁性和光技术领域具有实用性。

参考文献

[1] Geim, A. K., and Novoselov, K. S. (2007) *Nat. Mater.*, **6**, 183 - 191.

[2] Schwierz, F. (2010) *Nat. Nanotechnol.*, **5**, 487 - 496.

[3] Novoselov, K. S., Fal′ko, V. I., Colombo, L., Gellert, P. R., Schwab, M. G., and Kim, K. (2012) *Nature*, **490**, 192 - 200.

[4] Novoselov, K. S., Geim, A. K., Morozov, S. V., Jiang, D., Zhang, Y., Dubonos, S. V., Grigorieva, I. V., and Firsov, A. A. (2004) *Science*, **306**, 666 - 669.

[5] Novoselov, K. S., Jiang, D., Schedin, F., Booth, T. J., Khotkevich, V. V., Morozov, S. V., and Geim, A. K. (2005) *Proc. Natl. Acad. Sci. U. S. A.*, **102**, 10451 - 10453.

[6] Rao, C. N. R., Maitra, U., and Matte, H. S. S. R. (2012) *Graphene*, Wiley - VCH Verlag GmbH & Co. KGaA, Weinheim, pp. 1 - 47.

[7] Castro Neto, A. H., Guinea, F., Peres, N. M. R., Novoselov, K. S., and Geim, A. K. (2009) *Rev.*

Mod. Phys., **81**, 109 – 162.

[8] Balog, R., Jorgensen, B., Nilsson, L., Andersen, M., Rienks, E., Bianchi, M., Fanetti, M., Laegsgaard, E., Baraldi, A., Lizzit, S., Sljivancanin, Z., Besenbacher, F., Hammer, B., Pedersen, T. G., Hofmann, P., and Hornekaer, L. (2010) *Nat. Mater.*, **9**, 315 – 319.

[9] Georgakilas, V., Otyepka, M., Bourlinos, A. B., Chandra, V., Kim, N., Kemp, K. C., Hobza, P., Zboril, R., and Kim, K. S. (2012) *Chem. Rev.*, **112**, 6156 – 6214.

[10] Johns, J. E. and Hersam, M. C. (2013) *Acc. Chem. Res.*, **46**, 77 – 86.

[11] Haddon, R. C. (2013) *Acc. Chem. Res.*, **46**, 1 – 3.

[12] Loh, K. P., Bao, Q. L., Ang, P. K., and Yang, J. X. (2010) *J. Mater. Chem.*, **20**, 2277 – 2289.

[13] Tang, Q., Zhou, Z., and Chen, Z. F. (2013) *Nanoscale*, **5**, 4541 – 4583.

[14] Chen, D., Feng, H. B., and Li, J. H. (2012) *Chem. Rev.*, **112**, 6027 – 6053.

[15] Nair, R. R., Ren, W. C., Jalil, R., Riaz, I., Kravets, V. G., Britnell, L., Blake, P., Schedin, F., Mayorov, A. S., Yuan, S. J., Katsnelson, M. I., Cheng, H. M., Strupinski, W., Bulusheva, L. G., Okotrub, A. V., Grigorieva, I. V., Grigorenko, A. N., Novoselov, K. S., and Geim, A. K. (2010) *Small*, **6**, 2877 – 2884.

[16] Robinson, J. T., Burgess, J. S., Junkermeier, C. E., Badescu, S. C., Reinecke, T. L., Perkins, F. K., Zalalutdniov, M. K., Baldwin, J. W., Culbertson, J. C., Sheehan, P. E., and Snow, E. S. (2010) *Nano Lett.*, **10**, 3001 – 3005.

[17] Zboril, R., Karlicky, F., Bourlinos, A. B., Steriotis, T. A., Stubos, A. K., Georgakilas, V., Safarova, K., Jancik, D., Trapalis, C., and Otyepka, M. (2010) *Small*, **6**, 2885 – 2891.

[18] Elias, D. C., Nair, R. R., Mohiuddin, T. M. G., Morozov, S. V., Blake, P., Halsall, M. P., Ferrari, A. C., Boukhvalov, D. W., Katsnelson, M. I., Geim, A. K., and Novoselov, K. S. (2009) *Science*, **323**, 610 – 613.

[19] Butler, S. Z., Hollen, S. M., Cao, L. Y., Cui, Y., Gupta, J. A., Gutierrez, H. R., Heinz, T. F., Hong, S. S., Huang, J. X., Ismach, A. F., Johnston – Halperin, E., Kuno, M., Plashnitsa, V. V., Robinson, R. D., Ruoff, R. S., Salahuddin, S., Shan, J., Shi, L., Spencer, M. G., Terrones, M., Windl, W., and Goldberger, J. E. (2013) *ACS Nano*, **7**, 2898 – 2926.

[20] Touhara, H. and Okino, F. (2000) *Carbon*, **38**, 241 – 267.

[21] Karlicky, F., Datta, K. K. R., Otyepka, M., and Zboril, R. (2013) *ACS Nano*, **7**, 6434 – 6464.

[22] Cheng, S. -H., Zou, K., Okino, F., Gutierrez, H. R., Gupta, A., Shen, N., Eklund, P. C., Sofo, J. O., and Zhu, J. (2010) *Phys. Rev. B*, **81**, 205435.

[23] Li, B., Zhou, L., Wu, D., Peng, H. L., Yan, K., Zhou, Y., and Liu, Z. F. (2011) *ACS Nano*, **5**, 5957 – 5961.

[24] Kim, J. Y., Lee, W. H., Suk, J. W., Potts, J. R., Chou, H., Kholmanov, I. N., Piner, R. D., Lee, J., Akinwande, D., and Ruoff, R. S. (2013) *Adv. Mater.*, **25**, 2308 – 2313.

[25] Lee, W. H., Suk, J. W., Chou, H., Lee, J. H., Hao, Y. F., Wu, Y. P., Piner, R., Aldnwande, D., Kim, K. S., and Ruoff, R. S. (2012) *Nano Lett.*, **12**, 2374 – 2378.

[26] Gopalakrishnan, K., Subrahmanyam, K. S., Kumar, P., Govindaraj, A., and Rao, C. N. R. (2012) *RSC Adv.*, **2**, 1605 – 1608.

[27] Lee, J. H., Koon, G. K. W., Shin, D. W., Fedorov, V. E., Choi, J. -Y., Yoo, J. -B., and Özyilmaz, B. (2013) *Adv. Funct. Mater.*, **23**, 3329 – 3334.

[28] Chang, H. X., Cheng, J. S., Liu, X. Q., Gao, J. F., Li, M. J., Li, J. H., Tao, X. M., Ding, F., and Zheng, Z. J. (2011) *Chem. Eur. J.*, **17**, 8896 – 8903.

[29] Zheng, J. , Liu, H. -T. , Wu, B. , Di, C. -A. , Guo, Y. -L. , Wu, T. , Yu, G. , Liu, Y. -Q. , and Zhu, D. -B. (2012) *Sci. Rep.* , **2**, 662.

[30] Withers, F. , Dubois, M. , and Savchenko, A. K. (2010) *Phys. Rev. B*, **82**, 073403.

[31] Gong, P. W. , Wang, Z. F. , Wang, J. Q. , Wang, H. G. , Li, Z. P. , Fan, Z. J. , Xu, Y. , Han, X. X. , and Yang, S. R. (2012) *J. Mater. Chem.* , **22**, 16950 – 16956.

[32] Bourlinos, A. B. , Safarova, K. , Siskova, K. , and Zboril, R. (2012) *Carbon*, **50**, 1425 – 1428.

[33] Jeon, K. J. , Lee, Z. , Pollak, E. , Moreschini, L. , Bostwick, A. , Park, C. M. , Mendelsberg, R. , Radmilovic, V. , Kostecki, R. , Richardson, T. J. , and Rotenberg, E. (2011) *ACS Nano*, **5**, 1042 – 1046.

[34] Chen, M. J. , Zhou, H. Q. , Qiu, C. Y. , Yang, H. C. , Yu, F. , and Sun, L. F. (2012) *Nanotechnology*, **23**, 115706.

[35] Yang, H. C. , Chen, M. J. , Zhou, H. Q. , Qiu, C. Y. , Hu, L. J. , Yu, F. , Chu, W. G. , Sun, S. Q. , and Sun, L. F. (2011) *J. Phys. Chem. C*, **115**, 16844 – 16848.

[36] Wheeler, V. , Garces, N. , Nyakiti, L. , Myers-Ward, R. , Jernigan, G. , Culbertson, J. , Eddy, C. , and Gaskill, D. K. (2012) *Carbon*, **50**, 2307 – 2314.

[37] Tahara, K. , Iwasaki, T. , Matsutani, A. , and Hatano, M. (2012) *Appl. Phys. Lett.* , **101**, 163105.

[38] Fedorov, V. E. , Grayfer, E. D. , Makotchenko, V. G. , Nazarov, A. S. , Shin, H. J. , and Choi, J. Y. (2012) *Croat. Chem. Acta*, **85**, 107 – 112.

[39] Grayfer, E. D. , Makotchenko, V. G. , Kibis, L. S. , Boronin, A. I. , Pazhetnov, E. M. , Zaikovskii, V. I. , and Fedorov, V. E. (2013) *Chem. Asian J.* , **8**, 2015 – 2022.

[40] Okotrub, A. V. , Yudanov, N. F. , Asanov, I. P. , Vyalikh, D. V. , and Bulusheva, L. G. (2012) *ACS Nano*, **7**, 65 – 74.

[41] Wang, Z. , Wang, J. , Li, Z. , Gong, P. , Ren, J. , Wang, H. , Han, X. , and Yang, S. (2012) *RSC Adv.* , **2**, 11681 – 11686.

[42] Bourlinos, A. B. , Bakandritsos, A. , Liaros, N. , Couris, S. , Safarova, K. , Otyepka, M. , and Zboril, R. (2012) *Chem. Phys. Lett.* , **543**, 101 – 105.

[43] Shen, B. S. , Chen, J. T. , Yan, X. B. , and Xue, Q. J. (2012) *RSC Adv.* , **2**, 6761 – 6764.

[44] Yao, Z. , Nie, H. G. , Yang, Z. , Zhou, X. M. , Liu, Z. , and Huang, S. M. (2012) *Chem. Commun.* , **48**, 1027 – 1029.

[45] Pu, L. Y. , Ma, Y. J. , Zhang, W. , Hu, H. L. , Zhou, Y. , Wang, Q. L. , and Pei, C. H. (2013) *RSC Adv.* , **3**, 3881 – 3884.

[46] Wang, Z. , Wang, J. , Li, Z. , Gong, P. , Liu, X. , Zhang, L. , Ren, J. , Wang, H. , and Yang, S. (2012) *Carbon*, **50**, 5403 – 5410.

[47] Gong, P. W. , Wang, Z. F. , Li, Z. P. , Mi, Y. J. , Sun, J. F. , Niu, L. Y. , Wang, H. G. , Wang, J. Q. , and Yang, S. R. (2013) *RSC Adv.* , **3**, 6327 – 6330.

[48] Yu, X. X. , Lin, K. , Qiu, K. Q. , Cai, H. B. , Li, X. J. , Liu, J. Y. , Pan, N. , Fu, S. J. , Luo, Y. , and Wang, X. P. (2012) *Carbon*, **50**, 4512 – 4517.

[49] Mathkar, A. , Narayanan, T. N. , Alemany, L. B. , Cox, P. , Nguyen, P. , Gao, G. H. , Chang, P. , Romero-Aburto, R. , Mani, S. A. , and Ajayan, P. M. (2013) *Part. Part. Syst. Char.* , **30**, 266 – 272.

[50] Chantharasupawong, P. , Philip, R. , Narayanan, N. T. , Sudeep, P. M. , Mathkar, A. , Ajayan, P. M. , and Thomas, J. (2012) *J. Phys. Chem. C*, **116**, 25955 – 25961.

[51] Wu, J. , Xie, L. M. , Li, Y. G. , Wang, H. L. , Ouyang, Y. J. , Guo, J. , and Dai, H. J. (2011) *J. Am. Chem. Soc.* , **133**, 19668 – 19671.

[52] Zhang, X., Hsu, A., Wang, H., Song, Y., Kong, J., Dresselhaus, M. S., and Palacios, T. (2013) *ACS Nano*, **7**, 7262-7270.

[53] Kalita, G., Wakita, K., Takahashi, M., and Umeno, M. (2011) *J. Mater. Chem.*, **21**, 15209-15213.

[54] Poh, H. L., ˇSimek, P., Sofer, Z., and Pumera, M. (2013) *Chem. Eur. J.*, **19**, 2655-2662.

[55] Jeon, I.-Y., Choi, H.-J., Choi, M., Seo, J.-M., Jung, S.-M., Kim, M.-J., Zhang, S., Zhang, L., Xia, Z., Dai, L., Park, N., and Baek, J.-B. (2013) *Sci. Rep.*, **3**, 1810.

[56] Wang, Y., Lee, W. C., Manga, K. K., Ang, P. K., Lu, J., Liu, Y. P., Lim, C. T., and Loh, K. P. (2012) *Adv. Mater.*, **24**, 4285-4290.

[57] Vyalikh, A., Bulusheva, L. G., Chekhova, G. N., Pinakov, D. V., Okotrub, A. V., and Scheler, U. (2013) *J. Phys. Chem. C*, **117**, 7940-7948.

[58] Jung, N., Kim, N., Jockusch, S., Turro, N. J., Kim, P., and Brus, L. (2009) *Nano Lett.*, **9**, 4133-4137.

[59] Withers, F., Russo, S., Dubois, M., and Craciun, M. F. (2011) *Nanoscale Res. Lett.*, **6**, 526.

[60] Kita, Y., Watanabe, N., and Fujii, Y. (1979) *J. Am. Chem. Soc.*, **101**, 3832-3841.

[61] Watanabe, N., Koyama, S., and Imoto, H. (1980) *Bull. Chem. Soc. Jpn.*, **53**, 2731-2734.

[62] Nair, R. R., Sepioni, M., Tsai, I. L., Lehtinen, O., Keinonen, J., Krasheninnikov, A. V., Thomson, T., Geim, A. K., and Grigorieva, I. V. (2012) *Nat. Phys.*, **8**, 199-202.

[63] Leenaerts, O., Peelaers, H., Hernandez-Nieves, A. D., Partoens, B., and Peeters, F. M. (2010) *Phys. Rev. B*, **82**, 195436.

[64] Ko, J. H., Kwon, S., Byun, I. S., Choi, J. S., Park, B. H., Kim, Y. H., and Park, J. Y. (2013) *Tribol. Lett.*, **50**, 137-144.

[65] Kwon, S., Ko, J. H., Jeon, K. J., Kim, Y. H., and Park, J. Y. (2012) *Nano Lett.*, **12**, 6043-6048.

[66] Wang, L.-F., Ma, T.-B., Hu, Y.-Z., Wang, H., and Shao, T.-M. (2013) *J. Phys. Chem. C*, **117**, 12520-12525.

[67] Gao, J., Bao, F., Zhu, Q. D., Tan, Z. F., Chen, T., Cai, H. H., Zhao, C., Cheng, Q. X., Yang, Y. D., and Ma, R. (2013) *Polym. Chem. UK*, **4**, 1672-1679.

[68] Zhang, L. M., Yu, J. W., Yang, M. M., Xie, Q., Peng, H. L., and Liu, Z. F. (2013) *Nat. Commun.*, **4**, 1443.

[69] Cheng, H. S., Sha, X. W., Chen, L., Cooper, A. C., Foo, M. L., Lau, G. C., Bailey, W. H., and Pez, G. P. (2009) *J. Am. Chem. Soc.*, **131**, 17732-17733.

[70] Hong, X., Cheng, S. H., Herding, C., and Zhu, J. (2011) *Phys. Rev. B*, **83**, 085410.

[71] Hong, X., Zou, K., Wang, B., Cheng, S. H., and Zhu, J. (2012) *Phys. Rev. Lett.*, **108**, 226602.

[72] Raghavan, S., Denig, T. J., Nelson, T. C., and Stinespring, C. D. (2012) *J. Vac. Sci. Technol., B*, **30**, 030605.

[73] Feng, Q., Cao, Q., Li, M., Liu, F., Tang, N., and Du, Y. (2013) *Appl. Phys. Lett.*, **102**, 013111.

[74] Lee, W. K., Robinson, J. T., Gunlycke, D., Stine, R. R., Tamanaha, C. R., King, W. P., and Sheehan, P. E. (2011) *Nano Lett.*, **11**, 5461-5464.

[75] Lee, W.-K., Haydell, M., Robinson, J. T., Laracuente, A. R., Cimpoiasu, E., King, W. P., and Sheehan, P. E. (2013) *ACS Nano*, **7**, 6219-6224.

[76] Withers, F., Bointon, T. H., Dubois, M., Russo, S., and Craciun, M. F. (2011) *Nano Lett.*, **11**,

3912 – 3916.
[77] Ribas, M. A., Singh, A. K., Sorokin, P. B., and Yakobson, B. I. (2011) *Nano Res.*, **4**, 143 – 152.
[78] Shi, H. L., Pan, H., Zhang, Y. W., and Yakobson, B. I. (2012) *J. Phys. Chem. C*, **116**, 18278 – 18283.
[79] Li, Y. F., Li, F. Y., and Chen, Z. F. (2012) *J. Am. Chem. Soc.*, **134**, 11269 – 11275.

第7章

石墨烯的非共价键功能化

Kingsley Christian Kemp, Yeonchoo Cho, Vimlesh Chandra, Kwang Soo Kim

作者在最近的综述文章中已讨论石墨烯的非共价键功能化[1]。本章将以更简洁更新的理论与实验展开讨论。

7.1 非共价键功能化石墨烯的理论背景

原生石墨烯具有吸引人的特性,例如高电子迁移率和柔性力学性能[2,3]。从电子学角度来看,石墨烯的零带隙限制了其在晶体管中的应用[4]。为了克服这个问题,需对石墨烯进行非共价键功能化。非共价键功能化是减少目标性能损失并促进性能优化的有力手段。石墨烯提供的外露 π 电子可以用来形成非共价键。分子间非共价键的相互作用对理解分子簇、超分子组装、离子载体、生物分子结构、晶体堆积和纳米材料工程起到重要作用[5-10]。原生石墨烯片本质上是疏水的,所以它们不能溶于极性溶剂。然而,石墨烯片的功能化可以使石墨烯分散甚至溶于水溶液及有机溶剂[11]。为此目的必须避免堆积,如同水溶性富勒烯,使用有机物的 π 键作用,实现对石墨烯共价键功能化也必将合乎期望[12]。就此点而言,特定作用间的竞争和协调在设计新纳米材料和制造新型纳米器件中至关重要。甚至在 π 电子的分子体系中,电子性能的微小差异都可能引起纳米系统的几何形状和分子性质的显著变化。而在讨论石墨烯之前,我们先从苯这个最简单的石墨体系开始,其几十年的广泛研究便于我们深入洞察 π 电子的非共价键作用的特性。

7.1.1 深度认识苯的 π 键作用

在量子化学界,我们已深入研究了类苯非共价键作用。这种类型的分子体系包括稀有气体—π 键、H—π 键、π—π 键、阳离子—π 键和阴离子—π 键体系[13-15]。人们对这个领域感兴趣的原因之一是因为小的复合体使得高水平计算,如三重激发微扰校正的单双重激发耦合簇理论(CCSD(T))和对称性匹配微扰理论(SAPT)可以实现。在 SAPT 中,双链体的总相互作用能可分为静电、色散、诱导和交换互斥几个概念。这种分析为交互系统提供了许多深层次的理解。在某些情况下,复合物的形成由静电力驱动,而在其他情况下,这种相互作用主要由色散力控制。这些方法给出了精确能量学领域的深刻见解,但目前阶段仅适用于丛簇。

苯二聚体是用于研究芳香型复合物中 π 键作用的模型体系。它已被广泛用于实验和理论研究。实验测得苯二聚体的结合能为 2 ~ 3kcal · mol^{-1}[16]。理论计算表明苯二聚体可以形成两个稳定结构:H—π 键相互作用的 T 形[17-22]和 π—π 相互作用的平行错位堆积[13,14,22,23]。这两个构象异构体几乎是等能的。它们的形成由色散力所驱动。根据从孤立的苯二聚体获得的实验数据,边对面的构象异构体比面对面堆积错位的结构稍微稳定。然而,需要注意的是苯二聚体是非常柔韧的体系,因此这两种形式可以共存。

然而,随着芳香体系变大,色散能占主导,这是因为色散能的量级与参与作用的电子数趋于正比关系。当 π 键体系增大,π—π 键的相互作用变得比 H—π 键的相互作用更为重要,这是因为前者在两个 π 体系间更大的接触面产生更大的色散能。因此,在石墨烯体系中,π—π 键的相互作用变得更加重要。

非共价 π—π 键的相互作用在芳香型化合物的研究中起着至关重要的作用。在此体系下,有两种显著不同的情况。第一种情况,两个芳香基团具有非常相似或完全相同的电子密度分布。这种芳香体系具有负的高度离域的 π 电子云的特征。根据化学经验,此类分子体系间的相互作用应该是排斥的。然而,当静电能贡献明显小于色散能时,π—π 键的相互作用不是由静电力驱动,而是色散力。对 π—π 键相互作用的能量组分的详细分析有助于设计新的纳米结构和纳米材料。

综上所述,在大型芳香体系中,例如石墨烯中,π—π 键的相互作用比 H—π 键的相互作用更为重要。因此,大多数 π 共轭分子,如芳香型化合物和核碱基都倾向于拥有 π—π 键堆叠的分子构象。

金属阳离子和芳香体系中高度离域的 π 电子云之间的阳离子与 π 键间的作用是由静电力和诱导力驱动的[24-26]。其色散能远小于 π—π 作用中的色散能。阳离子与 π 键间的作用强度由抗衡分子/离子和 π 电子体系的极性与色散作用决定。碱金属和过渡金属(TM)阳离子与芳香体系的相互作用有本质的区别。碱金属阳离子优先在芳香环中心(C_{6v}对称性)的上方与之作用。过渡金属阳离子如 Au^{+}、Pd^{2+}、Pt^{2+}、Hg^{2+},则更倾向偏离中心的 π 键配位。过渡金属阳离子的差异行为是由 π 电子体系对 TM^{n+} 电荷赠与现象引起得[27-29]。当反离子是带正电荷的芳香型化合物,π^{+}—π 键堆叠作用[15,30,31]明显小于阳离

子与 π 键间的相互作用(如在碱金属阳离子中),但远大于 π—π 键的相互作用。

π—阴离子键体系的重要性体现在阴离子识别、主客体复合物的结构与超分子化学方面[32-36]。π 电子云和阴离子是带负电荷的,因此静电相互作用在 π—阴离子分子体系相排斥。阴离子—π 键体系的总结合能与阳离子—π 键复合物相接近。然而,阳离子—π 键的形成主要由静电能和诱导能驱动,阴离子—π 键体系的形成则往往由色散力驱动。

7.1.2 石墨烯的吸附

石墨烯吸附的研究可分为两种类型:单一孤立分子的吸附和众多分子形成界面层的吸附。前者通常着重于键合的特征和强度,而后者旨在调控石墨烯的电子结构。石墨烯上的氢吸附用于研究储氢或石墨烯功能化。石墨烯与氢的亲和力小于与碳纳米管的亲和力[37]。但是,当氢化学吸附到石墨烯上时,即当石墨烯被氢化时,出现了非常有趣的电子特性。例如,当石墨烯被半氢化时,它变成具有小间接带隙的铁磁半导体[38]。

当 H—π 键的相互作用不强时[39],芳香型分子才通过 π—π 键与石墨烯作用。因电荷转移产生的静电作用常常使石墨烯与被吸附分子的结合作用增强。同样电荷转移也改变了掺杂石墨烯的狄拉克锥。石墨烯上接核碱基由于在超分子化学和 DNA 测序具有潜在应用而受到特别关注[40-42]。预测结合能的顺序为 G > A > T > C。结合能约为 18 ~ 22kcal · mol^{-1},并且石墨烯与核碱基之间的预测距离约为 3.2Å。

金属与石墨烯的相互作用在应用中尤其重要。过渡金属原子吸附在石墨烯表面时,其储氢能力显著增加[43]。石墨烯 - 金属界面值得特别关注,是因为界面处石墨烯的传输特性包括狄拉克锥位置可被显著改善。这种电子结构的改性也用于双层石墨烯。例如,$FeCl_3$ 和 K 嵌入双层石墨烯中,可打开带隙而没有明显的狄拉克点位移[44]。最近的报告指明,自旋电子的重要特征——拉什巴分裂可以由金属尤其是 Au 的诱导产生[45]。其他界面也被考虑过,但直接与 SiC 连接的石墨烯层则完全失去了狄拉克锥[46]。SiC 上的石墨烯双层可视为独立的单层石墨烯,SiC 上的三层石墨烯可视为独立的双层石墨烯。此外,与六方氮化硼连接的界面没有诱导出明显的变化[47]。只有当石墨烯相对六方氮化硼排为一列时,约 0.1eV 的带隙才被打开。

我们以范德华校正相关内容来总结此部分。石墨烯表面已成为范德华校正方法的试验台。该表面具有强各向异性,所以极化率和非叠加多原子相互作用的各向异性应予以考虑[48-49]。这对未来的范德华校正法提出了挑战。

7.2 石墨烯与配体间非共价键作用(实验)

7.2.1 多环分子

由于共轭 π 键供给石墨烯芳香性,故可用芳香型分子实现石墨烯的非共价功能化。这些分子沿着石墨烯的基底表面分布并通过 π—π 键的堆叠而相互作用。石墨表面可借助芘对石墨基面强烈的亲和力实现功能化。结果表明芘衍生物可以实现石墨烯的功能化,多个研究课题组已进行了相关报道[50-60]。这些功能化的其他特性包括产生了水溶性石墨烯[50,52,58,59,61]、提高了太阳能电池转换的功率[51,60]以及形成 n/p 型掺杂石墨烯[55,57]。

石墨烯/氧化还原石墨烯(*r*GO)可被制成水溶性的悬浊液[50,52,58,59,61,62]。水稳定性可在芘稳定剂存在下超声处理石墨/或 *r*GO 得到。有趣的是,即使当采用极端 pH 条件或冷冻干燥去稳定化,此类型的材料也不会团聚[58]。可认为是因为部分芘稳定剂仍然附着在石墨烯表面,使得材料不会团聚。石墨烯也可以使用晕苯羧酸酯分子使其在水性介质中稳定[61]。在这项研究中,作者指出,溶液中的晕苯基团和石墨烯片之间发生强的分子电荷转移,表明了此类材料在纳米电子学中具有应用潜力。

石墨烯材料的柔韧性和透明度可使其应用在电子器件和太阳能电池中。用芘丁酸-琥珀酰亚胺酯改性后的石墨烯电极的透明度在可见光区域中几乎不变[51]。然而,通过在有机太阳能电池中添加这种改性的石墨烯,相比单独使用石墨烯,太阳能效率提高了 88%。值得注意的是,即使数据结果令人印象深刻,但与铟锡氧化物(ITO)基太阳能电池相比,该材料仅仅提供了 55% 的效率。而使用芘烯-1-磺酸钠盐(电子给体)或 3,4,9,10-苝四羧酸二酰亚胺双苯磺酸的二钠盐(电子受体)使石墨烯功能化,太阳能电池的功率转换效率可得到显著改善[50]。

石墨烯可以使用 1-芘甲酸进行功能化,得到的这种水稳溶液可用于研制具有灵敏度、选择性的气态乙醇传感器以及具有约 120Fg^{-1}特定电容的超级电容器[52]。以类似方法,使用芘丁酸-琥珀酰亚胺酯功能化的石墨烯作为平台来研制微型图案化生物传感器。它可以通过蛋白质的胺基与石墨烯表面的活性琥珀酰亚胺酯基之间的共价键相互作用实现功能化[53]。将芘基团非共价连接到石墨烯表面,通过增强的铽单分子磁体的拉曼信号证明了石墨烯作为传感模板的优异性能[54]。这种连接可对石墨烯表面的孤立分子进行分析,表明石墨烯和以范德华力附着的分子基本保持了原始样品的电子特性。

石墨烯的电子调制对石墨烯的应用非常重要。通过使用非共价键功能化,可以改变石墨烯中的载流子类型。石墨烯 n-p 结可以通过使用 1,5-二氨基萘或聚乙烯亚胺作为n型掺杂剂和1-硝基苯乙烯作为p型掺杂剂对石墨烯表面局部改性来获得[55]。当螺吡喃用于n型掺杂石墨烯时,石墨烯的狄拉克点能通过光来调制[57]。石墨烯和苝双酰亚胺不仅可以在固态时联结,也可以通过非共价键相互作用在水溶液中联结[63]。

1-芘丁酸功能化可使石墨烯均匀分散在聚合物基质中[56]。相比纯导电聚合物,这些复合材料被证明具有改善的导热性和力学性能。金属氧化物只能采用原子沉积法涂覆在3,4,9,10-苝四羧酸功能化的石墨烯上[64]。而在原生石墨烯中,金属氧化物的沉积仅发生在缺陷和边缘位置。值得注意的是,原子层沉积的方法对石墨烯层毫无破坏。在石墨烯片上通过自组装可得到苝-3,4,9,10-四羧酸二酐的单分子层[65]。

石墨烯也可以使用芳香大环如卟啉和酞菁进行非共价功能化[62,66-74]。通过水溶性卟啉非共价键功能化石墨烯可赋予石墨烯水溶性[67]。采用真空过滤法以及随后的热退火处理,溶液能被用来制备高导电性和透明度的石墨烯薄膜(薄层电阻约5kΩ·□$^{-1}$①)。集光石墨烯片则可通过使用酞菁或卟啉的光敏剂使其功能化而制得[72]。光敏剂和石墨烯片受体之间的电荷分离在10^{11}~$10^{12}s^{-1}$的数量级间,可用于捕获光能。用含有卟啉[68]且不含金属的5,10,15,20-四(4-吡啶基)-21H,23H-卟啉[70]的水溶性栅栏铁功能化的石墨烯已被用于电化学检测亚氯酸盐和硝基芳香族化合物。这两种材料均具有0~1ppb范围的极低的检出限,故它们在爆炸性化合物的检测中非常实用。这种提高的检出限可归于石墨烯的快速电子传导与卟啉分子吸附性之间的协同作用。

石墨烯/卟啉材料也可用于检测多数生物分子[62,71,73,74]。采用简单的湿化学法,血红素-石墨烯复合材料可通过π—π键的相互作用合成[62]。这种新型的纳米材料表现出类过氧化物酶的活性、高溶解度和水稳定性,并被用于区分单链(ss)和双链(ds)的DNA。基于此信息,开发出室温视觉检测敏感性单核苷酸多态性的测定方法。当血红素-石墨烯材料使用链霉亲和素功能化并与生物素化的分子信标结合时,DNA分子可在摩尔级别被电化学法检测出[71]。通过使用类似的湿化学方法,可合成用于多巴胺的具有高选择性和灵敏度的电化学传感器[74]。涂覆有石墨烯/内消旋-四(4-羧基苯基)卟啉复合材料的玻碳电极能够避免常与多巴胺相感应的抗坏血酸和尿酸干扰,被认为是由于带正电荷的多巴胺和带负电荷的卟啉之间具有更合适的π—π键的相互作用。通过内消旋-四(4-甲氧基-3-磺酸基苯基)卟啉和石墨烯之间的非共价键相互作用制备了选择性灵敏、无标记的三磷酸腺苷电化学传感器[73]。该材料可在0.7nM的检出限内用于选择性地确定三磷酸腺苷和胞苷/鸟苷/尿苷三磷酸核苷。

当石墨烯用铁(III)内消旋-四(N-甲基吡啶-4-基)卟啉[68]功能化时,葡萄糖

① 此处表示方块电阻符号,也可写作kΩ·sq^{-1}。

可以以非常低的标准检出。此外,这种材料显示对氧还原反应(ORR)具有催化活性,据信这是由于卟啉和石墨烯之间的有效电子通道导致的。通过使用吡啶功能化的石墨烯,可以合成石墨烯－金属卟啉金属有机框架[69]。而后将这些材料用作非铂型 ORR 催化剂,在初始损失 39% 活性后,其衰减减缓。

7.2.2 生物分子

石墨烯可以用硫醇化 DNA 使其功能化,后者能以非共价键结合到石墨烯/GO 表面[75]。这种水溶性 DNA/石墨烯材料可以用于锚定金纳米颗粒,而使这类型的材料用于催化、场效应器件和生物检测平台。氧化石墨烯/DNA 材料可以通过自组装过程制得 3D 水凝胶[76]。自组装过程在溶液中将材料加热至 90℃,使得 DNA 链解开产生如 ss-DNA 的链,将游离的氧化石墨烯片桥接起来。该材料表现出在加热时的自愈功能、高的染料吸附能力、环境稳定性和高的机械强度。DNA 功能化石墨烯也被用来在石墨烯表面诱导尺寸小于 2nm 的 Pt 纳米团簇的均匀生长[77]。特别是该方法提供的电化学活性表面面积是非 DNA 功能化的 Pt-石墨烯样品的数倍。当该材料被应用在氧还原反应(ORR)时,与 Pt-石墨烯和商业 Pt/C 催化剂相比,其表现出更大的 ORR 半波电位及电流密度。

通过石墨烯片和脂质尾部之间的非共价键相互作用,很容易在石墨烯片上组装磷脂单层,形成独特的细胞膜的平面模拟层[78](图 7.1)。通过将有荧光素标记的磷脂掺入单层,通过荧光素标记的荧光再活化制得了检测磷脂酶 D 酶活性的新型生物传感器。单层脂质包覆的石墨烯也可用来固定酶,这些类型的材料随后可被用作电化学生物传感器[79]。当包裹在脂质/石墨烯体系中时,微过氧化物酶-11 表现出非常灵敏和可重复的过氧化氢检测性能,其检出限为7.2×10^{-7}M。使用这些类型的脂质/石墨烯体系的优点是它们具有生物相容性,为可保持其结构和生物活性的酶的捕获创造理想的环境。

石墨烯单层也能直接用酶功能化[80]。在 Lu 等的研究中,他们用 β-乳球蛋白非共价功能化的 *r*GO 片使得石墨烯依赖 pH 值且溶于水。有趣的是,连接的 β-乳球蛋白除了提供可用于锚定金纳米颗粒的锚定巯基外还有助于 GO 片的还原。另外,被证明 Au 功能化的 β-乳球蛋白/石墨烯材料表现出表面增强拉曼光谱效应。带负电荷的十二烷基苯磺酸钠(SDS)功能化的石墨烯可以通过静电相互作用与带正电荷的辣根过氧化物酶进行自组装[81]。该材料被证明在过氧化氢的检测中具有灵敏度及稳定性,这是因为其结构不受石墨烯表面的非共价键合的影响[79]。

在石墨烯－结合肽和十二聚碳纳米管－结合肽与石墨烯的键合研究中,石墨烯－结合肽与石墨烯的边缘键合,而碳纳米管－结合肽与石墨烯的基底表面键合[82]。这些肽/石墨烯材料可以用于引导纳米颗粒在石墨烯片上的选择性生

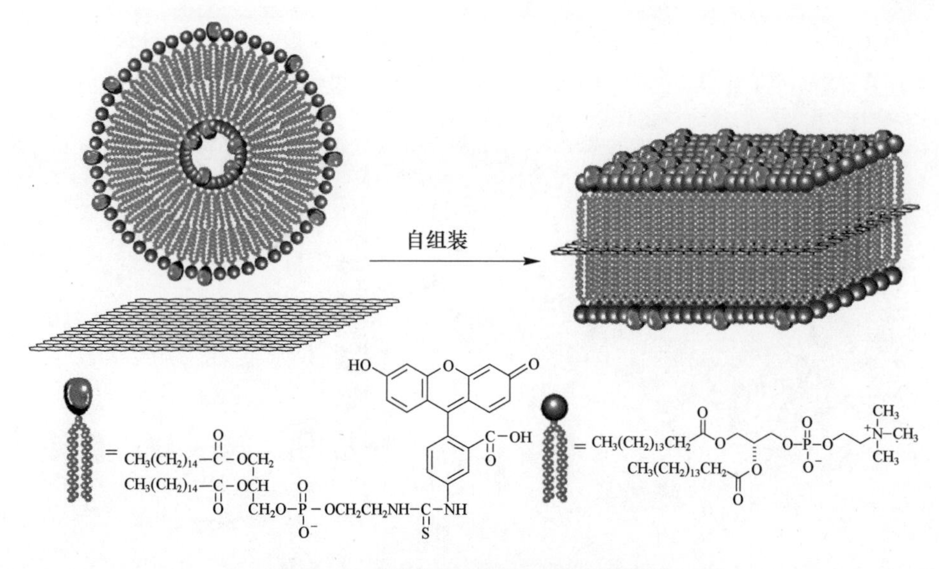

图7.1 磷脂在石墨烯表面组装的单层
（经许可引自文献[78]，版权©2012，美国化学学会）

长。当与石墨烯结合时，石墨烯－结合肽显示出与天然形式截然不同的构象[83]。此种区别允许使用不同的肽功能化石墨烯来构建特定的结构，从而在其他应用中展现出有意思的传感选择性和灵敏度。

抗凝肝素用于功能化石墨烯表面可使石墨烯具有水溶性和生物相容性[84]。与纯肝素（其活性为85.6IU·mL^{-1}）相比，肝素/石墨烯材料具有降低的抗凝血抗因子Xa活性（29.6IU·mL^{-1}）。这在生物医学具有应用前景，因为对石墨烯功能化后肝素仍能保持活性。石墨烯应用肝素功能化，其中肝素用作GO基板的还原剂[85]。使用芘基糖复合物非共价键功能化的石墨烯可用于凝集素选择性检测[86]。将这些石墨烯器件与类似方法制造的单壁纳米管器件进行比较，因碳材料间维度结构的差异导致不同的电子传导性能。

7.2.3 聚合物

石墨烯的非共价键聚合物功能化所得的材料可以应用在绿色化学、电子、电容器等领域。因磺化聚苯胺的芳香族主链和石墨烯基平面间的π—π键堆叠，石墨烯可使用磺化聚苯胺实现水稳定性[87]。该材料还显示出高的电催化活性、电导率和稳定性。采用类似的方式，由聚苯胺/石墨烯复合材料制备的电极具有柔韧性和高导电性[88]。该材料的质量比电容估算为233F·g^{-1}，远高于纯石墨烯纸（145F·g^{-1}）和其他碳基柔性材料的比电容。聚吡咯功能化的石墨烯材料可以用于水处理及气体吸附[89,90]。聚吡咯/石墨烯材料被证明在含有Hg(Ⅱ)、Cu(Ⅱ)、Cd(Ⅱ)、Pb(Ⅱ)和Zn(Ⅱ)离子的混合水溶液中可选择性地吸附Hg(Ⅱ)

离子[89](图7.2)。化学活化的聚吡咯/石墨烯材料则被用于CO_2的选择吸附，且其在25℃和1个大气压下具有4.3mmol·g^{-1}的最大吸附量[90]。

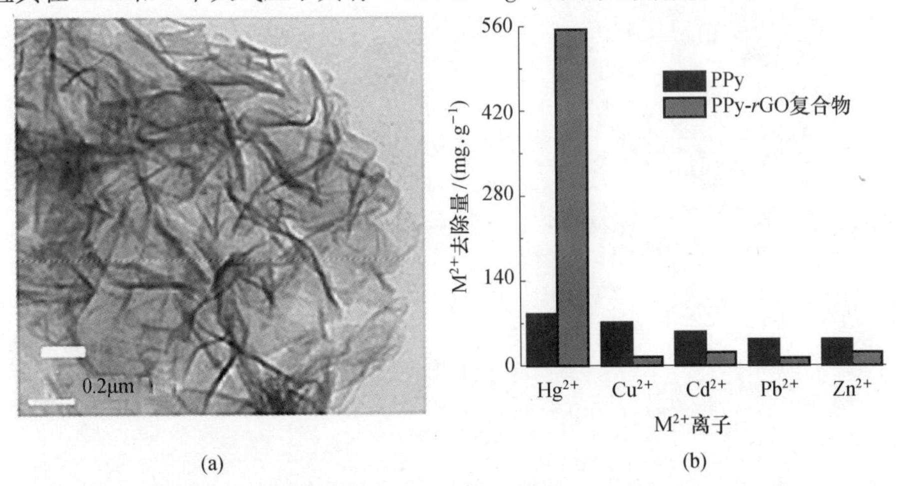

图7.2 (a)聚吡咯/rGO复合物的TEM图像；(b)柱状图显示聚吡咯/石墨烯复合物对水溶液中汞离子的选择吸附(经许可引自文献[89]，版权©2011，英国皇家化学学会)

聚苯乙烯/石墨烯复合材料可以通过在聚苯乙烯溶液存在的情况下原位剥离石墨纳米片制得[91]。所形成的复合材料由于石墨烯均匀分散在基质中而具有导电性。有意思的是，聚苯乙烯主链由于强π—π键作用阻止了石墨烯纳米片的团聚。采用类似方法，全氟磺酸®的主链则允许它功能化石墨烯片[92]。这种材料用作制备可用于检测有机磷酸酯的灵敏电化学传感的薄膜。材料的导电性由于在材料中增添全氟磺酸™纳米通道而得到提高[93]。这种材料也被用作灵敏的Cd(Ⅱ)离子传感器，在阳极溶出伏安法中它作为电极，检出限为0.005μg·mL^{-1}[94]。

在具有增强的机械强度的透明聚酰亚胺/石墨烯复合膜中，由于石墨烯羧酸和聚酰亚胺前驱体之间的强非共价键作用，使得热亚胺化过程中没发生相分离[95]。样品增加的机械强度可归于石墨烯片的2D取向平行于聚酰亚胺薄片以及石墨烯在聚合物基质中的均匀分散。聚酰亚胺/石墨烯材料在高于玻璃化转变温度(约250℃)时显示出形状记忆特性，其中石墨烯的添加提高了形变恢复率[96]。

聚(3,4-亚乙基二氧噻吩)(PEDOT)是可以在聚合过程中嵌入石墨烯基的电解质[97]。分别使用rGO和离子液体功能化的石墨烯作为电解质。与rGO相比，离子液体功能化石墨烯显现出更高的导电性和更快的转换动力学。使用PEDOT/聚(苯乙烯磺酸盐)导电聚合物分散剂将石墨烯稳定在水溶液中[98]。通过使用$SOCl_2$实现简单的Cl掺杂，可以实现电导率的提高，使得这类材料的透明薄膜具有高的电导率。PEDOT/聚(苯乙烯磺酸盐)的热电性能可以通过添加少量的石墨烯(2%(质量分数))来增强,而较高的质量百分比则会导致热导率的降低[99]。该材料的热电性能低于含有35%(质量分数)单壁纳米管的PEDOT/聚(苯乙烯磺酸盐)薄膜的热电性能。性能的降低可归于声子散射中心的石墨烯多层膜的存在。

在壳聚糖的存在下通过还原GO,合成了 *r*GO/壳聚糖复合材料[100]。该材料可由pH值调控其水溶性,通常认为是由于石墨烯和壳聚糖官能团之间的离子相互作用和氢键引起的。相关研究表明该材料可用作pH值传感器,因为其在分散系和团聚物之间存在可逆的pH转换(图7.3)[101]。采用相似的方式,纤维素和木质素衍生物也可用于稳定水溶液中的石墨烯[102]。

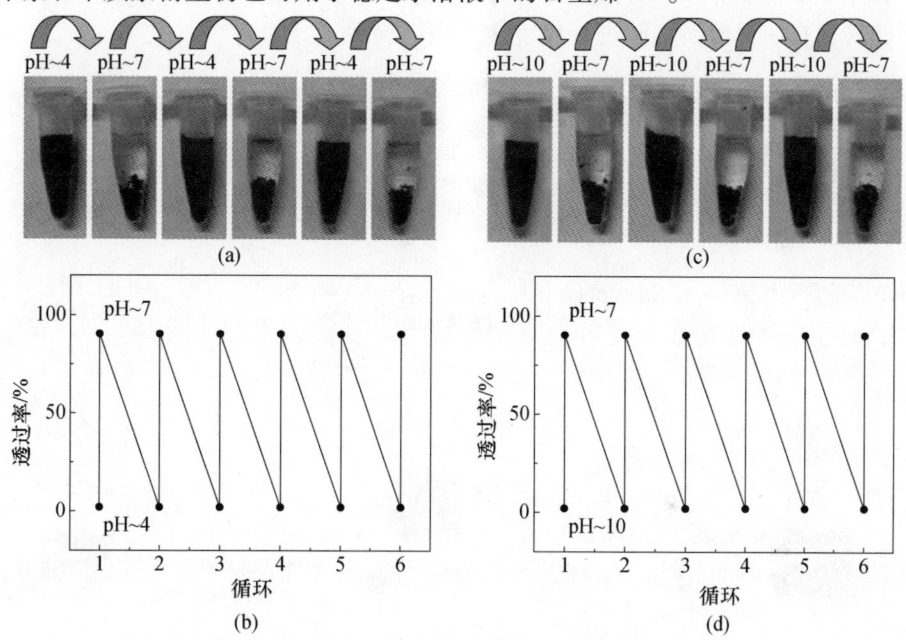

图7.3 图片显示可逆壳聚糖/石墨烯悬浊液在pH=4和7((a),(b))及在pH=7和10((c),(d))间的可逆pH转换(经许可引自文献[101],版权©2012,Elsevier)

通过对前驱体的简单超声处理合成出热敏性的石墨烯/聚(*N*-异丙基丙烯酰胺)[103]。该材料可以在较低的溶液临界温度的水溶液中分散(温度确定为24℃)。发生在聚-(2,5-双(3-磺酸丙氧基)-1,4-乙炔基-亚苯基-烷基-1,4-乙炔基亚苯基)钠盐($PPE\text{-}SO_3^- Na^+$)和石墨烯之间的π—π键堆叠对石墨烯在水中的分散有利[104]。通过钠盐供给材料过量的负电荷,提供了进一步功能化石墨烯基材料的新方法。可以使用聚氧乙烯山梨醇月桂酸酯使石墨烯稳定在水溶液中,并从该溶液制得具有水稳定性以及对哺乳动物细胞系无毒性的薄膜[105]。因此,该材料可用于耐高机械强度的生物医学领域。

已证明形成的聚醚共聚物/石墨烯材料在水溶液中具有高稳定性[106]。有意思的是，该材料与环糊精溶液混合形成水凝胶，并且在45℃时发生凝胶－溶胶的转变。聚-[(2-乙基二甲基氨乙基甲基丙烯酸酯乙基硫酸酯)-共-(1-乙烯基吡咯烷酮)](PQ11)可用于功能化石墨烯，提高其分散性和稳定性[107]。PQ11聚电解质具有还原性，它可用于还原溶液中的Ag(I)离子，从而得到Ag纳米颗粒修饰的石墨烯表面。Ag功能化的石墨烯/PQ11材料可用于检测溶液中的过氧化氢，这与常规使用酶检测的方法大相径庭。

除了水溶性石墨烯材料之外，同样可以生成双亲性的石墨烯材料[108]。使用聚乙二醇(PEG)聚环氧乙烷(OPE)三嵌段共聚物功官能化*r*GO，可实现该材料在很多极性和非极性有机溶剂中的可溶。使用离子液体聚合物官能化石墨烯可实现其在非混溶溶剂间进行相转移，如图7.4所示[109]。

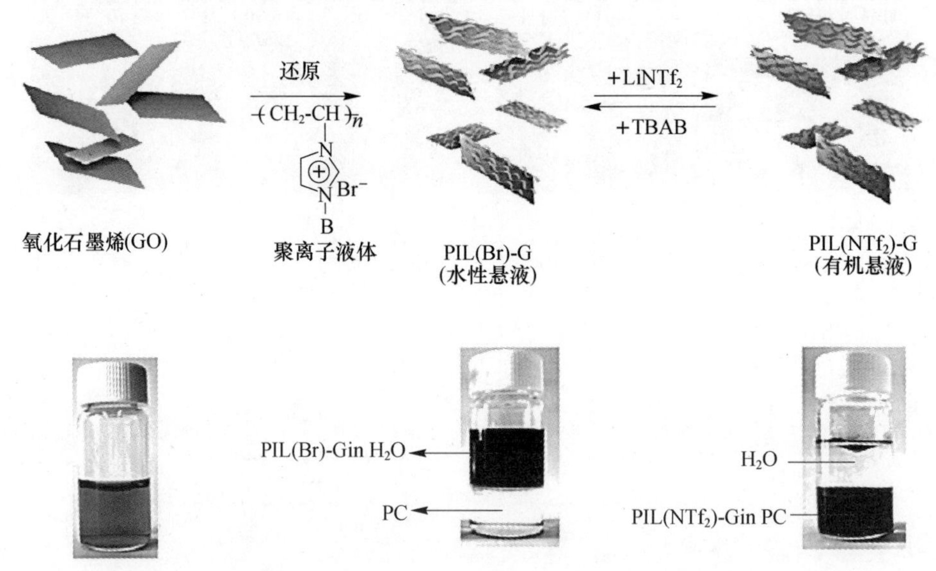

图7.4 示意图显示离子液体聚合物(PIL)/石墨烯片的合成过程，离子液体高聚物的阴离子交换导致水和有机溶剂间的相转移(经许可引自文献[109]，版权©2010，美国化学学会)

通过磺化的聚-(醚-醚-酮)使石墨烯表面功能化，制备出石墨烯的水稳性分散体[110]。使用该材料制备的电极用于超级电容器进行测试，得到476Fg^{-1}的高比电容，并观察到电容在10个充/放电循环中的稳定性。具有生物学功能的聚合物聚(2-甲氧基苯乙烯)可以非共价地键合到石墨烯表面[111]。该材料与石墨烯结合后仍保持了生物活性，这是因为聚合物在石墨烯与溶液间保持了一定的空间，实际上是隔离了石墨烯。

7.2.4 其他分子

一些其他有机和无机分子可以通过π—π键堆积、静电相互作用、氢键等非共价键连接到石墨烯表面。使用4-溴苯重氮四氟硼酸盐功能化可使石墨烯材料无需高温实现掺杂[112]。特别地,研究证明样品的掺杂量与单层石墨烯的拉曼特征谱G和2D带的强度比值的变化有关(图7.5)。使用自组装并五苯单层去功能化石墨烯采用分子工程实现了石墨烯的掺杂(图7.6)[113]。

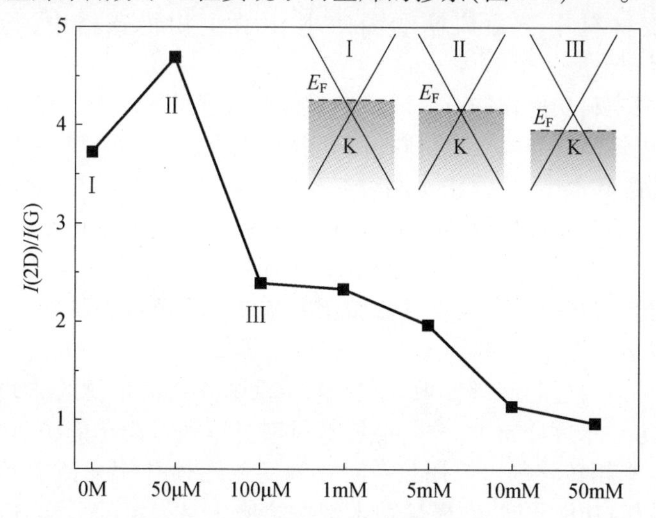

图7.5 4-溴重氮苯功能化的石墨烯费米能级变化的评估,由于掺杂浓度引起的$I(2D)/I(G)$比值变化,内插图显示石墨烯功能化前(I)、50μM(II)和100μM(III)4-溴重氮苯功能化后费米能级位置的变化(经许可引自文献[112],版权©2010,美国化学学会)

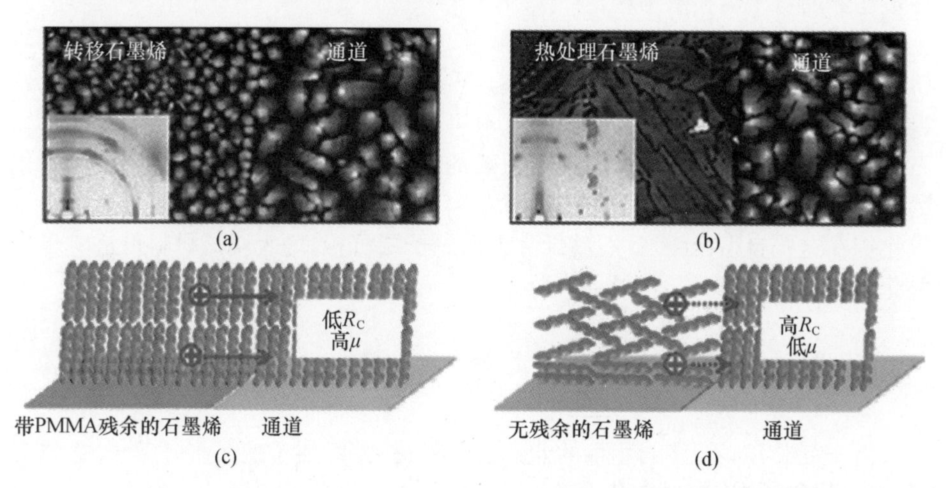

图7.6 (a)SiO_2与未处理石墨烯电极及(b)其与热处理石墨烯电极界面附近的并五苯膜的原子力显微图像(AFM);(c)SiO_2与未处理石墨烯电极及(d)其与热处理石墨烯电极界面附近可能的分子堆积方向示意图(经许可引自文献[113],版权©2011,美国化学学会)

导电硫堇/石墨烯材料在水溶液中具有高度的分散性[114]。这种复合材料可提供进一步的修饰机会,因为硫堇分子可被进一步修饰。由硫堇/石墨烯材料制得的双向导电薄膜显示了非易失性电阻转变行为[115]。并且该薄膜展示出10^4的开关比,以及超过350个循环的极好的耐受性。该结果表明,多种低温法可被用于开发石墨烯在未来电子学中的运用。硫堇/石墨烯材料可通过在GO/硫堇前驱体存在的情况下利用$HAuCl_4$液相还原实现Au纳米颗粒的功能化[116]。将该材料用于葡萄糖的无酶电化学生物传感器中,检出限仅为$0.05\mu mol \cdot L^{-1}$。

使用有机染料功能化的石墨烯产生了一些有意思的性能。如使用刚果红染料功能化石墨烯制得导电复合材料,可分散在极性溶剂二甲基甲酰胺、甲醇、二甲基亚砜、乙醇和水中[117]。由于刚果红染料在石墨烯表面引入多个SO_3^-Na基团,所以该材料可用于引导Au纳米颗粒在石墨烯表面的平坦生长。使用电活性亚甲基绿染料功能化的石墨烯变成了水稳性复合材料[118]。涂覆有亚甲基绿/石墨烯复合材料的玻碳电极可增加亚甲基绿对烟酰胺腺嘌呤二核苷酸的电催化活性。

石墨烯可以通过与咪唑鎓改性的六-邻-六苯并蔻衍生物的非共价性π—π键堆积而稳定在水性介质中[119]。该复合材料可以通过简单的阴离子交换用作石墨烯有机/水相转移剂。当用聚-(间亚苯基亚乙烯基-共-2,5-二辛氧基-对亚苯基-亚乙烯基)功能化时,石墨烯纳米带在溶液中是稳定的[120]。应当注意,聚合物稳定化是石墨合成高质量半导体纳米带的要素。通过使用绿茶酚醛作为还原剂,GO被还原,同时通过绿茶酚芳香基团和石墨烯之间的π—π键相互作用使被还原的石墨烯在水中稳定[121]。

为了制备化学发光的石墨烯材料,将*N*-(氨基丁基)-*N*-(乙基异鲁米诺)与GO混合,还原后可得到*N*-(氨基丁基)-*N*-(乙基异鲁米诺)/石墨烯化学发光材料。此外,基于其化学发光强度该材料可被用作检测过氧化氢的传感器[122]。石墨烯表面胺层的自组装可实现石墨烯的掺杂,同样也提供材料进一步功能化的锚定基团[123]。二氨基癸烷/石墨烯材料上修饰均匀分布的Au纳米颗粒以及氧化铝在这些自组装胺层/石墨烯片上的原子层沉积,均表明该材料可进一步功能化。

7.3 结　　论

就π键作用讨论了石墨烯的非共价功能化,并综述了使用多环分子、生物分子、聚合物和其他分子功能化石墨烯的应用。未来期望石墨烯功能化将为分子传感器、电子材料、水处理、光捕获和ORR催化剂等领域带来预期的更多用途。

参考文献

[1] Georgakilas, V., Otyepka, M., Bourlinos, A. B., Chandra, V., Kim, N., Kemp, K. C., Hobza, P.,

Zboril, R., and Kim, K. S. (2012) *Chem. Rev.*, **112**, 6156.

[2] Novoselov, K. S., Geim, A. K., Morozov, S. V., Jiang, D., Zhang, Y., Dubonos, S. V., Grigorieva, I. V., and Firsov, A. A. (2004) *Science*, **306**, 666.

[3] Kim, K. S., Zhao, Y., Jang, H., Lee, S. Y., Kim, J. M., Kim, K. S., Ahn, J. -H., Kim, P., Choi, J. -Y., and Hong, B. H. (2009) *Nature*, **457**, 706.

[4] Park, J., Jo, S. B., Yu, Y. -J., Kim, Y., Yang, J. W., Lee, W. H., Kim, H. H., Hong, B. H., Kim, P., Cho, K., and Kim, K. S. (2012) *Adv. Mater.*, **24**, 407.

[5] Meyer, E. A., Castellano, R. K., and Diederich, F. (2003) *Angew. Chem. Int. Ed.*, **42**, 1210.

[6] Lee, J. Y., Hong, B. H., Kim, W. Y., Min, S. K., Kim, Y., Jouravlev, M. V., Bose, R., Kim, K. S., Hwang, I. -C., Kaufman, L. J., Wong, C. W., Kim, P., and Kim, K. S. (2009) *Nature*, **460**, 498.

[7] Hong, B. H., Small, J. P., Purewal, M. S., Mullokandov, A., Sfeir, M. Y., Wang, F., Lee, J. Y., Heinz, T. F., Brus, L. E., Kim, P., and Kim, K. S. (2005) *Proc. Natl. Acad. Sci. U. S. A.*, **102**, 14155.

[8] Kim, H. G., Lee, C. -W., Yun, S., Hong, B. H., Kim, Y. -O., Kim, D., Ihm, H., Lee, J. W., Lee, E. C., Tarakeshwar, P., Park, S. -M., and Kim, K. S. (2002) *Org. Lett.*, **4**, 3971.

[9] Hong, B. H., Lee, J. Y., Lee, C. W., Kim, J. C., Bae, S. C., and Kim, K. S. (2001) *J. Am. Chem. Soc.*, **123**, 10748.

[10] Singh, N. J., Lee, H. M., Hwang, I. -C., and Kim, K. S. (2007) *Supramol. Chem.*, **19**, 321.

[11] Chandra, V., Park, J., Chun, Y., Lee, J. W., Hwang, I. -C., and Kim, K. S. (2010) *ACS Nano*, **4**, 3979.

[12] Chun, Y., Singh, N. J., Hwang, I. -C., Lee, J. W., Yu, S. U., and Kim, K. S. (2013) *Nat. Commun.*, **4**, 1797.

[13] Kim, K. S., Tarakeshwar, P., and Lee, J. Y. (2000) *Chem. Rev.*, **100**, 4145.

[14] Riley, K. E., Pitonak, M., Jurecka, P., and Hobza, P. (2010) *Chem. Rev.*, **110**, 5023.

[15] Singh, N. J., Min, S. K., Kim, D. Y., and Kim, K. S. (2009) *J. Chem. Theory Comput.*, **5**, 515.

[16] Krause, H., Ernstberger, B., and Neusser, H. J. (1991) *Chem. Phys. Lett.*, **184**, 411.

[17] Burley, S. K. and Petsko, G. A. (1985) *Science*, **229**, 23.

[18] Lee, E. C., Hong, B. H., Lee, J. Y., Kim, J. C., Kim, D., Kim, Y., Tarakeshwar, P., and Kim, K. S. (2005) *J. Am. Chem. Soc.*, **127**, 4530.

[19] Grabowski, S. J. (2007) *J. Phys. Chem. A*, **111**, 13537.

[20] Kim, E., Paliwal, S., and Wilcox, C. S. (1998) *J. Am. Chem. Soc.*, **120**, 11192.

[21] Tarakeshwar, P., Choi, H. S., and Kim, K. S. (2001) *J. Am. Chem. Soc.*, **123**, 3323.

[22] Lee, E. C., Kim, D., Jurecka, P., Tarakeshwar, P., Hobza, P., and Kim, K. S. (2007) *J. Phys. Chem. A*, **111**, 3446.

[23] Hunter, C. A. and Sanders, J. K. M. (1990) *J. Am. Chem. Soc.*, **112**, 5525.

[24] Dougherty, D. A. and Stauffer, D. A. (1990) *Science*, **250**, 1558.

[25] Kim, K. S., Lee, J. Y., Lee, S. J., Ha, T. -K., and Kim, D. H. (1994) *J. Am. Chem. Soc.*, **116**, 7399.

[26] Kim, D., Hu, S., Tarakeshwar, P., Kim, K. S., and Lisy, J. M. (2003) *J. Phys. Chem. A*, **107**, 1228.

[27] Yi, H. -B., Lee, H. M., and Kim, K. S. (2009) *J. Chem. Theory Comput.*, **5**, 1709.

[28] Yi, H. B., Diefenbach, M., Choi, Y. C., Lee, E. C., Lee, H. M., Hong, B. H., and Kim, K. S.

(2006) *Chem. Eur. J.*, **12**, 4885.

[29] Youn, I. S., Kim, D. Y., Singh, N. J., Park, S. W., Youn, J., and Kim, K. S. (2012) *J. Chem. Theory Comput.*, **8**, 99.

[30] Singh, N. J., Shin, D., Lee, H. M., Kim, H. T., Chang, H.-J., Cho, J. M., Kim, K. S., and Ro, S. (2011) *J. Struct. Biol.*, **174**, 173.

[31] Das, A., Jana, A. D., Seth, S. K., Dey, B., Choudhury, S. R., Kar, T., Mukhopadhyay, S., Singh, N. J., Hwang, I.-C., and Kim, K. S. (2010) *J. Phys. Chem. B*, **114**, 4166.

[32] Quinonero, D., Garau, C., Rotger, C., Frontera, A., Ballester, P., Costa, A., and Deya, P. M. (2002) *Angew. Chem. Int. Ed.*, **41**, 3389.

[33] Mascal, M., Armstrong, A., and Bartberger, M. D. (2002) *J. Am. Chem. Soc.*, **124**, 6274.

[34] Kim, D., Tarakeshwar, P., and Kim, K. S. (2004) *J. Phys. Chem. A*, **108**, 1250.

[35] Xu, Z., Singh, N. J., Kim, S. K., Spring, D. R., Kim, K. S., and Yoon, J. (2011) *Chem. Eur. J.*, **17**, 1163.

[36] Kim, D. Y., Geronimo, I., Singh, N. J., Lee, H. M., and Kim, K. S. (2012) *J. Chem. Theory Comput.*, **8**, 274.

[37] Henwood, D. and Carey, J. D. (2007) *Phys. Rev. B*, **75**, 245413.

[38] Zhou, J., Wang, Q., Sun, Q., Chen, X. S., Kawazoe, Y., and Jena, P. (2009) *Nano Lett.*, **9**, 3867.

[39] Chakarova-Kack, S. D., Schroder, E., Lundqvist, B. I., and Langreth, D. C. (2006) *Phys. Rev. Lett.*, **96**, 146107.

[40] Min, S. K., Kim, W. Y., Cho, Y., and Kim, K. S. (2011) *Nat. Nanotechnol.*, **6**, 162.

[41] Cho, Y., Min, S. K., Yun, J., Kim, W. Y., Tkatchenko, A., and Kim, K. S. (2013) *J. Chem. Theory Comput.*, **9**, 2090.

[42] Min, S. K., Cho, Y., Mason, D. R., Lee, J., and Kim, K. S. (2011) *J. Phys. Chem.*, **C115**, 16247.

[43] Durgun, E., Ciraci, S., and Yildirim, T. (2008) *Phys. Rev. B*, **77**, 085405.

[44] Yang, J. W., Lee, G., Kim, J. S., and Kim, K. S. (2011) *J. Phys. Chem. Lett.*, **2**, 2577.

[45] Marchenko, D., Varykhalov, A., Scholz, M. R., Bihlmayer, G., Rashba, E. I., Rybkin, A., Shikin, A. M., and Rader, O. (2012) *Nat. Commun.*, **3**, 1232.

[46] Varchon, F., Feng, R., Hass, J., Li, X., Nguyen, B. N., Naud, C., Mallet, P., Veuillen, J. Y., Berger, C., Conrad, E. H., and Magaud, L. (2007) *Phys. Rev. Lett.*, **99**, 126805.

[47] Kharche, N. and Nayak, S. K. (2011) *Nano Lett.*, **11**, 5274.

[48] Tkatchenko, A., Alfè, D., and Kim, K. S. (2012) *J. Chem. Theory Comput.*, **8**, 4317.

[49] Kim, K. S., Karthikeyan, S., and Singh, N. J. (2011) *J. Chem. Theory Comput.*, **7**, 3471.

[50] Xu, Y., Bai, H., Lu, G., Li, C., and Shi, G. Q. (2008) *J. Am. Chem. Soc.*, **130**, 5856.

[51] Wang, Y., Chen, X., Zhong, Y., Zhu, F., and Loh, K. P. (2009) *Appl. Phys. Lett.*, **95**, 063302.

[52] An, X., Butler, T. W., Washington, M., Nayak, S. K., and Kar, S. (2011) *ACS Nano*, **5**, 1003.

[53] Kodali, V. K., Scrimgeour, J., Kim, S., Hankinson, J. H., Carroll, K. M., de Heer, W. A., Berger, C., and Curtis, J. E. (2011) *Langmuir*, **27**, 863.

[54] Lopes, M., Candini, A., Urdampilleta, M., Plantey, A. R., Bellini, V., Klyatskaya, S., Marty, L., Ruben, M., Affronte, M., Wernsdorfer, W., and Bendiab, N. (2010) *ACS Nano*, **4**, 7531.

[55] Cheng, H. C., Shiue, R. J., Tsai, C. C., Wang, W. H., and Chen, Y. T. (2011) *ACS Nano*, **5**, 2051.

[56] Song, S. H., Park, K. H., Kim, B. H., Choi, Y. W., Jun, G. H., Lee, D. J., Kong, B.-S., Paik, K.-W., and Jeon, S. (2013) *Adv. Mater.*, **25**, 732.

[57] Jang, A.-R., Jeon, E. K., Kang, D., Kim, G., Kim, B.-S., Kang, D. J., and Shin, H. S. (2012) *ACS Nano*, **6**, 9207.

[58] Parviz, D., Das, S., Ahmed, H. S. T., Irin, F., Bhattacharia, S., and Green, M. J. (2012) *ACS Nano*, **6**, 8857.

[59] Malig, J., Romero-Nieto, C., Jux, N., and Guldi, D. M. (2012) *Adv. Mater.*, **24**, 800.

[60] Su, Q., Pang, S., Alijani, V., Li, C., Feng, X., and Mullen, K. (2009) *Adv. Mater.*, **21**, 3191.

[61] Ghosh, A., Rao, K. V., George, S. J., and Rao, C. N. R. (2010) *Chem. Eur. J.*, **16**, 2700.

[62] Guo, Y., Deng, L., Li, J., Guo, S., Wang, E., and Dong, S. (2011) *ACS Nano*, **5**, 1282.

[63] Kozhemyakina, N. V., Englert, J. M., Yang, G., Spiecker, E., Schmidt, C. D., Hauke, F., and Hirsch, A. (2010) *Adv. Mater.*, **22**, 5483.

[64] Wang, X., Tabakman, S. M., and Dai, H. (2008) *J. Am. Chem. Soc.*, **130**, 8152.

[65] Wang, Q. H. and Hersam, M. C. (2009) *Nat. Chem.*, **1**, 206.

[66] Tu, W., Lei, J., Zhang, S., and Ju, H. (2010) *Chem. Eur. J.*, **16**, 10771.

[67] Geng, J. and Jung, H. T. J. (2010) *Phys. Chem. C*, **114**, 8227.

[68] Zhang, S., Tang, S., Lei, J., Dong, H., and Ju, H. (2011) *J. Electroanal. Chem.*, **656**, 285.

[69] Jahan, M., Bao, Q., and Loh, K. P. (2012) *J. Am. Chem. Soc.*, **134**, 6707.

[70] Guo, C. X., Lei, Y., and Li, C. M. (2011) *Electroanalysis*, **23**, 885.

[71] Ju, H., Wang, Q., Lei, J., Deng, S., and Zhang, L. (2012) *Chem. Commun.*, **49**, 916.

[72] Bikram, K. C., Das, S. K., Ohkubo, K., Fukuzumi, S., and D'Souza, F. (2012) *Chem. Commun.*, **48**, 11859.

[73] Zhang, H., Han, Y., Guo, Y., and Dong, C. (2012) *J. Mater. Chem.*, **22**, 23900.

[74] Wu, L., Feng, L., Ren, J., and Qu, X. (2012) *Biosens. Bioelectron.*, **34**, 57.

[75] Liu, J., Li, Y., Li, Y., Li, J., and Deng, Z. (2010) *J. Mater. Chem.*, **20**, 900.

[76] Xu, Y., Wu, Q., Sun, Y., Bai, H., and Shi, G. (2010) *ACS Nano*, **4**, 7358.

[77] Tiwari, J. N., Nath, K., Kumar, S., Tiwari, R. N., Kemp, K. C., Le, N. H., Youn, D. H., Lee, J. S., and Kim, K. S. (2013) *Nature Commun.*, **4**, 2221.

[78] Liu, S.-J., Wen, Q., Tang, L.-J., and Jiang, J.-H. (2012) *Anal. Chem.*, **84** (14), 5944.

[79] Liu, J., Han, L., Wang, T., Hong, W., Liu, Y., and Wang, E. (2012) *Chem. Asian J.*, **7**, 2824.

[80] Lu, F., Zhang, S., Gao, H., Jia, H., and Zheng, L. (2012) *ACS Appl. Mater. Interfaces*, **4**, 3278.

[81] Zeng, Q., Cheng, J., Tang, L., Liu, X., Liu, Y., Li, J., and Jiang, J. (2010) *Adv. Funct. Mater.*, **20**, 3366.

[82] Kim, S. N., Kuang, Z., Slocik, J. M., Jones, S. E., Cui, Y., Farmer, B. L., McAlpine, M. C., and Naik, R. R. (2011) *J. Am. Chem. Soc.*, **133**, 14480.

[83] Katoch, J., Kim, S. N., Kuang, Z., Farmer, L., Naik, R. R., Tatulian, S. A., and Ishigami, M. (2012) *Nano Lett.*, **12**, 2342.

[84] Lee, D. Y., Khatun, Z., Lee, J.-H., Lee, Y.-K., and In, I. (2011) *Biomacromolecules*, **12**, 336.

[85] Wang, Y., Zhang, P., Liu, C. F., Zhan, L., Li, Y. F., and Huang, C. Z. (2012) *RSC Adv.*, **2**, 2322.

[86] Chen, Y., Vedala, H., Kotchey, G. P., Audfray, A., Cecioni, S., Imberty, A., Vidal, S., and Star, A. (2012) *ACS Nano*, **6**, 760.

[87] Bai, H., Xu, Y., Zhao, L., Li, C., and Shi, G. (2009) *Chem. Commun.*, **45**, 1667.

[88] Wang, D. W., Li, F., Zhao, J., Ren, W., Chen, Z. G., Tan, J., Wu, Z. S., Gentle, I., Lu, G. Q., and Cheng, H. M. (2009) *ACS Nano*, **3**, 1745.

[89] Chandra, V. and Kim, K. S. (2011) *Chem. Commun.*, **47**, 3942.

[90] Chandra, V., Yu, S. U., Kim, S. H., Yoon, Y. S., Kim, D. Y., Kwon, A. H., Meyyappan, M., and Kim, K. S. (2012) *Chem. Commun.*, **48**, 735.

[91] Wu, H., Zhao, W., Hu, H., and Chen, G. (2011) *J. Mater. Chem.*, **21**, 8626.

[92] Choi, B. G., Park, H., Park, T. J., Yang, M. H., Kim, J. S., Jang, S.-Y., Heo, N. S., Lee, S. Y., Kong, J., and Hong, W. H. (2010) *ACS Nano*, **4**, 2910.

[93] Ansari, S., Kelarakis, A., Estevez, L., and Giannelis, E. P. (2010) *Small*, **6**, 205.

[94] Lia, J., Guoa, S., Zhaia, Y., and Wang, E. (2009) *Electrochem. Commun.*, **11**, 1085.

[95] Kim, G. Y., Choi, M.-C., Lee, D., and Ha, C.-S. (2012) *Macromol. Mater. Eng.*, **297**, 303.

[96] Yoonessi, M., Shi, Y., Scheiman, D. A., Colon, M. L., Tigelaar, D. M., Weiss, R. A., and Meador, M. A. (2012) *ACS Nano*, **6**, 7644.

[97] Saxena, A. P., Deepa, M., Joshi, A. G., Bhandari, S., and Srivastava, A. K. (2011) *ACS Appl. Mater. Interfaces*, **3**, 1115.

[98] Jo, K., Lee, T., Choi, H. J., Park, J. H., Lee, D. J., Lee, D. W., and Kim, B. S. (2011) *Langmuir*, **27**, 2014.

[99] Kim, G. H., Hwang, D. H., and Woo, S. I. (2012) *Phys. Chem. Chem. Phys.*, **14**, 3530.

[100] Fang, M., Long, J., Zhao, W., Wang, L., and Chen, G. (2010) *Langmuir*, **26**, 16771.

[101] Liu, J., Guo, S., Han, L., Ren, W., Liu, Y., and Wang, E. (2012) *Talanta*, **101**, 151.

[102] Yang, Q., Pan, X., Huang, F., and Li, K. (2010) *J. Phys. Chem. C*, **114**, 3811.

[103] Liu, J., Yang, W., Tao, L., Li, D., Boyer, C., and Davis, T. P. (2010) *J. Polym. Sci., Part A: Polym. Chem.*, **48**, 425.

[104] Yang, H. F., Zhang, Q. X., Shan, C. S., Li, F. H., Han, D. X., and Niu, L. (2010) *Langmuir*, **26**, 6708.

[105] Park, S., Mohanty, N., Suk, J. W., Nagaraja, A., An, J., Piner, R. D., Cai, W., Dreyer, D. R., Berry, V., and Ruoff, R. S. (2010) *Adv. Mater.*, **22**, 1736.

[106] Zu, S.-H. and Han, B.-H. (2009) *J. Phys. Chem. C*, **113**, 13651.

[107] Liu, S., Tian, J., Wang, L., Li, H., Zhang, Y., and Sun, X. (2010) *Macromolecules*, **43**, 10078.

[108] Qi, X., Pu, K. Y., Li, H., Zhou, X., Wu, S., Fan, Q. L., Liu, B., Boey, F., Huang, W., and Zhang, H. (2010) *Angew. Chem. Int. Ed.*, **49**, 9426.

[109] Kim, T. Y., Lee, H. W., Kim, J. E., and Suh, K. S. (2010) *ACS Nano*, **4**, 1612.

[110] Kuila, T., Mishra, A. K., Khanra, P., Kim, N. H., Uddin, M. E., and Lee, J. H. (2012) *Langmuir*, **28**, 9825.

[111] Reuven, D. G., Suggs, K., Williams, M. D., and Wang, X.-Q. (2012) *ACS Nano*, **6**, 1011.

[112] Lim, H., Lee, J. S., Shin, H. J., Shin, H. S., and Choi, H. C. (2010) *Langmuir*, **26** (14), 12278.

[113] Lee, W. H., Park, J., Sim, S. H., Lim, S., Kim, K. S., Hong, B. H., and Cho, K. (2011) *J. Am. Chem. Soc.*, **133**, 4447.

[114] Chen, C., Zhai, W., Lu, D., Zhang, H., and Zheng, W. (2011) *Mater. Res. Bull.*, **46**, 583.

[115] Hu, B., Quhe, R., Chen, C., Zhuge, F., Zhu, X., Peng, S., Chen, X., Pan, L., Wu, Y., Zheng, W., Yan, Q., Lu, J., and Li, R.-W. (2012) *J. Mater. Chem.*, **22**, 16422.

[116] Kong, F.-Y., Li, X.-R., Zhao, W.-W., Xu, J.-J., and Chen, H.-Y. (2012) *Electrochem. Com-*

mun., **14**, 59.

[117] Li, F., Bao, Y., Chai, J., Zhang, Q., Han, D., and Niu, L. (2010) *Langmuir*, **26**, 12314.

[118] Liu, H., Gao, J., Xue, M., Zhu, N., Zhang, M., and Cao, T. (2009) *Langmuir*, **25**, 12006.

[119] Wei, H., Li, Y.-Y., Chen, J., Zeng, Y., Yang, G., and Li, Y. (2012) *Chem. Asian J.*, **7**, 2683.

[120] Li, X. L., Wang, X. R., Zhang, L., Lee, S. W., and Dai, H. J. (2008) *Science*, **319**, 1229.

[121] Wang, Y., Shi, Z., and Yin, J. (2011) *ACS Appl. Mater. Interfaces*, **3**, 1127.

[122] Shen, W., Yu, Y., Shu, J., and Cui, H. (2012) *Chem. Commun.*, **48**, 2894.

[123] Long, B., Manning, M., Burke, M., Szafranek, B. N., Visimberga, G., Thompson, D., Greer, J. C., Povey, I. M., MacHale, J., Lejosne, G., Neumaier, D., and Quinn, A. J. (2012) *Adv. Funct. Mater.*, **22**, 717.

第8章

石墨烯表面金属和金属氧化物纳米粒子的固定

Germán Y. Véles, Armando Encinas, Mildred Quintana

8.1 导　　论

石墨烯是 sp^2 杂化碳原子以蜂窝点阵状排布的二维片层。理论计算表明石墨烯结构中的长程 π 共轭赋予其非凡的热学、力学和电学特性。最近,在分离出的单层石墨烯中可观察到大量有意思的物理特性,例如石墨烯的双极场效应[1]、室温量子霍尔效应[2]、极高的载流子迁移率[3]以及首次检测到的单分子吸附现象[4]。此外,石墨烯是现知最薄测试强度最高的材料,它具有最高记录的热传导和硬度,具有不透气性,并且脆性和延展性分配均衡等特点[1-4]。这些卓越的特性激发科研者极大兴趣去开发诸多器件中石墨烯的潜在应用。而应用石墨烯的平台去发展新材料的策略之一,就是在石墨烯表面固定金属或金属氧化物纳米粒子(NP)[5]。这些纳米粒子的物理、化学性质,例如大的比表面以及与电磁场的相互作用,已在催化、光电子设备、生物技术、生物医药、磁共振成像(MRI)、环境修复等领域引起极大的研究兴趣[6]。普遍认为石墨烯奇妙的性质能增强复合材料中纳米粒子的作用。本章将介绍在石墨烯片(GS)上固定金属和金属氧化物最具代表性的方法及合成的复合材料的特定用途。

8.2 石墨烯制备

石墨烯的制备和化学修饰方法众多[7]。目前,多数方法只是演示技术,主要用于基础研究和为概念设备提供论据。然而,开发石墨烯潜在应用的前提条件是发展可加工石墨烯片的宏量制备[8]。下面将简要介绍石墨烯制备的最普遍方法。

8.2.1 氧化石墨烯

制备石墨烯－NP复合物,最普遍的原材料是氧化石墨烯(GO)[9]。这类材料是利用强氧化剂剥离石墨制得。GO的精确结构很难确定,但很清晰的是石墨烯芳香点阵结构由于环氧化物、醇、酮、羰基和羧基的出现受到破坏。由共价键连接到石墨烯六角晶格的这些基团引起导电性的变化,使得导电石墨烯成为GO绝缘体。

8.2.2 功能化石墨烯

在不同的有机溶剂如二甲基甲酰胺(DMF)、*N*-甲基-2-吡咯烷酮(NMP)、苯甲酸苄酯、异丙醇、丙酮、表面活性剂的水混合液中,超声石墨可制备稳定分散的石墨烯片[10]。这种使石墨烯易制备的量产法,打开了通往溶液/分散化学之门。利用此类方法,石墨烯处理的诸多问题至少部分有望解决,例如量产化、分散性、稳定性以及局部化学组分变化控制其电子结构。尤其是,制成胶体悬浊液的石墨烯利于进一步化学处理,如利用分子和纳米粒子对其功能化,非常利于合成混合结构和复合材料。胶状石墨烯悬浊液,在转移到固态基板或与其他材料复合前,必须借助分子化学衍生物或超分子作用稳定,这就产生了功能化石墨烯(*f*-graphene)[5]。

8.2.3 金属表面石墨烯的生长

通过化学气相沉积或外延生长在不同的金属表面能制备石墨烯膜。然而,得到均匀厚度的大块石墨烯仍是一大挑战。此外,表面键合也会极大影响GS的电学特性[11]。

8.2.4 石墨的微机械裂解

微机械裂解法是用于石墨烯片层分离的首选方法。步骤包括用石墨晶体表面与另一表面相摩擦。此过程在后者表面会产生附着的大量片层。从这些片层中总能找到单层。不仅方法简单,这种技术产生的石墨烯层低密度低缺陷,保持了单层GS的主要本征性质[12,13]。然而,这类方法仍然只是基础研究的模型技术。层层剥离这种费劲耗时的过程成为此类方法通往大规模量产的最大障碍。

近年来,使用上述方法制备GS,进而组装制备石墨烯－NP纳米复合物,已发表了相关的大量文章。而我们将收集这些信息去分析讨论在石墨烯层上固定金属和金属氧化物NP最具代表性的方案。

8.3 金属纳米粒子功能化石墨烯

添加不同的金属,尤其是金、钯、铂、银到石墨烯,形成石墨烯-金属纳米粒子(M-NP),会丰富材料的物理性能,因而为了某些重要的应用,常设计合成特定的 M-NP 复合物[6]。例如,石墨烯-Au NP 被应用于光电子器件的制备,而被 Pt 功能化的石墨烯复合材料可用作燃料电池的催化剂[14]。众多开发出来固定 M-NP 于石墨烯层的方法主要基于三种不同的策略:①GO 存在条件下还原金属盐[15,16];②在之前合成的石墨烯上锚定金属纳米粒子[17-20];③多种金属表面负载的石墨烯上生长金属纳米粒子[21]。

8.3.1 GO 还原法

在 GO 表面固定 M-NP 并不是只有唯一途径,合成这类复合物的常见方法如图 8.1 所示。所有过程都包含金属盐和 GO 的还原,还原过程中,NP 在 GO 表面附着和生长[22]。硼氢化钠($NaBH_4$)和水合肼(HH)是常用的还原剂,这两种溶液中还原过程通常迅速发生。已经证实,用 HH 溶液辅助的还原过程,得到具有更高电导率的还原型氧化石墨烯[23,24]。此外,还原过程在 GO 或 *r*GO 存在下进行,根据需求可以得到不同的最终产物。例如,如果要获得导电率高的复合物,那么终产物中含氧基团的含量应尽量低[25]。

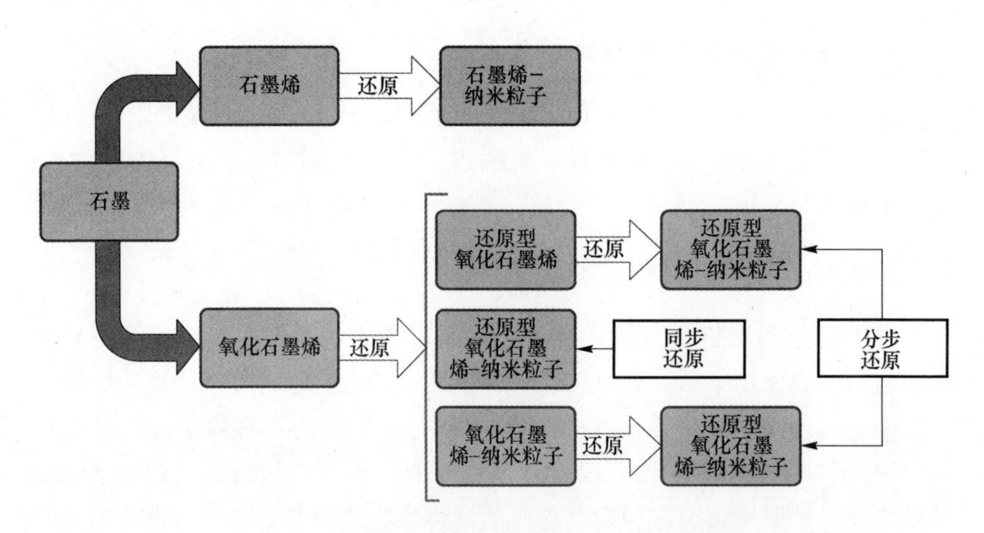

图 8.1 石墨烯层上固定金属纳米粒子的实验图示

8.3.1.1 超声辅助还原法

另外在 GO 上固定 M-NP 的方法是超声辅助还原法。这种方法的优点在于还原时GO层具有稳定性[26]。研究表明,在表面活性剂存在的条件下对金属盐进行超声处理可以形成M-NP[27]。这种方法中所用的超声波频率通常为20~1000kHz。对Au盐来说,最佳的还原频率约为200kHz[28]。使用高频声波的另一优点是GO和金属盐的还原以两种方式实现:依序还原和同步还原[15]。图8.2分别为GO-Au NP复合材料依序(a)和同步(b)还原样品的透射电镜图。还原反应在211kHz的声波频率下进行。依序还原中,GO首先在2%聚乙二醇(PEG)的水溶液中还原3h,然后与$HAuCl_4$溶液混合继续超声2h。同步还原法中,对含GO和$HAuCl_4$的混合溶液超声处理4h。如图8.2所示,GO-Au NP复合材料的形貌很大程度上取决于还原路径。依序还原时,Au NP尺寸小且在石墨烯表面以小团簇的形式固定;而同步还原时,粒子尺寸大且均匀独立地分散在石墨烯表面[15]。

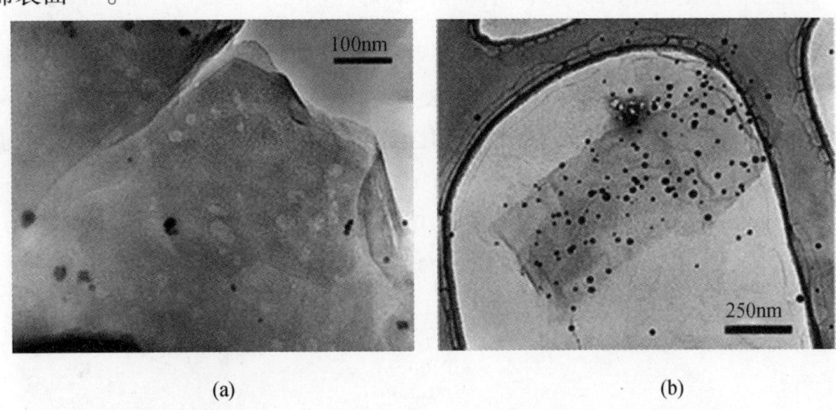

图8.2 多孔镀碳膜铜网上rGO-Au纳米粒子复合物低分辨TEM图。(a)对应依序还原样品;(b)对应同步还原样品,$HAuCl_4$初始浓度均为0.1mM
(经许可引自文献[15],版权©2010,美国化学学会)

8.3.2 纳米粒子在功能化石墨烯表面的锚定

制备稳定分散物的有机化学反应主要在石墨烯上完成。为此,可用与石墨烯上sp^2碳晶格作用的亲二烯体进行反应。例如,甲亚胺叶立德通过1,3-偶极环加成反应,实现对如富勒烯、纳米管、洋葱结构和纳米角等不同碳纳米结构的功能化[29]。该反应产生多种有机衍生物,它们在聚合物复合材料、生物技术、纳米电子器件、药物输送和太阳能电池等领域展现出令人瞩目的用途。因此,通过超声石墨得到分散在有机溶剂中的GS,以多聚甲醛和特殊设计的端胺基α-氨基酸作为前驱体,利用1,3-偶极环加成反应处理GS[17,18]。如图8.3所示,质子化端氨基选择性地结合Au纳米棒(NR),粒子的存在减缓了最终功能化石墨烯-Au NP复合材料的团聚。

而分散在DMF中的剥离石墨烯通过两个不同的反应(1,3-偶极环加成反应

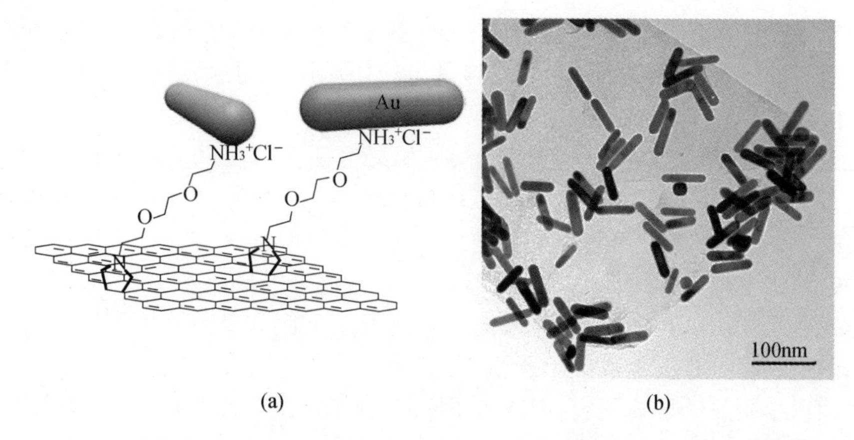

图 8.3　功能化石墨烯片上固定 Au 纳米棒的(a)示意图及(b)相应的 TEM 图

和与先存的羧基的酰胺缩合反应)完成功能化[19]。树枝状分子端部的氨基自由基作为配体与 Au NP 络合,可以作为鉴别反应位点的对照标记。如图 8.4 所示,通过这种方法,GS 可被选择性功能化边缘或全部晶格。TEM 图显示通过 1,3-偶极环加成反应的 Au NP 分布在整个石墨烯表面。而酰胺化反应的 NP 主要存在于剥离材料的边缘。后面的材料由于缺少官能团及纳米片中间缺乏 Au NP,容易产生快速团聚。因此,功能化石墨烯的优势在于针对特殊用途进行性能的相应调控。

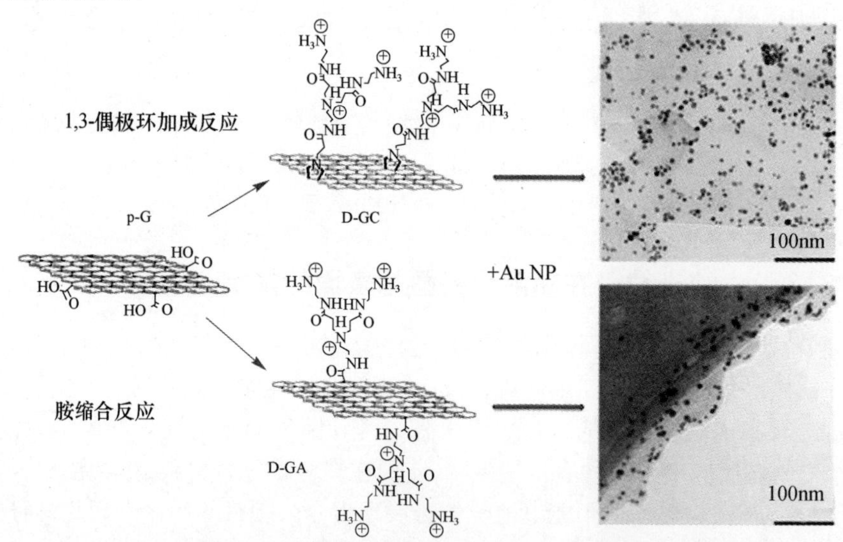

图 8.4　大块石墨烯或石墨烯边缘的选择功能化,p-G:原生石墨烯;D-GC,通过偶极环加成反应功能化石墨烯;D-GA,酰胺缩合反应功能化石墨烯(经许可引自文献[19],版权©2010,英国皇家化学学会)

此外,石墨烯的功能化可以控制 NP 的生长。例如,Au NP 可通过在 $NaBH_4$

溶液中化学还原 $AuCl_4^-$ 得到。在还原反应前，十八胺功能化的石墨烯（石墨烯-ODA）先分散在四氢呋喃（THF）中，而后与 $NaBH_4$ 溶液混合[20]。功能化石墨烯分散在 5 个浓度的 THF 溶液中（分别为 $0g \cdot L^{-1}$、$0.08g \cdot L^{-1}$、$0.16g \cdot L^{-1}$、$0.32g \cdot L^{-1}$ 和 $0.48g \cdot L^{-1}$）。五个样品的照片如图 8.5（A）所示，图 8.5（B）为相应的吸收光谱。从最后一张图可以得出，NP 的尺寸取决于 THF 中石墨烯-ODA 的浓度。当不使用功能化石墨烯时，Au NP 会团聚沉积到 THF 溶液底部。当石墨烯-ODA 浓度较高时，Au NP 团聚消失，形成单个 NP，这些反映在显著的表面等离子吸收谱中，对应粒径在 10～20nm 范围的 NP。

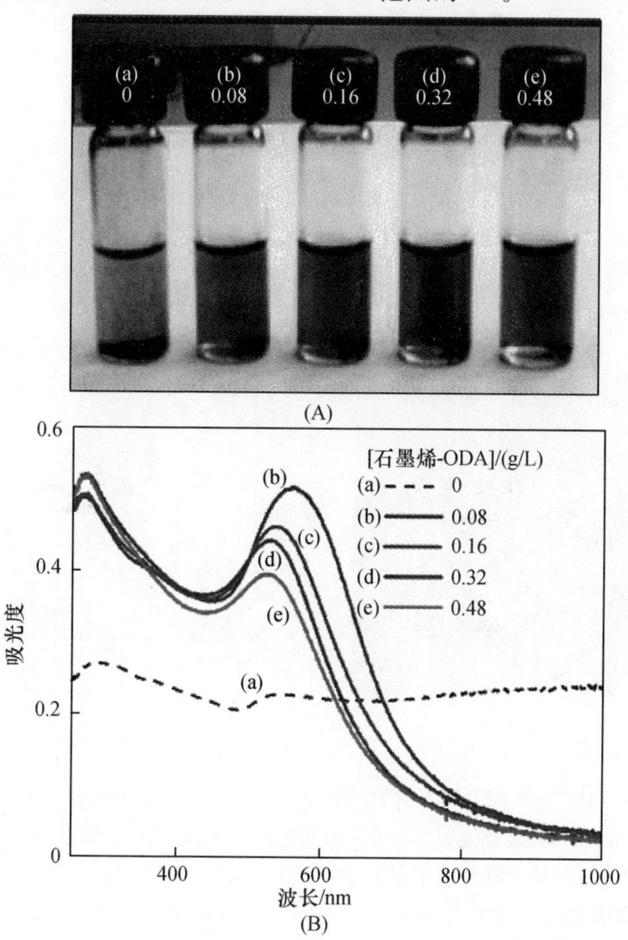

图 8.5　不同浓度石墨烯-ODA 的（A）1mM 金纳米粒子 THF 溶液的照片和（B）吸收光谱（经许可引自文献[20]，版权©2008，美国化学学会）

8.3.2.1　纳米粒子的尺寸控制

显然，在所有纳米体系中，NP 的尺寸是非常重要的；接下来将介绍石墨烯膜上沉积NP尺寸的研究[21]。通过微机械剥离的方法在氧化的基底制备出石墨烯膜。接着,在膜的表面通过热蒸发法沉积0.3nm厚的金层。最后,样品在可控的气氛下400℃热处理3h,在石墨烯表面形成Au NP。利用这个方法,Luo等证明了Au NP的平均直径取决于GSs的层数。这个现象可在一、二、三层膜的高分辨扫描透射显微镜(HR-SEM)图像中观察到(图8.6(a))。将Au NP的平均直径D与膜的厚度m作图,调整观察结果构建出理论模型(图8.6(b))。该模型是基于石墨烯与Au NP电荷交换所引起的长程静电相互作用。这些相互作用限制了NP的生长,预测出粒子直径与膜厚的关系:

$$D = Am^{v} \tag{8.1}$$

式中:$A = 5.9\text{nm}$;$v = 1/3$。

多组实验数据的拟合如图8.6(b)内插图所示,其中$A = (6.46 \pm 0.68)\text{nm}$,$v = 0.33 \pm 0.06$,符合理论预测。实验得到的HR-SEM图片显示石墨烯的表面形貌很大程度上取决于它的厚度。当石墨烯薄膜的厚度约为700层,Au NP的直径为100~300nm,它们的晶面择优取向。而对于数层厚的石墨烯膜,情形完全不同。当NP的尺寸为5~20nm,石墨烯表面NP密度增加,粒子呈球形,没有观察到优先生长方向。

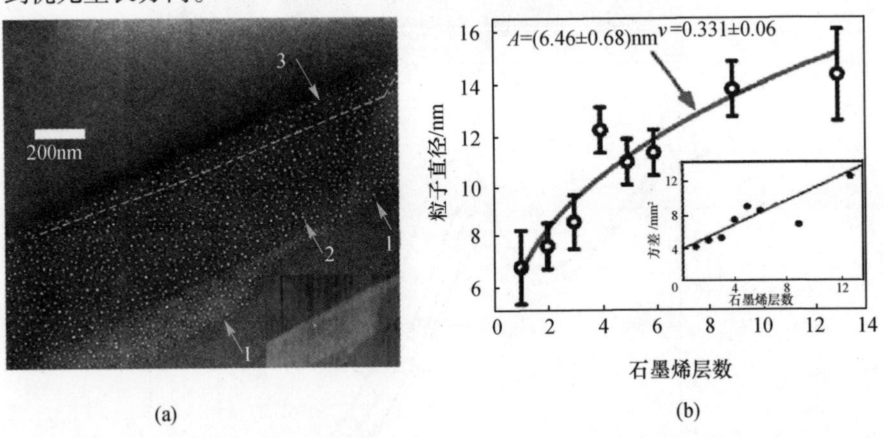

图8.6 (a)SiO_2/Si基板上沉积的少层石墨烯,Au纳米粒子生长其上的高分辨图像,数值和箭头表示石墨烯层数,内插图为纳米粒子生长前同一区域的原子力显微图像(AFM)。(b)石墨烯层数与金纳米粒子平均尺寸的关系图,曲线是理论拟合的幂函数,内插图对应粒径分布的方差;曲线显示理论预计的线性关系,第九层的数据点在内插图中存在但在拟合中被忽略(经许可引自文献[21],版权©2010,美国化学学会)

8.3.3 金属纳米粒子/石墨烯纳米复合物的应用

8.3.3.1 光电器件

石墨烯的高透明度和良好导电性使它成为光电子器件发展的优异的候选材

料[15,30]。除了这些特性,半导体光电器件在电极和半导体层中必须具有高的电荷载流,它可以通过控制电极的功函来实现[31]。Au NP 在石墨烯表面的固定有此功效。实验表明,功函取决于 Au NP 的沉积时间[32]。为此,通过 CVD 法得到石墨烯,将之置于 $AuCl_4^-$ 的水溶液中,通过金属盐的还原得到修饰的石墨烯(石墨烯-Au NP)。还原(或掺杂)进行的时间为0~1200s。通过扫描开尔文探针显微镜(SKPM),石墨烯-Au NP 膜的功函可以通过掺杂时间进行调整,因为 Au NP 的表面电势大于石墨烯。观测结果表明 GS 为 p 型掺杂,且掺杂可改变其功函。因此,使用石墨烯-Au NP 复合材料可制造光电探测器二极管。制备的具有可调功函的电极极大地提高了器件的性能。将原生石墨烯和掺杂 20s 的石墨烯-Au NP 作为电极得到的光电探测器二极管进行测试,图 8.7(a)为得到的电流密度和电压的函数。测试分别在有和无 AM 1.5 光照条件下进行。在 AM 1.5 光照前两种器件都有二极管的特征曲线。然而相比原生石墨烯器件,使用石墨烯-Au NP 的器件具有更大的开路电压。器件经光照后,两者之间的差异更加明显。石墨烯-Au NP 器件的短路电流和开路电压远高于原生石墨烯器件。不同掺杂时间的石墨烯-Au NP 的电流密度与电压的函数关系如图 8.7(b)所示。从图中清晰看出,20s 掺杂可以得到最高的短路电流和开路电压。图 8.7(c)中显示掺杂时间对光伏二极管短路电流、开路电压和功率转换效率(PCE)三个性能指标的影响,明显看出掺杂 20s 的电极制备的光伏二极管具有最好性能。该结果与 SKPM 得到的 20s 掺杂时表面电势产生的最大位移一致。作者还发现,掺杂时间也会影响石墨烯表面沉积的 Au NP 的数量和尺寸。石墨烯-Au NP 电极受表面形貌影响,因此调控沉积在石墨烯表面的 Au NP 尺寸可得到最优性能的光电器件。

8.3.3.2 催化领域的应用

高比表面积材料的获得使得重要技术应用应运产生[1-4]。制备燃料电池所用催化剂的发展是其中之一。近年来,Pt 和其他贵金属已被用作燃料电池催化剂;然而,随着石墨烯的出现,具有无可争议优势的替铂材料成功开发出来。此外,这些新材料有高的催化表面,减少了昂贵金属的使用,并且展现了更高的催化活性[33-35]。通常情况下,催化活性直接取决于复合材料的比表面积,它与沉积的 NP 的分散度、尺寸等有关。例如,燃料电池中作为电催化剂的 Pt NP 的最佳尺寸为 3~5nm[34]。

测量其电化学活性表面积(ECSA)是衡量催化剂性能优劣的一种方法,并且通过循环伏安(CV)很容易实现测试。由石墨烯-Pt 制备的电极多数用于开发质子交换膜(PEM)燃料电池[25]和直接甲醇燃料电池(DMFC)[34,36]。PEM 燃料电池中利用催化剂体系中氢的氧化产生电流,而 DMFC 则使用甲醇作为燃料。我们将分别举例说明。

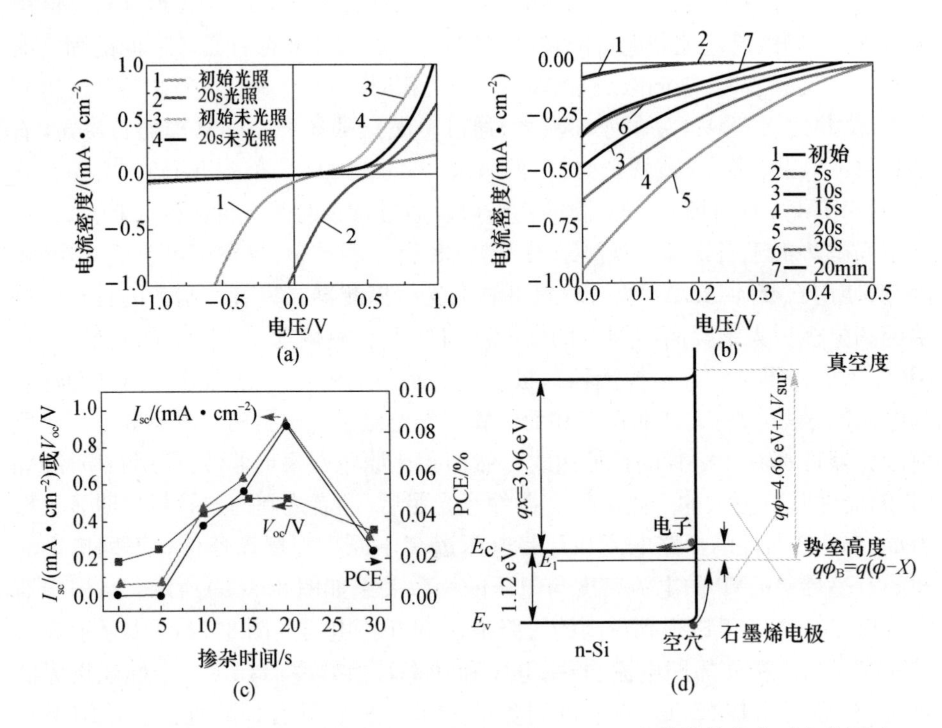

图 8.7 (a)原生石墨烯的和掺杂 20s $AuCl_3$ 的 CVD-G/n-Si 光伏器件的典型电学测试；(b)在 AM1.5 辐射下从 5s 到 20min 不等掺杂时间得到器件的电流－电压关系图；(c)不同掺杂时间 I_{sc}，V_{oc} 和 PCE 的对比；(d)光伏器件的能带示意图(数值摘自文献[33])
(经许可引自文献[32]，版权©2010，美国化学学会)

往 $NaBH_4$ 还原体系同时添加 H_2PtCl_6 和 GO 即可制备 PEM 燃料电池所用材料[25]。反应后得到 Pt NP 部分附着在 *r*GO 表面。得到的材料覆盖在玻碳电极上用于测量 ECSA。该测试与其他两个电极作对比，一个电极涂 Pt，另一个电极涂 Pt NP 修饰的碳黑膜。图 8.8 为三个电极的循环伏安曲线，通过循环伏安曲线得到 ECSA 数值。GO-Pt NP 电极的 ECSA 值高于 Pt NP，但低于碳黑-Pt NP 电极。为了得到还原完全的 GO，使用 HH 辅助进一步还原。之后经热处理可极大提高 GO-Pt NP 复合材料的导电性。为了优化热处理时间，*r*GO 样品在 300℃ 下煅烧不同时间(2h、4h、8h 和 16h)。用 Toray™ 碳纸替代玻碳基底作为制备新电极的基板。图 8.9 为这些新电极的循环伏安曲线。内插图显示 ECSA 随着煅烧时间相对增加。热处理前，这些电极的 ECSA 为 $11.5m^2 \cdot g^{-1}$。随后在最初几个小时热处理后观察到 ECSA 减少；而当热处理达到 8h，ECSA 具有 80% 的最高相对增加量，对应值约为 $20m^2 \cdot g^{-1}$。

通过同步电化学还原 GO 和 H_2PtCl_6 得到 NP 黏附在石墨烯层上的 GO-Pt NP 复合材料而用于直接甲醇燃料电池[37]。SEM 图像显示 NP 在电极上高度分散，

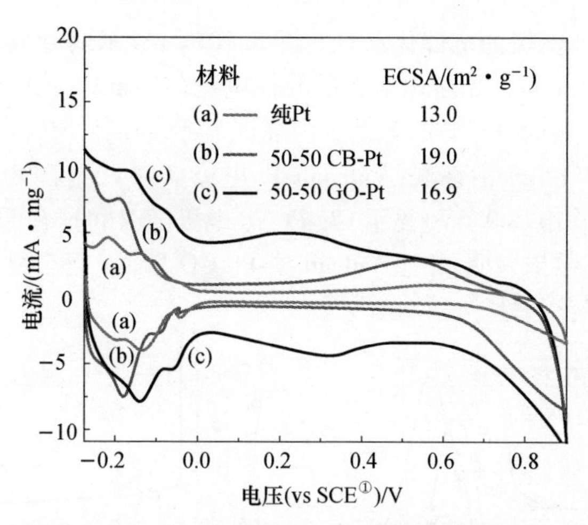

图 8.8 Pt、炭黑-Pt(重量比 50:50)、rGO-Pt(重量比 50:50)的循环伏安图，$20mg \cdot cm^{-2}$的 Pt 沉积在每个电极上，电解液为 0.1M H_2SO_4，扫速为 $20mV \cdot s^{-1}$(经许可引自文献[25]，版权©2009，美国化学学会)

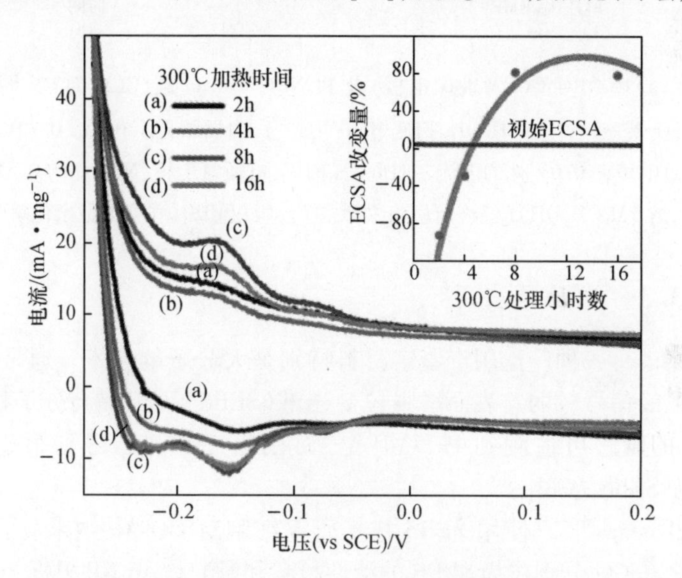

图 8.9 水合肼处理的 GO-Pt 在 300℃烧结不同时间得到样品的 CV 图(0.1M H_2SO_4，扫速 $20mV \cdot s^{-1}$，催化剂浓度 $10\mu g \cdot cm^{-2}$ Pt)，内插图显示这些样品 ECSA 的相对增加(经许可引自文献[25]，版权©2009，美国化学学会)

平均粒径大约为 10nm。作者还使用 GO 和金属盐依序还原，但得到的 NP 分散性差且平均尺寸大于 200nm。因此，对于制备 DMFC 来说，只有同步还原制备的电极具有实用价值。以甲醇的氧化作为模型通过对比传统的 Vulcan 碳-Pt 电极，

① SCE 为饱和甘汞电极。

研究了 GO-Pt NP 电极的电催化活性。图 8.10(a)显示两种催化剂的循环伏安曲线。GO-Pt NP 电极的甲醇电氧化的峰值电流(197mA · mg Pt^{-1})约是 Vulcan 碳-Pt电极(67mA · mg Pt^{-1})的 3 倍。内插图显示 GO-Pt NP 电极的甲醇电氧化起始电位(0.35V)小于活性炭(Vulcan)-Pt 电极(0.6V)。图 8.10(b)所示的电流-时间图(工作电压0.6V)显示 GO-Pt NP 电极随时间具有更高的电流和更好的稳定性。研究结果表明,相比 Vulcan 碳-Pt,GO-Pt NP 复合材料具有更优的甲醇电氧化的电催化活性。

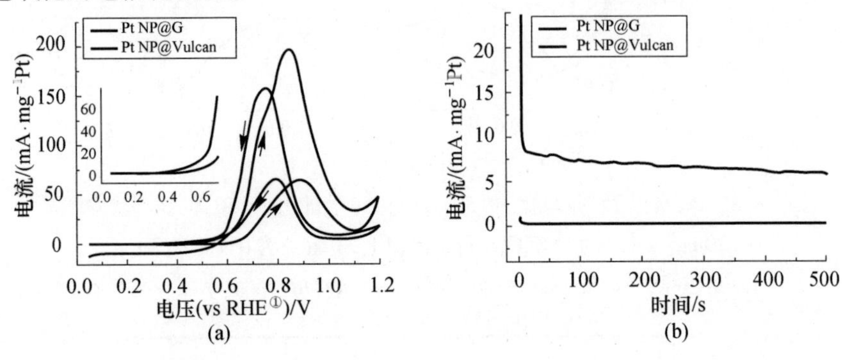

图 8.10 (a)Pt NP@ GCE(玻碳电极)及 Pt NP@ Vulcan 碳/GCE 的 CV 图(N_2 饱和 0.5M H_2SO_4溶液,含 1M CH_3OH,扫速 10mV · s^{-1}),内插图显示 0.05 ~ 0.80V 间放大的 CV 图;(b)电极在 0.6V 处的电流-时间图(RHE:可逆氢电极,N_2 饱和的 0.5M H_2SO_4 溶液,含 1M CH_3OH)(经许可引自文献[37],版权©2010,英国皇家化学学会)

8.3.3.3 生物学应用

拉曼光谱是一种广泛用于鉴定材料特别是大分子的技术。通常,当分子截面较小时拉曼信号较弱。表面增强拉曼光谱(SERS)可以提高分子检测的灵敏度。SERS 的概念可追溯到 1977 年[38],而在此三年前已得到第一个增强试剂[39],俗称 SERS 基底。

最近,Huang 等[40]使用 SERS 技术研究细胞对 GO-Au 纳米复合材料的吸收。Au NP 和 GO 分别作为 SERS 的活性材料和基底。Au NP 根据 Frens 的方法制备[33],而后被内消旋-2,3-二巯基丁二酸(DMSA)包覆。另外,利用 PEG 功能化 GO 以确保细胞内 GO-Au NP 结构的稳定。GO-Au NP 复合物通过搅拌包含 Au NP、GO-PEG 和 N 乙基-N′-[-(二甲胺基)丙基]碳化二亚胺盐酸盐(EDC)的溶液 48h 固化而成。

Ca Ski 细胞(人宫颈癌)与 GO 孵化得到的细胞的明场和暗场显微镜图像证实细胞内部存在 GO;但 GO 出现位置的拉曼光谱中, 没有检测到对应的 D 带和

① RHE 为可逆氢电极。

G带。反而,Ca Ski 细胞与 GO-Au NP 孵化的细胞内部可观察到 GO-Au NP 复合物的存在(图8.11(a),(b))。图8.11(c)显示暗场显微图像图8.11(b)中标记的不同点的拉曼光谱。可以清楚观察到 $1330cm^{-1}$ 和 $1600cm^{-1}$ 的石墨烯特征峰D和G峰,证实 Au NP 充当 SERS 基底。D峰和G峰的强度变化证明在细胞内部石墨烯的分布不均匀。Huang 等证实 SERS 技术具有高的空间分辨率,适于研究细胞内的活动。

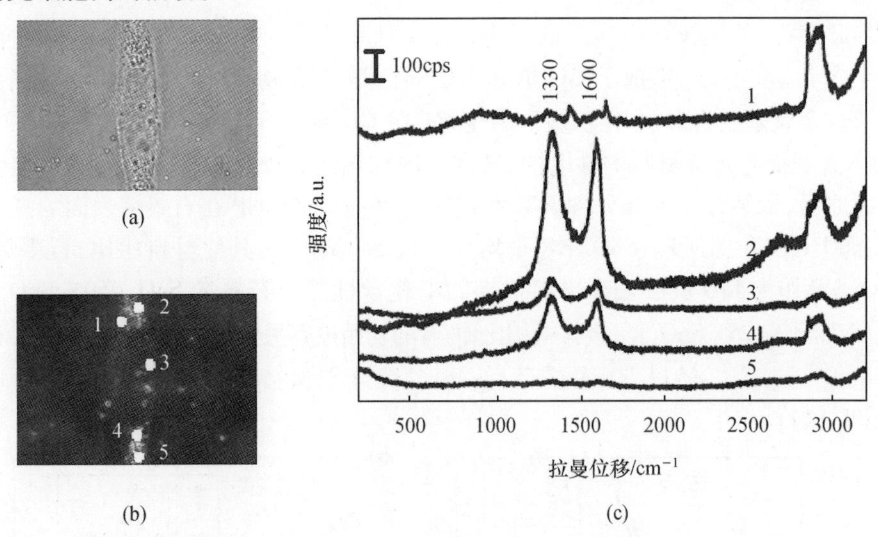

图8.11　Au-GO 孵化4h的 Ca Ski 细胞的(a)明场和(b)暗场显微图片;(c)图(b)中 Ca Ski 细胞不同标注点的拉曼谱(经许可引自文献[40],版权©2012,Wiley-VCH 出版公司)

8.4　金属氧化物纳米粒子功能化石墨烯

当今科学技术改革亟需具备优良性能的可充电电池。例如手机、电子议程、照相机、笔记本电脑、汽车等均需此类装置。性能优良的可充电电池需要具备较高的储存电荷的能力,较大的放电电阻和较长的使用寿命。如今,锂离子电池可弥补这类需求。即便如此,仍需不遗余力去提高它们的性能,尤其是提高用来储存电荷的正负极的物理特性。最近基于石墨烯/金属氧化物复合物的研究进展,强调了在新型电池的研究中纳米材料间协同作用的重要性。

8.4.1　锂离子电池

最近的研究表明,当锂离子电池(LIB)的负极为石墨烯-SnO_2 NP 时,电池的性能得到显著提高,原因在于这种高效材料是将石墨烯优良的物理特性与 SnO_2 较大的储存容量加以有效结合。虽然用石墨烯代替普通碳材料取得了更好的研究成果，但由于两者之间较差的作用力，金属氧化物在 GSs 表面的沉积并不容易。因此，亟需开发有效的方法去合成这类材料。通常，理想的复合既希望得到大量附着在 GSs 表面的粒子，同时又希望这些粒子具有高分散性。

最近报道了将 SnO_2 NPs 附着在单层石墨烯上的有效方法。在这种方法中，负极上 SnO_2的含量接近 65%，约为碳纳米管基 CNT-SnO_2负极材料的 3 倍，从而提高了充放电循环过程中负极的稳定性[44]。石墨烯-SnO_2复合材料由两个简单的步骤制得：首先，GO 由改进后的 Hummer 法制得[9]，然后 GO 与水均匀混合，由于含氧基的存在，形成了 GO 单分子层高分散的溶液。加入 $SnCl_2$溶液之后，Sn^{2+}与含氧基结合。利用去离子水洗涤，在 GO 单分子层两侧附着生成 SnO_2 NP。为了提高复合材料的导电性，通常采用加热还原处理减少含氧基团。经化学还原后，依然存在少部分含氧基团，它们有利于 SnO_2 NP 在石墨烯表面的高分散，如 HRTEM 图所示，SnO_2 NP 平均尺寸仅为 3nm。与其他材料相比，石墨烯-SnO_2 NP 作为 LIB 负极表现出更优异的电化学性能。石墨烯-SnO_2（60% SnO_2）与 CNT-SnO_2（25% SnO_2）负极材料相比，两者的初始电容量分别为 786mA·h·g^{-1}和 720mA·h·g^{-1}，经过 50 次循环后，电容量分别保持率分别为 71% 和 61%（图 8.12）。

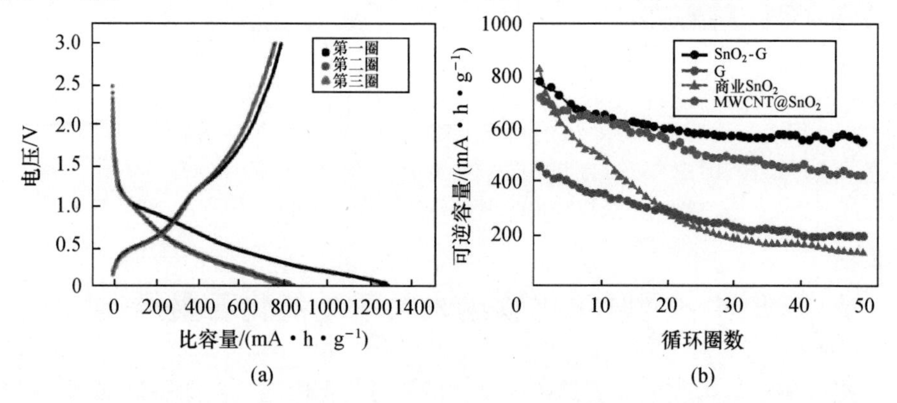

图 8.12 (a) SnO_2-石墨烯复合物充放电曲线；(b) SnO_2-石墨烯、商业 SnO_2、制备的石墨烯在 C/5 倍率下的循环特性（经许可引自文献[44]，版权©2010，英国皇家化学学会）

以 Mn_3O_4作为前驱材料发展了制备 LIB 负极有意思的方法[42]。尽管Mn_3O_4导电性差，但由于天然储量高、成本低使其成为极具潜力的电池材料。Mn_3O_4作为 LIB 负极的储存电荷能力较差，实验证明，循环 10 圈后，容量衰减为 300mA·h·g^{-1}，为初始容量的 38%。将其与少层石墨烯复合进行功能化处理，其优势便随之显现。功能化后得到的负极材料表现出优异的电化学性能，不仅储存容量翻倍，而且在充放电过程中也表现出稳定特性。在这种材料的制备中，GO 采用改进的 Hummer 法制得[9]。负极材料石墨烯-Mn_3O_4的制备包括两步，第一步在水与 DMF 混合液中 GO 与 $Mn(CH_3COO)_2$的水解，得到附着在 GO 层

上的 Mn_3O_4 NP[41]。而后通过水热处理还原 GO，即使用第一步中的混合液，加热至180℃，保持10h。最终得到 Mn_3O_4 NPs 高度分散在石墨烯层上的产物。通过 SEM 与 TEM 图像可以看出，Mn_3O_4 NPs 尺寸范围为10～20nm。

图8.13是石墨烯-Mn_3O_4作为 LIB 负极材料的相关电化学测试。从首次充放电循环曲线中可以看出组成电池的材料间的相互作用（图8.13(a)）。首次充电过程中，在0.4～1.2V 的现象是由于 Li^+ 与 *r*GO 之间发生不可逆反应及电解液的分解造成的。电压接近0.4V 处的平台是由于 Li^+ 与 Mn_3O_4间相互作用产生的。而在首次放电过程中接近1.2V 出现的平台则是由于逆反应造成的。经历几次循环后，使用不同电流密度进行充放电测试（图8.13(b)）。从图8.13中可以看出，在充电过程中，负极的电压随着电流密度的增大而减小，而在放电过程中，电压随着电流密度的增大而增大。图8.13(c)显示比容量随循环圈数的变化。图8.13中所述的比容量是相对于 Mn_3O_4的质量而言，并非复合物的质量。当电流密度为40mA·g^{-1}时，负极的初始储存比容量为900mA·h·g^{-1}。

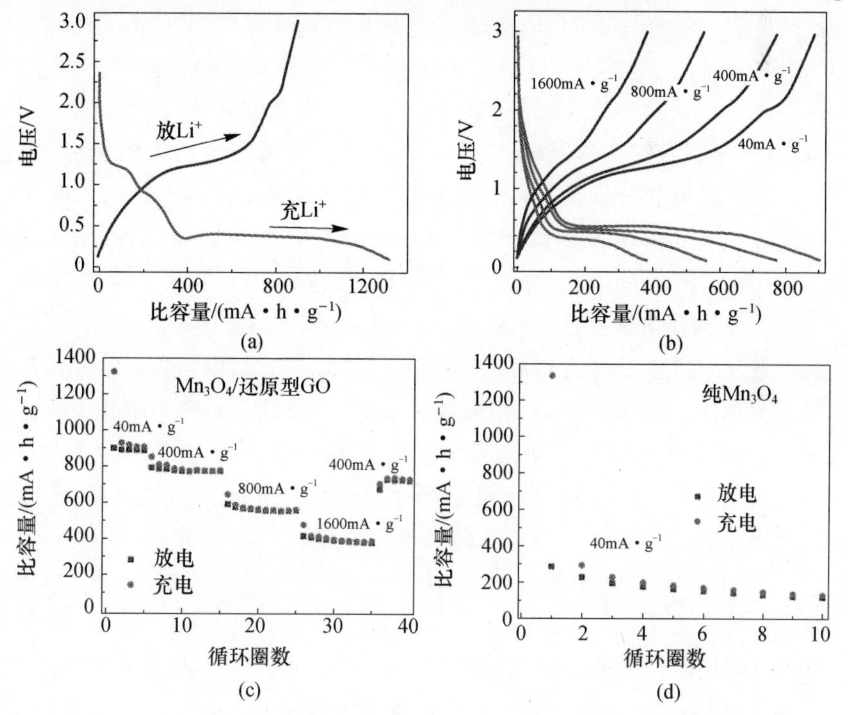

图8.13　Mn_3O_4/*r*GO 和 Li 组装的半电池的电化学特性，比容量基于 Mn_3O_4/*r*GO 中 Mn_3O_4的质量。(a) Mn_3O_4/*r*GO 在电流密度40mA·g^{-1}时首圈循环的充放电曲线（红色为充电，蓝色为放电）；(b)不同电流密度时 Mn_3O_4/*r*GO 的充放电曲线；(c)不同电流密度时 Mn_3O_4/*r*GO 的容量保持率；(d)电流密度40mA·g^{-1}时无石墨烯的纯 Mn_3O_4纳米粒子的容量保持率

（经许可引自文献[44]，版权©2010，英国皇家化学学会）

当电流密度增大至1600mA · g^{-1},比容量降为390mA · h · g^{-1},但循环圈数增加比容量仍保持稳定。循环50圈后,电流密度为400mA · h · g^{-1}时,比容量仍可达初始容量的81%。由图8.13(d)中石墨烯-Mn_3O_4与Mn_3O_4性能对比知,循环10圈后,Mn_3O_4比容量即从300mA · h · g^{-1}降至115mA · h · g^{-1}。

其他基于石墨烯和金属氧化物(如CuO、Co_3O_4、CoO、Fe_3O_4、TiO_2、$Li_4Ti_5O_{12}$等)的复合材料,同样表现出优异的LIB电化学性能[45-49]。此领域目前的目标是得到具有更大储存容量且长循环性能优异的负极材料。某些情况下,可通过优化变量参数,如改变金属氧化物的尺寸、石墨烯浓度等实现此目标;而其他情况下则需要寻找新材料。

8.4.2 光学性质

TiO_2和ZnO是目前公认的性能优良的光催化材料。这是因为当它们受紫外辐射时很容易发生电响应。此外,这类半导体材料具有热稳定性高、无毒等令人瞩目的优点。紫外光照射下,价带上的电子激发到导带,产生电子-空穴对。就TiO_2和ZnO而言,激发所需能量分别约为3.1~3.6eV和3.4eV[50-52]。

这些光学性质已实用化,但是该类氧化物作为光催化剂时存在两个瓶颈问题,一是电子和空穴的快速复合,二是太阳光中紫外辐射所占比例不到5%。这两方面降低了光催化效率。因此,阻止电子与空穴的复合以及扩大光吸收范围至可见光区域是光催化剂发展应考虑的两个目标。针对该目标,利用元素掺杂改性TiO_2,掺杂的不同元素包括贵金属铂、金、银[53-55]及非金属元素硫、氮、碳[56-58],甚至还有碳基复合物[59,60]。

由于碳-半导体基复合材料的光催化性能较好,故而石墨烯也有望作为半导体粒子的载体。该结构中,石墨烯起着电子传输的作用,从而阻止了电子与空穴的复合。石墨烯基光催化剂的应用很多,例如石墨烯-TiO_2和石墨烯-ZnO纳米结构用于水分解产氢[61]、降解有机溶剂[62]及制作光电子器件[63],甚至可以用作做光催化还原剂[51,64,65]。接下来将以例证介绍。

8.4.2.1 水分解

TiO_2薄膜可以作为光催化分解水的材料[66],因为在经过紫外光照射时,这种物质产生的光电子具有约2eV的足够的能量分解水产生氢气和氧气。TiO_2光催化剂的效率受电子和空穴的快速复合影响。而当加入石墨烯作为前驱材料可克服此影响。图8.14显示产氢量取决于催化剂中石墨烯的浓度。使用TiO_2光催化剂,氢以4.5mol · h^{-1}恒速产生,当石墨稀的浓度为5%时,光催化效率达到最大值8.6mol · h^{-1}。对于高浓度的石墨烯而言,氢产量减少,可能是由于过量的石墨烯导致载流体间的相互碰撞,造成电子-空穴对的复合。在*r*GO分散液中水解四丁基钛酸丁酯(TBOT),而后经热处理(450℃,2h)合成了石墨烯-TiO_2 NP复合材料。用哈莫斯法制得GO[9],化学还原可利用$NaBH_4$辅助进行[61]。

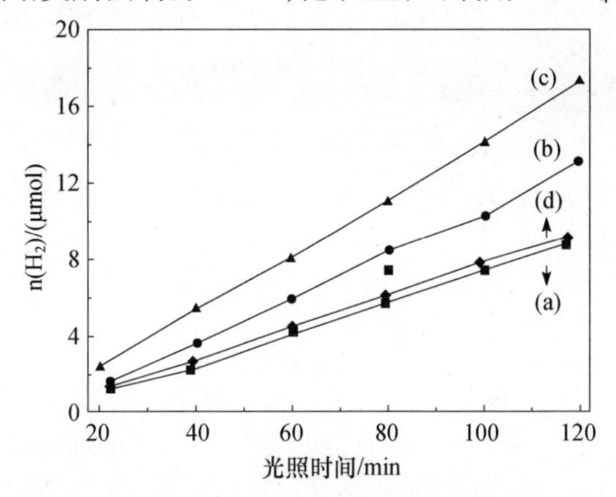

图8.14 使用催化剂(a)P25,(b)TiO_2(质量分数为1%)GS,(c)TiO_2(质量分数为5%)GS,(d)TiO_2(质量分数为10%)GS在紫外-可见光照射下产氢量与反应时间关系图,将200mL,0.1mol·L^{-1} Na_2S和0.04mol·L^{-1} Na_2SO_3作为牺牲试剂
(经许可引自文献[61],版权©2010,英国皇家化学学会)

8.4.2.2 功能化石墨烯-POM复合物

另一个完全不同的方法是首先合成无机物,然后通过连接剂的共价或者非共价作用(范德华力、氢键、π—π堆积、静电作用)将其连接到石墨烯表面。而这种方法中无机物或石墨烯(或两者)都需要官能团进行改性。无机纳米材料能否在石墨烯表面负载取决于功能化的类型及相互作用强度。这种基于自组装的方法在克服纳米材料合成与复合材料合成之间的不兼容性极具优势。相比于原位生长,通过纳米粒子在功能化石墨烯上的自组装得到的复合物具有更好的分散性,尺寸和含量更适于调控。使用这种方法,我们制备出了聚阳离子、季胺化、铵修饰体按照预期分布的功能化石墨烯,它们提供了sp^2碳纳米平台用于锚定无机四钌催化剂,用来模拟光合作用中天然PSII的析氧中心,如图8.15所示[67]。该复合材料在中性pH值时析氧过电位低至300mV,并且测试4h后性能几乎没有损失。这种多层次电活性物质与单独的催化剂相比,其转换率提高了一个数量级,以同样的表面功能化也可使碳纳米管材料的性能得到一定提升。

8.4.3 GO的光催化还原

通过紫外辐射TiO_2或ZnO NPs均可实现GO的光催化还原[63]。在甲醇溶液中辐射半导体实现电子与空穴的分离,空穴用以产生乙氧基自由基,而电子则在半导体纳米粒子内聚集。随后,电子与GO上某些官能团发生反应,致使GO

被还原,有关反应如下:

$$TiO_2 + h\nu \longrightarrow TiO_2(h+e) \xrightarrow{C_2H_5OH} TiO_2(e) + C_2H_4OH \tag{8.2a}$$

$$ZnO + h\nu \longrightarrow ZnO(h+e) \xrightarrow{C_2H_5OH} ZnO(e) + C_2H_4OH \tag{8.2b}$$

$$TiO_2(e) + GO \longrightarrow TiO_2 + rGO \tag{8.2c}$$

$$ZnO(e) + GO \longrightarrow ZnO + rGO \tag{8.2d}$$

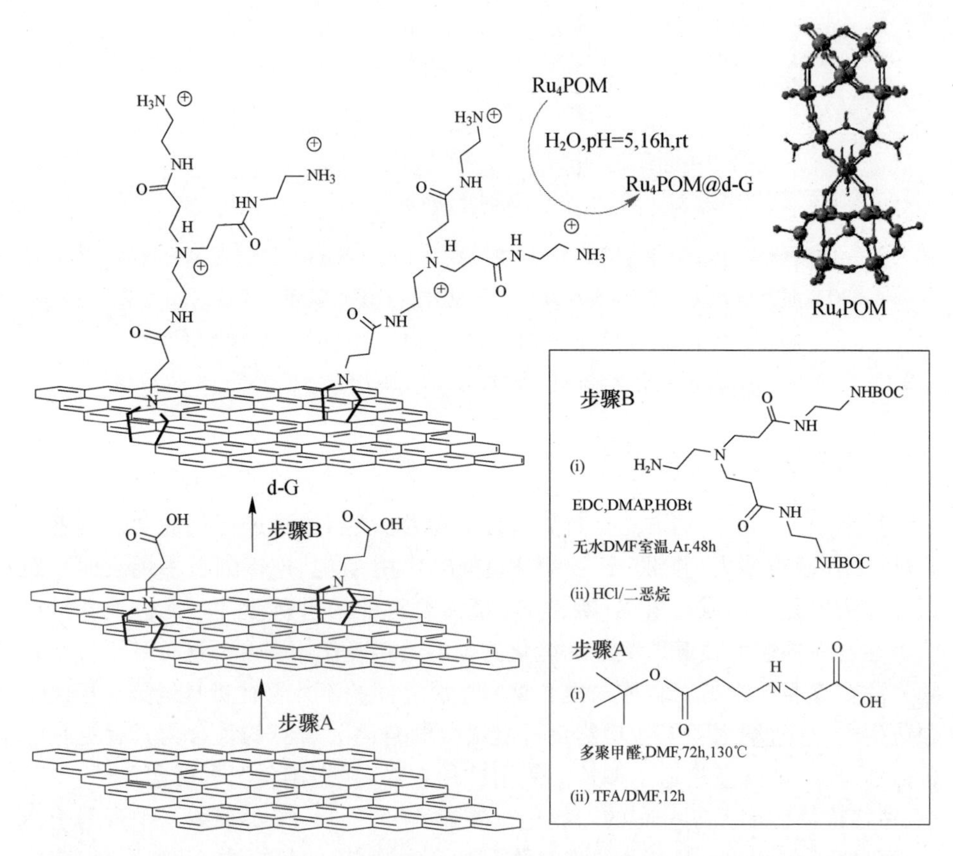

图 8.15　石墨烯纳米平台负载 Ru_4POM(多金属氧酸盐)的合成,试剂和条件。步骤 A:(i)多聚甲醛,*N*,*N*-二甲基甲酰胺(DMF),72h,130℃,(ii)三氟乙酸/*N*,*N*-DMF,12h,室温;步骤 B:(i)树枝状 1-(3-二甲氨基丙基)-3-乙基碳二亚胺(EDC),4-(二甲氨基)吡啶(DMAP),1-羟基苯并三氮唑(HOBt),无水 DMF,48h,室温,Ar 气氛,(ii)HCl/二恶烷,12h
(经许可引自文献[67],版权©2013,美国化学学会)

除了可以还原 GO 之外,通过紫外吸收与紫外衰减测试也可以估算单位 GO 质量[63]或单位时间[42]转移给 GO 的电子数。本质上,GO 与半导体的还原过程并无差别。在含有半导体纳米粒子和 GO 的乙醇悬浮液中两者均受到紫外光辐射,悬浮液通入 N_2 持续搅动确保辐射均匀。半导体纳米粒子分别由前驱体

$Ti(OCH(CH_3)_2)_4$和$Zn(O_2CCH_3)_2$水解得到。

图8.16(A)显示了GO-ZnO乙醇悬浮液受到光辐射后的颜色改变,可以看出,颜色从浅棕色转变为黑色,表明GSs中π网络结构的部分复原,这一过程发生在GO的化学还原中。没有ZnO存在时,乙醇-GO悬浮液颜色不会发生改变,表明GO的还原是在半导体纳米粒子的辅助下完成的。如图8.16(B)所示,当辐射时间从0增至420s时GO-ZnO纳米复合材料对紫外光的吸收增强。内插图显示在460nm辐射时,吸收随辐射时间的变化。在最初200s内,吸收值随时间延长而增加,随后基本趋于稳定。GO-TiO_2纳米复合材料表现出来的颜色变化与图8.16中观察到的一致[50]。

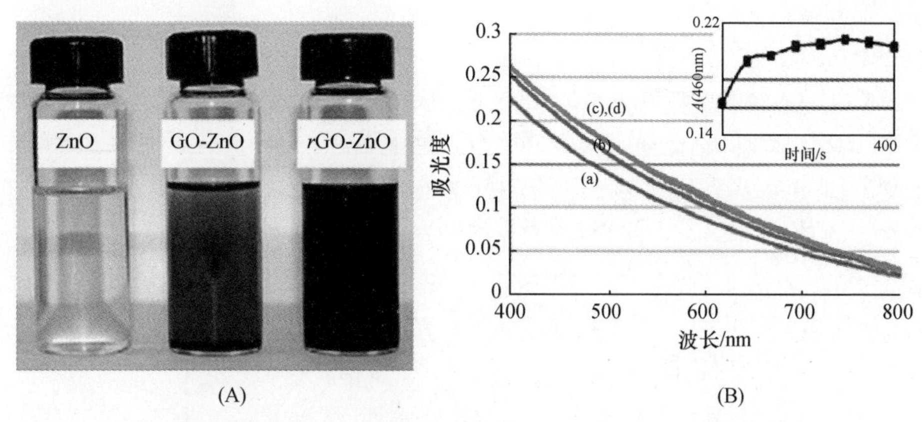

图8.16 (A)ZnO、ZnO-GO、ZnO-rGO的悬浊液,用紫外光照射ZnO-GO样品时,颜色从棕色(中间小瓶)变成深棕色(右边小瓶);(B)0.5mg·mL^{-1} GO和1mM ZnO在除气的乙醇中紫外辐射不同时间(a)0s,(b)60s,(c)180s,(d)420s的吸收谱,内插图显示随辐射时间延长吸收增加(经许可引自文献[63],版权©2009,美国化学学会)

根据式8.2a,乙醇存在时的光辐射使得TiO_2集聚电子。该复合物受辐射可最大量捕获光电子,而将GO加入悬浮液中,光催化还原启动,TiO_2捕获的电子数量将随着GO浓度增加而减小。这一现象在被光辐射吸收至饱和的TiO_2复合材料的吸收光谱中可清晰观察到(图8.17(A))。通过观察峰强度与GO含量的关系,利用TiO_2在波长650nm(760M^{-1}·cm^{-1})捕获电子的摩尔吸收,可建立还原过程中电子数量与rGO含量间的线性关系。通过线性拟合,估算出还原1g GO大约需要0.01mol电子(图8.17(B))。

半导体粒子与GO之间的电荷转移同样可以由发射光谱来证明。当GO存在时,发射峰很强,并且位于半导体纳米粒子特征峰附近;对ZnO而言,其波长约为530nm(图8.18)。图8.18显示当加入GO时,由于电子转移给GO,导致荧光减弱,启动化学还原过程(反应式8.3b)。不同GO浓度下,530nm激发产生的发射波为时间的函数,揭示了发射光强度呈多指数衰减,尤其是,该衰减包括快速衰减和缓慢衰减两部分。ZnO与GO间的电荷转移与快速衰减有关,因此可通过快速衰减常数与GO浓度的关系式来获得反应动力学的相关信息。对于正在讨论的体系而言,可以确定的是,当乙醇溶液中GO浓度为0.025mg·mL^{-1}时,电子转移的恒定速率为$1.2\times10^{9}s^{-1}$。

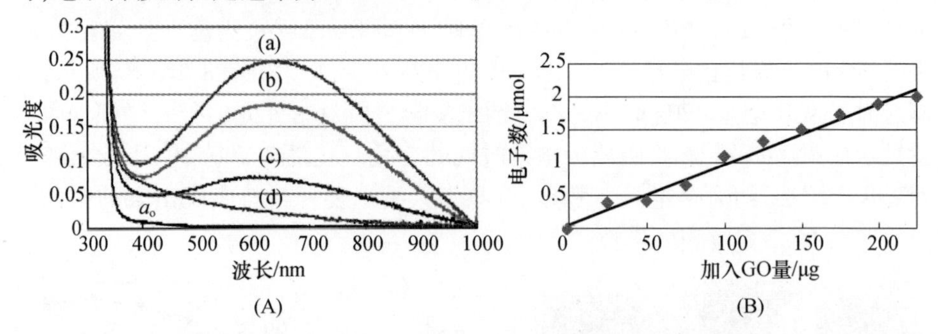

图8.17 (A)紫外辐照10mM TiO_2的乙醇悬浊液的吸收谱(谱线(a))以及加入GO悬浊液(已除气)后的谱图:(a)0μg,(b)50μg,(c)150μg,(d)300μg(a_0对应未经UV辐照的TiO_2悬浊液);(B)来自TiO_2的电子数与加入到悬浊液中GO量的关系图(经许可引自文献[64],版权©2008,美国化学学会)

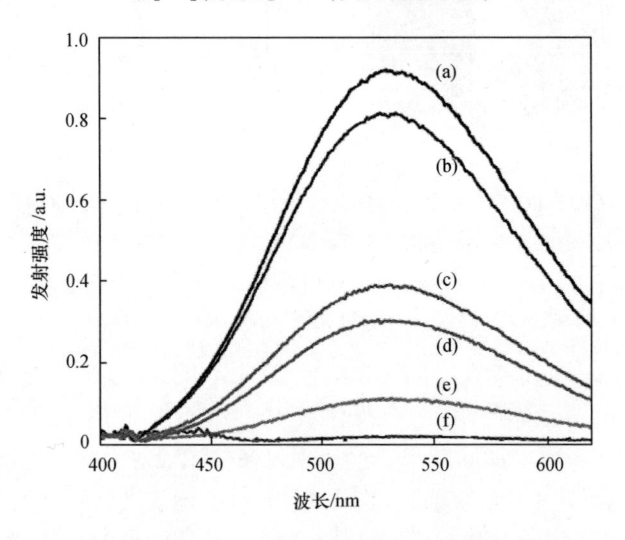

图8.18 不同GO浓度下1mM ZnO悬浊液的发射谱。(a)0mg·mL^{-1};(b)0.035mg·mL^{-1};(c)0.09mg·mL^{-1};(d)0.14mg·mL^{-1};(e)0.20mg·mL^{-1};(f)0.24mg·mL^{-1}(经许可引自文献[52],版权©2009,美国化学学会)

8.5 磁性纳米粒子功能化石墨烯

磁性纳米粒子功能化的GO和*r*GO(GO-磁性NP)提供了将GO的电子和物理化学特性与纳米粒子的磁响应相结合的平台,因此受到了广泛的关注。

可利用这类材料对外加磁场的灵敏度实现材料的远程移动和操控,这种特性必将开发出广泛的用途。以此看来磁复合材料可用作灵敏的磁性载体,使用低磁场分离技术将之从混合物中分离出来,从而在生物医学和物理化学乃至水处理、金属及污染物的去除等诸多领域具有潜在应用。

更为广泛的应用是通过功能化GO或往磁性NP中添加其他复合材料,获得特殊的化学或生物性能同时保持材料的磁响应。

目前为止,用得最多的磁性NP是铁磁矿,即Fe_3O_4[68]。其他NP也能成功锚定到GO或*r*GO表面,粒子包括Ni_xCo_{100-x}、Co[69]、Ni[70]、NiB[71]、Co_3O_4[72]、MFe_2O_3铁氧体(M = Mn、Co、Ni、Zn)[73,74]、Fe核/Au壳[75]和NiFe[76]。然而,并不是所有的材料都用于开发磁学性能,也有被用作传感器及LIB的电极,这在前面章节已经讨论过。本节仅讨论磁响应方面的应用。

Liu等在最近综述文章中指出[77],合成石墨烯磁性复合材料主要有三种方法。第一种方法包含两个过程:化学还原GO得*r*GO;利用表面活性剂或聚合物对*r*GO功能化,使之与NP结合。第二种方法也包含两步,第一步GO存在情况下磁性NP被还原。在这种情况下,铁离子被羧基通过配位作用捕获,然后加入碱性溶液沉淀,得到铁磁矿-GO复合材料。第二步复合材料进一步热处理或加入化学试剂,去除GO表面的含氧基团制得磁性NP与*r*GO的复合物。第三种方法只需一步,化学还原GO及在GO上沉积Fe_3O_4 NP合为一步完成。

8.5.1 磁学性质

基于材料和外加磁场的相互作用的应用需具备特定的磁学性能,选定磁性材料的优势正在于这些特性。一般来说,存在磁性的两个基本原则:零剩磁或极低剩磁和高饱和磁化强度。零剩磁或低剩磁材料是磁分离过程的理想材料,对外加磁场具有强磁响应,而切断外加场后磁响应消失。在没有外加磁场时,这将会减少或者消除磁载体的聚集,有利于材料的分散和再利用。另外,材料总的或有效的饱和磁化强度是决定分离过程中磁场强度的另一个关键参数,对分离过程的复杂性和成本问题起决定作用。

零剩磁或低剩磁材料可以从超顺磁(SPM)或软磁材料中得到。GO-磁性NP具有不同的磁响应,取决于材料类型、平均粒径及其在GO上的浓度。已知的实验结果表明,平衡特定性能(调节GO以满足既定用途)与磁分离效果(调节磁性粒子以得到最佳磁场强度),可优化得到整体性能最佳的GO-磁性NP复合物。

平均粒径在20~30nm的磁性NP在室温下具有超顺磁性,一些团队已报导了超顺磁性的GO-磁性NP。图8.19为超顺磁Fe_3O_4/GO复合物的磁滞回线,从图中可看出该材料在300K剩磁为零[78]。然而,尽管磁化强度持续上升甚至在10kOe(1T)外磁场下,但在低的磁场区(1~2kOe)已达到饱和磁化强度的

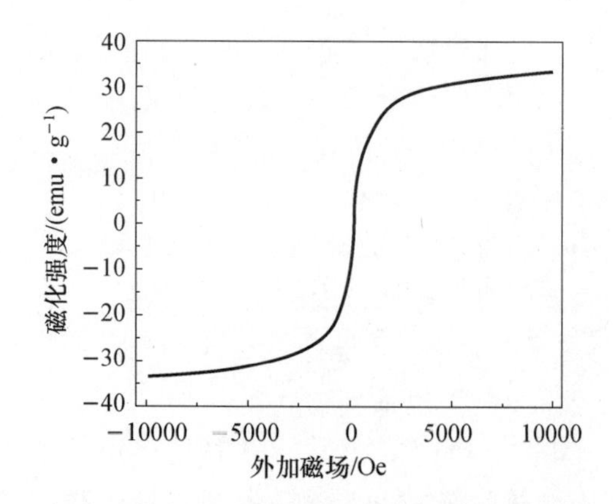

图 8.19　GO-Fe_3O_4-PEG 的磁化曲线，无磁滞回线显示超顺磁特性
（经许可引自文献[78]，版权©2012，Springer）

60% ~70%。这一重要结果表明在低磁场强度下即可完成磁分离。

可在不损失超顺磁性能的前提下进一步调控材料的有效磁化强度，通过改变粒子尺寸（保持小于临界超顺磁直径）或合成 NP 时使粒子附着在 GO 上。图 8.20(a)为 Fe_3O_4的平均直径、覆盖度及饱和磁化强度与氢氧化钠给样比的依赖关系图，图 8.20(b)为对应的磁滞回线[80]。图中显示，所有条件下的磁响应结果与超顺磁性材料一致，总的饱和磁化强度随粒径及覆盖度有明显变化。

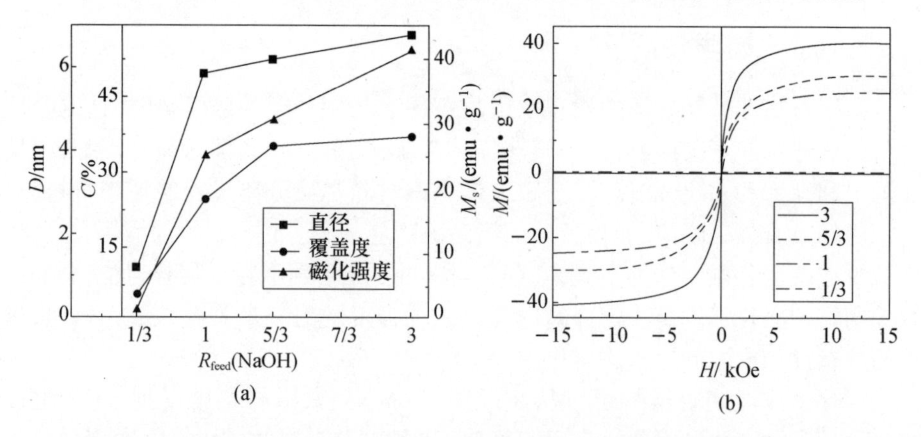

图 8.20　(a) Fe_3O_4 NP 的平均粒径(D)、Fe_3O_4 NP 在石墨烯上覆盖度(C)、石墨烯@Fe_3O_4的饱和磁化强度(M_s)与 R_{feed}-(NaOH) 的依赖关系图（固定 R_{feed}-($FeCl_3$) = 2，t = 1h）；(b)对应图(a)的磁滞回线（经许可引自文献[79]，版权©2010，美国化学学会）

这些变化简单反映了 GO-磁性 NP 总饱和磁化强度与复合物中磁性材料的总量成正比。从这个意义上讲，向 GO-磁性 NP 添加其他材料以实现化学或生物学功能化，将使复合物中磁性材料的含量发生变化[70,80]。图 8.21 的磁滞回线比较了 Fe_3O_4 NP、GO-磁性 NP 和碳包覆的 Fe_3O_4 NP/GO 复合物（标记为

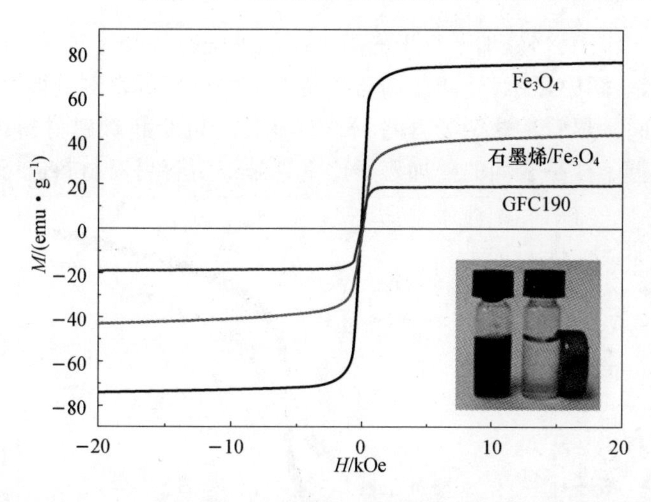

图 8.21 Fe_3O_4 NP、Fe_3O_4/GO、碳包覆 Fe_3O_4/GO 复合物(称为 GFC190)的磁化曲线(经许可引自文献[80],版权©2012,英国皇家化学学会)

GFC190)的磁化曲线[80]。这个例子表明单位质量的复合材料含有的磁性物质越少,单位质量磁化密度越低。

引入磁性 NP 制得合金可以改变和调控材料的剩磁及饱和磁化强度[69,73,74,76],如制备的 Ni_xCo_{100-x}合金 NP 即可辅证。图 8.22 为测量的 GO-磁性 NP 的磁滞回线,(a)对应纯镍和钴 NP,(b)对应 $Ni_{25}Co_{75}$ 合金 NP[69]。温度为 300K 时得到的结果显示,纯镍、钴及它们合金的磁滞回线有明显区别。尤其是,三种材料均具有有限的剩磁,如同预想,每种材料的饱和磁化强度却不同。

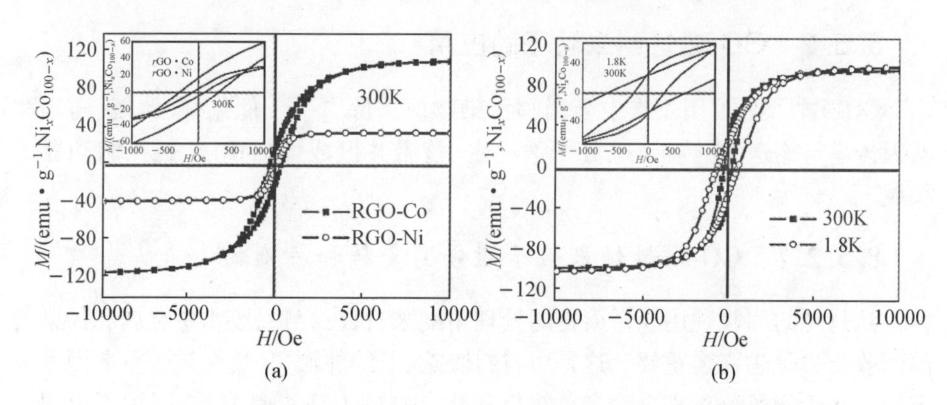

图 8.22 1.8K 和 300K 时 rGO-Ni_xCo_{100-x}纳米复合物的磁滞回线。
(a)纯 Co 和 Ni(T=300K);(b)$Ni_{25}Co_{75}$(T=1.8K 和 300K)
(经许可引自文献[69],版权©2012,美国化学学会)

一般而言,粒子的形状几乎是球形,所以没有形状上的磁各向异性。但是,GO 表面修饰的磁性 NP 在中等和高浓度下形成近球形粒子的二维阵列,由于粒子间偶极相互作用，当施加平行于样品平面的外加磁场会导磁滞回线的改变，如图 8.23 所示。图中显示，外加磁场与样品平面平行或垂直测量得到的磁滞回线有明显的不同。尽管在这两个方向，剩磁均消失，符合超顺磁材料，但结果清晰表明施加平行于样品表面的外加磁场比垂直施加更容易对材料进行磁化。

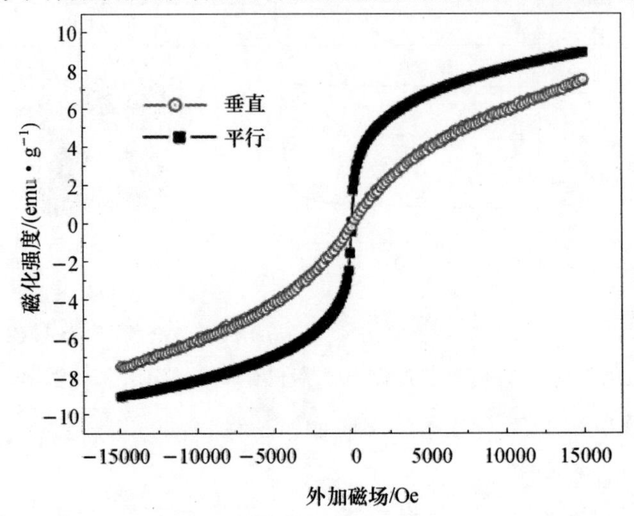

图 8.23 外加场平行或垂直 *r*GO/铁氧化物自支撑膜的磁化曲线
（经许可引自文献[81]，版权©2012，Elsevier）

上述例子强调具有磁性的复合物具有宽泛的修饰空间，并以实例证明了仍有极大空间去精细调节这些特性以满足特殊的应用与需求。

8.5.2 GO-磁性纳米粒子的应用

GO-磁性 NP 可用于水中金属和污染物的去除[88-90]、催化剂、储氢、药物和基因传递与输送、光热治疗、分子的固定、核磁共振成像（MRI）、磁控制动器等领域。

8.5.2.1 GO-磁性纳米粒子磁分离金属和污染物

从材料的回收利用及污染物的处理角度来看，废弃物、废水中金属和污染物的回收与去除越来越重要。这是由材料匮乏、节约能源、环境保护等重要因素决定的。基于磁场分离和去除多种物质和化合物的方法极具前景，因为不论规模大小可以快速、经济有效且轻易地从复杂混合体系中除去某些物质。例如，磁分离技术从 20 世纪 40 年代已用于污水处理[82]。另外，碳纳米材料如活性炭、碳纳米管复合物、石墨烯均具有强吸附力。在 GO 的表面存在络合能力很强的官能团如羧基、羟基和环氧基等，因此为金属和污染物的去除提供了颇具吸引力的平台。

GO-磁性 NP 综合了优异的物理化学和磁学特性，使其可用于磁分离有机染料、金属离子和芳香族化合物。特定例子包括去除金属离子如 U(VI)[91]、Co(II)[83]、As(砷酸盐)[84,85]和 Cr(VI)[86,87],有机染料如甲基蓝(MB)[73,80,88]、罗丹明 B(RhB)[89]、孔雀石绿[89]和副品红[89],芳香族化合物如苯、甲苯和二甲苯[70]。

图 8.24 展示了利用磁分离技术以氧化铁/*r*GO 复合物去除污水中的有机染料[89]。图中显示的是罗丹明 B 在 554nm 和孔雀绿在 625nm 处的 UV-Vis 谱与 GO-磁性 NP 浓度的关系(图 8.24(a),(b))。结果表明,随着 GO-磁性 NP 浓度的增加吸光度降低。此外,从图 8.24(d)中可得出罗丹明 B 和孔雀石绿的去除率。从这些结果可以看出,对两种染料分子而言,GO-磁性 NP 使用最大浓度 $0.7g \cdot L^{-1}$,得到 90% 的去除率。图 8.24(a)的内插图为 $0.7g \cdot L^{-1}$ GO-磁性 NP 处理染料溶液前后的照片。

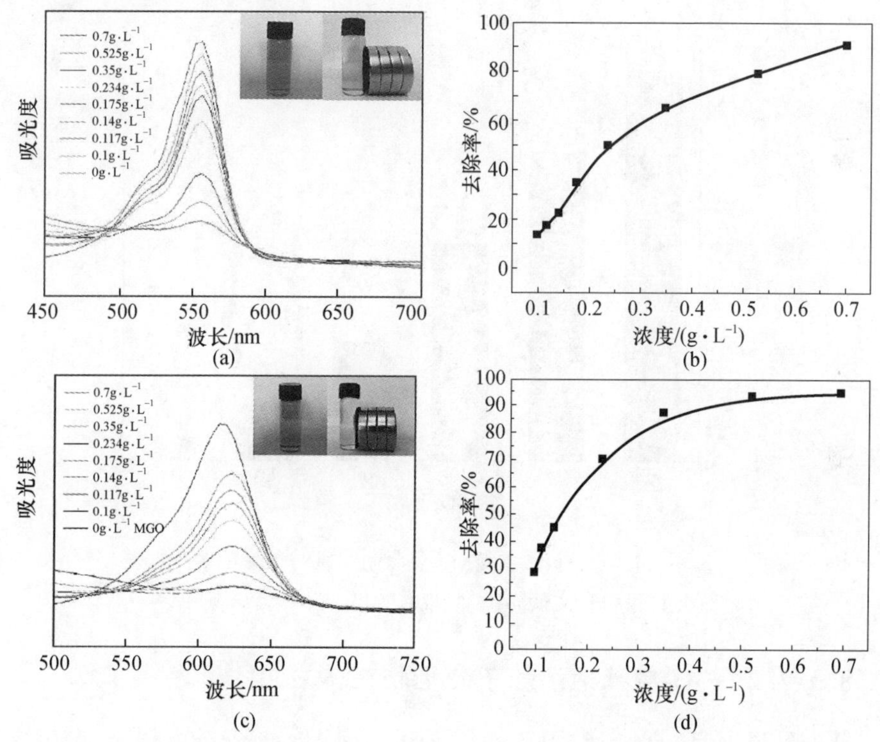

图 8.24 不同浓度的 GO-磁性 NP 对((a),(b))罗丹明 B 和((c),(d))孔雀绿的去除,(a)和(c)的内插图是使用 GO-磁性 NP($0.7g \cdot L^{-1}$)前后染料溶液的照片(经许可引自文献[89],版权©2011,Springer)

从文献中可以得出,无需向 GO-磁性 NP 复合物添加其他材料来提高其吸附性能。它简化了材料的合成,但在吸附能力和磁性材料用量之间找到最佳配比可提高存在的局限性的磁分离。

前面章节已经介绍,增加石墨烯上磁性 NP 的浓度可以提高总磁化强度,使材料更容易进行磁分离。然而,随着磁性 NP 浓度的增加,石墨烯有效表面积会减少,从而降低了复合物的吸附能力,所以 GO-磁性 NP 的整体性能由吸附容量和磁响应之间的协调决定。

Zong 等在研究利用 GO-磁性 NP 去除水溶液中 U(Ⅳ)时已揭示了上述规律[91]。在他们的实验中,利用 Fe_3O_4 含量分别为 0%、20%、40%、60%、80% 和 100% 的 GO-磁性 Fe_3O_4 NP 来确定具有最佳 U(Ⅳ)吸附性能时 GO 和 Fe_3O_4 的比例。从图 8.25 中可以得出吸附能力随着 Fe_3O_4 量的增加而下降。毫无疑问,单独 GO 有最好的吸附能力,但为了从溶液中磁去除污染物,需要在 GO 表面固定磁性 NP 而牺牲 GO 的高吸附性能。正如总结的那样,最佳的氧化铁含量为 20%,此时该复合物具有较好的吸附能力,同时有足够高的磁响应,保证在外磁场下的磁分离。

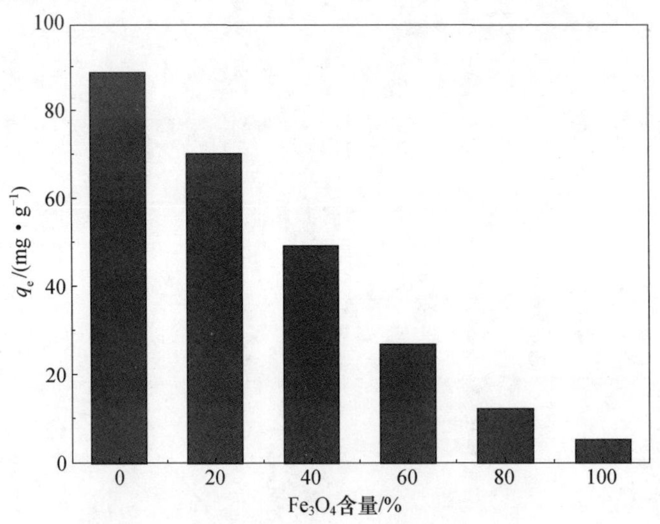

图 8.25 Fe_3O_4 含量对 GO 吸附 U(Ⅳ)的影响

(经许可引自文献[91],版权©2013,美国化学学会)

8.5.2.2 GO-磁性纳米粒子的生物医学应用

研究结果表明,碳纳米结构及复合结构在生物传感器、药物传输、疾病诊断到癌症治疗和组织工程等生物医学领域具有潜在应用。此外,在生物医学领域,磁性 NP 被广泛研究。碳纳米结构物理化学和可控的表面性能成为发展生物医学材料的最大障碍,亟待解决。磁性 NP 在这方面已经取得了重大进展,它们已被广泛用于药物传输、高温治疗、MRI、组织工程与修复、生物传感、生物化学分离和生物分析[82,92]。

1. 药物输送

磁响应纳米材料在药物和试剂的输送与释放领域极具前景。材料对外加磁场的磁响应可以向靶向组织引导和固定材料。

虽然磁性 NP 在药物输送方面已被广泛研究,众所周知,将磁性 NP 与其他具有显著表面积和特定性能的材料相结合,可以赋予它们更多的功能。如碳基纳米材料对包括化疗药物在内的芳香族分子具有很好的吸附能力,很容易通过 sp^2 杂化和 π—π 堆积将这些物质负载到碳材料表面。所以磁性 NP 和 GO 的结合利于发展磁引导的药物输送与诊断治疗用的异质结构。

到目前为止,利用 GO-磁性 NP 进行药物输送的报导并不多见。这类测试主要基于常见的抗癌药物的输送,如阿霉素(DOX)[93]、盐酸阿霉素(DXR)[78]和5-氟尿嘧啶(5-FU)[93]。

有很多方法可将药物负载到 GO-磁性 NP 上。如 DOX[93]和 5-FU[94]可直接连接到 GO,而 Ma 等[78]在 PEG 功能化的 GO-磁性 NP 上连接 DXR。所有情况下,复合物都是超顺磁性的并且具有极高的药物负载能力。但是,根据 Yang 等的结果,GO-磁性 NP 的药物负载能力小于原生 GO。图 8.26 比较了(a)GO 和(b)GO-磁性 NP 对不同初始浓度 DXR 的负载能力。由于 GO 表面负载磁性 NP 使其表面区域减小,因此在 b 线中可观察到 GO-磁性 NP 的负载饱和。

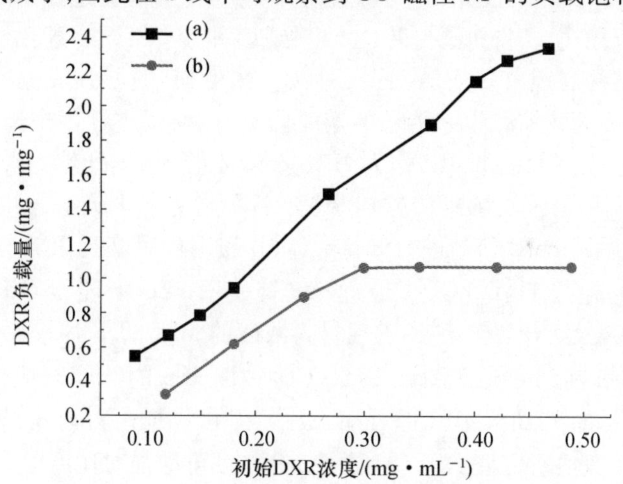

图 8.26 GO(a)和 GO-磁性 NP(b)上 DXR 负载量与初始 DXR 浓度的关系图
(经许可引自文献[93],版权©2009,英国皇家化学学会)

药物释放实验是通过调节分散液的 pH 值来实现的。图 8.27 为不同 pH 值时 5-FU 从 GO-磁性 NP 上的释放情况[94]。实验中作者考察了在 37℃时,pH 值分别为 4.0 和 6.9 磷酸氢二钠和磷酸二氢钾缓冲液中药物释放动力学。选择这些 pH 值来模仿肿瘤的酸性环境。如图 8.27 所示,5-FU 在酸性条件下的释放速率比在中性条件下快很多。具体来说,超过 8h 后,在 pH = 4.0 和 6.9 时5-FU释放总量分别为 54.7% 与 14.74% 。对于 DRX[78]和 DOX[93]也有类似结果,由此证明此药物释放机制的可行性。

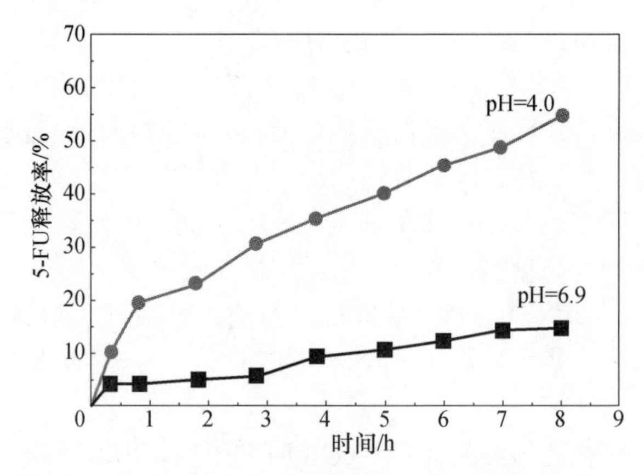

图 8.27　不同 pH 值时 GO-磁性 NP 对 5-氟尿嘧啶的释放
（经许可引自文献[94]，版权©2013，Wiley-VCH 出版公司）

2. GO-磁性纳米粒子在核磁共振成像中的应用

磁性 NP 已广泛用作 MRI T_2增强对比度和信号放大的造影剂，它比 MRI T_1的造影剂钆-二乙三胺五乙酸更为有效，它们的磁性可以通过控制尺寸大小和表面包覆加以调控[82]。前面已提及，由两种或多种具有不同物理化学性能的材料组成的异质结构展现出多功能特性。例如，磁性 NP 的增强成像特性可与药物输送联用，实现药物向靶组织传送的实时监测，以便跟进针对病情的治疗效果。近期，研究人员以 GO-磁性 NP 作为 MRI 造影剂进行了体外效力研究。

Cong 等利用聚苯乙烯磺酸钠（PSS）制备了稳定的 PSS 包覆的 *r*GO 片的水性分散液，随后用 Fe_3O_4 NP 进行修饰[95]。并利用羧甲基葡聚糖（CMD）和氨基葡聚糖（AMD）包覆 Fe_3O_4/GO。最近，Ma 等使用 PEG 功能化 GO-磁性 NP[78]。通过改变 GO-磁性 NP 或单纯的磁性材料浓度的 MRI 的 T_2加权像来评价GO-磁性 NP 作为造影剂的效果。图 8.28 为 GO-磁性 PSS 的浓度对成像的影响[95]。从图 8.28 所示的 T_2加权 MRI 像可知，磁性 NP 可以提高对比度，然而纯石墨烯则没有提高。数项研究证实了 GO-磁性 NP 浓度可增强对比度[78,95,96]。

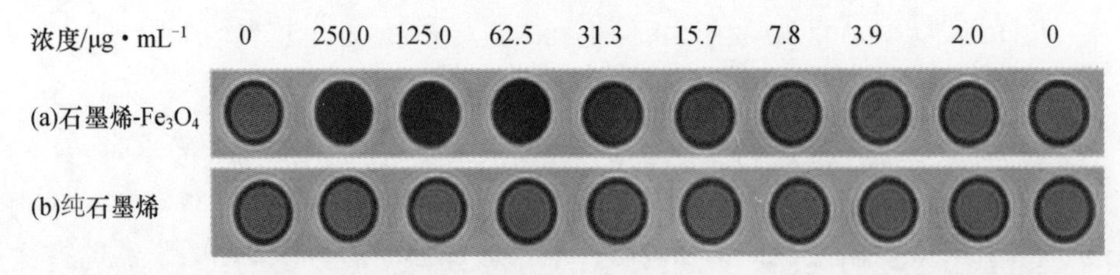

图 8.28　（a）磁功能化石墨烯和（b）纯石墨烯的 T_2加权 MRI 像，不同浓度的纯石墨烯没有观察到增强（经许可引自文献[95]，版权©2010，Wiley-VCH 出版公司）

目前研究表明，GO-磁性 NP 为生物医学应用提供了合适的平台。此种复合材料在此领域极具潜力，希望通过进一步的深入研究继续扩增其他功能特性。

8.6 结 论

众所周知,使用石墨烯和金属或金属氧化物纳米粒子已经制备出许多新型的复合材料。科研者已经证明石墨烯基复合材料比聚合物或其他碳基复合材料具有更好的性能。通常情况下,复合材料中石墨烯含量较低,从而可以降低它们的生产成本,更容易实现商业化。然而,到现在为止,大多数合成石墨烯基复合材料的原料均来自 GO 的制备及其还原。制备过程降低了石墨烯的化学稳定性和导电性。因此,有望通过改良石墨烯的制备,进一步增强金属或金属氧化物-石墨烯复合材料的性能。

参考文献

[1] Novoselov, K. S. , Geim, A. K. , Morozov, S. V. *et al.* (2004) *Science*, **306**, 666.
[2] Novoselov, K. S. , Geim, A. K. , Morozov, S. V. *et al.* (2005) *Nature*, **438**, 197.
[3] Geim, A. K. (2009) *Science*, **324**, 1530.
[4] Wehling, T. O. , Novoselov, K. S. , Morozov, S. V. *et al.* (2008) *Nano Lett.* , **8**, 173.
[5] Georgakilas, V. , Otyepka, M. , Bourlinos, A. *et al.* (2012) *Chem. Rev.* , **112**, 6156.
[6] El-Sayed, M. A. (2001) *Acc. Chem. Res.* , **34**, 257.
[7] Compton, O. C. and Nguyen, S. T. (2010) *Small*, **6**, 711.
[8] Quintana, M. , Vazquez, E. , and Prato, M. (2013) *Acc. Chem. Res.* , **46**, 138.
[9] Marcano, D. C. , Kosynkin, D. V. , Berlin, J. M. *et al.* (2010) *ACS Nano*, **4**, 4806.
[10] Hernandez, Y. , Nicolosi, V. , Lotya, M. *et al.* (2008) *Nat. Nanotechnol.* ,**3**, 563.
[11] Choi, W. , Lahiri, I. , Seelaboyina, R. *et al.* (2010) *Crit. Rev. Solid State*, **35**, 52.
[12] Novoselov, K. S. , Jiang, D. , Schedin, F. *et al.* (2005) *Proc. Natl. Acad. Sci. U. S. A.* , **102**, 10451.
[13] Geim, A. K. and Novoselov, K. S. (2007) *Nat. Mater.* , **6**, 183.
[14] Wan, X. , Huang, Y. and Chen, Y. (2012) *Acc. Chem. Res.* , **45**, 598.
[15] Vinodgopal, K. , Neppolian, B. , Lightcap, I. V. *et al.* (2010) *J. Phys. Chem. Lett.* , **1**, 1987.
[16] Dai, L. (2013) *Acc. Chem. Res.* , **46**, 31.
[17] Quintana, M. , Spyrou, K. , Grzelczak, M. *et al.* (2010) *ACS Nano*, **4**, 3527.
[18] Quintana, M. , Grzelczak, M. , and Prato, M. (2010) *Phys. Status Solidi B*, **247**, 2645.
[19] Quintana, M. , Montellano, A. , del Rio, A. E. *et al.* (2011) *Chem. Commun.* , **47**, 9330.
[20] Muszynski, R. , Seger, B. , and Kamat, P. V. (2008) *J. Phys. Chem. C*, **112**, 5263.
[21] Luo, Z. , Somers, L. , Dan, Y. *et al.* (2010) *Nano Lett.* , **10**, 777.
[22] Xu, C. , Wang, X. and Zhu, J. (2008) *J. Phys. Chem. C*, **112**, 19841.
[23] Stankovich, S. , Dikin, D. A. , Piner, R. D. *et al.* (2007) *Carbon*, **45**, 1558.
[24] Si, Y. and Samulski, E. T. (2008) *Nano Lett.* , **8**, 1679.
[25] Seger, B. and Kamat, P. V. (2009) *J. Phys. Chem. C*, **113**, 7990.
[26] He, Y. , Vinodgopal, K. , Ashokkumar, M. *et al.* (2006) *Res. Chem. Intermed.* , **32**, 709.
[27] Gedanken, A. (2004) *Ultrason. Sonochem.* ,**11**, 47.

[28] Okitsu, K., Ashokkumar, M., and Grieser, F. (2005) *J. Phys. Chem. B*, **109**, 20673.
[29] Georgakilas, V., Bourlinos, A. B., Gournis, D. *et al.* (2008) *J. Am. Chem. Soc.*, **130**, 8733.
[30] Gomez De Arco, L., Zhang, Y., Schlenker, C. W. *et al.* (2010) *ACS Nano*, **4**, 2865.
[31] Crispin, X., Geskin, V., Crispin, A. *et al.* (2002) *J. Am. Chem. Soc.*, **124**, 8131.
[32] Shi, Y., Kim, K. K., Reina, A. *et al.* (2010) *ACS Nano*, **4**, 2689.
[33] Frens, G. (1973) *Nat. Phys. Sci.*, **241**, 20.
[34] Yoo, E., Okata, T., Akita, T. *et al.* (2009) *Nano Lett.*, **9**, 2255.
[35] Dong, L., Reddy, R., Gari, S. *et al.* (2010) *Carbon*, **48**, 781.
[36] Li, Y., Gao, W., Ci, L. *et al.* (2010) *Carbon*, **48**, 1124.
[37] Zhou, Y. G., Chen, J. J., Wang, F. *et al.* (2010) *Chem. Commun.*, **46**, 5951.
[38] Albrecht, M. G. and Creighton, J. A. (1977) *J. Am. Chem. Soc.*, **99**, 5215.
[39] Fleischmann, M., Hendra, P. J., and McQuillan, A. J. (1974) *Chem. Phys. Lett.*, **26**, 163.
[40] Huang, J., Zong, C., Shen, H. *et al.* (2012) *Small*, **8**, 2577.
[41] Yoo, E., Kim, J., Hosono, E. *et al.* (2008) *Nano Lett.*, **8**, 2277.
[42] Wang, H., Cui, L. F., Yang, Y. *et al.* (2010) *J. Am. Chem. Soc.*, **132**, 13978.
[43] Paek, S. M., Yoo, E. and Honma, I. (2009) *Nano Lett.*, **9**, 72.
[44] Zhang, L. S., Jiang, L. Y., Yan, H. J. *et al.* (2010) *J. Mater. Chem.*, **20**, 5462.
[45] Wang, B., Wu, X. L., Shu, C. Y. *et al.* (2010) *J. Mater. Chem.*, **20**, 10661.
[46] Wu, Z. S., Ren, W., Wen, L. *et al.* (2010) *ACS Nano*, **4**, 3187.
[47] Wang, D., Choi, D., Li, J. *et al.* (2009) *ACS Nano*, **3**, 907.
[48] Shen, L., Yuan, C., Luo, H. *et al.* (2011) *Nanoscale*, **3**, 572.
[49] Xiao, L., Yang, Y., Yin, J. *et al.* (2009) *J. Power Sources*, **194**, 1089.
[50] Lambert, T. N., Chavez, C. A., Hernandez-Sanchez, B. *et al.* (2009) *J. Phys. Chem. C*, **113**, 19812.
[51] Zhou, K., Zhu, Y., Yang, X. *et al.* (2011) *New J. Chem.*, **35**, 353.
[52] Williams, G. and Kamat, P. V. (2009) *Langmuir*, **25**, 13869.
[53] Kowalska, E., Remita, H., Colbeau-Justin, C. *et al.* (2008) *J. Phys. Chem. C*, **112**, 1124.
[54] Zhang, L., Yu, J. C., Yip, H. Y. *et al.* (2003) *Langmuir*, **19**, 10372.
[55] Oros-Ruiz, S., Pedraza-Avella, J. A., Guzm n, C. *et al.* (2011) *Top. Catal.*, **54**, 519.
[56] Ohno, T., Akiyoshi, M., Umebayashi, T. *et al.* (2004) *Appl. Catal. A*, **265**, 115.
[57] Asahi, R., Morikawa, T., Ohwaki, T. *et al.* (2001) *Science*, **293**, 269.
[58] Sakthivel, S. and Kisch, H. (2003) *Angew. Chem. Int. Ed.*, **42**, 4908.
[59] Robel, I., Bunker, B. A., and Kamat, P. V. (2005) *Adv. Mater.*, **17**, 2458.
[60] Zhang, L. W., Fu, H. B., and Zhu, Y. F. (2008) *Adv. Funct. Mater.*, **18**, 2180.
[61] Zhang, X. Y., Li, H. P., Cui, X. L. *et al.* (2010) *J. Mater. Chem.*, **20**, 2801.
[62] Zhang, H., Lv, X., Li, Y. *et al.* (2010) *ACS Nano*, **4**, 380.
[63] Chang, H., Sun, Z., Ho, K. Y. F. *et al.* (2011) *Nanoscale*, **3**, 258.
[64] Williams, G., Seger, B., and Kamat, P. V. (2008) *ACS Nano*, **2**, 1487.
[65] Lightcap, I. V., Kosel, T. H., and Kamat, P. V. (2010) *Nano Lett.*, **10**, 577.
[66] Murphy, A. B. (2007) *Sol. Energy Mater. Sol. Cells*, **91**, 1326.
[67] Quintana, M., Montellano, A., Rapino, S. *et al.* (2013) *ACS Nano*, 7, 811.
[68] Zhang, Y., Chen, B., Zhang, L., Huang, J., Chen, F., Yang, Z., Yao, J., and Zhang, Z. (2011) *Nanoscale*, **3**, 1446.

[69] Bai, S., Shen, X., Zhu, G., Li, M., Xi, H., and Chen, K. (2012) *ACS Appl. Mater. Interfaces*, **4**, 2378.

[70] Li, S., Niu, Z., Zhong, X., Yang, H., Lei, Y., Zhang, F., Hu, W., Dong, Z., Jin, J., and Ma, J. (2012) *J. Hazard. Mater.*, **229**, 42.

[71] Wang, Y., Guo, C. X., Wang, X., Guan, C., Yang, H., Wang, K., and Li, C. M. (2010) *Energy Environ. Sci.*, **4**, 195.

[72] Zhang, H., Bai, Y., Feng, Y., Li, X., and Wang, Y. (2013) *Nanoscale*, **5**, 2243.

[73] Bai, S., Shen, X., Zhong, X., Liu, Y., Zhu, G., Xu, X., and Chen, K. (2012) *Carbon*, **50**, 2337.

[74] Fu, Y., and Wang, X., (2011) *Ind. Eng. Chem. Res.*, **50**, 7210.

[75] Pham, T. A., Kumar, N. A., and Jeong, Y. T. (2010) *Synth. Met.*, **160**, 2028.

[76] Bai, S., Shen, X., Zhu, G., Xu, Z., and Yang, J. (2012) *Cryst. Eng. Commun.*, **14**, 1432.

[77] Liu, Y. W., Guan, M. X., Feng, L., Deng, S. L., Bao, J. F., Xie, S. Y., Chen, Z., Huang, R. B. and Zheng, L. S. (2013) *Nanotechnology*, **24**, 025604.

[78] Ma, X., Tao, H., Yang, K., Feng, L., Cheng, L., Shi, X., Li, Y., Guo, L., and Liu, Z. (2012) *Nano Res.*, **5**, 199.

[79] He, H. and Gao, C. (2010) *ACS Appl. Mater. Interfaces*, **2**, 3201.

[80] Fan, W., Gao, W., Zhang, C., Tjiu, W. W., Pan, J., and Liu, T. (2012) *J. Mater. Chem.*, **22**, 25108.

[81] Narayanan, T., Liu, Z., Lakshmy, P., Gao, W., Nagaoka, Y., Sakthi Kumar, D., Lou, J., Vajtai, R. and Ajayan, P. (2012) *Carbon*, **50**, 1338.

[82] Yang, H. W., Hua, M. Y., Liu, H. L., Huang, C. Y., and Wei, K. C. (2012) *Nanotechnol. Sci. Appl.*, **2012**, 73.

[83] Liu, M., Chen, C., Hu, J., Wu, X., and Wang, X. (2011) *J. Phys. Chem. C*, **115**, 25234.

[84] Chandra, V., Park, J., Chun, Y., Lee, J. W., Hwang, I. C., and Kim, K. S. (2010) *ACS Nano*, **4**, 3979.

[85] Wu, X. L., Wang, L., Chen, C. L., Xu, A. W., and Wang, X. K. (2011) *J. Mater. Chem.*, **21**, 17353.

[86] Fan, L., Luo, C., Sun, M., and Qiu, H. (2012) *J. Mater. Chem.*, **22**, 24577.

[87] Jabeen, H., Chandra, V., Jung, S., Lee, J. W., Kim, K. S., and Kim, S. B. (2011) *Nanoscale*, **3**, 3583.

[88] Ai, L., Zhang, C., and Chen, Z. (2011) *J. Hazard. Mater.*, **192**, 1515.

[89] Sun, H., Cao, L. and Lu, L. (2011) *Nano Res.*, **4**, 550.

[90] Wu, Q., Feng, C., Wang, C., and Wang, Z. (2013) *Colloids Surf. B Biointerfaces*, **101**, 210.

[91] Zong, P., Wang, S., Zhao, Y., Wang, H., Pan, H., and He, C. (2013) *Chem. Eng. J.*, **220**, 45.

[92] Reddy, L. H., Arias, J. L., Nicolas, J., and Couvreur, P. (2012) *Chem. Rev.*, **112**, 5818.

[93] Yang, X., Zhang, X., Ma, Y., Huang, Y., Wang, Y., and Chen, Y. (2009) *J. Mater. Chem.*, **19**, 2710.

[94] Fan, X., Jiao, G., Zhao, W., Jin, P., and Li, X. (2013) *Nanoscale*, **5**, 1143.

[95] Cong, H. P., He, J. J., Lu, Y., and Yu, S. H. (2010) *Small*, **6**, 169.

[96] Chen, W., Yi, P., Zhang, Y., Zhang, L., Deng, Z., and Zhang, Z. (2011) *ACS Appl. Mater. Interfaces*, **3**, 4085.

第9章

其他碳纳米结构功能化石墨烯

Vasilios Georgakilas

9.1 导　　论

过去几年,通过将原生石墨烯或氧化石墨烯(GO)与其他碳纳米结构尤其是 C_{60}、碳纳米管(CNT)和纳米球复合,合成了一系列有意思的石墨烯衍生物。这些衍生物作为碳复合纳米产物或超结构,与其他组分复合产生了先进特征和性质,研究了它们在诸如超级电容器、锂离子电池、光催化电池、聚合物增强特性等方向的应用。碳纳米复合物,最常用的是 GO 和 CNT 的复合物。多数情况下,与复合纳米材料相比,这两类典型碳材料由于可观察到的协同效应,其物理化学性质如导电性、活性比表面、机械强度等均有明显增强。

9.2 石墨烯-C_{60}纳米复合物

石墨烯或 GO 和 C_{60}是两类研究最多的碳纳米结构,在结构、化学活性、物理、光学和电子学特性方面有明显不同。它们共有的特征是由 sp^2型碳原子以六角环排列;而 C_{60}是最小球形碳纳米结构,具有高张力及由此产生的强于石墨烯(理想的二维层状结构可生长到数微米)的 C—C 键的高反应活性。此外,石墨烯的芳香特性通常会被某几处的表面缺陷或层边缘造成局部中断。石墨烯的大表面积常作为基板沉积 C_{60}分子或 C_{60}小聚合体,避免了 C_{60}晶的团聚成对 C_{60}活性的限制。C_{60}与原生石墨烯或 GO 的复合物较单独组分具有更好的非线性光学特性[1]、改善的光伏(PV)特性[2,3]及光电导性[4]。石墨烯或氧化石墨烯的 C_{60}功能化可通过共价结合 C_{60}衍生物或在石墨烯上简单沉积 C_{60}而实现。

9.2.1　共价键连接 C_{60} 到 GO

石墨烯即使使用富含氧基团的 GO 替代原生石墨烯，C_{60} 的结构仍不允许这两者间的直接连接。因为两者不同的特性（尺寸、C_{60} 的溶解度等），它们之间作用力微弱，不足以保证杂化材料的稳定性。然而，具有活性胺或其他含氮基团如吡咯环的 C_{60} 衍生物能通过形成的酰胺键与 GO 的羧基共价连接[1,5]。C_{60} 功能化 GO 的性质可通过傅里叶转换红外（FTIR）、拉曼光谱、高分辨透射电子显微镜（HRTEM）及热重分析测试（TGA）进行表征。拉曼谱包括 GO 位于 $1354cm^{-1}$ 和 $1600cm^{-1}$ 的 D 带和 G 带两特征峰，以及位于这两峰之间归于 C_{60} 的 $A_g(2)$ 模式在 $1469cm^{-1}$ 的第三强峰。吡咯烷功能化的 C_{60} 的峰位存在 $13cm^{-1}$ 的相对位移，显示吡咯烷与 C_{60} 间存在强相互作用，可归于它们之间的共价键连接。GO-C_{60} 的 HRTEM 图像显示在 GO 边缘出现直径为 0.8nm 的球状，非常接近 C_{60} 分子的直径[5]。边缘处 C_{60} 的出现与大多数羧基基团存在 GO 边缘的事实一致。GO-C_{60} 比两个单独材料均具有增强的非线性光学性质[1]（图 9.1）。

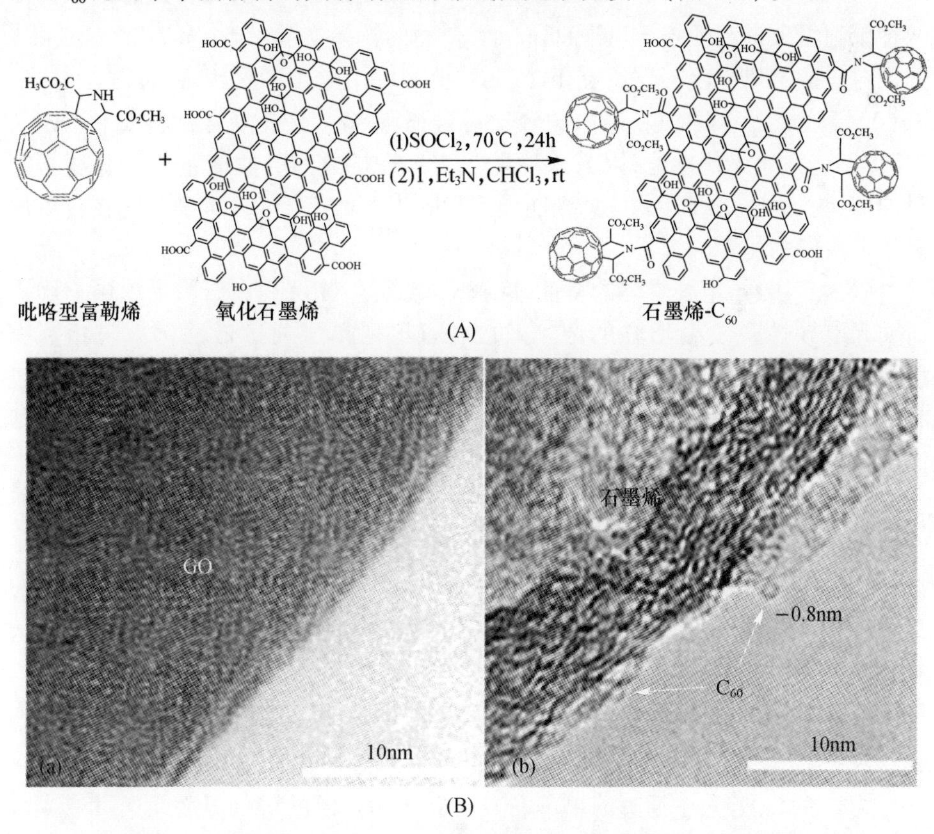

图 9.1　（A）共价键结合 C_{60} 到 GO；（B）（a）GO 和（b）GO-C_{60} 复合物的高分辨图（经许可引自文献［5］，版权©2009，Elsevier B. V.）

9.2.2 石墨烯上沉积 C_{60}

C_{60}是一类广为研究零维(0D)碳纳米结构及活性的有机分子。由于接收电子特性以及其他有意思的物化特性,C_{60}及它的有机衍生物在几类尤其是在有机光伏电池方面的光电子应用使其成为具有吸引力的纳米材料[2]。此外,石墨烯表面能被看作导电基板,C_{60}很容易分散其上,利于电子从电子给体到 C_{60}的成功输送,这也正是 PV 体系的中枢作用。因而,石墨烯纳米片通过分散极好的 C_{60}修饰能提高光伏电池的效率。

石墨烯纳米片能通过丁基锂亲核加成的锂化作用而被活化,进而被 C_{60}分子修饰(图 9.2(A))。使用 C_{60}修饰石墨烯(C_{60}/石墨烯)的复合物作为体相异质结太阳能电池的电子受体,聚(3-己基噻吩)(P3HT)作为电子给体,具有明显提高的电池能量转换效率[3]。这里的石墨材料被化学法还原为 *r*GO,同时 C_{60}分子聚集成更大尺寸的团簇,如图 9.2(B)所示。

石墨表面 C_{60}的存在可通过 FTIR 和拉曼光谱进行表征,复合物的谱图类似两种单独组分谱图的组合(图 9.3)。复合物的拉曼谱除 1354cm^{-1}和 1601cm^{-1}分别对应的 D 带和 G 带外,在 1476cm^{-1}出现一个单独的尖锐峰,可归于 C_{60}的 Ag(2)模式峰,但与纯 C_{60}谱中的峰比有轻微偏移。混杂复合材料 C_{60}/*r*GO 与 P3HT 结合适于光伏电池,因为这种复合物具有扩大的吸收能量范围并利于能量的传递。吸收的红外-可见光能量范围的扩大可归于 P3HT 高聚物在石墨烯基板上更好的排序。

因为 C_{60}分子电子受体的特性,烷基化 C_{60}衍生物沉积在石墨烯单层上用于研究光电导性及复合增强的记忆效应。石墨烯单层通过低压化学气相沉积(LPCVD)生长在铜箔上,然后转移到表面为 SiO_2层的 Si 晶片上。C_{60}分子通过长烷基链功能化后溶解在无质子溶剂里,沉积在石墨烯层上,而后自组装为片状纳米结构[4](图 9.4)。

拉曼谱的有关结构可以确认化学气相沉积生长的石墨烯的单层特性,单层石墨烯在 2700cm^{-1}附近有高强度的尖峰,通常是 G 带的两倍。在吸附 C_{60}分子后,拉曼谱特征带在 1462cm^{-1}多出的峰来自 C_{60}的峰。这个装置在可见光照射下显示出高度复原的导电性,主要由于 C_{60}里产生的空穴及它们向石墨烯的转移。

另一个有意思的碳纳米复合物由 *r*GO 和 C_{60}组成,*r*GO 缠绕围裹着 C_{60}聚合物形成长的 C_{60}/*r*GO 纳米线[6]。聚合体的驱动力是在 *r*GO 和 C_{60}之间的 π—π 作用力。在 C_{60}溶液中通过简单蒸发溶剂或在不相混的溶剂界面间通过液-液界面沉淀(LLIP)形成 C_{60}线。通过后面方法制得的 C_{60}纳米线具有更高的强度和导电性,因为 C_{60}分子间距更短。*r*GO 包裹的 C_{60}线是向 C_{60}的二甲苯分散液中

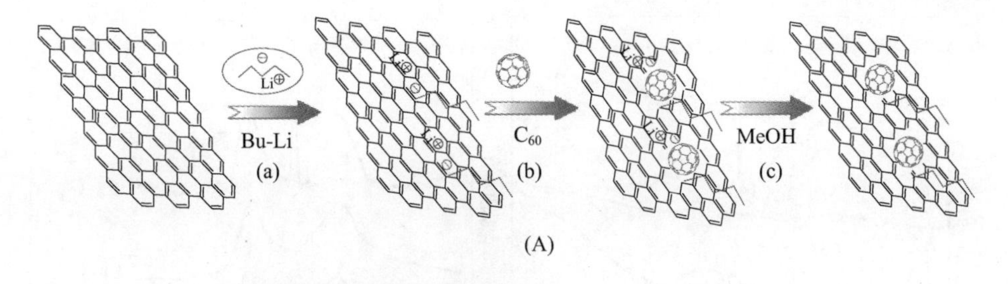

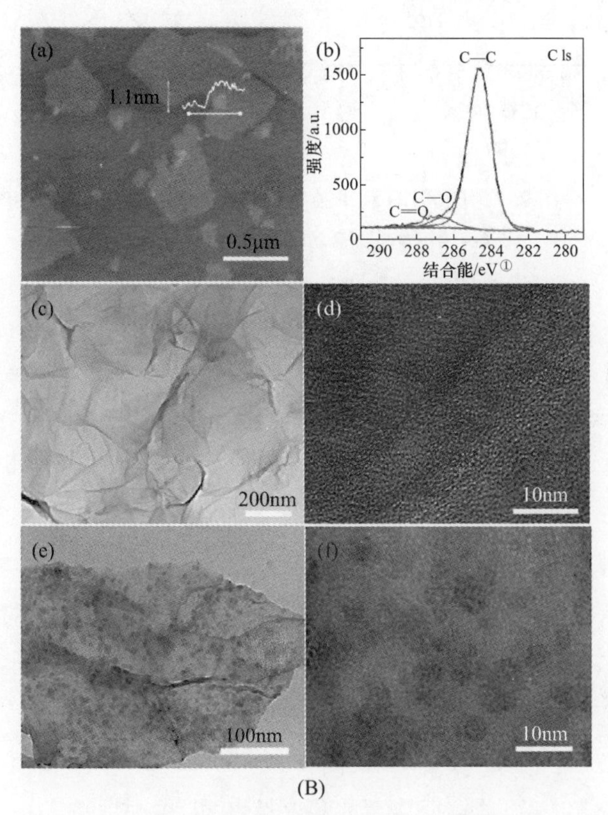

图 9.2 (A)C_{60}沉积在丁基锂活化的石墨烯上。(B)(a)GO 纳米片的原子力显微(AFM)图;(b)化学还原 GO 制备石墨烯的高分辨 XPS 谱;(c),(d)*r*GO 的 TEM 图;(e),(f)C_{60}/*r*GO 的 TEM 图(经许可引自文献[3],版权©2011,美国化学学会)

加入 *r*GO 的异丙醇溶液制得。C_{60}/*r*GO 纳米线形成在异丙醇和二甲苯界面,然后通过离心分离出来(图 9.5)。

制备的纳米线直径为 200~800nm,长度超过 10μm。通过包含的 GO 和 C_{60} 的特征峰的拉曼光谱可确认产物组分,$1350cm^{-1}$ 和 $1600cm^{-1}$ 分别对应 GO 的 D 带和 G 带,$1469cm^{-1}$ 峰来自 C_{60}。紫外-可见光谱提供了 C_{60}/*r*GO 纳米线比之

① 图 9.2(b)中横坐标单位应为 eV,原书为 V 有误,译者注。

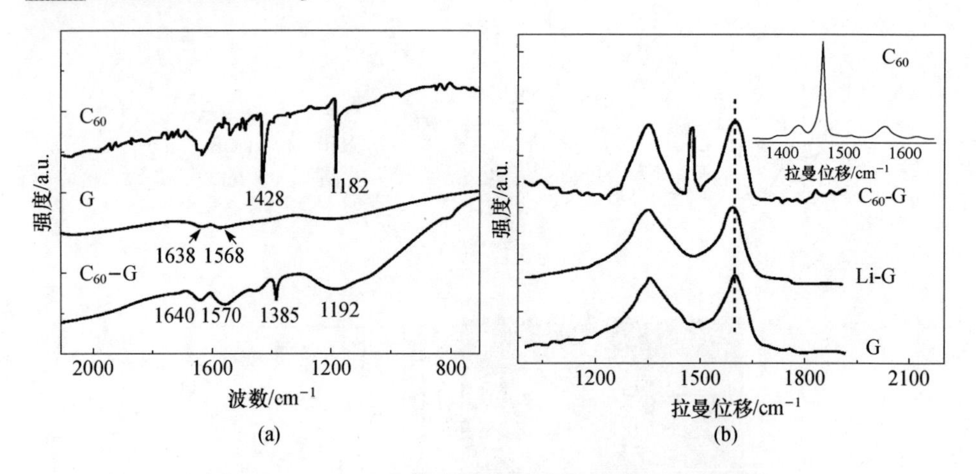

图 9.3 C_{60}/rGO 和单独组分的(a)红外谱和(b)拉曼谱
(经许可引自文献[3],版权©2011,美国化学学会)

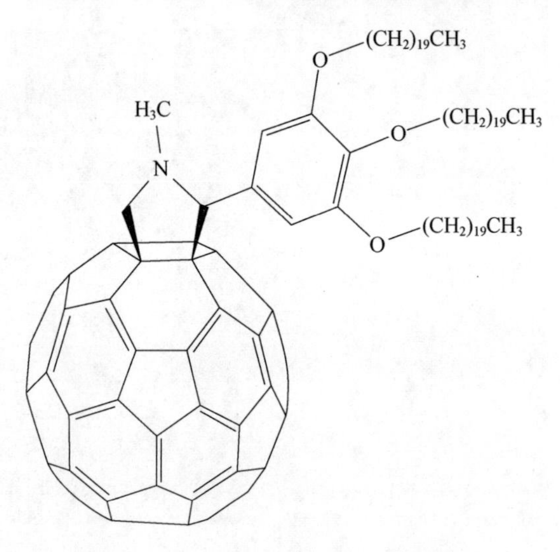

图 9.4 烷基化 C_{60}的结构(引自文献[4])

两种组分更有意思的特性。$3^1T_{1u} \rightarrow 1^1Ag$ 转换从 C_{60}的 340nm 处偏移到 C_{60}/rGO 中的 380nm 处。40nm 的偏移可归于 C_{60}线附近 *r*GO 中 π 电子体系强的离域作用,这也是两种组分间 π—π 作用的迹象。C_{60}/rGO 线表现的 p 型半导体行为显示 *r*GO 和 C_{60}间存在电荷转移及穿过 *r*GO 的空穴传输(图 9.6)。

更多包含 CNT 的类似复合物也是太阳能电池中极具应用前景的纳米材料[7]。CNT 与 C_{60}、GO 的混合式复合得到的碳纳米复合材料具有新奇的物化特性,这些特性通过组合三种组分间的不同作用得以展现。首先 GO 的作用是由其两亲特性和在水中的分散性决定的,因为羧化物位于石墨表面近边缘区域。甚至在 GO 被还原为 *r*GO 后,大量的羧酸根仍保留在石墨烯层。

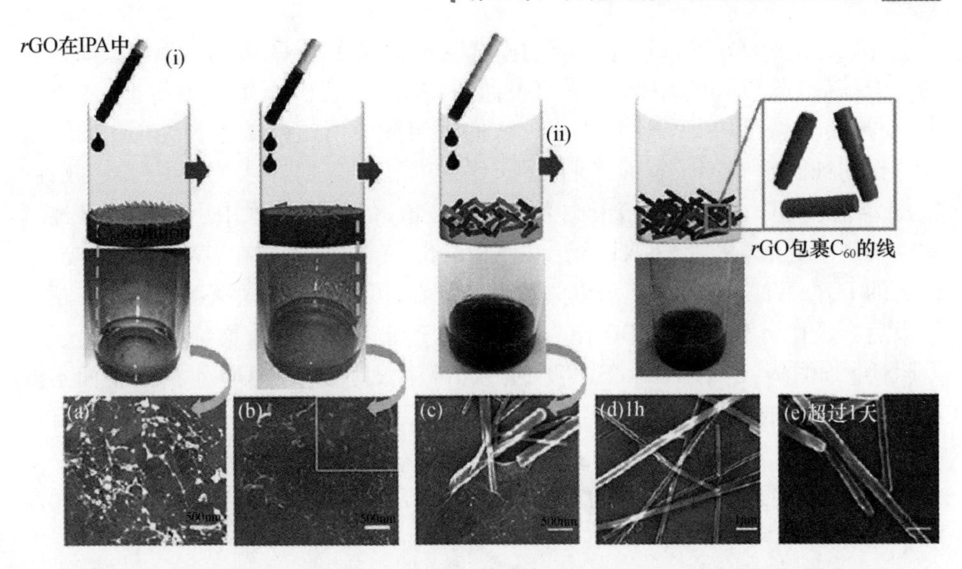

图9.5 C_{60}/rGO 纳米线的 LLIP 制备。(i)向 C_{60}溶液里缓慢滴加 rGO 溶液;(ii)混合液在 4℃保存(经许可引自文献[6],版权©2011,美国化学学会)

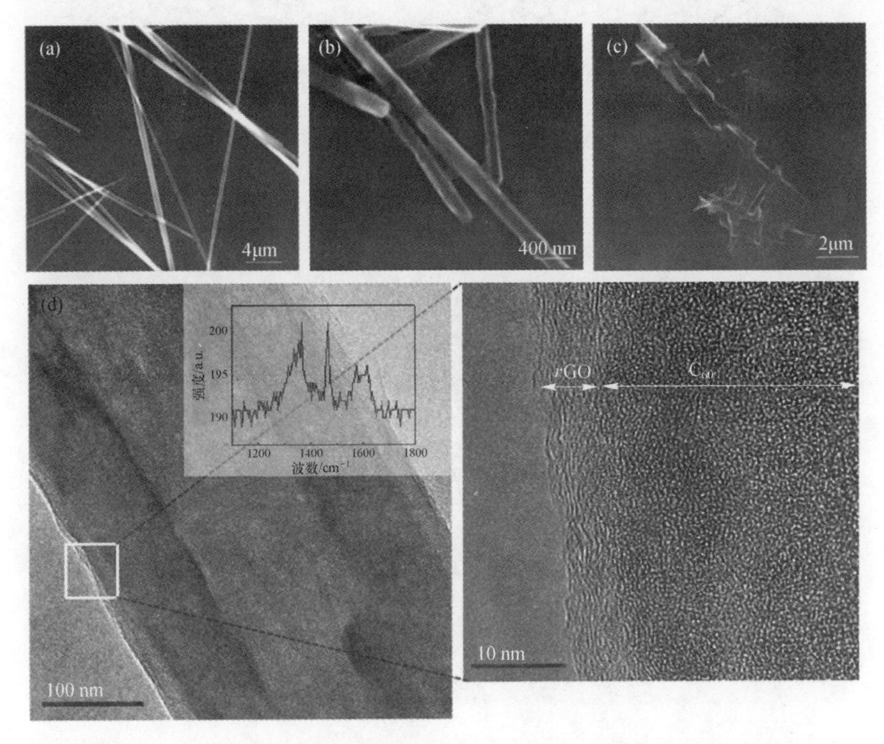

图9.6 (a)C_{60}纳米线,(b)C_{60}/rGO,(c)C_{60}溶于二甲苯后的 rGO 扫描图,以及(d)C_{60}/rGO 纳米线的 TEM 图。图(d)的放大图显示 rGO 层,图(d)内插图显示 C_{60}/rGO 的拉曼谱(经许可引自文献[6],版权©2011,美国化学学会)

GO在水中的分散性使得它成为单壁纳米管(SWNT)(可结合GO表面存在的芳香结构)分散在水中的合适的表面活性剂,但它仍不足以分散C_{60}。事实上,通过超声悬浮的SWNT在GO分散的水溶液中通过范德华力与GO的石墨部分作用被固定到GO表面,制备的GO/SWNT复合物在水中保持了分散性。C_{60}悬浮液在GO分散的水溶液中无法保持分散,但最终在水中引入SWNT经过超声实现了分散(尽管SWNT无法在水中分散)。然而通过在SWNT表面接C_{60}形成的C_{60}/SWNT复合物无法以溶液形式存在,因为它在水中不稳定,并在超声结束后会缓慢沉淀。而用GO作为C_{60}/SWNT稳定分散的表面活性剂排出了这个阻碍。如图9.7所示,C_{60}/SWNT通过超声能很好分散在GO水溶液中而不沉淀。最终复杂的三元全碳复合物C_{60}/SWNT/GO用于组装太阳能电池设备,也有用C_{70}替换C_{60},*r*GO替换GO。以C_{60}/SWNT/*r*GO作为太阳能电池的活性层增加了0.85%的能量转换率。通过整合不同组合的碳纳米结构而构建出多元碳

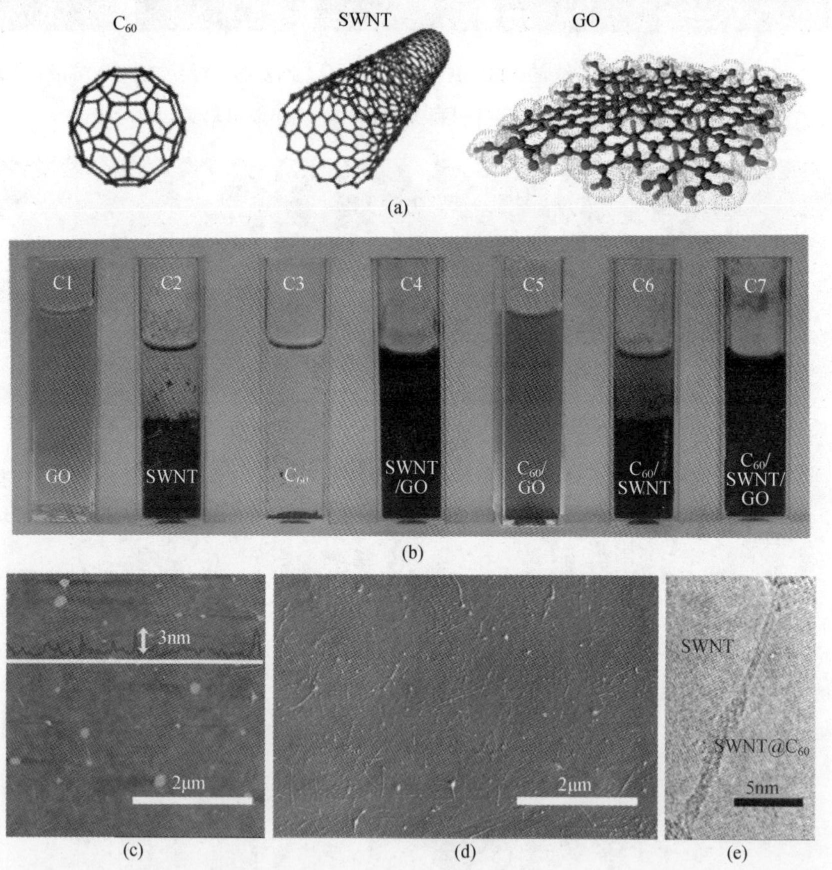

图9.7 (a)碳纳米同素异形结构;(b)碳纳米结构的水分散液(GO和SWNT为$1mg \cdot mL^{-1}$,C_{60}为$0.5mg \cdot mL^{-1}$),经数分钟超声形成;(c),(d)旋涂薄膜C_{60}/SWNT/GO的AFM图、SEM图;(e)C60/SWNT高分辨TEM图(经许可引自文献[7],版权©2012,皇家化学学会)

纳米复合物，最终发展了全碳太阳能电池（图9.7）。

9.3 石墨烯-CNT复合纳米结构

原生石墨/氧化石墨与CNT共有的石墨结构是它们相互作用的驱动力。一种二维碳纳米材料如石墨烯与一维线状碳纳米结构如同SWNT或多壁纳米管（MWNT）的混合，构建了极具组合特性的有意义的三维复合纳米结构。此外，石墨烯或GO与CNT混杂制备的复合物具有增加的导电性、增强的机械性能及高活性的比表面。这类复合物已被制成透明导电膜，用于提高有机发光二极管（OLED）、太阳能电池、场发射晶体管及其他光电应用或作为传感器中的电极。

石墨烯/GO和CNT，则由于两种组分的大尺寸及高比表面，存在足够强的非共价键的相互作用，足以保持它们紧密聚合，从而保证了复合物的稳定性。一般来说，这两类成分能通过三种方式组合。最简单最常用的过程是直接混合分散在常规溶剂或相混溶剂中的原生石墨烯/GO和CNT或它们的有机衍生物。复合物从液相分离的方法决定了它的应用。例如，如果需要透明复合纳米薄膜，可通过膜真空过滤分离或喷涂在某种基板上实现。

另一种方法是通过CVD或其他技术直接在石墨烯表面生长CNT。这种情况下，CNT垂直生长在石墨烯表面，形成更有特点的三维（3D）纳米结构。最后一种方法是通过石墨烯或GO纳米片包裹CNT，这样能部分或者全部覆盖CNT表面（图9.8）。

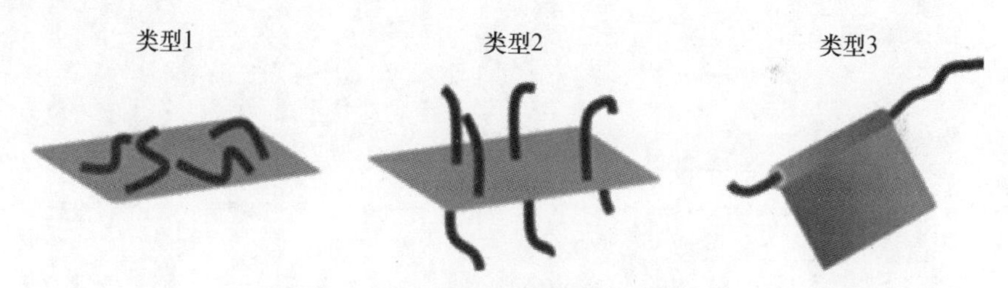

图9.8　三种不同的石墨烯/CNT复合物
（经许可引自文献[8]，版权©2012，Springer）

9.3.1 简单混合制备石墨烯-CNT复合材料

GO的两亲特性来源于存在的含氧基团产生的强亲水区域，同石墨结构主导的强憎水区域的组合。GO的亲水性表现出水中高分散性的特点。CNT在水中不可分散，而水中加入GO则使得它们变得可分散。这里GO充当修饰CNT的表面活性剂，CNT通过外表面GO的亲水区域得以分散，从而在水中达到稳定。

这两组分间的作用通常为π—π或范德华力，少有有机物介入的共价键连接。通常GO/CNT复合物是通过混合预先制备的单组分制得，CNT负载在GO

表面,理想状态下能分离 GO 纳米片且在片之间充当联络线路,作为导电桥从而有效地提高了复合物的电导率[9-26]。此外,这类结构能供给两种结构最大的复合界面,即提供了两者间的最强作用。多数情况下,以 GO 为原材料,因为它很容易从含量丰富的石墨中高产制备。而在 GO/CNT 复合物形成后,将 GO 化学还原为 *r*GO,恢复其局部的芳香特性。此时,*r*GO 的导电性、热稳定性及机械强度与 GO 相比,均得到显著增强(图 9.9)。

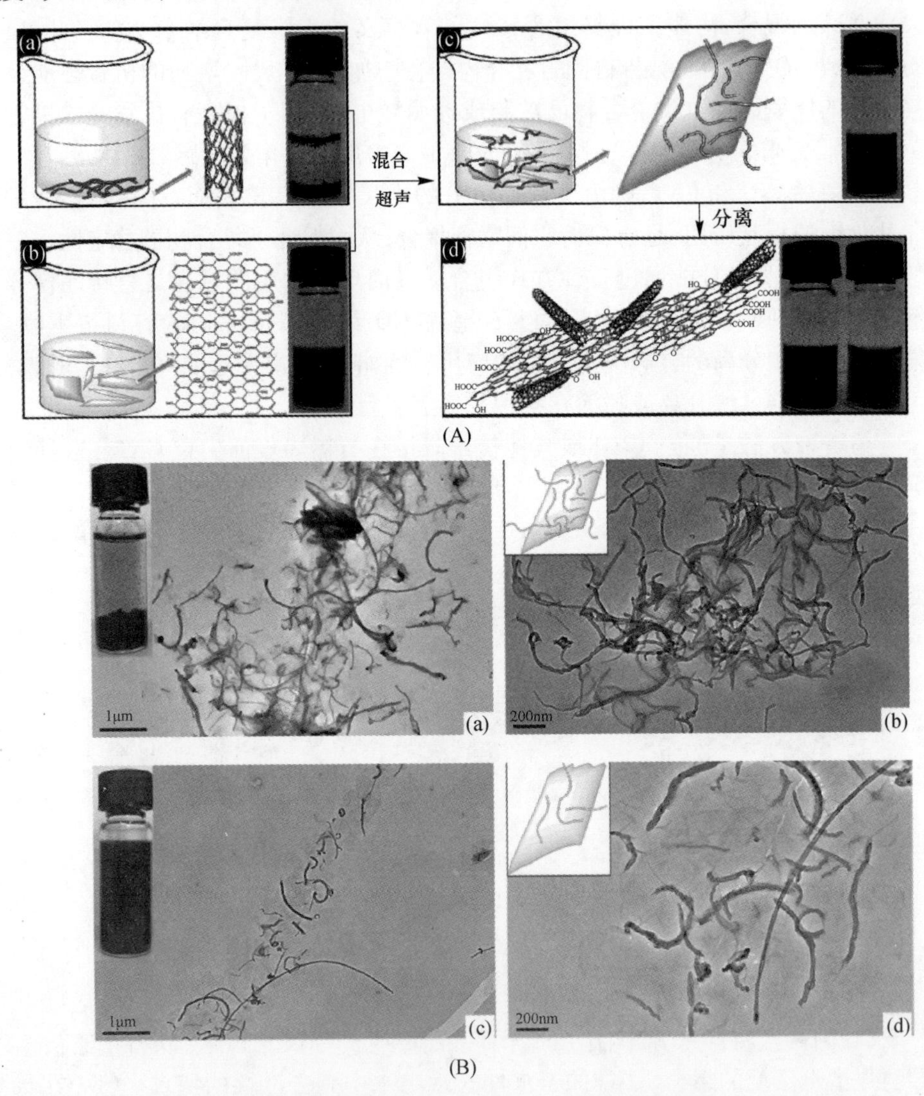

图 9.9 (A)两独立组分悬浊液通过混合和超声实现 CNT 功能化 GO。(B)(a),(c)不同比例的 GO/MWNT 复合物的 TEM 图,内插图为对应的水溶液照片;(b),(d)分别对应(a),(c)的放大 TEM 图,其内插图为 MWNT-GO 复合物示意图(经许可引自文献[9],版权©2010,美国化学学会)

将GO纳米片和氧化的CNT分散在无水肼中，GO局部还原为rGO，随后形成暗灰色稳定的分散态的复合物[10]。将rGO/CNT复合物旋涂沉积到数种基板上，溶剂蒸发后留下薄层导电膜。通过旋涂速率调控膜厚可得到更好的透光性。这种方法制备的薄膜具有非常低的方块电阻（$636\Omega\cdot sq^{-1}$），透光率达92%。作为对比，单独CNT和rGO的膜分别具有$22\Omega\cdot sq^{-1}$和$490\Omega\cdot sq^{-1}$的方块电阻。在rGO/CNT中，rGO在整个膜面上均匀铺展，沉积其上的CNT像线一样将分散的rGO连接起来，这种改进的膜结构极大降低了复合物的电阻。复合膜的导电性能通过离子掺杂的方法得到进一步提升，如将其暴露在亚硫酰氯（$SOCl_2$）蒸气中。事实上，薄膜的方块电阻经过阴离子掺杂可从$636\Omega\cdot sq^{-1}$降到$240\Omega\cdot sq^{-1}$，而透光率改变不大[10]（图9.10）。

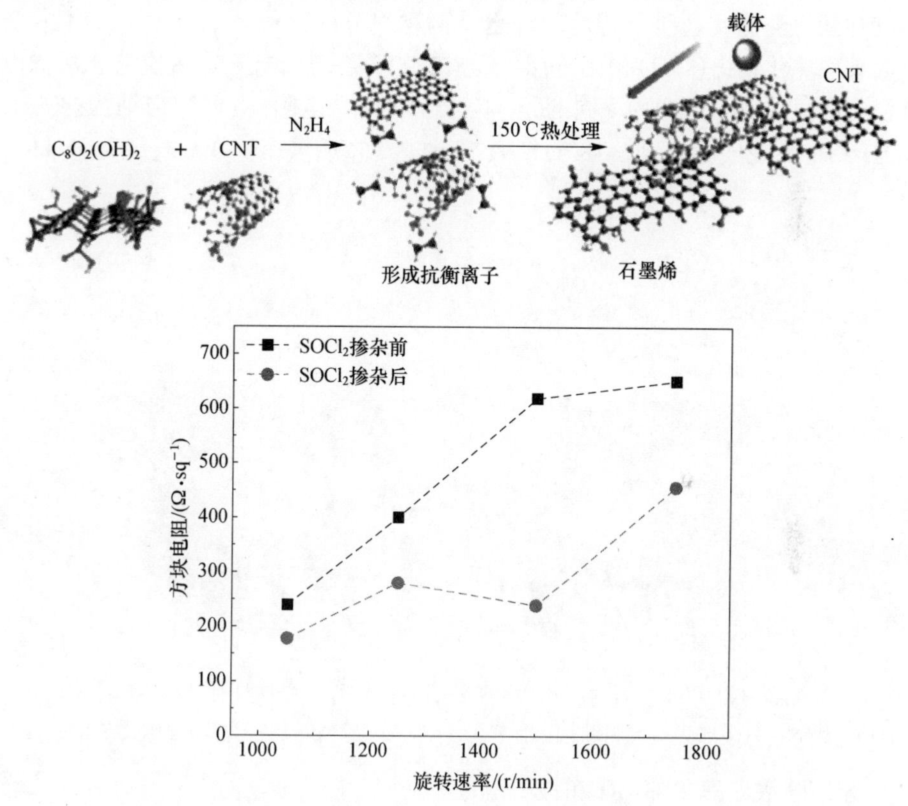

图9.10　（a）肼中形成rGO/CNT的示意图；（b）$SOCl_2$掺杂对rGO/CNT纳米复合物方块电阻的影响，不同转速对应不同膜厚（经许可引自文献[10]，版权©2009，美国化学学会）

类似地，表面活性剂RNA分子协助SWNT和GO分散在水中，通过抽滤形成导电的GO/SWNT透明薄膜。而后硼氢化钠还原得到rGO/SWNT，电导率为$655\Omega\cdot sq^{-1}$，透明度为95.6%，优于之前的报道[11]。

利用其他方法也能制得类似结构的 rGO/CNT 膜，如真空抽滤两组分的悬浊液通过聚四氟乙烯（PTFE）薄膜，之后溶解 PTFE 薄膜，留下受过滤方法影响而形貌不同的复合物薄膜。当两组分以两种不同悬浊液形式连续过滤，可得到双层膜。而在双组分悬浊液过滤后，形成的膜呈现网络交叉结构，此时过滤的混合物是表面活性剂十二烷基硫酸钠（SDS）辅助的 GO 分散液和氧化态 MWNT 水溶液。过滤后用丙酮溶解聚对苯二甲酸乙二醇酯（PET）薄膜，HI 还原 GO/CNT 薄膜为 rGO/CNT，最后用 HNO_3 处理成 p 型掺杂 rGO/CNT 薄膜同时去除表面活性剂。硝酸处理起到增加导电性的重要作用，因为通过去除金属杂质、不定形碳和表面活性剂，诱导了 p 型掺杂和提高了透明度。

膜厚可通过悬浊液的体积进行调控。膜的导电性随着厚度增加而增大但透明度却随之降低。这两个特性同样也受两种组分的比例影响。rGO/CNT 膜与导电玻璃氧化铟锡（ITO）相比，重要优势在于其柔韧性，甚至在多次弯折后导电性没有明显改变。这两种不同的膜具有类似的方块电阻（互联网络结构的 $R_s = 240\Omega \cdot sq^{-1}$，双层膜的 $R_s = 180\Omega \cdot sq^{-1}$）和光学透明度（约 80%）[12]（图 9.11）。

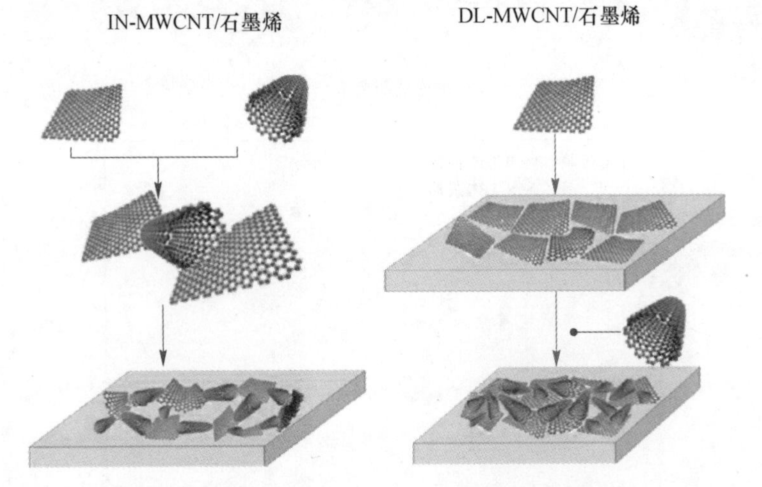

图 9.11 制备 rGO/CNT 复合薄膜的两种方法，IN-MWNT/石墨烯具有互相连接的网络状，DL-MWNT/石墨烯为双层膜结构（经许可引自文献[12]，版权©2012，美国化学学会）

超声分散乙醇中的 GO 和酸处理的 MWNT，它们能通过 π—π 作用混合成混杂复合物，混入 TiO_2 光电极材料后，在染料敏化太阳能电池（DSSC）中具有应用。受石墨烯的表面形貌和 MWNT 的表面影响，两者成分的比例并不固定。GO/MWNT 以 2∶1 可制备最佳分散液。与纯的 TiO_2 或 TiO_2 混合单一组分的材料比，TiO_2 基底掺入碳复合物可得到染料的最大吸附量。复合物修饰 TiO_2 的优势归于更高的活性比表面积和更均匀的孔径分布（图 9.12）。

染料敏化 TiO_2 中光生电子－空穴对的分离是 DSSC 中能量转换的第一步，转换效率会由于它们的复合而极大降低。在 TiO_2 和导电玻璃间插入导电碳纳

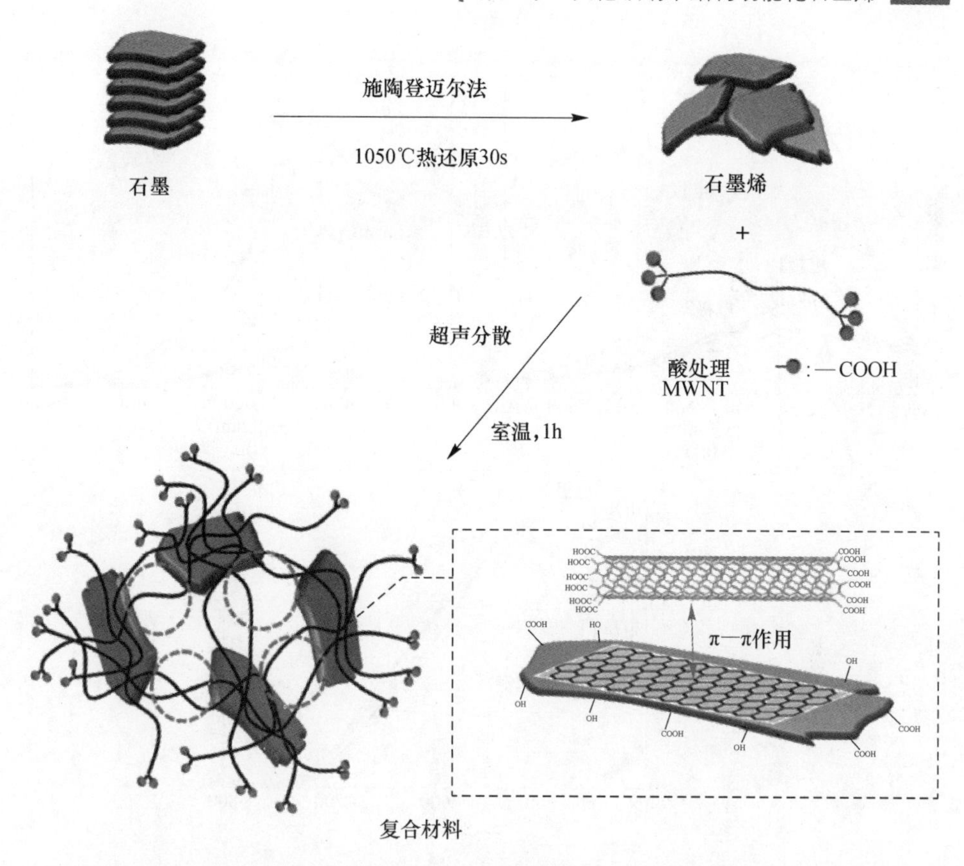

图9.12 超声GO和酸处理的MWNT的混合液形成GO/MWNT混杂型复合物
(经许可引自文献[13],版权©2011,美国化学学会)

米结构能抑制电荷复合。这里使用高导电性能的GO/MWNT复合物,具有最低的复合效应,因为它具有正如电子-空穴复合导致的最低的荧光发射带。最后使用GO/MWNT复合物作为DSSC设备的光电极,具有35%的最大程度的光电流密度和31%的增加的转换效率[13](图9.13)。

GO/CNT复合物已被应用到传感装置,用于伏安法检测有机化合物,例如制药业关注的过氧化氢(H_2O_2)、β-烟酰胺腺嘌呤二核苷酸(NADH)[14]、酪氨酸、醋氨酚[15],或像多菌灵这类作为杀虫剂的化合物[16]。伏安传感器是三电极体系,玻碳、饱和甘汞和铂电极分别作为工作传感元件、参比电极和对电极。利用修饰的玻碳工作电极(表面被GO/MWNT复合物包覆)可检测GO/MWNT复合物在伏安测试中的作用[15,16]。这类复合物对伏安传感器的贡献在于其高的电子传导性、高比表面积,即意味着电活性作用位点的显著增加,及修饰的玻碳电极最终产生的高孔隙度,所有这些使得活性位点更易接近,提高了被检测分子的传输。因此,GO/MWNT复合物修饰的伏安传感器的电化学响应得到极大提高[15]。检测多菌灵的GO/MWNT修饰的伏安器件具有从10nM到4μM宽的检

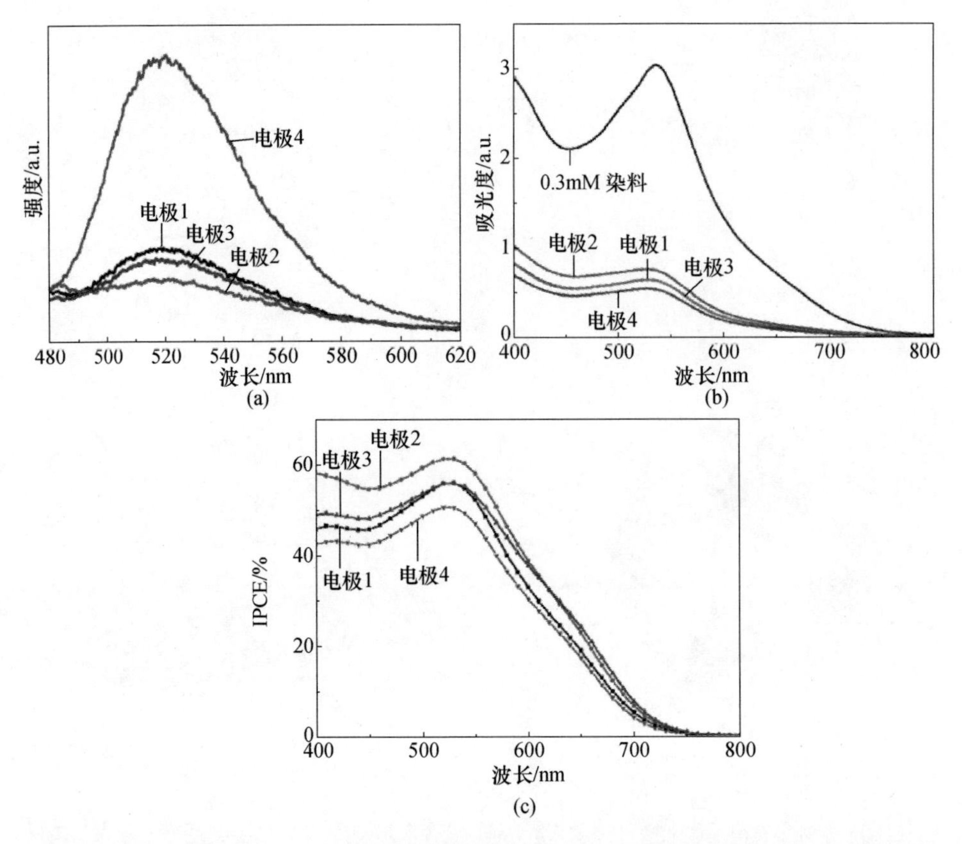

图 9.13 (a)复合物工作电极脱附染料后的 UV-Vis 谱,四个电极分别由 TiO_2 和 MWNT(电极 1)、GO/MWNT 复合物(电极 2)、GO(电极 3)和纯 TiO_2(电极 4)制得;(b)染料溶液及 4 个电极脱附染料后的荧光谱(PL)(注:电极 1 和电极 3 重叠);(c)四个电极组装的 DSSC 的入射光转换效率谱(IPCE)(经许可引自文献[13],版权©2011,美国化学学会)

测限,检测灵敏度可达 5nM[16]。

*r*GO/SWNT 复合物修饰的玻碳电极被用于制备生物传感器检测 H_2O_2 和 NADH。修饰的电极具有显著改进的生物传感性能,可归于复合物的高导电性及比单组分更佳的电极包覆特性。对 H_2O_2 和 NADH 的线性检测范围分别为 0.5 ~5M 和 20 ~400μM,检测限分别为 1.3μM 和 0.078μM[14]。

以 *r*GO/MWNT 复合物修饰电极为辅助的伏安技术已被用于检测三硝基甲苯(TNT)。此体系中丝网印刷电极被 GO 和 MWNT 水溶液悬浊液形成的复合物所包覆而后被电化学还原。乙二胺(EDA)通过与 GO 的羧酸根的酰胺化实现石墨烯表面的进一步功能化。富电子的游离胺基负责捕获缺电子的 TNT,通过电荷转移体系形成熟知的杰克逊 - 迈森海默(JM)络合物。这类复合物光学与电化学信号的痕量变化用于检测和监控痕量 TNT[17](图 9.14)。

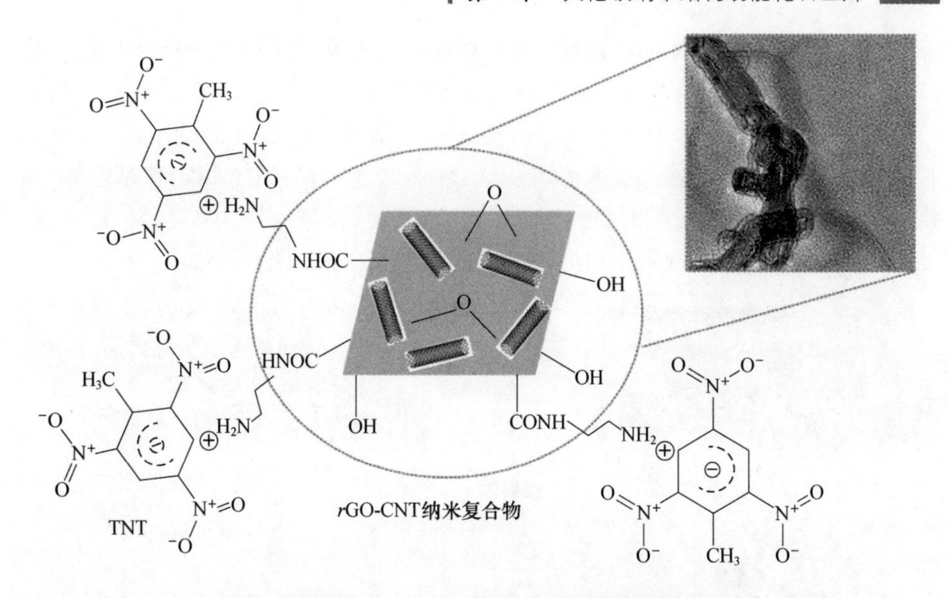

图9.14 TNT和胺修饰的rGO/MWNT形成迈森海默络合物的示意图
（经许可引自文献[17]，版权©2011，Elsevier B. V.）

借助修饰电极的TNT的电化学检测手段极具潜力，如对TNT的检测限可降至0.01ppb。对TNT的比色测定是基于对形成的迈森海默复合物的吸附，具有1ppt到1ppm范围内的线性检测范围（图9.15）①。

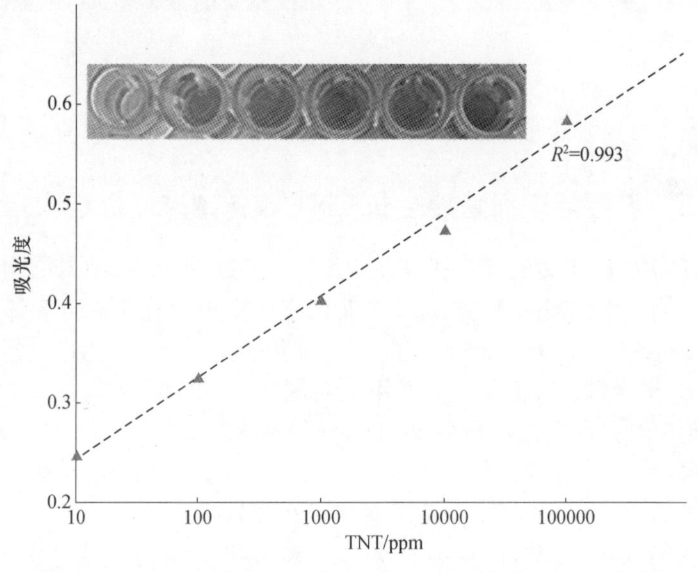

图9.15 从数个浓度的TNT溶液中得到的UV-Vis校正曲线，从左至右内插图为TNT浓度增加的样品（经许可引自文献[17]，版权©2011，Elsevier B. V.）

① 表达溶液浓度时，$1ppm = 10^{-6}g/mL$，$1ppb = 10^{-9}g/mL$，$1ppt = 10^{-12}g/mL$。

以一种不同的方法，GO 用作 CNT 基场效应晶体管（FET）的保护面，这类 FET 用于生物传感器检测及测定蛋白质和 DNA 类生物分子。GO 的作用是保护 SWNT 表面在检测中由于生物分子的物理或化学吸附造成性能的下降。GO 薄膜沉积在 SWNT/Au 电极上，而后沉积 Au 纳米粒子，并在其上固定巯基乙胺/生物素巯基丁二酰亚胺（NHS）探针完成生物传感器的制备[14]。GO 层钝化 SWNT 是通过增加 FET 开关电流比提高生物传感器的灵敏度（图 9.16）。

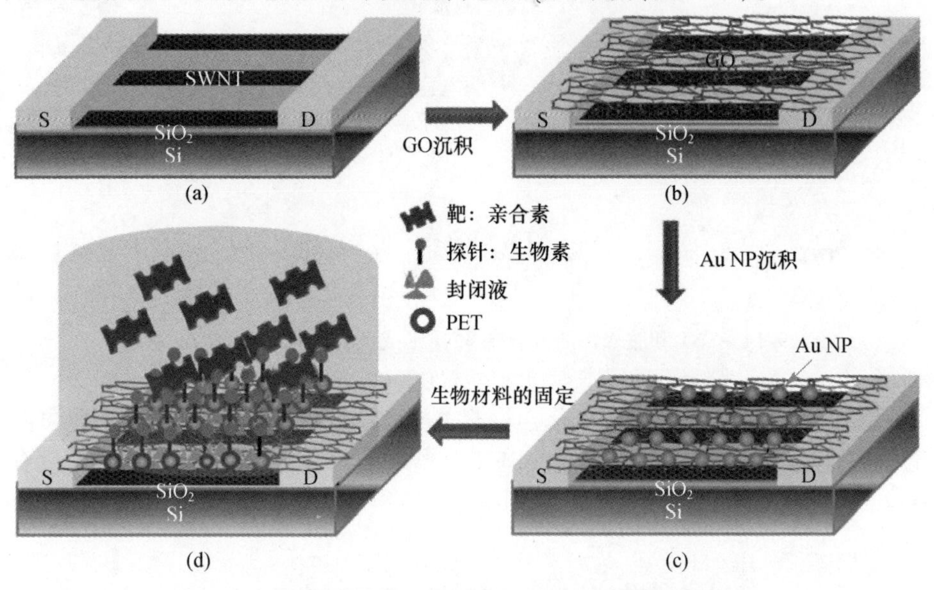

图 9.16 SWNT/GO FET 生物传感器制备过程示意图
（经许可引自文献[18]，版权©2013，Elsevier B. V.）

9.3.2 石墨烯表面直接生长 CNT 制备纳米复合结构

石墨烯作为 CNT 垂直生长的平面基板，可形成 3D 全碳纳米结构。这类结构的最大优势在于极高的活性表面，在催化应用中更为优越。石墨烯表面垂直生长 CNT 最合适的方法是通过 CVD 技术催化生长[27-31]。CNT 的典型生长过程是通过 Fe 纳米颗粒高温催化分解甲烷实现的[27]（图 9.17）。

铁催化中心是通过高温分解碳氢化合物产生的氢气，原位还原 FeMgAl 薄层基板的层状双氢氧化物（Layered Double Hydroxide，LDH）提供的。随后长出多层石墨烯纳米片和 SWNT，后者则垂直于石墨烯表面生长。SWNT 功能化石墨烯复合物（石墨烯/SWNT）在去除烧结的 LDH 片后得到。超过 950℃ 的高温是影响产物中石墨烯纳米片形貌的主要因素。在温度低于 900℃ 时 CVD 生长只能制备 SWNT（图 9.18）。

复合物的拉曼谱由 D 带和 G 带组成，为纳米结构及径向呼吸模式（Radical Breathing Mode，RBM）普遍所有，后者揭示了复合物中 SWNT 的存在。在 SWNT

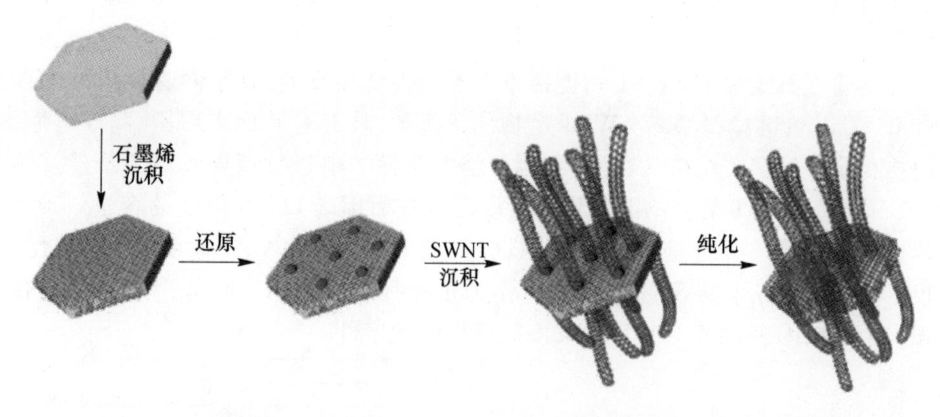

图9.17 通过催化CVD法在LDH片上生长石墨烯/SWNT复合物的示意图
(经许可引自文献[27],版权©2012,美国化学学会)

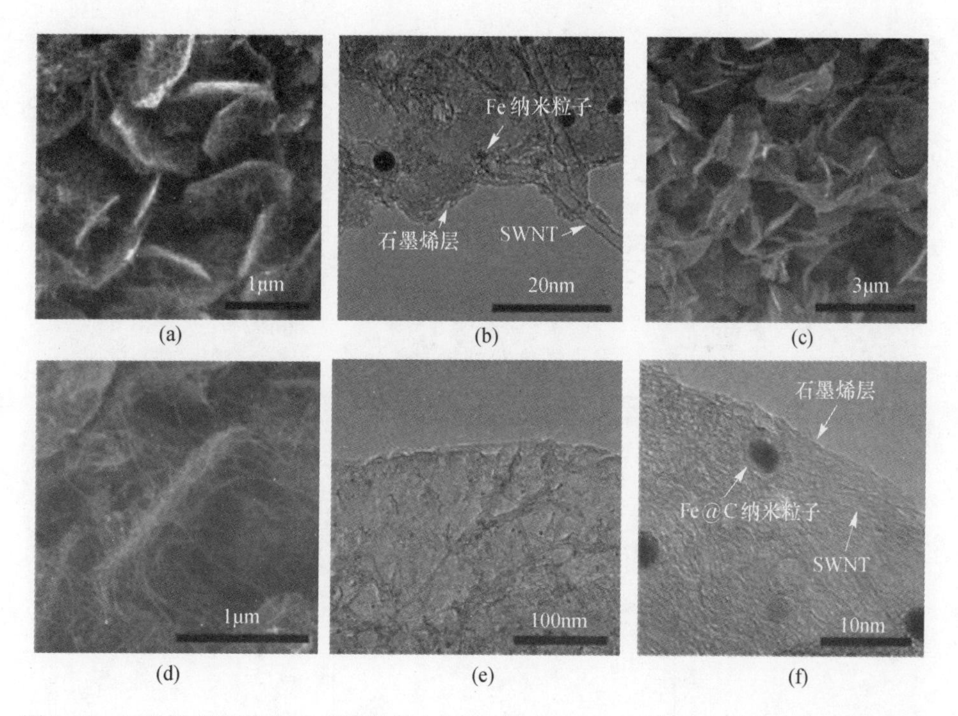

图9.18 石墨烯/SWNT/LDO复合物的(a)SEM图和(b)TEM图,LDO是未去除的层状双氧化物的副产物;(c),(d)石墨烯/SWNT复合物的TEM图;(e),(f)石墨烯/CNT纳米结构的高分辨图(经许可引自文献[27],版权©2012,美国化学学会)

中,I_D/I_G值从0.12增加到0.28是缺陷数量增加的结果,缺陷可在石墨烯表面及在石墨烯/SWNT异质界面观察到。复合产物的TGA图揭示在500℃附近极窄的温度范围内具有明显的质量损失。低于500℃没有质量损失是因为无定形碳杂质含量低,而明显的质量损失则是由于制备的石墨烯和 SWNT 具有类似的热稳定性。

尽管在石墨烯上 SWNT 的连接方式不能被直接证明,似乎两者异质结间存在 C—C 共价键。石墨烯/SWNT 产物性质优异,具有大的比表面积、高导电性、结构稳定性及多孔结构的特性,在制备能源存储的电极领域极具应用价值。例如,石墨烯/SWNT 复合物能聚集大量硫元素进而提高 Li-S 电池的容量。60% 硫元素能被均匀吸进这种材料,并具有如图 9.19 的 TGA 图所示的热稳定性。Li-S 电池以富 S 的石墨烯/SWNT 作为正极具有 $650mA \cdot h \cdot g^{-1}$高的充电容量,甚至在 5C 高倍率下循环 100 圈后仍保持稳定性。

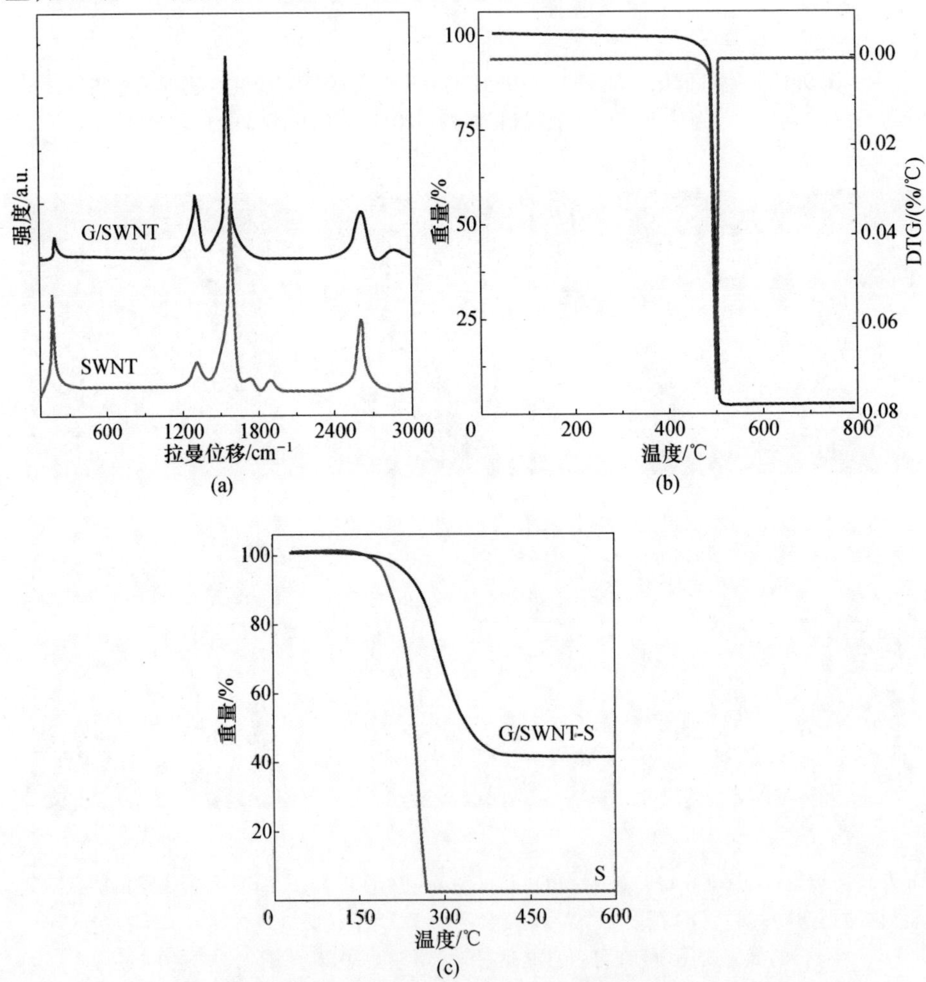

图 9.19 (a)CVD 法制备的 SWNT 和石墨烯/SWNT 的拉曼谱;(b)石墨烯/SWNT 在 O_2 中的 TGA 曲线;(c)吸附硫的石墨烯/SWNT-S 纳米结构的 TGA 曲线

(经许可引自文献[27],版权©2012,美国化学学会)

制备石墨烯/CNT复合材料的另一途径是借助石墨烯表面分散的Ni纳米粒子的催化作用，在石墨烯基板上通过CVD法生长CNT。第一步是在剥蚀的*r*GO纳米层上生长Ni纳米粒子。接着利用CVD法以乙腈作为碳源，石墨层间CNT垂直于*r*GO表面生长成柱状结构[28]。CNT柱状结构复合的石墨烯具有三维空间多孔结构，比表面高达352$m^2 \cdot g^{-1}$（图9.20）。

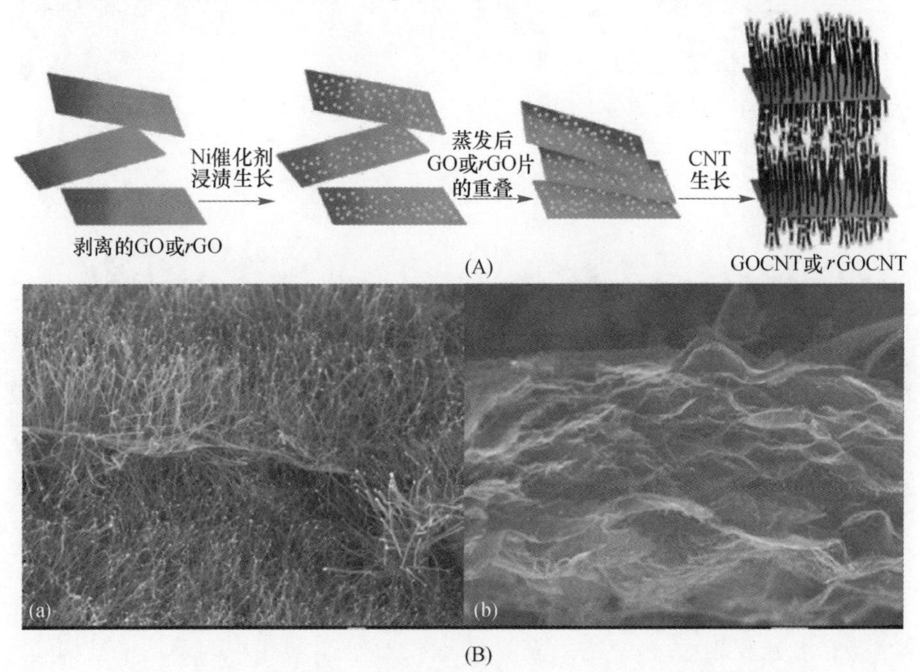

图9.20 （A）CNT在还原型GO层上的CVD生长；（B）制备的还原石墨烯/CNT复合材料的场发射电子显微照片（FESEM）
（经许可引自文献[28]，版权©2010，美国化学学会）

9.4 石墨烯-碳纳米球复合材料

被碳纳米球（CNS）修饰为3D全碳柱撑纳米结构的GO，具有高表面和良好的导电性，金属纳米粒子沉积其上可作为高效质子交换膜（PEM）燃料电池的催化体系[32]。商业购买的低成本的CNS为35nm球形导电纳米粒子，其BET比表面积为232$m^2 \cdot g^{-1}$。GO层间CNS的插入是通过混合单独的GO纳米片和CNS水溶液的悬浊液后经蒸发和冷冻干燥去除溶剂实现的。纳米复合结构而后在氢气气氛中热处理去除GO上的含氧基团。制得的局部被还原的纳米复合物（*r*GO-CNS）被Pt纳米粒子加以修饰，Pt NP是通过乙二醇还原Pt离子制得的，最终得到层间具有分散良好的Pt粒子催化剂的三维*r*GO-CNS纳米组装体（如图9.21所示）。

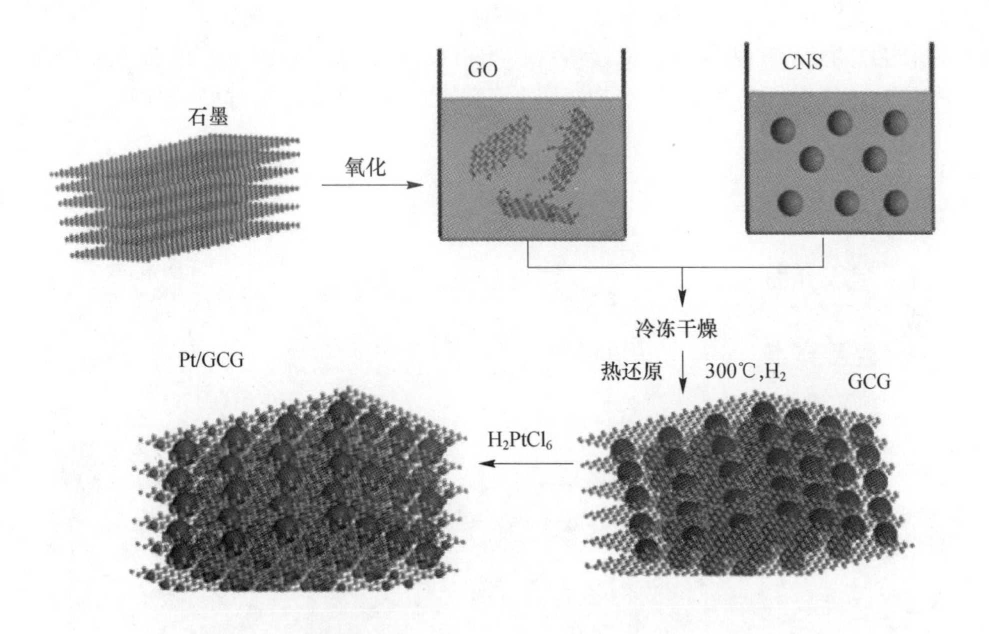

图 9.21 *r*GO-CNS 纳米组装结构的形成(作者以 GCG 表示)及 Pt 纳米粒子催化剂对其进行修饰(经许可引自文献[32],版权©2013,英国皇家化学学会)

随后 CNS 和 GO 纳米片分散在水中形成稳定的水凝胶(尽管 CNS 自身并非亲水型和水分散型)。这个结果表明在去除水之前,液相中两种纳米结构间存在强作用。然而我们并不清楚是这种相互作用导致了水相中 3D 纳米组装体的形成,还是 CNS 仅仅被固定在分散于水中的亲水型 GO 单层表面(这两种只是最有可能的情形)。

纳米复合材料因为增加的石墨层间距(CNS 向 *r*GO-CNS 层间的插入与稳定化)而具有增大的比面积。此外,GO 纳米片也阻止了 CNS 在高温处理时的团聚与合并长大。全碳 *r*GO-CNS 纳米组装体的多孔结构利于水溶性 Pt 离子前驱体在层空间的分散,使得还原后 Pt 纳米粒子在其间良好分散。TEM 图显示了 Pt 纳米粒子在 *r*GO-CNS 纳米组装体中比在 GO 或商业碳中有更好的分散性(图 9.22)。

此外,最终产物的多孔结构通过增加反应气体的扩散、气体快速抵达催化中心、生成物的高速输出而改善了催化过程。与 Pt/CNS 或 Pt/C 相比,最终电化学测试过程中 Pt 功能化的 *r*GO-CNS 显示更好的稳定性和更高的活性,证实了 Pt/GCG(石墨烯 – 碳 – 石墨烯)在 PEM 燃料电池中的潜在应用(图 9.23)。

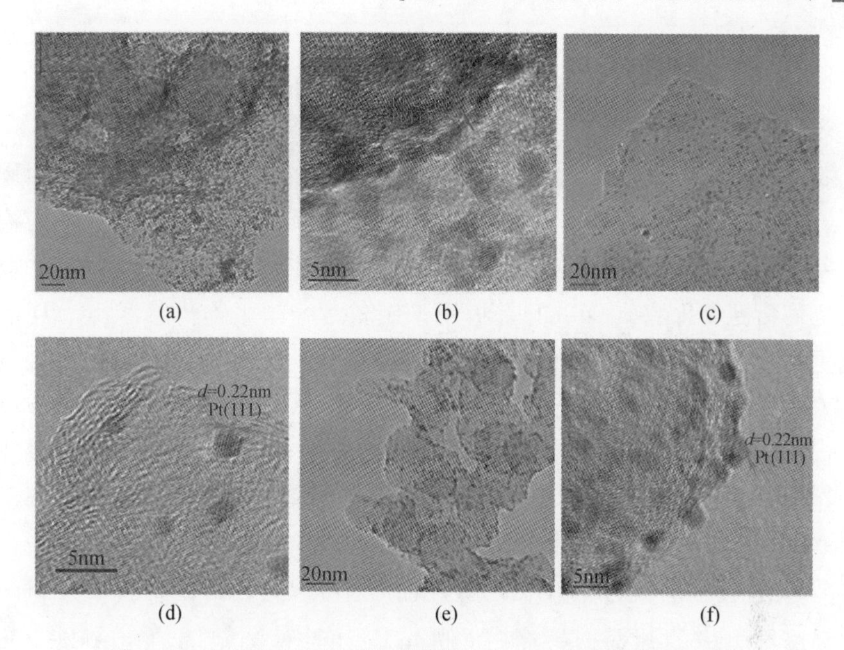

图9.22 (a),(b)Pt纳米粒子修饰*r*GO-CNS复合物的TEM图；(c),(d)Pt纳米粒子修饰GO的TEM图；(e),(f)Pt纳米粒子修饰商业碳的TEM图(经许可引自文献[32],版权©2013,英国皇家化学学会)

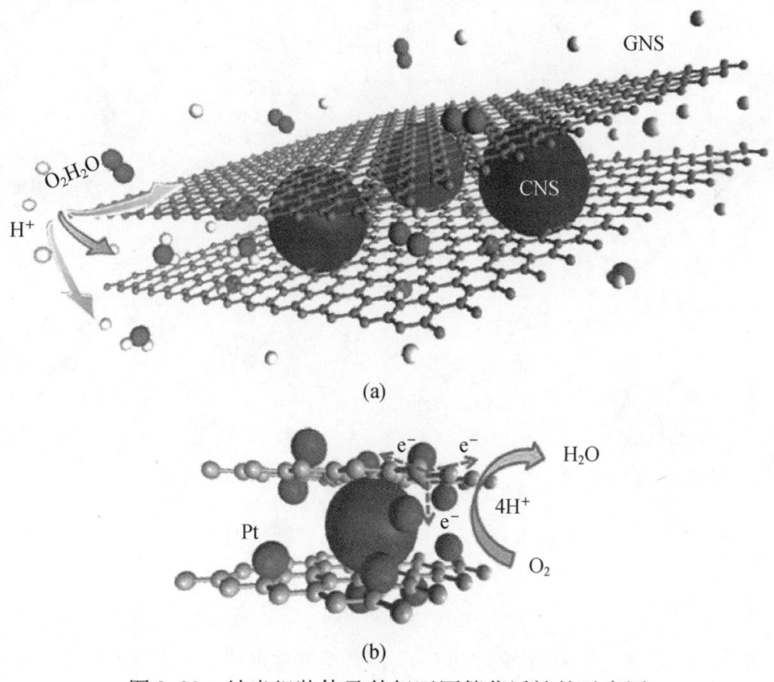

图9.23 纳米组装体及其氧还原催化活性的示意图
(经许可引自文献[32],版权©2013,英国皇家化学学会)

9.5 石墨烯-碳氮量子点纳米复合材料

最近研发的碳氮量子点(CND)是一类新的碳纳米材料[33-35]。它们由碳和氮原子以几纳米的粒径点组装而成,具有新颖的光致发光性质,在水中具有高分散性。通过在GO纳米片上沉积CND制备了一类有意思的复合材料,并被用作固定葡萄糖氧化酶(GOD)的基板用于制备葡萄糖生物传感器。CND通过四氯化碳和EDA回流加热聚合而成。CND和GO纳米片均悬浮在水中,通过CND在GO表面的沉积形成复合物。利用肼还原GO制得最终产物*r*GO/CND复合物[36]。尽管*r*GO在还原后失去亲水性,存在的高亲水性CND能保证复合物在水溶液中的稳定性。构建葡萄糖生物传感器的最后一步是利用带正电荷的CNDs和两者间的静电作用力将带负电荷的GOD固定在石墨表面。将制备的GOD修饰的*r*GO/CND(GOD/*r*GO/CND)沉积在玻碳电极上。利用此法得到修饰电极的葡萄糖检测限为40μM,线性检测范围为40μM~20mM(图9.24)。

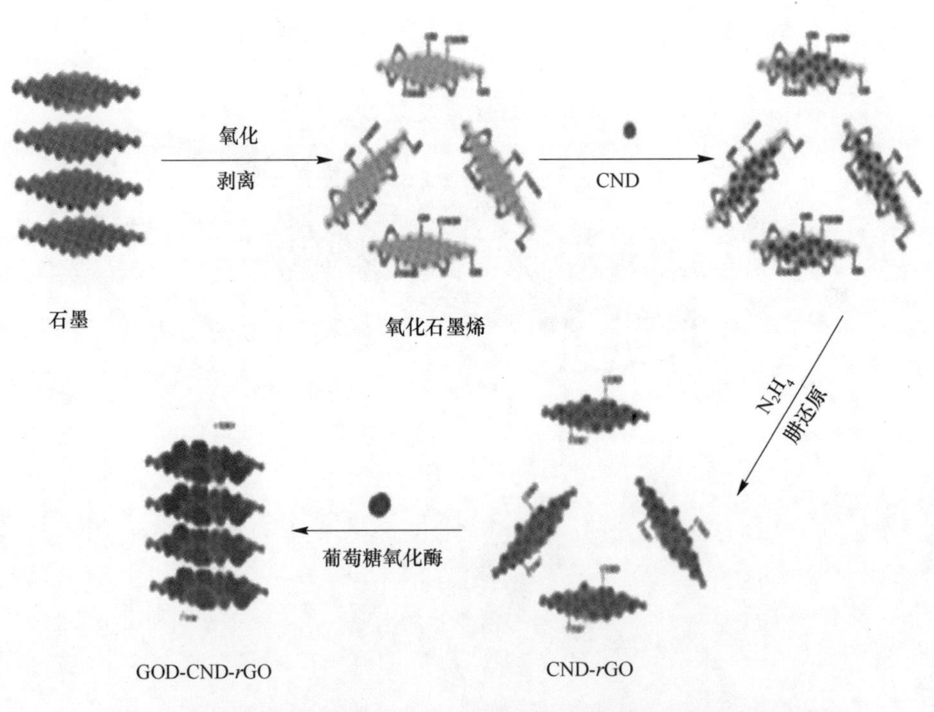

图9.24 在*r*GO/CND表面固定GOD制备检测葡萄糖的生物传感器示意图
(经许可引自文献[36],版权©2013,Elsevier B. V.)

9.6 结　　论

本章介绍了碳复合物这类碳纳米材料，它们可由已制备的简单碳纳米结构混合而成，或通过在石墨烯表面直接生长碳纳米管的类似方法加以结构复合。碳复合材料用途广泛，多数情况下它们具有优于单一碳纳米材料的性能。这些复合材料中石墨烯具有重要作用，所以许多碳纳米结构均基于石墨烯或者氧化石墨烯片层制备而成。极高的活性表面、高导电性、原料丰富、制备方法简单等优势提高了石墨烯用于制备碳复合材料的必要性与重要性。而进一步化学功能化则有望将全碳纳米结构推向更重要的地位。

参考文献

[1] Liu, Z. B., Xu, Y. F., Zhang, X. Y., Zhang, X. L., Chen, Y. S., and Tian, J. G. (2009) *J. Phys. Chem. B*, **113**, 9681.

[2] Wudl, F. (2002) *J. Mater. Chem.*, **12**, 1959.

[3] Yu, D., Park, K., Durstock, M., and Dai, L. (2011) *J. Phys. Chem. Lett.*, **2**, 1113.

[4] Jeon, E. K., Yang, C. S., Shen, Y., Nakanishi, T., Jeong, D., Kim, J. J., Ahn, K., Kong, K., Jeon, J. O., Yang, C. S., Shen, Y., Nakanishi, T., Jeong, D., Kim, J. J., Ahn, K., Kong, K., and Lee, J. O. (2012) *Nanotechnology*, **23**, 455202.

[5] Zhang, X., Huang, Y., Wang, Y., Ma, Y., Liu, Z., and Chen, Y. (2009) *Carbon*, **47**, 334.

[6] Yang, J., Heo, M., Lee, H. J., Park, S. M., Kim, J. Y., and Shin, H. S. (2011) *ACS Nano*, **10**, 8365.

[7] Tung, V. C., Huang, J. H., Kim, J., Smith, A. J., Chu, C. W., and Huang, J. (2012) *Energy Environ. Sci.*, **5**, 7810.

[8] Chao, Z. and Xi, L. T. (2012) *Chin. Sci. Bull.*, **57**, 3010.

[9] Zhang, C., Ren, L., Wang, X., and Liu, T. (2010) *J. Phys. Chem. C*, **114**, 11435.

[10] Tung, V. C., Chen, L. M., Allen, M. J., Wassei, J. K., Nelson, K., Kaner, R. B., and Yang, Y. (2009) *Nano Lett.*, **9**, 1949.

[11] Wang, R., Sun, J., Gao, L., Xu, C., Zhang, J., and Liu, Y. (2011) *Nanoscale*, **3**, 904.

[12] Peng, L., Feng, Y., Lv, P., Lei, D., Shen, Y., Li, Y., and Feng, W. (2012) *J. Phys. Chem. C*, **116**, 4970.

[13] Yen, M. Y., Hsiao, M. C., Liao, S. H., Liu, P., Tsai, H. M., Ma, C. C. M., Pu, N. W., and Ger, M. D. (2011) *Carbon*, **49**, 3597.

[14] Huang, T. Y., Huang, J. H., Wei, H. Y., Ho, K. C., and Chu, C. W. (2013) *Biosens. Bioelectron.*, **43**, 173.

[15] Arvand, M. and Gholizadeh, T. M. (2013) *Colloids Surf., B: Biointerfaces*, **103**, 84.

[16] Luo, S., Wu, Y., and Gou, H. (2013) *Ionics*, **19**, 673.

[17] Sablok, K., Bhalla, V., Sharma, P., Kaushal, R., Chaudhary, S., and Raman Suri, C. (2013) *J. Hazard. Mater.*, **248 249**, 322.

[18] Chang, J. , Mao, S. , Zhang, Y. , Cui, S. , Steeber, D. A. , and Chen, J. (2013) *Biosens. Bioelectron.* ,**42**, 186.

[19] Tian, L. , Meziani, M. J. , Lu, F. , Kong, C. Y. , Cao, L. , Thorne, T. J. , and Sun, Y. P. (2010) *Appl. Mater. Interfaces*, **2**, 3217.

[20] Shao, J. J. , Lv, W. , Guo, Q. , Zhang, C. , Xu, Q. , Yang, Q. H. , and Kang, F. (2012) *Chem. Commun.* ,**48**, 3706.

[21] Velten, J. , Mozer, A. J. , Li, D. , Officer, D. , Wallace, G. , Baughman, R. , and Zakhidov, A. (2012) *Nanotechnology*, **23**, 085201.

[22] Chen, S. , Yeoh, W. , Liu, Q. , and Wang, G. (2012) *Carbon*, **5**, 4557.

[23] Zheng, Z. , Du, Y. , Wang, Z. , Zhang, F. , and Wang, C. (2012) *J. Mol. Catal. A: Chem.* , **363**, 481.

[24] Vinayan, B. P. , Nagar, R. , Raman, V. , Rajalakshmi, N. , Dhathathreyan, K. S. , and Ramaprabhu, S. (2012) *J. Mater. Chem.* , **22**, 9949.

[25] Kim, J. Y. , Jang, J. W. , Youn, D. H. , Kim, J. Y. , Kim, E. S. , and Lee, J. S. (2012) *RSC Adv.* , **2**, 9415.

[26] Sui, Z. , Meng, Q. , Zhang, X. , Ma, R. , and Cao, B. (2012) *J. Mater. Chem.* , **22**, 8767.

[27] Zhao, M. Q. , Liu, X. F. , Zhang, Q. , Tian, G. L. , Huang, J. Q. , Zhu, W. , and Wei, F. (2012) *ACS Nano*, **6**, 10759.

[28] Zhang, L. L. , Xiong, Z. , and Zhao, X. S. (2010) *ACS Nano*, 7030.

[29] Fan, Z. , Yan, J. , Zhi, L. , Zhang, Q. , Wei, T. , Feng, J. , Zhang, M. , Qian, W. , and Wie, F. (2010) *Adv. Mater.* ,**22**, 3723.

[30] Fan, Z. J. , Yan, J. , Wei, T. , Ning, G. Q. , Zhi, L. J. , Liu, J. C. , Cao, D. X. , Wang, G. L. , and Wei, F. (2011) *ACS Nano*, **5**, 2787.

[31] Sridhar, V. , Kim, H. J. , Jung, J. H. , Lee, C. , Park, S. , and Oh, I. K. (2012) *ACS Nano*, **6**, 10562 – 10570.

[32] He, D. , Cheng, K. , Peng, T. , Pan, M. , and Mu, S. (2013) *J. Mater. Chem. A*, **1**, 2126.

[33] Liu, S. , Tian, J. , Wang, L. , Luo, Y. , Zhai, J. , and Sun, X. (2011) *J. Mater. Chem.* , **21**, 11726.

[34] Liu, S. , Wang, L. , Tian, J. , Zhai, J. , Luo, Y. , Lu, W. , and Sun, X. (2011) *RSC Adv.* , **1**, 951.

[35] Liu, S. , Tian, J. , Wang, L. , Luo, Y. , and Sun, X. (2012) *RSC Adv.* , **2**, 411.

[36] Qin, X. , Asiri, A. M. , Alamry, K. A. , Al-Youbi, A. O. , and Sun, X. (2013) *Electrochim. Acta*, **95**, 260 – 267.

第10章

石墨烯的氮、硼和其他元素的掺杂

Achutharao Govindaraj,C. N. R. Rao

10.1 导　　论

石墨烯能实现硼、氮和其他异质元素的掺杂。B_2H_6常被用作硼源,而NH_3或吡啶用作化学气相沉积(CVD)和电弧放电法掺氮的氮源。尿素也是一种非常有效的氮源。硼、氮取代掺杂石墨烯可极大改变其电子结构与性质,并使得碳纳米结构的拉曼谱具有明显变化。这类掺杂不仅能产生理想性能,也可实现对特殊用途的性能调控。本章将展示石墨烯掺硼、氮和其他元素的合成、表征及重要用途。

石墨烯的发现在二维(2D)材料领域开创了新纪元[1-3]。作为石墨形式的母体,它是构造所有维度碳材料的基元。具有2D面结构的单原子层厚度的石墨烯片展示出新颖的电子传输性质[4]。文献中已报道数种制备石墨烯的方法[5,6],而掺杂可以改变石墨烯的电子和量子传输特性。最近我们报道了一些关于石墨烯及其类似物的合成与选择特性的亮点工作[7]。石墨烯掺杂分为如下类别[8]:电学掺杂如栅控掺杂[9,10]、金属丛簇[11]或基板诱导掺杂[12]、通过化学手段改变石墨烯的点阵结构实现的化学掺杂(如利用异质原子置换掺杂)[13]以及分子掺杂[14]。这些掺杂修饰很大程度依赖掺杂剂的种类、浓度以及在石墨烯结构中掺杂的位置。

10.2 石墨烯的氮掺杂

氮掺杂是修饰石墨烯的一种有效手段,能增强其在多领域的应用潜力。石墨烯点阵结构掺氮后可得到三种常见的C—N键型:吡啶型氮、吡咯型氮和石墨型氮。科研者也尝试同时向石墨烯片层引入氮和硼去改善它们的电子特性[15-19]。

10.2.1 直流电弧法

在氢气和吡啶或氢气和氨的气氛中采用直流电弧放电制备了2~3层氮掺杂的石墨烯(NG)[16]。由于存在氢气,石墨烯片层不容易卷曲为管状。在吡啶气氛中纳米金刚石也转换成氮掺杂的石墨烯。一组氮掺杂石墨烯样品(NG1)的制备是在H_2、He和吡啶蒸气中利用石墨电极的直流电弧放电法(38V,75A)实现的。典型实验是,氢气(200Torr)通过吡啶鼓泡器携带吡啶蒸气而后通过He气(500Torr)传到电弧室;另一种氮掺杂样品(NG2)在氢气(200Torr),氦气(200Torr)和氨气(300Torr)气氛中利用石墨电极的电弧放电制得;纳米金刚石转化为氮掺杂石墨烯(NG3)则是在1650℃氦气和吡啶蒸气中实现的。以氢气电弧放电得到的未掺杂样品作对比,所有样品均采用一系列物理方法表征。图10.1为电弧放电得到的纯石墨烯和氮掺杂石墨烯的透射图(TEM)。计算得到的扫描隧道显微(STM)图显示氮掺杂石墨烯的双层结构。X射线光电子谱(XPS)分析显示NG1、NG2和NG3的氮原子浓度分别为0.6%、0.9%和1.4%。

图10.1 (a)未掺杂石墨烯,(b)氮掺杂石墨烯的TEM图,以及(c)氮掺杂双层石墨烯的计算STM图。氮掺杂导致取代掺杂物的亚点阵处的碳原子的电荷增加,见图中的N(引自文献[16])

图 10.2(b)为 NG2 样品的 XPS 数据和电子能量损失谱(EELS)。N 1s峰的不对称显示至少有两种组分存在。通过去卷积,可以发现在 398.3eV 和 400eV 的峰,前者为吡啶型氮(sp^2杂化)的特征峰,后者为石墨烯片中的氮。

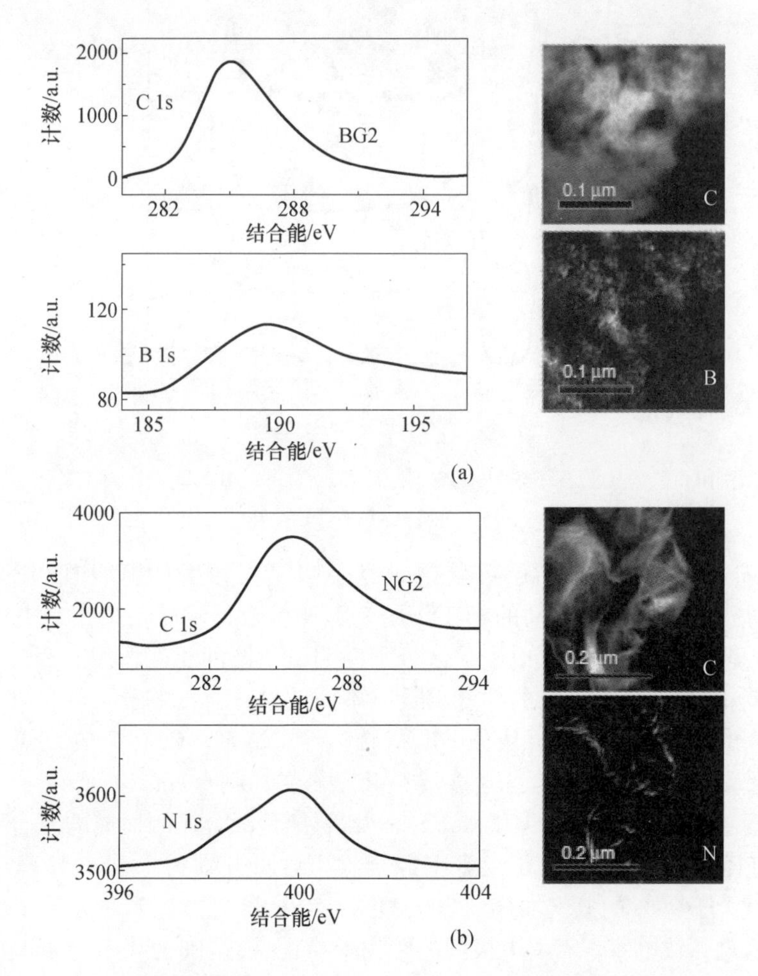

图 10.2 (a)硼掺杂石墨烯(BG2)中 C 1s 和 B 1s 的 XPS 信号,BG2 中 C 和 B 的 EELS 面扫图;(b)氮掺杂石墨烯(NG2)的 C 1s 和 N 1s 的 XPS 信号,NG2 中 C 和 N 的 EELS 元素面扫图(引自文献[16])

拉曼谱非常适合表征石墨烯和掺杂石墨烯。在拉曼谱中纯石墨烯在1000 ~ 3000cm^{-1}区域存在三种主要的特征峰(632.8nm 激发):sp^2(约 1570cm^{-1})网络状 G 带特征峰,缺陷产生的 D 带(约 1320cm^{-1})和 2D 带(约 2640cm^{-1})特征峰。图 10.3 显示纯石墨烯和掺杂石墨烯的拉曼谱。氮掺杂和硼掺杂使得 G 带声子频率增加宽化。这和电化学掺杂效果类似[9],但不同于通过分子的电荷转移的掺杂[20,21]。G 带声子频率的增加是因为非绝热移除了 G 点的 Kohn 异常,其宽化源于通往电子 - 空穴对的声子退激发通道的畅通[22]。在掺杂样品中,D 带的强度高于G带。经过掺杂,2D带的相对强度通常随着G带强度减小。N、B掺杂的石墨烯比未掺杂石墨烯具有高的导电性。

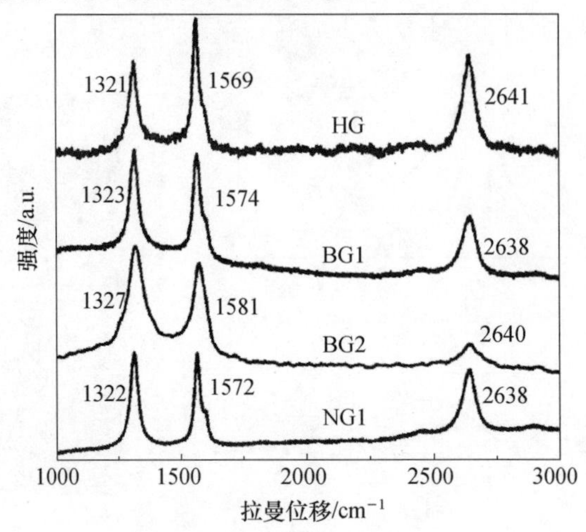

图10.3　未掺杂石墨烯(HG)和硼、氮掺杂石墨烯(BG和NG)的拉曼谱(引自文献[16])

Gopalakrishnan 等[23]利用拉曼谱研究了四氰乙烯(TCNE)和四硫富瓦烯(TTF)同B、N掺杂石墨烯间的相互作用。B、N掺杂石墨烯在拉曼谱中的G带和2D带显示与电子给体和电子受体分子间明显不同的相互作用。因此,TCNE和TTF对B、N掺杂石墨烯的拉曼谱具有不同效果。通过电子给体和电子受体分子带来的拉曼谱的变化可从分子电荷转移寻求解释。Guan等在高温氮气气氛中通过直流电弧放电法合成了多层N掺杂石墨烯纳米片(N-GNSs)[24]。阴极是纯的石墨棒,阳极是由Fe_2O_3、Co_2O_3、NiO、石墨粉混合压制而成的复合石墨棒(6mm直径),这里Fe、Co、Ni元素在混合物中含量分别为1.5%(质量分数)。体积纯度大于99%的氮气加热到800℃再以50标准立方厘米每分钟(sccm)的流速通入电弧放电室。石墨电极间的距离保持恒定,范围为0.5~1mm,手动调节消耗的阳极,放电电压和电流分别在30~32V和25~30A范围变化。N掺杂石墨烯片在阴极顶部柱状沉积物的内核内部形成。多层N-GNS在阴极顶部形成的柱状沉积物内的含量超过50%(质量分数)。

10.2.2　氨、肼和其他试剂的热处理法

多数C—N键的形成发生在化学反应活性高的石墨烯边缘。Li等[18]发展了一种同时实现掺杂和还原的技术,通过在氨中热烧结氧化石墨烯(GO),制备了大量超过5%掺杂量的N掺杂还原型氧化石墨烯片(*r*GO)。XPS研究不同反应温度下烧结的GO片,结果显示N掺杂的实现温度可低至300℃,而最大约5%掺杂量是在500°C得到的。氮掺杂伴随着GO的还原,氧含量从制备GO的

约28%降至约2%,后者是在1100℃与NH_3反应实现的。XPS分析掺杂型GO中N的连接,发现掺杂样品中的吡啶型氮,随着GO不低于900℃的高温烧结四元氮(N代替石墨烯面内的碳原子)含量增加。GO中的含氧基团一般是由于同NH_3的反应形成了C—N键。通过H_2热烧结还原的GO有更少含氧基团,体系的反应活性低于NH_3,且具有低的N掺杂含量。单独GO片器件的电学测试证明在NH_3中烧结的GO比在H_2中烧结具有高的导电性,因为在NH_3中烧结能更有效地还原GO,这与XPS数据相一致。Wang等[19]通过在氨气中大功率电阻加热/烧结,实现共价键型功能化单个石墨烯纳米带的氮掺杂,产生与理论一致的n型电子掺杂。Li等[25]分别在氨气和空气中烧结*r*GO制备了N掺杂的石墨烯(NG),并测试了得到的*r*GO和NG的光致发光特性。结果显示N掺杂*r*GO具有淬灭的荧光特性,而真空中得到的NG比空气中制得样品具有更有效的荧光淬灭。

Huan等[26]发展了优于热烧结的简单有效的通过化学还原增强氧化石墨烯中四元氮掺杂的方法。其策略是在热处理前修饰GO,以便提供更有效的利于四元N掺杂的结构。首先利用肼化学还原GO,大幅提高C═C键的形成,同时减小氧原子的浓度。*r*GO在氨气存在下烧结。尽管氮掺杂优先置换氧,掺入的N原子置换*r*GO石墨型C原子的可能性由于C═C含量的提高而增加。Park等设计实验证明了由肼处理的氧化石墨烯的化学结构[27]。通过不同的光谱技术研究了^{15}N标记的肼处理的^{13}C标记的氧化石墨(通过改进的Hummer法制备)和未标记的肼处理的氧化石墨烯的化学结构,证明五元环状芳香型氮插入在片层边缘,在平面上重建了石墨型网络结构。

10.2.3 化学功能化方法

Jeon等[28]利用选择性边缘功能化石墨的简单溶液涂膜,制备了大面积氮掺杂石墨烯膜。第一步,石墨边缘选择性功能化,在多磷酸/五氧化二磷介质中同4-氨基苯酸直接通过傅氏酰化反应(Friedel-Crafts acylation reaction)制备4-对氨基苯甲酰边缘功能化的石墨(EFG)。第二步,EFG分散在*N*-甲基-2-吡咯烷酮(NMP)中,在硅片上溶液涂膜制备大面积石墨烯膜。经过热处理,EFG膜成为氮掺杂石墨烯膜,显示出优异的氧还原反应(ORR)电催化活性。Chang等[29]报道了通过边缘功能化的石墨烯在简单溶液中的湿化学反应制备氮掺杂石墨烯纳米片的有效方法。含一元酮(C═O)的GO同含一元胺的化合物发生反应制备亚胺功能化GO(iGO)(图10.4)。在GO的双酮和含邻二胺的化合物间的反应制备稳定的吡嗪环功能化GO(pGO)。接着iGO和pGO经热处理产生高品质的氮掺杂石墨烯纳米片分别标注为hiGO和hpGO。有意思的是,hpGO显示n型场效应晶体管(FET)行为,其电中性点(狄拉克点)位于约-16V的位置。hpGO也具有约$11.5cm^2\cdot V^{-1}\cdot s^{-1}$和$12.4cm^2\cdot V^{-1}\cdot s^{-1}$的空穴和电子迁移率。

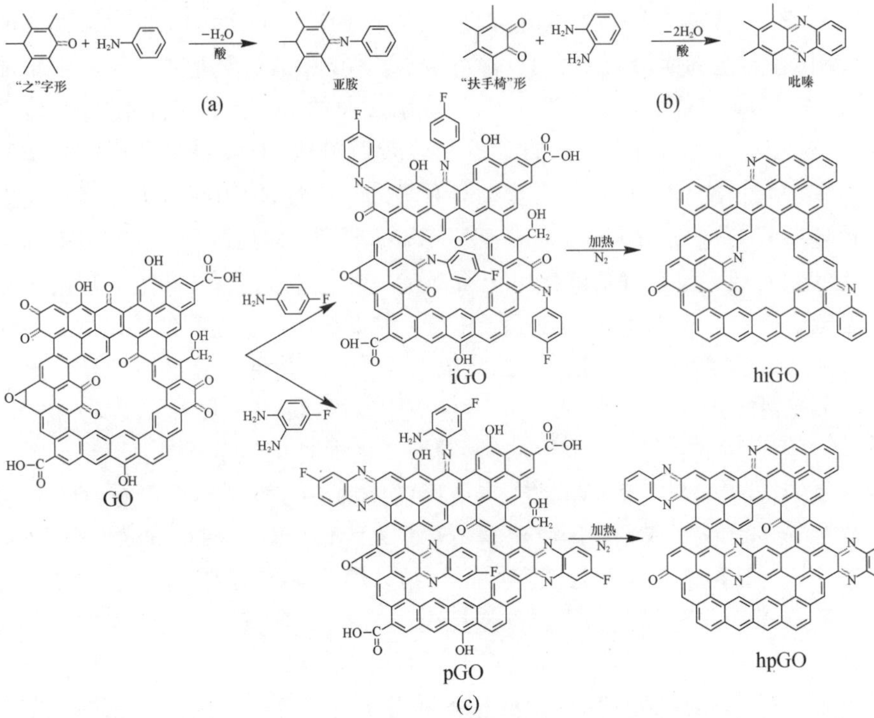

图 10.4 (a)从一元酮(C═O)和苯胺(一元胺)的缩合反应得到亚胺(席夫碱);(b)从 α-双酮和邻苯二胺双重缩聚反应形成芳香吡嗪环;(c)GO 和对氟苯胺或对氟邻苯二胺制备 iGO 或 pGO,经氮气热处理分别得到 hiGO 和 hpGO(经许可引自文献[29],版权©2013,美国化学学会)

10.2.4 溶剂热法

Deng 等[30]发展了一步溶剂热法直接合成 N 掺杂石墨烯。即在 250℃氮气气氛的不锈钢反应釜内通过四氯化碳和氮化锂反应 10h,制备了克级的产物。产物依次通过 18%(质量分数)的 HCl 水溶液、水、乙醇洗涤,最后在 120℃干燥 12h。或者,利用三聚氰氯混入氮化锂中替换四氯化碳,反应在 350℃反应 6h,产物再洗涤、干燥。通过 STM(图 10.5)能观察到石墨烯网络 4.5%~16.4% 的氮掺杂引起了明显的电子结构扰动。与纯石墨烯和商业炭黑 XC-72 相比,燃料电池阴极的 ORR 反应证实了氮掺杂石墨烯具有增强的催化活性。

肼和氨水存在 pH=10 的氧化石墨烯的胶体分散液,通过化学还原及水热还原制得氮掺杂石墨烯片[31]。氧还原和氮掺杂在水热条件下同步实现。在相对低的水热温度下,高达 5%(质量分数)氮掺杂的石墨烯片有轻微发皱和折叠特性。随着水热反应温度增加,氮含量略微降低,更多吡啶型氮被引入到石墨烯

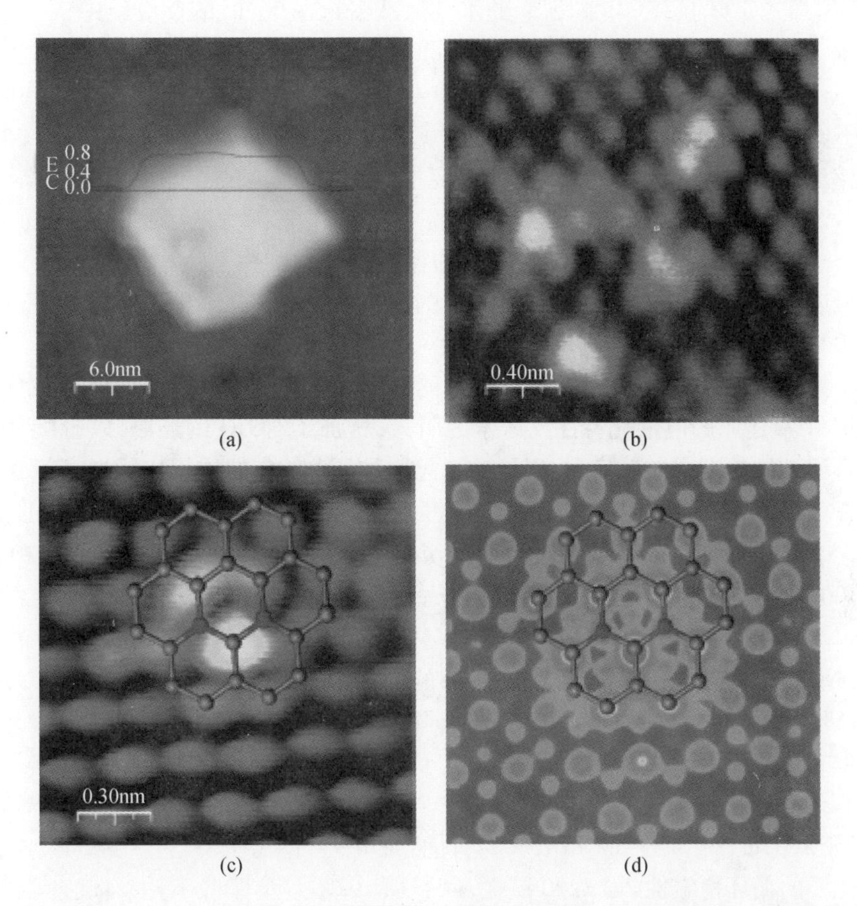

图10.5 NG-2的STM图。(a)分离的双层氮掺杂石墨烯,端部黑线显示穿过这个双层的高度;(b),(c)不同结构的缺陷排布的高分辨图像,分别在偏压0.5V、电流53.4pA和偏压0.9V、电流104pA下测得;(d)从图(c)中模拟的STM图像,内插示意结构表示氮掺杂石墨烯,六角形灰色球加深石墨烯网络状原子结构,深蓝球标记N原子(经许可引自文献[30],版权©2011,美国化学学会)

网络结构中。在160℃水热温度下,石墨烯片自行组成海蜇状结构。当温度进一步升高到200℃,石墨烯片自聚集成块状粒子,但仍然保持低至4%(质量分数)的含氮量。Hassan等[32]报道了不同温度下水热合成产生吡咯类富氮结构掺杂的石墨烯。最初氧化石墨水溶液的pH值利用氨水调整到10~11,再加入1.75mL水合肼。混合液移到聚四氟乙烯的反应釜中在80℃、130℃、180℃三种温度下水热处理3h。氮掺杂石墨烯具有增至约194F·g^{-1}的双电层超级电容,密度泛函理论(DFT)计算显示吡咯氮结构和电解液离子间存在合适的结合能,因而吡咯型氮对电容存在最大贡献。

通过氧化石墨烯和尿素的简单水热反应制得高达10.13%氮原子含量的

N-GNS[33]。GO 同超声 3h 的尿素的水分散液密封在 50mL 的反应釜中，在 180℃保温 12h。固相产物（氮掺杂石墨烯片）经过滤及多次去离子水洗涤，在 80℃下烘干。水热法能同时实现氮掺杂和 GO 还原。在水热过程中，尿素持续释放 NH_3，它能同 GO 的含氧基团反应，氮原子接着掺入到石墨烯骨架中，形成氮掺杂石墨烯片。在 6M KOH 电解液中，合成的具有高氮含量（10.13%（原子分数））和大表面积（$593m^2 \cdot g^{-1}$）的 N-GNS 在 2000 圈后，显示优异的电容行为（$326F \cdot g^{-1}$，$0.2A \cdot g^{-1}$），优异的循环稳定性和库仑效率（99.58%）。两电极对称电容测试显示在功率密度为 $7980W \cdot kg^{-1}$ 下得到的能量密度为 $25.02W \cdot h \cdot kg^{-1}$。

Wu 等[34]报道了利用 GO 和尿素的水热反应制备 NG 材料，及其在 0.1M KOH 中氧还原的电催化特性。尿素的引入，增加了对 GO 的还原，以吡啶、吡咯和石墨结构的形式成功实现了氮掺杂；增加尿素和 GO 的质量比能提高氮含量，并在微结构中产生更多缺陷。引入氮后利于在更低的过电位下将 O_2 还原为 OH^-，NG 的活性与氮含量和微结构密切相关。在 GO 和尿素质量比为 1∶200 和 1∶300 时，NG 有着约 7% 氮含量以及合适的缺陷密度，此时具有最佳性能。Guo 等[35]以 GO 为原材料、尿素为还原剂以一步水热法合成了氮掺杂的石墨烯水凝胶（NGH）。结果显示在 GO 片被还原的同时氮被掺入到石墨烯平面内，并且 3.95% ~6.61% 的氮含量在石墨烯点阵结构中可调，以吡咯型氮为主。包含 97.6% 水的 NGH 在潮湿状态下具有高于 $1300m^2 \cdot g^{-1}$ 的大的比表面积（Specific Surface Area，SSA）。NGH-4 样品氮含量为 5.86%，潮湿状态下其 SSA 为 $(1521 \pm 60)m^2 \cdot g^{-1}$，在 6M KOH 中具有优异的电容行为（在 $3A \cdot g^{-1}$ 为 $308F \cdot g^{-1}$）和优异的循环稳定性（如 1200 圈循环后具有 92% 容量保持率）。Zhang 等[36]以具有反应活性的石墨碳模板（如 GO）和含氮分子（如双氰胺）在温度低至 180℃时通过湿化学反应制备了具有 ORR 活性的氮掺杂的碳催化剂。无需高温处理，制备的含氮还原型氧化石墨烯（NrGO）额外掺入含铁的纳米颗粒，与高温热解得到的氮掺杂碳比，具有优异的 ORR 催化活性。利用氧化石墨烯和环六亚甲基四胺（HMT）在聚四氟乙烯内衬的反应釜内于 180℃反应 12h 制得氮掺杂石墨烯片[37]。HMT 在氮掺杂 GO（8.62%（原子分数））与还原 GO 方面均发挥了重要作用。Geng 等[38]利用低温溶剂热法，使用五氯吡啶和金属钾为反应物，已制备约 6 ~10 层纳米花状氮掺杂石墨烯片。

如图 10.6 所示，Qian 等则在高于 310℃利用超临界乙腈反应 2 ~24h 不等，以膨胀石墨为原材料合成氮掺杂少层石墨烯片[39]。XPS 分析显示随着反应时间从 2h 延长到 24h，氮掺杂也从 1.57%（原子分数）增加到 4.56%（原子分数）。Cao 等报道在150℃的密封反应釜内通过加热氧化石墨烯和 NH_4HCO_3，在相对低温合成氮掺杂石墨烯（氮含量高于 10%）[40]。产物在 5M KOH 中在 $0.5A \cdot g^{-1}$ 下，比容量高达 $170F \cdot g^{-1}$，在 10000 圈充放电循环后（充电密度为

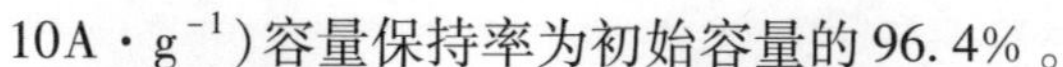

$10A \cdot g^{-1}$)容量保持率为初始容量的96.4%。

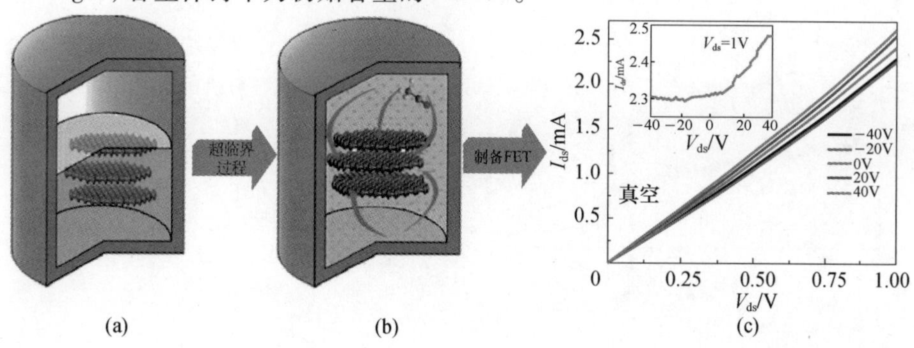

图10.6 与ACN在310℃发生SC反应制得的氮掺杂石墨烯示意图。(a)溶剂热辅助的剥离及离心得到多层石墨烯片,然后与ACN在刚玉反应釜中混合;(b)同ACN在310℃经指定时间发生SC反应后得到N掺杂石墨烯片;(c)氮掺杂石墨烯FET的电学性质(经许可引自文献[39],版权©2011,美国化学学会)

10.2.5 化学气相沉积与热解法

Wei等[17]通过CVD过程,在Cu/Si基板上,以CH_4和NH_3分别为碳源和氮源,合成了氮掺杂的少层石墨烯(氮含量高达9%(原子分数))。基板置于石英管中,氢气和氩气流量分别为20sccm和100sccm。当炉子中心温度达到800℃,60sccm CH_4和60sccm NH_3分别引入作为C源和N源,基板也被快速移到高温区域。生长10min后,样品在H_2氛围中冷却到室温。CVD过程中,因为掺杂伴随碳原子在石墨烯内重组(图10.7),氮原子可被置换掺入到石墨烯点阵结构中。电学测试显示氮掺杂石墨烯具有n型行为,显示取代掺杂可调节石墨烯的电学性质(图10.8)。

Qu等[41]在氨存在时利用甲烷的CVD法合成了氮掺杂石墨烯。Ni包覆的SiO_2/Si片在高纯氩气氛围的石英管式炉中加热到1000℃,而后引入含氮的混合反应气,其中NH_3:CH_4:H_2:Ar=10:50:65:200sccm,并保持流动5min。通过盐酸溶液溶解残余Ni催化剂层,能从基板上蚀掉产生的掺氮的石墨烯膜,允许无支撑的掺氮石墨烯片转移到基板上,便于以后研究。制备得氮掺杂石墨烯用作电催化活性的零金属电极,具有长运行的稳定性,在催化碱性燃料电池四电子路径的氧还原过程,具有优于Pt催化剂的抗阴极渗透效应。Dai等[42]把利用CVD法从NH_3和CH_4得到的单层和多层掺氮石墨烯置于TEM铜网上。在氢气气流中反应温度先升高到1000℃,接着引入CH_4(30~150sccm)和NH_3(6~20sccm)到反应体系。通过控制混合气体比,石墨烯中氮原子含量在0.7%~2.9%范围内可调。Zhao等[13]在已清洁好的铜基板上,在1.9Torr气压在1000℃加热CH_4、H_2、NH_3的混合气体18min,生长氮掺杂石墨烯单层。所有的样

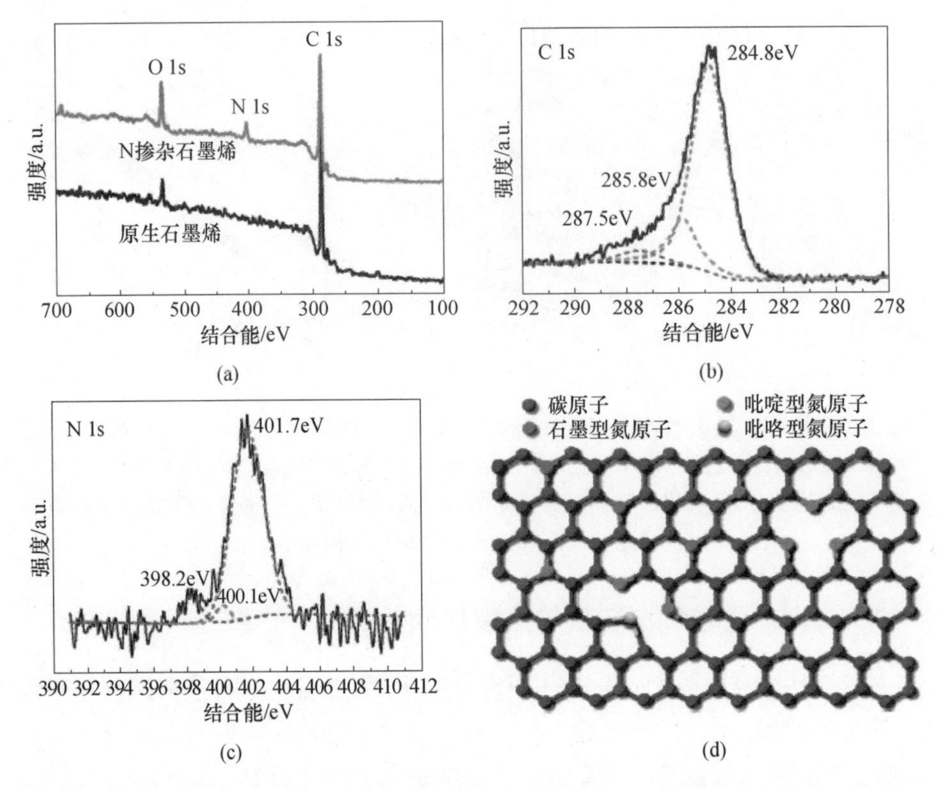

图 10.7 (a)原生石墨烯和氮掺杂石墨烯的 XPS 谱图;(b),(c)氮掺杂石墨烯 C 1s 和 N 1s 的 XPS 谱,C 1s 峰劈裂为 284.8eV、285.8eV 和 287.5eV 的三个洛伦兹峰,分别用红色、绿色和蓝虚线标注,N 1s 峰劈裂为 401.7eV、400.1eV 和 398.2eV 的三个洛伦兹峰,分别用红、绿、蓝虚线标注;(d)N 掺杂石墨烯的示意图,蓝、红、绿和黄球分别表示碳、石墨型氮、吡啶型氮、吡咯型氮(经许可引自文献[17],版权©2009,美国化学学会)

品在甲烷和氢气流速分别为 170sccm 和 10sccm 时生长,利用不同的氨气分压(0Torr:原生石墨烯,0.04Torr:NG4,0.07Torr:NG7,0.10Torr:NG10,0.13Torr:NG13)实现不同浓度的掺杂。特写俯视图显示形成了三角状的三个亮点(图 10.9),亮点间的距离等于石墨烯点阵常数(2.5Å)。通过掺杂物的 STM 线扫(图 10.9(a)的内插图)显示其明显的面外高度为(0.6 ± 0.2)Å,与氮原子在石墨烯面上的取代一致。

Luo 等[43]报道通过氢气和乙烯在氨存在的 900℃ 的铜片上热 CVD 法沉积 30min,得到掺入吡啶型氮的单层石墨烯。在 1Torr 气压下氢气流速为 10sccm,铜片被加热到 900℃保温 30min。氢气和乙烯的混合压力为 4.6Torr,流速分别为 10sccm 和 30sccm。生长完成后,样品在 1Torr 压力的氢气流中以 20℃ · min^{-1}的冷却速度冷却到室温。为了 CN_x-石墨烯的生长,NH_3 掺入 He(NH_3/He 的体积比为 10%)在石墨烯生长过程中引入到反应器,气体流速为

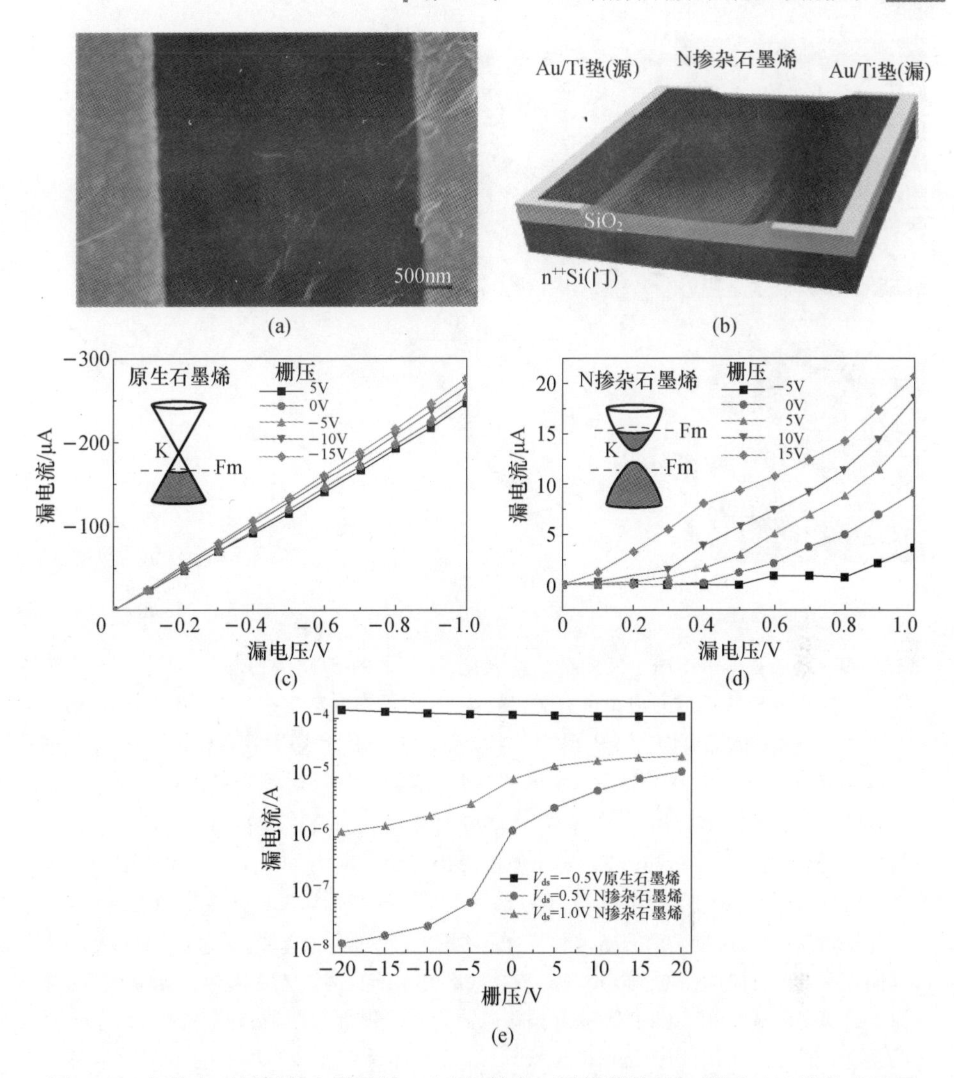

图10.8　氮掺杂石墨烯的电学特性。(a)氮掺杂石墨烯器件的扫描图;(b)器件配置原理俯视图;(c),(d)原生石墨烯和氮掺杂石墨烯FET器件分别在不同V_g值时I_{ds}/V_{ds}的特征图;(e)原生石墨烯($V_{ds}=-0.5V$)和氮掺杂石墨烯($V_{ds}=0.5$和1.0V)的传输特性

(经许可引自文献[17],版权©2009,美国化学学会)

3~12sccm,并保持氢气和乙烯的流速。通过调节氨气的流速,氮、碳原子比可从0调节到16%。拉曼光谱和飞行时间二次离子质谱显示石墨烯中氮元素的区域分布。UV光电发射光谱证明吡啶型氮能有效改变石墨烯的价带结构,包括提高费米能级附近的π电子态密度及减小功函数。Gao等[44]通过CVD法在铜片上制备了大面积氮掺杂单原子层石墨烯膜,其中氮原子多以吡咯型氮存在且能转移到多种基板上。氮掺的杂含量约为3.4%(原子分数)。Reddy等[45]利用乙腈的CVD法在铜基板上实现了氮掺杂石墨烯层的可控生长。最初铜片被放入

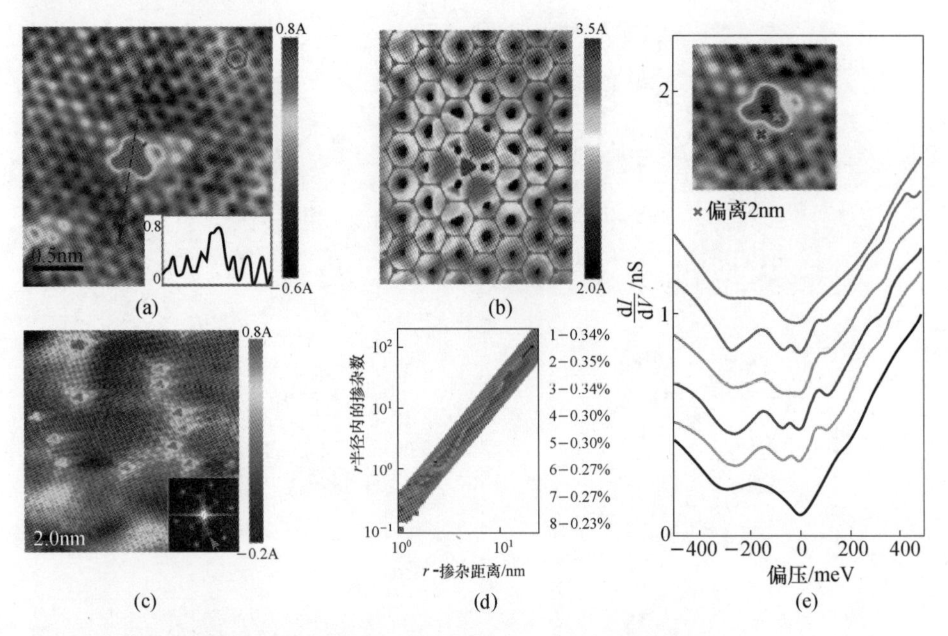

图 10.9 单层石墨烯中单个氮掺杂的可视化,氮掺杂的 STM 成像。(a)铜箔上观察 N 掺杂石墨烯的 STM 图像对应单个石墨型氮掺杂,内插图对应穿过掺杂物的线扫图的原子波纹和掺杂物的高度($V_{bias}=0.8V$,$I_{set}=0.8nA$);(b)基于 DFT 计算,石墨型掺杂氮的模拟 STM 图($V_{bias}=0.5V$),覆盖其上的是单个氮杂质的石墨烯球棍模型阵列;(c)铜箔上氮掺杂石墨烯的 STM 图,显示了 14 个石墨型掺杂物以及强的谷间散射踪迹,(内插图)表面形貌的傅里叶转换(FFT)显示原子峰(外六角)和谷间散射峰(内六角,红色箭头所示)($V_{bias}=0.8V$,$I_{set}=0.8nA$);(d)铜箔上不同氮掺杂浓度的 8 个样品的 N—N 距离的空间分布,总尺度上的分布很好符合二次幂定律(预期误差带为灰色),显示氮原子可任意掺入到石墨烯晶格点阵中;(e)取自底部氮原子及铜箔上氮掺杂石墨烯上接近氮原子的明亮区域的 dI/dV 曲线,垂直偏移以清晰化。顶部曲线取自离掺杂物约 2nm 处的 dI/dV 谱,内插图是谱图选取的位置标识($V_{bias}=0.8V$,$I_{set}=1.0nA$)(经许可引自文献[13],版权©2011,美国科学促进会)

CVD 炉子的石英管中,抽真空到 10^{-2}Torr 的基准压力,炉子接着加热到 950℃,同时通入 Ar/H_2,保持 5Torr 的压力。一旦达到理想温度,停止 Ar/H_2气流,通入乙腈蒸气并保持管内压力为 500mTorr。通常通入约 3 ~ 15min 蒸气将产生单层或少层石墨烯。NG 因此直接生长在 Cu 集流板上并用于研究可逆锂离子的嵌入特性。由于氮掺杂引入了大量的表面缺陷,NG 的可逆放电容量几乎是 PG 的两倍。Cui 等[46]也研究了从液态乙腈制备 NG,证实了乙腈送料速度的重要性。Lv 等[47]利用甲烷和氨气作为前驱体,通过常压化学气相沉积法(AP - CVD)(图 10.10),在铜片上合成了大面积的透明单层 NG 片,同样在石墨烯亚晶格(N_2^{AA})内产生了由两种准相邻置换的氮原子组成的氮掺杂位点。

图10.10(a)显示铜片上合成的NG照片。由于单层石墨烯片的高透明度，NG覆盖的铜片显示铜原本的外观。另外，铜片底部能被$FeCl_3$/HCl水溶液轻易刻蚀(图10.10(b))。NG样能被有机玻璃(PMMA)辅助的方法转移到其他基板(如SiO_2/Si片)，并在转移过程中保持NG层的大面积。图10.10(c)显示转移1cm×1cm面积的NG层。值得注意的是，NG样品的尺寸取决于原始转移前的铜片大小，所以可以通过调节得到更大的面积。NG的STM和扫描隧道谱(STS)(图10.11)图片揭示了N_2^{AA}掺杂促使导带中局域态的存在，这也能被从头计算法证实。

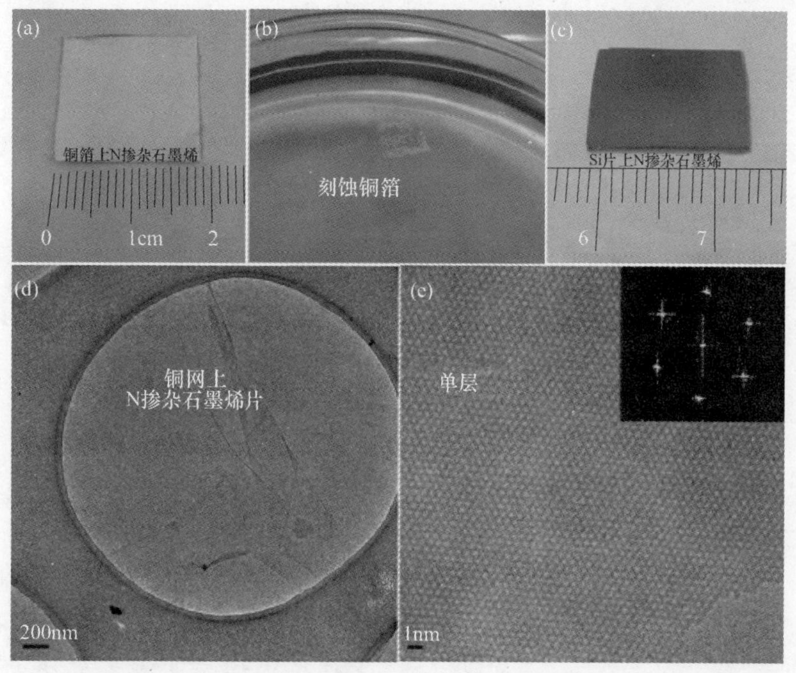

图10.10 合成的氮掺杂石墨烯(NG)片的形貌。(a)合成的铜箔上NG样的照片；(b)PMMA包覆的NG样，残余铜漂浮在铜刻蚀剂$FeCl_3$/HCl的水溶液中，铜箔在20min内能被完全刻蚀；(c)300nm厚SiO_2覆盖的硅片上NG片(1cm×1cm)，它只是图(a)中样品的一部分，尺寸取决于原始待转移的NG覆盖铜箔的大小；(d)，(e)合成单层的NG的高分辨图，内插对应的FFT转换，显示出石墨烯框架的六角形特征(引自文献[47])

Jin等[48]利用吡啶同时作为碳源和氮源的原料，以CVD法在铜片上生长到厘米级的单层NG。实验操作如下，排空反应炉腔内空气，在400sccm氢气气流约6Torr压力下加热至1000℃。烧结20min后，通入40sccm的氩气，并通过含液态吡啶的鼓泡器引入吡啶蒸气到反应器。温度和气体流速不变，在炉内保持10min，总压恒定在7Torr左右。生长完成后，关掉氩气，样品在氢气中冷却到室温。NG通过CVD法在Pt(111)面合成[49]。加热的基板暴露在含氮的有机分子如吡啶和丙烯腈中。XPS和拉曼光谱分析显示在基板温度(T_s)高于500℃在Pt

(a)

(b) (c)

图 10.11 合成 NG 片的实验和模拟 STM 图。(a) NG 大尺寸 STM 图,多处具有类似豆荚结构的氮掺杂物的存在(白箭头标识,$V_{bias}=5275mV$,$I_{set}=5100pA$),上下部的方框用于标明未掺杂和氮掺杂区域,内插 FFT 图显示倒易点阵(外六角)和谷间散射(内六角),这里的 STM 图是在压扁模式下得到的,用以去除基板整体的粗糙度增强掺杂的原子对比;(b) N_2^{AA} 掺杂物的高分辨 STM 图;(c) 利用第一性计算模拟的 STM 图,偏压 21eV,分别用灰色和蓝绿色球表示碳、氮原子(引自文献[47])

(111)面上吡啶形成了 NG,但温度低于 700℃无法实现氮掺杂。将加热的基板暴露于丙烯腈也能形成石墨烯,但在任何温度下都无法实现氮掺杂。Koch 等通过 CVD 法以吡啶为前驱体在 Ni(111)面上制备了氮掺杂石墨烯[50],通过将基板暴露在 1×10^{-5}Torr 的吡啶中,基板温度分别为 400℃、580℃或 800℃,保持

2min。得到的NG层通过光电子谱进行分析。发现生长温度影响氮含量,并决定氮原子的排列。在基板温度为800℃时,利用吡啶制得的石墨烯不含氮,可能是因为温度造成吡啶前驱体的分解,以及随后的分子氮的重组和解吸附。吡啶CVD法生长的石墨烯的相应测试显示,在 $T_s=580$℃的基板温度得到0.02氮含量的单层,而在400℃产生0.05氮含量的单层。价带光电子谱显示氮的引入导致光电发射谱线的宽化和π带的偏移。对两种可能几何排布的密度泛函计算,边缘为吡啶型氮的石墨烯片中氮和空位取代碳原子,反映这两种排布对带结构有着相反的效应。Xue等[51]证明通过吡啶分子在高于300℃的铜基板上通过自组装法能得到单层单晶高NG畴阵列。这些NG畴具有四方结构,电子衍射测试也证明其单晶特性。Lin等[52]报道了通过热解GO和聚吡咯(PPy)的方法制备NG。Oehzelt等[53]发展了在Ni(111)面上通过三嗪物的原位CVD法大规模有效生长NG的方法。合成是暴露在540~635℃的三嗪蒸气(约 1×10^{-6})中约30min。在三嗪分子与Ni(111)面的反应初期,含有大量氮原子环境的石墨烯单层形成。据报道,掺杂0.4%(原子分数)的石墨型氮,产生了300meV的带隙和每平方厘米上约 8×10^{12} 个电子的载流子浓度。

10.2.6 热解法

Xu等[54]在高于850℃热解四吡啶并紫菜嗪(铁、镍)络合物,一种具有四吡咯取代基的富氮金属酞菁染料衍生物,合成了NG。这类NG富氮物具有N/C比约20.5%,碳氮元素分布均匀且多数氮原子为吡啶型氮。此材料用于一步法四电子体系的ORR催化,在10万圈循环前后具有同样的伏安特性,显示其对氧还原具有高稳定的催化活性。

Sheng等[55]报道用低廉的工业材料三聚氰胺为氮源,在管式炉中700~1000℃下不采用催化剂热烧结氧化石墨大规模合成NG。典型过程是,氧化石墨(改进的哈莫斯法制备)和三聚氰胺以1∶5的质量比研磨,形成灰色均匀混合物。将此混合物置于坩埚,放在氩气流的刚玉管中,以5℃/min速度加热至800℃。而后保温1h,炉子冷却到室温,收集产物。掺杂过程如图10.12所示。

氮原子或碳氮化物分解得到的其他含氮物质能攻击这些活性位点,形成NG。在一定程度上,可通过控制氧化石墨和三聚氰胺的质量比、烧结温度和时间,制备具有不同氮含量的NG。合成产物显示石墨烯样品中氮原子掺杂比例高达10.1%,且氮原子主要为吡啶型氮。产物在碱性电解液中展示了优异的ORR电催化活性,且不受掺氮水平的影响。Lin等[56]也报道了通过热解氧化石墨烯和三聚氰胺制备NG。制备的NG在碱性溶液中具有高的ORR电催化活性,与Ag/AgCl参比电极比具有-0.10V的开路电压。Li等[57]报道了通过在不同温度下联合超快热剥离和共价键转化三聚氰胺-GO复合物制备大面积NG。如图10.13(a)所示,300℃制备的NG(NG300)显示高的吡啶氮和吡咯氮结构,

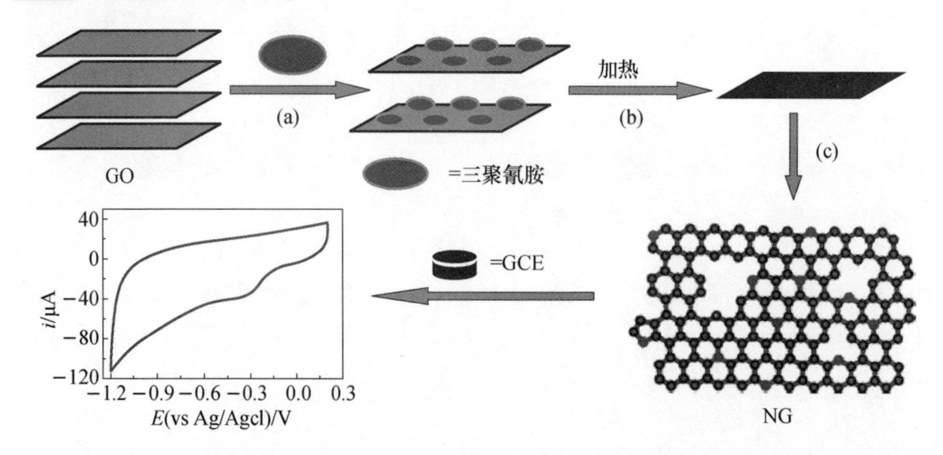

图 10.12　三聚氰胺掺入 GO 层中实现氮掺杂的过程示意图。(a)温度小于 300℃时，三聚氰胺吸附在 GO 表面；(b)在温度不超过 600℃，三聚氰胺浓缩形成碳氮物；(c)温度高于 600℃，碳氮物分解掺入石墨烯层形成 NG 片，以及将 NG 片涂于玻碳电极(GCE)上制得 NG/GCE 电极，在氧饱和的 0.1M KOH 水溶液中氧还原反应(ORR) 得到的典型 CV 图(经许可引自文献[55]，版权©2011，美国化学学会)

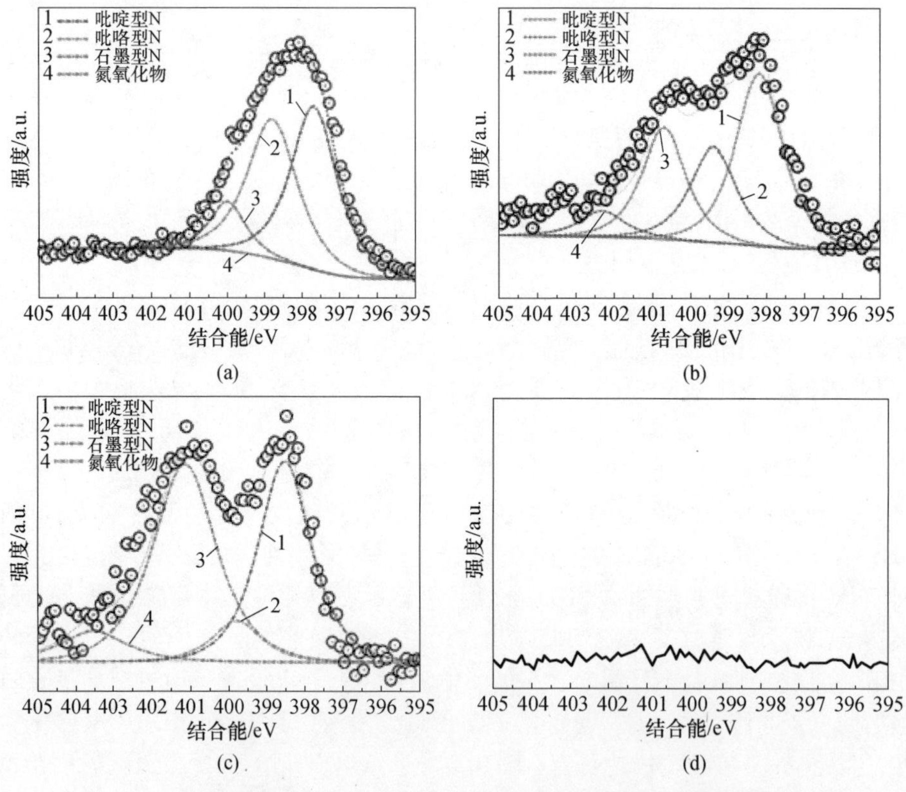

图 10.13　(a)NG300，(b)NG600，(c)NG900 和(d)未掺 N 的石墨烯的 N 1s 芯能级 XPS 谱(经许可引自文献[57]，版权©2013，Elsevier)

但石墨型氮含量较低。当温度升至600℃,吡咯氮的含量降低,石墨型氮含量增加(图10.13(b))。900℃烧结得到的NG900的主要成分是吡啶氮和石墨型氮(图10.13(c))。当单独GO(无三聚氰胺)在900℃通过此步骤热剥离/还原,制备的是未掺杂的石墨烯,没有出现N 1s峰(图10.13(d))。以上XPS的N 1s谱结果证实氮原子能被掺入石墨烯并被转化为石墨烯层上的四氮掺杂的结构。

Parvez等[58]发展了利用氨腈和氧化石墨烯合成NG的高成本效益的方法,并在热解后能得到4.0% ~12.0%的可控的高氮含量。NG经过900℃热处理后用于碱性溶液的ORR催化,具有稳定的甲醇穿透效应,高电流密度($6.67mA\cdot cm^{-2}$)和耐用性(10000次循环后电流密度保持率约87%)。合成过程中,引入氯化铁能将铁纳米粒子引入到NG中。检测这类非贵金属对电催化性能的影响发现,负载5%(质量分数)铁纳米粒子的NG在碱性溶液中具有优异的甲醇穿透效应和高电流密度($8.20mA\cdot cm^{-2}$)。尤其是Fe掺入的NG在碱性和酸性溶液中均优于Pt和NG基的其他催化剂。

Gopalakrishnan等[59]利用微波合成使用尿素作为氮源制备了高氮含量(约18%(质量分数))的氧化石墨烯。典型合成过程是将氧化石墨烯在不同尿素含量下研磨,球状混合物在微波反应器(900W)中加热30s。氧化石墨烯在实现氮掺杂同时被还原。石墨烯与尿素质量比为1∶0.5、1∶1、1∶2时得到产物分别标记为NGO-1、NGO-2和NGO-3,对应氮含量分别为14.7%、18.2%和17.5%,远高于早期报道的氮掺杂数值。图10.14(a)和(b)典型的TEM和AFM显微图片,显示石墨烯片层由于微波处理呈现类似卷轴的结构。这些材料作为超级电容器电极材料具有卓越性能(细节见10.6节),比电容高达$461F\cdot g^{-1}$。

Li等[60]报道了添加葡萄糖和双氰胺形成层状石墨碳氮化物($g\text{-}C_3N_4$),利用它充当牺牲模板合成了NG。典型合成过程是在氮气保护下两步加热双氰胺和葡萄糖的混合物,直接产生了无需支持的石墨烯,产率为28% ~60%(从添加葡萄糖的碳计算得来)。在这个过程中,双氰胺的热缩合形成了层状C_3N_4模板,其表面通过电子给受体相互作用连接形成的芳香结构得碳中间产物,最后在600℃以协同过程将中间体的缩聚限定在$g\text{-}C_3N_4$的层间。两组分的堆积高度受两种单体葡萄糖和双氰胺的相对含量所控制。因为$g\text{-}C_3N_4$模板在高于750℃时完全热解,得到类石墨烯片层,1000℃时氮含量为4.3%(原子分数)。这种方法在不干扰石墨烯结构的前提下可实现氮掺杂量在较宽范围内的逐步可调。也有研究者致力于得到单层或双层大面积的石墨烯。Sun等[61]报道在不低于800℃时利用聚合物膜等固态碳源或者小分子沉积在金属催化剂的基板上合成具有厚度可控的大面积高品质的石墨烯。NG单分子层的一步生长是将固态碳源置于金属催化剂上实现的(图10.15)。

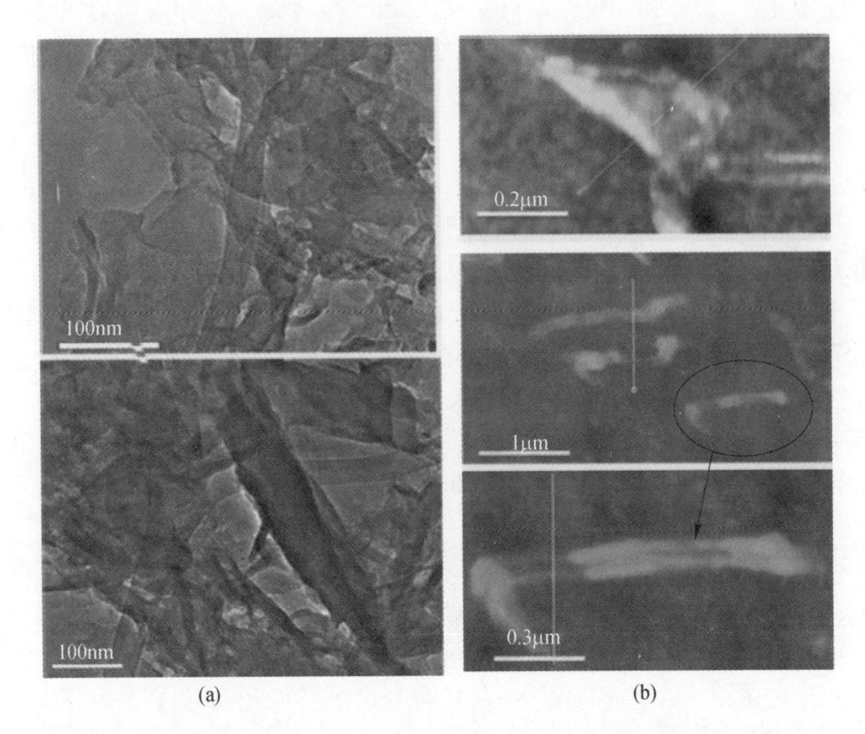

图 10.14　氮掺杂石墨烯样品 NGO-3 的(a)TEM 图和(b)AFM 图(引自文献[59])

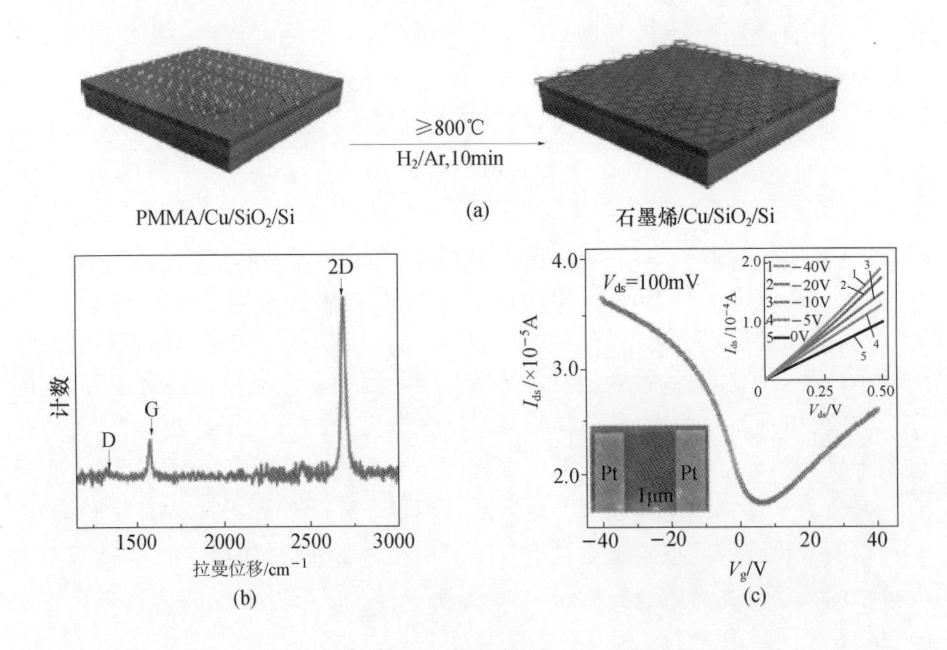

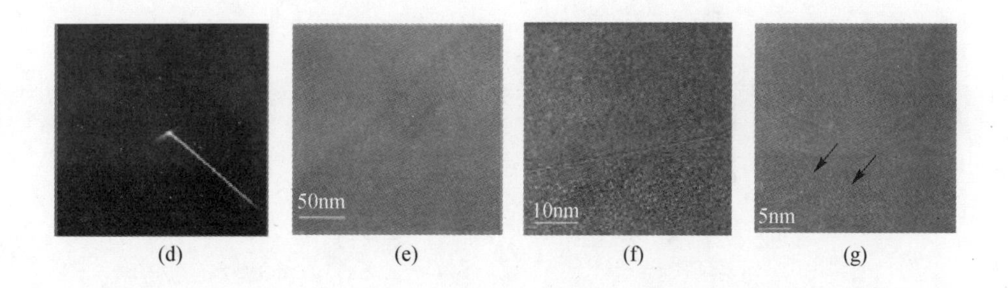

图10.15 PMMA衍生石墨烯的合成方法、光谱分析及电学特性。(a)800℃铜基板上或更高温度(达到1000℃)在H_2/Ar中加热固态PMMA膜衍生的单层石墨烯;(b)1000℃得到PMMA衍生的单层石墨烯的拉曼谱(514nm激发);(c)PMMA得到的石墨烯制备的背栅FET设备在室温下的$I_{ds}-V_g$图(上部内插图,根据V_g得到的$I_{ds}-V_{ds}$特征谱,V_g从0(底部)到-40V(上部)变化,底部内插图为设备的SEM图其中,I_{ds}为漏源电流;V_g为门电压;V_{ds}为漏源电压);(d)PMMA衍生石墨烯的选区电子衍射(SAED);(e)~(g)PMMA衍生石墨烯膜在不同放大倍数下的高分辨图像,图(g)黑箭头标识铜原子(经许可引自文献[61],版权©2010,自然出版集团)

三聚氰胺与PMMA混合旋涂在铜基板上,在温度低到800℃或高到1000℃加热10min,在一个大气压的还原气流(H_2/Ar)下,基板上形成均匀单层石墨烯。制备的聚合物膜成功转换为NG,氮含量为2%~3.5%(图10.16)。制得的石墨烯材料很容易被转移到不同基板上。Lin等[62]通过存在尿素时热解氧化石墨烯合成了NG,并研究其ORR的电催化性质。石墨烯中总的氮含量高达7.86%,具有高的石墨烯氮掺杂的比例。制得的石墨烯具有高的ORR催化活性与四电子转移路径。

Feng等[63]报道了操作简单、低温、克级产量的合成NG的爆炸方法(图10.17)。典型过程中,2g三聚氰酰氯和3g苦味酸在320℃发生爆炸反应,瞬时压力为60MPa,在20mL的不锈钢反应釜内平衡压力为30MPa。在反应釜冷却到室温后,气体生成物被排出,收集黑色固态NG。产物中N/C原子比为12.5%,高于已报道的其他氮掺杂文献。在中性的磷酸盐缓冲溶液中,NG可用于制备零金属电极,通过2电子和4电子路径,显示出优异的ORR电催化活性和长时间工作的稳定性。当NG用于微生物燃料电池的阴极催化剂,可得到与传统Pt催化剂相比拟的最大能量密度。

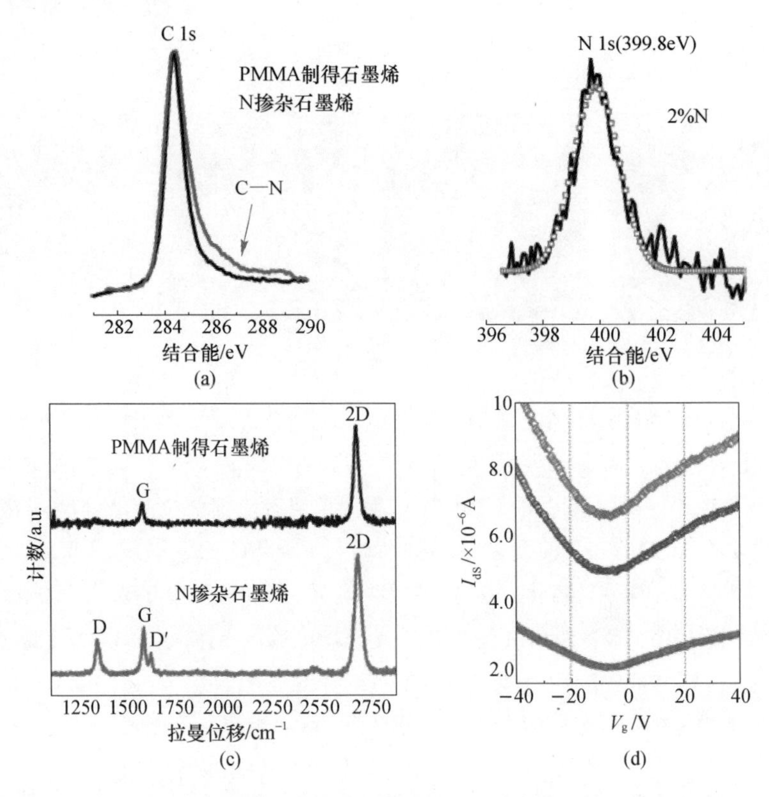

图 10.16 (a)从 PMMA 制备的石墨烯(深线)和 N 掺杂石墨烯(浅线)的 XPS 的 C 1s峰,峰肩来自 C—N 键的信号;(b)N 掺杂石墨烯的 XPS 分析,显示 N 1s 峰(黑线)和它的拟合峰(方块线),2%(原子分数)的 N 和 98%(原子分数)的 C,未掺杂石墨烯中未观测到 N 1s 峰;(c)未掺杂和氮掺杂石墨烯的拉曼谱;(d)室温下三种不同的 N 掺杂石墨烯基背栅场效应晶体管(FET)的 $I_{ds}-V_g$ 曲线($V_{ds}=500$mV)显示 n 型行为(经允许引自文献[61],版权©2010,自然出版集团)

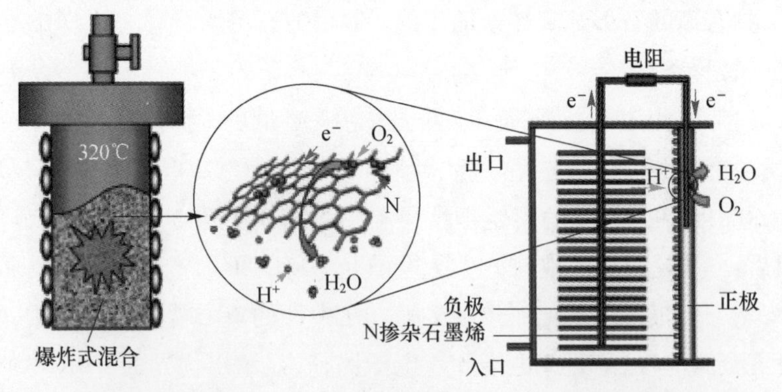

图 10.17 低温制备克级氮掺杂石墨烯的方法,NG 用于微生物燃料电池(MFC)的阴极催化剂(经许可引自文献[61],版权©2010,自然出版集团)

10.2.7　其他方法

Zhang 等[64]报道了在 B 元素辅助下以含 C、N 材料利用电子束沉积的过程生长 NF 的方法，这里 B 原子趋于存在镍的体相中而氮原子则倾向偏析出镍的表面。如图 10.18 所示，NG 是在真空高温烧结三明治结构的 Ni(C)/B(N)/SiO_2/Si 基板制备的。利用偏析现象，痕量 C 存在于镍膜中，同时捕获 B 元素的 N 元素在热处理过程中偏析出来，形成均匀的 NG 膜。

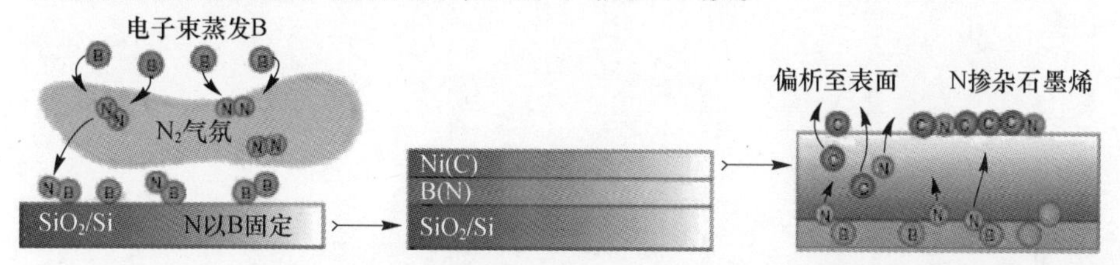

图 10.18　生长氮掺杂石墨烯的掣共偏析技术示意图。电子束蒸发硼层作为氮阱，上部包含痕量碳的镍层作为分离媒介和碳源；高温真空烧结后，氮掺杂石墨烯在镍表面形成(经许可引自文献[64]，版权©2011，Wiley-VCH 出版公司)

同 PG 相比，这类 NG 具有明显的 n 型半导体特性和 0.16eV 有效的带隙，表明 N 掺杂能调控石墨烯的电学特性(图 10.19)。

Zheng 等[65]证明了无需转移可直接在导电基板上(如 SiO_2、六方氮化硼(h-BN)、Si_3N_4、Al_2O_3)大面积生长均匀双层石墨烯的普遍方法。固态碳源来自如聚 2-苯基丙基甲基硅氧烷(PPMS)聚合物膜、PMMA、聚苯乙烯(PS)、丙烯腈-丁二烯-苯乙烯共聚物(ABS)。聚 ABS 的聚合物由于内在氮含量可制备氮掺杂双层石墨烯。或者，碳层也能从置于 SiO_2 层上自组装的丁基三乙氧基硅烷单层制得。碳原料沉积在导电基板上，接着被包覆一层镍。在 1000℃ 低压和还原气氛中，导电基板上的碳源转换为双层石墨烯。通过溶解去除镍层，导电基板上直接制备了双层石墨烯，转移过程中没有发现任何痕量的聚合物残余。

Vinayan 等[66]实现了氢剥蚀石墨烯片且实现氮掺杂的步骤。阴离子聚合电解质－导电高聚物用于形成聚合物在石墨烯层上的均匀包覆层(图 10.20)。PPy 包覆的石墨烯在 800℃ 于 Ar 气中热解，氮原子掺入到石墨烯网络结构的同时也去除聚合物，产生氮掺杂氢剥蚀的石墨烯(N-HEG)。这些 N-HEG 片层可作为分散 Pt 和 Pt-Co 合金纳米粒子(由改进的多元醇还原法制备)的催化剂基板，实现催化剂纳米粒子的均匀分散。与商业 Pt/C 电催化剂相比，Pt-Co/N-HEG 电催化剂在质子交换膜电池(PEMFC)中显示了 4 倍高的能量密度。高的性能源自 Pt-Co 合金粒子在 N-HEG 基板上优异的分散性，Pt-Co 的合金效应及 N-HEG 基板的高电催化活性。研究表明 Pt/N-HEG 和 Pt-Co/N-HEG 电催化剂在酸性介质中具有高稳定性。

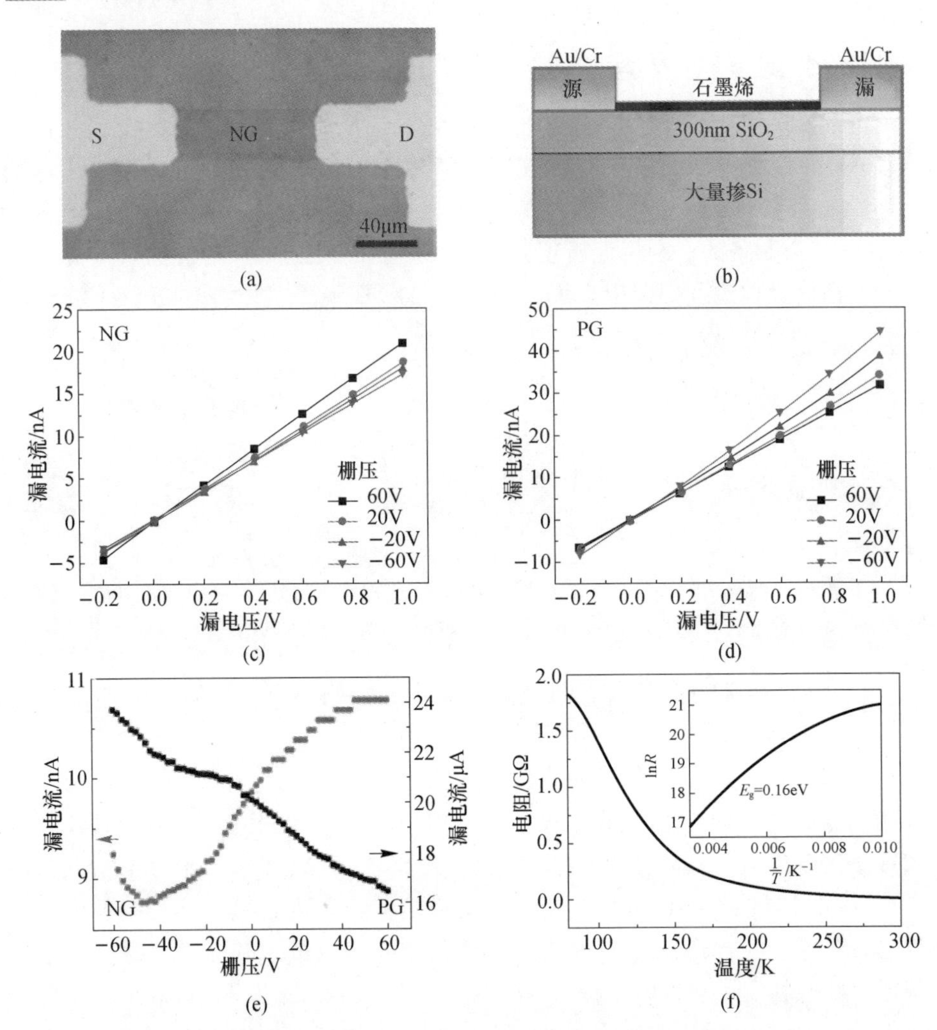

图 10.19　氮掺杂石墨烯(NG)和原生石墨烯(PG)真空中的电学性质。
(a)NG FET 设备的光学显微图像;(b)设备结构简图;(c),(d)NG3（N/C = 1.6%（原子分数))和 PG 的$I_{ds}-V_{ds}$输出特性(背栅电压从 −60V 到 60V 以 40V 的步径变化);(e)NG3(浅)和 PG(深)设备在 V_{ds} = 0.5V 的转移特性($I_{ds}-V_g$);(f)NG2(N/C = 2.9%(原子分数))电阻随温度的变化,内插图显示 ln$R$ 随 T^{-1}的变化(温度范围 100～300K)
(经许可引自文献[64],版权©2011,Wiley-VCH 出版公司)

Chandra 等[67]借助 PPy 功能化石墨烯片在 400℃、500℃、600℃、700℃的氮气(流速 100sccm)中,使用 7M KOH 溶液通过化学活化分别制备了 N 掺杂多孔碳 a-NDC4、a-NDC5、a-NDC6、a-NDC7。制得的片层在 298K 时对 CO_2（4.3 mmol · g^{-1})具有高于 N_2(0.27mmol · g^{-1})的选择吸附性。聚吡咯功能化的石墨烯片层是在 GO(吡咯中 GO 质量比分别为 25%、50%、75%)中利用过硫酸铵通过吡咯的化学聚合以及随后肼还原制得。以嵌段共聚物 Pluronic F127 作为

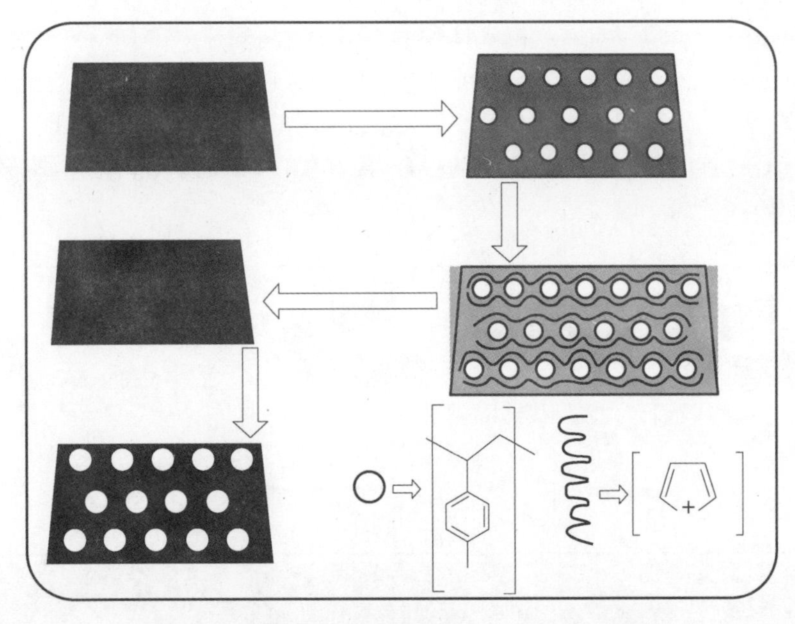

图 10.20　合成 Pt/N-HEG 或 Pt_3Co/N-HEG 的示意图
（经许可引自文献[66]，版权©2012，Wiley-VCH 出版公司）

软模板，通过碳化 GO 和苯酚-三聚氰胺-甲醛（PMF）的混合物，Sun 等[68]实现了纳米多孔氮掺杂的碳对石墨烯片的表面修饰。为了构造通过纳米多孔 N 掺碳形成的三明治结构的石墨烯层，采用了简单的软模板法，利用三嵌段共聚物普朗尼克 F127（Pluronic F127）作为模板指导纳米多孔结构预聚体 PMF 生长在石墨烯层上。700℃碳化后，合成了具有三明治结构的石墨烯基催化剂 G-PMF，即一层石墨烯和两层纳米多孔 N 掺杂的碳层的三明治结构。G-PMF 具有大比表面，可达 190 ~ 630$m^2 \cdot g^{-1}$，具有 ORR 电催化的高活性、好的耐受性及高选择性。在锌空燃料电池中，以 G-PMF 为负极，其性能与商业 Pt/C 电极相当。Lin 等[69]在 Ar 气中于 1000℃热解 30min GO-PANI（聚苯胺）制备了 NG。反应持续 24h，得到的 NG 含有 2.4%（原子分数）的氮，其中高达 1.2%（原子分数）为 4 价氮。电化学表征揭示 NG 在碱性电解液中具有优异的 ORR 催化活性，包括理想的四电子过程、动力学限定的高电流密度、长稳定性及抗甲醇渗透的高耐受性。此外，NG 也具有析氧反应（OER）的高催化活性，具有双功能 ORR 和 OER 催化剂的潜在应用。Lai 等[70]通过在不同温度下氨气中烧结 GO 或烧结含氮的聚合物/还原型氧化石墨烯（*r*GO）复合物（PANI/*r*GO 或 PPy/*r*GO）制备 NG。NG 基催化剂中氮原子结合态形成的活性中心对 ORR 催化活性和选择性具有重要影响。利用氨气烧结 GO 趋向形成石墨型氮和吡啶型氮中心，烧结 PANI/*r*GO 和 PPy/*r*GO 分别倾向产生吡啶型和吡咯型氮。更重要的是，电催化剂活性与石墨型氮含量有关，它决定极限电流密度，而吡啶型氮含量则提高 ORR 的起始电位。

Wen 等[71]合成了具有超高孔体积的 NG 卷曲纳米片(C-NGNS),首先 90℃搅拌加热氨腈和 GO 的溶液(直到完全干燥),接着 400℃加热,最后 750℃或 900℃烧结分别得到产物 C-NGNS-750 或 C-NGNS-900(图 10.21)。产物 $GO-NH_2CN$在 400℃加热促使氨腈的聚合,接着在 GO 表面形成薄的 C_3N_4聚合物层(GO@ p-C_3N_4)。

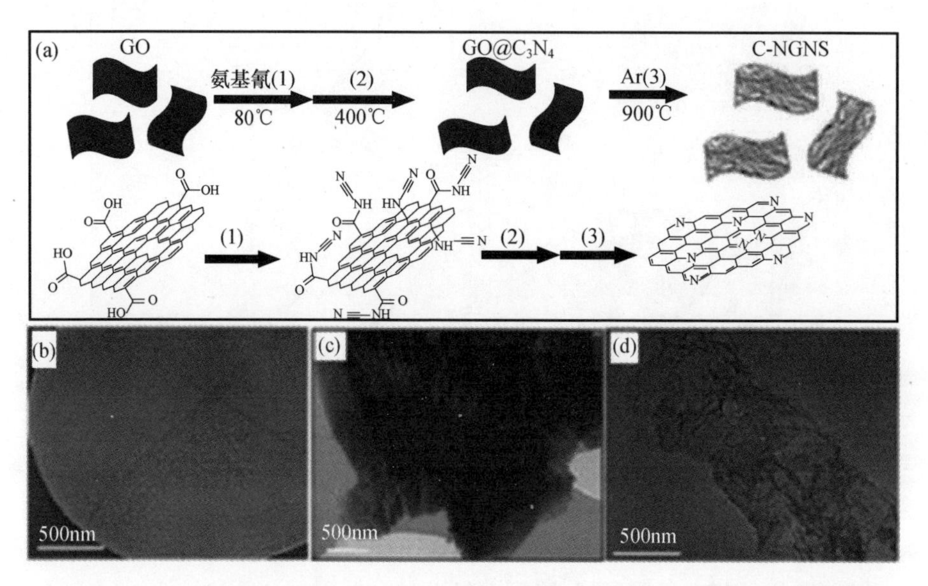

图 10.21 (a)构造卷曲的氮掺杂石墨烯的示意图;(b)GO,(c)GO@ p-C_3N_4和(d)C-NGNS-900 的 TEM 图像(经许可引自文献[71],版权©2012,Wiley-VCH 出版公司)

Hwang 等[72]证明了系统的可控调控石墨烯 FET 中电荷转移的方法。其中 FET 是基于交替出现正负电荷的 GO 经层层组装而后热还原制备而成(图 10.22 和图 10.23)。来自带正电荷的 GO 官能团的氮原子,在热还原过程中被连接到 *r*GO 中替换其中的碳原子。多层石墨烯的氮掺杂程度随着双层膜数目的改变而不同,因而能够在石墨烯多层晶体管中实现有意思的电子特性转变。

Palaniselvam 等[73]发展了制备具有电化学 ORR 活性、孔结构和同时可实现氮掺杂的石墨烯的简单方法。主要环节在于通过热解 GO 和 Fe(Ⅲ)-邻二氮菲,实时在石墨烯中产生具有分散性的 Fe_2O_3纳米粒子。沿着石墨烯 - Fe_2O_3界面(图 10.24)刻蚀碳层时,沉积的 Fe_2O_3纳米粒子作为核被刻蚀掉而产生孔结构。伴随 Fe_2O_3检测到 Fe_3C 证实了在孔刻蚀步骤中,碳从石墨烯中溢出这一可能存在的步骤。这一过程可以极好地控制 Fe_2O_3纳米粒子的尺寸和分布,即此步骤可以有效控制石墨烯内孔洞的尺寸与分布。因为邻二氮杂菲络合物分解产生 Fe_2O_3纳米粒子,随后刻蚀 Fe_2O_3在石墨烯上产生孔洞结构,而孔开口处不饱和碳同时捕获来自邻二氮杂菲络合物中的氮,为碱性条件下 ORR 提供高效催化的

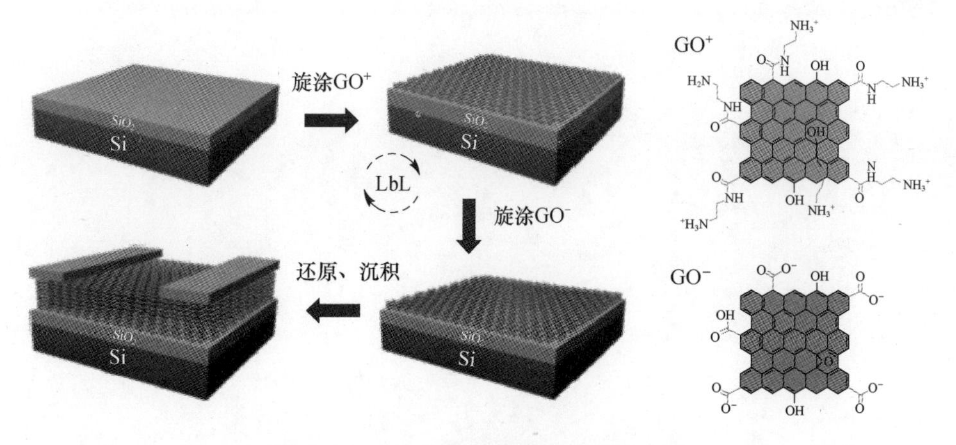

图 10.22 LbL 组装石墨烯基 FET 示意图
(经许可引自文献[72],版权©2012,美国化学学会)

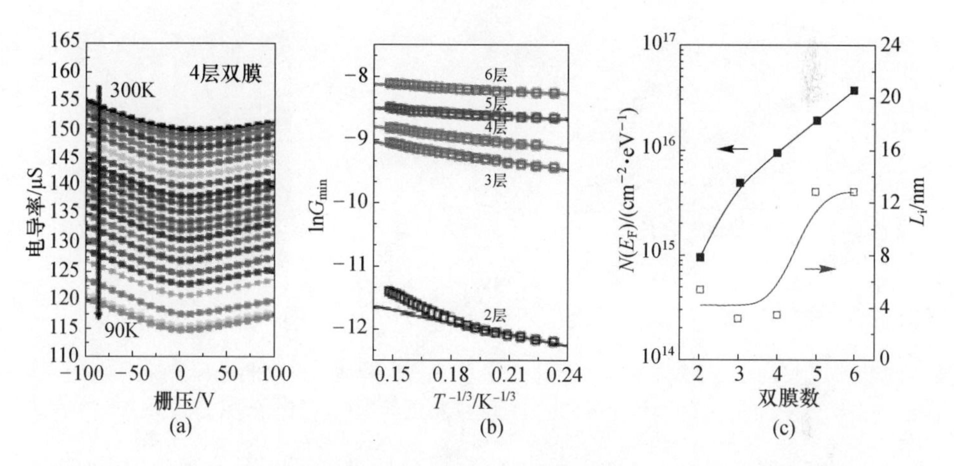

图 10.23 (a)四个双层热还原氧化石墨烯(T*r*GO)制备的 FETs 随温度变化电导与门电压关系图;(b)不同石墨烯双层 T*r*GO 制备的 FETs 的 $\ln/G_{min}-T^{-1/3}$ 图;(c)双层数目造成的 T*r*GO 膜 $N(E_F)$ 和 L_i 关系图(经许可引自文献[72],版权©2012,美国化学学会)

活性位点。氮掺杂的程度及 ORR 活性能可利用邻二氮杂菲对多孔材料进行第二轮氮掺杂得到提高。

Unni 等[74]报道了无模板法合成介孔 NG。合成的产物具有高质量比的吡咯型氮、大比表面积及与目前商用的 Pt/C 电极相当的 ORR 催化活性。典型的合成包括最初 GO 的吡咯功能化,即将 GO 分散在去离子水中,添加吡咯单体,在 95℃回流 15h。反应完成后,产生的黑色溶液利用聚四氟乙烯(PTFE)过滤纸过滤,湿滤饼利用溶剂洗涤并在真空烘箱中烘干。此步得到的复合物 G-PPy(聚吡咯)用作制备多种 NG 样品。下一步,通过简单热处理制得 NG,即吡咯固定在表面的氧化产物在 Ar 气中分别于 700℃、800℃、900℃和 1000℃热处理得到

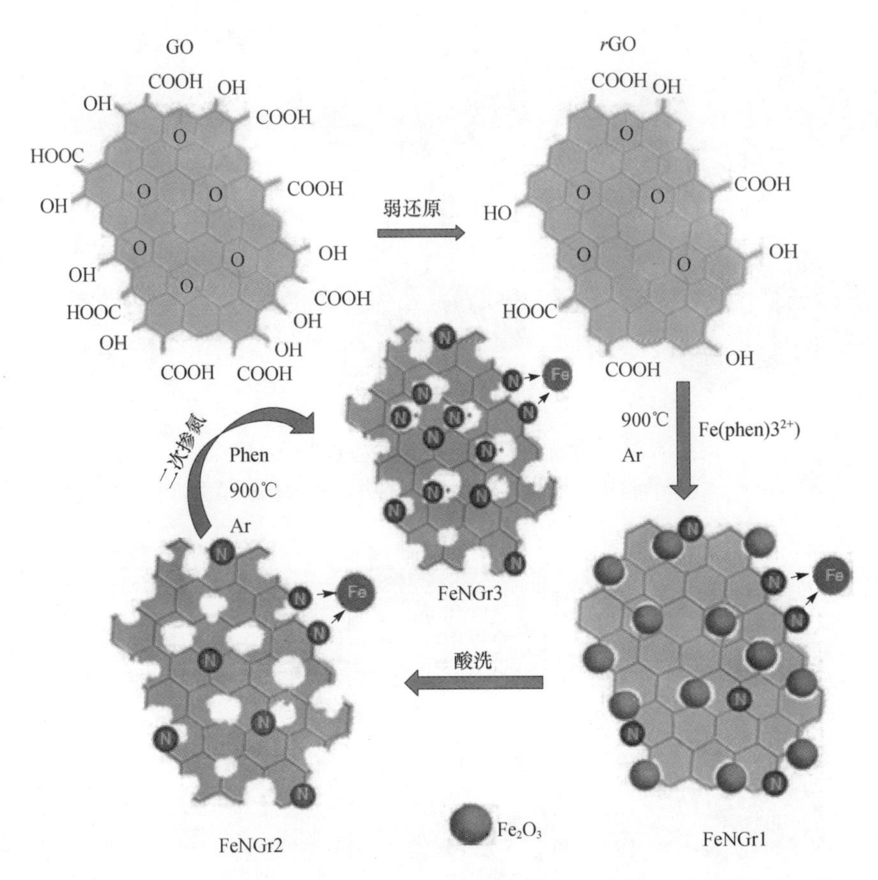

图 10.24 石墨烯上产生孔洞及氮、氮化铁掺杂活性位点的过程示意图
（经许可引自文献[73]，版权©2012，英国皇家化学学会）

NG。GO 和吡咯间的还原反应及随后的升温热处理预期在石墨烯的碳框架结构上实现氮掺杂。热处理在石墨烯上形成吡咯型氮，为促进电化学 ORR 性质起到了重要作用。1000℃热处理得到的 NG 样品（NG-1000）具有 53% 的吡咯型氮，远高于低温处理的样品。因为析氧的活性与热处理的温度密切相关，所以不同温度热处理得到的电化学 ORR 活性分别单独检测。Saleh 等[75]通过 400 ~ 800℃化学活化聚吲哚修饰的氧化石墨烯（PIG）复合物，合成了 N 掺杂含 NG 片层的微孔碳（图 10.25，示意图）。0.6nm 孔径的 NG 片层具有吸附 CO_2的微孔结构，最大表面积为 $936m^2 \cdot g^{-1}$（图 10.26）。聚吲哚修饰的 GO 复合物在 600℃活化（PIG6）具有 $534m^2 \cdot g^{-1}$的比表面，微孔体积为 $0.29cm^3 \cdot g^{-1}$。PIG6 在 25℃一个大气压下最大的 CO_2吸附量为 $3mmol \cdot g^{-1}$。高的 CO_2摄入源自材料多的微孔结构及氮含量。

通过水热法、冷冻干燥及随后碳化在吡咯中分散 GO 和原生 CNT 可得到三维氮掺杂石墨烯 - 碳纳米管网络结构（NGC）[76]，整体的合成过程如图 10.27 所

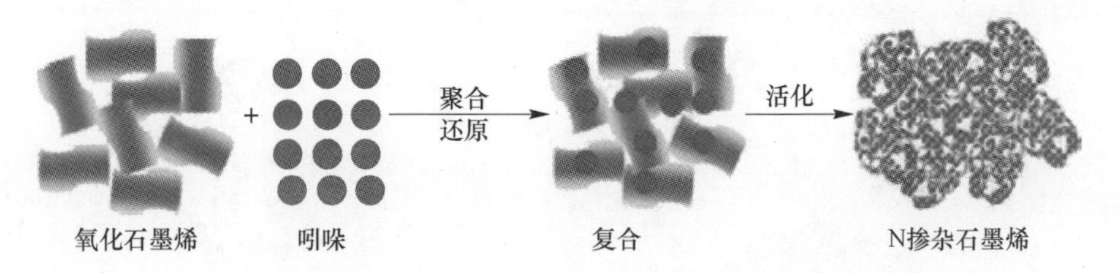

图10.25 合成氮掺杂石墨烯的示意图(引自文献[75])

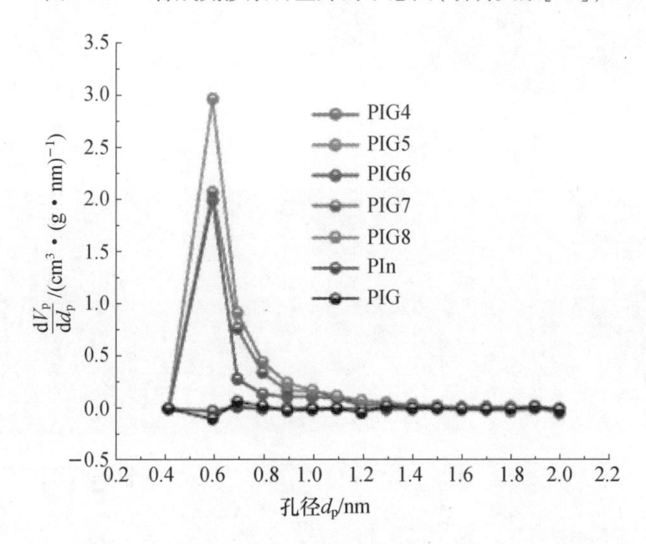

图10.26 聚吡咯(Pln)和PIG样品的孔径分布图(引自文献[75])

示。GO用作表面活性剂直接分散原生CNT而无需其他添加剂,CNT同样也阻止了石墨烯的聚集及提高了NGC的导电性。图10.28(a)和(b)分别对应GO分散的CNT的扫描和透射图片。在同吡啶水热自组装、冷冻干燥、碳化之后,由于水热处理中PPy有效的聚合交联作用,产生的NGC-0.5样品具有三维交叉网络结构及任意开口的大孔结构(图10.28(c),(d))。图10.28(e)中的TEM图显示NGC-0.5具有介孔和微孔结构,这些结构可能来自添加的CNT。插入的CNT不仅能阻止NG的团聚,同样可提高导电性。拉曼谱中,1350cm^{-1}的G带与1587cm^{-1}的D带的强度比(I_G/I_D)明显增加(图10.28(f)),显示原生CNT已混为一体。制备的NGC用于超级电容器,显示出高的比容量、好的倍率性能及3000圈循环后高达约96%的初始容量保持率。

Chen等[77]报道了NGH的水热合成及结构调控。如图10.29所示,利用有机胺和GO为前驱体可实现NGH的高产量合成。水凝胶的结构和石墨烯中氮的含量可通过有机胺简单调控。此材料构造的超级电容器的性能得到极大提高。在185Ag^{-1}超快的充放电时,可得到高达205kW·kg^{-1}的能量密度,电流密度为100Ag^{-1},4000圈循环后容量保持率为95.2%。

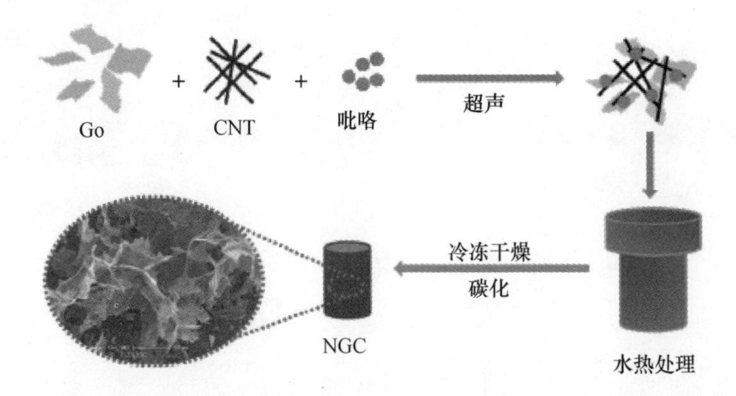

图 10.27　NGC 的合成(经许可引自文献[76],版权©2013,英国皇家化学学会)

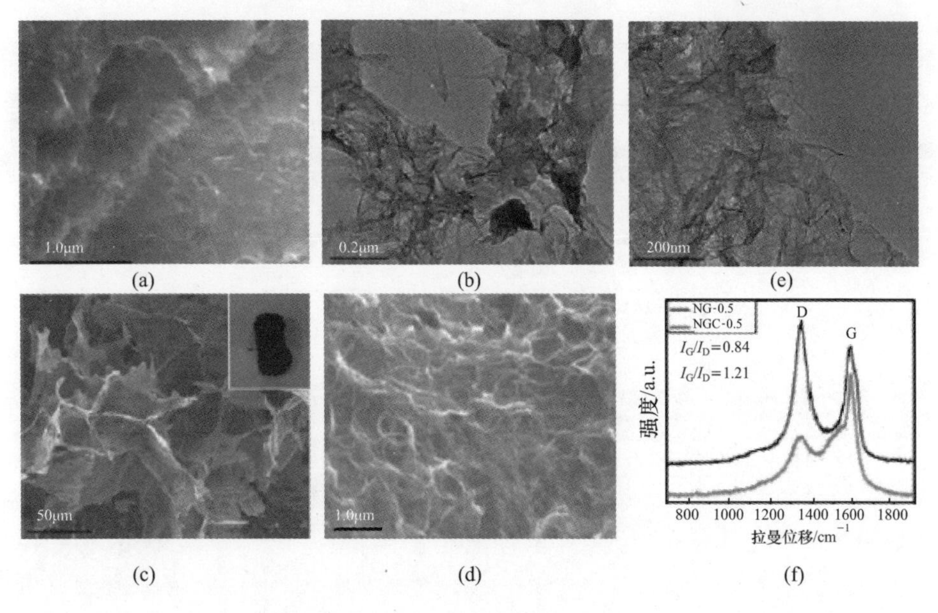

图 10.28　(a),(b)GO 分散在原生 CNT 中的典型 SEM 和 TEM 图;(c),(d)不同放大倍数 NGC-0.5 的 SEM 图;(e)NGC-0.5 的 TEM 图;(f)NGC-0.5 和基准样品的拉曼谱。图(c)内插图是 NGC-0.5 的照片(经许可引自文献[76],版权©2013,英国皇家化学学会)

Wu 等[78]报道了三维氮掺杂石墨烯气凝胶(NGA)负载 Fe_3O_4 纳米粒子(Fe_3O_4/N-GA)的合成,并作为 ORR 催化剂。三维 Fe_3O_4/N-GA 合成过程示意图如图 10.30 所示,Fe_3O_4纳米粒子成核、在石墨烯表面生长,同时伴随氮元素在石墨烯点阵中的掺杂。制得水凝胶通过冷冻干燥直接脱水以保持三维结构,而后在 600℃氮气气氛中热处理 3h(图 10.30(c))。得到的最终产物是由 NG 网络结构和 Fe_3O_4 NP 组成的黑色整块复合气凝胶。这类石墨烯混合物由石墨烯片层组装,Fe_3O_4纳米粒子均匀分散其间形成连通的大孔网络结构(图 10.31)。

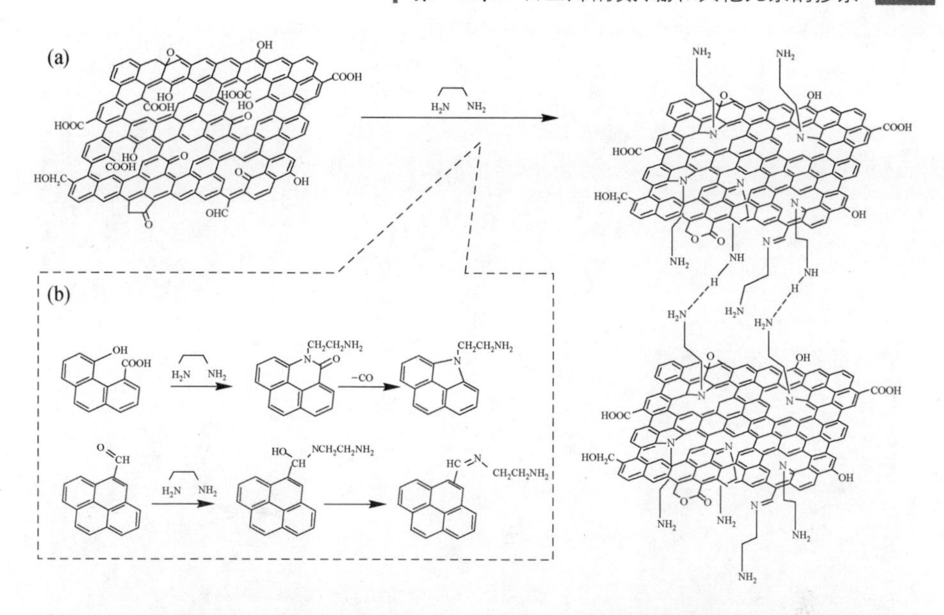

图10.29 控制组装3DGN-GH的示意图。(a)通过乙二胺增加石墨烯片层距离的示意图;(b)氮掺杂的可能反应途径(经许可引自文献[77],版权©2013,Elsevier)

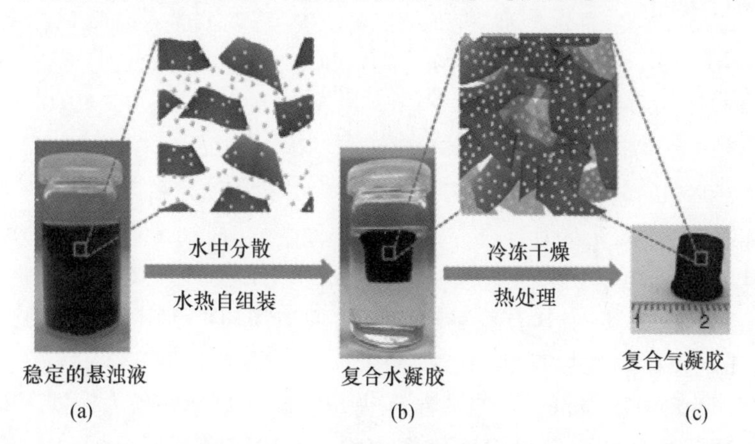

图10.30 三维Fe_3O_4/N-GA催化剂的制备过程。(a)稳定的GO悬浊液、铁离子、PPy分散在小瓶里;(b)通过水热自组装得到Fe和PPy支持的石墨烯混合水凝胶浮在水面,图示理想的组装模式;(c)经过冷冻干燥和热处理后得到一体化的Fe_3O_4/N-GA混合水凝胶(经许可引自文献[78],版权©2012,美国化学学会)

研究碳负载对Fe_3O_4 NP的ORR性质的影响,发现与N掺杂炭黑负载或者NG片负载的Fe_3O_4相比,Fe_3O_4/N-GA具有更正的起始电位、更高阴极电流密度、更低H_2O_2产量、碱性介质中更高ORR电子转移数,表明负载石墨烯气凝胶(GA)的三维大孔结构和高比表面对提高ORR性能具有重要作用。而且,Fe_3O_4/N-GA比商用Pt/C催化剂具有更好的耐用性。He等[79]发展了可用于大

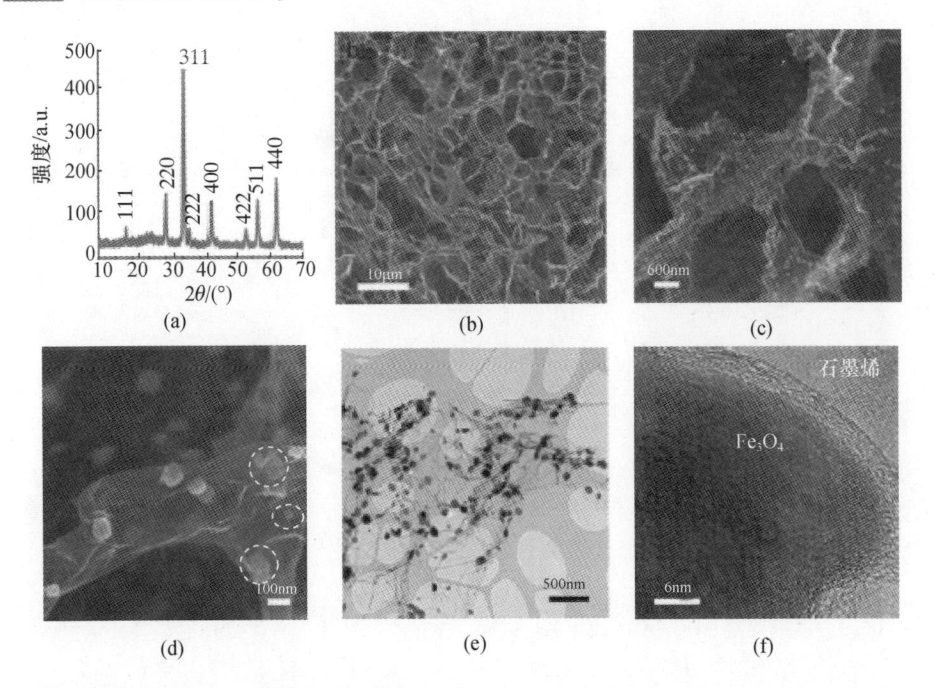

图 10.31 Fe_3O_4/N-GA 催化剂的结构和形貌。(a)XRD 图谱;(b)~(d)Fe_3O_4/N-GA 典型 SEM 图像揭示三维大孔结构和 Fe_3O_4 纳米颗粒在 GA 中的均匀分布;(d)标记圆环显示 Fe_3O_4纳米颗粒被封在薄的石墨烯层中;Fe_3O_4/N-GA 典型的(e)TEM 和(f)HRTEM 图显示 Fe_3O_4纳米颗粒被石墨烯包裹(经许可引自文献[78],版权©2012,美国化学学会)

规模自组装 NG 的新颖的树脂基方法。如图 10.32 所示,利用含氮和金属离子的前驱体制得了 NG。典型合成方法是,20g 含氮的树脂(N-树脂),聚(丙烯腈-二乙烯基苯-三烯丙基)异氰酸酯,浸入 200mL 的 $1mol \cdot L^{-1}$的 HCl 溶液中去除杂质。4.72g 的 $CoCl_2 \cdot 6H_2O$ 溶解于 100mL 去离子(DI)水中,混入 20g 净化的 N-树脂,在 80℃磁力搅拌直到混合物变干。含钴的 N-树脂于 1100℃的管式炉在氩气流速为 $30mL \cdot min^{-1}$中进一步加热处理 1h。之后在磁力搅拌下利用 3M 的盐酸处理超过 12h,保证钴离子完全去除。通过旋转圆环电极(RRDE)研究 NG 催化剂的电化学性质,证明它具有卓越的电催化性质、长稳定性及 ORR 过程中好的抗甲醇和 CO 中毒的特性。

Zhao 等[80]报道了 180℃在反应釜中保温 12h 水热处理低浓度 GO 悬浊液($0.35 \sim 0.4mg \cdot mL^{-1}$)和 5%(体积分数)吡咯混合液,制备了 N 掺杂、超轻、三维石墨烯框架结构(GF)。形成的含氮胶体冷冻干燥后在 Ar 中于 1050℃烧结 3h。因为共轭结构的吡咯具有富电子的氮元素,它能通过氢键或 π—π 键作用连接到 GO 片层。吡咯也作为膨松剂有效阻止 GO 在水热过程中的自堆积,故形成大体积疏松的 GF 材料。含吡咯的 GO 低浓度分散液(如$0.35\ mg \cdot mL^{-1}$)可实现三维多孔石墨烯网络结构的组装,没有吡咯则无法组装此类结构。

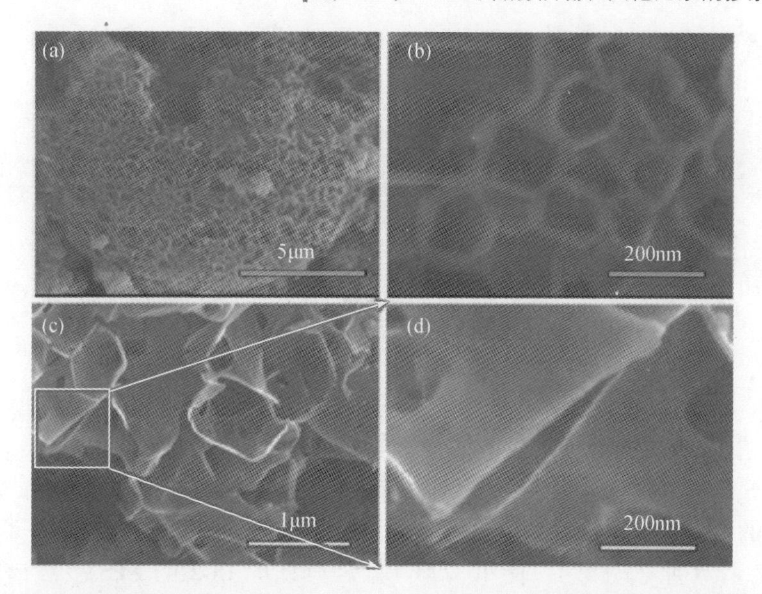

图10.32 氮掺杂石墨烯的扫描图。(a),(b)超声前合成的氮掺杂石墨烯的扫描图;(b)图(a)的放大图;(c)乙醇里简单超声几分钟后氮掺杂石墨烯的扫描图;(d)图(c)框中的放大特写图(经许可引自文献[79],版权©2012,英国皇家化学学会)

10.3 硼 掺 杂

Luo等[81]采用全局优化方法,基于粒子群优化(PSO)模拟,预测了一种新的稳定的具有宽范可调的硼浓度的二维硼碳化合物的纳米结构。计算表明:①所有二维B—C化合物呈现金属性,除了BC_3这一特例,碳的六元环被硼原子分开而产生半导体的性质;②富碳的B—C化合物,最稳定的二维结构能看成是硼掺杂的石墨烯(BG)结构,这里硼原子形成典型的一维之字链形,除了BC_3中硼原子是均匀分布;③最稳定的二维硼碳物结构具有交替出现的碳、硼带状结构,且B—C键间具有强作用,从而可提供超过2000K下的热稳定性;④富硼的二维硼碳化合物,具有新颖的近似C_{2v}对称的平面四配位碳构型。

Panchakarla等[16]在氢气和乙硼烷(B_2H_6)中使用石墨电极的直流电弧放电或者使用硼填塞的石墨电极制备了2~4层厚的BG。第一组BG样品(BG1)在氢气、氦气、乙硼烷(B_2H_6)的气氛中通过石墨电极的电弧放电而制得。乙硼烷蒸气通过200Torr的氢气经过乙硼烷发生器携带进电弧室,随后通入500Torr的氦气。第二组B掺杂样品(BG2)利用硼填塞的3%(原子分数)硼原子化的石墨电极在200Torr的氢气和500Torr的氦气气氛中的电弧放电而制得。所有掺杂石墨烯样品连同氢气电弧放电制得的未掺杂样品均以物理方法的系列表征进行比较。图10.33显示电弧放电法制备的BG的TEM图及模拟得到的STM图。

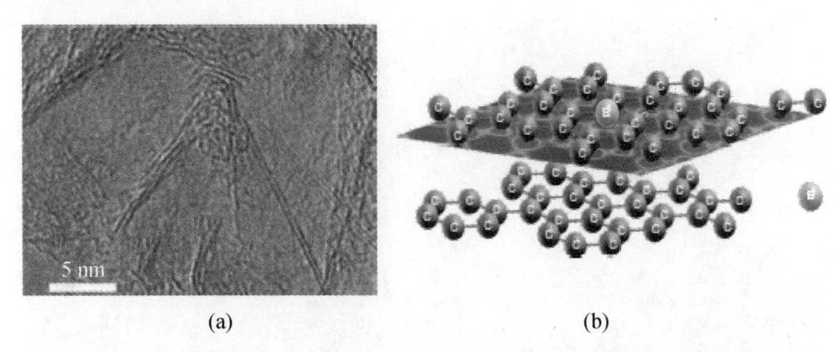

(a)　　　　(b)

图 10.33　(a)硼掺杂石墨烯(BG2)的 TEM 图；(b)硼掺杂石墨烯双层的模拟 STM 图。硼掺杂导致了取代掺杂的亚点阵上碳原子电子电荷的损耗，由较浅的 B 原子显见(引自文献[16])

XPS 分析显示 BG1 和 BG2 分别含有 1.2% (原子分数)和 3.1% (原子分数)原子化的 B 元素,而 EELS 显示这些样品中的 B 元素含量分别为 1.0% (原子分数)和 2.4% (原子分数)。图 10.2(b)显示典型的 BG2 的 XPS 核级谱数据及 EELS 的元素面扫图。分析 XRD 图中(002)面的衍射峰,发现硼掺杂样品平均为 2～3层,TEM 图像(图 10.33)也能证明。AFM 图像进一步显示 BG 和 NG 样品的 2～3层结构及偶尔出现的单层结构。所有 BG 和 NG 样品的拉曼谱与氢气放电法制备的纯石墨烯(HG)样品的对比结果,如图 10.3 所示。值得注意的是,B 和 N 掺杂均使得 G 带宽化。由于更高硼含量造成 BG2 的偏移量大于 BG1。在所有掺杂样品中,D 带强度高于 G 带。经过掺杂,2D 带的相对强度就 G 带而言普遍降低。

10.3.1　机械剥离

Kim 等[82]报道了利用机械剥离硼掺杂的石墨实现了硼掺杂取代的单层石墨烯(SLG)。硼掺杂的石墨是利用石墨炉在 2450℃热处理硼化合物制得的(图 10.34(a))。石墨中取代得硼量约为 0.22% (原子分数),在 SLG 中硼原子间距为 4.76nm。与 G 带比,7 倍高的 D 带强度可从硼原子在发射声子前由于弹性散射产生的光激电子加以解释(图 10.34(b))。单层取代的 BG 的 G 带的频率不变,是因为 p 型硼掺杂中和了增大的 C—B 键长产生的拉伸应变。

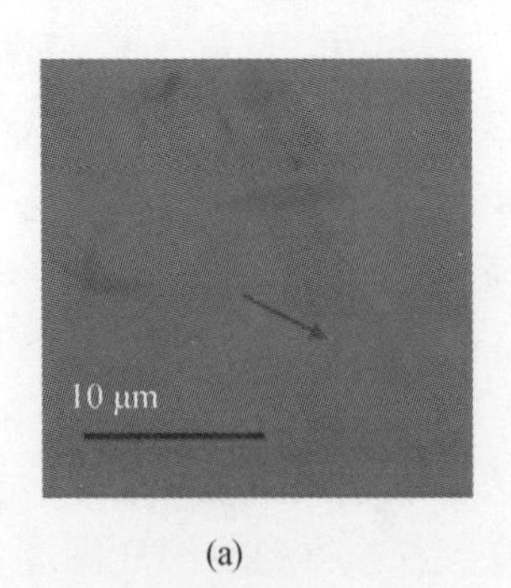

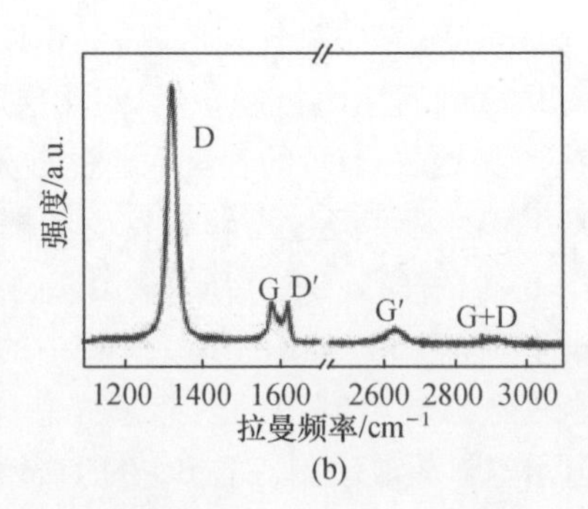

(a)　　　　(b)

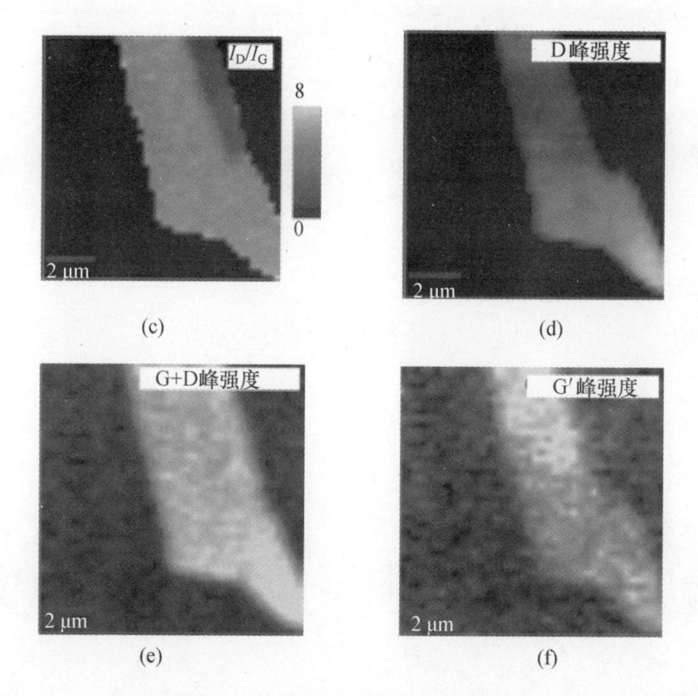

图 10.34 (a)硼掺杂单层石墨烯(箭头所示)在 SiO_2/Si 基板上的光学显微图像;使用633nm 激光线得到的(b)拉曼谱及(c)I_D/I_G的空间图;(d)~(f)D 带、G+D 带和 G′带的强度,D 带整体强度是 G 带的 7 倍(经许可引自文献[82],版权©2012,美国化学学会)

10.3.2 热处理

Sheng 等[83]利用硼氧化物通过无催化剂的热烧结法实现了向 GFs 中掺入 B 原子。典型过程是,采用改进的 Hummers 法合成的氧化石墨粉末放在刚玉坩埚盛放的 B_2O_3表面,然后将坩埚置于刚玉管中心,通以持续的氩气气流保证管式炉中的惰性气氛。炉中心温度加热到 1200℃,加热速率为 5℃ · min^{-1}。保温 4h,样品在 Ar 气氛下缓慢冷却到室温。得到的产物然后在 3 M 的 NaOH 水溶液中回流 2h 去除未反应的 B_2O_3。过滤及水洗后,产物在 60℃的烘箱中烘干。制备的 BG 具有片层结构,平均厚度约为 2nm,B 原子含量为 3.2% 。由于特殊的结构和独特的电子特性,合成的 BG 在碱性电解液中展示出优异的近似于 Pt 催化剂的 ORR 电催化活性。

10.3.3 化学气相沉积

Li 等[84]通过 CVD 法利用乙醇和硼粉作为前驱体直接合成了 BG。首先,硼粉通过超声 30min 均匀分散在乙醇中,得到的悬浊液均匀喷涂在铜表面。自然干燥后，铜基板置于 CVD 加热炉的石英玻璃管中间。当炉子加热到 950℃时，乙醇以 $10\mu L \cdot min^{-1}$的速率作为碳源引入到石英管中。反应 10min 后，样品在氩气中冷却到室温。$FeCl_3/HCl$ 的混合溶液用于刻蚀铜以得到无支持的 BG 膜。制备过程示意图如图 10.35 所示。合成的 BG 显示出 p 型半导体的性质。掺杂的石墨烯膜能同 n-Si 形成 p-n 结，在 AM1.5 的光照下呈现高达 3.4% 的光电转换效率。

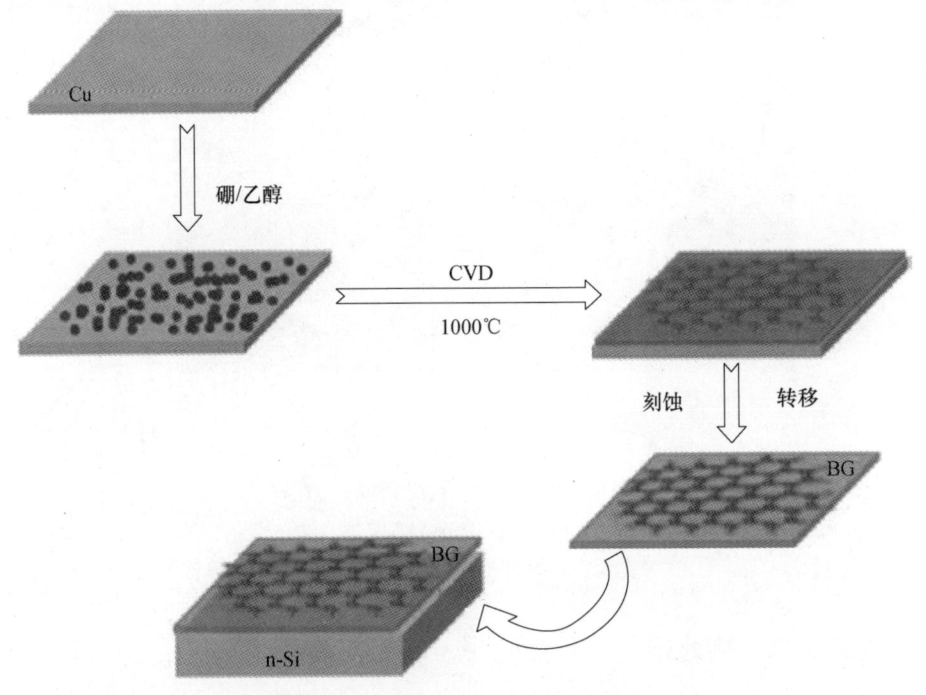

图 10.35　BG 制备和组装太阳能电池的示意图
（经许可引自文献[84]，版权©2012，Wiley-VCH 出版公司）

Cattelan 等[85]分别使用甲烷和乙硼烷作为碳源和硼源利用两步法在多晶铜片上以 CVD 法择优生长单晶 BG 纳米结构。BG 膜沉积在手工制备的低压直冷式 CVD 系统中以电解法抛光的 Cu 片上。利用与铜片直接接触的电阻加热系统达到生长温度。铜片表面利用下列步骤活化：系统利用涡旋泵抽真空直到液态氮冷阱达到 5×10^{-2}mbar 的基准压力，200sccm 的氩气引入到腔体内 20min 去除空气。950℃在烧结 25min 的过程中，用 25sccm 流速的氢气替换氩气气流。BG 的生长分为两步：1min 通入 25sccm 的甲烷量，而后 30s 通入 25sccm 甲烷量和 10sccm 的乙硼烷。生长完后立即停止电阻的加热，快速给基板降温，在 30s 内从 1000℃降至 200℃，并且关闭所有气流。在第一步，铜表面出现纯石墨烯岛状的籽晶，硼源仅在第二步被激活。由此，非整比的硼碳化物形成在之前石墨烯碎片未覆盖的裸铜面上，很容易释放硼源，然后从外围区域向内扩散到石墨烯岛，实现约 1% 的有效取代掺杂。而利用一步法沉积掺杂未能成功，是由于乙硼烷在铜表面分解形成活性硼，同时产生混乱的非计量比碳化物的缘故。

Gebhardt 等[86]报道在 Ni(111)表面利用三乙基硼(TEB)的 CVD 过程，通过从基板上的体相 TEB 晶体中分离硼合成了 BG。温度在 600 ~ 950K 以 TEB 为前驱体的 CVD 法制备 BG，暴露在 1800L 后，硼浓度从典型的 0.15ML 上升到 0.35ML。低于 0.15ML(单层)的浓度是通过体相分离硼，同时将镍晶体置于 10^{-6}mbar 的丙烯中在 900K 直到碳信号饱和。暴露在 TEB 中接着在 1100K 烧结，使得硼元素溶于体相中。掺硼导致石墨烯优先吸附在基板面心立方(fcc)构型的顶部，石墨烯点阵里的硼原子则被吸附在基板 fcc 的空位上。掺入到石墨烯中的硼原子，与石墨烯中的碳原子相比，具有减小的原子间距，会导致掺后石墨烯层在硼原子附近的弯曲。

Wang 等[87]采用 CVD 法以苯硼酸作为单一前驱体合成出晶元片大小的 BG 单层。硼掺杂的石墨烯膜是在配备直径 1 英寸的石英管的水平管式炉内生长，铜箔片置于炉内热交换中心，苯硼酸粉末置于离中心约 35cm 的上风处。硼掺杂石墨烯生长的示意图如图 10.36 所示。

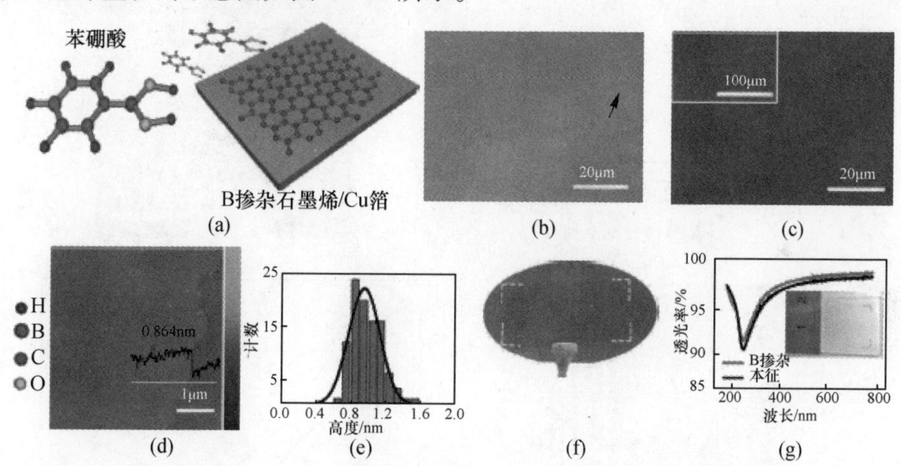

图 10.36　(a)以苯硼酸作为碳、硼源在铜表面利用 CVD 法生长硼掺杂石墨烯的示意图，红色、灰色、黄色和绿色的球分别代表硼、碳、氧和氢原子；(b)转移到 SiO_2/Si 基板上的单层硼掺杂石墨烯的光学显微照，箭头指向空白的 SiO_2/Si 基板；(c)转移到 SiO_2/Si 基板上的硼掺杂石墨烯膜的 SEM 图，内插图显示同一样品的低倍 SEM 图；(d)图(b)箭头区域的 AFM 图，具有 20nm 的高度；(e)由 AFM 高度像得到的厚度分布柱状图；(f)硼掺杂石墨烯样品在 4 英寸的 Si/SiO_2 基板上对比度增强的照片；(g)在石英基板上硼掺杂石墨烯和本征石墨的紫外 - 可见光谱，本征石墨烯单层是利用甲烷在铜片上 CVD 沉积而后转移到石英基板上得到，内插图为石英基板上硼掺杂石墨烯单层的照片(经许可引自文献[87]，版权©2013，Wiley-VCH 出版公司)

在1030℃、10sccm的氢气流速、120mbar的压力下将铜箔烧结30min后，炉温降至950°C。将利用加热带苯硼酸粉末加热至130℃逐步升华。10sccm的氢气用作载气传送苯硼酸气流到铜箔。生长20min后，炉子在10sccm的氢气下被降至室温。

利用干法转移步骤将铜箔上生长的硼掺杂石墨烯膜移至SiO_2/Si上，避免吸附H_2O和O_2造成p型掺杂。简言之，从铜箔上揭下来的带着PMMA膜的石墨烯样品用去离子水、异丙醇清洗，而后在空气中干燥6h，再把石墨烯/PMMA膜置于目标基板上。干燥条件下硼掺杂石墨烯膜被转移到SiO_2基板进行拉曼测试(图10.37)。硼掺杂石墨烯的G带($1592cm^{-1}$)和2D带($2695cm^{-1}$)分别蓝移$6cm^{-1}$和$9cm^{-1}$。同时，2D和G带的强度比(I_{2D}/I_G)减小。D带和D′带的出现，可观察到G带和2D带位置的移动以及I_{2D}/I_G的减小，均与预计的硼掺杂

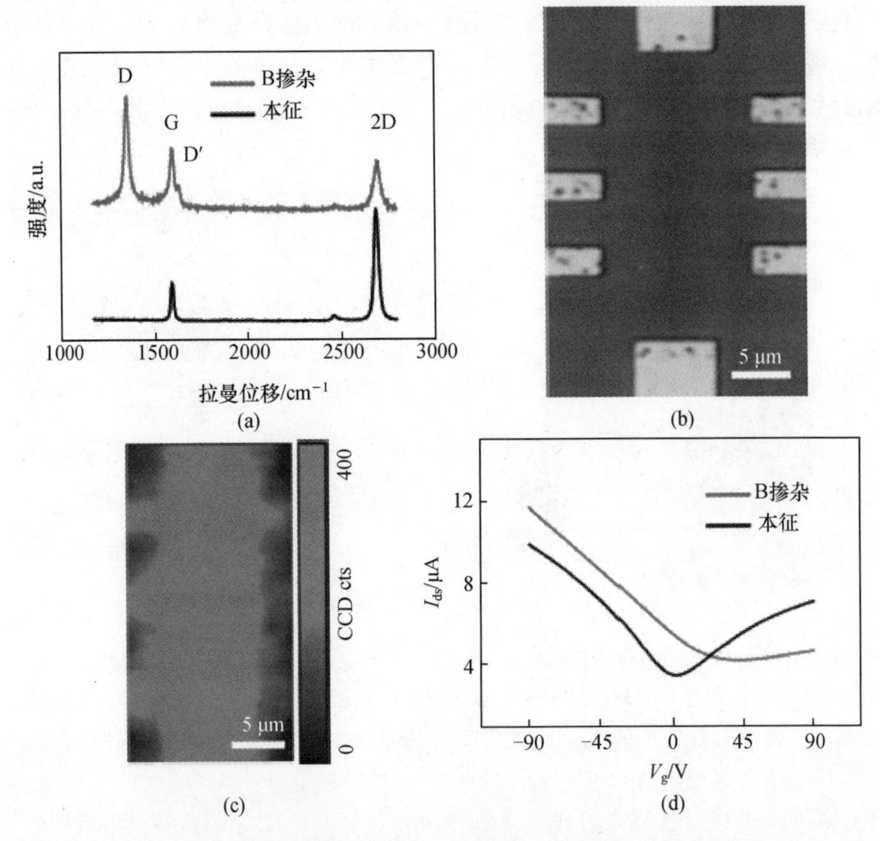

图10.37 (a)通过干转移步骤将硼掺杂(红色)和本征(黑色)石墨烯转移到SiO_2/Si基板上的典型拉曼谱；(b)硼掺杂石墨烯器件的光学显微照片；(c)图(b)所示硼掺杂石墨烯器件沟道区域D带强度的拉曼图；(d)硼掺杂(红色)和本征(黑色)石墨烯设备的源-漏电流(I_{ds})同背栅电压(V_g)的曲线(经许可引自文献[87]，版权©2013，Wiley-VCH出版公司)

石墨烯膜中p型掺杂效应一致。均匀的硼掺杂石墨烯显示p型掺杂行为,经电输运测量具有近800$cm^2 \cdot V^{-1} \cdot s^{-1}$极高的载流子迁移率的硼掺杂的这类方法使得掺杂调控生长p-i或p-n结型马赛克石墨烯成为可能。

10.3.4 其他方法

Lue等[88]在没有任何过渡金属催化剂辅助的情况下,通过快速武兹偶联反应(WRC)制备了硼掺杂石墨烯纳米片(GNSs)。与溶剂热法相比这种方法是将CCl_4、K、适量BBr_3在150~210°C以短至10min的近计量比反应,制得石墨烯小于5层。Khai等[89]烧结GO和H_3BO_3的二甲基甲酰胺(DMF)的悬浊液制备了BG氧化物薄膜。一阶拉曼谱显示硼掺杂GO的D带与G带的强度比远低于合成或烧结GO,表明由于硼掺杂效应GO更具有石墨化特征。硼掺杂GO膜的XPS的C 1s峰不仅表明相当多的官能团已被去除,也显示了283.7eV附近的C-B带的峰。此外,硼掺杂GO的XPS的B 1s谱分解为中心在187.2eV、188.9eV、190.3eV、192.0eV和193.7eV的5个峰,分别归于B_4C、替换C位、BC_2O、BCO_2、B_2O_3中的硼元素。硼掺杂GO与1100°C烧结的GO的荧光谱相比其整体强度降低,极可能是硼引发的石墨化程度增加造成的。另外在600~700nm左右硼掺杂GO源自碳化硼相的存在。

Han等[90]使用溶液法通过硼烷的四氢呋喃化合物回流还原GO,大量制备了硼掺杂*r*GO纳米片(B-*r*GO)并研究其作为超级电容器电极的应用。B-*r*GO具有466$m^2 \cdot g^{-1}$的高比表面,显示了优异的超级电容器性能,在水相电解液中具有高达200$F \cdot g^{-1}$的比电容。具有与碳基超级电容器材料同样优异的表面比电容及4500圈循环的高稳定性。两电极与三电极测试显示B-*r*GO超级电容器的能量存储来源于电化学还原反应及离子在纳米片表面的吸附。

Dou等[91]以含硼的多环芳香烃作为BG的亚结构,通过自下而上的有机合成得到稳定的硼掺杂的纳米石墨烯,具有单一的封闭壳层的化合物(图10.38)。因为硼原子置换碳原子对应一个电子的氧化,即空穴掺杂,单硼原子掺入到骨架结构将导致不稳定开壳层化合物的形成(图10.38,示意图)。同时需要引入两个硼原子去制备稳定的闭壳层结构。在化合物1中,两个硼原子被置于六边形中央,它的闭壳层结构产生完全不同于其他未掺杂的同类2的独特性质(图10.39,示意图)。因为内凹区域过度拥挤的空间衍生出这样的平面结构。硼掺杂最重要的效应是硼原子的p轨道对相关未占位和占位轨道的重大贡献,它们对扩展到整个可见区域甚至近红外区域的荧光的宽束吸收起到重要作用。

Tang等[92]通过微波等离子体反应器分解三甲基硼形成离子氛实现可控掺杂,合成的硼掺杂的石墨烯具有可调控的带隙和传输特性。控制离子反应时间可在0~13.85%范围内调控硼含量,进而可定量评估掺杂效应对传输特性的影

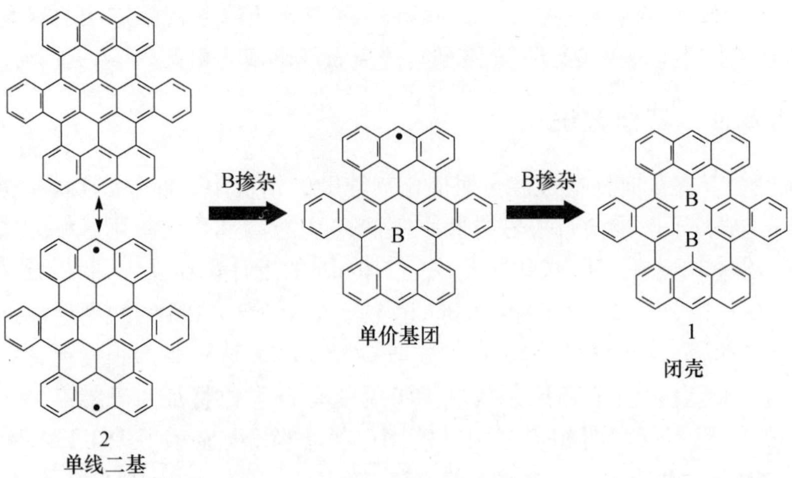

图 10.38 扩展芳香烃碳氢化物逐步实现硼掺杂的示意图
（经许可引自文献[91]，版权©2012，Wiley-VCH 出版公司）

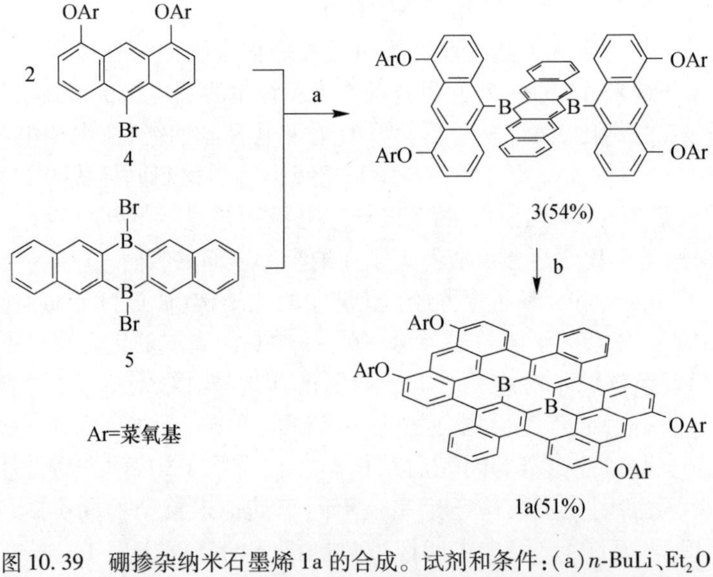

图 10.39 硼掺杂纳米石墨烯 1a 的合成。试剂和条件：(a) n-BuLi、Et_2O、从 0～25℃，接着 5，甲苯，从 0～25℃；(b) $FeCl_3$、CH_3NO_2 和 CH_2Cl_2
（经许可引自文献[91]，版权©2012，Wiley-VCH 出版公司）

响。石墨烯 FET 的电学测试表明硼掺杂石墨烯具有明显的 p 型传导，其开关电流比高于 10^2。石墨烯的带隙随着硼含量增加在 0～0.54eV 范围变化，致使传输特性具有可调控性。

10.4 石墨烯的硼氮掺杂

Pham 等[93]证明在水相和有机溶剂中，针对 GO 的还原，氨硼烷是种无毒、比肼更高效的还原剂。更有意思的是，在 THF 溶剂中氨硼烷还原 GO 制备出更高品质的 NG 和 BG，它们具有优异的超级电容器性能。

Wu 等[94]利用 PS、尿素、硼酸作为固态前驱体通过 CVD 法制备了氮和硼掺杂的单层石墨烯。接着在氢气和氩气的混合气氛中通过喷灯将固态 PS 和掺杂前驱体加热到设定值，保持铜箔基板在 1000°C 生长近 30min。发现通过调节固态碳前躯体的质量和 H_2/Ar 气流速率可合成单层石墨烯。生长完成后，炉子和喷灯冷却至室温。通过调节元素前驱体，经 XPS 证实，氮掺杂石墨烯的氮含量能够从 0.9% 调到 4.8%，硼掺杂石墨烯的硼含量能从 0.7% 调到 4.3%。掺氮和掺硼石 Bepete 等[95]分别以甲醇、硼酸粉末、氮气作为碳源、硼源和氮源，利用一步 CVD 法在温度 995℃发展了在铜箔上大面积生长掺入小 BN 畴的石墨烯的方法。这个步骤避免使用硼烷和氨，并且 B 和 N 都能以小 BN 畴的形式呈现在石墨烯结构中，形成了 B－N－C 体系。Lin 等[96]证实氧化石墨烯纳米片通过与 B_2O_3 和氨在 900～1100℃作用转化为硼碳氮化物纳米片，硼和氮原子均被混入到无序分布的 BN 纳米畴的石墨烯点阵中（图 10.40）。改变反应温度以调控 BN 掺杂 GNS 中 BN 的含量，进而影响纳米片的光学带隙。电学测试表明 BN 掺杂的 GNS 展示出双极性半导体行为，电子能带约为 25.8meV。

Levendorf[97]报道了图案化再生长过程，它允许电导石墨烯和绝缘 h-BN 间以及本征石墨烯和取代掺杂石墨烯间交界片层的空间可控的合成（图 10.41）。这些膜跨过异质结，形成物理性能连续的片层。电导测试证实了 h-BN 区域的层状绝缘行为，同时掺杂和未掺杂石墨烯片保持优异电学性能，具有低的方块电阻和高载流子迁移率。原子级别的片层包括含组成跨度宽泛的 B、N 和 C 元素的杂化键，导致新材料具有互补于石墨烯和 h-BN 的性质，显示出多样的电子结构、性质及用途。

Ci 等[98]报道了大面积 h-BN 原子层和碳材料的合成及表征，由杂化且无序分散的 h-BN 畴块和碳相组成，组分从纯 BN 到纯石墨烯变化。研究揭示出不同于石墨烯、掺杂石墨烯和 h-BN 的结构特色和能带。Fan 等[99]利用第一性原理计算，显示石墨烯的带隙通过引入小的 BN 畴能在 K 或 K′点附近有效打开。由于相偏析，很容易在石墨烯平面上形成 BN 畴。同样也发现除了调节费米能级以外，硼或氮的随意掺杂具有小间隙打开狄拉克点的可能性。并发现属于狄拉克点附件 π 态的表面电荷在局域范围内重新分布。这种重新分布源自掺杂效应和掺杂的 BN 畴引发的能带的打开造成电势的局域对称被打破，进而使得局域电势发生改变。Chang 等[100]报道了低压 CVD 法原位生长的 BN 掺杂的石墨

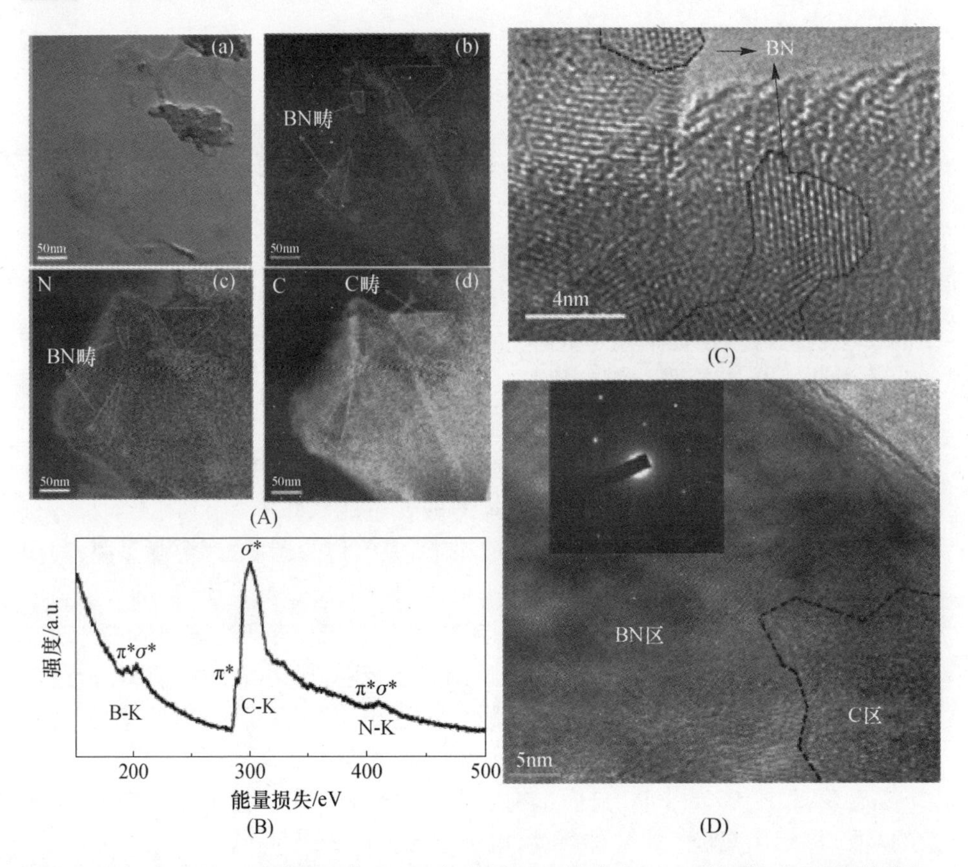

图 10.40 (A)EELS 元素图取自 900℃合成的 BCN 纳米片:(a)明场像,(b)硼面扫图,(c)氮面扫图,(d)碳面扫图;(B)单个 BCN 纳米片的 EELS 谱,显示 3 个 B、C、N 的 K 边分别在 188eV、284eV、398eV 处;(C)900℃合成的 BCN 片的高分辨图像,标记区域显示 BN 点阵区域;(D)1000℃制备的 BCN 片的高分辨图像,内插图显示 BN 点阵区域的选区电子衍射图(经许可引自文献[96],版权©2012,Wiley-VCH 出版公司)

烯膜(BNG)带隙的打开与缩合。在低 BN 浓度时,观察到约 600meV 明显的能带,可归于 BN 等电子掺杂造成的石墨烯 π—π * 带隙的打开。此法生长的膜具有从均匀分散的小 BN 从簇到嵌有小尺寸石墨烯畴的大尺寸 BN 畴可变的结构。随着 BN 浓度增加,这种结构变化源自 h-BN 和石墨烯畴间的竞争生长。

Xue 等[101]使用改进的 CVD 法制备了掺氮、掺硼或硼氮共掺的一系列新颖的泡沫石墨烯。通过甲烷和氨气的 CVD 法制备的掺氮泡沫石墨烯(N-GF)具有 3.1%(原子分数)的氮掺杂浓度,而使用甲苯和硼酸三乙脂分别作为碳源和硼源制备的掺硼石墨烯(B-GF)具有 2.1%(原子分数)的硼掺杂浓度。此外,使用三聚氰胺的二硼酸盐作为前驱体的 CVD 法制得硼氮共掺的 BN-GFs 具有 4.5%(原子分数)的 N 掺杂浓度和 3%(原子分数)的硼掺杂浓度。扫描图片显示泡沫状微结构轮廓清晰,同时电化学测试显示掺杂的 GFs 比未掺杂的石墨烯具有

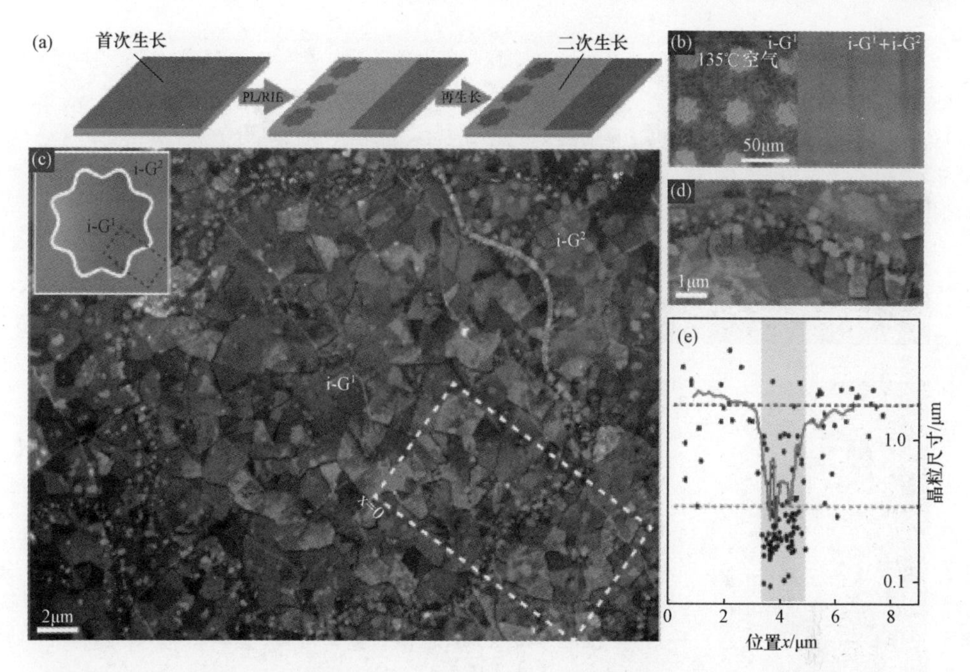

图 10.41　石墨烯异质结构制备的示意图和暗场 TEM 表征。(a)利用光刻蚀(PL)和反应离子刻蚀(RIE)制备原子薄层异质结示意图;(b)左图显示图案化的 Cu/G^1 片的光学图像,它被氧化以增强对比度(暗色区域是铜),右图显示还原后的 CuO_x 和接着生长的本征 G^2($i\text{-}G^2$)的光学图像;(c)$i\text{-}G^1/i\text{-}G^2$ 图案区域的伪色 DF-TEM 图(内插图为示意图);(d)连接区域的缩放图;(e)图(c)框中区域粒径与位置关系图,虚线表示平均粒径远离(蓝线)和接近(加亮区域和橘线)结合点,阴影显示小粒径区域的宽度(经许可引自文献[97],版权©2012,自然出版集团)

更高的 ORR 电催化活性。

Zheng 等[102]依次将氮和硼引入到石墨烯畴的选择位点,利用协同增强的耦合效应,提高了 ORR 电催化性能。通过溶液剥蚀 GO 的两步掺杂策略合成了 B、N 共掺石墨烯。首先,在一中间温度(如 500℃)通过烧结氨气引入氮元素,接着在更高温度(如 900℃)利用 H_3BO_3 同中间材料(N 掺杂石墨烯)进行热解掺入 B 元素(图 10.42)。两步合成的氮硼掺杂的石墨烯与单元素掺杂石墨烯或一步双掺杂的石墨烯制备的电极比具有增强的电化学性能。

Wu 等[103]合成了三维氮硼共掺一体化石墨烯气凝胶,并制备了高性能全固态超级电容器的简化模型器件。器件具有电极 - 隔片 - 电解质的一体结构,气凝胶在其中充当无添加剂无黏结剂的电极,聚乙烯醇(PVA)/H_2SO_4 凝胶作为全固态电解质和薄层隔片。因此,超级电容器具有极小的设备厚度和高比电容以及好的倍率性能和能量密度。Li 和 Antonietti[104]采用生物质(葡萄糖)和硼酸的共聚与缩聚,以双氰胺作为模板构造高质量硼氮共掺层间具有纳米孔洞结构的

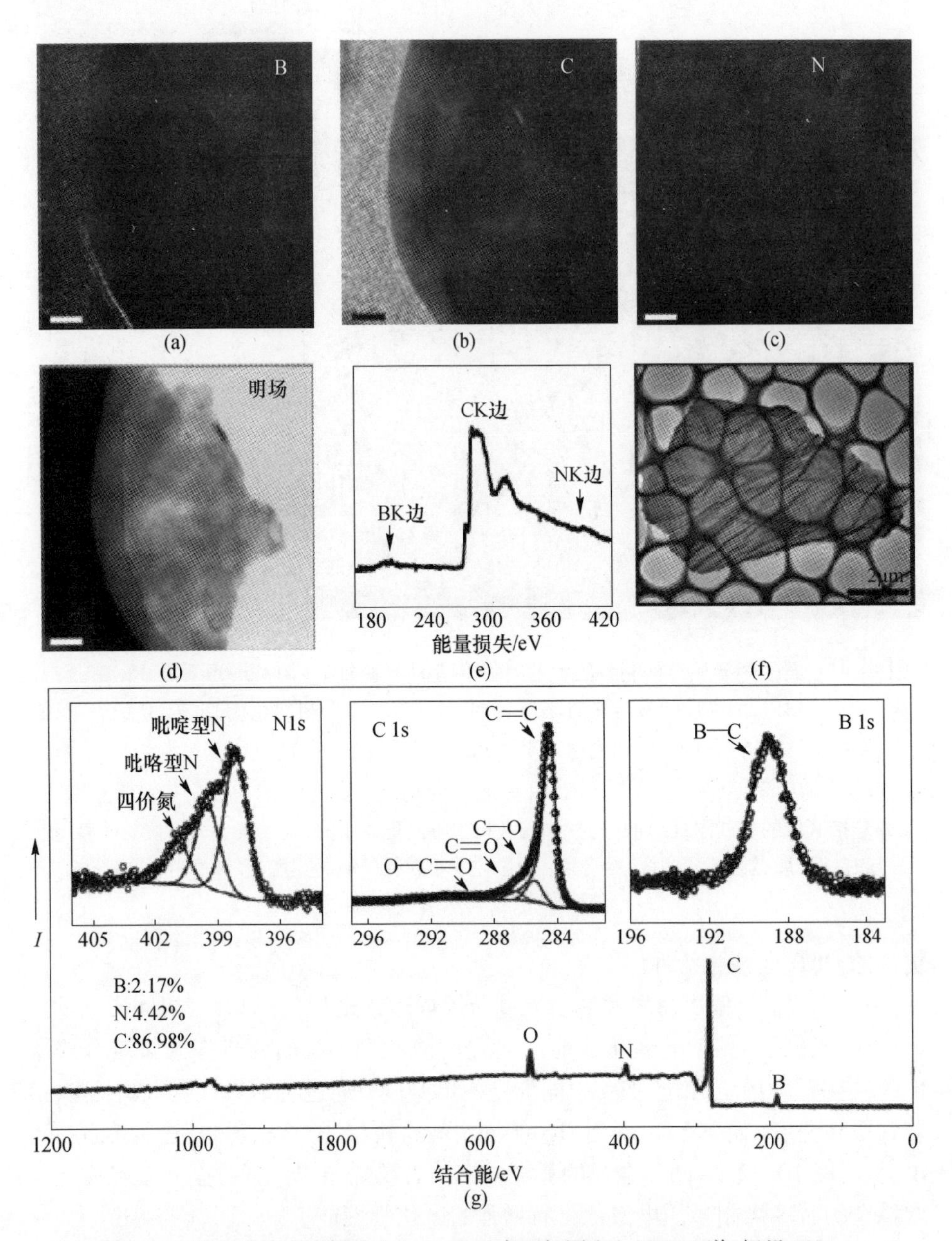

图 10.42　硼氮共掺石墨烯的(a)~(d)元素面扫图和(e)EELS 谱,标尺 100nm;(f)硼氮共掺石墨烯的低倍 TEM 图;(g)硼氮共掺石墨烯中 N 1s、C 1s 和 B 1s 核心层的 XPS 测试和高分辨谱(经许可引自文献[102],版权©2013,Wiley-VCH 出版公司)

多孔石墨烯块体。孔状石墨烯具有高表面积,作为零金属碳催化剂展示了优异的选择性氧化的性能。最近的研究中,就 BCNs 和 $B_xC_yN_z$ 进行了细致探索研究[105],发现这类材料具有 BCN 型环或 BN 畴或石墨烯的结构。

10.5 其他元素的掺杂

化学掺杂除去硼和氮残渣之外,其他化学物质比如硫[106]、硅[107]、吸附的无机分子如 NO_2[108]、HNO_3[109]等已被报道。通过高温下超薄氧化石墨烯和多孔 SiO_2片,使得 GO 和客体气体(NH_3或 H_2S)发生热反应合成了异质原子(氮或硫)掺杂的高比表面的石墨烯(见图 10.43 示意)[110]。氮和硫掺杂均可发生在 500~1000℃的烧结过程中,会在石墨烯边缘或面上形成不同的结合形式,比如

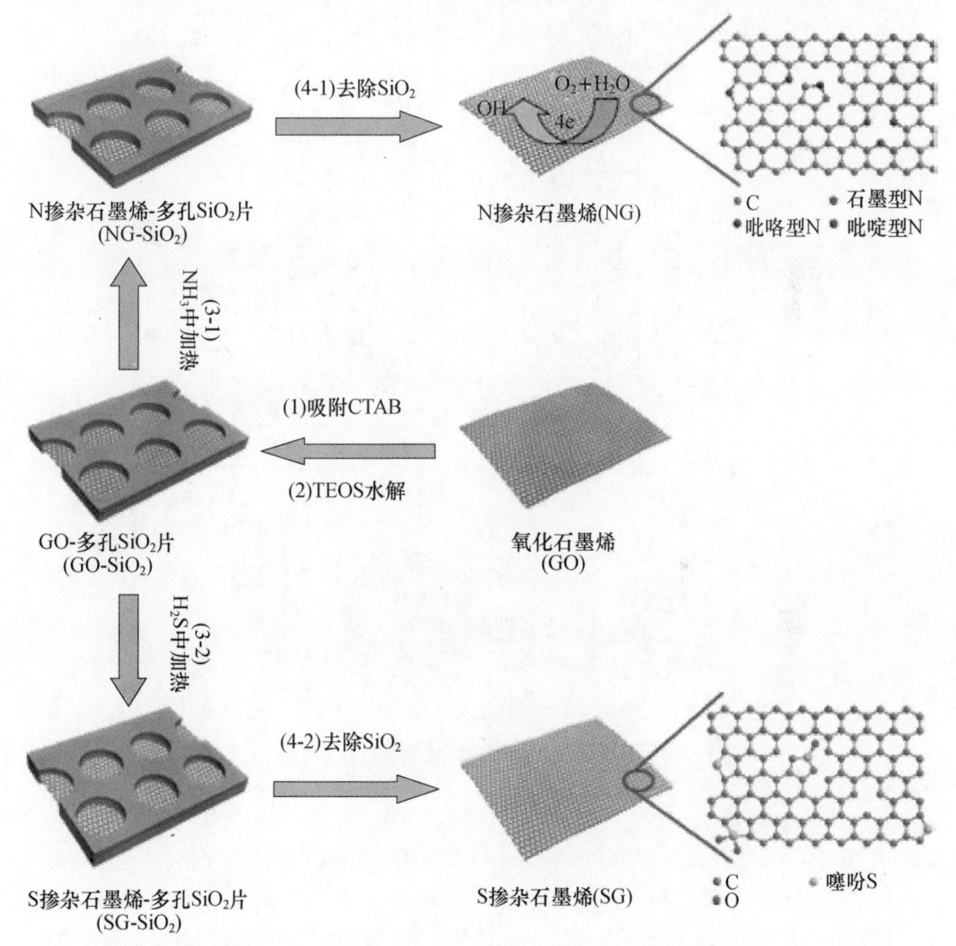

图 10.43 N 和 S 掺杂石墨烯的合成示意图:(1)和(2)在阴离子表面活性剂十六烷基三甲基溴化胺(CTAB)的辅助下,氧化石墨烯表面的正硅酸乙酯(TEOS)水解;(3-1)分别在 600℃、800℃、900℃和 1000℃的氨气中,GO-SiO_2片的热处理;(3-2)分别在 500℃、700℃和 900℃的 H_2S 气体中,热处理 GO-SiO_2片;(4-1)和(4-2)通过 HF 或 NaOH 溶液去除 SiO_2

(经许可引自文献[110],版权©2012,Wiley-VCH 出版公司)

氮掺杂石墨烯具有吡啶型氮、吡咯型氮、石墨型氮，硫掺杂石墨烯具有噻吩型硫和氧化型硫(图 10.44)。同样，得到的氮掺杂和硫掺杂石墨烯片被用作零金属

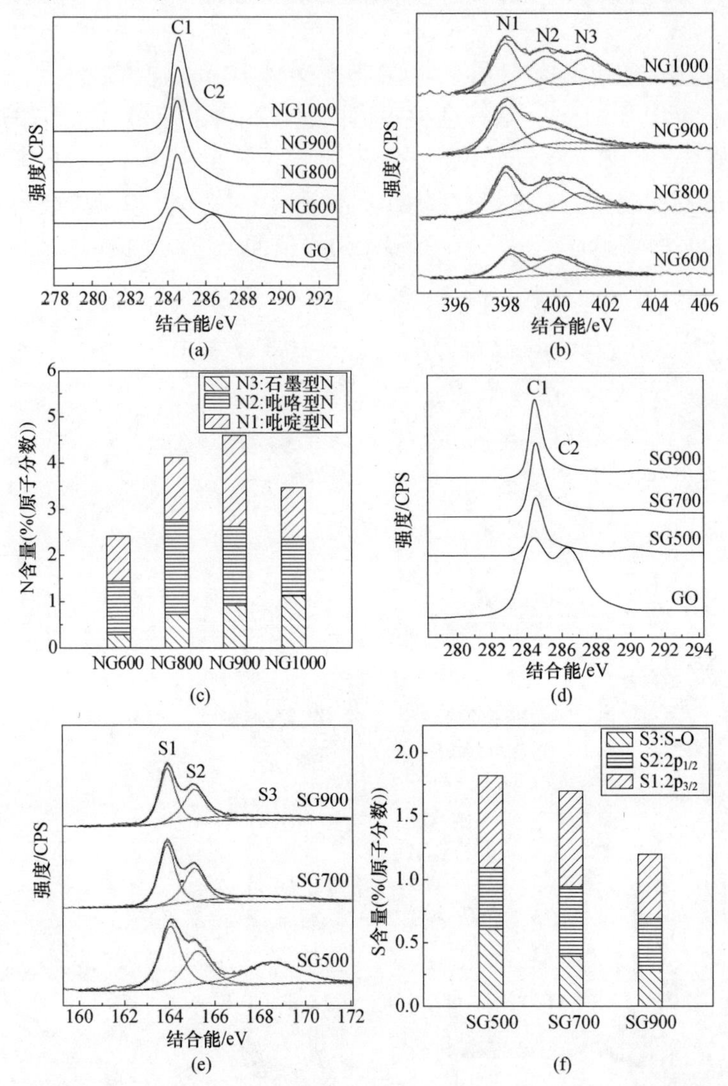

图 10.44 (a)GO 和 NG 的高分辨 C 1s 的 XPS 谱，其中 C1 对应石墨烯的 sp^2 型碳，C2 对应氧化产生的 C—O 键，羰基 C＝O，羧基 O—C＝O 中的 sp^3 型碳；(b)NG 的 N 1s 的 XPS 谱，位于 398.0eV、400.0eV 和 401.3eV 左右的拟合峰分别对应吡啶型 N(N1)、吡咯型 N(N2)和石墨型 N(N3)；(c)NG 片中三种氮组分(N1、N2 和 N3)的含量；(d)出现 C1 和 C2 峰的 GO 和 SG(硫化石墨烯)的高分辨 C 1s 的 XPS 谱；(e)SG 的高分辨 S 2p 的 XPS 谱，能量组分中心位于 163.9eV、165.1eV 和 168.5eV 的拟合峰分别对应 $Sp_{3/2}$(S1)、$Sp_{1/2}$(S2)、S—O(S3)；(f)SG 片中 S(S1、S2 和 S3)组分的含量

(经许可引自文献[110]，版权©2012，Wiley-VCH 出版公司)

型 ORR 催化剂时，具有好的电催化活性、高耐用性和好的选择性。

硫掺杂多孔碳混杂石墨烯(SPC@ G)是通过简单的离子热合成异质原子掺杂的多孔碳[111]。SPC@ G 纳米复合物的合成路径如图 10.45 所示，以葡萄糖和 GO 作为起始原料，1-丁基-3-甲基咪唑硫酸氢盐作为溶剂(图 10.46)。作为对比用不含石墨烯的 SPC 和还原型氧化石墨烯同样通过离子热方法合成。特别是，得到的 SPC@ G 纳米复合物作为锂离子电池负极材料，显示出 1400mA · h · g^{-1} 超高的远高于商业石墨可逆容量、长循环寿命和优异的倍率性能。

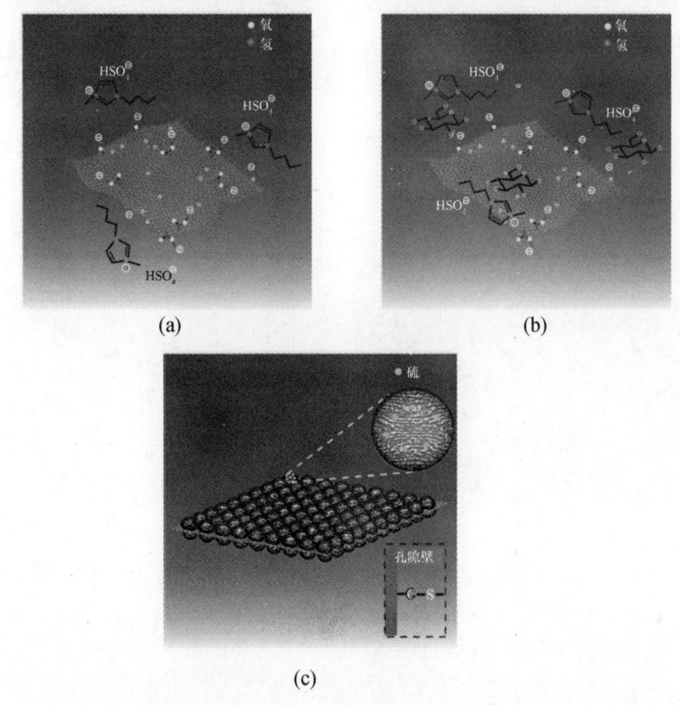

图 10.45　合成 SPC@ G 的示意图。(a)分散在 IL 中的 GO；(b)葡萄糖分散在 IL-GO 混合液中；(c)离子热碳化后得到的 SPC@ G(经许可引自文献[111]，版权©2012，英国皇家化学学会)

Choi 等[112]使用二苯基二硫化物或二苯基二硒化物通过热处理向氮掺杂石墨烯-CNT 的自组装体(NGCA)中掺入硫和硒，在碳的点阵结构中分别产生 –C–S–C– 和 –C–Se–C– 的主要相。在 ORR 反应中，制备的材料无论是否有硫族元素掺杂均具有类似的相对可逆氢电极约 0.85V 的开路电压。然而，在 NGCA 中硫或硒元素的掺入提高了酸性体系中 ORR 的电流。特别地，与 Pt/C 电极比，额外的硒掺杂极大提高酸性体系中 ORR 性能，伴随高的抗甲醇性能和长周期稳定性。Poh 等[113]在 H_2S、SO_2 或 CS_2 气体/蒸气气氛中，通过热剥蚀氧化石墨发展了一种量产制备硫原子掺杂石墨烯点阵的方法。氧化石墨首次被施陶登迈尔、霍夫曼、哈莫斯法制备，随后在硫化氢、二氧化硫或二硫化碳中处理。

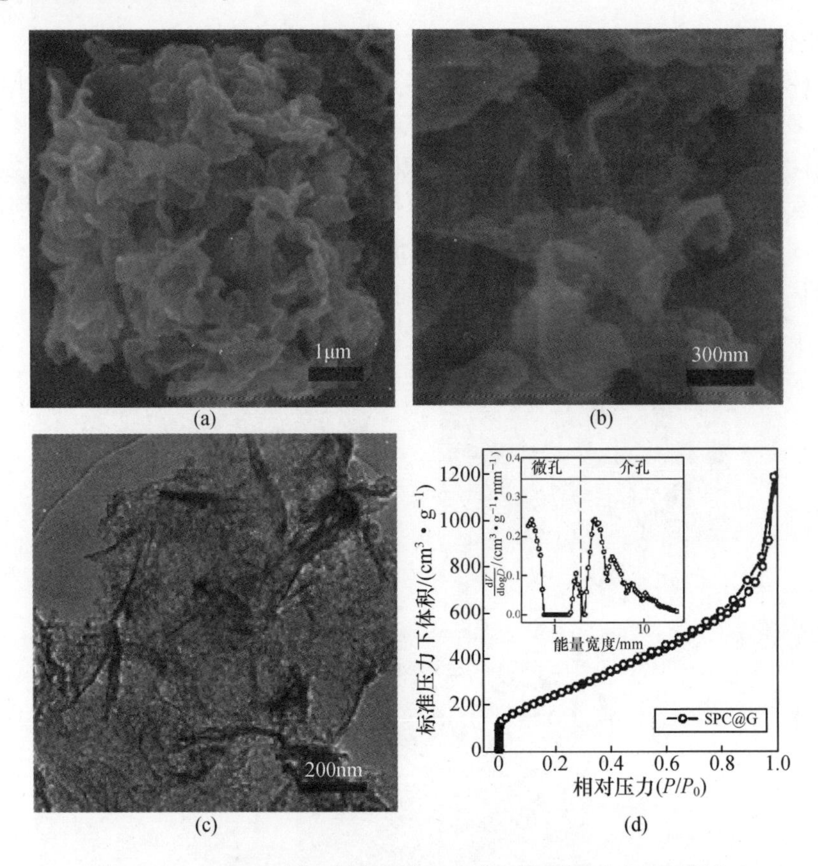

图 10.46　SPC@ G 纳米复合物的(a),(b)SEM 图,(c)TEM 图和(d)氮吸附-脱附等温线,内插图显示相应的粒径分布

(经许可引自文献[111],版权©2012,英国皇家化学学会)

掺杂量明显受使用的氧化石墨的类型而不是剥蚀过程中含硫气体类型的影响。Yang 等[114]利用与 C 具有近似电负性的元素如 S 和 Se 掺杂石墨烯,作为 ORR 的零金属的阴极催化剂在碱性溶液中较商用 Pt/C 电极具有更好的催化活性,表明这类掺杂石墨烯在燃料电池中具有替代 Pt 基催化剂的巨大潜力。Liang 等[115]报道了一步法实现氮、硫共掺介孔石墨烯的制备及其作为零金属 ORR 电催化剂具有协同增强性能。这种材料具有优异的催化活性,包括极高的正开路电压和非常高的动力学极限电流,使其具有与商业 Pt/C 电极的可相比拟性。DFT 计算揭示由于硫、氮原子的双掺效应产生大量碳原子活性位点,产生自旋和电荷密度的重新分布,进而使得性能增强。这类催化剂在碱性环境中也显示出强于 Pt/C 电极的全燃料耐受性和更长时间的稳定性。Lin 等[116]制备了掺硫石墨烯并研究了其对锂空电池放电产物的形成的影响。研究放电产物的生长和分布并提出了机理,它对阴极催化剂和可充电电池性能具有极大影响。Li 等[117]使用温和的磷源原位掺杂热还原型氧化石墨烯(TRG),制得具有

$496.67m^2 \cdot g^{-1}$大比表面和1.16%(原子分数)的相对高掺P原子比的零金属的掺磷石墨烯纳米片(P-TRG),是通过氩气气氛中热烧结氧化石墨烯和1-丁基-3-甲基六氟磷酸盐咪唑鎓的均匀混合物制备的。P原子取代替换碳框架并被局部氧化,制造ORR新的活性位点。P掺杂石墨烯具有比传统Pt/C催化剂相当或更佳的ORR催化性能。

Liu等[118]提出一种热分解制备掺P石墨层的方法,此产物具有碱性体系中ORR高催化活性。这类方法中,甲苯作为碳前驱体,三苯基膦作为磷源。在成功向石墨烯片层网络结构中掺入磷元素后,产生的掺P石墨在碱性ORR催化中,具有高电催化活性、长时间的热稳定性和优异的抗甲醇穿透效应。Yao等[119]利用一种简单无催化剂的热烧结方法合成掺碘石墨烯,并将之用于碱性溶液中的电催化产氧。这类新的零金属ORR催化剂展现出高催化性能、长时间的稳定性和优异的抗甲醇中度性能。通过高温烧结含氮、硅的氧化石墨烯-离子液体复合物已制备了氮硅共掺的石墨烯纳米片(NSi-GNS)[120]。作为p型半导体,合成的NSi-GNS显示出优异的高响应阈值的NO_2气体传感性能。Denis[121]利用Al、Si、P、S化学掺杂单层和双层石墨烯,观察带隙的打开。尽管它呈半金属性,硅掺杂石墨烯有着最低的形成能。磷掺杂石墨烯有着$1\mu_B$的磁矩,在掺杂量为3%(原子分数)时带隙为0.67eV。铝掺杂石墨烯不稳定但由于其表现金属性而具有吸引力。为了降低取代缺陷的形成能,研究了双层石墨烯中层间键的形成。磷的层间键最强,使得这类材料独具稳定性。磷掺杂双层石墨烯带隙为0.43eV,但它不存在磁矩。

10.6 性质与应用

SLG是一类电子和空穴传输垂直表面的双极性材料。Late等[122]观察到掺入硼或氮的石墨烯具有p型或n型行为。图10.47和图10.48分别显示硼掺杂和氮掺杂石墨烯的p型和n型的FET输出特性($I_{ds}-V_{ds}$)和传输特性($I_{ds}-V_{gs}$)。由于气体分子吸附在石墨烯表面造成电荷载流子浓度的增加,可用于制备敏感的气体传感器。基于理论研究,据预测掺杂石墨烯是气体分子的良好检测器[123]。NG具有针对吸电子分子如NO_2的增强的敏感性[124]。因为NO_2为吸电子分子,n型石墨烯也是检测NO_2的优良传感器。

NG和BG被用作高倍率充放电条件下,具有高功率和高能量密度的有应用前景的锂离子电池的负极材料[125]。在$50mA \cdot h \cdot g^{-1}$的低倍率下,掺杂石墨烯具有大于$1040mA \cdot h \cdot g^{-1}$的高可逆容量。它甚至能在几十秒到1h的时间内快速充放电并具有高倍率容量和优异的长循环稳定性。例如,在$25mA \cdot h \cdot g^{-1}$时(全充满约需30s),NG和BG分别具有近$199mA \cdot h \cdot g^{-1}$和$235mA \cdot h \cdot g^{-1}$的高容量。可能由于其独特的二维结构、无序的表面形貌、异质原子缺陷、更好的

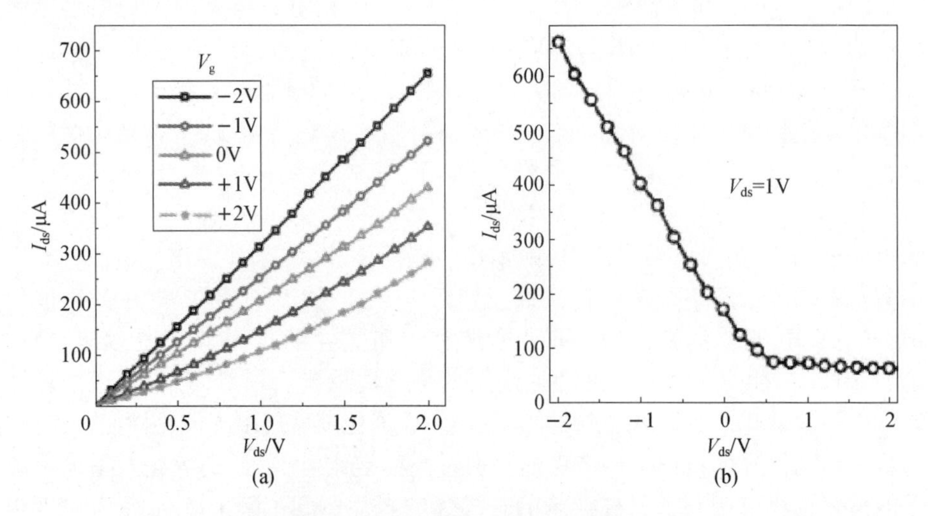

图 10.47 基于 B 掺杂石墨烯制备的 FET 的(a)输出特性($I_{ds}-V_{ds}$)和(b)传输特性($I_{ds}-V_{gs}$)(经许可引自文献[122],版权©2010,Elsevier)

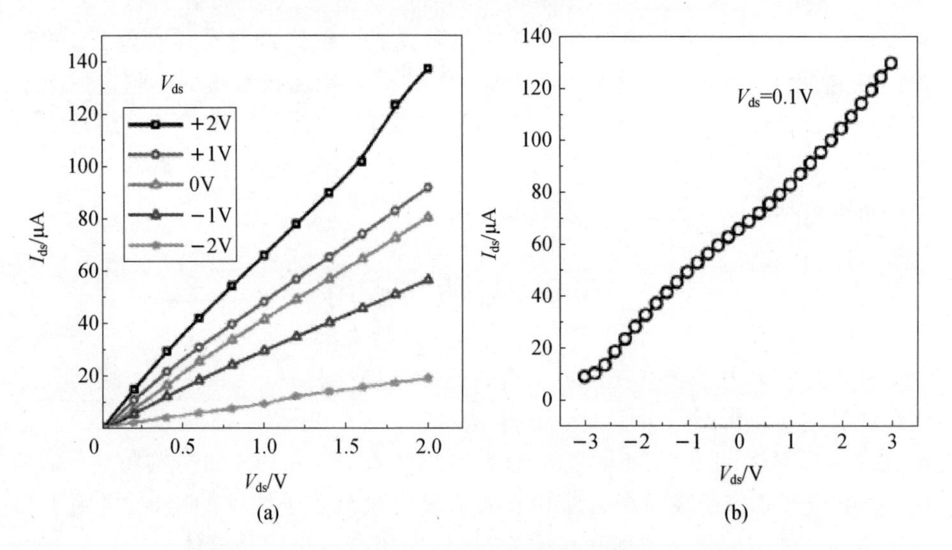

图 10.48 基于 N-HG 的 FET 的(a)输出特性($I_{ds}-V_{ds}$)和(b)传输特性($I_{ds}-V_{gs}$)(经许可引自文献[122],版权©2010,Elsevier)

电极/电解液浸润性、增加的片层间距、提高的导电性以及热稳定性,掺杂石墨烯更利于表面锂离子的快速吸附、锂离子超快速扩散及电子传输。掺杂材料因此优于化学法合成的石墨烯及其他含碳材料。

Wu 等[126]展示了通过异质原子高聚物尤其是 PANI 的石墨化,在钴类催化剂下利用多壁碳纳米管(MWCNT)作为支持模板,合成氮掺杂类石墨烯片层纳米结构的方法。富含石墨烯的复合物催化剂(Co-N-MWCNT)在非水溶液的锂离子电解液中，与目前使用碳黑和Pt/C催化剂比，具有显著提高的ORR活性，通过旋转圆盘电极和锂－氧电池的实验均得以证明。尤其是，合成过程中最合适的热处理温度是制备最佳氮掺杂的高比表面催化剂的至关因素。Li等[127]显示非水溶性锂－氧电池体系以N-GNS作为正极电极，实现了11660mA·h·g^{-1}的放电容量，比原始GNS高40%。N-CNS产氧的电催化活性在非水溶性电解质中是GNS的2.5倍。Zhang等[128]通过水热法而后烧结氨气合成了氮掺杂的MnO/GNS(N-MnO)复合材料，将之作为LIB高容量负极材料。N-MnO纳米粒子均匀固定在氮掺杂GNS(N-GNS)薄层上，形成高效电子/离子混合的导电网络。这种纳米结构的混合物展示出在100mA·h·g^{-1}时90圈后可达772mA·h·g^{-1}的可逆电化学储锂容量，在5A·g^{-1}高倍率下具有202mA·h·g^{-1}优异的倍率容量。Cai等[129]通过热处理PG片和三聚氰胺合成了氮掺杂量高达7.04%（原子分数）的NG片，并以之作为锂离子电池的负极材料。高含量的NG片在倍率为50mA·h·g^{-1}时，展示高达1123mA·h·g^{-1}的初始可逆容量。更重要地，甚至在高达20A·g^{-1}倍率下，能得到约241mA·h·g^{-1}的高稳容量。这种电化学性能优于之前报道的NG片。结果显示高掺杂量的NG片具有作为高性能锂离子电池负极材料的应用前景。

Xu等[130]通过一步水热法合成了NG片上生长单分散SnO_2纳米棒的复合材料，并用于储锂性能的研究。均匀的复合物具有高氮含量和超细纳米棒结构(2.5~4.0nm的直径和10~15nm的长度)，由于GS和SnO_2及氮掺杂的协同效应，能极大降低锂离子穿过吡啶型缺陷的能垒和改善电子结构，显示了作为锂电负极材料的高的可逆比容量、优异的倍率性能和循环稳定性(803mA·h·g^{-1})。

Jeong等[131]通过等离子体处理研发了基于氮掺杂石墨烯的超级电容器，其电容约280Fg^{-1}，比PG基电极约高4倍，展示出优异的循环寿命(>200000)、高功率容量及与柔性基板的兼容性。Qiu等[132]加热氮化*r*GO片，由于C—N键合基团和氮掺杂使得石墨烯网络复原，产生高导电性(1000~3000S·m^{-1})的NG片。甚至无需碳添加物，由NG电极组成的超级电容器在0~4V高电压范围具有显著的能量密度和功率密度。

Gopalakrishnan等[59]研究了利用尿素作为氮源，微波合成高度氮掺杂(约18%（质量分数)）GO，在6M的KOH电解液中没有任何黏结剂或碳添加物，进行了循环伏安(CV)、恒电流充放电曲线、电化学阻抗谱(EIS)的电化学性能测试。NGO样品的CV测试以扫速20mV·s^{-1}进行，每个电极具有约2mg的样品负载量，如图10.49(a)所示。

甚至在高扫速下CV曲线保持矩形，显示优异的电荷存储特性，为理想的超级电容器类型。而NGO-3(GO、NGO-1、NGO-2、NGO-3的合成细节，参考文献[59])在5mV·s^{-1}下具有最大容量461F·g^{-1}。NGO-3电极在扫速为100mV·s^{-1}、80mV·s^{-1}、40mV·s^{-1}、20mV·s^{-1}和10mV·s^{-1}下的比容量数值分别为

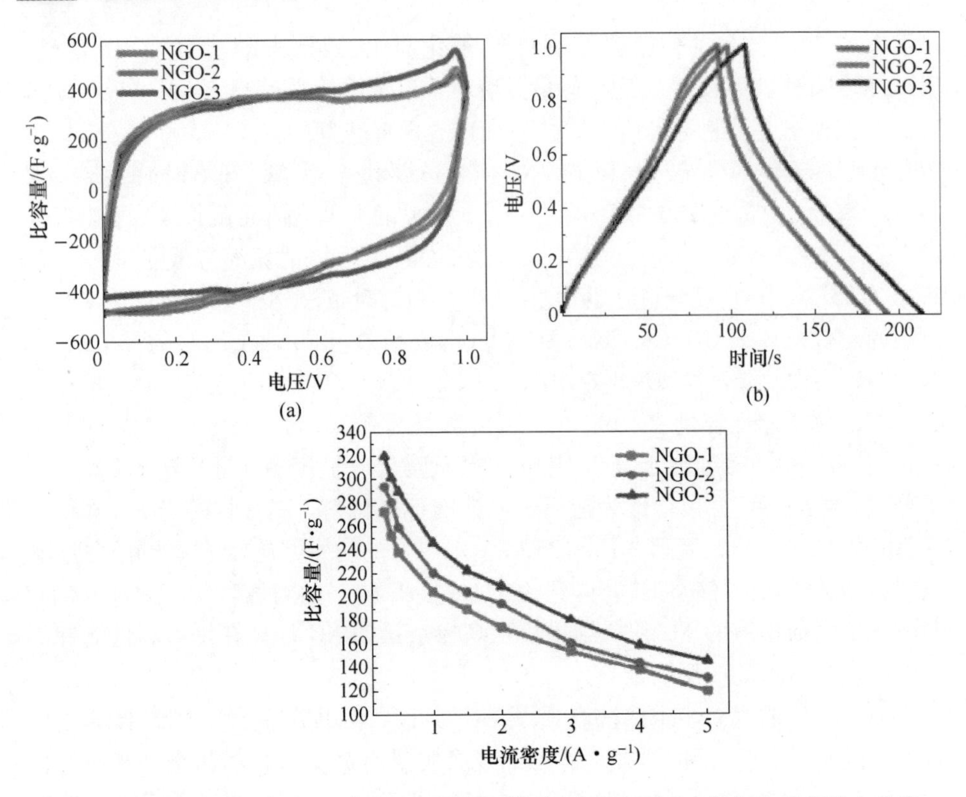

图 10.49 (a)扫速 20mV · s^{-1}时 NGO 的循环伏安图;(b)NGO 电极恒电流充放电曲线 (0.5mA · g^{-1});(c)不同放电电流下的比容量变化图(经许可引自文献[59], 版权©2013,英国皇家化学学会)

338F · g^{-1}、349F · g^{-1}、380F · g^{-1}、401F · g^{-1}和 434F · g^{-1}。在 5mV · s^{-1}下, GO、NGO-1、NGO-2 的比容量值分别为 10F · g^{-1}、438F · g^{-1}和442F · g^{-1}。NGO 样品的恒电流充放电曲线在电位窗口 0 ~ 1V 电流密度为0.5A · g^{-1}时进行测试,结果如图 10.49(b)所示。与其他两种材料比,NGO-3 在高电流密度与低电流密度时均具有更长的放电时间。所有电极的恒电流充放电曲线看起来近似对称,显示这些材料具有好的电化学电容特性。图 10.49(c)显示不同电流密度下来自放电曲线的比电容值,清晰看到三种材料的比容量随着电流密度增加而降低。NGO-3 的比容量在 0.3A · g^{-1}为 320F · g^{-1},NGO-1 和NGO-2分别为272F · g^{-1}和 293F · g^{-1}。EIS 是决定超级电容器性能的重要测试。图 10.50(a)显示频率范围从 100kHz 到 0.01Hz 的尼奎斯特曲线。

这些曲线显示优异的电容行为,如在低频区域具有近乎垂直的线。据知,斜率越高,双电层的形成越快。我们能清晰看到 NGO-3 的斜率比 NGO-1 或 NGO-2 大。图 10.50(a)内插图显示高频区域。观察到这些材料的小电荷转移电阻(C_t)。样品的等效串联电阻(ESRs)几乎相同,NGO-1、NGO-2、NGO-3 的数值分

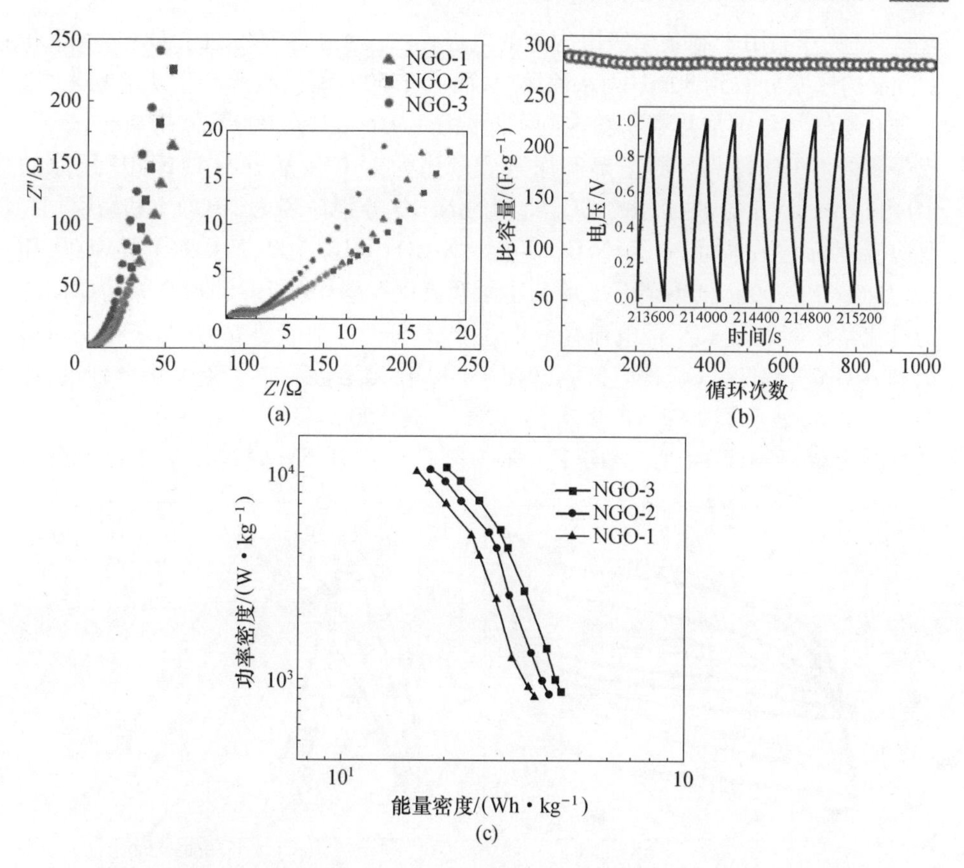

图 10.50　(a)NGO 电极的尼奎斯特曲线;(b)电流密度为 0.5A·g^{-1}和操作窗口为 0～1V 时 NGO-3 的循环次数和比容量的关系图,内插图显示 NGO-3 最后几圈的充放电曲线;(c)基于超级电容器的 NGO 的能量比较图（经许可引自文献[59],版权©2013,英国皇家化学学会）

别为 0.35Ω、0.36Ω 和 0.33Ω。ESR 数值与石墨型氮含量趋势一致。循环寿命是超级电容器应用的重要指标。因此,我们通过 0～1V 范围内在 0.5A·g^{-1}电流密度下恒电流充放电 1000 圈研究了 NGO-3 样品的循环寿命。NGO 显示较首次比容量仅有 2.7% 的容量损失,具有好的容量保持率。如图 10.50(b)内插图所示,最后数圈充放电循环与最初循环基本保持一致,显示其长循环稳定性。能量密度和功率密度是评价电化学超级电容器电力应用的重要参数。图 10.50(c)显示所有 NGO 电极的能量比较图,在 0.3～5A·g^{-1}不同的放电电流密度下计算得到的能量密度。NGO 系列样品的能量密度是很可观的,NGO-3 在 0.3A·g^{-1}电流密度时具有最高 44.4W·h·kg^{-1}的数值。NGO-1 和 NGO-2 分别在 0.3A·g^{-1}电流密度时具有 40.7W·h·kg^{-1}和 36.9W·h·kg^{-1}的能量密度。对NGO-3电极而言,其功率密度处于 852～10524W·kg^{-1}的范围。

通过两种不同方法合成的 N 掺杂还原型氧化石墨烯(NRGO)具有不同的氮

含量,这些样品用于制备超级电容器的电极[133]。通过将 30mg 的 *r*GO 或 HG 和 300mg 的尿素分散到 50mL 无水乙醇中,而后在 50℃蒸发乙醇产生灰色粉末,进一步在氮气气氛中加热粒状粉末到不同温度(从 600℃到 900℃保持 90min),形成最终的 N*r*GO 样品。石墨烯和尿素质量比为 1∶10。从 *r*GO I(NaBH 还原的 GO)和 *r*GO II(水合肼还原的 GO)得到的 N*r*GO 分别命名为 N*r*GO I 和N*r*GO II。反应温度标注在样品中为 N*r*GO I-600、N*r*GO(I/II)-700、N*r*GO(I/II)-800 和 N*r*GO(I/II)-900。氮掺杂石墨烯和还原型氧化石墨烯(NHG、N*r*GO I、N*r*GO II)的电化学性能通过 CV、恒电流充放电曲线、EIS 进行细节研究,并与未掺杂石墨烯和 *r*GO 进行对比。两种电极测试在 6M KOH 水溶液和离子液体中分别进行。图 10.51(a)显示了典型 *r*GO I 和 N*r*GO I(扫速 $100mV \cdot s^{-1}$,每根电极上约 8mg 的样品负载)的 CV 曲线。*r*GO I 由于含氧官能团其 CV 曲线显示法拉第赝电

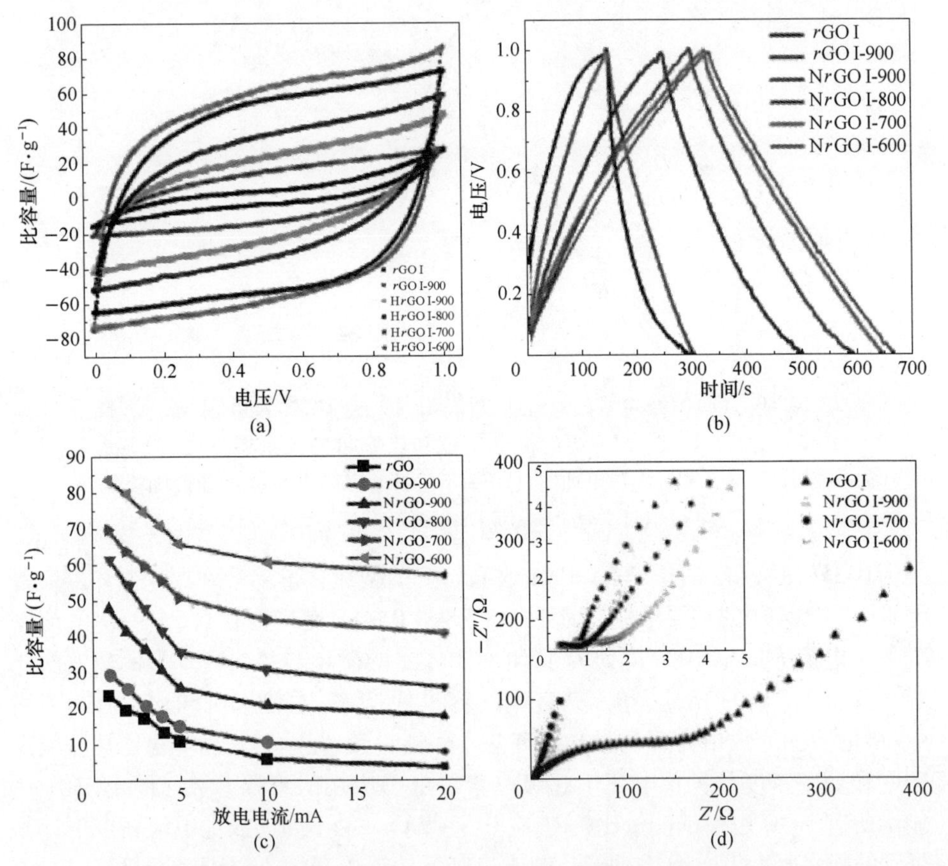

图 10.51 (a)不同温度制备 *r*GO I 和 N*r*GO I 的 CV 图(扫速 $100mV \cdot s^{-1}$);(b)*r*GO I 和 N*r*GO I 电极在 $60mA \cdot g^{-1}$ 恒电流充放电曲线;(c)比容量-放电电流图;(d)*r*GO I 和 N*r*GO I 电极的 *r*GO I 和 N*r*GO I 电极的尼奎斯特曲线

(经许可引自文献[133],版权©2013,Elsevier)

容,但当它在900℃加热后不再具有法拉第行为,这是因为多数含氧官能团被去除了。

掺氮样品随着含氮量增加其电容显著增加。含氮量为8.5%(质量分数)时在$100mV \cdot s^{-1}$扫速下,N*r*GO I-600电极具有$85F \cdot g^{-1}$的最大电容。此电极在扫速分别为$80mV \cdot s^{-1}$、$40mV \cdot s^{-1}$、$20mV \cdot s^{-1}$和$10mV \cdot s^{-1}$时的比电容分别为$89F \cdot g^{-1}$、$98F \cdot g^{-1}$、$110F \cdot g^{-1}$和$126F \cdot g^{-1}$。*r*GO I和N*r*GO I样品的恒电流充放电曲线在0~1V的电位窗口$60mA \cdot g^{-1}$的电流密度下进行测试,结果如图10.51(b)所示。放电时间随着氮含量的增高而增加。NG样品近乎对称的充放电曲线与理想的电化学双层电容器相似。在$60mA \cdot g^{-1}$时,*r*GO I和*r*GO I-900的比容量值分别为$24F \cdot g^{-1}$和$30F \cdot g^{-1}$,而N*r*GO I-900、N*r*GO I-800、N*r*GO I-700、N*r*GO I-600分别为$48F \cdot g^{-1}$、$59F \cdot g^{-1}$、$71F \cdot g^{-1}$和$84F \cdot g^{-1}$。图10.51(c)显示比容量与放电电流之间的关系。比容量随着放电电流的增大而减小。如图10.51(d)所示,*r*GO I的尼奎斯特曲线对应电极/电解液界面的电荷转移电阻,氮掺杂*r*GO I曲线在低频区域近乎垂直,斜率随着氮掺杂量的增加而增大。曲线斜率越大,电化学电池性能越接近理想电容器。高频区域放大数据如图10.51(d)内插图所示,揭示了N*r*GO电极比未掺杂石墨烯具有更小电阻。高频区域的尼奎斯特曲线显示小的ESR,对应*r*GO I的数值为0.70Ω。对应N*r*GO I-900、N*r*GO I-700、N*r*GO I-600的数值分别为0.67Ω、0.37Ω和0.29Ω。*r*GO II比容量也随着氮掺杂量的增加而增大,在扫速$100mV \cdot s^{-1}$时,*r*GO II和N*r*GO II-900的值分别为$37F \cdot g^{-1}$和$58F \cdot g^{-1}$。N*r*GO II-800和N*r*GO II-700在扫速$100mV \cdot s^{-1}$时容量值分别为$49F \cdot g^{-1}$和$46F \cdot g^{-1}$。

图10.52(a)显示放电电流与比容量的关系。比容量随着放电电流的增加而减小。图10.52(b)显示电化学阻抗谱。N*r*GO II-900与*r*GO II相比,具有更小的电荷转移电阻。高频区域放大的EIS数据如图10.52(b)的内插图所示,*r*GO II和N*r*GO II-900的ESR值分别为0.35Ω和0.21Ω。就N*r*GO I系列样品而言,N*r*GO I-600由于具有最高氮含量及大的表面积而具有最好的超级电容器性能。就N*r*GO II系列样品而言,900℃制备的样品具有最高氮掺杂量和表面积因此具有最佳值。N*r*GO I-600和N*r*GO II-900分别具有$14.1mF \cdot cm^{-2}$和$11.0mF \cdot cm^{-2}$的容量。通过在0~1V间在$0.5A \cdot g^{-1}$电流密度下进行重复的恒电流充放电测试1000圈,以研究N*r*GO I-600样品的长周期循环稳定性。1000圈循环后,容量基于初始容量降低了13%,显示优异的循环稳定性。在$60mA \cdot g^{-1}$电流密度下,得到$11.8W \cdot h \cdot kg^{-1}$最大的能量密度来自样品N*r*GO II-600。系统研究了氮含量和表面积的重要性。在$100mA \cdot g^{-1}$电流密度下,从恒电流充放电曲线得到HG(氢气气氛处理石墨烯)和NHG-900(氢气气氛氮化石墨烯)的比容量分别为$4F \cdot g^{-1}$和$15F \cdot g^{-1}$。HG和NHG的ESR值分别为0.27Ω和0.15Ω,可见氮化是提高性能的关键。水相中在$10mV \cdot s^{-1}$的扫速下,

NrGO I-600 具有 126F · g^{-1}的比容量；在离子液体中扫速 5mV · s^{-1}时，NrGO I-600 的比容量高达 258F · g^{-1}，并且离子液体将水相中 0 ~ 1V 的操作电压范围扩展到 0 ~ 2. 5V。

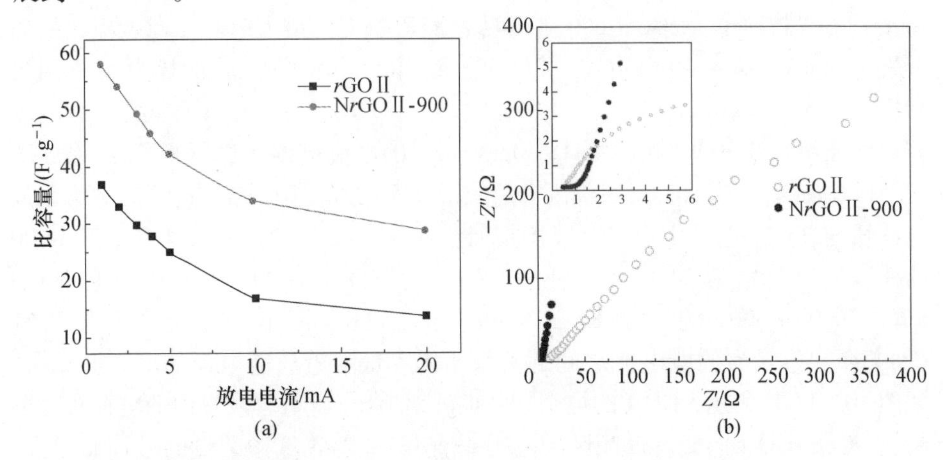

图 10. 52 (a)液体介质中比容量-放电电流关系图；(b)rGO II 和 NrGO II-900 电极的尼奎斯特曲线(经许可引自文献[133]，版权©2013，Elsevier)

Chen 等[134]综述了作为电化学电容器(EC)材料的石墨烯的发展，讨论了构造石墨烯基电极的策略。他们强调比表面积(SAA)、导电性、异质原子掺杂石墨烯片、电极的微纳结构控制石墨烯基 EC 的重要性。NG 作为高性能燃料电池电催化剂载体具有重要的应用前景。纵观 Pt 基催化剂的活性和耐用性，它们是通过直接电化学转化利用化学能的 ORR 电催化剂。然而，因为 Pt 的昂贵与稀少使其在清洁能源领域的大规模应用受限。最近在合成替 Pt 的高性能非贵金属催化剂(NPMCs)领域出现了重大突破，即利用来源广泛的元素比如铁、钴、氮、碳，具有替 Pt 的实际应用可能性。

Liang 等[135]报道了 Co_3O_4纳米晶生长在 rGO 和 NG 表面的复合材料，作为碱性溶液中高性能双功能 ORR 和 OER 催化剂。这些复合材料在碱性溶液中具有高 ORR 活性，与新制备的商业 Pt/C 催化剂相比，催化活性相当并且电极更稳定耐用。Co_3O_4/氮掺杂石墨烯异质材料具有 OER 催化活性，在碱液中具有高于 Pt/C 电极(20%(质量分数)的 Pt 混合 Vulcan XC-72 制得 Pt/C)的稳定性。Co_3O_4/氮掺杂微还原型氧化石墨烯(N-rmGO)复合材料中 Co_3O_4的含量约为 70%(质量分数)，与 Co_3O_4/rmGO 相比，具有更正的 ORR 峰电位和更高的峰电流(图 10. 53(a))。

旋转圆盘电极测试显示 Co_3O_4/rmGO 在 0. 1M 的 KOH 中的 ORR 动力学(图 10. 53(b))。它符合溶解氧浓度的一阶动力学规律，对不同电势下的 ORR 具有类似的电子转移数目(图 10. 53(b)内插图)。从 Koutecky-Levich 曲线的斜率计算得到的电子转移数目(n)在 0. 6 ~ 0. 75V 时约为 3. 9，说明 Co_3O_4/rmGO

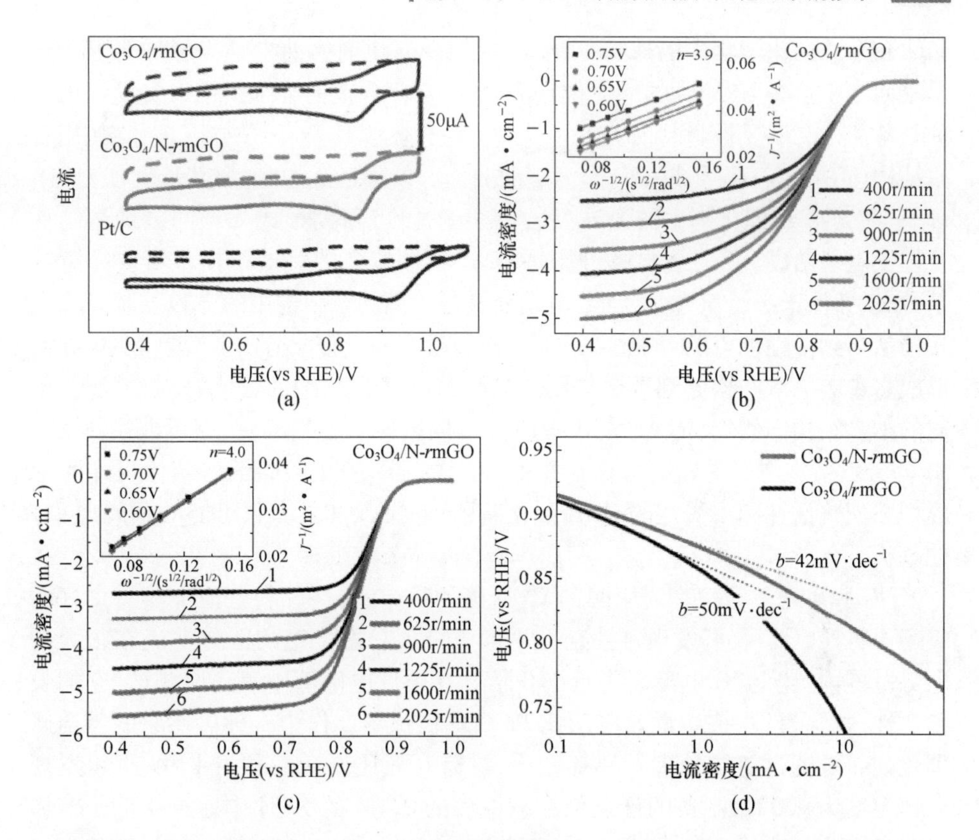

图 10.53 Co_3O_4/石墨烯复合物作为氧还原催化剂。(a)在 O_2 饱和(实线)或 Ar 饱和(虚线)的 0.1M KOH 溶液中 Co_3O_4/*r*mGO、Co_3O_4/N-*r*mGO、Pt/C 在玻碳电极上的 CV 图,所有样品催化剂负载量为 0.17mg · cm^{-2},在 O_2 饱和的 0.1M KOH 溶液中,扫速 5mV · s^{-1};(b)Co_3O_4/*r*mGO(负载量约 0.1mg · cm^{-2})和(c)Co_3O_4/N-*r*mGO 复合物(负载量约 0.1mg · cm^{-2})不同转速下旋转圆盘电极的伏安图,图(b)和图(c)的内插图显示不同电位下各自的 Koutecky-Levich 曲线($J^{-1}-\omega^{-1/2}$);(d)从对应 RDE 数据的传质矫正得到的 Co_3O_4/*r*mGO 和 Co_3O_4/N-*r*mGO 复合物的塔菲尔曲线(经许可复自文献[135],版权©2011,自然出版集团)

具有氧还原的 4 电子过程,与高性能商用 Pt/C 催化剂在同样 0.1M 的 KOH 电解液中测得的 ORR 催化数值(Pt/C 的 n 接近 4.0)相似。RDE 测试显示 0.60 ~ 0.75V 时的 4 电子转移过程(图 10.53(c))。在 1600rpm 转速下半波电位为 0.83V(图 10.53(c)),接近 Pt/C 电极(0.86V),略高于 Co_3O_4/*r*mGO 的电位(0.79V;图 10.53(b))。不含 Co_3O_4 的氮掺杂石墨烯(N-*r*mGO)只具有低电子转移的 ORR 活性。

Wu 和 Zelenay[136] 通过在 800 ~ 1000℃ 同时加热氮气、碳、过渡金属得到 M-N-C(M = Fe 和/或 Co)催化剂。制得催化剂的活性和耐受性极大程度取决于前驱体和合成的化学物质的选择。此外,它们受催化剂的纳米结构影响明显。化学家们基于这类 NPMCs 的活性位点的研究,从催化剂的纳米结构出发设计出一种制备活性和耐受性材料的方法。这种方法包括氮掺杂、原位碳石墨化、使用石墨结构(可能用石墨烯或 GO)作为碳前驱体。多种形式的氮,尤其是吡啶型和 4 价氮,在 M-N-C 催化剂中作为 n 型碳掺杂剂,可以帮助形成无序的碳纳米结构及提供电子给碳。CN_x结构极可能是 ORR 活性位点的关键所在。值得注意的是 ORR 活性未必受氮含量所控,但是受氮掺入到纳米结构中的方式控制。除去直接参与到活性位点的可能性,过渡金属经常在通过催化分解氮/碳前驱体原位形成多种碳纳米结构起到重要作用。控制 M-N-C 催化剂的合成过程,可制备不同的纳米结构。例如,能从 PANI 中原位形成氮掺杂石墨烯片,很可能由于 PANI 的芳香结构与石墨烯结构存在相似性。高度石墨化的碳纳米结构可作为形成增强催化活性和耐受性的 ORR 活化基团(包括氮和大多数可能的金属原子)的基板。

NG 膜可通过氨存在时甲醇的 CVD 法制得,在碱性燃料电池中具有良好的氧还原特性[41]。我们发现氮掺杂石墨烯电极上状态稳定的催化电流在很大的电势范围内,比 Pt/C 电极高了近乎 3 倍。在碱性电解液中氧还原测试,它的长稳定性、抗穿透性、抗中毒效应均比 Pt/C 电极优异。作为一种氧还原的零金属催化剂,NG 通过氨热处理石墨烯合成,具有高氧还原活性和耐受性[137]。发现最佳温度为 900℃,制备的催化剂在氧饱和的 0.1M 的 KOH 中通过 4 电子转移过程具有非常高的 ORR 活性。负载量为 4.85μg · Pt · cm^{-2}的这类材料的电催化活性和耐受性与商业 Pt/C 可相比拟甚至更好。Chung 等以铁醋酸盐作为铁前驱体,氨腈作为氮源及混入 CNT,发展了简单、量产、单步法合成新型氮掺杂 CNT/NP 复合物 ORR 电催化剂的方法[138]。复合物具有碱性环境中任何 NPMCs 材料中最高的 ORR 活性。当负载量足够高时,这种催化剂胜过商用的 Pt 基催化剂。

Choi 等[139]通过热处理双氰胺和小于 1%(质量分数)量的过渡金属重新堆积氮掺杂的单层石墨烯,制备了用于酸性介质下增强电化学 ORR 测试的石墨烯衍生物催化剂。在 ORR 测试中,纯石墨烯具有相对可逆氢电极 0.58V 的开路电压,通过修饰电极开路电压可增至 0.9V,并在 0.75V 时具有 1.28mA · mg^{-1}的单位质量活性。通过 ORR 活性与重新堆叠的石墨烯层数之间的关系曲线,提出了数层堆积石墨烯比单层催化剂更利于 ORR 性质。随着石墨烯重堆层的增加,其边缘吡啶型氮含量并未减少,石墨烯衍生的催化剂展现了利于电子转移的石墨性质。Choi 等[140]为酸性介质的 ORR 应用研发了 NG,增加的 B 或 P 掺杂到 NG 中能增加 ORR 性能。NG 具有 0.84V 开路电位,在 0.75V 时具有 0.45mA · mg^{-1}的质量活性。硼氮掺杂(BNG)和磷氮掺杂石墨烯(PNG)分别显示了 0.86V 和 0.87V 的开路电位,以及 0.53mA · mg^{-1}和 0.80mA · mg^{-1}的质量活性,它们分别比 NG 高 1.2 和 1.8 倍。由于 B 和 P 掺杂降低了 ORR 过程中 H_2O_2的产量,在酸性介质中具有高于 Pt/C 电极的稳定性。由于增强的自旋密度的不对称性,石墨烯平面的电子转移,以及 B 或 P 掺杂使得石墨烯最高占据分子轨道(HOMO)与最低未占据分子轨道(LUMO)间带隙的减小,这些或许是 ORR 活性提高的原因。

Xue 等[141]制备了一种三维的 N-GF,并证明它作为染料敏化太阳能电池(DSSC)取代 Pt 还原 I_3^- 离子的非金属电催化剂,具有高达 7.07% 的能量转换效率。这个效率值在已报道的应用碳基非金属对电极的 DSSC 中处于较高的效率范围,与同样条件下 Pt 作为对电极的 DSSC 可相比拟。Wang 等[142]以氨为氮源利用水热还原 GO(利用哈莫斯法制得)制备了氮掺杂石墨烯(NDG)片,并作为 DSSC 对电极的催化剂用于还原 I_3^- 离子。在模拟太阳光的辐射下(AM,1.5),NDG 作为电极的 DSSC 具有 7.01% 的能量转换效率,与 Pt 电极构成的电池的效率相当。用场发射研究未掺杂石墨烯及在氢气气氛中利用弧放电法制备的 NG 和 BG 样品[143]。这些石墨烯样品展现低开启电压。NG 对应$10\mu A \cdot cm^{-2}$的发射电流密度显示 $0.6V \cdot \mu m^{-1}$的低开启电压。这些特性优于文献报道的其他类型的纳米材料。此外,石墨烯样品的发射电流在超过 3h 的时间内保持稳定。观察到的发射行为可利用石墨烯的纳米特征和共振隧穿现象加以解释。垂直排列的少层石墨烯(FLG)纳米片在裸 Si 基板上通过微波等离子体增强的 CVD 法合成,具有增强的稳定的场发射效应[144]。使用电子回旋共振等离子体进行氮气等离子体原位处理,产生多种接枝到 FLG 表面的含氮官能团。与原态 FLG 相比,氮气等离子体处理的 FLG 的场发射特性得到极大改善,在 $10\mu A \cdot cm^{-2}$电流密度下的开启电压从 $1.94V \cdot \mu m^{-1}$降低到 $1.0V \cdot \mu m^{-1}$。因此,原生 FLG 的场发射电流在$2.16V \cdot \mu m^{-1}$时为 $17\mu A \cdot cm^{-2}$,而氮掺杂 FLG 在$1.45V \cdot \mu m^{-1}$时可增至 $103\mu A \cdot cm^{-2}$。进一步,氮掺杂 FLG 样品在 10000s 后能保持起始电流的 94%,期间数值波动仅为(±10.7%。Long 等[145]发现通过高温氮化过程得到的 NGNS 可作为苯甲基醇有氧选择性氧化的零金属型催化剂。从活性结果得到较好的线性关系,推断石墨型 sp^2氮具有有氧氧化反应的催化活性。动力学分析表明氮掺杂石墨烯催化的有氧醇氧化通过 Langmuir-Hinshelwood 途径发生,具有 $(56.1 \pm 3.5) kJ \cdot mol^{-1}$苯甲醇氧化的中等活化能量,接近文献中报道的 Ru/Al_2O_3 催化的数值($51.4kJ \cdot mol^{-1}$)。

Xin 等[146]在氨气气氛中通过微波加热制得 NG。作为碳的同素异形体,石墨烯具有良好的微波吸收的能力,数分钟能达到较高温度,在氨气气氛中可实现 5.04% 的氮掺杂。作为比对,普通石墨烯(G)和 NG 用作 Pt 的负载材料以研究它们在燃料电池中潜在的应用。Pt/NG 催化剂比 Pt/G 在同条件下具有高的电化学活性表面积、MeOH 催化活性、抗 CO 中毒的耐受性。Some 等[147]制备了空气中高稳的磷掺杂 n 型石墨烯场效应晶体管(PDG-FET),并证明磷原子由于高的亲核性,其施与孤对电子的能力强于氮原子。这项研究主要证明 PDG-FET 比 NG FET 具有更稳定的 n 型半导体性质。Kwon 等[148]在铜基板上利用 CVD 结合气相沉积聚合的方法生长了聚吡咯转化成的氮掺杂的少层石墨烯(PPy-NDFLG),并将之转移到柔性基板上。进一步,抗血管内皮生长因子(anti-VEGF) RNA 适配子共轭的 PPy-NDFLG,集成到液相离子封闭的 FET 结构以制备高性能 VEGF 适配子基传感器。在结合分析物的检测中,观测到场诱导的高敏感性,最终实现前所未有的低浓度(100fM)靶向分子的识别。此外,适配传感器灵活实用,具有优异的可重复性、机械弯曲性及耐用性。

Gopalakrishnan 等[149]制备了 TiO_2 纳米粒子同纯石墨烯、BG 和 NG 的复合材料,并用于光催化吸附降解甲亚蓝(MB)和罗丹明 B(RB)这两种染料。MB 是一种良好的电子给体,具有低电离能,与缺电子 BG 作用明显,从而实现染料分子的快速降解。而 RB 并不是好的电子给体,它具有高电离能,与富电子的 NG 作用明显,促使其快速降解。

参考文献

[1] Geim, A. K. and Novoselov, K. S. (2007) *Nat. Mater.*, **6**, 183 - 191.

[2] Tung, V. C., Allen, M. J., Yang, Y., and Kaner, R. B. (2009) *Nat. Nanotechnol.*, **4**, 25 - 29.

[3] Robinson, J. T., Zalalutdinov, M., Baldwin, J. W., Snow, E. S., Wei, Z., Sheehan, P., and Houston, B. H. (2008) *Nano Lett.*, **8**, 3441 - 3445.

[4] Wu, J., Pisula, W., and Mullen, K. (2007) *Chem. Rev.*, **107**, 718 - 747.

[5] Novoselov, K. S., Geim, A. K., Morozov, S. V., Jiang, D., Zhang, Y., Dubonos, S. V., Grigorieva, I. V., and Firsov, A. A. (2004) *Science*, **306**, 666 - 669.

[6] Rao, C. N. R., Sood, A. K., Subrahmanyam, K. S., and Govindaraj, A. (2009) *Angew. Chem. Int. Ed.*, **48**, 7752 - 7777.

[7] Rao, C. N. R., Ramakrishna Matte, H. S. S., and Subrahmanyam, K. S. (2013) *Acc. Chem. Res.*, **46**, 149 - 159.

[8] Lv, R. and Terrones, M. (2012) *Mater. Lett.*, **78**, 209 - 218.

[9] Das, A., Pisana, S., Chakraborty, B., Piscanec, S., Saha, S. K., Waghmare, U. V., Novoselov, K. S., Krishnamurthy, H. R., Geim, A. K., Ferrari, A. C., and Sood, A. K. (2008) *Nat. Nanotechnol.*, **3**, 210 - 215.

[10] Zhang, Y. B., Tang, T. T., Girit, C., Hao, Z., Martin, M. C., Zettl, A., Crommie, M. F., Shen, Y. R., and Wang, F. (2009) *Nature*, **459**, 820 - 823.

[11] Santos, J. E., Peres, N. M. R., dos Santos, J. M. B. L., and Neto, A. H. C. (2011) *Phys. Rev. B*, **84**, 085430 - 085444.

[12] Miwa, R. H., Schmidt, T. M., Scopel, W. L., and Fazzio, A. (2011) *Appl. Phys. Lett.*, **99**, 163108 - 163110.

[13] Zhao, L. Y., He, R., Rim, K. T., Schiros, T., Kim, K. S., Zhou, H., Gutierrez, C., Chockalingam, S. P., Arguello, C. J., Palova, L., Nordlund, D., Hybertsen, M. S., Reichman, D. R., Heinz, T. F., Kim, P., Pinczuk, A., Flynn, G. W., and Pasupathy, A. N. (2011) *Science*, **333**,

999 – 1003.

[14] Yu, W. J., Liao, L., Chae, S. H., Lee, Y. H., and Duan, X. F. (2011) *Nano Lett.*, **11**, 4759 – 4763.

[15] Subrahmanyam, K. S., Panchakarla, L. S., Govindaraj, A., and Rao, C. N. R. (2009) *J. Phys. Chem. C*, **113**, 4257 – 4259.

[16] Panchakarla, L. S., Subrahmanyam, K. S., Saha, S. K., Govindaraj, A., Krishnamurthy, H. R., Waghmare, U. V., and Rao, C. N. R. (2009) *Adv. Mater.*, **21**, 4726 – 4730.

[17] Wei, D., Liu, Y., Wang, Y., Zhang, H., Huang, L., and Yu, G. (2009) *Nano Lett.*, **9**, 1752 – 1758.

[18] Li, X., Wang, H., Robinson, J. T., Sanchez, H., Diankov, G., and Dai, H. (2009) *J. Am. Chem. Soc.*, **131**, 15939 – 15944.

[19] Wang, X., Li, X., Zhang, L., Yoon, Y., Weber, P. K., Wang, H., Guo, J., and Dai, H. (2009) *Science*, **324**, 768 – 771.

[20] Das, B., Voggu, R., Rout, C. S., and Rao, C. N. R. (2008) *Chem. Commun.*, 5155 – 5157.

[21] Voggu, R., Das, B., Rout, C. S., and Rao, C. N. R. (2008) *J. Phys. Condens. Matter*, **20**, 472204 – 472208.

[22] Pisana, S., Lazzeri, M., Casiraghi, C., Novoselov, K. S., Geim, A. K., Ferrari, A. C., and Mauri, F. (2007) *Nat. Mater.*, **6**, 198 – 201.

[23] Gopalakrishnan, K., Moses, K., Dubey, P., and Rao, C. N. R. (2012) *J. Mol. Struct.*, **1023**, 2 – 6.

[24] Guan, L., Cui, L., Lin, K., Wang, Y. Y., Wang, X. T., Jin, F. M., He, F., Chen, X. P., and Cui, S. (2011) *Appl. Phys.* A, 102, 289 – 294.

[25] Li, M., Tang, N., Ren, W., Cheng, H., Wu, W., Zhong, W., and Du, Y. (2012) *Appl. Phys. Lett.*, **100**, 233112/1 – 233112/3.

[26] Huan, T. N., Van Khai, T., Kang, Y., Shim, K. B., and Chung, H. (2012) *J. Mater. Chem.*, **22**, 14756 – 14762.

[27] Park, S., Hu, Y., Hwang, J. O., Lee, E. -S., Casabianca, L. B., Cai, W., Potts, J. R., Ha, H. -W., Chen, S., Oh, J., Kim, S. O., Kim, Y. -H., Ishii, Y., and Ruoff, R. S. (2012) *Nat. Commun.*, **3**, 1643/1 – 1643/8.

[28] Jeon, I. -Y., Yu, D. -S., Bae, S. -Y., Choi, H. -J., Chang, D. -W., Dai, L. -M., and Baek, J. -B. (2011) *Chem. Mater.*, **23**, 3987 – 3992.

[29] Chang, D. W., Lee, E. K., Park, E. Y., Yu, H., Choi, H. J., Jeon, I. -Y., Sohn, G. -J., Shin, D., Park, N., Oh, J. H., Dai, L., and Baek, J. -B. (2013) *J. Am. Chem. Soc.*, **135**, 8981 – 8988.

[30] Deng, D., Pan, X., Yu, L., Cui, Y., Jiang, Y., Qi, J., Li, W. -X., Fu, Q., Ma, X., Xue, Q., Sun, G., and Bao, X. (2011) *Chem. Mater.*, **23**, 1188 – 1193.

[31] Long, D., Li, W., Ling, L., Jin, M., Mochida, I., and Yoon, S. -H. (2010) *Langmuir*, **26**, 16096 – 16102.

[32] Hassan, F. M., Chabot, V., Li, J., Kim, B. K., Ricardez-Sandoval, L., and Yu, A. (2013) *J. Mater. Chem. A*, **1**, 2904 – 2912.

[33] Sun, L., Wang, L., Tian, C., Tan, T., Xie, Y., Shi, K., Li, M., and Fu, H. (2012) *RSC Adv.*, **2**, 4498 – 4506.

[34] Wu, J., Zhang, D., Wang, Y., and Hou, B. (2013) *J. Power Sources*, **227**, 185 – 190.

[35] Guo, H. -L., Su, P., Kang, X., and Ning, S. -K. (2013) *J. Mater. Chem. A*, **1**, 2248 – 2255.

[36] Zhang, Y., Fugane, K., Mori, T., Niu, L., and Ye, J. (2012) *J. Mater. Chem.*, **22**, 6575 – 6580.

[37] Lee, J. W. , Ko, J. M. , and Kim, J. -D. (2012) *Electrochim. Acta*, **85**, 459 - 466.

[38] Geng, D. , Hu, Y. , Li, Y. , Li, R. , and Sun, X. (2012) *Electrochem. Commun.* ,**22**, 65 - 68.

[39] Qian, W. , Cui, X. , Hao, R. , Hou, Y. , and Zhang, Z. (2011) *ACS Appl. Mater. Interfaces*, **3**, 2259 - 2264.

[40] Cao, H. , Zhou, X. , Qin, Z. , and Liu, Z. (2013) *Carbon*, **56**, 218 - 223.

[41] Qu, L. , Liu, Y. , Baek, J. -B. , and Dai, L. (2010) *ACS Nano*, **4**, 1321 - 1326.

[42] Dai, G. -P. , Zhang, J. -M. , and Deng, S. (2011) *Chem. Phys. Lett.* , **516**, 212 - 215.

[43] Luo, Z. , Lim, S. , Tian, Z. , Shang, J. , Lai, L. , MacDonald, B. , Fu, C. , Shen, Z. , Yu, T. , and Lin, J. (2011) *J. Mater. Chem.* , **21**, 8038 - 8044.

[44] Gao, H. , Song, L. , Guo, W. , Huang, L. , Yang, D. , Wang, F. , Zuo, Y. , Fan, X. , Liu, Z. , Gao, W. , Vajtai, R. , Hackenberg, K. , and Ajayan, P. M. (2012) *Carbon*, **50**, 4476 - 4482.

[45] Reddy, A. L. M. , Srivastava, A. , Gowda, S. R. , Gullapalli, H. , Dubey, M. , and Ajayan, P. M. (2010) *ACS Nano*, **4**, 6337 - 6342.

[46] Cui, T. , Lv, R. , Huang, Z. -H. , Zhu, H. , Kang, F. , Wang, K. , and Wu, D. (2012) *Carbon*, **50**, 3659 - 3665.

[47] Lv, R. , Li, Q. , Botello-Mendez, A. R. , Hayashi, T. , Wang, B. , Berkdemir, A. , Hao, Q. , Elias, A. L. , Cruz-Silva, R. , Gutierrez, H. R. , Kim, Y. A. , Muramatsu, H. , Zhu, J. , Endo, M. , Terrones, H. , Charlier, J. -C. , Pan, M. , and Terrones, M. (2012) *Sci. Rep.* , **2**, 1 - 8.

[48] Jin, Z. , Yao, J. , Kittrell, C. , and Tour, J. M. (2011) *ACS Nano*, **5**, 4112 - 4117.

[49] Imamura, G. and Saiki, K. (2011) *J. Phys. Chem. C*, **115**, 10000 - 10005.

[50] Koch, R. J. , Weser, M. , Zhao, W. , Viñes, F. , Gotterbarm, K. , Kozlov, S. M. , H fert, O. , Ostler, M. , Papp, C. , Gebhardt, J. , Steinr ck, H. -P. , G rling, A. , and Seyller, T. (2012) *Phys. Rev. B: Condens. Matter*, **86**, 075401/1 - 075401/6.

[51] Xue, Y. , Wu, B. , Jiang, L. , Guo, Y. , Huang, L. , Chen, J. , Tan, J. , Geng, D. , Luo, B. , Hu, W. , Yu, G. , and Liu, Y. (2012) *J. Am. Chem. Soc.* , **134**, 11060 - 11063.

[52] Lin, Z. , Waller, G. H. , Liu, Y. , Liu, M. , and Wong, C. -P. (2013) *Nano Energy*, **2**, 241 - 248.

[53] Usachov, D. , Vilkov, O. , Gr¤uneis, A. , Haberer, D. , Fedorov, A. , Adamchuk, V. K. , Preobrajenski, A. B. , Dudin, P. , Barinov, A. , Oehzelt, M. , Laubschat, C. , and Vyalikh, D. V. (2011) *Nano Lett.* , **11**, 5401 - 5407.

[54] Xu, Z. , Li, H. , Yin, B. , Shu, Y. , Zhao, X. , Zhang, D. , Zhang, L. , Li, K. , Hou, X. , and Lu, J. (2013) *RSC Adv.* , **3**, 9344 - 9351.

[55] Sheng, Z. -H. , Shao, L. , Chen, J. -J. , Bao, W. -J. , Wang, F. -B. , and Xia, X. -H. (2011) *ACS Nano*, **5**, 4350 - 4358.

[56] Lin, Z. , Song, M. -K. , Ding, Y. , Liu, Y. , Liu, M. , and Wong, C. -P. (2012) *Phys. Chem. Chem. Phys.* , **14**, 3381 - 3387.

[57] Li, S. -M. , Yang, S. -Y. , Wang, Y. -S. , Lien, C. -H. , Tien, H. -W. , Hsiao, S. -T. , Liao, W. -H. , Tsai, H. -P. , Chang, C. -L. , Ma, C. -C. M. , and Hu, C. -C. (2013) *Carbon*, **59**, 418 - 429.

[58] Parvez, K. , Yang, S. , Hernandez, Y. , Winter, A. , Turchanin, A. , Feng, X. , and Muellen, K. (2012) *ACS Nano*,**6**, 9541 - 9550.

[59] Gopalakrishnan, K. , Govindaraj, A. , and Rao, C. N. R. (2013) *J. Mater. Chem. A*, **1**, 7563 - 7565.

[60] Li, X. H. , Kurasch, S. , Kaiser, U. , and Antonietti, M. (2012) *Angew. Chem. Int. Ed.* , **51**, 9689 - 9692.

[61] Sun, Z. , Yan, Z. , Yao, J. , Beitler, E. , Zhu, Y. , and Tour, J. M. (2010) *Nature (London)*, 468,

549 – 552.

[62] Lin, Z., Waller, G., Liu, Y., Liu, M., and Wong, C.-P. (2012) *Adv. Energy Mater.*, **2**, 884 – 888.

[63] Feng, L., Chen, Y., and Chen, L. (2011) *ACS Nano*, **5**, 9611 – 9618.

[64] Zhang, C., Fu, L., Liu, N., Liu, M., Wang, Y., and Liu, Z. (2011) *Adv. Mater.*, **23**, 1020 – 1024.

[65] Yan, Z., Peng, Z.-W., Sun, Z.-Z., Yao, J., Zhu, Y., Liu, Z., Ajayan, P. M., and Tour, J. M. (2011) *ACS Nano*, **5**, 8187 – 8192.

[66] Vinayan, B. P., Nagar, R., Rajalakshmi, N., and Ramaprabhu, S. (2012) *Adv. Funct. Mater.*, **22**, 3519 – 3526.

[67] Chandra, V., Yu, S. U., Kim, S. H., Yoon, Y. S., Kim, D. Y., Kwon, A. H., Meyyappan, M., and Kim, K. S. (2012) *Chem. Commun. (Cambridge, UK)*, **48**, 735 – 737.

[68] Sun, Y., Li, C., and Shi, G. (2012) *J. Mater. Chem.*, **22**, 12810 – 12816.

[69] Lin, Z., Waller, G. H., Liu, Y., Liu, M., and Wong, C.-P. (2013) *Carbon*, **53**, 130 – 136.

[70] Lai, L., Potts, J. R., Zhan, D., Wang, L., Poh, C. K., Tang, C., Gong, H., Shen, Z., Lin, J., and Ruoff, R. S. (2012) *Energy Environ. Sci.*, **5**, 7936 – 7942.

[71] Wen, Z., Wang, X., Mao, S., Bo, Z., Kim, H., Cui, S., Lu, G., Feng, X., and Chen, J. (2012) *Adv. Mater. (Weinheim)*, **24**, 5610 – 5616.

[72] Hwang, H., Joo, P., Kang, M. S., Ahn, G., Han, J. T., Kim, B.-S., and Cho, J. H. (2012) *ACS Nano*, **6**, 2432 – 2440.

[73] Palaniselvam, T., Aiyappa, H. B., and Kurungot, S. (2012) *J. Mater. Chem.*, **22**, 23799 – 23805.

[74] Unni, S. M., Devulapally, S., Karjule, N., and Kurungot, S. (2012) *J. Mater. Chem.*, **22**, 23506 – 23513.

[75] Saleh, M., Chandra, V., Christian, K. K., and Kim, K. S. (2013) *Nanotechnology*, **24**, 255702/1 – 255702/8.

[76] You, B., Wang, L., Yao, L., and Yang, J. (2013) *Chem. Commun. (Cambridge)*, **49**, 5016 – 5018.

[77] Chen, P., Yang, J.-J., Li, S.-S., Wang, Z., Xiao, T.-Y., Qian, Y.-H., and Yu, S.-H. (2013) *Nano Energy*, **2**, 249 – 256.

[78] Wu, Z.-S., Yang, S., Sun, Y., Parvez, K., Feng, X., and Muellen, K. (2012) *J. Am. Chem. Soc.*, **134**, 9082 – 9085.

[79] He, C., Li, Z., Cai, M., Cai, M., Wang, J.-Q., Tian, Z., Zhang, X., and Shen, P. K. (2013) *J. Mater. Chem. A*, **1**, 1401 – 1406.

[80] Zhao, Y., Hu, C., Hu, Y., Cheng, H., Shi, G., and Qu, L. (2012) *Angew. Chem. Int. Ed.*, **51**, 11371 – 11375.

[81] Luo, X., Yang, J., Liu, H., Wu, X., Wang, Y., Ma, Y., Wei, S.-H., Gong, X., and Xiang, H. (2011) *J. Am. Chem. Soc.*, **133**, 16285 – 16290.

[82] Kim, Y. A., Fujisawa, K., Muramatsu, H., Hayashi, T., Endo, M., Fujimori, T., Kaneko, K., Terrones, M., Behrends, J., Eckmann, A., Casiraghi, C., Novoselov, K. S., Saito, R., and Dresselhaus, M. S. (2012) *ACS Nano*, **6**, 6293 – 6300.

[83] Sheng, Z.-H., Gao, H.-L., Bao, W.-J., Wang, F.-B., and Xia, X.-H. (2012) *J. Mater. Chem.*, **22**, 390 – 395.

[84] Li, X., Fan, L., Li, Z., Wang, K., Zhong, M., Wei, J., Wu, D., and Zhu, H. (2012) *Adv. Energy Mater.*, **2**, 425 – 429.

[85] Cattelan, M., Agnoli, S., Favaro, M., Garoli, D., Romanato, F., Meneghetti, M., Barinov, A., Dudin, P., and Granozzi, G. (2013) *Chem. Mater.*, **25**, 1490 - 1495.

[86] Gebhardt, J., Koch, R. J., Zhao, W., Hoefert, O., Gotterbarm, K., Mammadov, S., Papp, C., Goerling, A., Steinrueck, H.-P., and Seyller, T. (2013) *Phys. Rev. B: Condens. Matter*, **87**, 155437/1 - 155437/9.

[87] Wang, H., Zhou, Y., Wu, D., Liao, L., Zhao, S., Peng, H., and Liu, Z. (2013) *Small*, **9**, 1316 - 1320.

[88] Lue, X., Wu, J., Lin, T., Wan, D., Huang, F., Xie, X., and Jiang, M. (2011) *J. Mater. Chem.*, **21**, 10685 - 10689.

[89] Khai, T. V., Na, H. G., Kwak, D. S., Kwon, Y. J., Ham, H., Shim, K. B., and Kim, H. W. (2012) *Chem. Eng. J. (Amsterdam)*, **211**, 369 - 377.

[90] Han, J., Zhang, L., Lee, S., Oh, J., Lee, K.-S., Potts, J. R., Ji, J., Zhao, X., Ruoff, R. S., and Park, S. (2013) *ACS Nano*, **7**, 19 - 26.

[91] Dou, C., Saito, S., Matsuo, K., Hisaki, I., and Yamaguchi, S. (2012) *Angew. Chem. Int. Ed.*, **51**, 12206 - 12210.

[92] Tang, Y.-B., Yin, L.-C., Yang, Y., Bo, X.-H., Cao, Y.-L., Wang, H.-E., Zhang, W.-J., Bello, I., Lee, S.-T., Cheng, H.-M., and Lee, C.-S. (2012) *ACS Nano*, **6**, 1970 - 1978.

[93] Pham, V. H., Hur, S. H., Kim, E. J., Kim, B. S., and Chung, J. S. (2013) *Chem. Commun. (Cambridge, UK)*, **49**, 6665 - 6667.

[94] Wu, T., Shen, H., Sun, L., Cheng, B., Liu, B., and Shen, J. (2012) *New J. Chem.*, **36**, 1385 - 1391.

[95] Bepete, G., Voiry, D., Chhowalla, M., Chiguvare, Z., and Coville, N. J. (2013) *Nanoscale*, **5**, 6552 - 6557.

[96] Lin, T.-W., Su, C.-Y., Zhang, X.-Q., Zhang, W., Lee, Y.-H., Chu, C.-W., Lin, H.-Y., Chang, M.-T., Chen, F.-R., and Li, L.-J. (2012) *Small*, **8**, 1384 - 1391.

[97] Levendorf, M. P., Kim, C.-J., Brown, L., Huang, P. Y., Havener, R. W., Muller, D. A., and Park, J. (2012) *Nature (London)*, **488**, 627 - 632.

[98] Ci, L., Song, L., Jin, C., Jariwala, D., Wu, D., Li, Y., Srivastava, A., Wang, Z. F., Storr, K., Balicas, L., Liu, F., and Ajayan, P. M. (2010) *Nat. Mater.*, **9**, 430 - 435.

[99] Fan, X., Shen, Z., Liu, A. Q., and Kuo, J.-L. (2012) *Nanoscale*, **4**, 2157 - 2165.

[100] Chang, C.-K., Kataria, S., Kuo, C.-C., Ganguly, A., Wang, B.-Y., Hwang, J.-Y., Huang, K.-J., Yang, W.-H., Wang, S.-B., Chuang, C.-H., Chen, M., Huang, C.-I., Pong, W.-F., Song, K.-J., Chang, S.-J., Guo, J.-H., Tai, Y., Tsujimoto, M., Isoda, S., Chen, C.-W., Chen, L.-C., and Chen, K.-H. (2013) *ACS Nano*, **7**, 1333 - 1341.

[101] Xu0065, Y., Yu, D., Dai, L., Wang, R., Li, D., Roy, A., Lu, F., Chen, H., Liu, Y., and Qu, J. (2013) *Phys. Chem. Chem. Phys.*, **15**, 12220 - 12226.

[102] Zheng, Y., Jiao, Y., Ge, L., Jaroniec, M., and Qiao, S. Z. (2013) *Angew. Chem. Int. Ed.*, **52**, 3110 - 3116.

[103] Wu, Z.-S., Winter, A., Chen, L., Sun, Y., Turchanin, A., Feng, X., and Muellen, K. (2012) *Adv. Mater. (Weinheim)*, **24**, 5130 - 5135.

[104] Li, X.-H. and Antonietti, M. (2013) *Angew. Chem. Int. Ed.*, **52**, 4572 - 4576.

[105] Kumar, N., Moses, K., Pramoda, K., Shirodkar, S. N., Mishra, A. K., Waghmare, U. V., Sundaresan, A., and Rao, C. N. R. (2013) *J. Mater. Chem. A*, **1**, 5806 - 5821.

[106] Dai, J. Y., Yuan, J. M., and Giannozzi, P. (2009) *Appl. Phys. Lett.*, **95**, 232105 - 232107.

[107] Zou, Y., Li, F., Zhu, Z. H., Zhao, M. W., Xu, X. G., and Su, X. Y. (2011) *Eur. Phys. J. B*, **81**, 475 - 479.

[108] Wehling, T. O., Novoselov, K. S., Morozov, S. V., Vdovin, E. E., Katsnelson, M. I., Geim, A. K., and Lichtenstein, A. I. (2008) *Nano Lett.*, **8**, 173 - 177.

[109] Kasry, A., Kuroda, M. A., Martyna, G. J., Tulevski, G. S., and Bol, A. A. (2010) *ACS Nano*, **4**, 3839 - 3844.

[110] Yang, S., Zhi, L., Tang, K., Feng, X., Maier, J., and Muellen, K. (2012) *Adv. Funct. Mater.*, **22**, 3634 - 3640.

[111] Yan, Y., Yin, Y. -X., Xin, S., Guo, Y. -G., and Wan, L. -J. (2012) *Chem. Commun. (Cambridge, UK)*, **48**, 10663 - 10665.

[112] Choi, C. H., Chung, M. W., Jun, Y. J., and Woo, S. I. (2013) *RSC Adv.*, **3**, 12417 - 12422.

[113] Poh, H. L., Simek, P., Sofer, Z., and Pumera, M. (2013) *ACS Nano*, **7**, 5262 - 5272.

[114] Yang, Z., Yao, Z., Li, G., Fang, G., Nie, H., Liu, Z., Zhou, X., Chen, X., and Huang, S. (2012) *ACS Nano*, **6**, 205 - 211.

[115] Liang, J., Jiao, Y., Jaroniec, M., and Qiao, S. Z. (2012) *Angew. Chem. Int. Ed.*, **51**, 11496 - 11500.

[116] Li, Y., Wang, J., Li, X., Geng, D., Banis, M. N., Tang, Y., Wang, D., Li, R., Sham, T. -K., and Sun, X. (2012) *J. Mater. Chem.*, **22**, 20170 - 20174.

[117] Li, R., Wei, Z., Gou, X., and Xu, W. (2013) *RSC Adv.*, **3**, 9978 - 9984.

[118] Liu, Z. -W., Peng, F., Wang, H. -J., Yu, H., Zheng, W. -X., and Yang, J. (2011) *Angew. Chem. Int. Ed.*, **50**, 3257 - 3261.

[119] Yao, Z., Nie, H., Yang, Z., Zhou, X., Liu, Z., and Huang, S. (2012) *Chem. Commun. (Cambridge, UK)*, **48**, 1027 - 1029.

[120] Niu, F., Liu, J. -M., Tao, L. -M., Wang, W., and Song, W. -G. (2013) *J. Mater. Chem. A*, **1**, 6130 - 6133.

[121] Denis, P. A. (2010) Chem. Phys. Lett., **492**, 251 - 257.

[122] Late, D. J., Ghosh, A., Subrahmanyam, K. S., Panchakarla, L. S., Krupanidhi, S. B., and Rao, C. N. R. (2010) *Solid State Commun.*, **150**, 734 - 738.

[123] Ao, Z. M., Yang, J., Li, S., and Jiang, Q. (2008) *Chem. Phys. Lett.*, **461**, 276 - 279.

[124] Ghosh, A., Late, D. J., Panchakarla, L. S., Govindaraj, A., and Rao, C. N. R. (2009) *J. Exp. Nanosci.*, **4**, 313 - 322.

[125] Wu, Z. -S., Ren, W., Xu, L., Li, F., and Cheng, H. -M. (2011) *ACS Nano*, **5**, 5463 - 5471.

[126] Wu, G., Mack, N. H., Gao, W., Ma, S., Zhong, R., Han, J., Baldwin, J. K., and Zelenay, P. (2012) *ACS Nano*, **6**, 9764 - 9776.

[127] Li, Y., Wang, J., Li, X., Geng, D., Banis, M. N., Li, R., and Sun, X. (2012) *Electrochem. Commun.*, **18**, 12 - 15.

[128] Zhang, K., Han, P., Gu, L., Zhang, L., Liu, Z., Kong, Q., Zhang, C., Dong, S., Zhang, Z., Yao, J., Xu, H., Cui, G., and Chen, L. (2012) *ACS Appl. Mater. Interfaces*, **4**, 658 - 664.

[129] Cai, D., Wang, S., Lian, P., Zhu, X., Li, D., Yang, W., and Wang, H. (2013) *Electrochim. Acta*, **90**, 492 - 497.

[130] Xu, C., Sun, J., and Gao, L. (2012) *Nanoscale*, **4**, 5425 - 5430.

[131] Jeong, H. M., Lee, J. W., Shin, W. H., Choi, Y. J., Shin, H. J., Kang, J. K., and Choi, J. W.

(2011) *Nano Lett.* , **11**, 2472 - 2477.

[132] Qiu, Y. , Zhang, X. , and Yang, S. (2011) *Phys. Chem. Chem. Phys.* , **13**, 12554 - 12558.

[133] Gopalakrishnan, K. , Moses, K. , Govindaraj, A. , and Rao, C. N. R. (2013) *Solid State Commun.* , **175**, 43 - 50.

[134] Chen, J. , Li, C. , and Shi, G. (2013) *J. Phys. Chem. Lett.* , **4**, 1244 - 1253.

[135] Liang, Y. , Li, Y. , Wang, H. , Zhou, J. , Wang, J. , Regier, T. , and Dai, H. (2011) *Nat. Mater.* , **10**, 780 - 786.

[136] Wu, G. and Zelenay, P. (2013) *Acc. Chem. Res.* , **46**, 1878 - 1889.

[137] Geng, D. , Chen, Y. , Chen, Y. , Li, Y. , Li, R. , Sun, X. , Ye, S. , and Knights, S. (2011) *Energy Environ. Sci.* , **4**, 760 - 764.

[138] Chung, H. T. , Won, J. H. , and Zelenay, P. (2013) *Nat. Commun.* , **4**. doi: 10. 1038/ncomms2944.

[139] Choi, C. H. , Chung, M. W. , Park, S. H. , and Woo, S. I. (2013) *RSC Adv.* , **3**, 4246 - 4253.

[140] Choi, C. H. , Chung, M. W. , Kwon, H. C. , Park, S. H. , and Woo, S. I. (2013) *J. Mater. Chem. A*, **1**, 3694 - 3699.

[141] Xue, Y. , Liu, J. , Chen, H. , Wang, R. , Li, D. , Qu, J. , and Dai, L. (2012) *Angew. Chem. Int. Ed.* , **51**, 12124 - 12127.

[142] Wang, G. , Xing, W. , and Zhuo, S. (2013) *Electrochim. Acta*, **92**, 269 - 275.

[143] Palnitkar, U. A. , Kashid, R. V. , More, M. A. , Joag, D. S. , Panchakarla, L. S. , and Rao, C. N. R. (2010) *Appl. Phys. Lett.* , **97**, 063102/1 - 063102/3.

[144] Soin, N. , Sinha, R. S. , Roy, S. , Hazra, K. S. , Misra, D. S. , Lim, T. H. , Hetherington, C. J. , and McLaughlin, J. A. (2011) *J. Phys. Chem. C*, **115**, 5366 - 5372.

[145] Long, J. , Xie, X. , Xu, J. , Gu, Q. , Chen, L. , and Wang, X. (2012) *ACS Catal.* , **2**, 622 - 631.

[146] Xin, Y. , Liu, J. -G. , Jie, X. , Liu, W. , Liu, F. , Yin, Y. , Gu, J. , and Zou, Z. (2012) *Electrochim. Acta*, **60**, 354 - 358.

[147] Some, S. , Kim, J. , Lee, K. , Kulkarni, A. , Yoon, Y. , Lee, S. M. , Kim, T. , and Lee, H. (2012) *Adv. Mater.* (*Weinheim*), **24**, 5481 - 5486.

[148] Kwon, O. S. , Park, S. J. , Hong, J. -Y. , Han, A. -R. , Lee, J. S. , Lee, J. S. , Oh, J. H. , and Jang, J. (2012) *ACS Nano*, **6**, 1486 - 1493.

[149] Gopalakrishnan, K. , Joshi, H. M. , Kumar, P. , Panchakarla, L. S. , and Rao, C. N. R. (2011) *Chem. Phys. Lett.* , **511**, 304 - 308.

第11章

层接层组装石墨烯基复合材料

Antonios Kouloumpis, Panagiota Zygouri, Konstantinos Dimos, Dimitrios Gournis

11.1 导　论

层接层(Layer-by-Layer, LbL)组装是开发多层膜的简便、廉价的技术[1-6]。然而,简单和低成本并不是LbL法在过去20年得到关注的唯一原因。LbL法的主要优势在于过程的多功能化、材料的普适性、最终纳米结构、厚度、功能化的可控性,多层膜层数具备调控预期的潜力[7-11]。因此,LbL组装被誉为重要的无条件限制的自下而上的纳米组装新技术[6]。

单层材料石墨烯被认为是奇妙的有前途的LbL组装材料的候选。如同近期的研究报道,通过LbL组装,材料优异的电子和机械性能可被修饰、调控或增强。制备的LbL石墨烯基复合膜普遍具有扩展或复合的特性,因此这类材料能作为中间层,主要用在电路、超级电容器、传感器等领域。

Langmuir-Blodgett技术是制备单层膜和多层石墨烯基薄膜最具前景的LbL方法之一。这种自下而上的方法使得单层厚度的精细控制和几乎在所有固体基板上的大面积均匀沉积成为可能[12]。尽管石墨烯纳米科学这一新兴领域的开发处在初期,研究却已实现了高品质单层或多层的成功制备及构造新颖的石墨烯复合物(在石墨烯基质上引入大量外来客体物质)的成功制备。

本章全面严谨地综述了近些年LbL和LB技术设计和制备新颖石墨烯基复合物的研究进展。并讨论了复合体系的结构、物理化学、电子、机械和摩擦特性,着重关注它们在电子学、传感器和离子电池等领域的潜在应用。

11.2 LbL石墨烯基复合膜

LbL技术通常基于分子/结构间的静电作用在基板上形成连续层。多年以来,许多具备 LbL 组装新意的灵活的合成途径和过程已被报道[10,11,13,14]。在典型的 LbL 合成过程中,基板被先后浸入两种相当高浓度的溶液中,形成连续层,中途对层进行清洗和稳定。整个过程根据需要多次重复;层的次序能通过添加成膜材料调整,以获得具有新特性的复杂、多组分纳米结构[6]。

为了构造石墨烯基复合膜,近期已开发多种 LbL 技术。这类技术多数基于聚电解质(PE)修饰的石墨烯片层,以得到带正或负电荷的层,以便它们能溶于水介质,进而通过浸入和吸附相关溶液制备多层膜。此外,其他 LbL 过程包括旋涂技术、热蒸发、溅射、电沉积、分子束外延生长、化学气相沉积等[15]。

11.2.1 电子学用复合薄膜

石墨烯的电子特性和透明性极其重要,文献中报道的多数 LbL 纳米复合结构的石墨烯基膜具有优异的相关特性。事实上,有关研究的主要目标是利用 LbL 组装制备高均匀度的石墨烯薄膜,尽可能低的薄膜以提供高的导电性,并满足至少 80% 光学透明度已达到技术应用的最低标准要求。石墨烯片层具有替换传统柔性显示器、触摸屏和太阳电池的铟锡氧化物(ITO)的潜在应用。方块电阻受层数限制,但计算得到单层石墨烯的本征方块电阻约为 $6k\Omega \cdot sq^{-1}$,与之相比 ITO 具有明显低的方块电阻(约 $10 \sim 20\Omega \cdot sq^{-1}$),因此需要发展功能化手段去极大地降低电阻值以实现石墨烯的最终应用。基于此,LbL 组装成为制备高非本征导电性的掺杂石墨烯多层结构极具前景的一类方法[16]。

Shen 等[13]于 2009 年首批报道了应用 PEs 修饰石墨烯片层而后用于 LbL 自组装的研究。石墨烯表面被聚丙烯酸(PAA)和聚丙烯酰胺(PAM)功能化,它们通过原位活性自由基聚合在石墨烯片层实现共价键的嫁接。功能化的石墨烯片层由于 PAA 产生负电荷层,而 PAM 产生正电荷层。这两类修饰的石墨烯材料形成稳定的水相分散液,随后它们在 LbL 自组装过程中,通过静电作用制成多层石墨烯结构。多种表征手段如扫描电子显微镜(SEM)、原子力显微镜(AFM)、UV-Vis 谱证明了具有均匀度和性能可控的膜材料的成功制备。即辅以制膜试剂的修饰,多功能 LbL 技术可值得合适的纳米结构,进而发掘出石墨烯非同凡响的特性。

一年后,Bae 及其合作者[17]报道了在柔性铜基板上以 CVD 法制备了大面积单层石墨烯片并实现其湿化学掺杂,而后通过 LbL 组装制备了具有优异光电性能的掺杂石墨烯基薄膜。制得薄膜片的方块电阻低至 $125\Omega \cdot sq^{-1}$,具有 97.4% 的透光率,显示出半整数的量子霍尔效应,具有高的品质。随后,单层膜被 LbL 组装堆叠构造出掺杂的四层膜,分别将之置于硅片聚对苯二甲酸乙二酯(PET)、石英等不同基板上。掺杂四层膜的方块电阻约为 $30\Omega \cdot sq^{-1}$,透明度约为 90%,优于 ITO 这类商业透明电极。此外,制备的薄膜可实际应用,如构造了石墨烯电极用于组成可承受高压力的全功能触屏面板。为了安装这类应用型器件,大面积的透明石墨烯薄膜被转移到35英寸的PET片上,银浆电极图案化到石墨烯/PET薄膜上,形成了全功能组装的超柔性石墨烯/PET触屏面板,通过可控软件接入计算机。

Li等[18]通过GO纳米片、Keggin型多金属含氧团簇和磷钨酸盐($H_3PW_{12}O_{40}$,PW)的LbL静电共组装,制备了先进的多层膜结构。可在不同基板如石英玻璃、硅片、柔性聚合物上成膜。利用聚乙撑亚胺(PEI)/PW双层作为前驱膜,提前功能化基板,随后在修饰的基板上沉积不同层数的PAH/GO/PAH/PW构造GO-PW多层膜,这里GO纳米片和PW丛簇被层状聚烯丙胺盐酸盐(PAH)相连(图11.1),而阳离子PE PEI和PAH均作为静电连接剂。

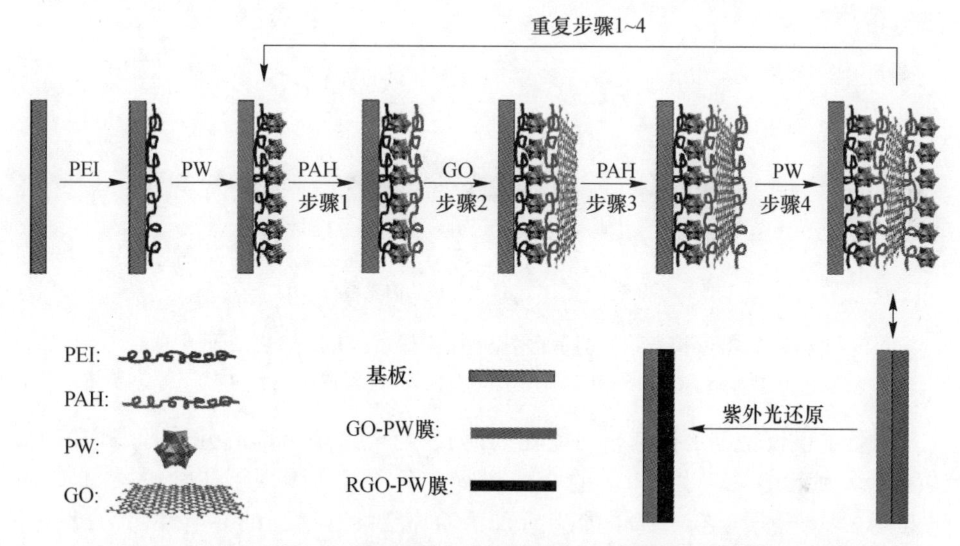

图11.1 制备rGO-PW多层膜的示意图,包括GO纳米片及PW的LbL组装,使用阴离子聚电解质PEI和PAH作为静电连接剂,随后光还原将GO转化为rGO(经许可引自文献[18])

膜中PW层存在GO层的两端,旨在实现GO含氧基团和PW丛簇间的有效作用,利于光激发的PW向GO转移电子。因此,紫外辐射下,辅以PW丛簇的光催化,可实时有效地还原GO成为还原型氧化石墨烯(rGO)。从而,温和且环境友好的光还原法可用于rGO片和形貌高度均匀、厚度可控的大面积石墨烯基复合膜的制备。此外,利用复合膜制备了薄膜场效应晶体管(FET),具有典型双极性特征和良好的电子空穴传输性能。晶体管的开/关电流比和电荷载流子的迁移率取决于沉积的层数,能被简单调控。值得注意的是,如果用光掩膜在薄膜上制备图案化导电rGO畴,能作为光检测器件的高效微电极。这样,可预见地引入不同功能的多金属氧酸盐,可制备新颖的多功能石墨烯基器件。最后,基于Li等提出的静电LbL共组装石墨烯片和多金属氧酸盐丛簇的步骤,能通过结合多金属氧酸盐丛簇的发光特性和石墨烯片层的电学响应,构造具有光学和电学输出的双功能逻辑门器件。

与 Li 等用多金属含氧簇合物相比，Güneş 及合作者[19]按照新提出的 LbL 法，借助 CVD 和随后的铸造用盐溶液，合成了先进的掺杂石墨烯基薄膜。大面积的石墨烯单层在铜片上通过 CVD 法合成，随后每层被转移到 PET 基板上。$AuCl_3$溶液旋涂其上，步骤重复数次以得到 LbL 掺杂型薄层（图 11.2）。

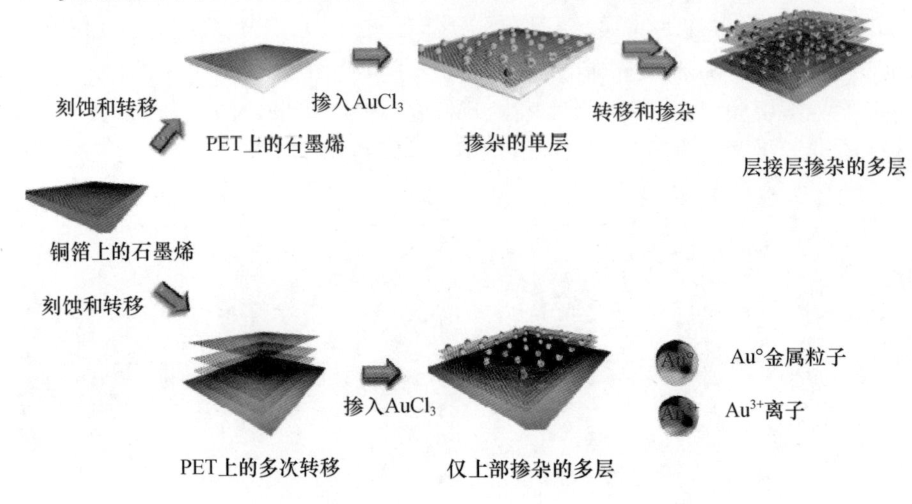

图 11.2 LbL 掺杂策略的示意图，上面步骤显示 LbL 掺杂，下面步骤显示上层掺杂，Au 原子和离子用不同颜色表示（经许可引自文献[19]）

制备了仅仅是上层被掺杂功能化的薄膜，与全掺杂修饰的且具有高均匀度的薄膜作为比较（参考图 11.2 的两种制备方案），前者展现了非常糟糕的环境稳定性。Au 粒子或 Au^{3+} 离子掺杂的石墨烯片层具有增强的导电性，其方块电阻降低 80%，透光率并未受明显影响。尤其是，大面积（$(11\times11)\,cm^2$）的 LbL 掺杂型四层石墨烯薄膜，具有 $54\Omega\cdot sq^{-1}$的方块电阻，在 550nm 波段下具有相当高的透过率（85%）；而原生石墨烯具有大的方块电阻 $725\Omega\cdot sq^{-1}$，在同样波长下的光透过率为 97.6%。制得的这些薄膜的特征组合，低的方块电阻和高透明度能满足工业应用如 LCD、薄膜太阳能电池、柔性触屏面板和电子纸张的技术需求。此外，石墨烯薄膜具有优异的折叠稳定性，与传统 ITO 透明导电膜相比，在柔性和延展性方面更为优越。综上所述，Güneş 等提出合成和转移步骤的改进能制备少缺陷高质量的薄膜，具有增强的性能。就大规模制备适于大尺寸显示器的均一大面积石墨烯薄膜，这类方法具有潜在应用。

不同于 Güneş 及其合作者使用 CVD 技术和旋涂法，Kong 等[14]通过真空抽滤和简单将膜浸入金的盐溶液，制备了金纳米颗粒（NP）层复合的石墨烯基薄膜。连续 n 次重复上述两步骤可形成 n 个石墨烯 – 金层的双层。具体步骤如下：通过真空抽滤步骤，石墨烯薄层被沉积在石英玻璃基板上。之后，薄膜被浸入 $HAuCl_4\cdot3H_2O$ 溶液中，金离子发生原位自发还原，形成 Au 纳米粒子。在石墨烯片层上产生金纳米粒子的自发还原过程的机理,很可能包括由于金离子和石墨烯间的相对电势差产生的电化学取代和氧化还原反应,同时带负电荷的石墨烯片层提供的电子也能促进此过程。因此,提出的制备复合石墨烯/金纳米粒子薄膜的 LbL 组装过程,不仅简单而且价廉、环境友好,没有还原剂或连接剂,制备得无杂质透明平台极具多种传感应用的潜力,包括作为 DNA 微阵列和用于细胞内基因调控的金 NP-寡聚核苷酸复合物的探针。

Wang 等[16]开展了石墨烯片层多修饰法的复杂研究,旨在优化其作为有机太阳能电池透明阳极的性能。在此背景下,发展了 LbL 直接转移石墨烯片层的方法,使得聚甲基丙烯酸乙酯(PMMA)薄膜免于残留杂质的污染。按照给出的方法,PMMA 单层旋涂在第一层石墨烯片上,接着被转移到其他铜片上第二个石墨烯层上,这两个石墨烯层在 120℃ 加热 10min,通过 π—π 键作用连接起来。接着刻蚀铜片,使得多层结构直接转移到第三个石墨烯片上,因此,制备了层间无任何杂质的纯石墨烯多层片,其上仅有的 PMMA 层利用丙酮可被除去。去除 PMMA 前,多层片也能被转移到其他基板如石英玻璃上。在转移过程中,单层被掺入 HCl,同时上层在去除 PMMA 后被掺入 HNO_3。形成的 LbL 组装掺杂的石墨烯多层展示了低至 $80\Omega \cdot sq^{-1}$ 的方块电阻,在 550nm 处光透过率为约为 90%,而传统 ITO 一般具有相当的方块电阻和 80% 光透过率,柔性 PET 则具有约 $100 \sim 300\Omega \cdot sq^{-1}$ 较高的方块电阻。

为了进一步得到高性能有机太阳能电池,利用 MoO_3 对上述薄膜进行额外修饰。石墨烯薄膜被约 20Å 厚蒸发沉积其上的 MoO_3 薄层覆盖,而后在上面铺展聚(3,4-乙烯二氧噻吩):聚苯乙烯磺酸盐(PEDOT:PSS)薄膜,最后得到的复合膜作为有机太阳能电池的阳极。基于此阳极的光伏(PV)器件构造如图 11.3 所示。此石墨烯基 PV 器件具有 2.5% 的能量转换效率(PCE),而基于 ITO 的对比器件 PCE 为 3%。它显示石墨烯基 PV 器件能达到 ITO 基 PV 器件约 83.3% 的 PCE。实验证明,基于石墨烯阳极的太阳能器件所有关键的 PV 参数与 ITO 阳极器件非常接近。

Hong 等[10]设计石墨烯基薄膜,研究它们的光电特性,并在可折叠印制电路板上使用它们。在石英基板上,通过聚烯丙胺(PAA)和聚苯乙烯磺酸(PSS)的连续成层法制膜。碳化过程中,PSS 层因为其固有的芳香性和高度有序结构被转换为石墨烯纳米片(GN),同时 PAA 层阻止了制备的 GN 的聚合,即 PSS 层提供碳源,PAA 层充当稳定结构的牺牲层。另外,LbL 组装时,使用的金属掺杂物(过渡金属)不仅辅助碳化过程,也在 PSS 层中同邻近磺酸基团形成离子交联,充当阻碍石墨烯薄膜团聚和收缩的支柱型试剂。在波长为 550nm 处,制备薄膜的光学透过率能通过厚度或层数加以调控。当厚度从 10nm 增加到 100nm 时,透光率从 92% 减至 71%。另外,薄膜的方块电阻随着膜厚增加而减小,最低方块电阻值为约为 $1.2k\Omega \cdot sq^{-1}$,对应约 71% 的透光率和的 100nm 薄膜。所有纳

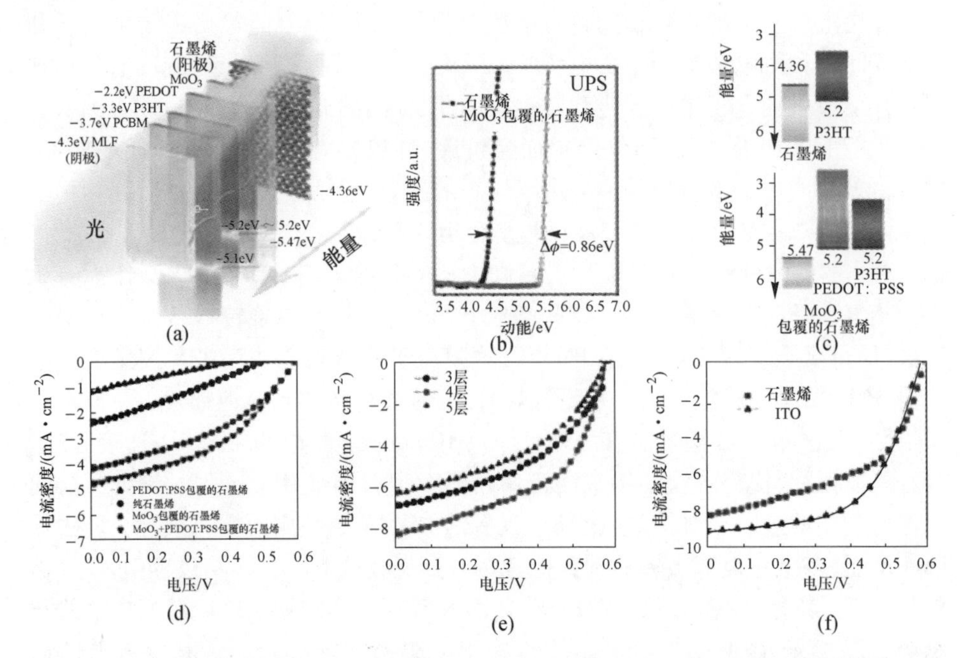

图 11.3 (a)光伏器件结构的示意图;(b)紫外光电子谱(UPS)显示四层石墨烯在修饰MoO_3前(深线)、后(浅线)的二次截止电压;(c)不存在(上图)和存在(下图)MoO_3 + PEDOT: PSS 层时光伏电池阳极的能级图;(d) ~ (f)光照下器件的电流密度 - 电压($J-V$)特性,其中(d)4 种阳极/P3HT: PCBM/LiF/Al 体系,(e)3 ~5 层酸掺杂石墨烯/MoO_3 + PEDOT: PSS/P3HT: PCBM/LiF/Al 体系,(f)阳极/PEDOT: PSS/P3HT: PCBM/LiF/Al 体系(阳极是 ITO 或 MoO_3包覆的石墨烯)(经许可引自文献[16])

米结构薄膜在 -0.1 ~ +0.1V 电压范围呈现 $I-V$ 曲线的线性关系,验证其欧姆行为。此外,dV/dI 值证明其对膜厚的依赖性,当膜厚低于 10nm 时,与相对较厚的膜比,具有 1 ~2 个数量级增加的 dV/dI 值。

如图 11.4 所示,制备薄膜的上述特征使它们成为透明电极的候选,在可折叠印制电路板展现了实际应用的可能性。就电路板的制备而言,100% 石墨烯基薄膜的电学导线厚 300nm、宽 5nm,在聚酰亚胺膜上图案化。图案经计算机软件设计(图 11.4(a))喷墨打印重复 30 次。串联的 LED 施加 27.0V 直流电压使用。电学连接的 LED 能通过外加电压打开,证实石墨烯印制电路的电学传导通路。

Zhu 和合作者制备了具有电催化特性、更复杂的三维石墨烯基纳米结构,在纳米器件上具有电化学应用的可能性[8]。石墨烯片层被咪唑鎓盐基离子液体(IS-IL)功能化,通过 LbL 组装,铂纳米粒子通过静电作用连接其上。离子液体 1-(3-氨丙基)-3-甲基溴化咪唑鎓以共价键接在石墨烯片表面,起修饰和提供正电荷的作用。而 Pt 纳米粒子经柠檬酸盐稳定和负电荷修饰后,与修饰的石墨烯

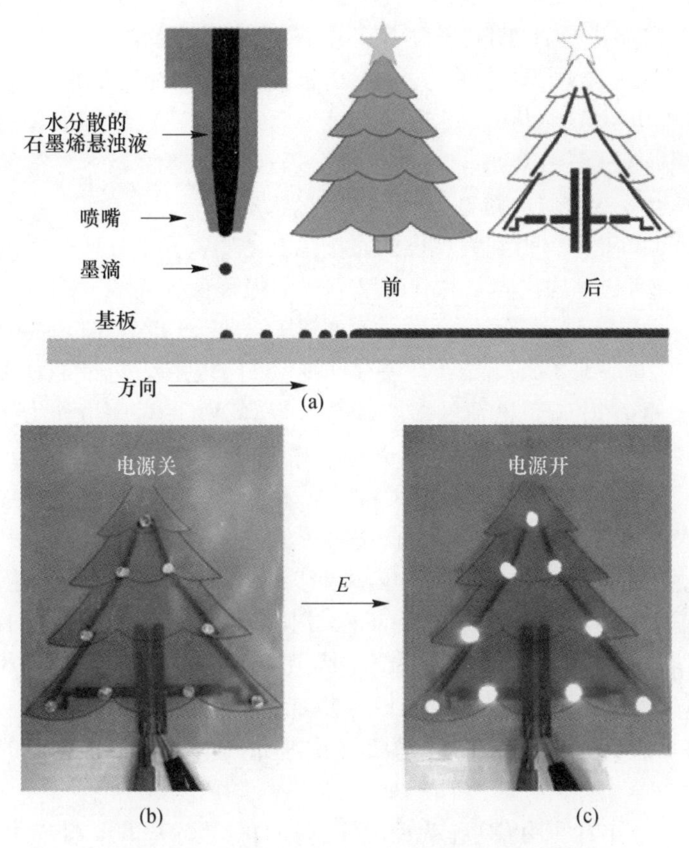

图 11.4 石墨烯基电路:(a)喷墨印刷设计模板;
(b),(c)石墨烯基电路关闭和打开的照片(经许可引自文献[10])

片层通过静电作用形成复合膜。纳米结构在带负电的基板上生长,如ITO电极、石英片、新剥蚀的云母片。最终制备的膜具有高氧还原反应(ORR)电催化特性,并能通过改变LbL过程的循环次数进一步调节性能。具体而言,就电催化性质的测试,循环伏安(CV)是在通氧饱和的0.5M的H_2SO_4的电解液中以mV/s变化的扫速进行。平行实验未得到催化还原电流,显示石墨烯对电催化氧还原几乎呈惰性。复合石墨烯基纳米薄膜在0.2~0.4V显示显著的催化还原电流。此外,催化氧还原电流随着增加的mV/s扫速而变化。它与扫速平方根成线性关系,显示氧还原是扩散控制步骤。

Li等[20]制备了系列膜厚的多层LbL组装膜,测试了其电化学性质和超级电容器性能。三种不同的构建模块被用于制备多组分的石墨烯基纳米结构:聚(4-苯乙烯磺酸钠)调节的石墨烯片层(PSS-GS),二氧化锰片层和聚二烯丙基二甲基氯化铵(PDDA)。在ITO电极上成膜,LbL组装一个循环过程包括一层PSS-GS,一层MnO_2和两个PDDA的中间层,以ITO/(PDDA/PSS-GS/PDDA/MnO_2)$_n$模式构造电极,这里n对应LbL循环次数。多层膜电极的电化学测试是在0.1M

的 Na_2SO_4 溶液中进行，证明容量随着双分子层的数量而增加。上述电极的 n 值越大，容量越高。此外，与首圈比，10 层电极在 1000 圈循环后能保持约 90% 的比容量（放电电流密度为 $0.283A \cdot g^{-1}$ 时为 $263F \cdot g^{-1}$），显示很好的循环稳定性，库仑效率几乎保持 100%。这些多组分石墨烯基薄膜超乎寻常的性质使得它们在超级电容器里作为新电极材料具有极大应用潜力。

近期，Yu 和 Dai[21] 得到大尺度的石墨烯基薄膜甚至在 $1V \cdot s^{-1}$ 的高扫速下具有 $120F \cdot g^{-1}$ 的平均比容量和几乎呈方形的循环伏安曲线。在 PEI 存在的水溶液中，GO 片层被肼化学还原。水溶性的阳离子型 PEI 链连接在制备的 GN 上（PEI-GN），为接下来 LbL 组装步骤提供了必要的止电荷。硅或 ITO 玻璃作为复合薄膜基板，酸氧化带负电荷的多壁碳纳米管（MWNT-COOH）作为构造薄膜的中间块。利用 LbL 的自组装过程得到理想厚度和结构的薄膜。接着，基板支撑的自组装复合膜在真空炉中于 150℃ 加热 12h，PEI 修饰的石墨烯片层的氨基和酸氧化的 MWNT 表面的羧酸间形成酰胺键，进一步稳定结构，制得均匀薄膜。制备的复合膜为具有清晰纳米孔洞交联网络结构的碳材料，适于快速离子扩散，具备制作超级电容器电极的应用前景碳材料。室温中不同扫速下在 1.0M 的 H_2SO_4 电解液中的 CV 测试，样品为不同层数 $[\text{PEI-GN/MWNT-COOH}]_n$（$n=3$，9，15）的热处理膜。电化学测试得到平均 $120F \cdot g^{-1}$ 的比容量，值得一提的是在高扫速下 CV 仍然是方形的，显示电极在快速充放电过程中具有低的等效串联电阻。

Sheng 和合作者使用 GO 作为前驱体制备的石墨烯基 LbL 组装薄膜，为电致变色器件提高了另一类型的纳米结构[22]。通过静电作用成功构造的石墨烯/聚苯胺（PANI）多层膜，通过连续沉积带负电的 GO 和带正电的 PANI，再利用氢碘酸化学还原 GO 制成。被用于 LbL 过程的 PANI，是一类有前景的导电聚合物，具有环境稳定、成本低和导电性可控及氧化还原特性丰富（它有四种不同颜色的氧化还原态的特点）。多层膜的厚度随着层数增加而线性增加，每个双层约为 3nm，形成的平滑紧致的复合膜具有少于 6nm 的粗糙度。CV 研究表明这些复合薄膜具有电活性，它们的氧化还原反应与 PANI 层中对离子的嵌入 - 脱出有关，在 $0 \sim 30mV \cdot s^{-1}$ 的阳极峰电流密度与扫速存在线性关系。另外，多层膜的厚度、导电性、透光度能通过改变备选的沉积步骤较易调控。此外，复合膜经测试作为电致变色器件的电极材料极具应用前景，甚至在没有导电透明支撑电极如常规 ITO 的情况下依然如此。与 ITO 电极制备的类似器件比，基于 15 个双层膜的电致变色器件具有增强的电化学稳定性。甚至在电势转换的 300 圈循环后，在转换时间保持不变的情况下，光学衬比仅下降 20%。贯穿整个步骤，$(\text{石墨烯/PANI})_{15}$ 薄膜保持了好的均匀性和可靠性。

不同于前面的工作，Lee 等[23] 发展了构造 rGO 膜的新方法。根据他们的方法，正负电荷修饰的 rGO 片通过旋涂技术在硅片或石英片的基板上 LbL 组装形成薄膜。而基板需先通过氧气等离子体处理成亲水表面。在氨存在情况下通过肼化学还原含羧酸基团的GO,得到负电荷化的*r*GO(*r*GO-COO^-),阻止生成的*r*GO悬浊液的团聚。在负电荷化的GO片表面引入氨基(-NH_2)制备正电荷修饰的*r*GO片,而*N*-乙基-*N′*-(3-二甲基氨基丙基)乙基碳酰胺(EDC)在羧酸(和/或环氧化合物)与过量乙二胺发生媒介反应,在通过肼还原后产生正电荷稳定的*r*GO悬浊液(*r*GO-NH_{3+})。LbL组装提供厚度、透明度和方块电阻高度可控的纳米结构薄膜。尤其是,每个*r*GO层厚能通过简单改变堆积层数,实现其在亚纳米尺度的精确可控,使得通过剪裁得到优异的光、电学性能。最终LbL组装的*r*GO薄膜分别具有8.6k$\Omega\cdot sq^{-1}$和32k$\Omega\cdot sq^{-1}$的方块电阻,对应透光度为86%和91%。此外,已经测试了这些薄膜作为透明电极安装在有机发光二极管(OLED)上的实用性能。以ITO包覆的玻璃(10$\Omega\cdot sq^{-1}$)作为参比,研究了制得的*r*GO包覆玻璃基板(3k$\Omega\cdot sq^{-1}$)的电致发光特性。构成的两器件的电流密度-电压-亮度($J-V-L$)曲线证明,ITO电极器件在6V的最大亮度约为7800cd$\cdot m^{-2}$,与之相比,*r*GO电极器件在18V最大亮度约为70cd$\cdot m^{-2}$,且随着外加偏压而增加。并且,*r*GO电极器件的最大发光效率约为0.10cd$\cdot A^{-1}$,而ITO电极约为0.38cd$\cdot A^{-1}$。

Park等[24]利用类似方法,也以GO为起始材料,基于静电作用的LbL组装制备正负电荷的片层,通过热还原组装这些正负电荷的GO层,最终制备了石墨烯基薄膜。带负电荷的GO是由于羧基的存在,而带正电的GO通过两步合成:中间过程的酰氯化反应(通过亚硫酰氯向GO片上引入氯化物)及随后的酰胺化反应(吡啶溶解的乙二胺通过胺基修饰片层)。最终带正电荷的氨基功能化GO片在极性有机溶剂里显示稳定的分散性,在水环境中的分散性也很稳定。通过调节LbL组装次数实现厚度可控,进而实现薄膜透明度的可控;同时可通过热处理增强它们的电学性能,中间步骤的酰氯化反应带来的p型掺杂效应也能增强其电学性能。最终形成膜的方块电阻为1.4k$\Omega\cdot sq^{-1}$,在550nm光透过率为80%,满足实用型透明电极的基本要求,此步骤为开发LbL石墨烯基薄膜透明电极、柔性显示器或高灵敏度生物传感器提供了可行途径。

Yao等[25]致力于在GO/PDDA/TiO_2复合膜上通过LbL自组装开发光导图案。这项研究证实了GO的光热和光催化还原反应。在第一步,在玻璃基本上制备(PDDA/GO/PDDA/TiO_2)$_{20}$薄膜。观察到混杂复合材料显示了紫外-可见吸收和层数之间的关系,揭示吸收随着沉积层数线性增加。SEM图片显示膜的表面是起伏不平的。光热/光还原GO的步骤是基于TiO纳米片的光催化活性。膜的紫外-可见测试证明GO的还原是成功的,SEM显示其表面变得光滑,但层间结构没有变化。得到的*r*GO充当电子转移媒介,在光导模式下产生高的光电流和好的循环性。对膜辐射以实现光导膜的图案化,结果证明复合膜能用于微电子领域。

Rani 和合作者[26]成功研制了聚合物包覆的石墨烯纳米片。他们利用两类PE,带正电荷的PAH和带负电荷的聚苯乙烯磺酸钠(PSS),通过LbL组装构造了$(PSS\text{-}G/PAH\text{-}G)_n$型复合膜。在第一步,rGO片被合成,接着覆盖上PAH和PSS。石墨烯片上连接PAH和PSS分别是静电作用和边-面作用。利用两种不同的基板,即玻璃和石英,分别实现上述步骤。在实验过程中,PDDA为基板提供正电荷,同时四种不同浓度的PSS和PAH溶液用于实验($0.1mg \cdot mL^{-1}$、$0.2mg \cdot mL^{-1}$、$0.4mg \cdot mL^{-1}$和$0.8mg \cdot mL^{-1}$)。电学测试用来确定每种组分的特性。测试显示在$0.1 \sim 0.2mg \cdot mL^{-1}$浓度时,导电性极大提高,而在$0.4 \sim 0.8mg \cdot mL^{-1}$间观察到导电性明显降低。在$0.2mg \cdot mL^{-1}$的浓度下,与未烧结薄膜相比,混杂纳米复合薄膜具有高的导电行为,在250℃氮气中烧结2h后,材料的导电率约$0.2S \cdot cm^{-1}$,方块电阻为30kΩ。AFM测试显示表面覆盖度能通过改变沉积次数而增加。同时,在$0.1 \sim 0.4mg \cdot mL^{-1}$范围增加浓度,其表面粗糙度也随之增加。

此外,Wang等[27]通过LbL法开发用于生物电子领域的有序功能化石墨烯基纳米结构。制备出石墨烯/甲烯绿(MG)和石墨烯/多壁碳纳米管(MWCNT)膜,石墨烯作为中间的隔片。用上面两种纳米复合材料5次修饰后的玻碳电极(GCE)作为基板进行合成,因为研究者认为5层有着对β烟酰胺腺嘌呤二核苷(NADH)最佳的电催化活性。MG和碳纳米管的选择是基于它们非凡的电化学特性。优异的电催化活性、增加的导电性和高的比表面,以及它们的组成和石墨烯作为隔片,构成了此种纳米复合物的特征,因此,具备这些特征的体系具有在大量器件(如生物传感器和生物染料电池)上的应用。

Ishikawa等致力于研究以LbL法沉积构造石墨烯基透明导电膜(TCF)[28]。他们首次研究$(GO/GO\text{-}EDA)_n$膜作为电极在硅薄膜太阳能电池中的潜在应用。LbL组装膜通过肼蒸汽在600℃真空中高温烧结还原,沉积在ZnO层上,ZnO层是通过金属有机物化学气相沉积(MOCVD)制备的。另外,构造了p-i-n单结合点的太阳能电池,通过将如无定形碳化硅($a\text{-}SiC_x$: H),氢化的无定形硅(a-Si: H)和氢化的微晶二氧化硅($\mu c\text{-}SiO_x$: H)分别置于三层石墨烯上制得(图11.5)。

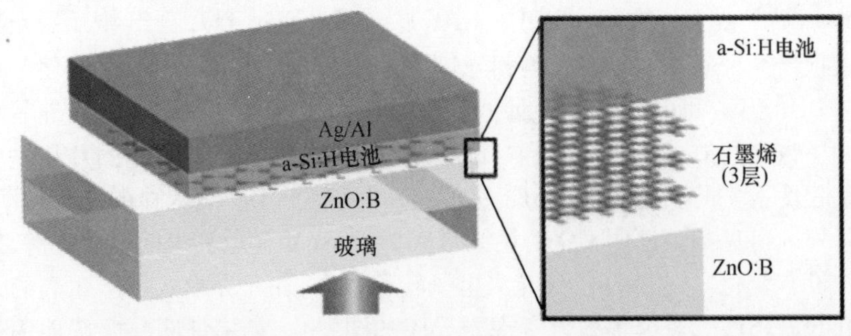

图11.5 基于石墨烯基窗口电极的硅薄膜太阳能电池示意图(经许可引自文献[28])

他们也研究了测试膜的光学和电学特性。表 11.1 展示 LbL 组装膜和喷涂石墨烯膜的相对物理参数。经证实增加 LbL 循环数,膜显示出降低的光学透过率和方块电阻。然而,在同样透光率时,LbL 组装膜的方块电阻能有一个数量级的提高,源于石墨烯片层良好的分散与堆积性。

表 11.1 LbL 组装膜和喷涂石墨烯膜的物理参数[28]

	550nm 的透过率 /%	方块电阻 /($\Omega \cdot sq^{-1}$)	载流子面浓度 /cm^{-2}	霍耳迁移率 /($cm^2 \cdot V^{-1} \cdot s^{-1}$)
喷涂	83.8	1.1×10^6	1.4×10^{12}	2.2
LbL 组装	84.0	5.8×10^4	3.8×10^{11}	57.5

Seok 等试着改善 PEDOT(3,4-亚乙基二氧噻吩)的性质[29],他们通过旋涂技术利用 LbL 组装构造了两层和三层 PEDOT/石墨烯复合膜(图 11.6)。

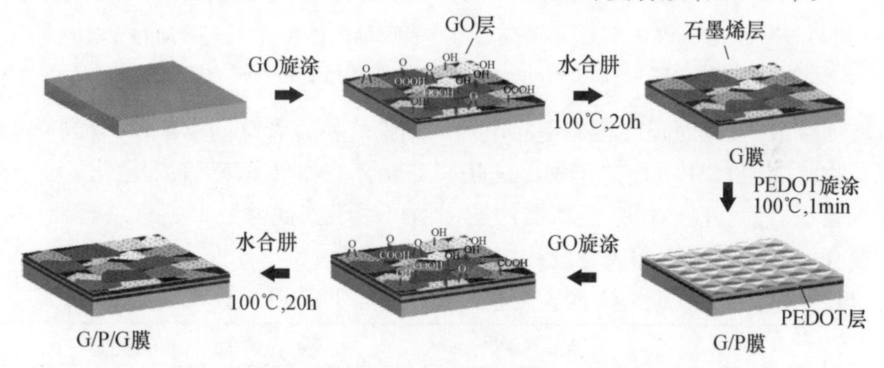

图 11.6 PEDOT 和石墨烯复合膜的制备过程(经许可引自文献[29])

PEDOT 是一种具有广泛用途的导电聚合物。而单层石墨烯具有重要的电子特性、电子迁移率、透明度、优于钢铁的机械性能。膜通常被沉积在玻璃片上,然而,研究者通过使用氢氧化钠将其从基板分离可成功制备无支撑薄膜。与原始 PEDOT($6S \cdot cm^{-1}$)相比,这种双层的 G/P 纳米复合物显示了增强的导电性($13S \cdot cm^{-1}$)(图 11.7)。石墨烯的存在增加了 PEDOT 膜的导电性,使其在电学方面的应用成为可能。

Yoo 和合作者基于“平面”设计,构造出超薄型石墨烯超级电容器[30]。平面几何结构赋予石墨烯片层在能源存储器件中的应用可能性。将开放结构和石墨烯片层效应结合,应用石墨烯电极组装的器件具有高容量值。1 ~2 层石墨烯的比容量能增至 $80\mu F \cdot cm^{-1}$,多层石墨烯可高于 $394\mu F \cdot cm^{-1}$。这些研究是基于 LbL 组装的 *r*GO 的开发。作为对比,CVD 法得到的石墨烯被应用。计算得 *r*GO 和 G 的内阻值分别为 77kΩ 和 747kΩ。AFM 测试证明 *r*GO 膜厚约为 10nm。基于理论,10nm 的厚度对应 21 层石墨烯。几何面积为 $394\mu F \cdot cm^{-2}$ 的 *r*GO 器件的比容器是 G($80\mu F \cdot cm^{-2}$)的 5 倍,这一事实证实了“平面”几何型新器件通

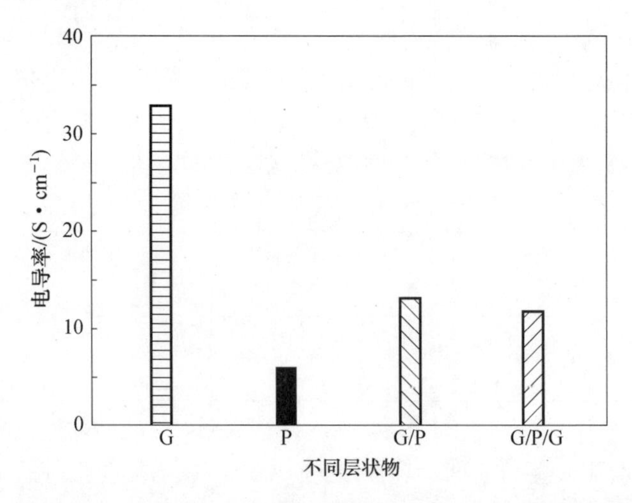

图 11.7 石墨烯、PEDOT、G/P 和 G/P/G 多种膜的电导数据；石墨烯层在 3000r/min 旋涂得到，PEDOT 层在 4000r/min 用 LbL 法沉积得到（经许可引自文献[29]）

过增加层数，单位面积能存储更多电荷的结论。研究者以同样面积、含同样量的聚合物凝胶的 *r*GO 电极构建了传统几何型堆叠型器件。表 11.2 是比较平面型和堆叠型器件性能的结果。新器件的构型可用于其他薄膜型超级电容器，并在能源存储器件的结构和成分设计中具备可调控性。

表 11.2 约 10nm 厚 *r*GO 薄膜电极制得堆叠型和平面型器件比容量的比较[30]

几何结构	堆叠/($\mu F \cdot cm^{-2}$)	平面/($\mu F \cdot cm^{-1}$)
*r*GO	140	394

11.2.2 传感器用复合薄膜

除去光电子及电极有关的应用，近些年 LbL 组装的石墨烯基薄膜也被用于气体或分子传感的测试。人们普遍认为，传感器的灵敏度和选择性主要依赖传感器的主体结构。集合诸多重要特征的石墨烯成为传感基板的理想选择。首先，它是高均匀度的二维(2D)层状单原子结构，且产物膜能根据其应用以理想的可调控的官能团、层间距及空腔加以任意组装。其次，因为它具有对电子传输至关重要和对传感必不可少的共轭 π 键的扩展体系，从而具有先进的电子传导性，最终其固有的低电子噪声，是获得超低检测限的重要因素[31,32]。介于以上原因，最近报道的石墨烯基电极展示出对 H_2O_2、O_2、NADH 和其他重要物质极好的电催化活性和优异的酶生物传感能力[33]。

Zhang 和 Cui[31]已报道超灵敏、低成本和免标记的石墨烯基癌症标志物检测用生物传感器的相关应用，实时检测前列腺特异性抗原（PSA），具有从 $4fg \cdot mL^{-1}$ 到 $4\mu g \cdot mL^{-1}$ 宽的检测范围。PET 柔性片作为基板，其上溅射沉积一层 50nm/200nm 厚的铬/金层。金传感器电极利用光刻实现图案化，同时另外的步骤用于构造窗口区域，在其上 LbL 自组装沉积石墨烯膜，此膜能避免测试垫吸附石墨烯溶液。PDDA 和聚苯乙烯磺酸盐(PSS)这两种 PE 附着铬/金层的窗口区域助于石墨烯片的 LbL 组装(图 11.8)。

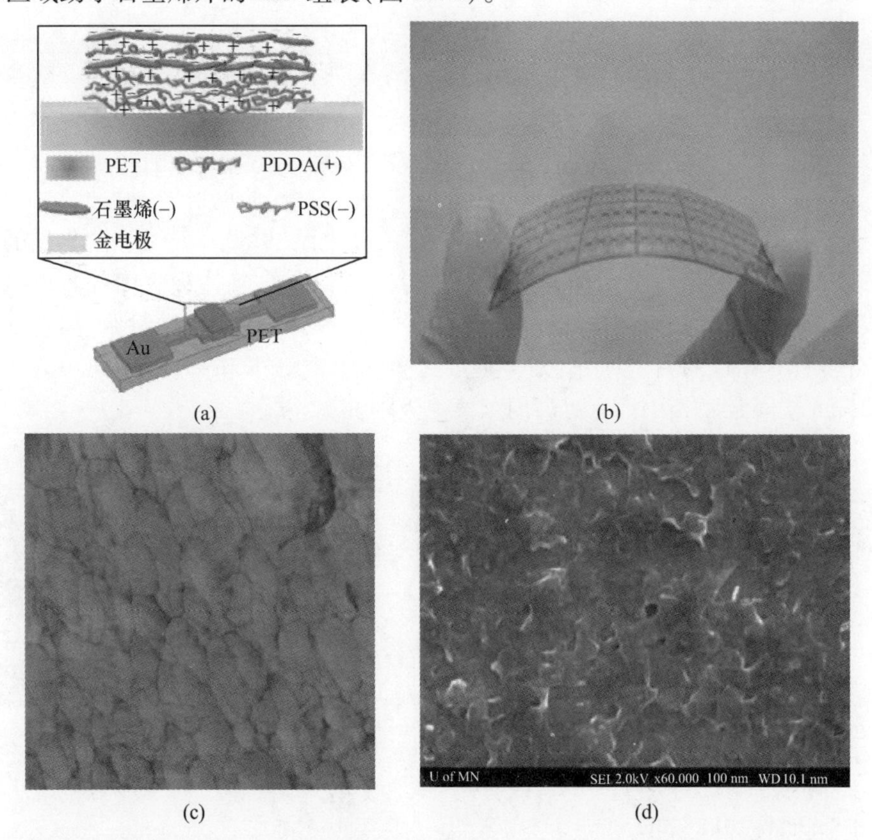

图 11.8 (a)免疫前 LbL 自组装石墨烯纳米复合物示意图；(b)柔性 PET 基板上 LbL 自组装石墨烯癌标志物检测用传感器的光学图像；(c)LbL 自组装石墨烯的 AFM 示意图(扫描面积$(1\times1)\mu m^2$)；(d)LbL 自组装石墨烯的 SEM 图，具有多孔落叶状表面形貌，平均纳米片约$(100\times100)nm^2$(经许可引自文献[31])

最后，生物传感器借助无标记技术固定抗-PSA 在表面实现免疫。作为对比，辣根过氧化物(HRP)标记的 PSA 传感器和 CNT 基传感器以同样的方法被制造。五个双层自组装的石墨烯膜具有(45 ± 5)nm 的厚度和(0.9 ± 0.01)kΩ 电阻。在测试溶液里改变 PSA 浓度，能观察到膜导电性的偏移，表明无标记和标记石墨烯传感器可分别检测低至 4fg · mL^{-1}即 0.11 fM 与 0.4pg · mL^{-1}即 11 fM 超低浓度的 PSA，比在同样条件设计、构造和测试的 CNT 传感器(4ng · mL^{-1})至少低了 3 个数量级。无标记传感器允许直接免疫反应，因此具有比标记型传感器有更低的检测限，其上 300nm 厚的 PMMA 钝化层产生了降低的 PSA 吸收。此外，这两类传感器都无需样品的信号放大，在更高检测限的传感器中信号扩大易于诱导二次电气噪音。而且,与一维 CNT 体系比,石墨烯传感器由于高品质的晶格点阵和二维结构产生的低 $1/f$ 噪声,也解释了其所具有的更好性能。电导率-时间的测试记录实时变化的趋势,能实时检测抗原浓度,并且通过适当修饰,用于其他抗原或复杂疾病的识别。

另外,Ji 等[32]于 2010 年通过原位还原非挥发性的离子液体功能化的 GO 转化为石墨烯,接着在石英晶体微天平(QCM)上以静电 LbL 组装构造了石墨烯基薄膜(图 11.9)。随后此薄膜用于选择性检测气体传感,发现对有毒的芳香型碳氢化合物比对脂肪型碳氢物具有更高的吸引力。对比脂肪分子,这种对芳香分子增强的检测能力是因为膜中具有完善的富 π 电子纳米空隙。另外,明显的证据表明由于石墨烯片层增加的层间距使得碳氢化合物气体吸收增强。更特别地,薄膜对苯蒸汽具有高选择性,其吸收至少比环己烷高一个数量级,尽管这两类分子具有相近的分子尺寸、分子重量和蒸气压。此外,0.41nm 层间距的膜与 0.35nm 层间距膜相比具有更高的苯蒸汽吸附性。

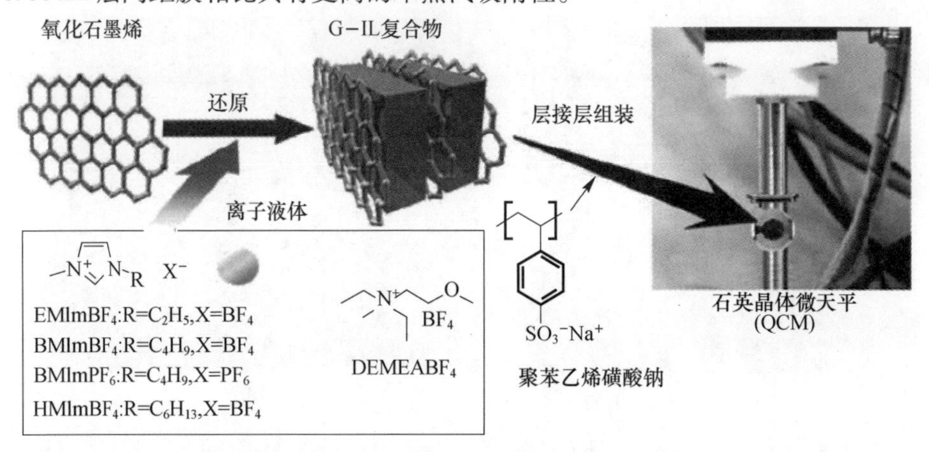

图 11.9 制备石墨烯/离子液体(G-IL)复合物及在石英晶体微天平上 LbL 组装过程示意图(经许可引自文献[32])

通过交替地暴露和除去客体溶剂,能实现蒸气的重复检测;因为在芳香化合物和石墨烯层间有强作用,可注意到在苯检测中开/关响应的逐渐衰减;然而对环己烷的响应则是完全可逆的。此外,膜的电学特性依赖气体的吸附,因为发现初始的膜具有 $178\Omega \cdot sq^{-1}$ 的电阻,而吸收苯后降至 $163\Omega \cdot sq^{-1}$。后者表明气体检测能被转化为电学信号,从而使得这些膜具有实际应用。

Zeng 和合作者[33]构建了另一类型生物传感器。尽管多数报道是基于共价键功能化的石墨烯或 GO 片作为前驱体,制备相反电荷修饰的片层再进行连续静电 LbL 组装,Zeng 等应用相对不同的方法,发展了非共价键修饰。事实上,这种方法的基本优势在于石墨烯片的本征电子特性被保持甚至增强。报道的 LbL 组装技术基于两步法。首先,化学法得到的 *r*GO 片通过水溶液中芘接枝的 PAA

基于分子内作用，如静电作用、疏水力、氢键、特别的 π—π 堆叠以及范德华力，实现非共价键修饰。接着，形成的超分子组装体作为堆叠模块同 PEI 利用 LbL 交替沉积。经测试发现，制备的膜在 $Fe(CN)_6^{3-}$ 的氧化还原反应中具有增强的电子转移和对 H_2O_2 优异的电催化活性。此外，通过连续 LbL 组装石墨烯、葡糖氧化酶（GO_x）和葡糖糖化酶（GA）构造了酶修饰的用于检测葡萄糖和麦芽糖的生物传感体系。利用其对 H_2O_2 电催化活性的优势，构造的安培生物传感器功能如下。GA 催化的麦芽糖水解为葡萄糖，然后通过 GO_x 氧化产生 H_2O_2，H_2O_2 则被石墨烯基电极所检测。酶修饰的生物传感器对葡萄糖和麦芽糖的检测限分别为 0.168mM 和 1.37mM，灵敏度分别为 0.261 和 0.00715$\mu A \cdot mM^{-1} \cdot cm^{-2}$。

Chang 等[34]发展了在肿瘤细胞内通过 H_2O_2 检测氧化应激反应的简单方法。为此，应用了依赖电化学传感器随时间变化的体外安培电流技术。以 LbL 电化学沉积修饰后的玻碳电极（GCE）作为电极：*r*GO 膜包裹 GCE，金纳米粒子（Au NP）和聚甲苯胺蓝 O（PTBO）膜被固定在石墨烯表面（*r*GO-Au-PTBO）（图 11.10）。这三种修饰物对复合物提供了方便的属性：*r*GO 在室温和低温下具有优异的电学传导性；Au 纳米粒子提供超凡的催化 H_2O_2 的能力并能调节分析物和电极间的电子传输；PTBO 膜充当环绕的金纳米粒子的基质，并阻碍一些相反电荷穿透电极的表面。据观察，石墨烯基纳米复合物薄膜的每层，均具有增强的 H_2O_2 电还原的催化效果。PTBO 膜的存在和低的电势（−0.3V）使得传感器对肿瘤细胞中流出的 H_2O_2 的检测具有更高的选择性。

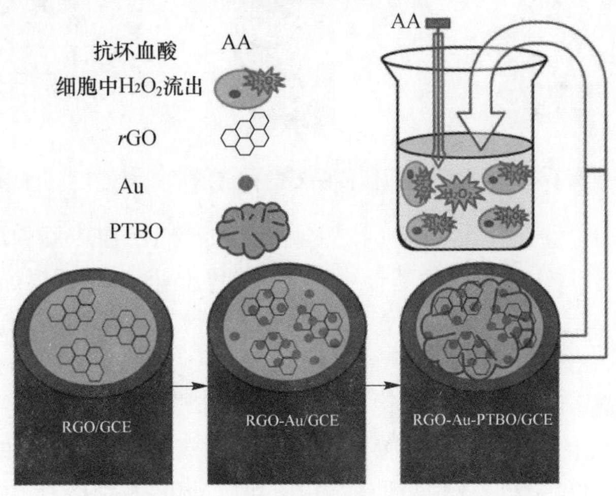

图 11.10　用于检测抗坏血酸刺激的细胞释放的 H_2O_2 的 *r*GO-Au-PTBO 修饰的玻碳电极的 LbL 组装示意图（经许可引自文献[34]）

Qin 等[35]研究了无标记的适体传感器的构建，对不同分子尤其对多肽类独具选择性和灵敏性。为此，他们集中研究了 LbL 组装的石墨烯多层。与之前电化学适配体传感器相比，这类传感器具有更多优势：对甲基蓝（MB）具有高的累积水平、靶向吸收的大表面积和高导电性。此外,对靶向的检测与环境因素无关。这项研究中主要的靶向材料是在肾脏功能里起重要作用的肽激素加压素(VP)。使用脉冲电压,能检测到最低浓度范围在 1 ~ 265ng · mL^{-1}的靶向物质。这类方法的另一优势是使用一种寡核苷酸的适配子能将肽固定在电极表面,从而抑制电子转移,在差分脉冲伏安法(DPV)下随浓度变化产生电压降。MB 和带正电荷的聚二烯丙基二甲基氯化铵(PDDA)被连接到带负电的 ITO 电极的表面形成第一层。然后,石墨烯层通过带负电荷的 PSS 外包裹层与 PDDA 连接。重复几次以后,多层石墨烯被插入 MB 分子。作为一种带负电的寡核苷酸,适配子被连接到 PDDA 外表面,而后与基板连接(图 11. 11)。这些 LbL 多层能引入更多探针分子和适配子,可提高生物传感器的灵敏度。

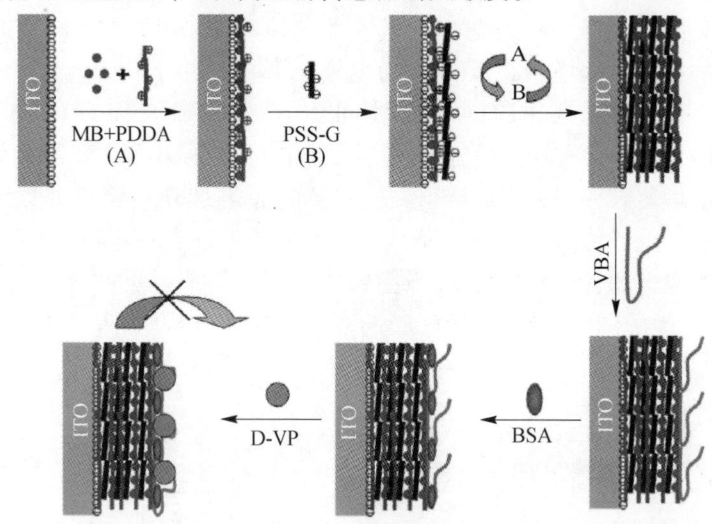

图 11. 11　检测 D-VP 的电化学适体传感器的构造示意图(经许可引自文献[35])

Shan 等[36]致力于石墨烯基纳米复合物膜和它们潜在应用的研究。他们通过 LbL 方法使用 ITO 电极作为基板制备了(普鲁士蓝/PEI-石墨烯)$_n$多层。LbL 方法包含三步。首先,ITO 基板浸入 PDDA 得到带正电荷的表面。接着,PDDA 修饰的基板置入普鲁士蓝(PB)溶液,最后基板浸泡在 PEI-石墨烯溶液中。每次浸入后,待测样品用水洗涤三次。多层膜通过重复第二步和第三步制得。因为好的分散性和活性氨基的存在使得 PEI-石墨烯的复合材料具有优异的性能,在医药、催化和能源等领域具有潜在应用。研究其对 H_2O_2电催化的能力,揭示(PB/PEI-石墨烯)$_n$具有好的电致变色和电催化特性,具有电传感的应用前景。

此外,Ma 等[37]也研究了石墨烯基纳米复合物薄膜在生物传感器领域的应用。他们通过静电 LbL 组装构造了一种(PAA-石墨烯/PDDA-PB)$_n$多层膜。PAA 修饰石墨烯的表面,作为静电作用连接带正电荷的 PDDA/PB 以实现自组装的结构单元；以 GCE 作为基板（图 11.12）。此课题组研究测试系统的电催化性质。结果表明，(PAA-石墨烯/PDDA-PB)$_n$膜具有还原双氧水的催化活性。同时也证明，层数和电活性物质是发展先进生物传感器的重要因素。

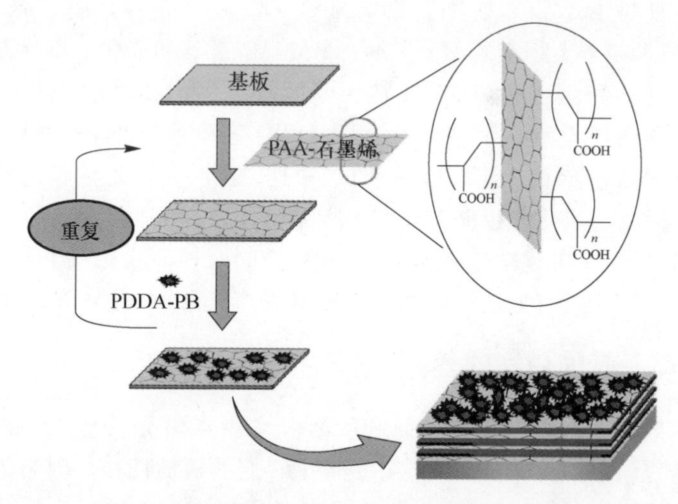

图 11.12　(PAA-石墨烯/PDDA-PB)$_n$ 多层膜组装过程示意图，PAA-石墨烯：聚丙烯酸功能化的石墨烯（带负电荷）；PDDA-PB：二烯丙基二甲基氯化铵保护的普鲁士蓝纳米颗粒（带正电荷）（经许可引自文献[37]）

另一项研究中，Mao 等研究了 LbL 组装膜（PFIL-GS/PB）$_n$ 作为基板，通过电化学表面等离子体共振（EC-SPR）检测双氧水的功用[38]。最初通过阳离子型聚电解质功能化的离子液体修饰石墨烯片层（PFIL-GS），因为修饰片层间存在静电斥力，从而具备高导电性和稳定的水分散性。PFIL 和石墨烯片由于它们相反的电荷及 PFIL 咪唑环和石墨烯的芳香环间的 π—π 键发生作用。因为 PB 对双氧水优异的电催化活性，它的引入对复合物的性能贡献良多。带正电荷的 PFIL-GS 和带负电的 PB 间的强静电作用利于此实验的进行。最重要的是，研究者发现处于 PB 和 PFIL-GS 结构间的 PFIL-GS/PB 多层膜具有最好的还原双氧水的电催化活性。

Liu 等[39]构造了检测人体免疫球蛋白 G（IgG）的免疫传感器。第一步他们在 GCE 上利用 LbL 组装构造了三维复合物膜。其中，他们合成了化学还原型石墨烯（*r*G）和功能化的 MWCNT。通过带正电荷的 PDDA 和带负电荷的碳纳米材料 *r*G 和 MWCNT 间的静电吸附实现了复合物的组装合成。利用电化学阻抗谱（EIS）和 CV 表征多层复合膜，经证明，复合膜与仅仅是 *r*G 或 MWCNT 修饰的电极相比，具有显著增强的界面电子传输。基于 *r*G-MWCNT 组装界面构建而成的三明治型的电化学免疫传感器以人体 IgG 作为目标模型。传感器的操作实验显示它具有非同凡响的选择性、稳定性和重复性，检测限为 0.2ng · mL^{-1}。此外，它在血清样品中检测人体 IgG 具有高的精确度。这种修饰的电极利于多种的生物应用,比如用于临床筛选癌症生物标记物的现场即时诊断。

此外,Liu 和合作者[40]研发了一款检测多巴胺的电化学传感器。他们在 GCE 电极上通过 LbL 组装修饰石墨烯基复合物。研究者合成了 *r*GO,并利用 PSS 和 Au 纳米粒子上稳定的聚酰胺胺(PAMAM)对其功能化。LbL 方法是通过带负电荷的 *r*GO 和带正电荷的 Au 粒子间的静电作用实现的。电极通过浸入 PDDA 溶液得到正电荷。利用 CV、EIS、DPV 三种不同的测试表征($AuNP/rGO)_n$/GCE 样品。修饰的组装电极具有好的重复性、高稳定性和优异的检测多巴胺的传感特性。氧化多巴胺的电催化活性的提高是因为 *r*GO 和金纳米颗粒的协同作用。另外,电化学传感器通过 DPV 能同时检测多巴胺和尿酸,具有高敏感性和选择性。具有上述特征的这类传感器,有望用于医学和生物技术领域。

11.2.3 其他用途的复合薄膜

尽管多数 LbL 组装石墨烯基薄膜的研究集中在电光特性,Zhao 等[41]却构建了聚乙烯醇(PVA)修饰的 GO 膜并报道了它们的机械性能。因为单个石墨烯片具有卓越的机械特性,它已作为制备具有增强机械性能的聚合物薄膜的填充剂。通过简单 LbL 自组装,具有高均匀度和确定层结构的多层$(PVA/GO)_n$薄膜被成功合成,双层间厚度约为 3nm。组装是基于 GO 含氧官能团和 PVA 链的羟基间的氢键作用实现的。得到薄膜的片层结构在 GO 方向具有高度的面取向,与平行 PVA 膜相比,LbL 纳米复合物具有显著增强的机械特性。事实上,复合膜的弹性系数(17.64GPa)比纯 PVA 膜提高了 98.7%,同时硬度(1.15GPa)增加了 240.4%。这些数值使得 LbL 自组装技术成为制备机械用聚合物/石墨烯复合膜的可取方法。

Liu 等[42]所在课题组进行了多层石墨烯基 LbL 组装薄膜的摩擦学性质研究。为了制备混杂复合物,带正电荷的 PEI 沉积在硅片上,带负电的 PSS 充当了石墨烯片(PSS-GS)的媒介。通过 AFM 表征,观察到单层 PEI/PSS-GS 膜存在未覆盖的小区域,甚至 3 层、5 层复合膜也未出现重叠片(图 11.13)。$(PEI/PSS\text{-}GS)_3$和$(PEI/PSS\text{-}GS)_5$的表面被完成包覆,使得材料更紧实。宏观摩擦学测试表明,通过增加层数,$(PEI/PSS\text{-}GS)_n$复合膜的摩擦行为被极大改观。应用万能摩擦试验机测试薄膜超常的摩擦特性,它可作为微纳电机械系统的低摩擦和抗磨包覆剂进行使用。通常,在纳米电子、传感器、电池、超级电容器和储氢器件等应用中,这种材料具有可预见的理想效果。

Xia 和合作者[43]研究了改善锂离子电池性能的可能性。通过 LbL 无连接剂组装的 MoO_2 纳米粒子和石墨烯的薄膜作为电池负极。在阴离子型 PE 中,以阴离子多金属氧酸盐的丛簇和 GO 的含氧基团构造了混杂的纳米复合物。研究者在 $Ar-H_2$ 氛围中连续处理后得到三维纳米孔连接的复合材料,MoO_2 NP 均匀

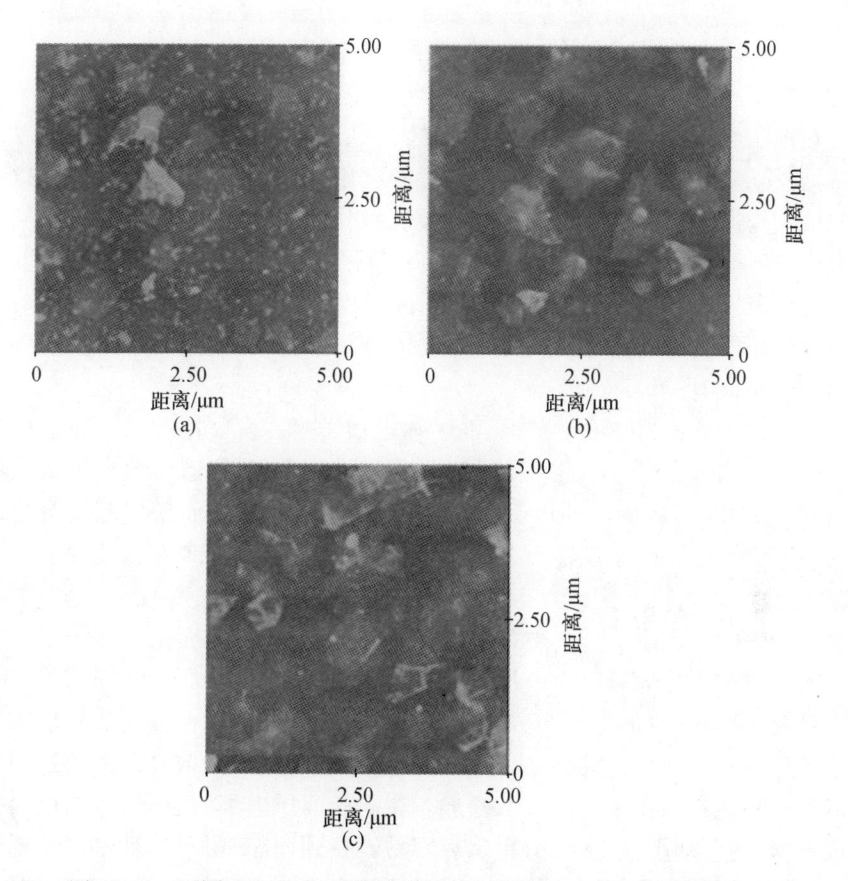

图 11.13　不同 PEI/PSS-GS 薄膜样品的 AFM 图。(a)~(c)分别对应 $(PEI/PSS-GS)_n$,其中 $n=1,3,5$(经许可引自文献[42])

地分散在 GN 的多孔网络里。样品测试表明,作为锂离子电池负极,具有高比容量和好的循环性能的卓越电化学行为。更特别地,MoO_2-石墨烯薄膜电极在 100 圈充放电循环后,比容量仍有 $675mA \cdot h \cdot g^{-1}$,是很有希望的储锂材料。

最后,Jalili 等通过 LbL 组装研制了超硬超强的 3D 结构,能提供高的断裂延伸率[44]。他们研究有机溶剂作为结构单元以构造自组装复合物。他们试着理解疏溶剂作用和液晶石墨烯氧化物(LC GO)在有机溶剂里的分散参数,因为这些直接影响了自组装技术。朝着这个目标,他们构造了 GO-SWCNT 混合材料,*N*-环乙基吡咯烷酮(CHP)存在(LC GO)分散液中,充当(LC GO)和 SWCNT 间的连接媒介。连接是通过亲油和 π—π 键的相互作用实现的。而且,LC GO 和 CHP 的溶剂能解开 CNT,促使完全有序的 CNT-GO 复合物的自组装构造。此研究能克服多种材料在有机溶剂体系的加工中遇到的诸多障碍,比如溶解度和水敏性问题。

11.3 LB 法制备石墨烯基复合材料

在现实商用器件中,几个纳米厚度的(单层)薄膜被赋予了极高期望以用作传感器、检测器、显示器和电许多路组件的有用部件。复合材料制备的可行性,预期结构构造和功能化协同完善的薄膜沉积技术毫无限制,使得在纳米尺度生产电子、光学和生物活性组件成为可能。LB 技术是制备这类薄膜的最具前景的技术之一,是因为单层厚度的精细可控、大面积单层的均匀沉积及制备具有不同层组分的多层结构的可行性。另一重要优势在于 LB 技术可将单层沉积到几乎任何固态基板上。

多年以来,LB 膜已用于光学、电学和生物学等许多应用领域。它们的特征包括薄膜结构的高度有序性[45]。与其他层状材料如硅酸铝纳米黏土或层状双氢氧化物相比,石墨烯已被广泛用于 LB 膜的制备。新颖石墨烯基复合物的高品质单层或多层膜已通过整合石墨烯基质和大量客体物质被研发出来。

11.3.1 单层 GO

水支撑的石墨烯氧化物单片层(GOSL)能在无任何表面活性剂或稳定剂情况下制备。Laura Cote 等[46]于 2008 年实现了 GOSL 的 LB 组装。当它们被限制在二维气 - 水界面时,单层形成稳定的反絮凝或凝固的分散液。单层边与边之间的斥力阻止它们在单层挤压下叠加。在高表面压力下,作用边缘的层会折叠形成褶皱,内部却平整。GOSL 单层较容易转移到固态基板,并且密度从稀薄到密堆再到片层咬合的超密堆单层连续可调。当不同尺寸的单层面对面放置,它们不可逆地堆叠成双层[46]。GO 材料的薄膜处理过程可从受结构影响的 GOSL 片间的作用得到借鉴,因为 GOSL 的堆叠影响 GO 膜的表面粗糙度、膜空隙度、堆叠密度等。另外,LB 组装容易制备大面积单层的 GOSL,它是石墨烯基电子器件的前驱体[46]。

两亲性是材料基本的溶液特征。对 GO 两亲性的理解有助于了解 GO 片的处理和组装过程。溶液处理的 GO 通过旋涂、滴涂、喷涂、浸涂等技术均可形成薄膜。2009 年 Cote 等[47]利用 GO 表面活性,采用如 LB 技术的经典分子组装方法制备了单层。在经典 LB 技术里,表面活性剂单层分散在水面上并限制在两个滑障间(图 11.14(a))。因为滑障是关闭的,通过张力计连续监测可知,分子表面密度增加导致表面压力增加或表面张力减小。漂浮的单层而通过垂直浸渍涂覆转移到固体支撑物上。

因为 GO 的两亲性,它能在醇类(如甲醇)甚至是与水的混合液中铺展开。当甲醇液滴微滴在水面,在与水混合前它会快速铺展在表面。这样,GO 片层能有效被空气与水的界面捕获[47]。片层密度能经移动滑障进行连续调控。通过

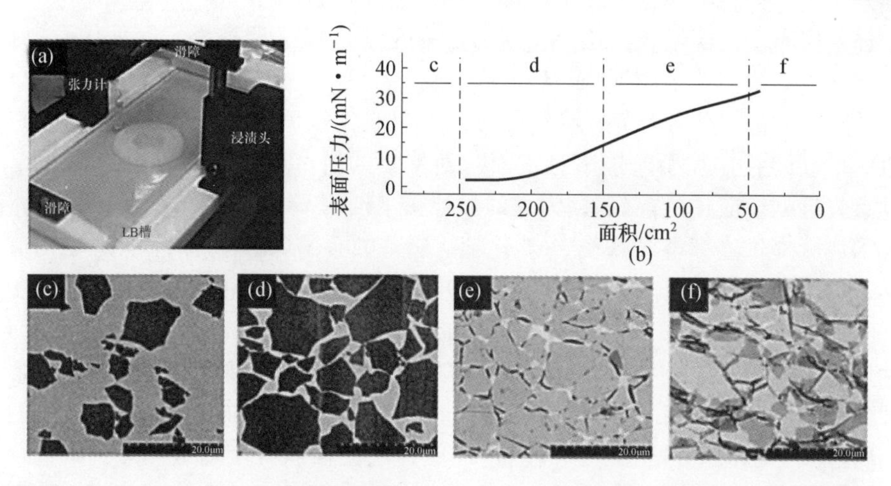

图11.14 (a)GO单层LB组装的装置图;(b)表面压力与面积的等温线;(c)~(f)硅片收集GO单层对应等温线不同区域的SEM图,组装密度连续可调,其中,(c)单独平片上稀薄的单层,(d)密堆积GO的单层,(e)过密堆积的单层在边缘连接处有折叠,(f)过密堆积的单层折叠且部分片层重叠彼此咬合(经许可引自文献[47])

浓缩,单层的表面压力逐步增加,如图11.14(b)的表面压力与面积等温线所示。初始状态当表面压力接近0时,收集到的膜由稀薄单分离片层组成(图11.14(c))。随着浓缩过程进行,表面压逐步增加,片层开始密堆,整个表面呈现破碎的瓷片马赛克图案(图11.14(d))。进一步浓缩,柔软片层在它们的接触点折叠、发皱以适应增加的压力(图11.14(e))。它与传统分子或胶体单层形成鲜明的对比,后者被压缩得超出密堆态会坍塌成双层以恒定或减小表面压力。进一步加压则导致片层咬合进而实现几乎完美的表面覆盖(图11.14(f))[47]。LB技术可用于组装制备均匀和覆盖度连续可调的GO平面薄膜。

同年,Ling和Zhang[48]利用LB技术构建了原卟啉IX(PPP)单层和多层有序聚合体,如图11.15所示。

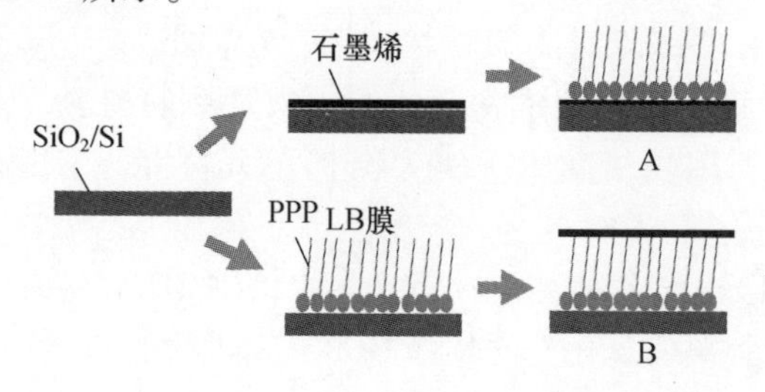

图11.15 样品制备的示意图(经许可引自文献[48])

拉曼增强依赖与石墨烯接触的有机分子结构,PPP的官能团直接接触石墨烯,比其他基团有明显增强的效果[48]。这些结果揭示石墨烯-增强拉曼散射(GERS)极大依赖石墨烯与分子间的距离,也就充分证明了基于石墨烯的拉曼增强效应属于化学增强。这个发现为研究化学增强机理提供了简便体系，有利于理解表面增强拉曼散射(SERS)。

Szabo 等[49]在 LB 膜中观察到数目可忽略的缺陷，如沉积在亲水基板上的 GO 片，缺陷存在互相连接边缘或面对面聚集的折叠处。这些高度有序的单层具有先进电子应用的前景，因为大面积致密平铺的 GO 纳米片，在还原为导体石墨烯后能提供连续电学路径[49]。化学法制备的石墨烯的 LB 膜非常适于构造光学透明柔性电路，相比之下 ITO 由于硬度和易碎性限制了它的使用。

Wang 等[50]在 2011 年发展了仅依靠调节 GO 分散液的 pH 值就能实现 GO 片层尺寸分级的通用技术。肼还原的大横向维度的 LB 膜具有比小尺寸显著增加的导电性。此外，比起小尺寸，通过过滤制备的大横向维度薄膜具有减小的层间距和明显增大的抗张强度和模量。GO 片层的横向维度对自组装 GO 膜的结构和性能有很大影响。大的 GO 片层利于纸张膜的形成，具有更完美的紧密结构，性能也得到极大改善。此外，因为它们的结构更密实、结构缺陷更少、接触电阻更低[50]，更大片层的 GO 形成的 LB 膜在化学还原后也显示出较高的导电性。

2012 年，Imperiali 等[51]研究了 GO 界面层的结构和性质，并对无支撑膜的形成条件进行了研究。在稳定的水－油微乳液中，这类层状物的效能受流变学性质影响。因为机械完整性，使用水亚相能通过如 LB 技术实现大面积单层沉积。这些膜经过随后的化学还原可转化为透明导电薄膜(TCF)。

同年，Sutar 等[52]利用光谱学研究了 LB 技术制备的大块 GO 和 *r*GO 单层。GO 单层被肼还原，接着在真空和氩气中热处理得到 *r*GO 单层，不影响片层的形貌稳定性。FTIR 数据揭示还原过程导致含氧基团的剧减。XPS 数据显示经过还原过程，I_D/I_G比例降低，这也表明单层中非石墨型碳数量的减少。

11.3.2 纳米复合膜

Gao 等报道用 LB 方法从功能化 GO 单层高效制备纳米卷轴[53]。透射电镜结果显示卷轴具有端部未封闭的管状结构。卷轴平行于 LB 器件的滑障成列，LB 浓缩过程中使其从疏松到致密。他们也发现到特殊溶剂能解开卷轴结构。这种方法开拓了利用功能化 GO 作为结构单元高量产制备碳纳米卷轴的新途径。

Ramesha 等于 2012 年研究了在朗缪尔水槽中 2D 材料原位电化学聚合的可能性[54]。他们将剥离的氧化石墨烯(EGO)在水面上铺展，使得苯胺基阳离子通过静电作用出现在气水界面的亚相中(图 11.16)。随后施加表面压力，苯胺同 PANI 以平面极化形式电化学聚合产生 EGO/PANI 复合物，应用 Langmuir-Schaefer 水平沉积模式在玻碳基板上沉积。

同年，Narayanam 和合作者[55]通过引入 Cd^{2+} 离子到亚相制备 GO-Cd 复合物 LB 单层。引入镉离子后，朗缪尔单层等温线的行为变化归结于亚相表面 GO 片

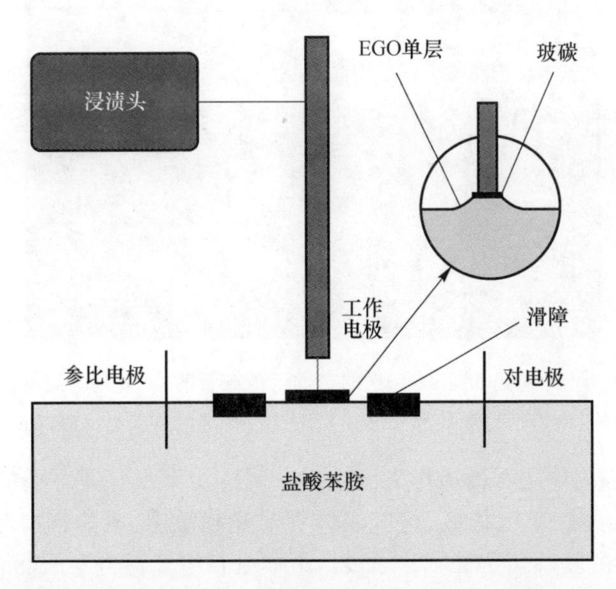

图 11.16　原位聚合的 LB 实验装置(经许可引自文献[54])

层微结构和密度的变化。Cd^{2+} 离子向 GO 单层的合并造成片层的重叠及大量褶皱的形成。GO-Cd 片层的硫化导致 CdS 纳米晶在 GO 单层整个面的均匀分布[55]。Cd 和含氧基团间的断键能导致褶皱的减少。GO 片层主要作为金属离子和含氧基团作用的平台,它们结构和性能特点不受摄取的 Cd 或形成的 CdS 影响。

11.3.3　LB 薄膜的应用与性质

2008 年,Li 和合作者[56]报道了通过对石墨进行剥蚀、重新嵌入及扩展,制造出高性能单层稳定悬浮在有机溶剂中的石墨烯片层。石墨烯片层在室温和低温下具有高导电性。有机溶剂中的大量石墨烯片层被层接层法的 LB 组装成大块透明导电薄膜。化学法制备高性能石墨烯片能通向未来规模化的石墨烯器件。

2010 年,Cao 和合作者[57]构造了从铜酞菁(CuPc)的 LB 单层形成的利用二维(2D)弹道学传导的单层石墨烯作为面接触的高性能光响应分子 FET。特色是 LB 技术与纳米间隙电极制备的一体化以建造功能化分子级电子器件。LB 技术提供具有前景的可实现的制备大面积具有有序特定结构超薄膜的方法(图 11.17)。

LB 技术同成熟的微纳制备结合,提供了有效的具有类似体相的载流子迁移率(高达 $0.04cm^2 \cdot V^{-1} \cdot s^{-1}$)、高的开关电流比(超过 10^6)、高产量(几乎 100%)和高重复性的分子 FET。这些晶体管从自组装的均匀的 p 型 CuPc 半导

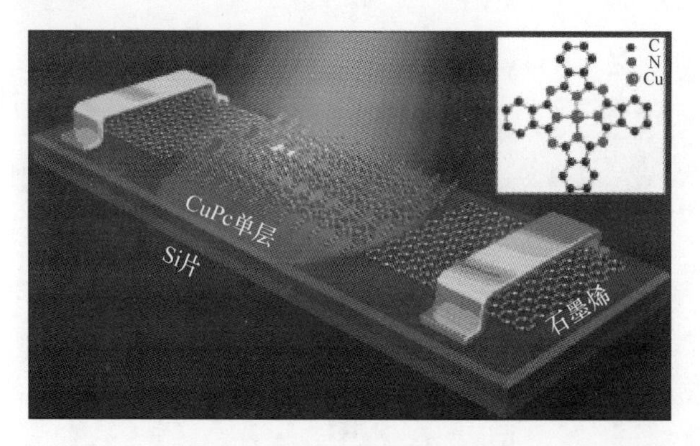

图 11.17　厚度 50nm 的 SiO_2 保护的金属电极制备的 CuPc 单层晶体管器件的结构,内插图为铜酞菁 CuPc 的分子结构(经许可引自文献[57])

体单层制得,利用单层石墨烯作为面接触。另一重要结论是尽管它们的活性通道仅由 1.3nm 厚的单层构成,这些晶体管对光超敏感,成为新型环境传感器和可控光检测器的基础。这种方法通过自下而上自组装与自上而下器件构造的结合,将分子功能化合并到分子电子器件,有望加速未来纳米/分子电子学的发展。

同年,Kulkarni 等[58]通过 LB 沉积的 LbL 组装法将负电荷功能化的 GO 层合并到聚电解质多层膜(PEM)(图 11.18)。这些 LbL-LB 组装的 GO 纳米复合膜呈现稳健无支撑膜状态,具有大的侧向维度(厘米级)和约 50nm 的厚度。微机械测试显示增加了一个数量级的弹性模量,从纯 LbL 膜的 1.5GPa 增加到仅含 8.0%(体积分数)的 GO 包覆的 LbL 膜的近 20GPa。这些结实的纳米复合物 PEM 能自由覆与数毫米的大孔径,并且保持大的机械形变。

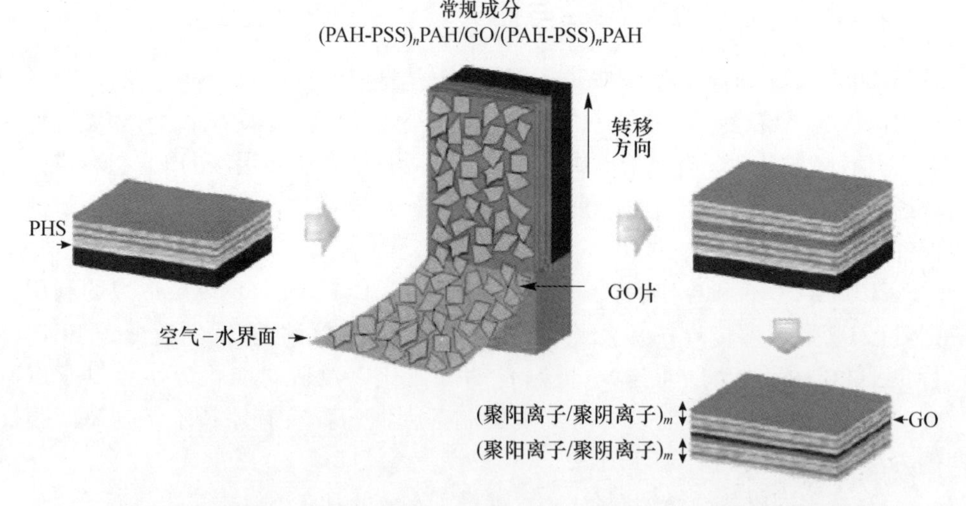

图 11.18　无支撑 GO-LbL 薄膜的合成和组装示意图(经许可引自文献[58])

同时,Gengler 和合作者[12]发展了简单的均匀沉积单层石墨烯膜到任何基板上的方法,在任意条件下且没有尺寸限制。这类快速高产的方法通过在 LB 水槽里简单调节改变表面压力实现石墨烯覆盖度的控制。制备的薄膜能承受所有物理和化学的处理包括光刻处理而没有任何材料的损失。另外,在所有化学法剥蚀的石墨中,得到的片层在狄拉克电中性点(约为 65kV)显示最低的电阻,提供了从空穴导电态到电子导电态转换的证据。图示的沉积方法也能用于其他类型剥离石墨烯/石墨的制备,无需通过氧化石墨的步骤。

2012 年,Yin 等[59]在 Si/SiO_2 片上利用 LB 方法,接着热还原制得数层的 *r*GO 薄层(图 11.19)。在光化学还原 *r*GO 上的 Pt 纳米粒子后,得到的 Pt NP/*r*GO 复合物能作为液栅型 FET 的导电通道,实现高灵敏度(2.4nM)、实时对 ssDNA杂化的检测。这种制备 *r*GO 基晶体管简单有效的方法,在石墨烯基电子生物传感器的大量制备上具有巨大的应用潜力。

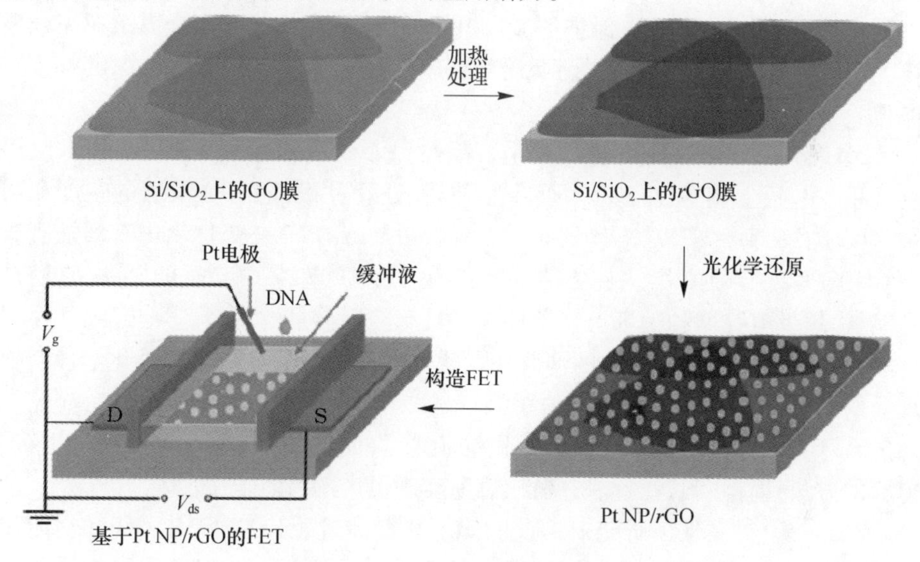

图 11.19　基于 Pt NP/*r*GO 薄膜的溶液型 FET 器件的构造示意图用于 DNA 检测(经许可引自文献[59])

同一时期,Sutar 等[60]利用光电子谱研究了 GO 和 *r*GO 单层的电子结构。通过 LB 方法得到的 GO 单层经适当处理能得到 *r*GO 单层。与 GO 相比,*r*GO 单层因为含氧官能团的去除或石墨型碳含量的增加,显出更陡峭的费米能级,降低的功函和增加的 p 电子态密度。和 GO 相比,*r*GO 也展现了可归于 p 电子 DOS 的增加的俄歇特征。从等离子体损失特征得到的有效价电子数,在还原后有 28% 的增加,与石墨型碳含量的增加有关。因此,可通过控制 GO 的还原调控其电子结构,进而调控其电子/光电子特性。

Lake 等[61]在 2012 年对用于超级电容器的基于 GO 和过渡金属氧化物纳米结构的复合电极材料进行了研究。GO 电泳沉积在导电基板上,通过化学还原

以形成 *r*GO 膜。在自组装 LB 单层复合物中,GO 同 Co_3O_4 和 MnO_2 纳米结构间存在强作用,无需利用黏结剂,具有形成超级电容器薄膜电极的可能性。他们证实了制备金属氧化物和石墨烯纳米复合物便利的两步法,构造无粘结剂超级电容器电极的过程[61]。与电解液接触的石墨烯层提供了高导电路径和高表面积,Co_3O_4 和 MnO_2 纳米复合物提供了高电化学电容的电荷存储,这些均能被调控以得到最佳的能量和功率密度。最初的复合电极包含 Co_3O_4 和 MnO_2 纳米复合物,其上为 *r*GO 层,提供与电解质离子和电活性点更有效的接触,以及更短的传输和扩散路径长度,与传统双层超级电容器比具有更高的比容量[61]。这类电极材料的上述特征是以金属氧化物和 *r*GO 间良好的作用为前提的。制备复合纳米结构薄膜的两步法过程无毒,适于无黏结剂超级电容器的批量生产。

Petersen 等[62]将易碎的有机 C_{22} 脂肪酸镉盐(山嵛酸镉(II))的 LB 膜包覆上压缩的 GO 单层膜。GO 保护的 LB 膜的结构也能完好保存。金属沉积完全破坏了未保护 LB 薄膜的上两层。此研究清晰地证明单原子层 GO 可提供有效的保护。

2011 年,Zhang 等利用超大氧化石墨烯(UL-GO)片通过 LB 组装技术层接层沉积在基板上制备了 TCF。通过改变 LB 处理过程,UL-GO 单层的密度和褶皱程度能在稀薄片、密堆平片到氧化石墨烯褶皱(GOW)及密集氧化石墨烯褶皱(CGOW)间进行调控[63]。此方法证明了高产量 GOW 或 CGOW 的制备,它们是在储氢、超级电容器和纳米机械器件领域具有应用前景的材料。从 UL-GO 片制备的具有密堆积的平面结构的薄膜展示优异的高导电性和热处理及化学掺杂处理后的透明度。在 90% 透明度时得到卓越的方块电阻约为 $500\Omega \cdot sq^{-1}$,超过了通过 CVD 法生长在 Ni 基板上的石墨烯膜[63]。此类用于制备透明导电 UL-GO 薄膜的方法具有便利、便宜、易调控、容易实现量产的特点。

Zhang 等[64]在延续研究中,通过 LbL-LB 组装过程构造了 UL-GO 和功能化的单壁碳纳米管(SWCNT)大面积混合的透明膜。光电特性与通过同样手段制备的 GO 膜相比具有极大改善,且是多数报道石墨烯、GO 和/或 CNT 薄膜工作中极好的(图 11.20)。

发展的 LB 组装技术不仅能控制膜的成分、结构和厚度,也适合大规模构造透明导电光电子器件,因为无需额外的后转移过程。随着合成技术的进一步精化,这类万能材料可提供下一代光电器件需要的特性。

同时,Zhang 和合作者[65]又用化学法合成直径约 100nm 的单层 UL-GO 片。将 UL-GO 片通过层接层 LB 组装沉积在基板上制备 TCF。从 UL-GO 片制备的膜具有密堆积平面结构,显示优异的高导电性和热处理后的透明度,在 86% 透明度时得到卓越的方块电阻约为 $605\Omega \cdot sq^{-1}$。作者声明制备 TCF 的技术具有简便、便宜、可调控、能量产的特点。

2012 年,Park 等[66]介绍了新颖的基于共熔法制备高品质石墨烯片的方法。

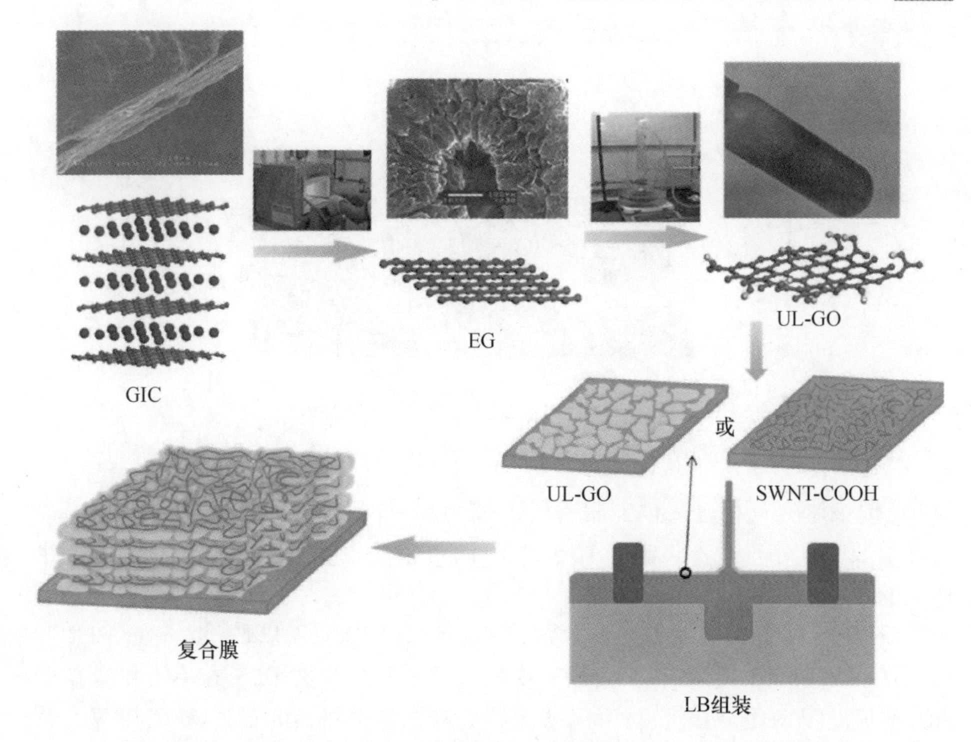

图 11.20　UL-GO/SWCNT 复合膜制备的流程图(经许可引自文献[64])

他们确认在合适的操作条件下,碱金属钾离子可成功嵌入石墨层间。这类高品质石墨烯片在吡啶溶液中能稳定分散超过 6 个月,无需额外的功能化和表面活性剂的稳定。通过改进的 LB 组装,从分散好的石墨烯片层制备的透明导电石墨烯片层具有高的产量(约 60%)[66]。制备的石墨烯膜显示近 $930\Omega \cdot sq^{-1}$ 的方块电阻,透明度约为 75%,高电导率约为 $91S \cdot m^{-1}$。上述结果证实基于共熔法制备石墨烯具有成本低、可量产的特点,能促进石墨烯基电子学和复合方向的实用化。

Seo 等[67]报道了其他石墨烯基膜的应用。作者构造了 p 型 *r*GO/n 掺杂硅基的 p－n 二极管结。通过导电的原子力显微镜(C-AFM)电场诱导还原(EFI)GO,经过干燥无损的单点处理,制造 *r*GO 的 p－n 纳米图案化二极管。细节如下,单个 GO 片通过 LB 法沉积在半导体(n 和 p 型掺杂硅)基板上,用于控制 *r*GO 界面的电荷转移。对应在 n 型掺杂硅基板上施加一个负偏压,EFI 纳米光刻在 GO 片上产生局部还原的 GO 纳米图案。EFI 纳米光刻随施加电压而变化,*r*GO 在 －10V 基板电压下实现纳米图案化,与化学还原的 *r*GO 比,它具有高导电性[67](图 11.21)。

此外,局域电场下 *r*GO 片的传输能力明显降低,显示片边缘和片平面具有均匀的导电性。*r*GO 在 n 型和 p 型掺杂硅基板的电流－电压($I-V$)结果显示,

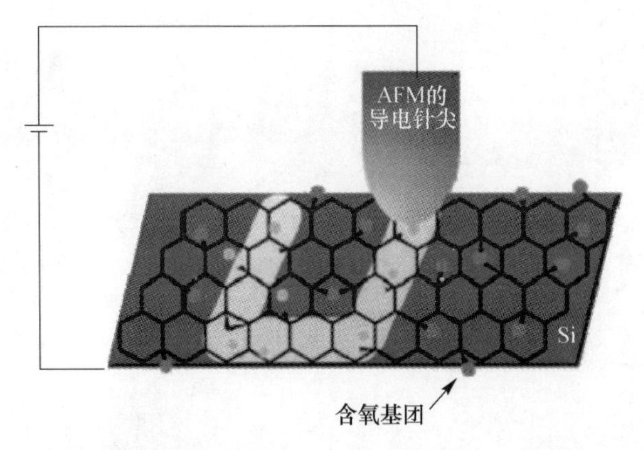

图 11.21　EFI 还原纳米图案形成 *r*GO 二极管 p - n 结（经许可引自文献[67]）

EFI 还原纳米光刻在硅基板上制备了 p 型 *r*GO 纳米图案。此结（junction）是高密度集成交叉器件中不可缺少的电子元件，可整流电荷传输及避免相近电子组件间的干扰。

Li 和合作者[68]利用 GO 作为浸笔纳米光刻（DPN）的新颖基板。如图 11.22 所示，GO 通过 LB 技术转移到 SiO_2 基板上，$CoCl_2$ 同时被 DPN 在 GO 和暴露的 SiO_2 基板上图案化，用于生长不同结构的 CNT。这种新颖的石墨烯/CNT 复合物可能在传感器、太阳能电池、电极材料等具有潜在应用。

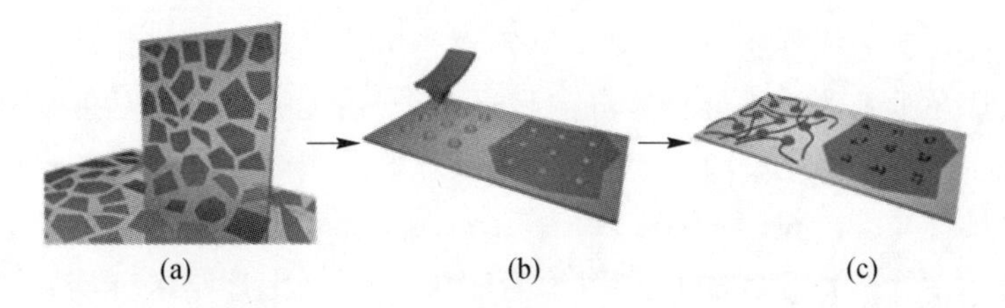

图 11.22　实验过程示意图。（a）利用 LB 技术将单层 GO 片转移到 SiO_2 基板上；（b）同时通过 DPN 将 $CoCl_2$ 图案化印在 GO 和 SiO_2 片上；（c）通过 CVD，在 GO 和 SiO_2 表面图案化的催化剂的点上生长出 CNT（经许可引自文献[68]）

11.4　结　　论

近些年，由于构造多层复合膜简单、低成本，尤其是方法灵活，使得 LbL 组装引起材料科研团队的关注。这种方法的多功能性允许使用不同的合成或沉积技术，如溅射或 CVD 法，进行膜生长步骤的多样性开发。在这些方法中，LB 技术是最具前景的，它能实现大面积和几乎在所有固态基板上的均匀沉积。此外，石墨烯作为二维单层材料具有优秀的光电和机械特性，能被进一步剪裁或通过 LbL 组装增强性能。以此导向，过去几年大量研究报道了石墨烯片 LbL 组装修饰制备石墨烯基复合薄膜。由于其卓越的特性，这些多层膜体系被应用到从电子到摩檫学的不同领域。然而，在设计和构造更好、更高质量的石墨烯基复合膜方面仍存在许多挑战。

参考文献

[1] Iler, R. K. (1966) *J. Colloid Interface Sci.*, **21**, 569.

[2] Decher, G. and Hong, J. D. (1991) *Ber. Bunsen. Phys. Chem.*, **95**, 1430.

[3] Decher, G. and Hong, J. D. (1991) *Makromol. Chem. Macromol. Symp.*, **46**, 321.

[4] Decher, G., Hong, J. D., and Schmitt, J. (1992) *Thin Solid Films*, **210**, 831.

[5] Lvov, Y., Decher, G., and Moehwald, H. (1993) *Langmuir*, **9**, 481.

[6] Ariga, K., Hill, J. P., and Ji, Q. (2007) *Phys. Chem. Chem. Phys.*, **9**, 2319.

[7] Decher, G. (1997) *Science*, **277**, 1232.

[8] Zhu, C., Guo, S., Zhai, Y., and Dong, S. (2010) *Langmuir*, **26**, 7614.

[9] Guo, C. X., Yang, H. B., Sheng, Z. M., Lu, Z. S., Song, Q. L., and Li, C. M. (2010) *Angew. Chem. Int. Ed.*, **49**, 3014.

[10] Hong, J. Y., Shin, K. Y., Kwon, O. S., Kang, H., and Jang, J. (2011) *Chem. Commun.*, **47**, 7182.

[11] Shim, B. S., Podsiadlo, P., Lilly, D. G., Agarwal, A., Lee, J., Tang, Z., Ho, S., Ingle, P., Paterson, D., Lu, W., and Kotov, N. A. (2007) *Nano Lett.*, **7**, 3266.

[12] Gengler, R. Y. N., Veligura, A., Enotiadis, A., Diamanti, E. K., Gournis, D., Jozsa, C., van Wees, B. J., and Rudolf, P. (2010) *Small*, **6**, 35.

[13] Shen, J., Hu, Y., Li, C., Qin, C., Shi, M., and Ye, M. (2009) *Langmuir*, **25**, 6122.

[14] Kong, B. S., Geng, J., and Jung, H. T. (2009) *Chem. Commun.*, 2174.

[15] Seshan, K. (ed.) (2002) *Handbook of Thin-Film Deposition Processes and Techniques: Principles, Methods, Equipment and Applications*, 2nd edn, Noyes Publications, Norwich, NY.

[16] Wang, Y., Tong, S. W., Xu, X. F., Ozyilmaz, B., and Loh, K. P. (2011) *Adv. Mater.*, **23**, 1514.

[17] Bae, S., Kim, H., Lee, Y., Xu, X., Park, J. S., Zheng, Y., Balakrishnan, J., Lei, T., Ri Kim, H., Song, Y. I., Kim, Y. J., Kim, K. S., Ozyilmaz, B., Ahn, J. H., Hong, B. H., and Iijima, S. (2010) *Nat. Nano*, **5**, 574.

[18] Li, H., Pang, S., Wu, S., Feng, X., Müllen, K., and Bubeck, C. (2011) *J. Am. Chem. Soc.*, **133**, 9423.

[19] Güneş, F., Shin, H. J., Biswas, C., Han, G. H., Kim, E. S., Chae, S. J., Choi, J. Y., and Lee, Y. H. (2010) *ACS Nano*, **4**, 4595.

[20] Li, Z., Wang, J., Liu, X., Liu, S., Ou, J., and Yang, S. (2011) *J. Mater. Chem.*, **21**, 3397.

[21] Yu, D. and Dai, L. (2009) *J. Phys. Chem. Lett.*, **1**, 467.

[22] Sheng, K., Bai, H., Sun, Y., Li, C., and Shi, G. (2011) *Polymer*, **52**, 5567.

[23] Lee, D. W., Hong, T. K., Kang, D., Lee, J., Heo, M., Kim, J. Y., Kim, B. S., and Shin, H. S. (2011) *J. Mater. Chem.*, **21**, 3438.

[24] Park, J. S., Cho, S. M., Kim, W. J., Park, J., and Yoo, P. J. (2011) *ACS Appl. Mater. Interfaces*, **3**, 360.

[25] Yao, H.-B., Wu, L. H., Cui, C. H., Fang, H. Y., and Yu, S. H. (2010) *J. Mater. Chem.*,

20, 5190.

[26] Rani, A., Oh, K. A., Koo, H., Lee, H. J., and Park, M. (2011) *Appl. Surf. Sci.*, **257**, 4982.

[27] Wang, X., Wang, J., Cheng, H., Yu, P., Ye, J., and Mao, L. (2011) *Langmuir*, **27**, 11180.

[28] Ishikawa, R. B. M., Wada, H., Kurokawa, Y., Sandhu, A., and Konagai, M. (2012) *Jpn. J. Appl. Phys.*, **51**, 11PF01.

[29] Seok, C. K., Fei, L., Seob, C. J., and Seok, S. T. (2010) *Nanotechnology (IEEENANO)*. 10th IEEE Conference on, 2010, p. 683.

[30] Yoo, J. J., Balakrishnan, K., Huang, J., Meunier, V., Sumpter, B. G., Srivastava, A., Conway, M., Mohana Reddy, A. L., Yu, J., Vajtai, R., and Ajayan, P. M. (2011) *Nano Lett.*, **11**, 1423.

[31] Zhang, B. and Cui, T. (2011) *Appl. Phys. Lett.*, **98**, 073116.

[32] Ji, Q., Honma, I., Paek, S. M., Akada, M., Hill, J. P., Vinu, A., and Ariga, K. (2010) *Angew. Chem.*, **122**, 9931.

[33] Zeng, G., Xing, Y., Gao, J., Wang, Z., and Zhang, X. (2010) *Langmuir*, **26**, 15022.

[34] Chang, H., Wang, X., Shiu, K. K., Zhu, Y., Wang, J., Li, Q., Chen, B., and Jiang, H. (2013) *Biosens. Bioelectron.*, **41**, 789.

[35] Qin, H., Liu, J., Chen, C., Wang, J., and Wang, E. (2012) *Anal. Chim. Acta*, **712**, 127.

[36] Shan, C., Wang, L., Han, D., Li, F., Zhang, Q., Zhang, X., and Niu, L. (2013) *Thin Solid Films*, **534**, 572.

[37] Ma, J., Cai, P., Qi, W., Kong, D., and Wang, H. (2013) *Colloids Surf., A: Physicochem. Eng. Aspects*, **426**, 6.

[38] Mao, Y., Bao, Y., Wang, W., Li, Z., Li, F., and Niu, L. (2011) *Talanta*, **85**, 2106.

[39] Liu, Y., Liu, Y., Feng, H., Wu, Y., Joshi, L., Zeng, X., and Li, J. (2012) *Biosens. Bioelectron.*, **35**, 63.

[40] Liu, S., Yan, J., He, G., Zhong, D., Chen, J., Shi, L., Zhou, X., and Jiang, H. (2012) *J. Electroanal. Chem.*, **672**, 40.

[41] Zhao, X., Zhang, Q., Hao, Y., Li, Y., Fang, Y., and Chen, D. (2010) *Macromolecules*, **43**, 9411.

[42] Liu, S., Ou, J., Li, Z., Yang, S., and Wang, J. (2012) *Appl. Surf. Sci.*, **258**, 2231.

[43] Xia, F., Hu, X., Sun, Y., Luo, W., and Huang, Y. (2012) *Nanoscale*, **4**, 4707.

[44] Jalili, R., Aboutalebi, S. H., Esrafilzadeh, D., Konstantinov, K., Moulton, S. E., Razal, J. M., and Wallace, G. G. (2013) *ACS Nano*, **7**, 3981.

[45] KSV NIMA *http://www.ksvnima.com/ technologies/langmuir-blodgett-langmuir-schaefer-technique* (accessed 24 October 2013).

[46] Cote, L. J., Kim, J., Tung, V. C., Luo, J. Y., Kim, F., and Huang, J. X. (2011) *Pure Appl. Chem.*, **83**, 95.

[47] Cote, L. J., Kim, F., and Huang, J. X. (2009) *J. Am. Chem. Soc.*, **131**, 1043.

[48] Ling, X. and Zhang, J. (2010) *Small*, **6**, 2020.

[49] Szabo, T., Hornok, V., Schoonheydt, R. A., and Dekany, I. (2010) *Carbon*, **48**, 1676.

[50] Wang, X. L., Bai, H., and Shi, G. Q. (2011) *J. Am. Chem. Soc.*, **133**, 6338.

[51] Imperiali, L., Liao, K. H., Clasen, C., Fransaer, J., Macosko, C. W., and Vermant, J. (2012) *Langmuir*, **28**, 7990.

[52] Sutar, D. S., Narayanam, P. K., Singh, G., Botcha, V. D., Talwar, S. S., Srinivasa, R. S., and Major, S. S. (2012) *Thin Solid Films*, **520**, 5991.

[53] Gao, Y., Chen, X. Q., Xu, H., Zou, Y. L., Gu, R. P., Xu, M. S., Jen, A. K. Y., and Chen, H. Z.

(2010) *Carbon*, **48**, 4475.

[54] Ramesha, G. K., Kumara, A. V., and Sampath, S. (2012) *J. Phys. Chem. C*, **116**, 13997.

[55] Narayanam, P. K., Singh, G., Botcha, V. D., Sutar, D. S., Talwar, S. S., Srinivasa, R. S., and Major, S. S. (2012) *Nanotechnology*, 23.

[56] Li, X. L., Zhang, G. Y., Bai, X. D., Sun, X. M., Wang, X. R., Wang, E., and Dai, H. J. (2008) *Nat. Nanotech.*, **3**, 538.

[57] Cao, Y., Wei, Z. M., Liu, S., Gan, L., Guo, X. F., Xu, W., Steigerwald, M. L., Liu, Z. F., and Zhu, D. B. (2010) *Angew. Chem. Int. Ed.*, **49**, 6319.

[58] Kulkarni, D. D., Choi, I., Singamaneni, S., and Tsukruk, V. V. (2010) *ACS Nano*, **4**, 4667.

[59] Yin, Z. Y., He, Q. Y., Huang, X., Zhang, J., Wu, S. X., Chen, P., Lu, G., Zhang, Q. C., Yan, Q. Y., and Zhang, H. (2012) *Nanoscale*, **4**, 293.

[60] Sutar, D. S., Singh, G., and Botcha, V. D. (2012) *Appl. Phys. Lett.*, 101.

[61] Lake, J. R., Cheng, A., Selverston, S., Tanaka, Z., Koehne, J., Meyyappan, M., and Chen, B. (2012) *J. Vac. Sci. Technol. B*, 30.

[62] Petersen, S. R., Glyvradal, M., Boggild, P., Hu, W., Feidenhans'l, R., and Laursen, B. W. (2012) *ACS Nano*, **6**, 8022.

[63] Zheng, Q. B., Ip, W. H., Lin, X. Y., Yousefi, N., Yeung, K. K., Li, Z. G., and Kim, J. K. (2011) *ACS Nano*, **5**, 6039.

[64] Zheng, Q. B., Zhang, B., Lin, X. Y., Shen, X., Yousefi, N., Huang, Z. D., Li, Z. G., and Kim, J. K. (2012) *J. Mater. Chem.*, **22**, 25072.

[65] Zheng, Q. B., Shi, F., and Yang, J. H. (2012) *Trans. Nonferrous Met. Soc. China*, **22**, 2504.

[66] Park, K. H., Kim, B. H., Song, S. H., Kwon, J., Kong, B. S., Kang, K., and Jeon, S. (2012) *Nano Lett.*, **12**, 2871.

[67] Seo, S., Jin, C., Jang, Y. R., Lee, J., Kim, S. K., and Lee, H. (2011) *J. Mater. Chem.*, **21**, 5805.

[68] Li, H., Cao, X. H., Li, B., Zhou, X. Z., Lu, G., Liusman, C., He, Q. Y., Boey, F., Venkatraman, S. S., and Zhang, H. (2011) *Chem. Commun.*, **47**, 10070.

内容简介

本书共11章,第1章是对石墨烯的介绍,后10章是对石墨烯功能化的介绍,内容涉及共价型功能化、非共价型功能化、石墨烯衍生物的性质与应用、金属等无机纳米粒子修饰、其他碳材料修饰、氮硼掺杂改性以及石墨烯基层接层组装复合结构。书中有关石墨烯表面修饰改性的内容丰富、文献翔实,这些方法可推广到其他材料,尤其是碳材料或二维超薄纳米材料的改性。

本书可作为高校师生以及研究机构科研工作者的参考书,也可供相关技术人员查阅和参考。

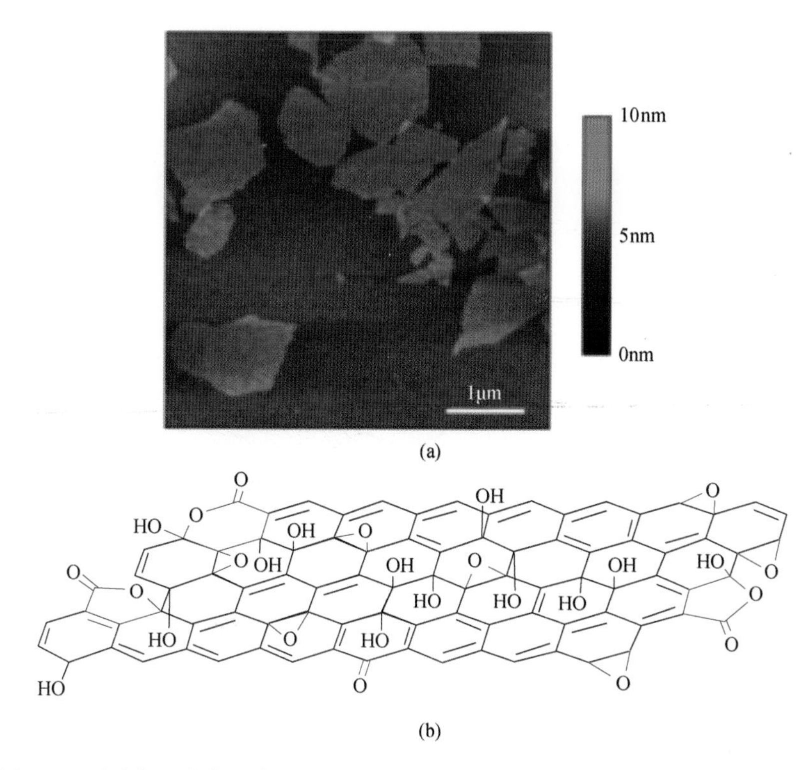

图 1.1　原子力显微术图片（AFM）和氧化石墨烯的结构模型。（a）硅基板上 GO 片层的 AFM 图像；（b）Ajayan 等引入的 GO 结构模型（经许可引自文献[18]）

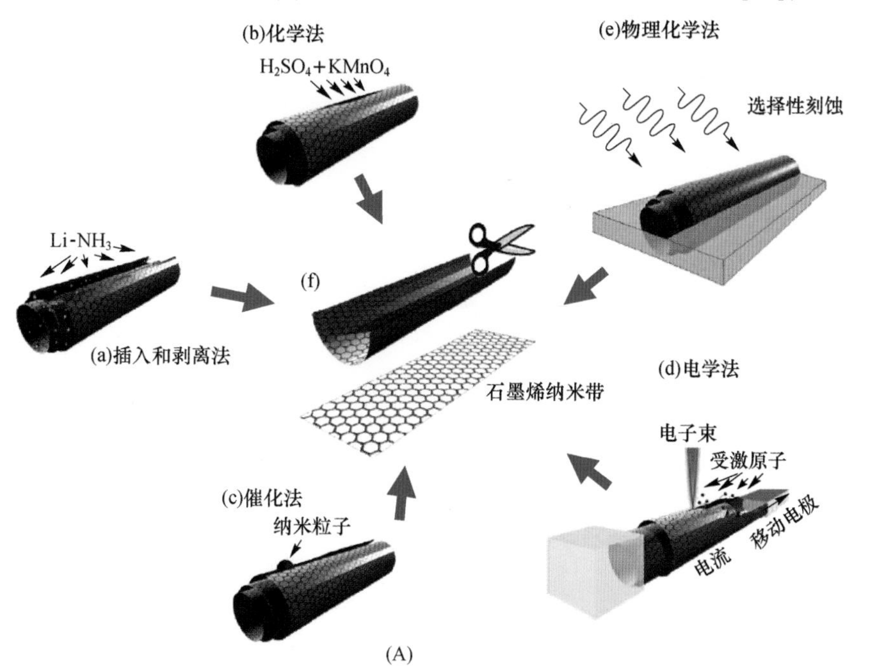

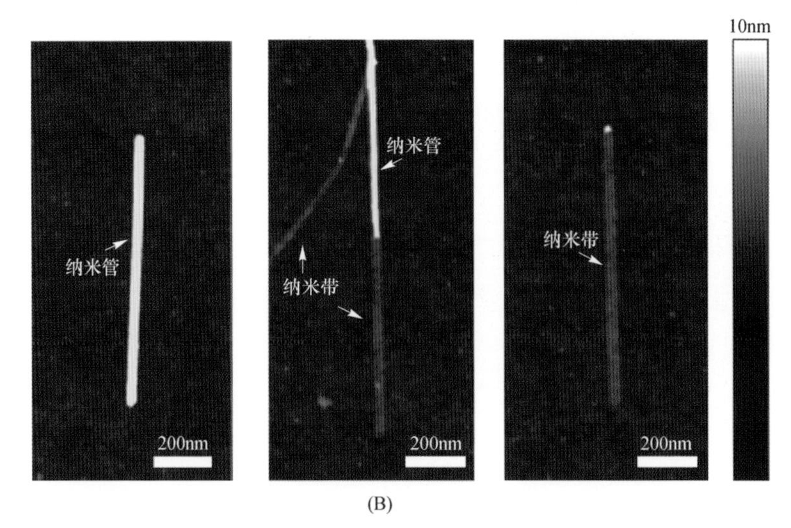

图 1.4 (A)解开碳纳米管制备石墨烯纳米带的几种方法的图示（经许可引自文献[62]）;(B)通过解开碳纳米管制备石墨烯纳米带的AFM 表征图片（经许可引自文献[64]）

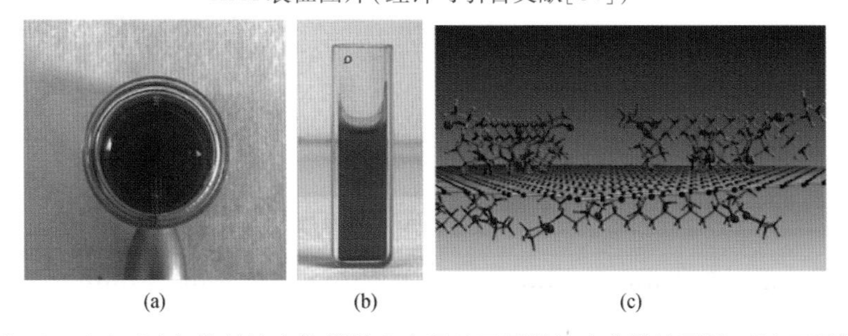

图 1.9 (a)丁达尔散射效应使得激光束通过石墨烯的水分散液可见;(b)石墨烯水溶液($0.1mg \cdot mL^{-1}$)的透光性;(c)聚乙烯吡咯烷酮包覆的石墨烯示意图（经许可引自文献[76]）

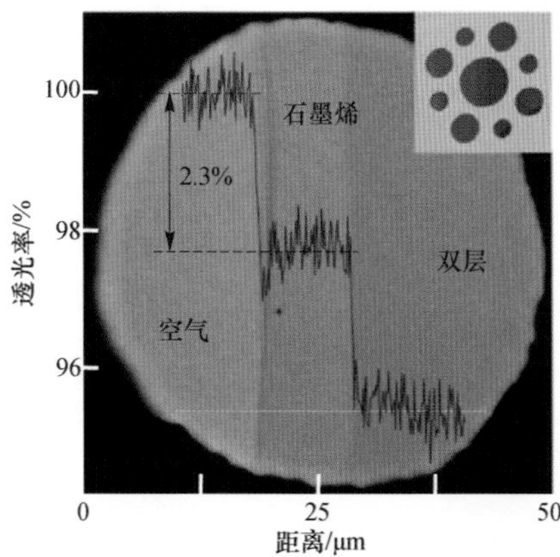

图 1.10 多孔膜上单层和双层石墨烯的透光率（经许可引自文献[80]）

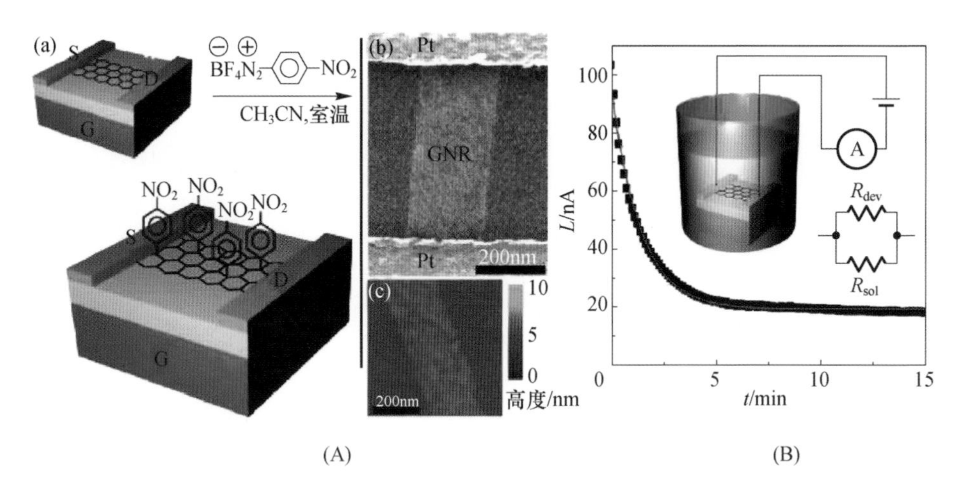

图 2.17 (A)(a)石墨烯纳米带上加成硝基苯自由基,置于某器件中测量其导电性,石墨烯纳米带的(b)TEM 和(c)AFM 图像;(B)硝基苯自由基功能化石墨烯纳米带随时间电流 I 的变化,内插图显示实验装置(经许可引自文献[41],版权©2010,美国化学学会)

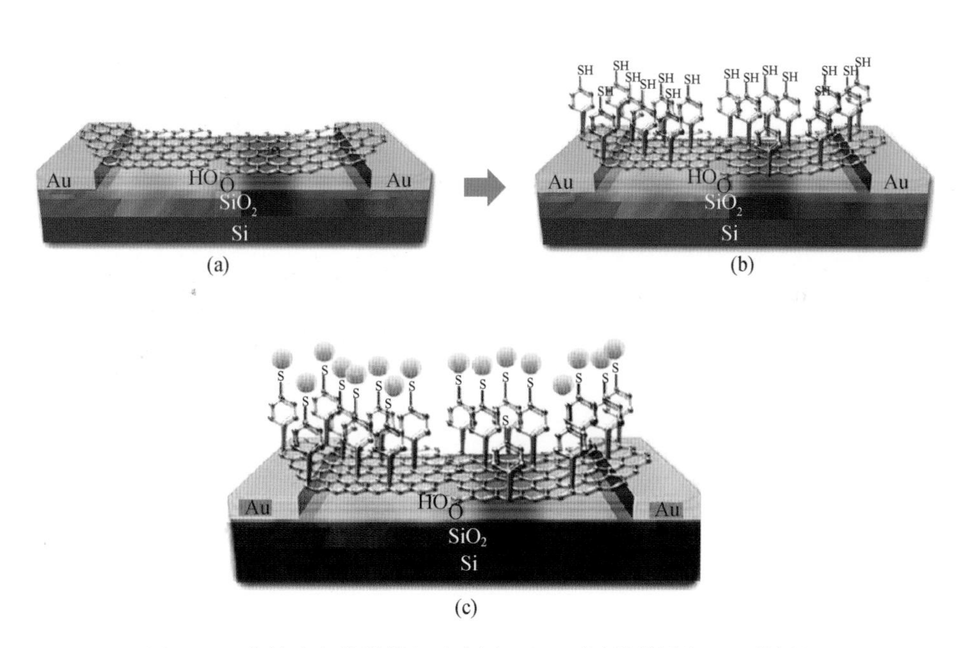

图 2.21 非易失存储器制备示意图。(a)石墨烯单层在 SiO_2 基板上两电极间的沉积;(b)硫苯基修饰石墨烯;(c)金纳米粒子的沉积(经许可引自文献[53],版权©2011,美国化学学会)

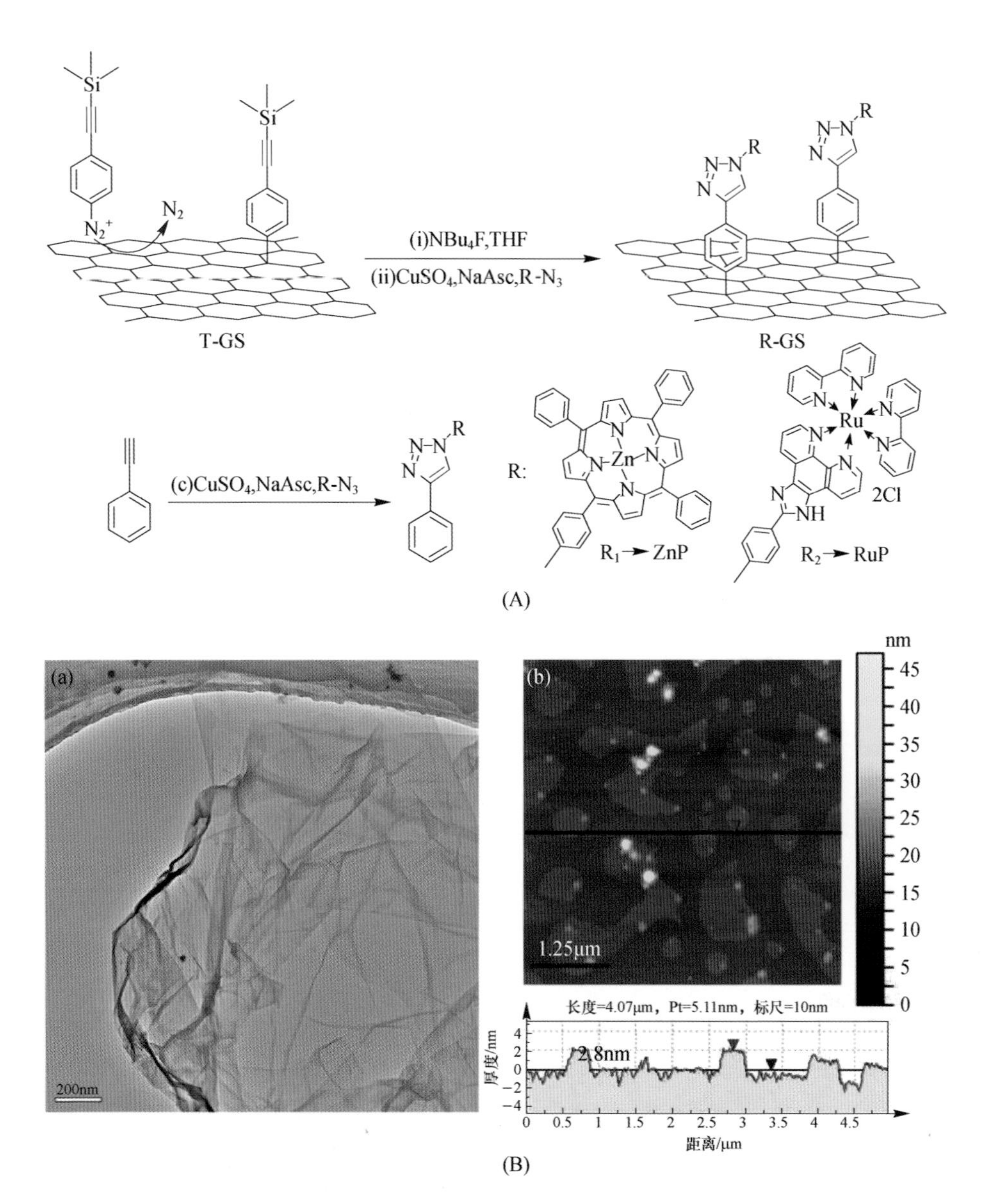

图 2.34　(A)乙炔基功能化石墨烯上叠氮取代生色团的 1,3-偶极环加成；(B)乙炔基芳基修饰的石墨烯纳米片的(a)TEM 和(b)AFM 图像

(经许可引自文献[69],版权©2011,英国皇家化学学会)

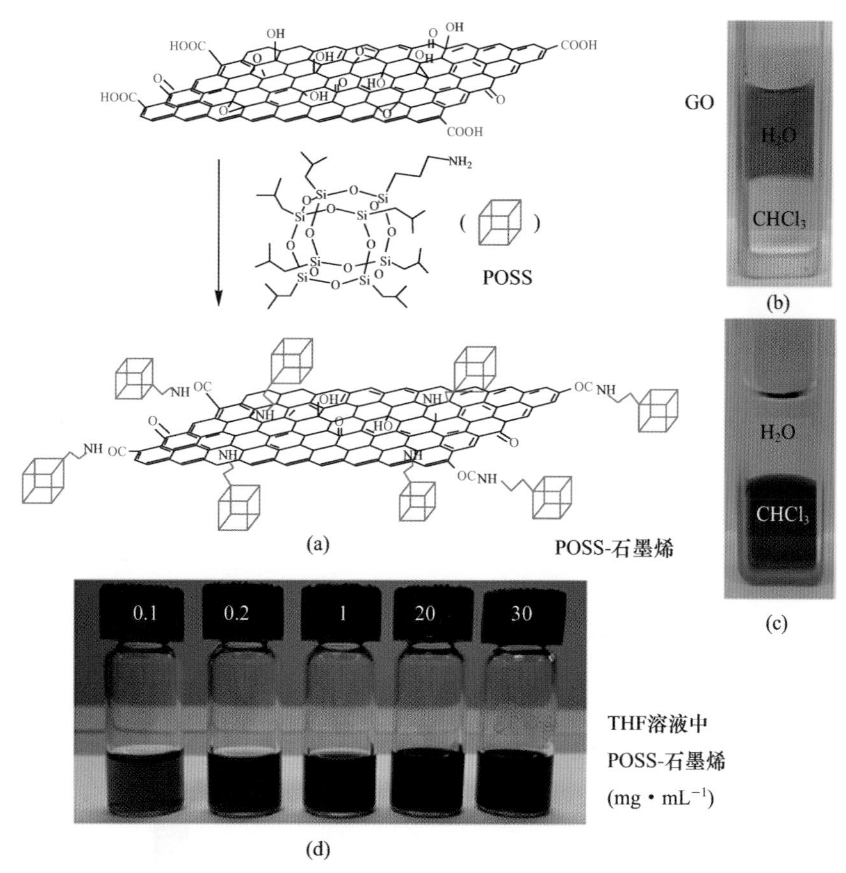

图 3.9 (a)端氨基 POSS 官能化修饰 GO;(b)GO 和(c)*r*GO-POSS 分散在双相水/氯仿体系中;(d)*r*GO-POSS 在不同浓度($mg \cdot mL^{-1}$)THF 中的分散
(经许可引自文献[25],版权©2012,美国化学学会)

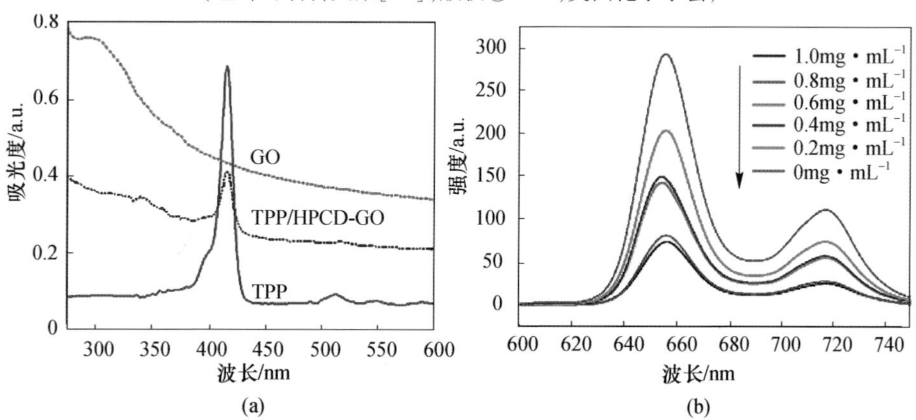

图 3.11 (a)GO、TPP 和 TPP/HPCD-GO 的紫外可见光谱图;(b)TPP 在加入不同浓度 HPCD-GO 前后的荧光发射光谱图(经许可引自文献[26],版权©2010,Elsevier B. V.)

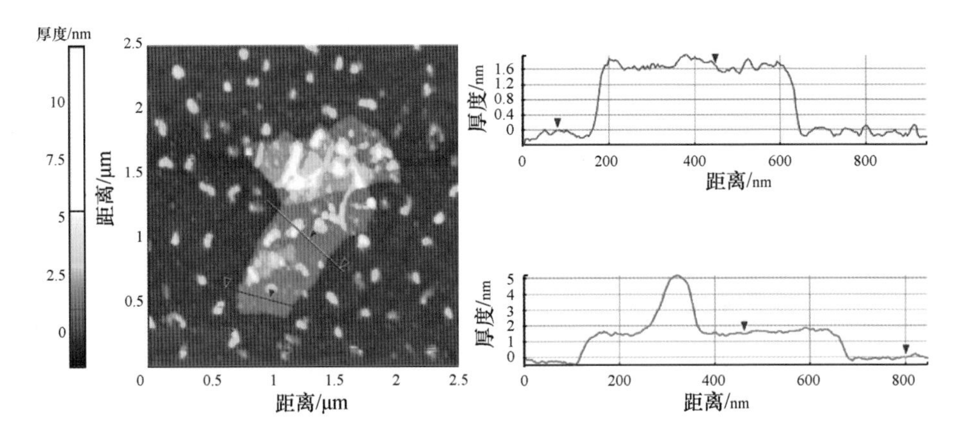

图 3.17　OD-*r*GO 的 AFM 图及单个纳米片的厚度剖面图
(经许可引自文献[38],版权©2010,Elsevier B. V.)

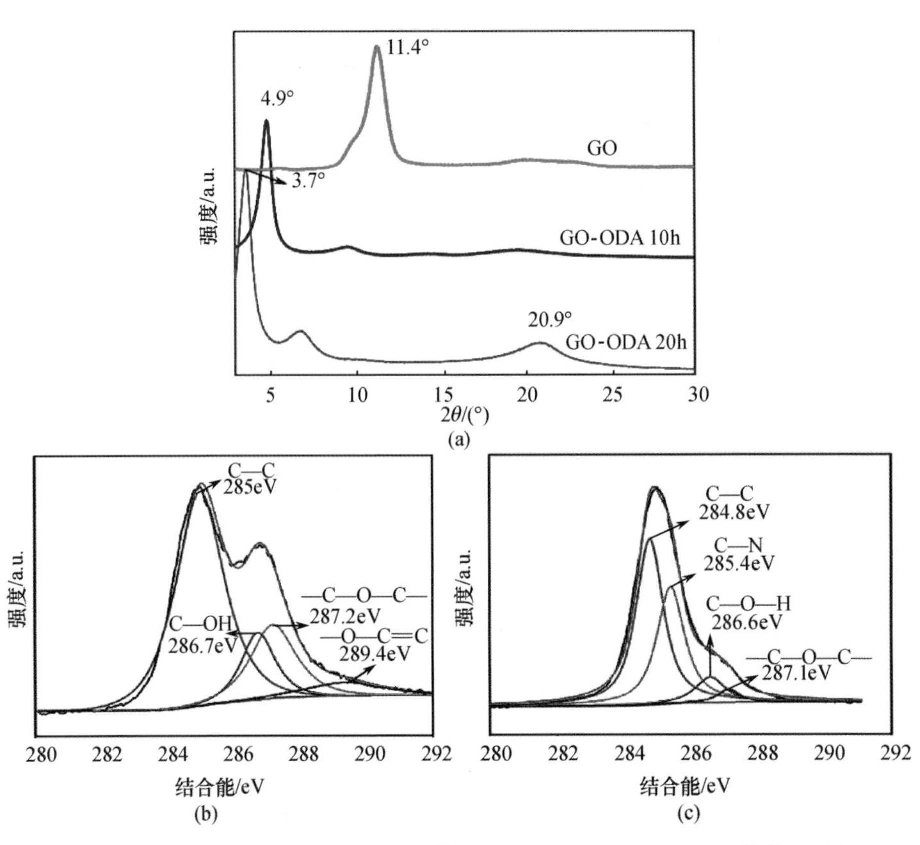

图 3.24　(a)GO 和 GO-ODA 的 XRD 谱图;(b)GO、ODA 和 GO-ODA 的傅里叶红外光谱图;(c)GO 和 GO-ODA 的 XPS 谱
(经许可引自文献[55],版权©2011,Elsevier B. V.)

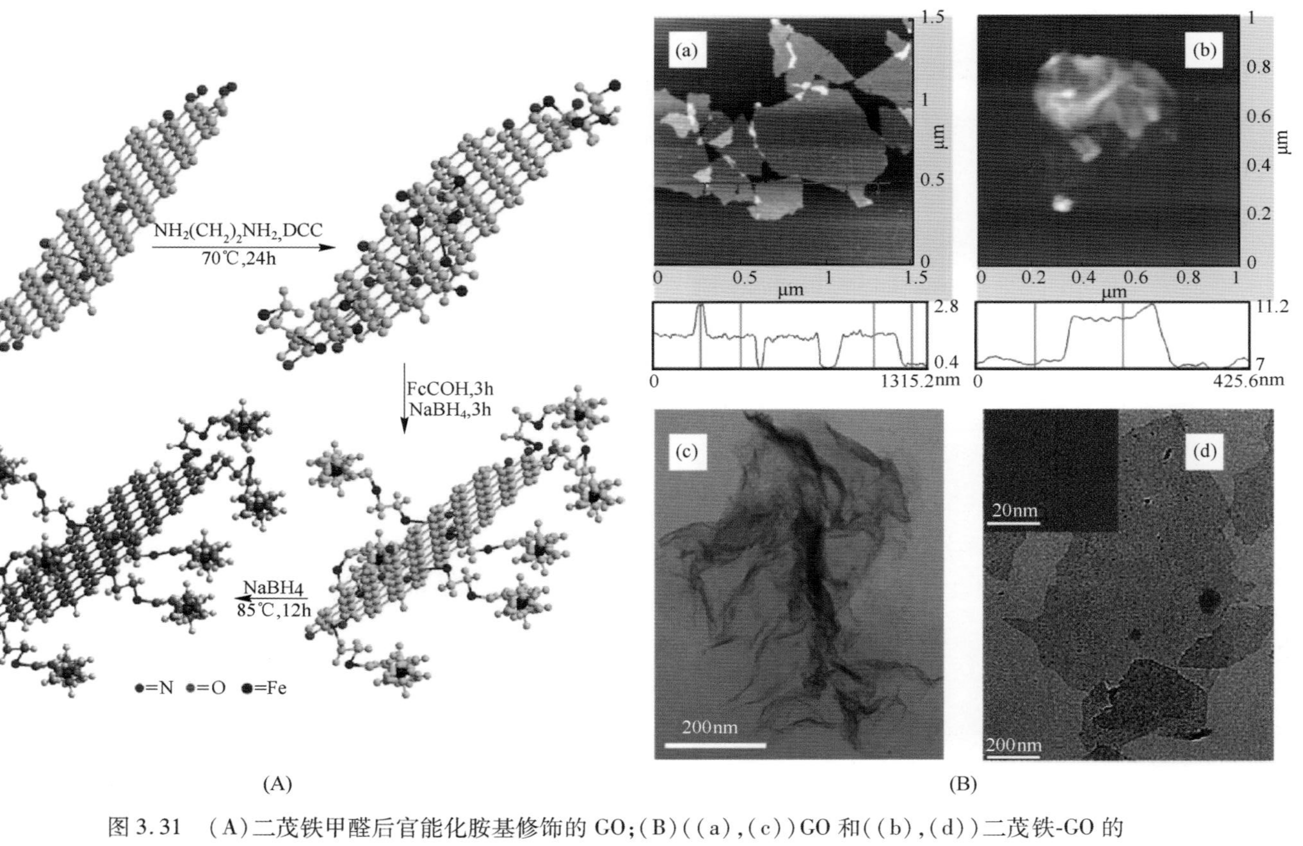

图 3.31 (A)二茂铁甲醛后官能化胺基修饰的 GO;(B)((a),(c))GO 和((b),(d))二茂铁-GO 的 AFM(上)和 TEM(下)图(经许可引自文献[62],版权©2012,英国皇家化学学会)

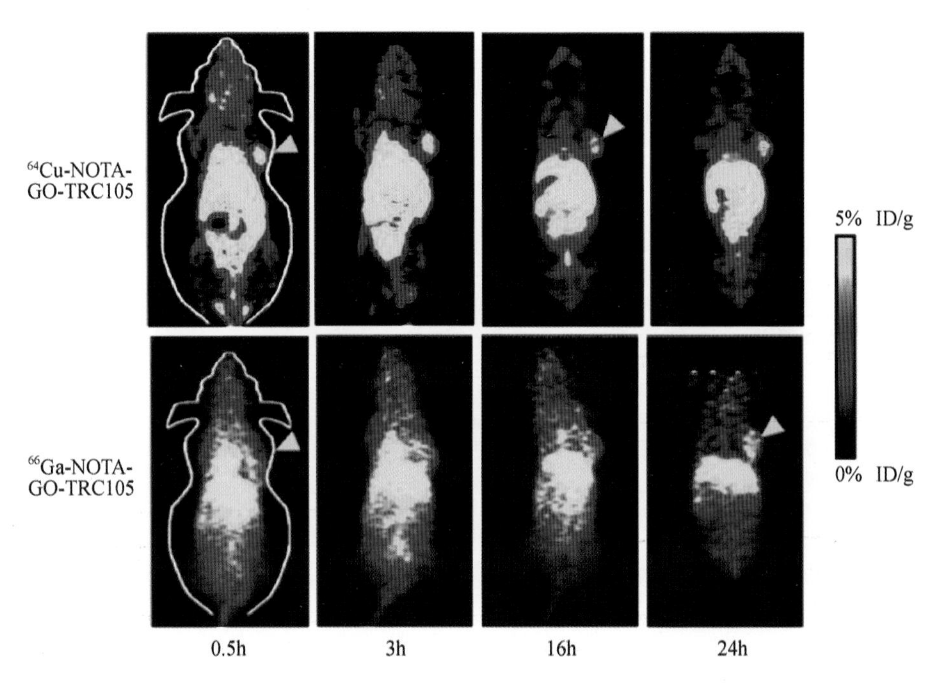

图 4.4　荷瘤小鼠静脉注射 NOTA-GO-TRC105 后的 PET 成像，用两种不同的同位素标定（^{66}Ga 和^{64}Cu），箭头指向肿瘤（经许可引自文献[63,64]，版权©2012，Elsevier 和美国化学学会）

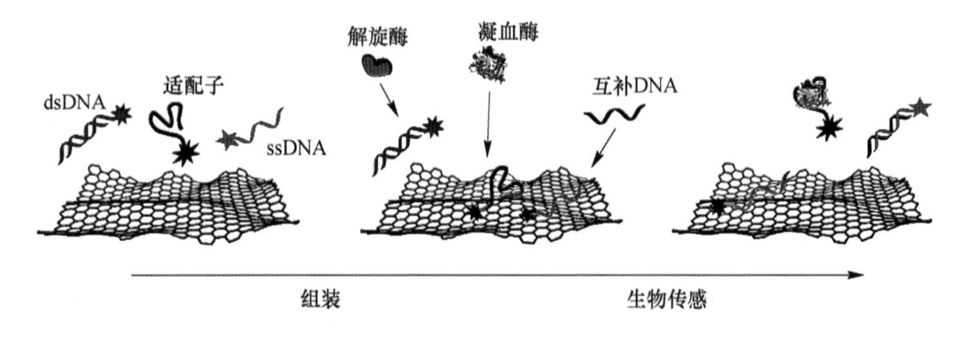

图 4.7　石墨烯基 FRET 生物传感器原理。染料标记的 ssDNA 和适配子吸附在石墨烯或 GO 表面，随后荧光淬灭。当存在对应的分析物，探针和靶分子的连接（互为补充的 ssDNA 和凝血酶）决定表面的解吸附，荧光性能恢复。相反，dsDNA 保持荧光性直到引入一种酶（如解旋酶），ssDNA 才被释放，其表面的荧光团被石墨烯淬灭（改编自文献[89]）

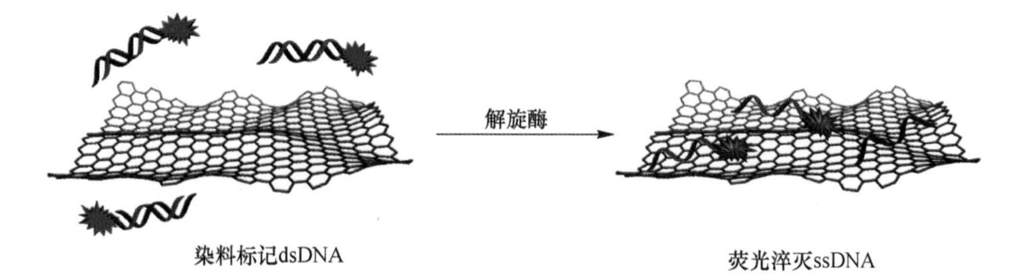

图 4.8 GO 基探针测定解旋酶解旋活性的示意图(改编自文献[88])

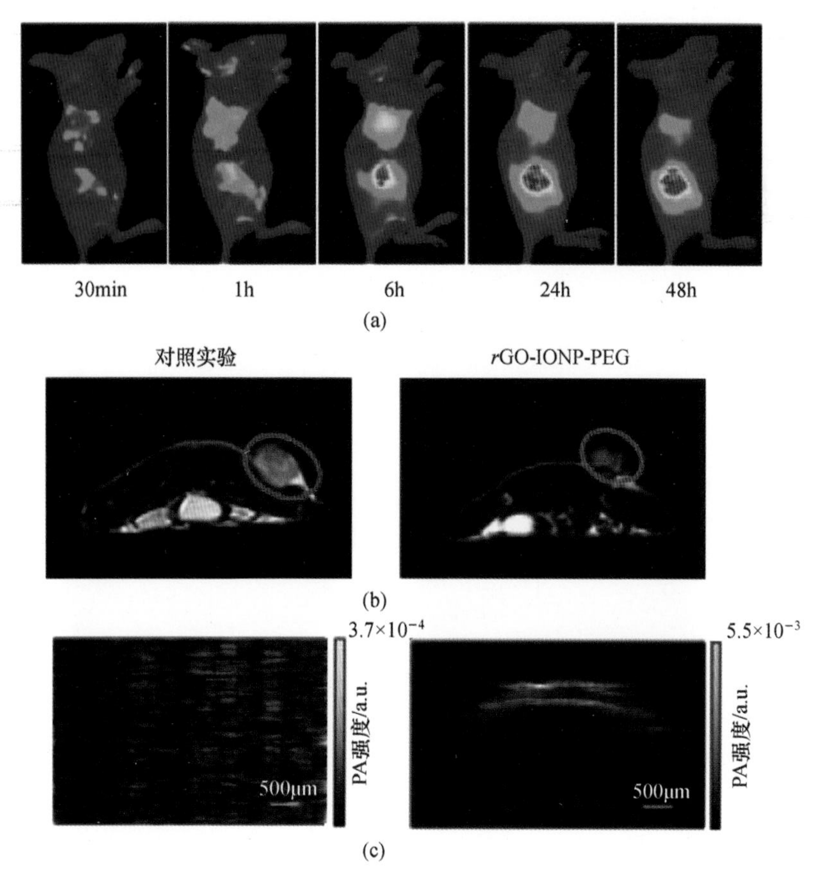

图 4.10 荷瘤鼠体内 rGO-IONP-PEG 多模式成像。(a)利用 Cy5 标记的 rGO-IONP-PEG 的荧光成像;(b)T2 加权 MR 成像;(c)利用 rGO-IONP-PEG 的光声成像。所有图片显示 rGO-IONP-PEG 在静脉注射后能被聚集在肿瘤处
(经许可改编自文献[127],版权©2012,Wiley-VCH 出版公司)

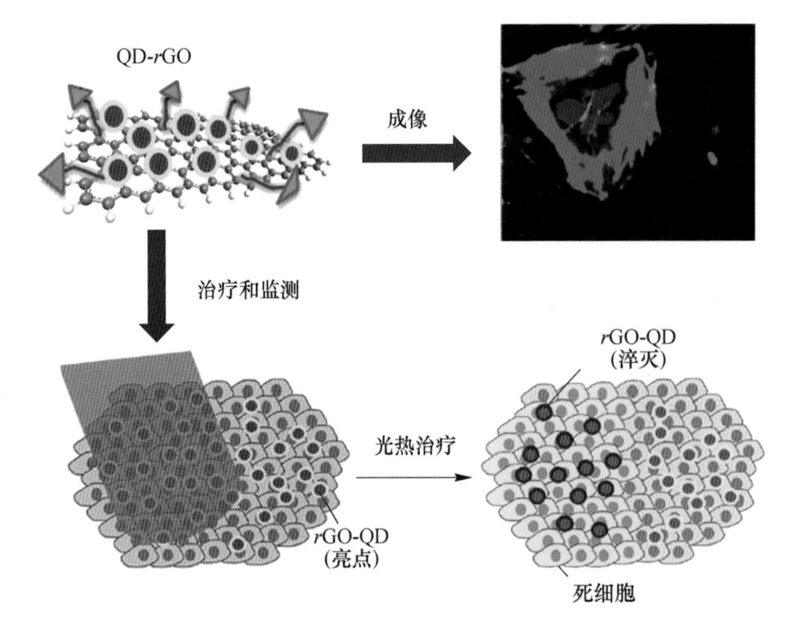

图 4.11　植入到靶向肿瘤细胞内的量子点标记的 rGO 纳米复合物(左图)显示的明亮荧光(右图),通过吸收 NIR 辐射和它转换的热,可同时使细胞死亡和荧光淬灭(底部)(经许可引自文献[134],版权©2012,Wiley-VCH 出版公司)

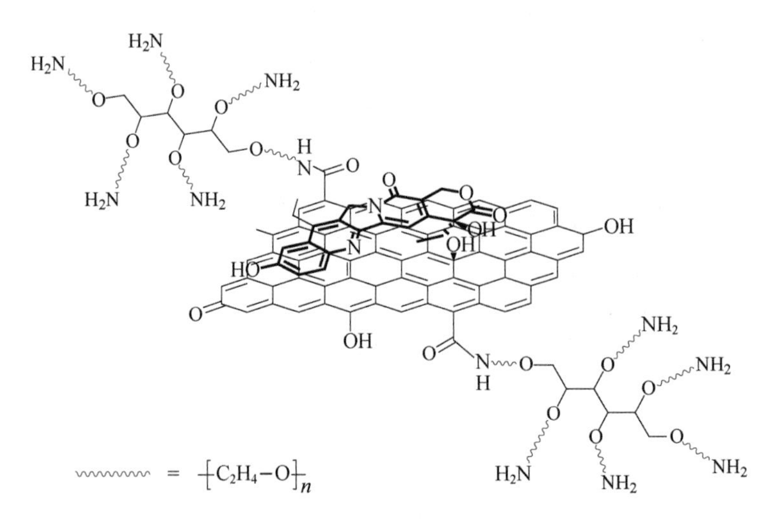

图 4.12　负载喜树碱 SN-38 的 NGO-PEG 示意图(改编自文献[23])

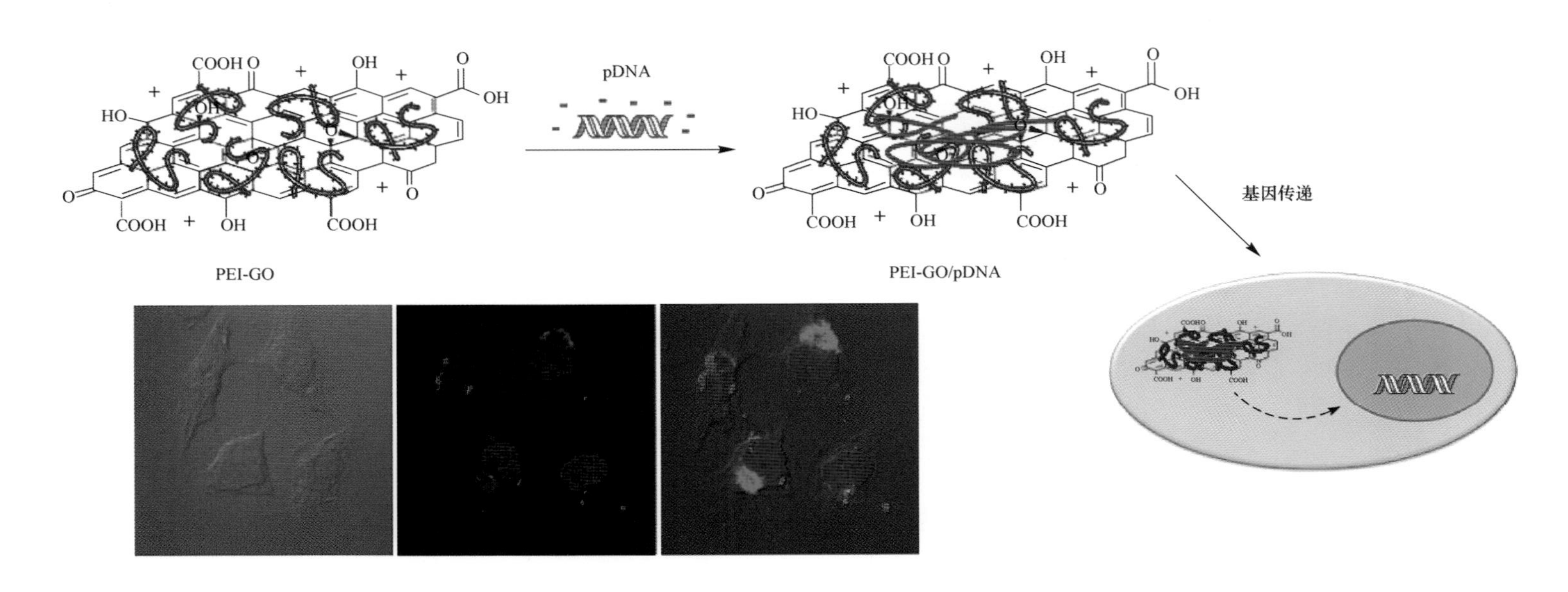

图 4.13　pDNA 通过静电作用包覆 PEI-GO 和基因在细胞内传递机理的示意图。PEI-GO/pDNA 处理的 HeLa 细胞线的共焦荧光显微图像（明场、暗场、合并图）；pDNA（红色）、细胞核（蓝色）、PEI-GO（绿色）显示 pDNA 在细胞内的有效分布（经许可改编自和引自文献[135]，版权©2011，美国化学学会）

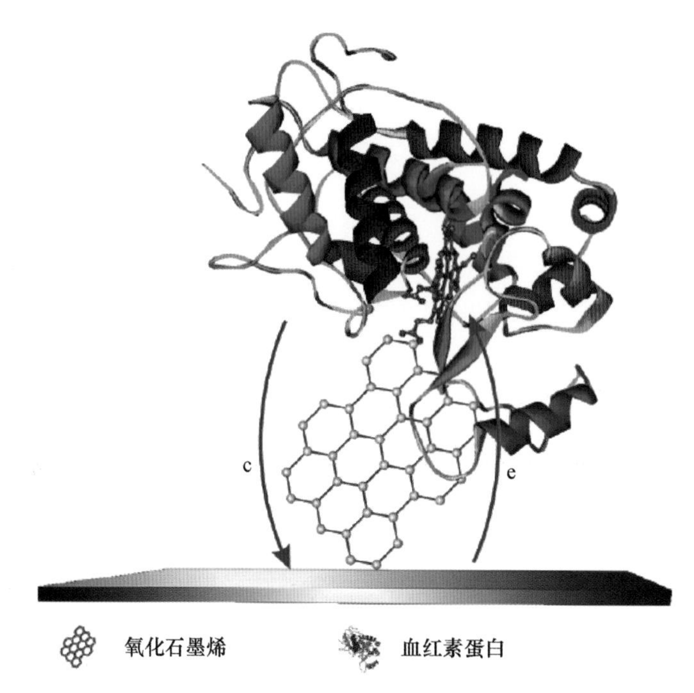

图 5.2　电极表面 GO 支撑的血红蛋白示意图
（经许可引自文献[54]，版权©2010，美国化学学会）

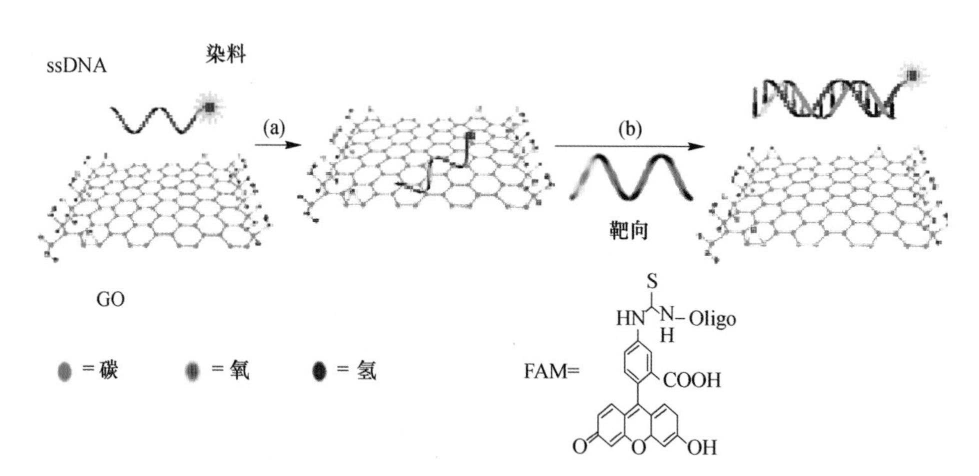

图 5.4　染料标记的 ssDNA-GO 复合物靶向诱导荧光变化示意图，FAM（荧光素酰胺）是一种荧光标记用染料。（a）染料标记的 ssDNA 固定在 GO 上，这种交互作用彻底淬灭了染料的荧光性；（b）靶向分子同染料标记的 ssDNA 作用，阻碍其同 GO 的作用，因此荧光性复原（经许可引自文献[97]，版权©2009，Wiley-VCH 出版公司）

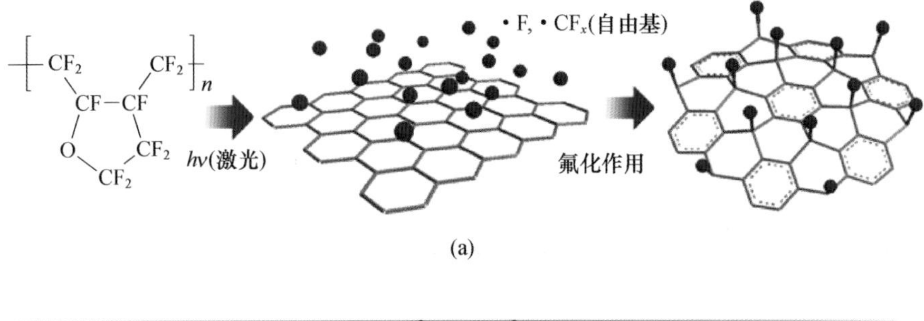

(a)

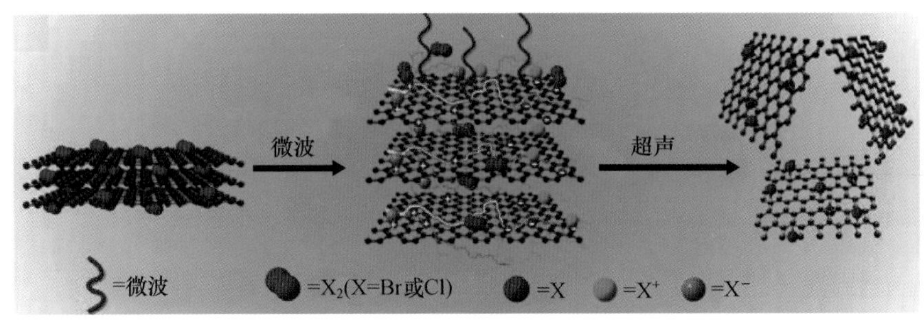

(b)

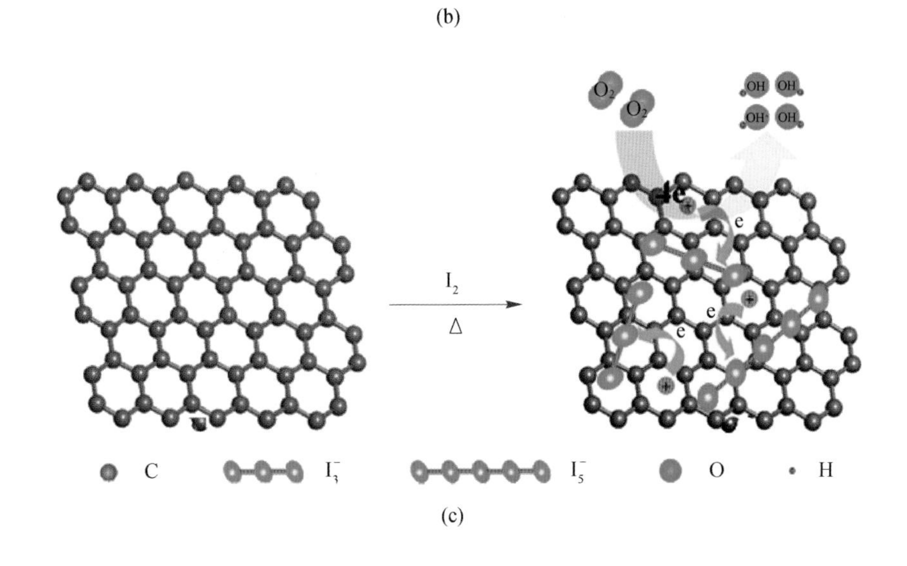

(c)

图 6.3 (a)利用 CYTOP 和激光辐射氟化机理示意图(引自文献[25]);(b)氯化和溴化过程,卤素被插入石墨层,在 MiW-S 辅助下,与石墨直接反应,经过液相超声步骤,卤化石墨被剥离成单层 G-X(引自文献[29]);(c)碘掺杂的石墨烯制备(引自文献[44])

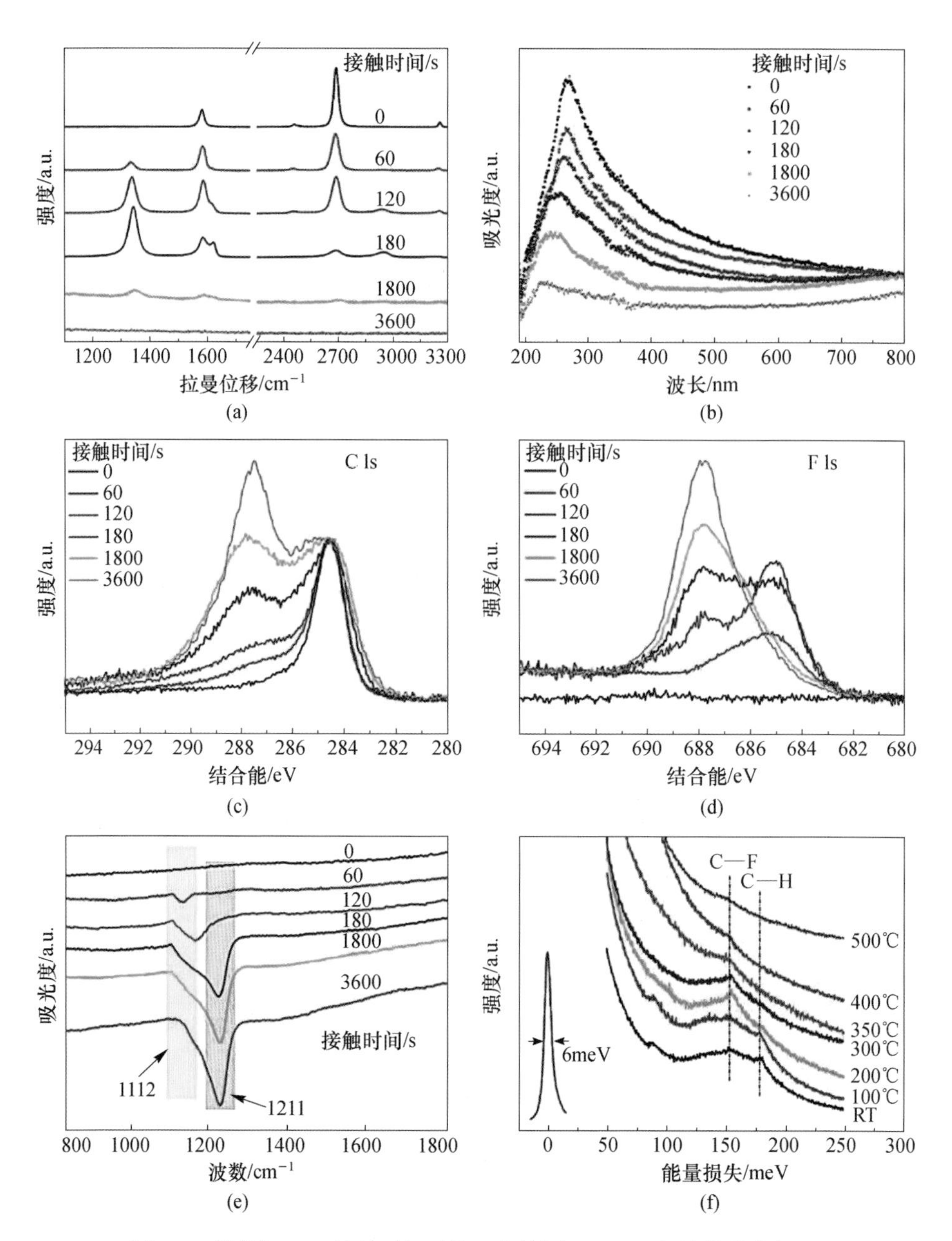

图 6.6 随着与 XeF_2 接触时间延长，石墨烯表面 C—F 相演化的表征。
(a)拉曼光谱(514nm)；(b)紫外－可见谱；(c)，(d)XPS 的 C 1s 和 F 1s 芯层谱；
(e)红外谱；(f)HREELS 结果显示热处理下 FG 的脱氟(引自文献[56])

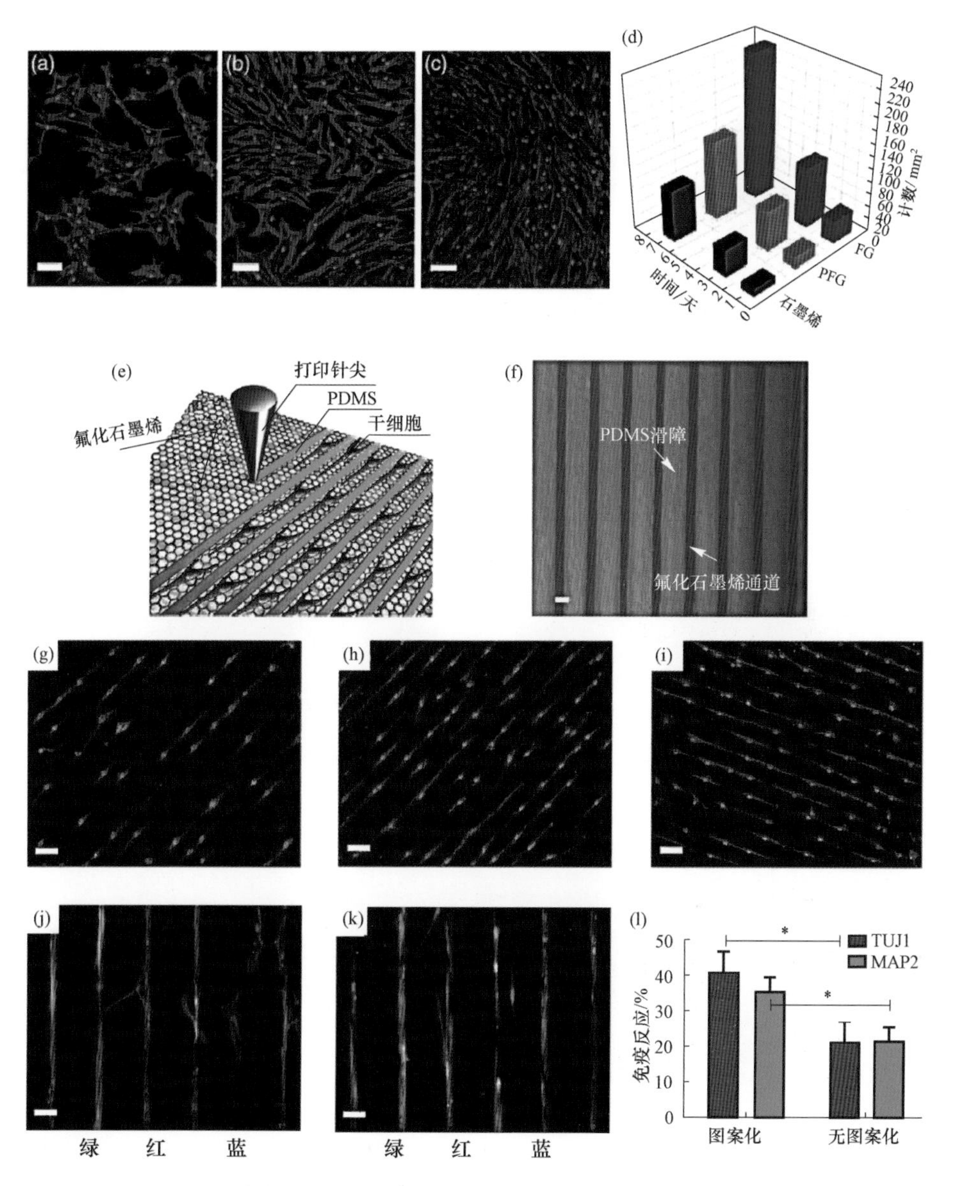

图 6.10 (a)~(c)沾染罗丹明-鬼笔环肽的石墨烯、部分氟化的石墨烯(PFG)、FG 上培养的 MSC 的肌动蛋白细胞骨架在第 7 天的荧光图(标尺 100μm);(d)石墨烯膜上培养 MSC 的增殖,显示 MSC 在不同氟量的氟化石墨烯上的控制生长;(e)直接在石墨烯膜上打印 PDMS 障碍层实现 MSC 图案化;(f)打印的 PDMS 在氟化石墨烯膜上的光学显微图像(标尺 50μm);(g)~(i)干细胞通过打印的 PDMS 图案,分别在石墨烯、PFG、FG 上排列生长(标尺 100μm);(j),(k)MSC 优先连接 FG 带上,它们成列的肌动蛋白(红色)和表达的神经特定标记——Tuj1 和 MAP2(绿色)(标尺 =50μm);(l)针对未图案化和图案化 FG 带的 Tuj1 和 MAP2,免疫反应细胞的百分数,图案化 FG 带在缺乏维甲酸时具有 Tuj1 和 MAP2 的更高表达($n=6, p<0.05$)(引自文献[56])

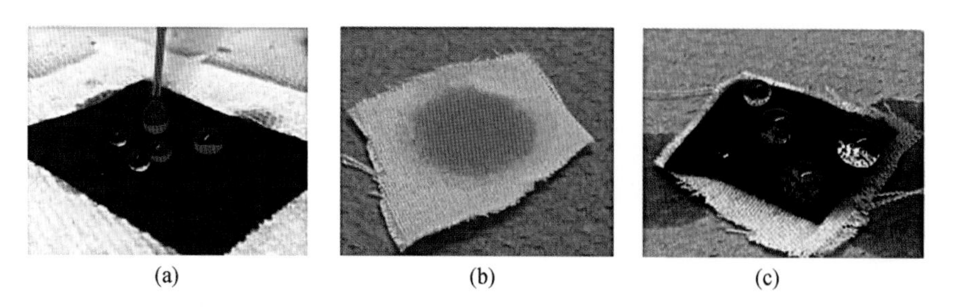

图 6.12　高度氟化氧化石墨烯(HFGO)墨水被喷涂在多种多孔基板上产生双疏特性。(a)喷涂后的纸巾排斥去离子水和 30%(质量分数)的 MEA(粉色);(b)天生双亲织物;(c)喷涂后显示自清洁特性,溶剂和水均不能穿过此织物(引自文献[49])

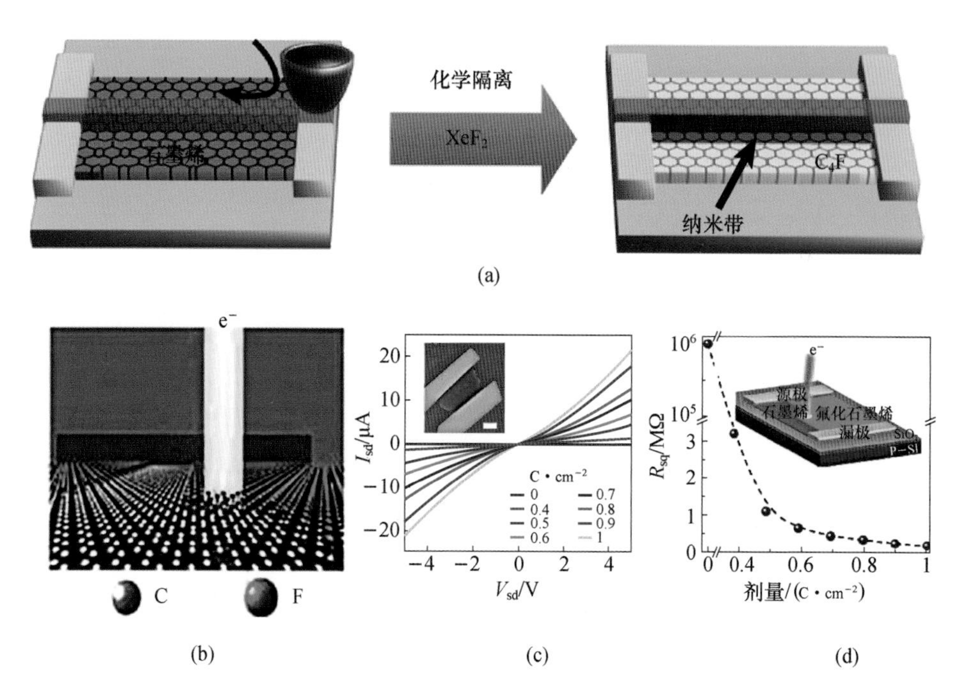

图 6.13　(a)掩蔽和隔离过程示意图,(左图)穿过电极,SLG 上用聚苯乙烯的热浸蘸笔纳米刻蚀(tDPN),(右图)XeF_2氟化 GNR 结构的化学分离(引自文献[74]);(b)电子束辐射氟化石墨烯的纳米图案化;(c)C_4F 石墨烯设备对应不同剂量电子束辐照后的$I-V$性质,内插图为典型 C_4F 石墨烯设备假色 SEM 图像,白条为 1μm,绿色区域对应 C_4F 石墨烯片,黄色为 Au/Cr 电极;(d)单位面积电子束辐照剂量对应样品电阻(虚黑线为了便于观察),内插图显示电子束辐照下的设备装置示意图(引自文献[76])

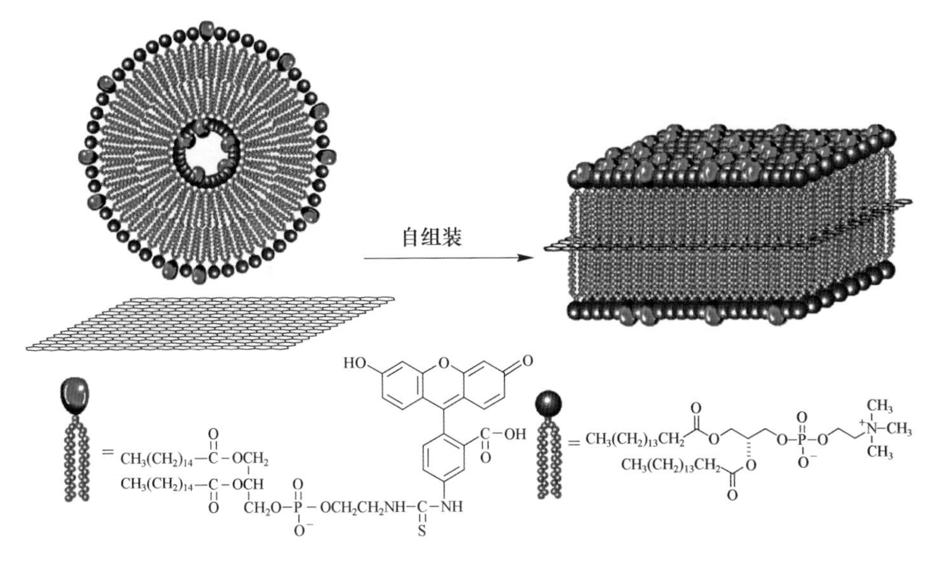

图 7.1　磷脂在石墨烯表面组装的单层
（经许可引自文献[78]，版权©2012，美国化学学会）

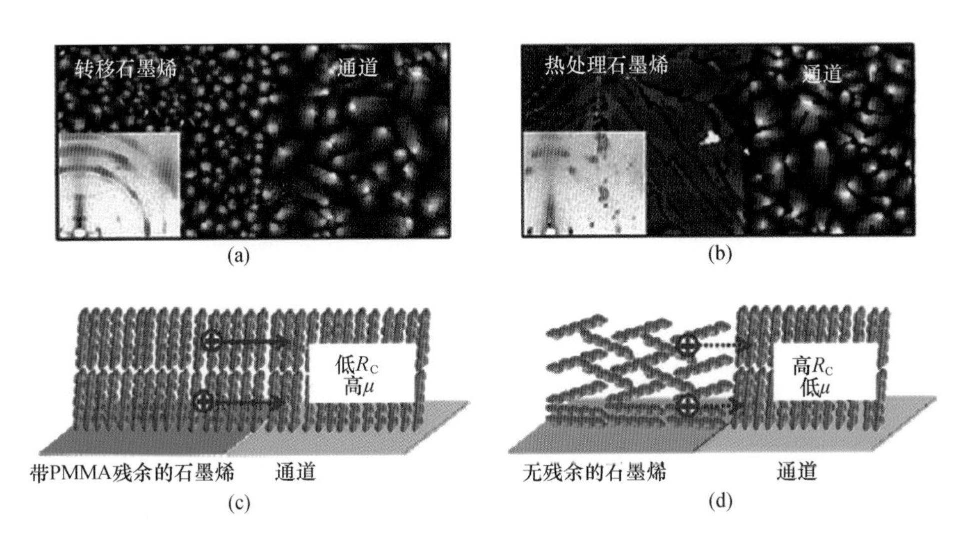

图 7.6　(a)SiO_2与未处理石墨烯电极及(b)其与热处理石墨烯电极界面附近的并五苯膜的原子力显微图像(AFM)；(c)SiO_2与未处理石墨烯电极及(d)其与热处理石墨烯电极界面附近可能的分子堆积方向示意图（经许可引自文献[113]，版权©2011，美国化学学会）

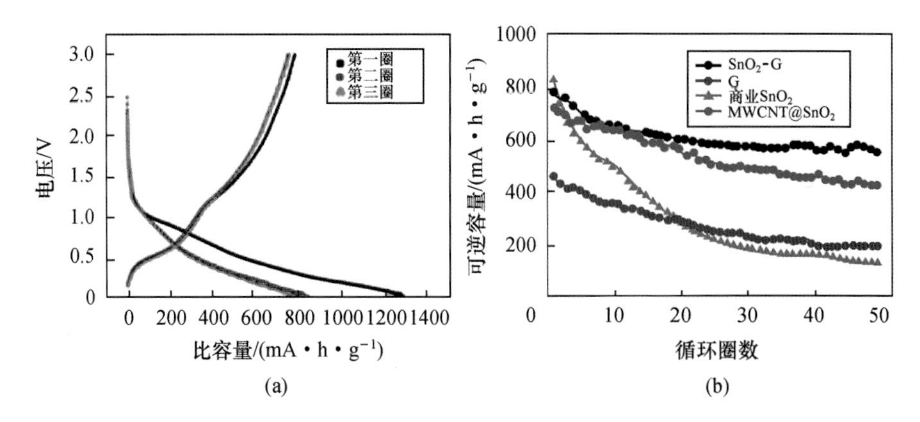

图 8.12 (a)SnO_2-石墨烯复合物充放电曲线;(b)SnO_2-石墨烯、商业 SnO_2、制备的石墨烯在 C/5 倍率下的循环特性(经许可引自文献[44],版权©2010,英国皇家化学学会)

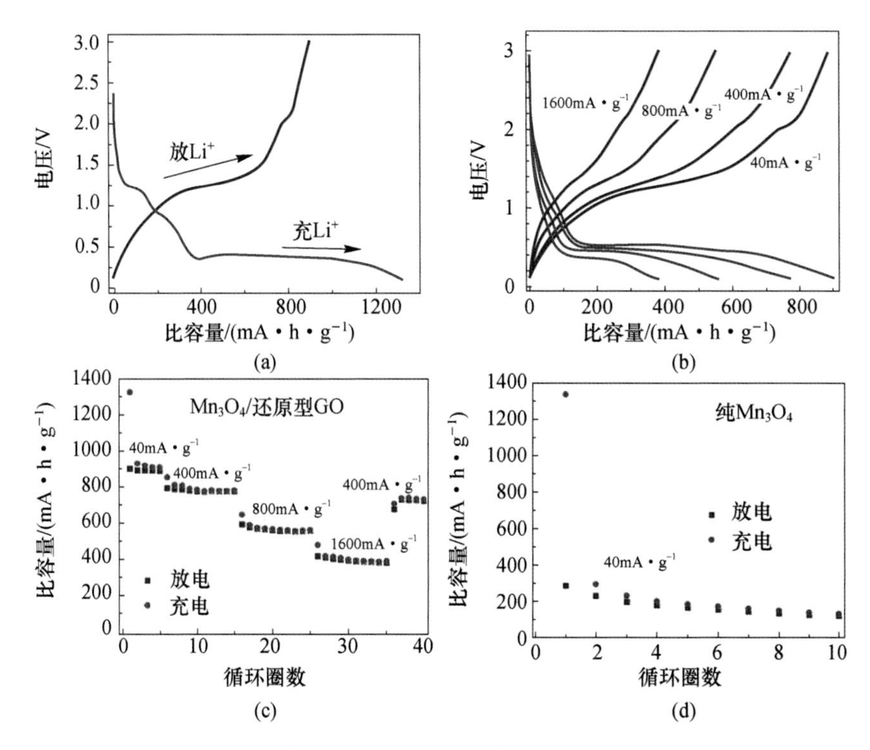

图 8.13 Mn_3O_4/rGO 和 Li 组装的半电池的电化学特性,比容量基于 Mn_3O_4/rGO 中 Mn_3O_4 的质量。(a)Mn_3O_4/rGO 在电流密度 40mA・g^{-1} 时首圈循环的充放电曲线(红色为充电,蓝色为放电);(b)不同电流密度时 Mn_3O_4/rGO 的充放电曲线;(c)不同电流密度时 Mn_3O_4/rGO 的容量保持率;(d)电流密度 40mA・g^{-1} 时无石墨烯的纯 Mn_3O_4 纳米粒子的容量保持率(经许可引自文献[44],版权©2010,英国皇家化学学会)

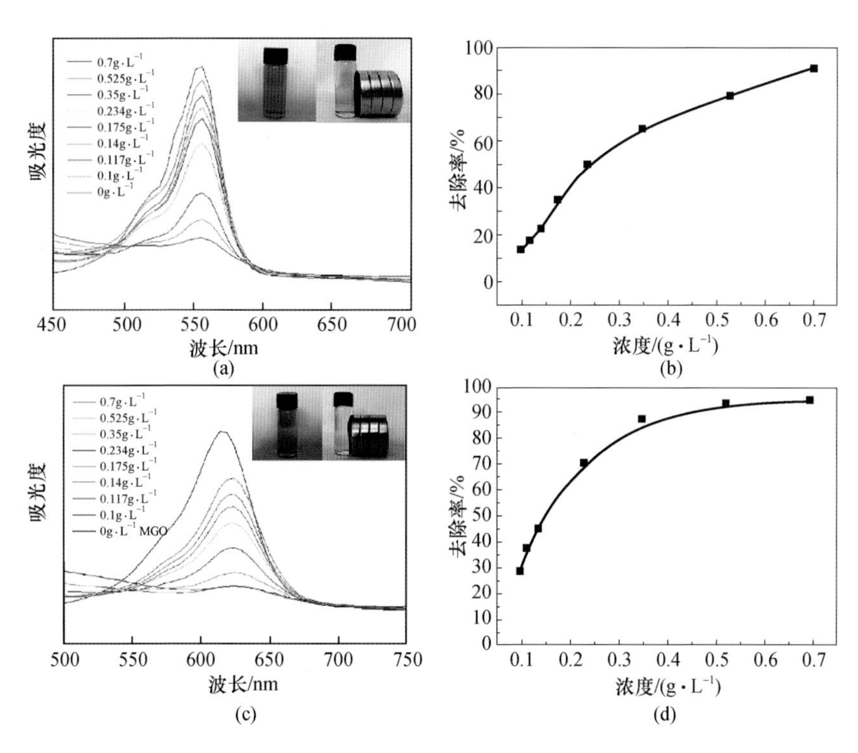

图 8.24　不同浓度的 GO-磁性 NP 对((a),(b))罗丹明 B 和((c),(d))孔雀绿的去除,(a)和(c)的内插图是使用 GO-磁性 NP($0.7g\cdot L^{-1}$)前后染料溶液的照片(经许可引自文献[89],版权©2011,Springer)

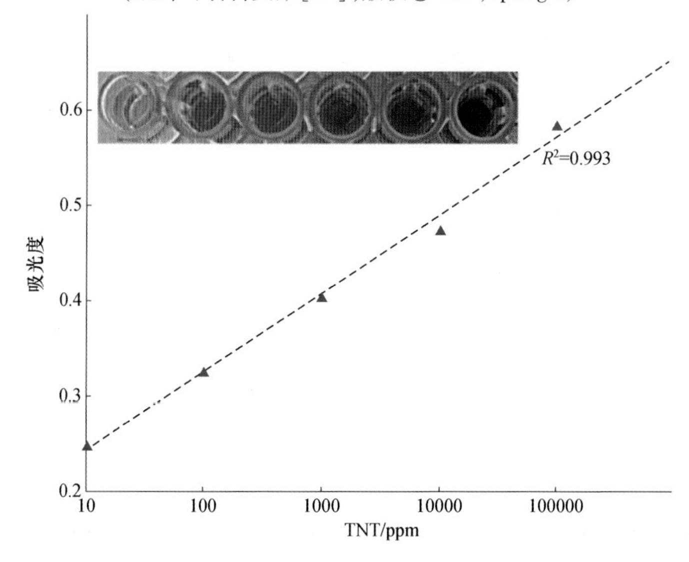

图 9.15　从数个浓度的 TNT 溶液中得到的 UV-Vis 校正曲线,从左至右内插图为 TNT 浓度增加的样品(经许可引自文献[17],版权©2011,Elsevier B. V.)

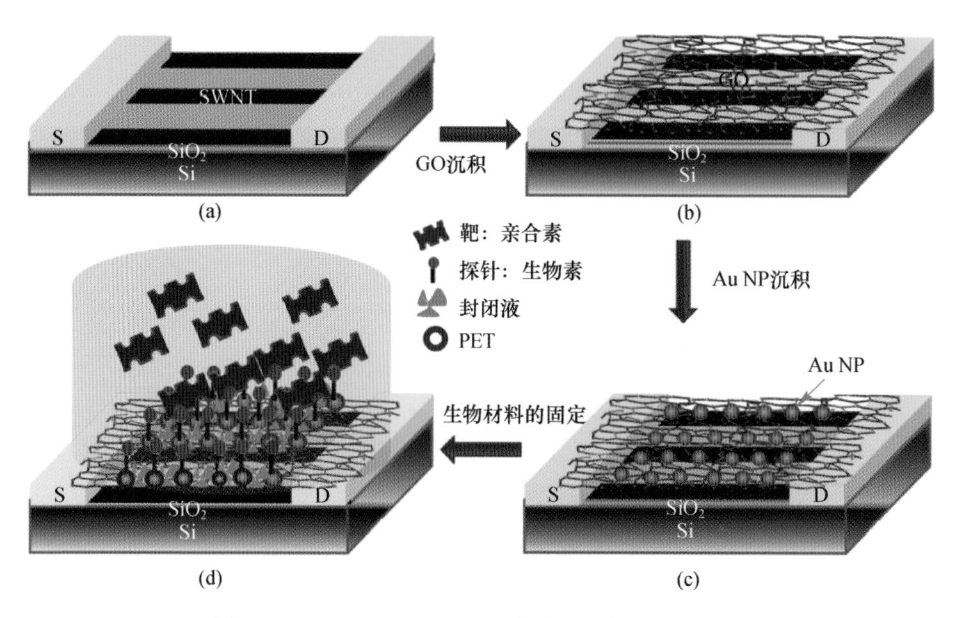

图 9.16　SWNT/GO FET 生物传感器制备过程示意图
（经许可引自文献[18]，版权©2013，Elsevier B. V.）

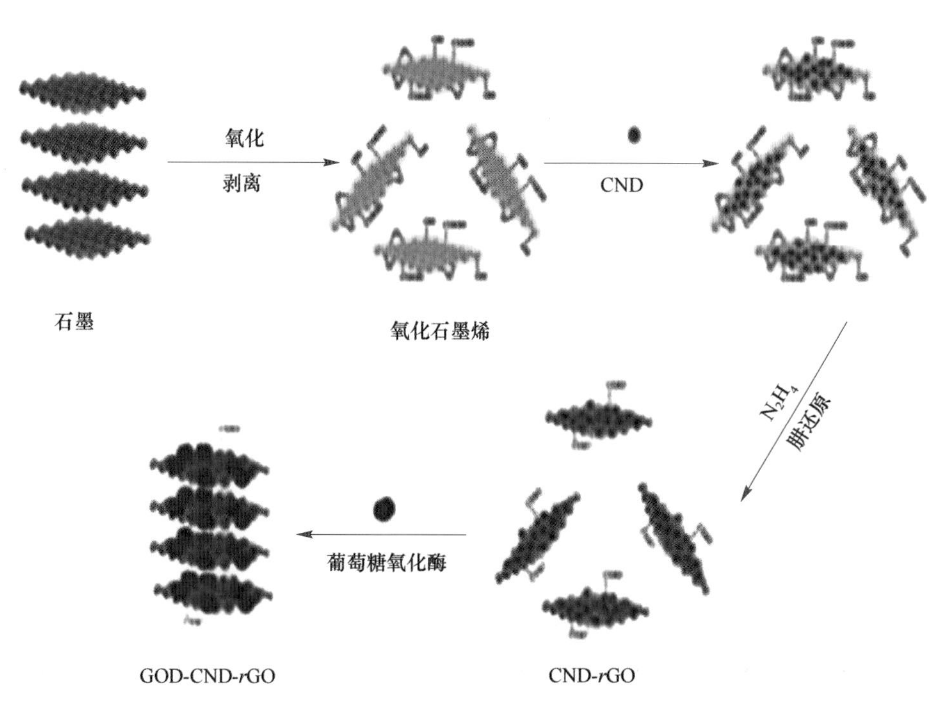

图 9.24　在 *r*GO/CND 表面固定 GOD 制备检测葡萄糖的生物传感器示意图
（经许可引自文献[36]，版权©2013，Elsevier B. V.）

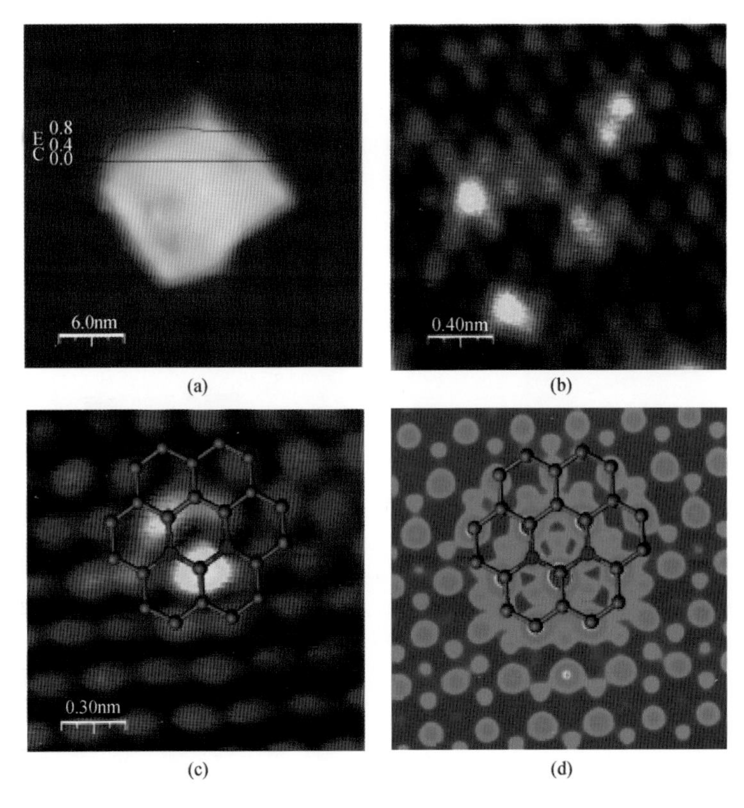

图 10.5　NG-2 的 STM 图。(a)分离的双层氮掺杂石墨烯,端部黑线显示穿过这个双层的高度;(b),(c)不同结构的缺陷排布的高分辨图像,分别在偏压 0.5V、电流 53.4pA 和偏压 0.9V、电流 104pA 下测得;(d)从图(c)中模拟的 STM 图像,内插示意结构表示氮掺杂石墨烯,六角形灰色球加深石墨烯网络状原子结构,深蓝球标记 N 原子(经许可引自文献[30],版权©2011,美国化学学会)

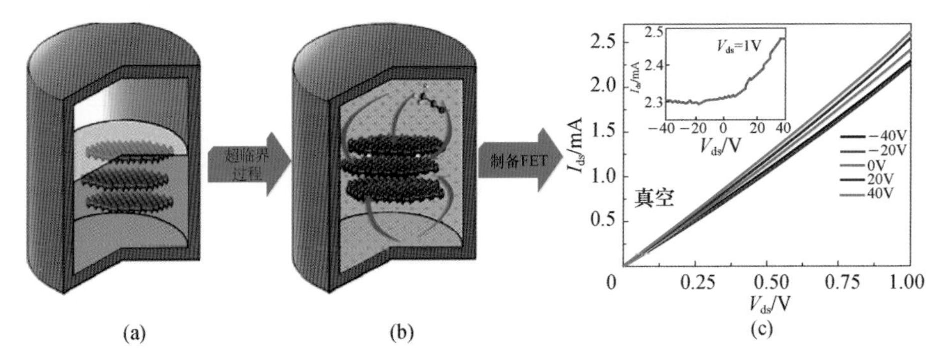

图 10.6　与 ACN 在 310℃ 发生 SC 反应制得的氮掺杂石墨烯示意图。(a)溶剂热辅助的剥离及离心得到多层石墨烯片,然后与 ACN 在刚玉反应釜中混合;(b)同 ACN 在 310℃ 经指定时间发生 SC 反应后得到 N 掺杂石墨烯片;(c)氮掺杂石墨烯 FET 的电学性质(经许可引自文献[39],版权©2011,美国化学学会)

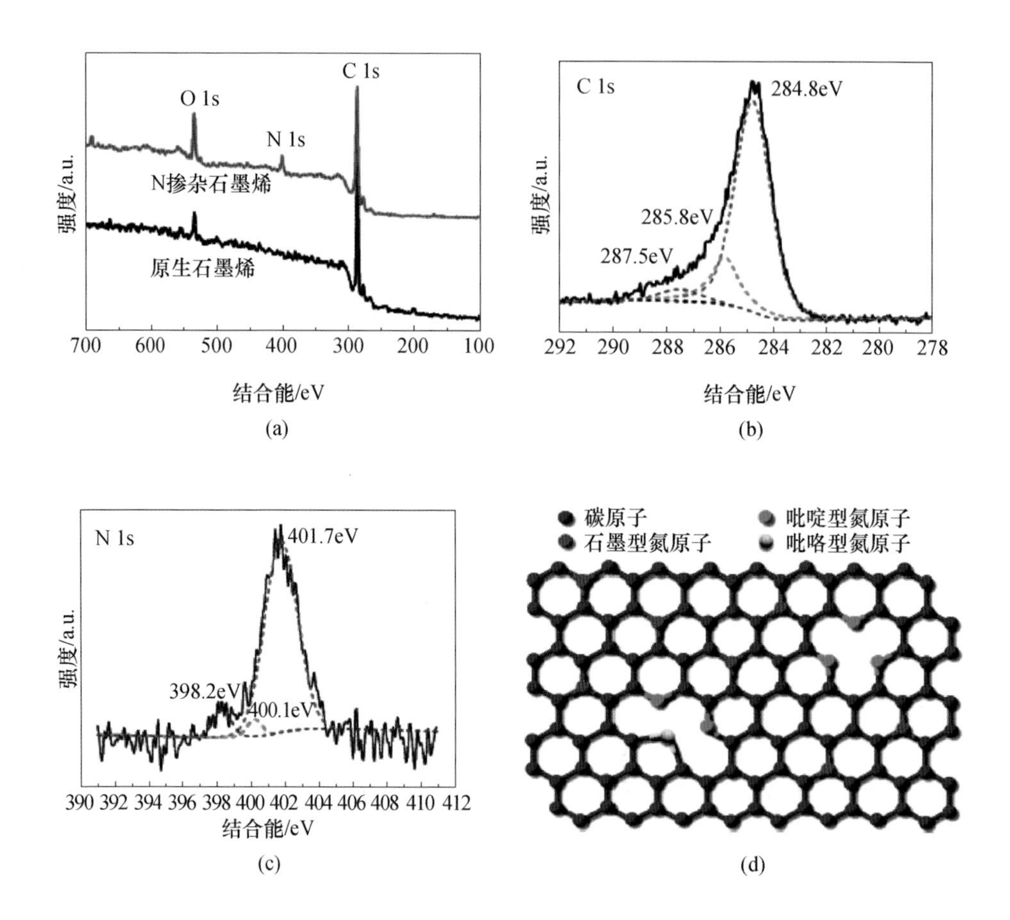

图 10.7 (a)原生石墨烯和氮掺杂石墨烯的 XPS 谱图;(b),(c)氮掺杂石墨烯 C 1s 和 N 1s 的 XPS 谱,C 1s 峰劈裂为 284.8eV、285.8eV 和 287.5eV 的三个洛伦兹峰,分别用红色、绿色和蓝虚线标注,N 1s 峰劈裂为 401.7eV、400.1eV 和 398.2eV 的三个洛伦兹峰,分别用红、绿、蓝虚线标注;(d)N 掺杂石墨烯的示意图,蓝、红、绿和黄球分别表示碳、石墨型氮、吡啶型氮、吡咯型氮(经许可引自文献[17],版权©2009,美国化学学会)

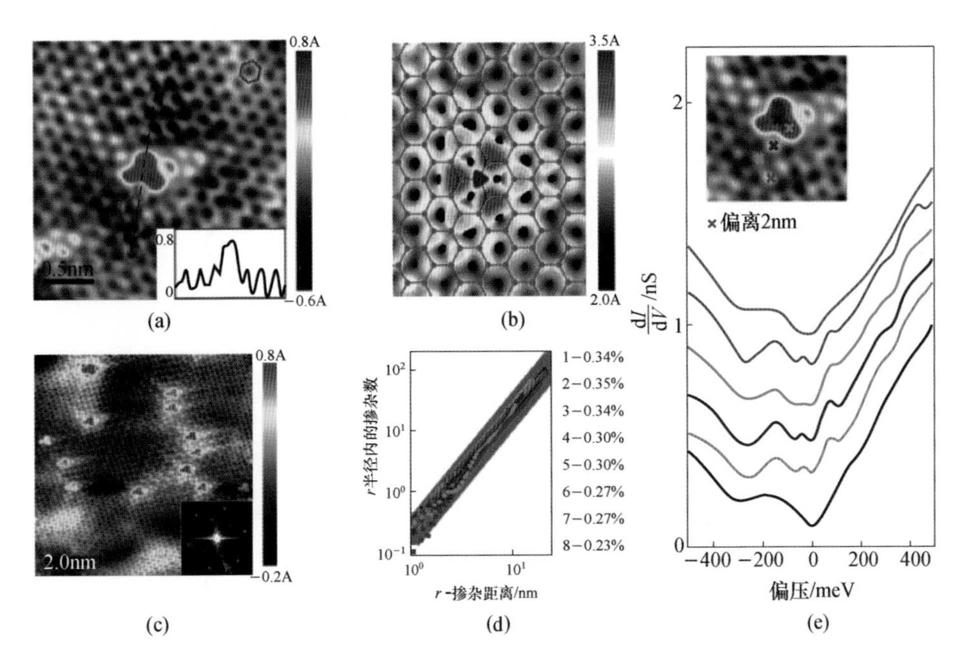

图 10.9 单层石墨烯中单个氮掺杂的可视化,氮掺杂的 STM 成像。(a)铜箔上观察 N 掺杂石墨烯的 STM 图像对应单个石墨型氮掺杂,内插图对应穿过掺杂物的线扫图的原子波纹和掺杂物的高度(V_{bias} =0.8V,I_{set} =0.8nA);(b)基于 DFT 计算,石墨型掺杂氮的模拟 STM 图(V_{bias} =0.5V),覆盖其上的是单个氮杂质的石墨烯球棍模型阵列;(c)铜箔上氮掺杂石墨烯的 STM 图,显示了 14 个石墨型掺杂物以及强的谷间散射踪迹,(内插图)表面形貌的傅里叶转换(FFT)显示原子峰(外六角)和谷间散射峰(内六角,红色箭头所示)(V_{bias} =0.8V,I_{set} =0.8nA);(d)铜箔上不同氮掺杂浓度的 8 个样品的 N—N 距离的空间分布,总尺度上的分布很好符合二次幂定律(预期误差带为灰色),显示氮原子可任意掺入到石墨烯晶格点阵中;(e)取自底部氮原子及铜箔上氮掺杂石墨烯上接近氮原子的明亮区域的 dI/dV 曲线,垂直偏移以清晰化。顶部曲线取自离掺杂物约 2nm 处的 dI/dV 谱,内插图是谱图选取的位置标识(V_{bias} =0.8V,I_{set} =1.0nA)(经许可引自文献[13],版权©2011,美国科学促进会)

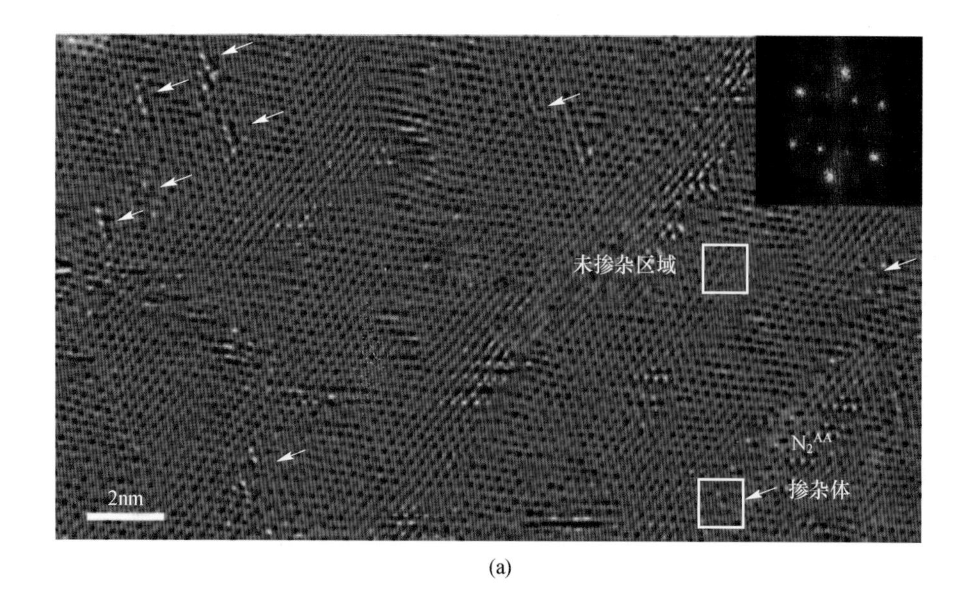

(a)

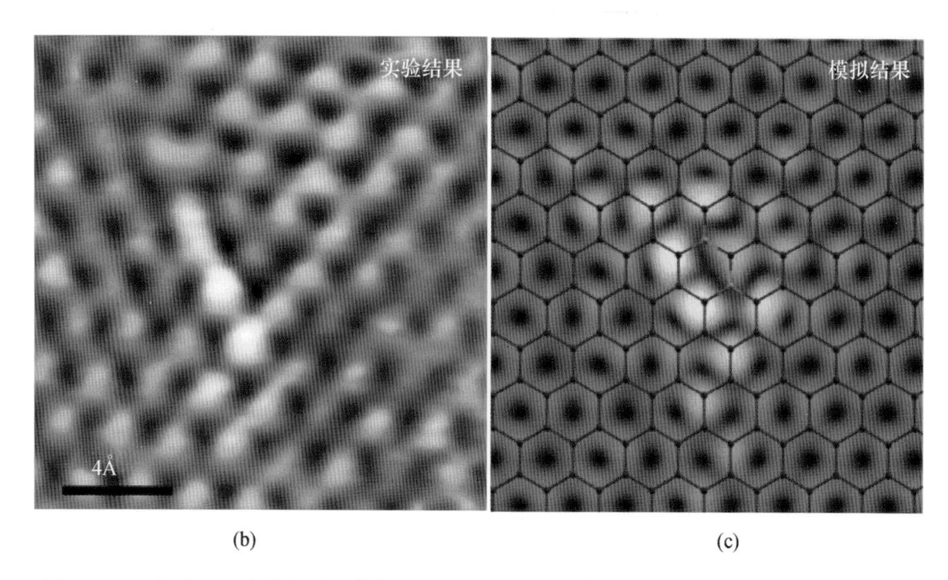

(b) (c)

图 10.11 合成 NG 片的实验和模拟 STM 图。(a)NG 大尺寸 STM 图,多处具有类似豆荚结构的氮掺杂物的存在(白箭头标识,$V_{bias}=5275mV$,$I_{set}=5100pA$),上下部的方框用于标明未掺杂和氮掺杂区域,内插 FFT 图显示倒易点阵(外六角)和谷间散射(内六角),这里的 STM 图是在压扁模式下得到的,用以去除基板整体的粗糙度增强掺杂的原子对比;(b)N_2^{AA} 掺杂物的高分辨 STM 图;(c)利用第一性计算模拟的 STM 图,偏压 21eV,分别用灰色和蓝绿色球表示碳、氮原子(引自文献[47])

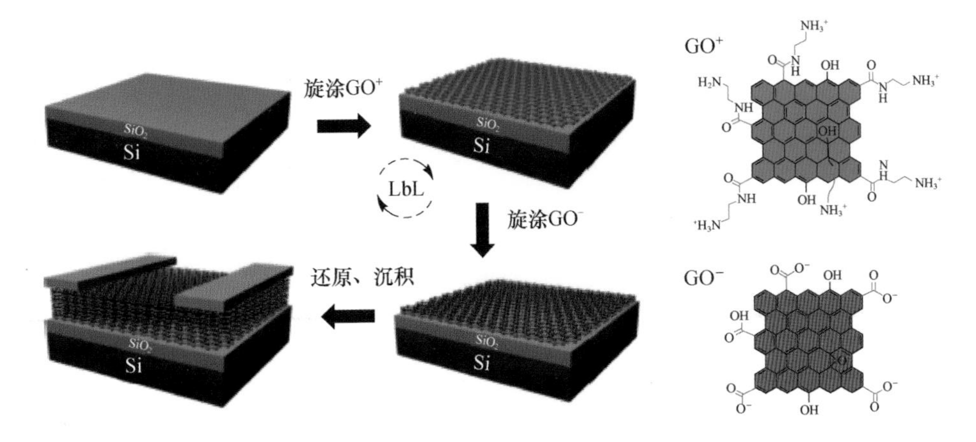

图 10.22　LbL 组装石墨烯基 FET 示意图
（经许可引自文献[72]，版权©2012，美国化学学会）

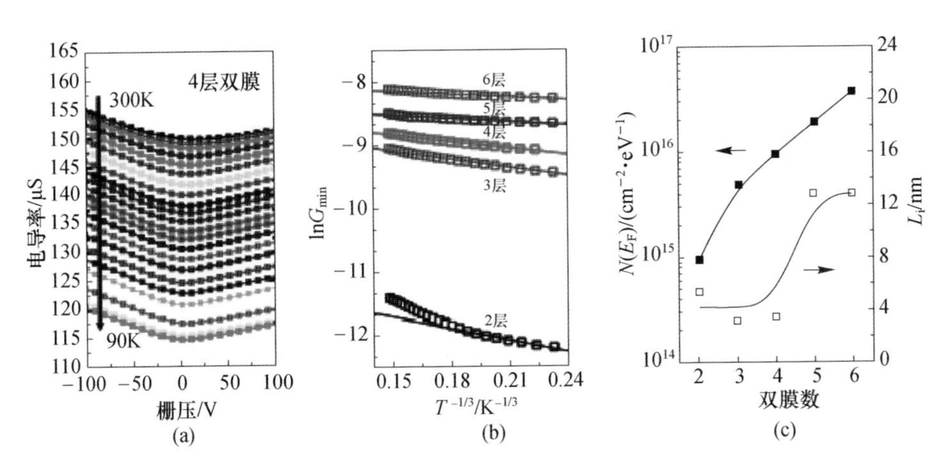

图 10.23　(a)四个双层热还原氧化石墨烯(TrGO)制备的 FET 随温度变化电导与门电压关系图；(b)不同石墨烯双层 TrGO 制备的 FET 的 $\ln G_{min}-T^{-1/3}$ 图；(c)双层数目造成的 TrGO 膜 $N(E_F)$ 和 L_i 关系图（经许可引自文献[72]，版权©2012，美国化学学会）

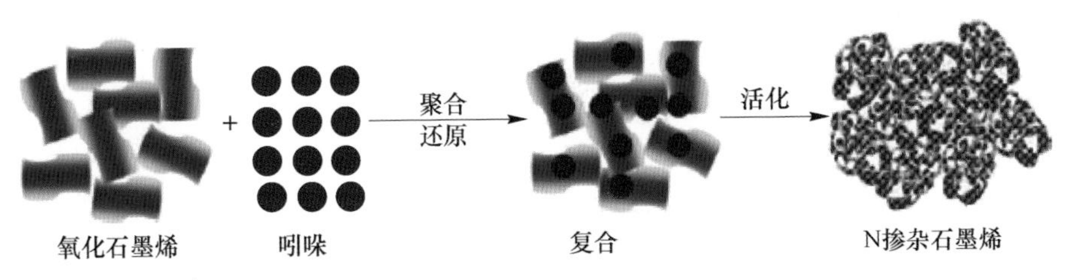

图 10.25　合成氮掺杂石墨烯的示意图（引自文献[75]）

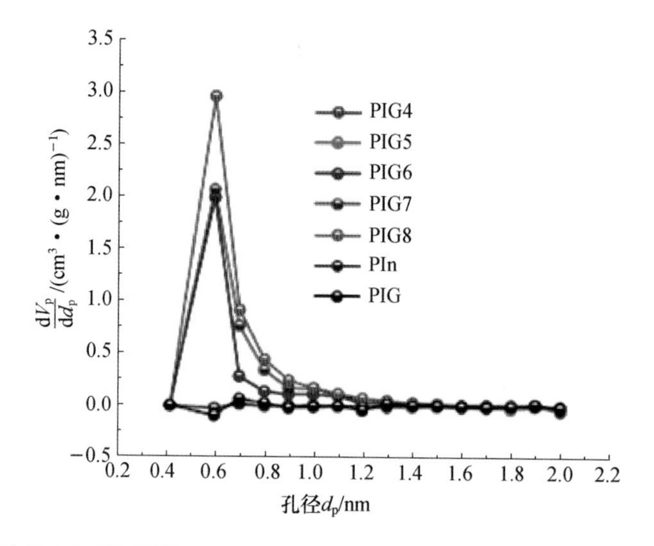

图 10.26　聚吲哚(Pln)和 PIG 样品的孔径分布图(引自文献[75])

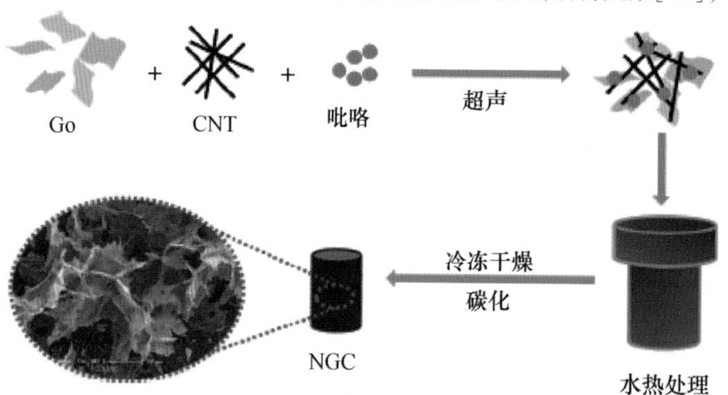

图 10.27　NGC 的合成(经许可引自文献[76],版权©2013,英国皇家化学学会)

图 10.33　(a)硼掺杂石墨烯(BG2)的 TEM 图;(b)硼掺杂石墨烯双层的模拟 STM 图。硼掺杂导致了取代掺杂的亚点阵上碳原子电子电荷的损耗,由较浅的 B 原子显见(引自文献[16])

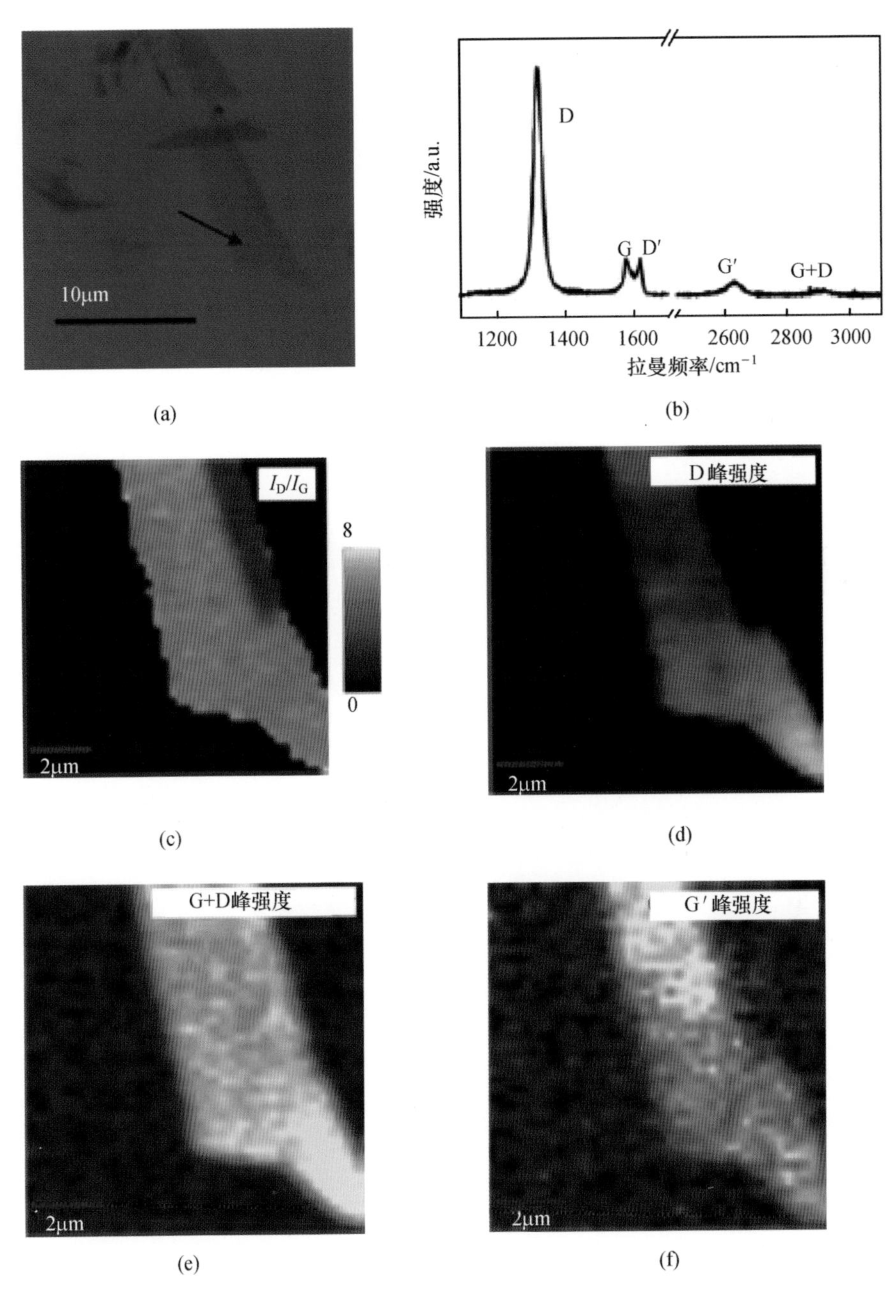

图 10.34 (a)硼掺杂单层石墨烯(箭头所示)在 SiO_2/Si 基板上的光学显微图像;使用 633nm 激光线得到的(b)拉曼谱及(c)I_D/I_G的空间图;(d)~(f)D 带、G+D带和 G′带的强度,D 带整体强度是 G 带的 7 倍(经许可引自文献[82],版权©2012,美国化学学会)

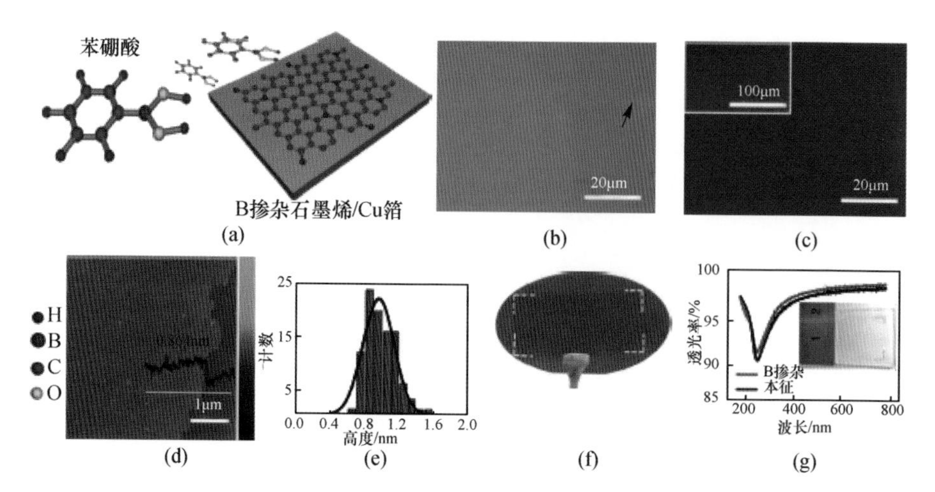

图 10.36 (a)以苯硼酸作为碳、硼源在铜表面利用 CVD 法生长硼掺杂石墨烯的示意图,红色、灰色、黄色和绿色的球分别代表硼、碳、氧和氢原子;(b)转移到 SiO_2/Si 基板上的单层硼掺杂石墨烯的光学显微照,箭头指向空白的 SiO_2/Si 基板;(c)转移到 SiO_2/Si 基板上的硼掺杂石墨烯膜的 SEM 图,内插图显示同一样品的低倍 SEM 图;(d)图(b)箭头区域的 AFM 图,具有 20nm 的高度;(e)由 AFM 高度像得到的厚度分布柱状图;(f)硼掺杂石墨烯样品在 4 英寸的 Si/SiO_2 基板上对比度增强的照片;(g)在石英基板上硼掺杂石墨烯和本征石墨的紫外 - 可见光谱,本征石墨烯单层是利用甲烷在铜片上 CVD 沉积而后转移到石英基板上得到,内插图为石英基板上硼掺杂石墨烯单层的照片(经许可引自文献[87],版权©2013,Wiley-VCH 出版公司)

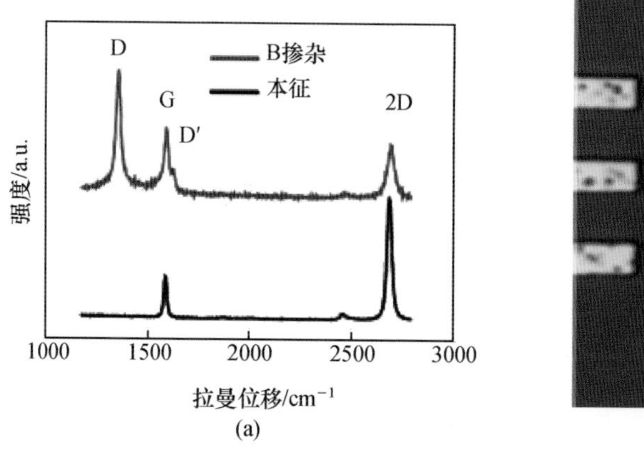

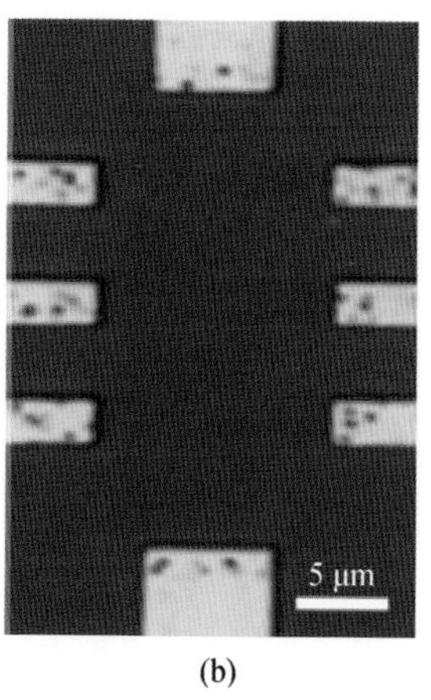

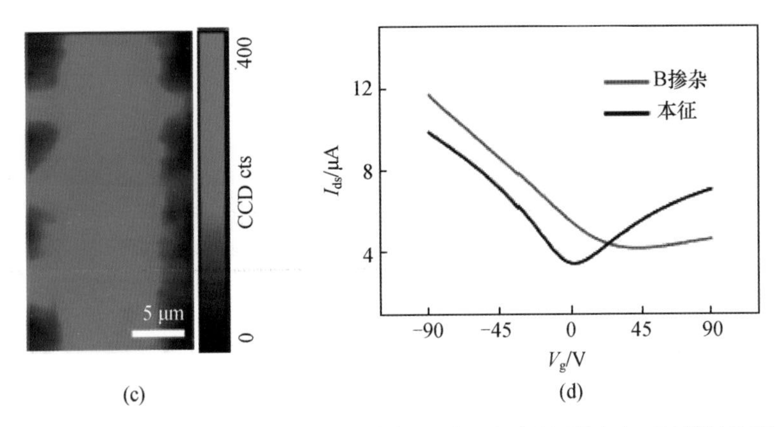

图 10.37 (a)通过干转移步骤将硼掺杂(红色)和本征(黑色)石墨烯转移到 SiO_2/Si 基板上的典型拉曼谱;(b)硼掺杂石墨烯器件的光学显微照片;(c)图(b)所示硼掺杂石墨烯器件沟道区域 D 带强度的拉曼图;(d)硼掺杂(红色)和本征(黑色)石墨烯设备的源-漏电流(I_{ds})同背栅电压(V_g)的曲线(经许可引自文献[87],版权©2013,Wiley-VCH 出版公司)

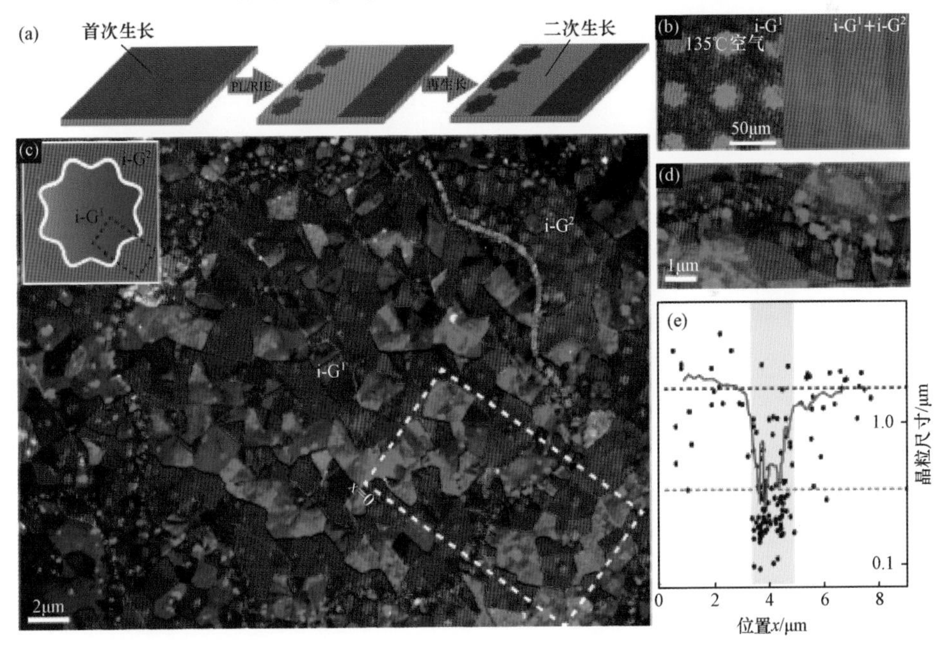

图 10.41 石墨烯异质结构制备的示意图和暗场 TEM 表征。(a)利用光刻蚀(PL)和反应离子刻蚀(RIE)制备原子薄层异质结示意图;(b)左图显示图案化的 Cu/G^1 片的光学图像,它被氧化以增强对比度(暗色区域是铜),右图显示还原后的 CuO_x 和接着生长的本征 G^2($i\text{-}G^2$)的光学图像;(c)$i\text{-}G^1/i\text{-}G^2$ 图案区域的伪色 DF-TEM 图(内插图为示意图);(d)连接区域的缩放图;(e)图(c)框中区域粒径与位置关系图,虚线表示平均粒径远离(蓝线)和接近(加亮区域和橘线)结合点,阴影显示小粒径区域的宽度(经许可引自文献[97],版权©2012,自然出版集团)

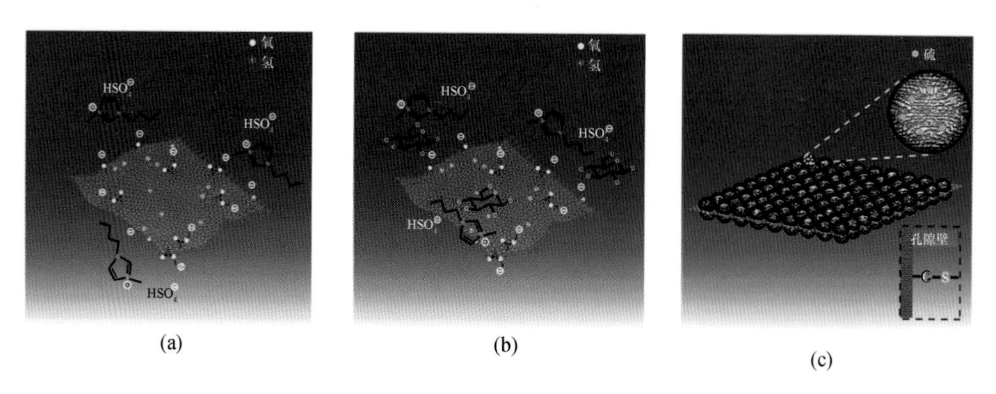

图 10.45　合成 SPC@ G 的示意图。(a)分散在 IL 中的 GO;(b)葡萄糖分散在 IL-GO 混合液中;(c)离子热碳化后得到的 SPC@ G(经许可引自文献[111],版权©2012,英国皇家化学学会)

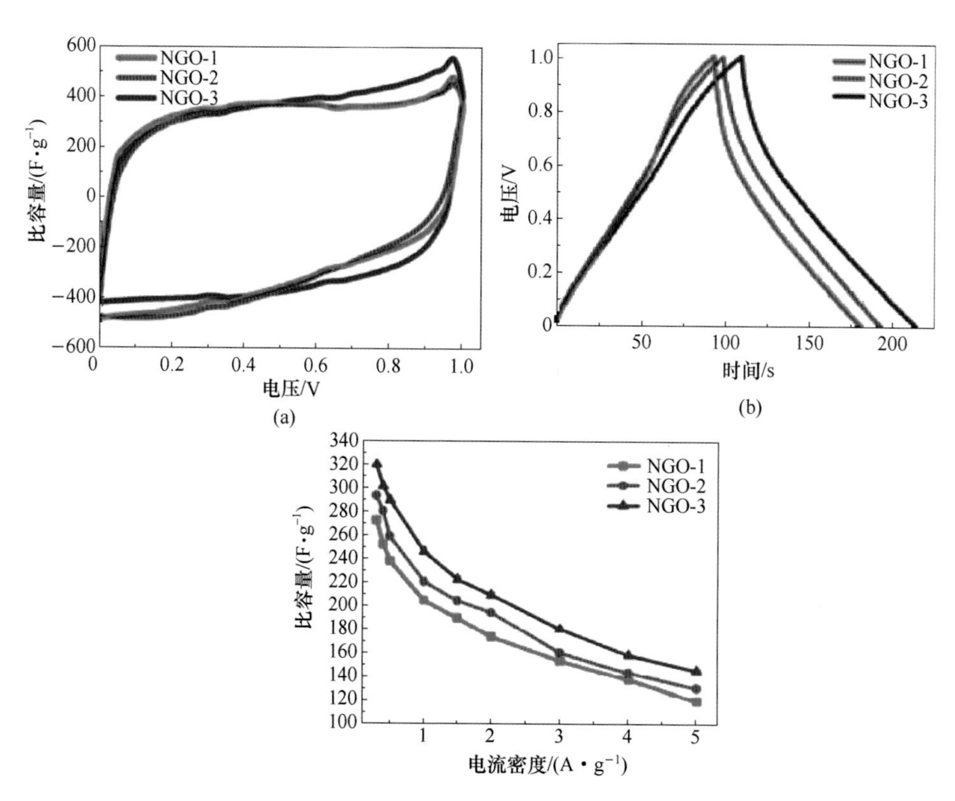

图 10.49　(a)扫速 $20mV \cdot s^{-1}$时 NGO 的循环伏安图;(b)NGO 电极恒电流充放电曲线($0.5mA \cdot g^{-1}$);(c)不同放电电流下的比容量变化图(经许可引自文献[59],版权©2013,英国皇家化学学会)

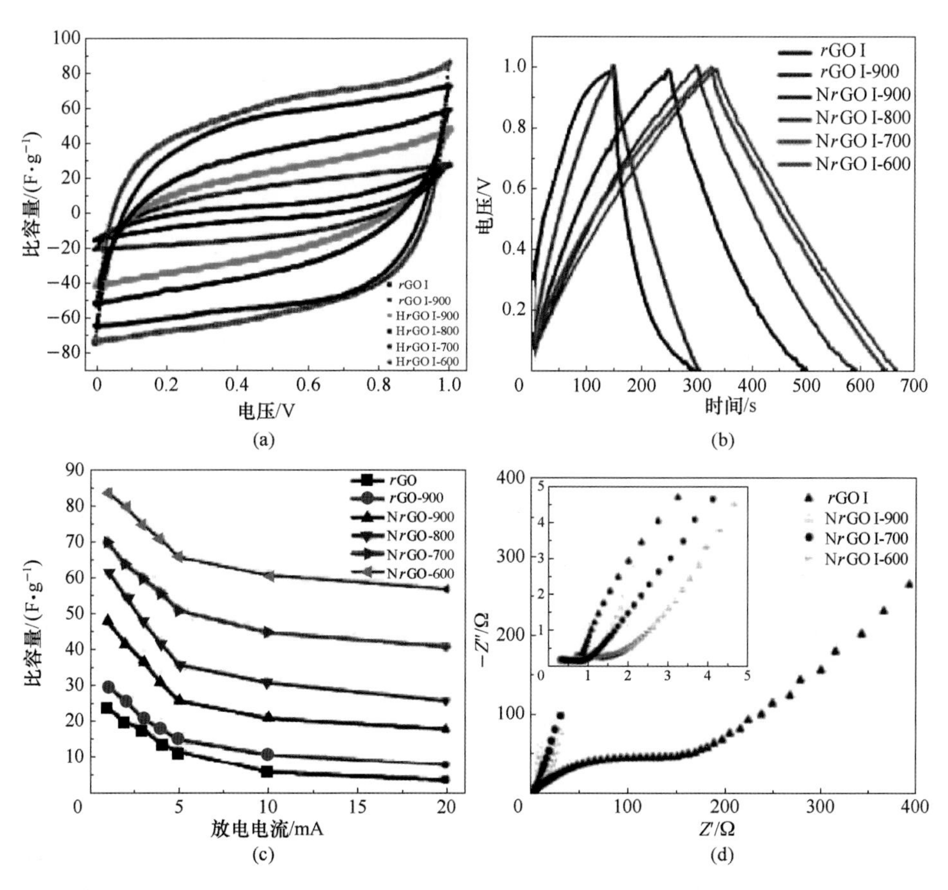

图 10.51 (a)不同温度制备 rGO I 和 NrGO I 的 CV 图(扫速 $100mV \cdot s^{-1}$);(b)rGO I 和 NrGO I 电极在 $60mA \cdot g^{-1}$ 恒电流充放电曲线;(c)比容量-放电电流图;(d)rGO I 和 NrGO I 电极的 rGO I 和 NrGO I 电极的尼奎斯特曲线

(经许可引自文献[133],版权©2013,Elsevier)

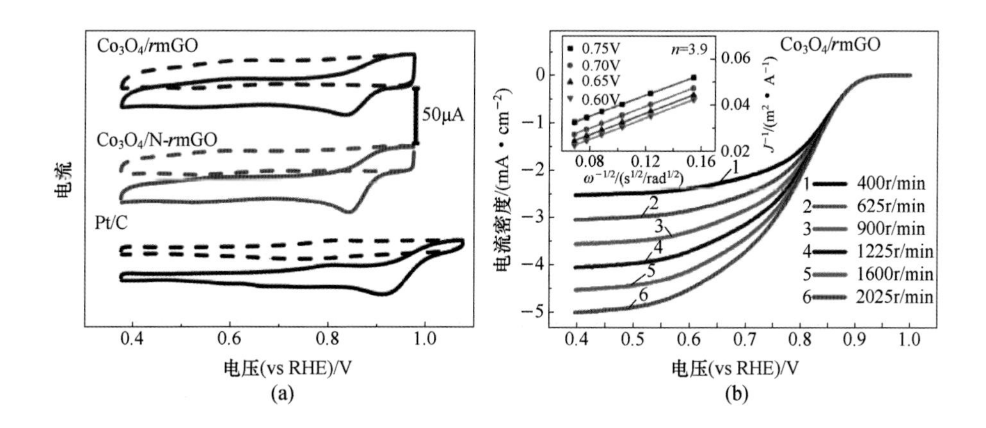

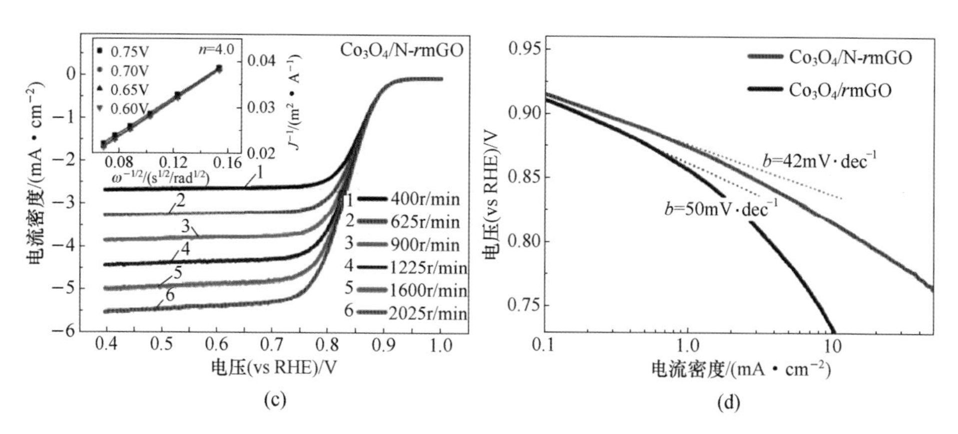

图 10.53　Co_3O_4/石墨烯复合物作为氧还原催化剂。(a)在 O_2 饱和(实线)或 Ar 饱和(虚线)的 0.1M KOH 溶液中 Co_3O_4/*r*mGO、Co_3O_4/N-*r*mGO、Pt/C 在玻碳电极上的 CV 图,所有样品催化剂负载量为 0.17mg · cm^{-2},在 O_2 饱和的 0.1M KOH 溶液中,扫速 5mV · s^{-1};(b)Co_3O_4/*r*mGO(负载量约 0.1mg · cm^{-2})和(c)Co_3O_4/N-*r*mGO 复合物(负载量约 0.1mg · cm^{-2})不同转速下旋转圆盘电极的伏安图,图(b)和图(c)的内插图显示不同电位下各自的 Koutecky-Levich 曲线($J^{-1}-\omega^{-1/2}$);(d)从对应 RDE 数据的传质矫正得到的 Co_3O_4/*r*mGO 和 Co_3O_4/N-*r*mGO 复合物的塔菲尔曲线(经许可复自文献[135],版权©2011,自然出版集团)

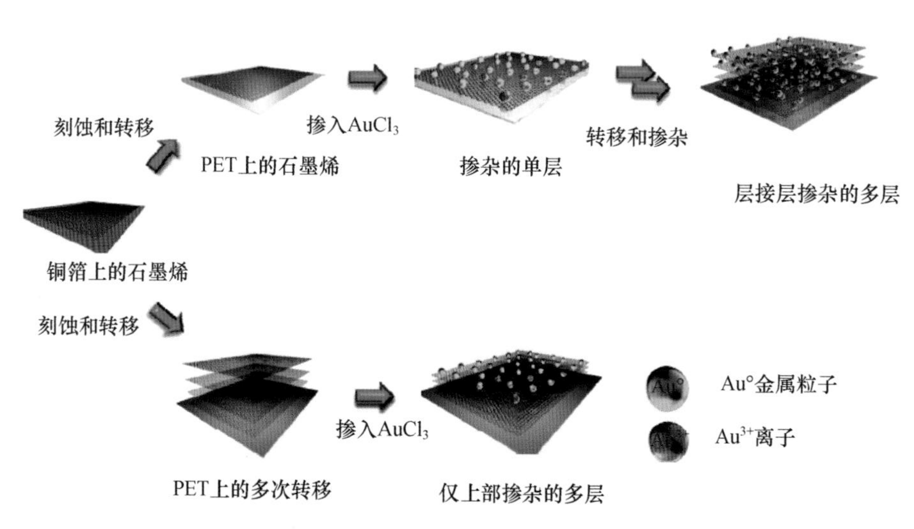

图 11.2　LbL 掺杂策略的示意图,上面步骤显示 LbL 掺杂,下面步骤显示上层掺杂,Au 原子和离子用不同颜色表示(经许可引自文献[19])